bahá'í

中国社会科学院世界宗教研究所巴哈伊研究中心
北京大学巴哈伊原典文献翻译与研究项目
山东大学巴哈伊研究所
广州大学巴哈伊研究中心

联 袂 推 出

巴哈伊文献集成

蔡德贵
卓新平
宗树人
于维雅
雷雨田

主编

Chinese Studies on the Bahá'í Faith: A Comprehensive Collection

第

1

卷

山东大学出版社

出版说明

不编辑《巴哈伊文献集成》，就不敢相信，在中国这块土地上，在20世纪初，胡适先生竟然就提到了巴哈伊信仰，而且，他的挚友兼诤友梅光迪还认为他的新文学思想受到“巴哈主义”的影响。只是胡适那时候把巴哈伊误译为“波斯泛神教”。从“波斯泛神教”到今天的“巴哈伊”，巴哈伊已经在中国有了30多个不同的译名，而这些译名可能还不是全部。这些译名是：巴哈伊、巴哈伊教、巴哈伊信仰、巴哈主义、八海、贝哈主义、贝哈因主义、巴哈教、白哈教、巴海尔教、巴海的主义、比哈教、贝哈教、巴海教、巴赫伊教、巴哈依教、巴孩教、白衣教、白益教等，是阿拉伯文“Bahaiyah”的音译。也有意译为“大同教”“博爱社”“巴赫泛神教”“波斯泛神教”“通一教”，或既有音译又有意译的“伯哈尔大同教”“巴海大同教”“巴海尔教”“贝哈教”“百合一教”“伊朗万神教”，不一而足。在海外，比如在新加坡还有“吝亥教”的译法，因为不是大陆出版的著作，就不包括在这些个译名之内。

因为巴哈伊的译名繁多，就分解了近代以来读者对巴哈伊的注意力，以至于有人误以为巴哈伊在中国影响不大，而事实上影响是非常大的。中国社会科学院编辑的《宗教蓝皮书：中国宗教报告(2011)》(金泽、邱永辉主编，社会科学文献出版社2011年版)一书说，巴哈伊为“成功的新兴宗教”，中国的巴哈伊研究“体现了‘未来的国家’(巴哈伊教领袖对中国的称呼)对‘未来的宗教’(中国学者对巴哈伊教的称呼)的研究热情”。鉴于国内还没有把以往在中国大陆出版的巴哈伊著、译作集合编订的著作出版，中国社会科学院巴哈伊研究中心、北京大学巴哈伊原典文献翻译与研究项目、山东大学巴哈伊研究所、广州大学巴哈伊研究中心联合攻关，运作多年，编成该著作。

确定本文献集成的书名，颇费踌躇。经过反复斟酌、推敲，并且征求了中国和美国学者的意见，确定为《巴哈伊文献集成》。因为从现在的通行提法来看，巴哈伊最被广泛使用的，是三个概念：巴哈伊、巴哈伊教、巴哈伊信仰。本书之所以采用“巴哈伊”，因为在我们看来，巴哈伊既是一种新兴宗教，又是一种把宗教因素降到最低程度的信仰，非常类似于中国的儒学，是一种东方价值观的体现，因此海外不少学者更认同巴哈伊是一种严谨的、健康的、现代的生活方式。

《巴哈伊文献集成》把自1915年以来到2014年底在大陆公开出版的巴哈伊论著集合编订，预计5卷，每卷大约60万字，由蔡德贵教授（北京大学巴哈伊原典文献翻译与研究项目顾问委员会主任、原山东大学巴哈伊研究所所长）、卓新平研究员（全国人大常委、中国社会科学院世界宗教研究所所长、巴哈伊研究中心主任）、宗树人（香港大学人类学系副教授、社会学系系主任）、于维雅副教授（北京大学巴哈伊原典文献翻译与研究项目负责人）、雷雨田教授（广州大学巴哈伊研究中心主任）联合主编。

收入本集成的文献有470篇、部，合计378万字。向所有被收入该文献集成的原作者，表示我们诚挚的谢意，感谢他们对文献集成的大力支持。没有他们的著作或译作，就没有这部文献集成的出版。我们还要感谢上海市图书馆、广州市图书馆、南京市图书馆、山东大学图书馆、山东社会科学院图书馆的大力支持，使我们得以查阅众多民国时期的报刊。

虽然名为《巴哈伊文献集成》，但是并不是所有已经出版的大陆版著作和文章全部都能够收入。原因一方面是可能的遗漏，尤其是1949年以前的，因为年代久远，无法发现的文献肯定会有很多。另一方面，是现有的文献因为版权问题还不能解决，如许宏的《巴布宗教思想研究》（人民出版社2010年版），就只能割舍了。还有如蔡德贵的《当代新兴巴哈伊教研究》（人民出版社2001年版），因为后来的《当代新兴巴哈伊教研究（修订版）》已经纳入，为节省版面，也不再录入。另外有一些著作，是具体运用巴哈伊观点解决实际问题的，如[加]卡迪里安的《酒精和药物滥用：精神和社会心理方面的预防》（北京大学医学出版社2008年版）、潘石屹博客里的文章《我用一生去寻找》《我的价值观》等，则因为版面限制，也不再录入。这是需要向读者特别交代的。同时，也为本书的不足之处表示歉意。另外，为保持原作的出版原貌，未按照现行编辑校对标准对书稿作统一处理和修改。文中图片多为本次加工整理中补充，特此说明。

周夏颐、张玉营、胡文娟、周立坚、舒蒙萌和 Houman Vafai 先生在搜集资料和校对方面均提供了很大帮助，在此表示感谢。山东大学出版社为出版本书付出了巨大的努力，从最大程度上减少了错误，我们也表示诚挚的感谢。傅侃老师和责任编辑为该套书付出了大量的辛勤劳动，令我们非常敬佩。

蔡德贵

2016年1月12日

总目录

第1卷

第2卷

第3卷

第4卷

第5卷

论波海会之精神与作用*

——尚贤堂李佳白(Gilbert Reid)博士演说词

李佳白

世界各大宗教，皆由亚洲发源，而不自欧洲创始，故教中之仪节，亦多与亚洲近而不与欧洲同。如孔教、道教出于中国，神道教出于日本，佛教、婆罗门教出于印度，犹太教出于西亚细亚，基督教出于犹太，波斯教出于波斯，回教出于阿拉伯，是皆班班可考者。由此以观，则亚人信仰之根性，实较欧人为胜。虽今者欧陆列强，群向东方灌输其通商、传教、兴学诸术，俨然为文明之先导，然即道理之本体，宗教之根据言，则固东人为其创，而西人为其因者。

于各宗教外，在中亚细亚新发现一团体，有宗教之性质，而不立宗教之名目者，乃为波海会。译西文文义，仅为一种活动之团体。盖个中人之本旨，在重道之精神，不重教之形式，在执一至公无偏之精义，期有以贯彻于各教，而仍不打破各教之范围。不在立异矫同，而创为新奇特别之名，以自树一帜也。名为波海，特以纪创始人之姓氏耳。

按波海会始自一千八百四十四年，创始之人凡三。首者名阿利·穆罕默德，波斯人，生于一千八百十九年，迨年二十四，忽谓得上帝之默示，因创为此会，从者多信之，因奉以嘉名曰波海(编者按：此处有误，应为"巴布")，波斯语谓门也。意谓信徒从其说，乃得人道之门径也。阿利本为回教徒，然窃以为上帝之道与表示，未必尽于回教之圣经而无余蕴。上帝将来，必更降一圣书，以发明至高通行之道，藉以为各教联合之基础云。此说既盛，人乃群指其从者为叛徒。一千八百五十年，阿利遂被逮入狱，越二年即卒。自始迄今，其门徒之殉此主义而被逮以死者，盖已不下三万人焉。

其次者，人称之为波海由拉，亦为波斯之贵族，而本奉回教者。当阿利被逮，由拉及其从者亦与。初被遣至土耳其属之配搿达(编者按：巴格达)。继锢之于君士坦丁，继复移锢之于阿特来拿勃耳。迨一千八百六十八年，乃复移锢之于犹太属之阿克雷(编者按：阿卡)，从之受罚者凡七十人。始严禁之于两室，后乃稍予自由，然亦不准出此地。迨一千八百九十二年，乃卒于戍所，时年已七十五矣。由拉既卒，其子波海，固与其父同罪而共罚者。至一千九百〇八年，乃始与其徒众，得蒙土政府之释放，盖被锢者已四十年矣。然诸人遭难之年，实即为其主义发展之日。波海既免于罚，乃游历欧美以播其志。而欧美两洲，暨西亚细亚之慕名以往与联合者，乃实繁有徒焉。

波海会成立之历史，既如上所述矣。若其精神与作用，则又有可得而言者。夫该会之诞生，既经

* 原载《东方杂志》12 卷 5 号《内外时报》，1915 年 5 月。

如许之困难，受如许之屈辱痛苦。而会中分子，不惟忍受之、耐守之，且毫无愤恨报复之私焉。此与耶稣及其门徒之遭遇大略相同。而受其感化者，乃群有耐苦忍辱、不报无道之美德焉。此其为益者一也。

各宗教中，如基督教、回教等，除所谓圣贤外，又有所谓德行高洁、知识宏远、能力伟大，受上帝默示，出而为世界拯大难、为上帝布德者，而特号为先知者，如耶稣，如穆罕默德，即基督教、回教之所奉为先知者也。第基督教及回教，以为除耶稣、穆罕默德外，要无望再有先知之降临。即有之，亦惟耶稣、穆罕默德之重至耳。若波海会则以为不然，以为先知不限定于耶稣诸人。今日者世界日即于凶残危难之境，当必另有先知，奉帝命而起，以宣帝意，以拔人罪，以救人难，以助世界人类种种之不足而无缺陷者。此种理想，实足兴起各教各界之希望，而有进步之机，不至以悲观而就消极也。此其为益者二也。

波海会之宗旨，并不欲自成一教。乃欲联络各教，以研究相同之道。而同一归服于唯一之真宰者。故彼礼拜堂中，各教皆有。且明许得自由信奉一教。第须确认各教有合一之理，以为同趋于至善之根基。故该会之成立，乃完全为谋统一、望和平起见。否则若有立异鸣高，自为一教之志，则即有竞争之忍，而无联合之美矣。此其为益者三也。

波海会之宗旨，又在于宽大无我。凡表同情于该会者，该会不第不劝其离原信之人，或原奉之教，且常勖其葆所固有而弗失焉。故在该会中，此教徒与彼教徒接触，不仅无诋责之声，并无抵制之意。与基督教、回教之严同异之辨者迥异。惟其然，而该会虽竟尚宽容，终不能邀土耳其、波斯二国基、回两教之宽容，乃屡逼迫而摧害之。然其善终不可没也，此其为益者四也。

若夫宝爱和平而反对一切之战役，尤为该会宗旨最大之一端。故以为两国苟不幸而至于战，当必设法救止之。若未至于战而已起龃龉，尤宜亟谋调处之。盖理也者，处于久后不败之地者也。若舍可凭之理而诉诸武力，是即显示其所凭之理为不足恃矣。故该会之用意，与海牙和平会将毋同，而反对战衅尤过之。盖纯粹崇道德而不崇势力者。此其为益者五也。（下略）

波海会*

杜亚泉(署名高劳)

中亚细亚于近数十年内发现一团体，名波海会。其宗旨欲联合各教，研究相同之道，以同归于惟一之真宰，期有以贯彻于各教，而仍不打破各教之范围(见本号《内外时报》)。此会创始于 1844 年，因受各教之排挤，及土耳其波斯政府之逼压，发起人先后被锢，已有二人卒于戍狱，门徒之被逮而死者，约三万人。第三发起人，始于 1908 年，经土耳其政府释放，旋即游历欧美，传播会旨。欧美亚三洲，赞成此会者颇众，假以岁月，其必能发扬昌盛，盖可预言也。

宇宙间真理无穷，任从何方面观之，无不有真理之存在。宗教之设立，不过因人因时因地，创为一种之教义，以范围人心，使之去恶而即善耳，非外此别无所为真理也。然自信仰既深，服从既久，遂不免有入主出奴、是丹非素之积习。夫此种积习，苟使各据一隅，长保其固有之疆域，不与他宗教相遇，则亦未尝不可持此片面之真理，以启迪其人民，维持其秩序。无如世界交通，决不能不与他宗教相接触，而人群进化，又决不能以此片面之真理为餍足，则沟通各教，以求更上之真理，亦时势所要求而不容或缓者。况人类战争，虽有种族国界等种种原因，而宗教不同，亦其最著之争点。则欲倡导平和，消弥(弭)战祸，联络各教而贯彻之，固亦切要之图也。波海会怀此宏愿，而适值此寰海大通，且值此战事方殷之际，其受各洲人士之欢迎也，宜哉！

吾国素无排除异教之积习，且有同化异教之特长。周秦以来，诸子百家，兼收并蓄，固无论已，其后佛、回、基督各教，次第东渐，亦未闻有若何之冲突。举凡仇教而战、殉教而死之事，在西国史不绝书，吾则绝无仅有。而佛教精深之哲理，士夫且有取而阐究之者，是诚吾国人之优点，而为欧美所不逮者与。夫波海会所揭之宗旨，在欧美虽目为创举，在吾国则视为故常，今欧美人士，既感于时势之必要，舍其宗教观念，出而赞同，则吾人本无宗教之束缚，且有兼容同化之特长者，当闻而兴起矣，不必拘拘于波海会之名目，而不可不效法其精神。盖为研求真理计，为消除畛域计，均有不宜忽视者。奈何犹有窃取宗教之仪式，强而施诸吾国之中，以期与他教相颉颃者，他人方撤除藩篱以自通，吾乃设置陷阱以自囿，其亦可惑之甚者矣。

抑更有进者，世界当联络之事，尚不止宗教一端，凡哲理、伦理、文学、政治，与夫种种之学问，各国皆有其特长，沟通而贯彻之，其有造于人类，实非浅鲜。曩者英人约翰斯顿氏，曾有圣山同盟会之创议，拟设一万国联合之团体，对于知识上、道德上、美术上之种种事物，使东西方人，得自由交换思想，且融洽国民之交谊，设总机关于中国，而设分部于各国(约翰斯顿有《联合中西各国保存国粹提倡精神文明意见书》，译载九卷十二号本志)。此计划实为世界大同之枢纽，波海会之宗旨，固已包举乎其中，虽一时未易成立，然吾人苟欲为世界增进幸福，为人类破除障碍，不可不努力经营，以期有成为事实之一日也。

---

* 原载《东方杂志》12 卷 5 号，1915 年 5 月。

梅光迪致胡适函(一)*

梅光迪

适之足下：

读致叔永片，见所言皆不合我意。本不欲与足下辨，因足下与鄙之议论恰如南北极之不相容，故辨之无益。乃片末乃以 Dogmatic(武断)相加，是足下有引起弟争端之意。天凉人闲，姑陈数言，或亦足下所欢迎者也。

足下所自矜为"文学革命"真谛者，不外乎用"活字"以入文，于叔永诗中稍古之字，皆所不取，以为非"二十世纪之活字"。此种论调，固足下所恃为哓哓以提倡"新文学"者，迪亦闻之素矣。

夫文学革新，须洗去旧日腔套，务去陈言，固矣。然此非尽屏古人所用之字，而另以俗语白话代之之谓也。[此处胡适眉批谓："字无古今，而有死活。"]以俗语白话亦数千年相传而来者，其陈腐亦等于"文学之文字"(Literary Language)耳[此处胡适眉批谓：即足下所谓"死字"]。大抵新奇之物，多生美(Beauty)之暂时效用。[此处胡适眉批有"?"]足下以俗语白话为向来文学上不用之字，骤以入文，似觉新奇，而美实则无永久之价值。因其向未经美术家之锻炼。[此处胡适眉批："吾并不作如此说法。"]徒诿诸愚夫愚妇无美术观念之口，历世相传，愈趋愈下，鄙俚乃不可言。[此处胡适眉批谓："何谓鄙俚?"]足下得之，乃矜矜自喜，眩为创获，异矣！如足下之言，则人间材智、教育、选择诸事，皆无足算，而村农伧父，皆足为诗人、美术家矣。甚至非洲之黑蛮、南洋之土人，其言文无分者，最有诗人、美术家之资格矣。何足下之醉心于俗语白话如是耶？[此处胡适眉批谓："此尤无理，教育、选择岂仅为保存陈腐古董之用而已耶?"]

至于无所谓"活文学"，亦与足下前此言之。若取西洋之"活文学"言之，其惟报纸乎！然报纸之文，犹经主笔者呕尽心血而来，非真直抄诸酒店、杂货肆者也。文字者，世界上最守旧之物也。足下以为英之 Colloquial(通俗口语)及 slang(俚语)诸字可以入英文乎？一字意义之变迁，必经数十或数百年而后成，又须经文学大家承认之，而恒人始沿用之焉。[此处胡适眉批谓："今我正欲得文学大家之承认耳。"]足下乃视改革文字如是之易易乎？

足下所谓"二十世纪之活字"者，乃殊可骇。盖所谓"二十世纪之活字"者，并非二十世纪人所创造，仍系数千年来祖宗所创造者，[此处胡适眉批谓："思想与文学，同无古今而有死活。既同系数千年宗祖所创造，何厚此而薄彼乎？比儗不论。"]且字者，代表思想之物耳。而二十世纪人之思想，大

---

* 原载杜春和、耿来金整理：《有关胡适提倡新文学的几则史料》，《新文学史料》1991 年第 4 期。此函无年月，在《胡适留学日记》中曾节录此函，注明为 1916 年 7 月 17 日。

抵皆受诸古人者。足下习文哲诸科，何无历史观念如是？如足下习哲学，仅读二十世纪哲人，若 John Dewey（杜威）、B. Russell（罗素）而置柏拉图、康德于高阁，可乎？不可乎？

总之，吾辈言文学革命，须谨慎以出之。尤须先精究吾国文字，始敢言改革。[此处胡适有眉批谓："此言是也。"]欲加用新字，须先用美术以锻炼之。非仅以俗语白话代之即可了事者也。俗语白话固亦有可用者，惟须必经美术家之锻炼耳。[此处胡适眉批谓："此亦有理，我正欲叩头作揖，求文学家、美术家采取俗语、俗字，而加以锻炼耳。"]如足下言，乃以暴易暴耳，岂得谓之改良乎！大抵改革一事，只须改革其流弊，而与其事之本体无关。[此处胡适眉批谓："此言不通，无有意思。"]如足下言革命，直欲将吾国之文学尽行推翻，本体与流弊无别，可乎？

足下言文学革命，本所赞成，惟言之过激，将吾国文学之本体与其流弊混杂言之，故不敢赞同。惟足下恕其谠直，不以 Dogmatic（武断）相加，则幸甚矣。匆匆，此问起居。

弟迪上

（1916 年）七月十七日

梅光迪致胡适函（二）*

梅光迪

适之足下：

读大作如儿时听“莲花落”，真所谓革尽古今中外诗人之命者，足下诚豪健哉！盖今之西洋诗界，若足下之张革命旗者亦数见不鲜。最著者有所谓 Futurism（未来主义），Imagism（意象主义），Free Verse（自由诗）及各种 Decadent Movement in Literature and in Arts（文学艺术中的颓废派趋向[此处梅光迪在上端又加一句：“美术界知 Symbolism（象征主义），Cubism（立体派），Impressionism（印象派）etc.”]大约皆足下“俗话诗”之流亚，皆喜以前无古人后无来者自豪，皆喜诡立名字，号召徒众，以眩骇世人之耳目，而己则从中得名士头衔以去焉。其流弊则鱼目混珠，真伪无辨。Taste 及 Standard（韵味和标准）尽亡，而人自为说，众口嚣嚣，好利之徒以美术为市，乘机以攫“昏百姓”之钱囊以去。今之美国之“通行”小说、杂志、戏曲，乃其最著者。而足下乃欲推波助澜，将以此种文学输入祖国，诚愚陋，如弟所百思而不得其解者也。

夫此种现状固不仅在美术界，欧美近百年来，食卢梭与 Romantic Movement（浪漫主义运动）之报，个人主义已趋极端，其流弊乃众流争长，毫无真伪美恶之别。而一般凡民尤任情使性，无省克与内修之功以为之防范，其势如失舵之舟，无登彼岸之望。故宗教界有所谓 Billy Sunday，Bahaism，Shakerism，Christian Science，Free Thought，Church of Social Revolution，etc［弟兄们星期日、巴哈派（泛神教派）、震荡教派、基督科学派、自由思想社会革命教派，等等］。人生哲学界有 Philosophy of Force，Intuitionism，Humanitarianism，New Morality，Woman Suffrage（力的哲学、直觉主义、人道主义、新道德、妇女参政权）及各种之社会主义、各种之“乌托邦”；而经济、政治、法律各界之分派，亦不胜数焉。其结果也真伪无分、美恶相淆，入主出奴，互相毁诋，而于是怨气之积，恶感之结，一旦横决，乃成战争，而人道更苦矣。其所谓“新潮流”“新潮流”者，乃人间之最不祥物耳，有何革新之可言（今之欧战，其大因故在各国思想界之冲突，加以经济之学兴，人权之说倡，以人生幸福只在外张而不在内修。而弱肉强食之说乘之，而 Might Makes Right 乃为人生秘诀矣）。盖世界一切事未有行之过度而无流弊者。吾国数千年来，及欧洲之中世纪乃泥古太过，其流弊至于社会枯槁、文化消颓。法国革命及 Romantic Movement（浪漫主义运动）以来，欧洲人可谓恢复其自由矣。讵料脱出樊篱，不受训练陶养之赐，而野性复萌，率兽相食焉。由此可见，凡事须归“中庸”之道，为古人奴婢者固非，为自

* 原载杜春和、耿来金整理：《有关胡适提倡新文学的几则史料》，《新文学史料》1991 年第 4 期。此函无年月，在《胡适留学日记》中曾节录开头几句，注明为 1916 年 7 月 24 日。

由之奴婢者亦非也。惟有于两者之中取得其平，则文化始有进步之望耳。

忝于知交之列，故不辞烦厌，再披愚忠。文章体裁不同，小说、词典固可用白话，诗文则不可，此早与足下言之，故不赘。

今之欧美狂澜横流，所谓“新潮流”“新潮流”者，耳已闻之熟矣。有心人须立定脚根（编者按：跟），不为所摇，诚望足下勿剽窃此种不值钱之新潮流以哄国人也。

此为最后忠告。匆匆，此问起居。

弟迪上

二十四

一首白话诗引起的风波*

（1916 年 7 月 30 日补记）

胡　适

前作答觐庄之白话诗，竟闯下了一场大祸，开下了一场战争。觐庄来信(二十四日)：

读大作如儿时听“莲花落”，真所谓革尽古今中外诗人之命者！足下诚豪健哉！盖今之西洋诗界，若足下之张革命旗者，亦数见不鲜，……大约皆足下“俗话诗”之流亚，皆喜以前无古人，后无来者自豪，皆喜诡立名字，号召徒众，以眩骇世人之耳目，而已则从中得名士头衔以去焉。

又曰：

文章体裁不同，小说词曲固可用白话，诗文则不可。今之欧、美，狂澜横流，所谓“新潮流”“新潮流”者，耳已闻之熟矣。有心人须立定脚根，勿为所摇。诚望足下勿剽窃此种不值钱之新潮流以哄国人也。

又曰：

其所谓“新潮流”“新潮流”者，乃人间之最不祥物耳，有何革新之可言！

觐庄历举其所谓新潮流者如下：

文学：Futurism，Imagism，Free Verse.

美术：Symbolism，Cubism，Impressionism.

宗教：Bahaism，Christian Science，Shakerism，Free Thought，Church of Social Revolution，Billy Sunday.

文学：未来主义，意象主义，自由诗。

美术：象征派，立体派，印象派。

宗教：波斯泛神教(编者按：即今之巴哈伊教)，基督教科学，震救派，自由思想派，社会革命教会，星期日铁罐派。

余答之曰：

……来书云，“所谓‘新潮流’‘新潮流’者，耳已闻之熟矣。”此一语中含有足下一生大病。盖足下往往以“耳已闻之熟”自足，而不求真知灼见。即如来书所称诸“新潮流”，其中大有人在，大有物在，非门外汉所能肆口诋毁者也，……足下痛诋“新潮流”尚可恕。至于谓“今之美国之通行小说、杂志、戏曲，乃其最著者”，则未免厚诬“新潮流”矣。……足下岂不知此诸“新潮流”皆未尝

* 原载《胡适留学日记》下册，海南出版社 1994 年版，第 278～280 页。

有“通行”之光宠乎？岂不知其皆为最“不通行”(Unpopular)之物乎？其所以不通行者，正为天下不少如足下之人，以“新潮流”为“人间最不祥之物”而痛绝之故耳。……

老夫不怕不祥，单怕一种大不祥。大不祥者何？以新潮流为人间最不祥之物，乃真人间之大不祥已。……

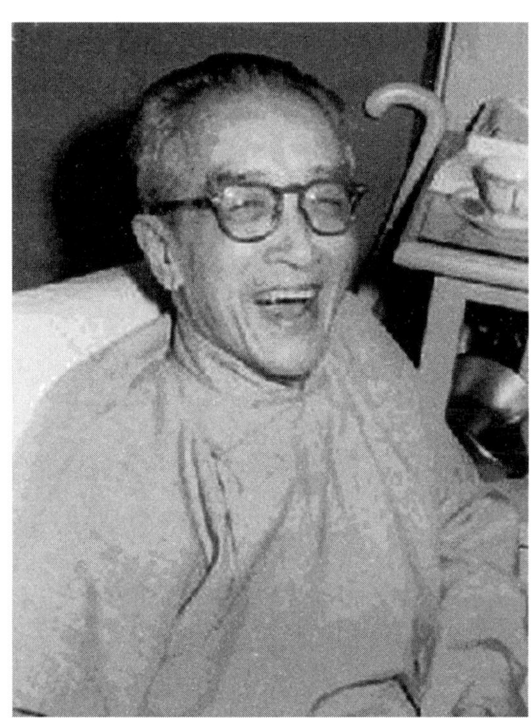

晚年的胡适先生

巴哈之建议[*]

本会(编者按:指巴哈伊信仰)一致建议,对于人道世界以增进经济、社会、宗教之统一为宗旨。

巴哈对于战争之趋势

本节所谓趋势,非赞助战争之谓,不过为巴哈公民之义务,作一提纲挈领。盖自爱好和平之合众国,竭图良策,而为素好寻仇、恃强怙恶之敌国所迫,不得不出于战,实冀夙怀正道,不至摧残民胞物与之心,有所展发也。

首创巴哈建议之人,巴哈有拉(编者按:即巴哈欧拉),贡其规律大端之一如下:在各邦或各政府之中,有本会之存在者,本会当以忠诚、信义、敦厚报政府。

以上三端绝无模棱之词,理固甚著,究其义,不过忠于政府,酬其保卫之功而已。巴哈建议注重和平。和平云者,其基在于巴哈有拉之巨划,即所谓人道之一贯也。

四十余年前,本会现首领益打巴哈(编者按:即阿博都・巴哈),尝著《回文化之潜力》,其要旨可译示如下:

战争为和平之基,破坏为建设之母。譬如元首宣战于强敌,或为人民家邦之结合起见,则昂昂骐骥,具毅力决心者,不难腾跃咆哮于赛勇之场。质言之,即战争所以调和平之佳音也。故震怒不啻慈惠,裁制不啻持衡,而称兵即和好之源也。

历史上不乏明证,以证前言之不谬。益打巴哈复实其言,以答本会对待敌人之问,其义可知矣。

巴哈有拉普通之规律,在赦宥仇敌,洵足为人类正确之标准。然有时公道可持,必赖施为。譬如吾仇贸然至吾室而伤我,我固可宽宥之,苟行不利于汝,我必当有以阻之矣。进而言之,使我不克,竭力以护汝,则我不特于汝伤负责,犹有怂恿仇敌之罪焉。

在上述之书中,主张于将来组织万国裁判法庭,益打巴哈有言曰:

强固联盟之丕基,当如磐石之奠,使有一国逾其约者,他国当起而征灭之。不宁惟是,凡含生负气之伦,皆当并力而蹴之者也。

至于政府兴戎以应国家争战之需,益打巴哈已充其语矣。方歇战之兴未几,有问以欧洲巴哈会

---

[*] 本文发表于1917年在上海出版的第一本巴哈伊小册子。

员之责任者，彼答曰，服从政府即其不移之天职也。

在彼可纪之演说中，题为《宣命于美国之人民》，一九一七年十一月五日演于辛勒那底(Cincinnati)，益打巴哈尝曰：

美国为泱泱大邦，世界中和平之导线，而光烛溥天之下者也。他邦悉有桎梏之苦。不见于险陷且安谧为雅，未有如合众国者也。谨谢昊天，美常与世无争，一似万国之安和，惟美为能，高悬其帜，而推其友好之心，故当美之召和平于万国，乃世大声疾呼，回其然其然，吾人日望之矣。

此正益打巴哈所道美之实情也。凡为巴哈会员，应无疑美之将践其预言矣。丁兹风雨飘摇之候，渠辈自知此不测之灾，不啻祝融肆虐于全邑之境也，则全民之责任，安用问乎？倘曰不信有此战争，而不允为政府一援手，是犹曰不信有此火灾，而不允熄其焰也。待夫火焰既熄，则谋建新邑。永除火患为补牢之计，亦正其时矣。

于是，凡为巴哈会员，当此危急之秋，悉向合众国之政府，自陈其忠，悃不挫其坚，心不移其厚望，灭此空前绝后之大灾之日，即力征经营之故局消散之时，而所谓自由、公正、群策互持之新猷，若旭日之方升，以为宗教之精神，人类之巩基，放一异彩也。

巴哈安乐(即巴哈欧拉)者，波斯人之现代大预言者也。自受默示，有过化存神之妙。七十年间，得信徒十数万人。欧美人士亦闻风而应之，以其为教，平实至公，无一毫居见。据一神而合百教，融万国而为一家，即理想之理想，宗教之宗教也。包犹太、天方、拜火、基督、天主、佛、印度、儒等诸宗教理，兼伦理、哲学、社会主义、神秘学等各种学理，其言曰：东星、西星，光光不二；此园、彼园，花花同春。可见其直指本源之说也，今举其十二纲领于下，系六十年前所手录者云：

一、人类世界之统一；

二、真理研究之独立；

三、诸宗教之基础一也；

四、宗教不可不为一致之原因；

五、宗教不可不与科学及理性调和；

六、男女之平等；

七、诸偏见之打破；

八、世界的平和；

九、世界的教育；

十、经济问题之解决；

十一、世界的语学；

十二、国际的裁判所。

使此十二条实行于世，则神国其迅矣乎！

◁巴哈之建議▷

本會一致建議對于人道世界以增進世界社會宗教之統一為宗旨

巴哈對于戰爭之趨勢

本節所謂趨勢非贊助戰爭之謂不過為巴哈公民之義務作一種[illegible]自愛好和平之合衆[illegible]圖[illegible]而為[illegible]好[illegible]仇[illegible]之[illegible]所迫不得不出于戰[illegible]正道不至[illegible]民[illegible]物與之心有所[illegible]也

首創巴哈建議之人巴哈有拉實其規律大端之一如下在各邦或各政府之中有本會之存在者本會當以忠誠信義教導擁[illegible]政府

以上三端絕無[illegible]之[illegible]其義不過出于政府[illegible]其保衛之功而已巴哈建議[illegible]和平云者其基在于巴哈有拉之[illegible]即所謂人道之一貫也

四十餘年前本會現首領阿白都巴哈嘗著[illegible]文化之潛力其要旨可譯示之如下

[illegible]為和平之基[illegible]設之[illegible]于強敵或為人民家邦之結合起見則[illegible]決心者[illegible]之即戰爭所以調和平之往者也故[illegible]不[illegible]和好之源也

歷史上不乏明徵以證前言之不謬阿白都巴哈復[illegible]以吾本會對待敵人之[illegible]可知矣

巴哈有拉[illegible]之規律在[illegible]仇敵[illegible]足為人類正確之標準然有時公道可[illegible]必[illegible]如吾[illegible]然至吾[illegible]而[illegible]我[illegible]可[illegible]不利於[illegible]我必當有以[illegible]之矣[illegible]而言之使我不克[illegible]力以[illegible]則我不[illegible]有[illegible]仇敵之罪焉

在上述之書中主張於將來組織萬國裁判法庭阿白都巴哈有言曰

強國聯盟之基[illegible]有一國[illegible]其約者他國得[illegible]而[illegible]之不[illegible]凡含生[illegible]之[illegible]皆當并力而[illegible]之者也

至于政府與戎以應國家爭戰之需阿白都巴哈已充其[illegible]有[illegible]以歐洲巴哈會員之責任者彼嘗答曰服從政府即其不事之天職也

在彼可紀之演說中[illegible] 當會于美國之人民 一千九百十七年十一月五日演于新新那的(Cincinnati)阿白都巴哈嘗曰

美國為[illegible]大邦世界中和平之[illegible]天之下者也他邦悉有[illegible]不[illegible]于[illegible]且安[illegible]未有[illegible]合衆國者也[illegible]天[illegible]一[illegible]萬國之安和惟美為能[illegible]其[illegible]而增其友好之心故當美之召和平於萬國乃世人[illegible]其然[illegible]然吾人日望之矣

此正阿白都巴哈所道美之實情也凡為巴哈會員[illegible]美之[illegible]其預[illegible]矣[illegible]之[illegible]自知此不[illegible]之[illegible]邑之[illegible]也[illegible]民之責任安用[illegible]不[illegible]有此戰爭而不允為政府一[illegible]手是[illegible]曰不信有此大[illegible]而不允[illegible]其[illegible]也[illegible]則[illegible]新邑永除大患為[illegible]之計亦正其時矣

于是凡為巴哈會員當此危急之秋悉向合衆國之政府自陳其忠[illegible]不[illegible]其堅心不移其厚望滅此空前絕後之大災之日即力任[illegible]之[illegible]之時而[illegible]自由公正[illegible]之新[illegible]若旭日之方昇以為宗教之精神人類之[illegible]一[illegible]也

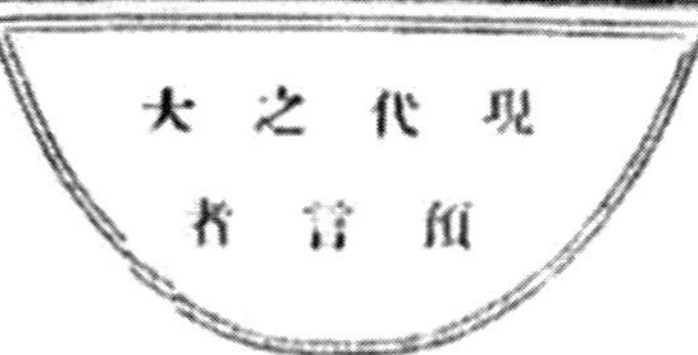

使此十二條實行於世則神國其迅矣乎

直指本源之說也今舉其十二綱領于左係六十年前所手錄者云

一、人類世界之統一
二、真理研究之獨立
三、諸宗教之基礎一也
四、宗教不可不為一致之原因
五、宗教不可不與科學及理性調和
六、男女之平等
七、諸偏見之打破
八、世界的平和
九、世界的教育
十、經濟問題之解決
十一、世界的語學
十二、國際的裁判所

（上海1921年）

矛盾之调和*

杜亚泉

……

吾人观于上述例证，可由之而得数种之觉悟焉。（一）天下事理，决非一种主义所能包涵尽净。苟事实上无至大之冲突及弊害，而适合当时社会之现状，则虽极凿枘之数种主义，亦可同时并存，且于不知不觉之间，收交互提携之效。前述欧美政治现象与经济现象，乃其显著者耳。若细察现世界各方情状，类于此例者尚多。如法兰西为民治昌盛之国，其政体宜取分权制矣，而乃励行中央集权；欧美各国，咸崇尚自治，顾其政府对于人民之居处衣食，常为琐屑之干涉，然而行之者不以为悖，受之者不以为厉，则以与其社会现状，无所冲突，亦无弊害，故得一；以协进而不相妨害焉。抑主义之至为坚越，又极狭隘，而不许有他主义之搀人者，莫宗教若矣。尊崇自己之教义，仇视他教之信徒，若冰炭之不相容，欧洲中世纪，尝因之而肇绝大之战祸。然自世界棣通而后，此坚越狭隘之教义，已渐有融合之趋势，各国学者，咸欲沟通此睽异之各教，而求一大同之真理焉。俄国托尔斯泰，基督教之泰斗也，尝自谓："中国孔老之书，涌之弗措；至于佛典，不独欧人著述，即汉文著作，亦尝读之。"中亚细亚有所谓波海会者，欲联合各宗教，研究相同之道，以归于惟一之真宰，会员四出传播会旨，近时欧亚美三洲，赞成此会者，已不乏人。吾国数年来，亦有基督教某教士所发起之中外各教联合会，延各教之名人，讲演其教之教旨，相互讨论。夫以千百年各筑藩篱之宗教，乃有接近之一日，此亦足见一种主义之不能包涵万理，而矛盾之决非不可和协者矣。（二）凡两种主义，虽极端睽隔，但其中有一部分，或宗旨相似，利害相同者，则无论其大体上若何矛盾，尝缘此一部分之吸引，使之联袂而进行。国家主义与社会主义之翕合，即属此理。德儒尼采，世人咸目之为军国主义之人，与德洛希克、般哈提同属一系，不知尼采乃反抗普鲁士主义，且非难德洛希克之道德者；徒以其主张摈斥从来之道德，竭力攻击人道主义，以求意力之伸张，与军国主义有一部分之类似，遂得以欣合，而成为德意志帝国主义之中坚人物焉。（三）主义云者，乃人为之规定，非天然之范围。人类因事理之纷纭杂出无可辨识也，乃就理性上所认为宗旨相同统系相属者，名之为某某主义。实则人事杂糅，道理交错，决非人为所定之疆域可以强为区分，其中交互关系，彼此印合之处，自复不少；犹之动植物学之门类科属，非不划若鸿沟，有条不紊，然造化生物之本意，初无此门类科属之界限，如科学家所规定者。故甲种之物，往往有一形态、一机能，与乙种之物绝相类似，而不能以规定之门类科属限制之；且不特动物与动物、植物与植物为然，即动植两者之间，亦尝发生此疑问，而令人莫定其为动为植焉。抑主义既为人为所规

* 原载《东方杂志》15卷2号，1918年2月。

定，而人事又常随时代以迁移，故每有一种主义，经人事时代之递嬗，次第移转，驯至与初时居于相反之方面者。美之孟禄主义，现时虽仍为彼都人士所标榜，但其实质，较之数十年前，已有几许之改变。论者或谓其自美西战事而后，至今兹之加入欧陆战争，业由军国主义而转入于帝国主义、世界主义，与本来之主义，显相违反，此虽不免见事过敏，然已非复曩日之旧，则固人所共念也。进化论谓世界进化，尝赖矛盾之两力，对抗进行，此实为矛盾协进最大之显例，盖所谓对抗者，仍不外吾人理性习惯上所定之名词，若从本原上推究之，则为对抗，为调和，恐无一定之意义也。

吾国闭关时代，社会上之事理，至为单简，惟学说不同，间有分立门户，各持异议者；此外之党派，则多为利害之冲突，而非理想之差池；故因思想歧异，各树一义以相标榜之事，殊不多见。自与西洋交通，复杂事理，次第输入，社会上、政治上乃有各种主义之发生；在西洋之有此名目，初非各筑墙壁，显相敌视也，实含有分道而驰，各程其功之意。第吾人不善效法，失其本旨，于是未收分途程功之效，先开同室内哄之端，苟既知矛盾之时或协和，世界事理，非一种主义所能包涵，且知两矛盾常有类似之处，而主义又或随人事时代而转变，则狭隘褊浅主奴丹素之见，不可不力为裁抑。吾人既活动于此事理纷糅之世界，自不能不择一主义以求进行，但选择主义，当求其为心之所安、性之所近者，尤必先定主义而后活动，勿因希图活动，而始求庇于主义，以蕲声气之应援；且既确定为某种主义矣，则宜诚实履行，毋朝三而暮四，亦毋假其名义，以为利用之资；而对于相反之主义，不特不宜排斥，更当以宁静之态度，研究其异同。夫如是，则虽极矛盾之两种主义，遇有机会，未必终无携手之一日，即令永久不能和协，亦不至相倾相轧，酿成无意识之纷扰也。

访日本新村记*

（1919 年 7 月 30 日在东京巢鸭村记）

周作人

Bahá'u'lláh（巴哈欧拉）说："一切和合的根本，在于相知。"①这话真实不虚。新村的理想，本极充

---

* 原载 1919 年 10 月 30 日《新潮》2 卷第 1 号，署名周作人。收入周谷城主编：《民国丛书》第 2 编第 65 册《艺术与生活》，上海书店出版社 1990 年版。

① 蔡德贵注：据鲍景超先生 2011 年在香港告诉我，他找到了这句话的出处。他给我出示了一本袖珍书《玖》。鲍景超先生在给我的邮件里说：

周作人引用的那一句有另外一个翻译。在 1923 年在美国出版了一本叫 *Bahá'í Scriptures* 的书，里面搜集了当时已翻译的巴哈欧拉和阿博都巴哈的圣言。这句圣言里面也有，但翻译有点不同。

今天给你看的小册子是翻成：

O friends! Consort with all the people of the world with love and fragrance. Fellowship is the cause of unity, and unity is the source of order in the world.

在 Bahá'í Scriptures 里是翻成：

The followers of sincerity and faithfulness must consort with all the people of the world with joy and fragrance; for association is always conducive to union and harmony, and union and harmony are the cause of the order of the world and the life of nations.

这一个翻译可能是周作人所读到的，因为 union 是"合"，harmony 是"和"，而 association 是"相知"。

《巴哈伊教经文》（*Bahá'í Scriptures*）的编辑，参与者有玛莎·露特和朱丽叶·汤普森小姐。艾格妮思·亚历山大在 1914 年 11 月份的时候，就来到了日本，在那里传播巴哈欧拉信仰，而玛莎·露 1915 年 7 月在日本的时候，也带去了一些宣传巴哈伊教的小册子。周作人也许正是从她们带去的小册子里读到了巴哈欧拉的这句话。至于如何得到这些著作，我查阅了《周作人日记》，没有发现任何线索。

1917 年 4 月 30 日，第九届巴哈伊年度会议在波士顿召开。这是一次具有里程碑意义的大会，它将改变巴哈伊信仰的历史，对全世界产生深远的影响。玛莎·L. 鲁特担任此次大会的记者。

大会在波士顿的布伦斯维克酒店举行。会上宣读了五部神圣计划书简以及阿博都巴哈对美国巴哈伊就传播教义的指示。参加此次大会的代表分别来自美国的四个地区（东北、南部、中部及西部各州）和加拿大。代表们在大会上进行了热烈的讨论，并且表现出了强烈的忠诚和热情。这种忠诚和热情必将促进巴哈伊信仰的传播，正如玛莎报道："用坚实而持久的行动将理想转化为现实。"

第九届年度会议还有一件事值得一提，那就是罗伊·威廉（Roy Wilhelm）发布了一本蓝色的传导小册子。这本册子共有两种版本，一种是小字体（不到两平方英寸），另一种字体稍大。此册一经发行，立即取得了巨大的成功，人们分别给这两种册子起了绰号"大本"和"小本"。最初，这本册子是作为里兹万节的小礼物而印刷的。该册子的初版印刷了一万五千本，很快就销售一空。紧接着增印了七万五千本，同样快速售完。此后，小册子又不断重印。

"小本"，一种不到两平方英寸的宣传册，"大本"稍大，内容为巴哈伊信仰基本教义。罗伊·威廉在 1917 年第九届巴哈伊年度会议上发行了这两本宣传册。玛莎·鲁特将它们翻译成了多种语言，并且在环球旅行中经常用到它们。

在玛莎的环球传导之旅中，罗伊·威廉的蓝色小册子成为了她的贴身伴侣和最好的伙伴。这些小册子被翻译成各国的文字，进入了全世界的家家户户，不论贫富，不论家庭大小。"大本"和"小本"犹如天空中闪耀的双子星，散发着品质之光芒，帮助他人实现目标。它们是玛莎不可或缺的宝贝。（M. R. 加里斯：《玛莎·鲁特——神圣门槛前的雄狮》，成群译，澳门新纪元出版社 2012 年版，第 59～60 页）

满优美，令人自然向往。但如更到这地方，见这住民，即不十分考察，也能自觉的互相了解，这不但本怀好意的人群如此，即使在种种意义的敌对间，倘能互相知识，知道同是住在各地的人类的一部分，各有人间的好处与短处，也未尝不可谅解，省去许多无谓的罪恶与灾祸。

统一世界宗教之大运动*

畅　支

际此科学昌明物质是崇之世。而谈宗教。时人或将非之。惟宗教之潜化力。现仍弥漫宇宙广被四海。其影响于个人家庭社会国家者甚大。人对于一宗教所抱观念苟失之毫厘定将差之千里。近闻西方有澄清宗教使定于一之大运动发现。为略述其原委如次。

近百年间有三大非常人生于波斯。排勃(Báb,编者按:即巴孛)、白海乌拉(Bahá'u'lláh,编者按:即巴哈欧拉)及亚伯特尔·白海('Abdu'l-Bahá,编者按:即阿博都·巴哈)是也。

排勃于一八一九年十月生于喜拉司(Shiráz,编者按:即设拉子)。年二十四即出而布道。以阐扬真理统一全球为主旨。排勃(按波斯语指门户)非其真名。彼以此为名者。盖愿人不固守成见故步自封也。一八四四年排勃在曼加(Mecca,编者按:即麦加)举行大宣讲。闻者十万余人。莫不为之感动。旧宗教家甚嫉忌之。越二年下于狱。一八五〇年受极刑于市。然信其道者并不因当道虐待而阻。前仆后继。仍力谋实现排勃之主张。一八六三年白海乌拉崛然而起。继排勃之志广为宣传。受其感化者以万千计。白海乌拉宣称当世真理所在为使人类以精神之友爱相结合。"汝为同枝之叶。共海之沥。人不当以爱国为惟一职志。最足使人光荣者为爱群。"

波斯当道认白海乌拉所宣传为邪说。力遏之。其徒死于极刑者约二万余。殉道诸人皆视死如归。毫无恐惧怨愤之色。当道不能销灭其势力。乃行放逐政策。初则以白海乌拉与其子亚白特尔白海及诸徒送至裴格台特(编者按:即巴格达)。继逐至君士坦丁。终乃至亚得里亚那波尔。白海乌拉在亚得里亚那波尔城中。公开宣道并致书于欧洲各国之元首。请彼等参加其改革宗教奠定世界和平之大运动。一八六八年复被土皇逐至派拉斯太恩之亚加('Akká,编者按:即阿卡)而禁锢之。白海乌拉在狱中专心著作。至一八九二年而物化。其子亚伯特尔白海继父志宣道毫不怠懈。今在回教国其徒最重。在欧洲各国美国加拿大日本印度诸地。信其道者亦实繁有徒。

白海乌拉谓为人道计。各国元首当互相结合。并集各民族各邦国之代表。组织一仲裁机关。名曰人群之巴力门。以解决一切国际争端。教育为最神圣之事业。女子教育尤为最要。盖个人行为之良窳。大半因母教之正当与否而定也。各人须受一种职业教育以资谋生。以服务公众之精神勤于其业最为高尚。世界言语亟须统一。宗教与科学终将合而为一。天道必藉人以阐扬。各人各随其道心智慧所及皆得窥其一二。各人所见皆天道之一部份(编者按:分)。综而合之大道乃可得。信道笃学之士为研求神圣常识之先进者。宇宙真理人群和德将藉其力以明显。今人所注意者偏重

* 原载1922年12月17日《申报》,187～373(2),《申报索引》编辑委员会编,1988年。

于物质。一切观念。几全被物质所束缚。然物质只为人生之一部份。人群断不可徒以物质相兢。物质之外尚有无限知识。吾人亟宜考求之。非物质知识。可以解放物质观念之束缚。而进人群于大同。白海乌拉常诫人勿迷信。勿惑于历史。当以独立精神考求真理。人之所以不能见真道者。因物质观念太重也。

亚伯特尔白海与其父同于一八六八年入狱。至一九〇八年被释。出狱后周游欧美各邦布其道。所至备受欢迎。不数年而名满西方矣。

其信徒近在美之芝加哥。米西根湖畔购地多亩。拟兴筑一大礼拜堂。现已集有成款。不久即可动工。零捐款之人各民族各教徒皆有。中央有祈祷祀神厅一。无论何人皆可自由进此堂。各随其宗教习惯以礼拜或祈祷。堂之附近。有医院一。祀神者之旅馆一。孤儿院一。研究高深科学之大学一。公园一。凡此种设备。无论何人皆可享其利益。论者谓自此以往。宗教可与科学调和。科学可以辅助宗教循序渐进。统一宗教。缔造大同。非难事云。

統一世界宗教之大運動

提倡統一宗教促進大同者波

世界语同志欢迎儒特女士*

——十三日举行

美国新闻记者北京世界语专门学校教授儒特女士(Miss Martha L. Root)近因宣传巴海教来沪，本埠世界语同志，订于十三日(星期日)午后三时，假南洋桥国语专修学校开欢迎会。届时，女士将有演说，题为《世界语为世界辅助语》。该女士对人言，波斯大教育家巴哈欧拉，在60年前，曾致书各国政府，要求选择现存语文，或另造一种语文，作世界公用语。此后全世界学校里只须教二种语言即可。一即祖国语，一即世界通用语(Esperanto)，无论从何方面看来，却有当作世界通用语的可能性，故不可不加以研究。人类到现在，决不能再孤立。因欲与各国接近，各国之语文当然要学。然若知一种可和各国交通的世界语，则愈可方便。Esperanto自从产生以来，不过三十几年，而各国学者已以千万计，寰球大会已开了十多次。东西洋各国，均派有代表与会，进步非常迅速。至于各国怎样加入学校课程以及它的内部精神等，于是日当详细再说。另有译员译成华语，并当场分赠小册子。往听者无须入场券。另儒特女士现住昆山花园A字十二号。

玛莎·儒特小像

* 原载1924年1月11日《申报》。

儒特女士演讲记*

——演讲世界语之重要

昨日下午三时，上海世界语诸同志，借法租界国语专修学校开欢迎美国儒特女士大会。兹将女士演词略记如下：

余得与诸君相见，甚喜。在席诸君，均有力之人。将来对于世界语之提倡，定有成就。贵国旅居敝国之人，为数不少，余辄与之交往。今日即将对于旅美华人之常谈布之于诸君之前可也。美国诸名人，除外交家外，多与贵国人民亲爱，推而广之，则全世界之人民，无不互爱，所少者一使其引起互爱免除误会之工具耳。工具缘何？世界语是也。今请先述世界语发明人柴门霍甫，诸君已习世界语，当亦素悉。柴氏居住小村，幼而聪慧，能操数国语言。彼知无统一之语言，则辗转翻译，愈去愈远。终不免发生隔阂与误会。于是决计创造一人造文字，彼与其同学惨淡经营，制成今日通用之语根（按：世界语有语根一种，永不变化）。其时，柴氏遭世人嘲骂，不知若干年，而柴终力行无倦，以底于成。余足迹遍数国，犹忆五年前，在巴西见其大小各校，无不有世界语之教授。即其地之报纸，亦多用之。后到埃及，亦见有多校编入课程。往岁至日本，晤世界语学者四千余人，东京大学并用此专门学校为尤著。后余至济南，即以北京学者之热度，告之济人。或者济南人闻风兴起，将来亦如北京提倡之盛，亦未可知。贵国明年有许多学生，留学吾美。如熟谙此语而至其地，充当教师，亦可得钱以充学费云云。后又述纽约、伦敦、荷兰、匈牙利、法、意、芬莱（芬兰），各国提倡世界语之盛及巴海(Bahá'í)教之内容，闻者成大欢忭，掌声不绝，至五时许，始摄影而散。

---

* 原载1924年1月14日《申报》。

巴海教主及教堂*

美国儒特女士来沪宣传巴海教。据云，该教宗旨不外达到“世界和平”四字，进行方法不仅以弭兵为事，且注重教化世人。教主巴海生于波斯某地。某地适在东方，因东方系真理之发祥地。孔教、佛教、耶教均发生东方。今西人注重科学之外，故常向东方求真理也。又云：巴海教无国界，对各国如一家。教主于一八七五年已著书，预料世界将有大同会，即今日内瓦之国际联盟，比海牙又进一步云。今巴海教之进行方针，不外言语之统一、教育之大同、真理之各自发挥，及宗教种族与国际私见之弃除，而对经济问题，亦必求一新解决之方法云。

* 原载《时报图画周刊》1924年1月21日，第184期。

欢迎儒特女士*

美国著名世界语学者巴海教宣传者儒特女士(Martha Root)莅沪,本埠世界语同志,假国语专修学校开欢迎会,会中有国专学校小学生加入表演。

* 原载《时报图画周刊》1924年1月28日,第185期。

巴海教宣传者儒特女士到沪*

提倡宗教大同、宣传大同胞主义之巴海教(The Bahá'í Faith),系发源于波斯,宣传未及七十余年,大有遍及全世界之势。在欧美各国,信徒早已遍地,美国芝加哥城且有大规模之巴海教堂建筑。日本亦设立宣传所,在我国知该教者尚鲜。现在巴海信徒美国新闻记者儒特女士(Miss Martha Root),负宣该教主义于东亚各国之使命,特自美国远涉重洋,来中国作巴海主义运动,女士在北京勾留六月,曾作多次之演讲。各报均揭颇详。继至天津、济南、曲阜(编者按:原文叙府,疑为"曲阜"之误)、南京、苏州各地演讲,亦备受欢迎。到沪后曾应郭秉文博士之请,在上海商科大学演讲。儒特女士现寓本埠昆山花园 A 十二号,电话北六十三号,凡有意研究巴海教者,可随时相约晤谈云。

* 原载《爱国报》1924 年第 17 期。

巴海教宣传使儒特女士致侯素爽信*

济南道院侯先生大鉴：

去岁予过济时，对于道院尚不甚明悉，虽有人曾向余道及，但行色匆匆未得驻济详加考察。自来上海后，余乃尽力调查道院事业。上礼拜六、日，余曾作一论文，寄往美国芝加哥城一杂志，论及道院并诸君所办之慈善事业。余心极欲重回济南对于道院再加研究，并为道院作文字上之宣传，且借此告诸君以巴海教之运动。因巴海教与道院之宗旨实多所吻合也。余拟作一论文，投上海各西文报，更作一长文寄北京之亚洲通讯社。亚洲通讯社之稿件译为中文者，印五十份分送中国各地及菲律宾、高丽等处。英文者亦印五十份，送往国外各报。余送去之稿件，该社定当分送。此外，余更可作一特别稿件，送往美国各报。此事于道院之宣传，当为力不小。若先生亦如余之以传扬真理为使命者，当乐赞成也。余甚愿知诸君之道院与美国之灵学会相同否。当余由美来华时，余曾在美国各地最大之灵学会演讲若干次，余更愿告诸君以巴海教运动之详情。巴海教徒之目的与诸君同，皆为统一各教者也，而于慈善事业吾等亦极尽力。余已遍历世界各国，到处讲演、著作以宣扬巴海教义，此事先生想已知之矣。余发愿在中国遍游十九省，各处讲演著作并散布中文及世界语之巴海教之小册。余曾购巴海教小册中文者八千份，世界语者三千份，以广传播。余拟遍历世界各地，仍重返中华，以度余年。有人告余，先生于巴海教极热心研究，且贵报曾载有关于巴海教之文字。余闻之无任铭感，无任欣悦。且喜先生以欢喜的心去连（编者按：联）合各宗教之信仰，实与吾等相同也！即此恭颂贵院诸君事业之进步。

儒　特

* 原载《哲报》1924 年第 3 卷第 2 期。

美国女记者之游粤*

美国新闻记者儒特女士，来粤游历，演讲巴海的主义。兹闻儒女士，昨午 12 时曾携带美国必智市长及该国工商部长介绍函，晋谒孙大元帅（编者按：孙中山），陈述其关于世界和平之意见，并希望大元帅以中国和平民族的领袖地位，指挥世界和平之运动。大元帅极为嘉许，畅谈至一小时之久，始握手约再会而别云。

* 原载 1924 年 4 月 4 日《广州民国日报》。

巴海教的真相*

张仕章

巴哈的音信乃是一种宗教合一的宣召，并不是一个新宗教的请求，也不是一条到永生的新道路——上帝要禁止呀！它是把人所有种种幻想和迷信的碎渣都已除尽了的旧路，而且要把各样纷争同误会的污物都弄得干干净净，好使高尚的探求真理的人再得着一条清洁的道路，可以从此确确实实的进去，就能寻出代上帝说话的人虽则很多，然而他的道毕竟是独一无二的。

——亚布都尔巴哈

在未发表言论之前，我先要向读者声明三点：

（一）我注意巴海教是起于今年寒假中与朋友辩论基督教和巴海教之后，所以这种动机，不是出于好奇的心理，乃是发乎求知的欲望。

（二）我讨论巴海教是抱了宗教学者的态度，并没有带着基督教徒的成见，所以这篇目的不在拥护基督教，专在说明巴海教。

（三）我草此篇都取材于我半年来调查的结果和研究的心得，所以我的使命不过要做一个简单的报告，并非想介绍这种时髦的巴海教。

绪　论

自从去年美国儒特女士（Miss Martha Root）到中国来宣传“巴哈主义”以后，一般知识阶级中的人对她“夸奇炫新”的或“盲从瞎信”的固然很多，但是“置若罔闻”的或乱加批评的倒也不少。代她在报纸上大吹特吹的也有，替她到各处去分送小书的也有。甚至有班神经过敏的学生和思想偏激的青年，一方面既为巴海教热心介绍，他方面却对基督教竭力攻击，说什么巴海教是最新发明的宗教，讲什么基督教是将被淘汰的宗教。他们自以为人生目的已经有了归宿，而对于基督信仰尽可从此唾弃，于是他们不免要“改弦更张”“去旧从新”了！

但是我那时（在二月里）听了他们介绍的说话，又看了他们分送的小书，不由得开口便说：“巴海教不过是基督教的变相罢了，没有什么稀罕！”而且心里也想：“巴海教的道理既与基督教处处雷同，

* 原载《青年进步》1924年第77期。

怎么好算新宗教?"因此,就有两位朋友来同我无理取闹、凭空强辩。彼方既先在报上开火,我也只好出马应战。这场宗教论战,一直延长到六月底方才了结呢!

我既是一个信仰基督的教徒,又是一个研究宗教的学者,所以在我们笔战的当儿,我很愿意写信到各处地方去调查,并且要"平心静气"地抽出空工夫来研究。至于我调查的结果,除了儒特女士亲笔的复书和赖勃夫人(Mrs. M. M. Rabb)——就是旧金山巴哈协会里的书记——寄来的回信之外,还收集了关于巴海教的书报、小册、单张、照片等等共计三十余种。

我对于这场笔墨官司的案卷,看得非常认真,而且想到那种调查经过的情形,也觉得很有兴味的。可惜我不便在此地尽行披露,只好等我将来编印成书以后,再供诸君的参观吧!所以,我如今姑且把巴海教的真相略略的报告一下子,对方的人看了或者还可以"卷土重来"哩!

(一)巴海教的名义

巴海教的名称很多,而它的意义当然也大有出入了。至于我们中国人现在所说的"巴哈教"这种名词,大概是从英文 Bahá'í Religion 二个字里翻译出来的。但是照文字学上看来,"巴海"(Bahá'í)是个形容词——赖勃夫人也是如此说法——它是从"巴哈"(Bahá)这个名词转变过来的。所以"巴海教"的意思不过说是"巴哈的宗教"(Religion of Bahá)罢了。可惜我们中国人只管翻译它的声音,没有明白它的意义和来源啊!

我上面说"巴海"既然是从"巴哈"变化出来的形容词,那么"巴哈"到底含有什么意义呢?儒特女士先写信给我说:"巴哈就是光明(Light)或是荣耀(Glory)的意思。"后来赖勃夫人也回答我道:"巴哈是个名词,作荣耀解。"这样讲来,我们若使要照音译,与其说是"巴海教",不如叫作"巴哈教"来得恰当了。倘然要照意译,那么"光明教""荣耀教""天福教"等等名称,岂不是更加通顺、格外明显吗?况且"巴哈"的原文是波斯语;英文中的 Bahá 也不过翻译它的声音,并没有译出它的意思呢!

复次,我看见许多巴海教的书报上都不大提起"巴海教"这种名称的。他们讲惯了的名辞无非是:(1)"巴哈主义"或"光明主义"(Bahaism)——这是最简单的说法;(2)巴哈的主张或"光明主张"(Bahá'í Cause);(3)"巴哈的音信"或"光明福音"(Bahá'í Message);(4)"巴哈的天启"或"光明默示"(Bahá'í Revelation);(5)"巴哈的运动"或"光明运动"(Bahá'í Movement)。所以儒特女士的信中,只说到末后的两种名辞,并不谈及"巴海教"这个名称,而且赖勃夫人的复书里也只采用(2)同(5)的两个名辞。可见,现在的巴海教还不过是一种主张和运动哩!

(二)巴海教的由来

亚布都尔巴哈('Abdu'l-Bahá)说:"巴海教的起源和基督教的起源是一样,是同一的根据,是同一的基础。"(见中文译本《巴海的天启》第一页)但是现今的巴哈信徒都以为"巴哈主义"是由"巴普主义"(Babísm)产生出来的,因为这种"光明运动"是起于一个自称"巴普"(Báb 在波斯语中作"门"字讲)的波斯青年在西历 1844 年 5 月 23 日对回教徒所发的宣言。他的原名叫作米萨阿利穆罕默德(Mírzá 'Alí Muḥammad)。他的宣言就是说:"至高的上帝已经拣选他做了光明的门。"他自命为米狄(Mihdí)——回教中第十二代先知——的再生,又自称为回教中的"原始点"(Primal Point)——这是回教徒称穆罕默德的徽号。"他的使命是宣布一个世界使者的降生。"他不过要做那位"上帝的表示者"(Him Whom God shall make manifest)的开路先锋,正像施洗约翰是做耶稣基督的向导一样。他做了六年宣传的工夫，到了1850年7月里，就被回教徒杀死了！当时他的门徒殉难的也是不少，后来他的信徒当中有一个名叫巴哈欧拉（Bahá'u'lláh）的写信给世界上的君王，说他自己就是那位"上帝的表示者"。所以如今的巴哈信徒，就奉他为教主了。

（三）巴海教的教主

巴海教的教主巴哈欧拉（就是"上帝的荣耀"的意思）原名米萨和赛阿利（Mírzá Ḥusayn 'Alí）。他在1817年11月12日生于波斯京城德黑兰（Ṭihrán）的地方。他是波斯的首相米萨亚伯司（Mírzá 'Abbás）的大儿子。他从小就很聪明，但是他只是在家里受教育，并没有进过什么学校或书院。在二十二岁的时候，他的父亲去世了。波斯政府请他继续做官，可是他情愿抛弃权利不肯出仕。五年以后，他听见巴普的宣言，就皈依了这种新信仰。等到巴普遇难之后，他就继续他的运动，于是巴普的信徒都承认他为领袖。当时，波斯的政府和回教的教士都很仇恨他们，所以就将他和他许多的信从者捉住了，后来波斯王放逐他到报达（Baghdád）的地方去。

他在这个土耳其的城里，大约有一年之后就独自到旷野中去修行了二年，并且著成了二部书，就是《隐语》（*The Hidden Words*）和《实言》（*Kitáb-i-Íqán*）。他那时虽则备受辛苦，然而信从他的人倒反一天多似一天了。于是回教中的博士很妒忌他，又请求波斯王驱逐他到更远的地方去。土耳其政府也听了他们的请求，就下令召他到君士坦丁堡（Constantinople），好使这种运动快快消灭于无形之中。跟随他的人得了这个消息，就把他所住的花园包围了十二天（1863年4月21至5月3日，就是在巴普的宣言后十九年）。他在被围的第一天就向他们宣布，他真正是巴普所预言要来的那个"上帝的使者"。

他同他家里的人和门徒就都被解到君士坦丁堡去，监禁在一所小房子里。过了四个月，他们又被兵移往亚德里安堡（Adrianople）。巴哈欧拉在那里住了四年半的工夫，收门徒。后来他的门徒当中起了纷争，所以土耳其政府（编者按：此处原文衍"工夫，差不多天天"，根据文意删去）再把他徙流到巴力斯丁（Palestine）的亚加（'Akká）地方，幽禁在营房中，约有二年之后才被迁到别的小屋里去拘留。不过在那时看守稍懈，他也可以见客了。六年以后，他和他的同伴甚至可以自由行动了。于是他的儿子和别的信徒都再三劝他离开这"监狱城"，往巴峄（Bahjí）那边去休养。他在这个地方生活还算舒服，后来的晚景大半是消磨在祷告、默想、著作、讲道和会客方面。至于他警告世界各国的君主、总统与教皇的书信，也是在这个时期写的。一直到了1892年5月28日那日的晚上，他就因热病归天了。他享禄七十有五岁。在临死的当儿，他写好遗嘱、立定规约，命他的长子亚布都尔巴哈做他的代表，继续他的宣传事业，又教给他家中的人和信徒，都要服从这一位承继者，不可分门别户。

那时亚布都尔巴哈（波斯语为"光明的仆人"）——他的原名叫亚伯司爱芬蒂（'Abbás Effendi）——已经有四十八岁了。他自从做了主教以后，就依着父命在海法（Haifa）附近的迦密山（Mount Carmel）旁边造了一所房子，作为巴普信徒的永久栖息之地与开会礼拜之用。在1901年忽有人诬告他谋叛，于是他和他的家属又被土耳其政府下到亚加城的监牢里去了。一直到了1908年，他才被这种"少年土耳其运动"（The Young Turk Movement）释放了出来。他出狱了二年，就动身到伦敦、纽约、巴黎、斯秃戛（Stuttgart）、布达佩斯（Budapest）、维也纳、埃及等等地方去宣传"爱的福音"。于是巴哈的运动，就从此普及于全世界了。他在1921年11月28日死于海法地方。他也有遗嘱，叫他的外孙萧格爱芬蒂（Shoghi Effendi）——那时他正在牛津大学肄业——做他的继承者。所以现在还住在海法圣地的那位"巴海教的主教"（The Guardian of the Cause）就是这个大学生呀！

(四)巴海教的教义

巴海教的教义——就是巴哈欧拉的主张——实在和基督教差不多的。所以儒特女士在信里告诉我道:"这种'光明运动'不过要把耶稣的'登山宝训'(《马太福音》第五章至第七章)普及于全世界就是了。我如今不妨再把亚布都尔巴哈演讲时所提起的十几条根本教义约略的记在下面罢:

(1)世界的人类是真同出一源的;

(2)宇宙的真理是当独立研究的;

(3)天下的男女是要一律平等的;

(4)上帝的宗教是有同一根基的;

(5)活动的宗教是可以结合人心的;

(6)心灵的宗教是不干涉政治的;

(7)真正的宗教是与科学一致的;

(8)一切的偏见是应完全抛弃的;

(9)各国的人民是该促进和平的;

(10)普及的教育是为人人所需的;

(11)共同的言语是免猜疑误会的;

(12)经济的问题是能根本解决的;

(13)人类的进步是靠圣灵能力的;

(14)国际的法庭是须从速组织的;

(15)"神约的中心"(The Center of Covenant)是防异端邪说的。

(五)巴海教的教仪

关于巴海教的教仪,从前儒特女士回答我说:"我们没有什么多大礼节。我们早上、日中和晚上要祈祷。我们有些日子也举行宴会。我们在一年当中也有一次禁食。当开会的时候,我们诵读这些教训,并且有一个人要讲解这些原理。我们的会是美观的,而且我们大家都要依靠'圣灵的能力'。"(正如二千年前耶稣的门徒那样做法,而且凡是基督徒和心灵的人们,若要在生活上有价值,也必定如此的。)照我现在研究所得,还有许多别的仪式哩!我姑且再在这里分开来简单的说一说:

(1)礼拜 做礼拜的时候,并无专任牧师主领其事,只有热心信徒自愿讲道。世俗政事绝对禁止讨论;而读经祷告却要同心合意。说道的人要谦和,听讲的人要肃静,因为这些信徒到会的目的是"专在教学上帝的真道,心求上帝的大爱,完全顺服上帝的旨意,还要促进上帝的国度。"

(2)节期 巴海教里定了许多节期,使信徒可以休息、作乐或纪念。"元旦日"(Naw-Rúz)、"立时王节"(Riḍván)——(就是巴哈欧拉在报达附近花园里被围的十二天或四月二十一至五月三日)、巴普和巴哈欧拉的生日与巴普的宣言日(也就是亚布都尔巴哈的生日)是都要开会庆祝、设宴欢聚的。至于在巴普的殉难日(7 月 9 日)和巴哈欧拉同亚布都尔巴哈的死期,凡为巴海教徒也都要集会致哀的。

(3)日历 巴海教徒所称的纪元,是以巴普的宣言那一年(就是西历 1844 年)为起头的,而且他们所用的日历又根据于巴普所特创的。讲到这种日历,以春分日(就是西历 3 月 21 日)为"元旦",并且每年分十九个月，每月有十九天，所以在第十八个月终了以后与第十九个月开始之前，又有四天或五天的闰日（就是西历2月26至3月1日）。于是他们每年就定这四五天为请客、送礼、探病、济穷等等特别的日子了。

（4）禁食 巴海教徒定每年第十九个月为禁食的时期。所以他们在这十九天当中，自日出至日入，饮食一点不许进的。不过在小孩、乳母、老弱、病人或旅客，这种禁食的例规是不必遵守的。亚布都尔巴哈说："禁食是一个符号，要表示节欲的意思。"

（5）婚丧 巴海教的婚丧礼节，大概与基督教相同的。亚布都尔巴哈曾经说过："巴海教的婚约是经男女双方允诺后所订的完全合同。他们对于对方的人格应当极其注意，而且还要互相了解。他们俩的坚固盟约必须变成一种永久的结合；并且他们的目的是必须在于不朽的爱情、友谊、合一和生命。所以新郎应当在新娘和众人的面前说：'我们对于上帝的旨意真正知足'，而新娘也必须接着道：'我们对于上帝的愿望实在满意。'" 由此，我们也可以看出巴海教中的婚姻仪式了。至于他们的丧礼，照亚布都尔巴哈死后的丧葬看来，可说与基督教完全一样的。

（六）巴哈教的教堂

巴哈欧拉曾经有一个遗训，就是要教他的门徒在各乡各城起造礼拜寺。他称这些礼拜寺作"马许立克尔亚士加儿"（Mas͟hriqu'l-Ad͟hkár），意思就是说："颂赞上帝的黎明之所"（Dawning Place of God's Praise）。这种寺是一座圆顶九面的高大屋宇，工程要认真，形式要华丽，地址要在一个大花园里，而且周围都要环绕着喷泉、树木、花草和房屋，可以作为教育与慈善事业的用场。

在波斯的地方，一直到如今还没有一只"巴哈寺"，但是在俄罗斯的雨喜加拜（Ishqabad）那边，已建设了第一个大寺。至于第二只"巴哈寺"，远在美国支加哥附近的惠尔弥德（Wilmette）地方建筑哩！所以儒特女士也写信给我说："严格说来，我们并没有巴海教堂，人人都作工，都教诲，都有份。没有什么牧师或祭司。但是现今正在美国的支加哥地方从事建筑一所'巴哈寺'，为供给世界各宗教作大礼堂之用。在这寺的里面有一个总礼堂，能使大家聚集祷告。这寺并未向人募捐，然而那些相信'宗教合一'——就是一种互相和谐的勉力——的人，却不断地慷慨解囊。"今年一月二十一日《上海时报周刊》上登出来的"巴海教堂"就是路易蒲尔粤（Louis Boorgeois）所打的那张图样。

（七）巴海教的教徒

巴海教的教徒——信奉巴哈欧拉的人——就是叫作"巴海"（Bahá'í），所以《时报图画周刊》说"教主巴海"实在是"张冠李戴"了！但是一个"巴海"究竟是什么？亚布都尔巴哈曾经回答说："做一个巴海，不过要爱全世界，爱人类而为它服务，又为世界的和平主义与同胞主义工作罢了。"他又在别处解释"巴海"为"一个把天赋一切所有完全放在生活当中的人"。在伦敦演讲中，他有一次也说道："凡照着巴哈欧拉的教训去实行的人，已经是一个巴海了。反而言之，一个人虽则可以称他自己为一个五十年的巴海，若使他并没有在生活上实行出来，那么他仍然不是一个巴海。"这样讲来，要做一个巴海教的教徒，并没有什么特殊的手续和进教的仪式的。所以儒特女士也回答我说："一个人要做巴海教的信徒，只要先研究与实行这些教训，然后把这些教训传给别人就是了。"

（八）巴海教的经典

巴哈欧拉和亚布都尔巴哈所讲的言论与所做的祷告，都是巴哈教徒的"金科玉律"。至于他们父子俩所著的书籍和所写的信札,也就是巴海教里的圣经古典。所以现今巴海教徒在做礼拜时所读的圣经,无非是巴哈欧拉的遗著与祷文,或是亚布都尔巴哈的演讲和书信。照我所知道的,他们俩的遗书——已经译成英文或法文的——只有下面的几种:

(A)巴哈欧拉的遗著

(1)《隐语》(英译本共计一百零二页)

(2)《实言》(英译本共计一九零页,法译本名为 Le Livre de la Certitude,共计二一二页)

(3)《巴哈欧拉遗书》(英译本名为 Tablets of Bahá'u'lláh,共计一三七页)

(4)《巴哈欧拉的三封信》(英译本名曰 Three Tablets of Bahá'u'lláh,共计三二页)

(5)《七山谷》(英译本名曰 The Seven Valleys,共计五六页)

(6)《致狼子书》(法译本名曰 L'Epi'tre au Fils du Loup,共计一八五页)

(B)亚布都尔巴哈的遗书

(1)《几个答题》[英译本名曰 Some Answered Questions,共计三四四页,法译本名曰 Les Lecons de Saint-Jean d'Acr,均为巴尔耐(Laura C. Barney)一人所编]

(2)《亚布都尔巴哈遗书》(英译本名曰 Tablets of 'Abdu'l-Bahá,共分三集,每集约计二三八页)

(3)《巴黎演讲录》(英译本名曰 Talks by 'Abdu'l-Bahá Given in Paris,共计一七一页)

(4)《伦敦演讲录》(英译本名曰'Abdu'l-Bahá in London,共计一三四页)

(5)《纽约演讲录》(英译本名曰'Abdu'l-Bahá in New York,共计七八页)

(6)《神圣哲学》[英译本名曰 Divine Philosophy,为卓勃林(Isabel F. Chamberlain)所编,共计一八四页]

(7)《文化的异力》(英译本名曰 Mysterious Forces of Civilization,共计二四二页)

(8)《世界和平的布告》(英译本名曰 The Promulgation of Universal Peace,即为纽约演讲录的第一集)

(九)巴海教的协会

"巴海教协会"(The Bahá'í Assembly——我们或者可以说它就是"巴海教会"——又称为"精神协会"(Spiritual Assembly——简称 S. A))各处的巴海教徒如满九人以上,就可以组织一个协会以资联络。至于这种协会的组织方法,波斯法狄尔(Fadil)曾经把他们所有的情形报告人家说:"精神协会的重要责任如下:

(1)筹备布道会、印刷品等等宣教的事宜;

(2)设法救助穷苦的信徒和非信徒;

(3)提倡教育、科学和艺术;

(4)宣讲巴海教的教章;

(5)收用信徒的捐款(但是开大会时并不收捐,向外人也不募款。各种款子都由信徒自愿捐纳,会中不过登录他们的姓名(常有无名字的)和捐款的数目,然后再分配它们的用途就是了);

(6)排定宴会的日期和地点。

"凡信徒的各种活动事业,都当取得他们所在地内的协会的同意,因为这会就是'灵光'的放射点。这会如不清洁又没精神,那么上帝的道理也不能在那地方兴旺了。教中的朋友应该知道他们在各样道理上的事情必须服从这种'精神协会'。所以每次开会的时候,大家都要诵读亚布都尔巴哈那一封讲到本会各种责任的书信。"

至于本会的选举法,先由众信徒推举代表组成一个选举委办,再听这委办选出协会的职员。这些职员的任期为二年或三年,任满后都应辞退,另选新协会。

现在波斯地方的协会是男女分开的。但是亚布都尔巴哈说,在西方的信徒,男女不必分开,尽可合组一个协会的。

(十)巴海教运动

"巴海教运动"的起源和历史,我在上面已经说过了。但是现在巴海教徒对于宣传这种运动的方法,到底是怎么样呢?我看他们的宣传方法不外乎下列的三种:

(1)游行演讲　有许多热心的巴海教徒常常自愿到国外去游行,并且演讲巴哈的主义。譬如去年儒特女士要到中国、日本、澳洲、南非洲等地方去宣传这种"光明运动",就是游行演讲的一个好例。

(2)发行书报　巴海教徒很注意文字上的宣传事业,所以他们要翻译巴哈欧拉的遗著,编辑亚布都尔巴哈的演讲,组织巴海教杂志社,设立"巴哈教出版会",而且还要分送各种巴海教的印刷品。现在美国所发刊的《西方明星》(*The Star of the West*)与《天国子民》(*Magazine of the Children of the Kingdom*)、印度的《巴海消息》(*Bahá'í News*)、德国的《真道之阳光》(*Sonne de Wahrheit*)、土耳其斯坦的《东方红日》(*Khurshid-ikhavar*)和日本的《东方明星》(*Star of the East*),都是巴海教的机关报。至于"巴海教出版会"(Bahá'í Publishing Society)也早已在支加哥地方创设了。

(3)组织协会 巴海教徒也采取团体运动的方法,所以他们非但要在各处组织"地方协会",而且还想设立"全国协会"和"世界协会"。现在"地方协会"差不多在英、美、德、法、俄、波斯及印度等国里都有了。今年三月里,我查得日本东京地方,也有一个"巴海协会",但是我写信去询问,一直到如今还没有回音呢!我又听说儒特女士要在上海组织一个协会,地址定在江西路A字五十一号,不过到底还没有成立,所以我起头写过两封信去,都被邮局退还了。至于"全国协会",我只晓得在英美两国已经成立了,而"世界协会"也只在1915年巴拿玛万国博览会中召集过一次"世界巴海教会议"(International Bahá'í Congress)。

结　论

我想读者看了我上面的各样报告以后,对于巴海教的真相也就"可见一斑"了。但是我还要诚诚恳恳地对诸君说:"这种'光明运动'在近六十年来,固然大有进步,很奏成效(据我所知的,现在全世界共有三十余所'巴海教协会'、五十余种巴海教书报和一百余万巴海教信徒),"可是我们已经皈依别的宗教的人,也不必为了要做巴海教的信徒就和旧时所入的宗教团体脱离呢!爱尔勃托梵尔(Albert Vail)——就是《西方明星》月刊社一个编辑——说得好,道:"一个人要做巴海教徒,不必对他从前的宗教关系宣告脱离,他仍旧可以做一个佛教徒、婆罗门教徒、波斯教徒、回回教徒或是基督徒的。"至于我们做基督徒的,更不必抛弃基督的信仰,退出耶稣的教会,因为儒特女士的回信里说:"我从前是基督徒而且如今还是一个基督徒。亚布都尔巴哈是一个基督徒,并且传过基督的教训。这种

‘巴海运动’一点没有损坏基督教。”她中间又对我说:“巴普、巴哈欧拉与亚布都尔巴哈都是生下来就相信回教的。他们都后来都信从了基督。”她末了再叮咛我道:“我可以确定对你说,这种运动是基督教的。”如此讲来,这种“光明运动”实在可以说就是一种新的“基督教运动”呀!

所以我敢说:

(1)巴海教不是要(A)组织新宗教,(B)反对基督教,(C)排斥上帝观或,(D)废弃祈祷式。

(2)巴海教乃是(A)要联合各教,(B)普及基督教,(C)发展精神力或(D)建设“太平世”(Abhá Kingdom)。我现在不妨再引几句话来做一个结束吧。

“巴海的运动不是一种组织。你永远不能组织巴哈的主义。这种光明运动乃是现时代的精神,又是这世纪所有最高理想的总汇。”

——亚布都尔巴哈

1924年10月1日于硖石

附　白

我本想把关于巴海教的各种书报编译成表,附录于此,可惜篇幅有限,只好从略了。至于我这篇东西,大半都是取材于爱尔蒙的《巴哈欧拉与新时代》(J. E. Esslemont's *Bahá'u'lláh and the New Era*)。读者中如有疑问,请写信到浙江硖石积墨山庄来和记者讨论就是了。

新词拾零：巴哈运动*

巴哈运动(Bahá'ísm)是一种宗教运动，其最初领袖名米尔萨阿里玛呵默德(Mírzá 'Alí Muḥammad)生于十九世纪中叶。他是波斯人，其所宣传的教义，谓一切宗教根本相同，种种派系出于同源。波斯政府因其说教危及国家宗教，乃在太不列斯地方处以死刑。

巴哈教义以平等、博爱、服务为归。玛呵默德死后，教旨反而大行，由波斯而印度而土耳其而南部俄罗斯，甚至传入美国。

* 原载《新中华》1934年第2卷第6期。

文化之统一与宗教之普及*

——一九二五年一月二十五日在北京协和主日会的一次讲演

曹云祥

几个星期以前，我有幸聆听 Dr. Luce 的演讲，题为“解读时代之征象”。这位怀有乌托邦梦想的演讲者自问，何为世界新千年的征象。依我之见，这些征象至少应首先导向“文化之统一与宗教之普及”。文化而不统一，则枉称文化，终不免流于浅薄；宗教而未普及，则愧为宗教，总不过是迷信或教条而已。

在以文化之统一为目标的运动中，最突出者莫过于在旧金山召开的世界教育大会。

会议之议题是通过教育根除无知与不公，而无知与不公恰是导致各国之间仇恨与误解的根源。此呼吁传达至七十三个国家的一千名联络人，其中包含的目标如下：促进世界各国的友谊、公正和亲善；提倡全世界包容所有国家的权利，无论其种族或信仰；欣赏各民族在数百年的发展与进步中传承的遗产之价值；确保不同国家之学校教科书中的信息准确而充分；使全民族同心同德；在新一代人的头脑与心灵中培植灵性价值，使他们能够把华盛顿会议上所强调的诸多原则发扬光大；最后，强调最重要的是人类的团结，指出战争的本质乃自杀，而和平乃人类所必需。

对此运动有兴趣者，共有一万八千人参加了开幕会议。一位目击者称：“身处这会场之中，看着来自全世界的面孔，他们是来自世界各民族的代表而不是少数领先国家的代表，他们汇聚一堂，热诚讨论，不是为了一己之私利，而是怀揣伟大的人道动机，这一切令人心潮澎湃。人在此处总会感到，那至大至纯的真理，那将使人类更善良、更宽容、更忠诚、更道德、更虔敬的强大力量，将由此扩散开去。”

---

* 本文的英文原题为“The Unity of Civilization”，它曾经在《巴哈伊年鉴》（*Bahá'í World* 1925～1926）第 141～147 页刊发，潘紫径女士翻译，收入蔡德贵著《清华之父曹云祥》一书。这篇讲稿原是曹云祥 1925 年 1 月 25 日在北京协和医学主日会上的英文讲演，所讲内容包括了巴哈伊教的 12 条教义，可见此时曹云祥已经洞彻巴哈伊教的基本思想。其中引用的 12 条教义就包括：

1. 独立探寻真理，消除各种歧视与偏见。
2. 人类一家，所有人乃“一树之叶，一园之花”。
3. 宗教必须带来爱与团结，否则不如没有宗教。
4. 宗教同源。
5. 宗教与科学必须齐头并进，信仰与理性必须一致。
6. 世界和平。
7. 男女平等，拥有同等发展机会。
8. 消除极端贫富差距，并为之努力。“以服务的心态工作等同于崇拜。”
9. 建立国际组织，例如国际联盟、国际仲裁机构利国会。
10. 采纳一种语言作为国际辅助语言，并在全球各个学校教导。
11. 普及义务教育——尤其是针对女性，她们将为人之母，并是下一代第一任教育者。
12. 认知上帝，并遵循其通过各个显圣者所启示的教导。

但凡认为人类团结曾有所改善或世界终将摆脱武力争斗的，总不免遭到很多人的嘲笑。但是，世界上出现了一种水静而流深的信仰，它相信促进世界团结之诸力量有着非同寻常的品质，其影响范围远非制造争端之诸力量可比。争端是爆炸性的，但也是暂时的；和谐是缓慢上升的，但终将成为主旋律。

世界大战显然已使人们认识到各国间经济的相互依存关系，尽管威尔逊总统对国联的理想未能全然实现，随之发生的事件必然会使思想家们重新回顾某些著作，如诺曼·安吉尔（Norman Angell）的《大幻觉》（*The Great Illusion*）、费勒（Fayle）的《大殖民》（*The Great Settlement*）以及凯因斯对《凡尔赛和约》的勇敢批判，最近甚至康德（Kant）的《永久和平》（*Perpetual Peace*）也推出了新版。

最近剑桥大学出版社出版了《广义教育》（*The Wider Aspects of Education*），其中收录了古奇博士（Dr. G. P. Gooch）的数篇论文，作者以历史学家的立场，指出各国家的不受限制的主权是“现代世界的诅咒”。他说：“一千年来，从圣奥古斯汀（St. Augustine）到马基雅维利（Machiavelli），从公元五世纪到十五世纪，文化之统一的理念一直统治着欧洲。他们把欧洲称为基督教共和体（Res Publica Christiana），并信奉文明人类之团结这一伟大理念。只是从约四百年前开始，伟大政治思想家马基雅维利才提出国家主权的概念，赋予每个国家以至高无上的主权，只对自身负责，而不对其他国家负有任何义务，亦对人类社团不负有任何义务，并仅需向一个神圣统治者或内在神性指引致以礼仪性的敬意。马基雅维利的理论为英格兰的霍布斯（Hobbes）和德意志的黑格尔（Hegel）所继承，并成为世界各国的政治家和政论家所信奉的既定原则。因此在过去四个世纪里，人类之灵魂便在世界公民的教义和纯粹世俗的民族政治之新教义间不断挣扎。”

古奇博士把世界大战视为不可避免的结果，是对头脑狭隘和思想偏执的民族主义的真理观和价值观的最终反证；他相信当今最好的思想和最好的思维，所有国家无一例外，就是转向世界公民的理念，并使其完成从神学基础向伦理基础的转变，并不断壮大，直至拥抱世界上所有的文明国度。这一进程不仅因世界大战所暴露的主权教义之破产而前进，还因我们亲自经历的这种挣扎之结果而发展。

他相信，要想让这一理念深入到政治家或流浪汉、校长或历史学家的意识或潜意识中，需要很长的时间；但是，它必将实现。他确定不疑地指出，倘若我们这些与教育或教育行业相关的人，不尽我们之所能去率先接受文化之统一的基本事实和人类文明大家庭中所有成员的相互义务，并进而向我们遇到的每一个人、向每一个向我们求教的人，传达这一伟大的启示性的理念，那就是我们的重大失职。

最近，我被一段文字深深震撼了，这篇文字出现在一本旨在培训军事领袖的书上。文中说：“在旧有的观念下，爱国的含义是尽一己之全力为本国争取权力、荣誉和光耀，甚至在必要时必须牺牲其他国家。但是从更高层次上讲，真正的爱国主义应该是通过诚实的努力，通过良好的治理，通过无私而不是征服，通过与地球上其他民族，特别是弱小民族的友谊，通过使本国的名号与旗帜受到所有民族的尊敬，来为本国赢得权力、荣誉和光耀——所有这些都为了一个目的，即为了造福全人类。这种观念不是贬损爱国主义，而是使其更加高贵。没有任何一个人或任何一个民族能够以营私于世界为荣。无论是一个人，还是一个民族，都对他人或他国负有责任和义务，从而使人类文明获得提升，并使文明世界的生活获得永恒的价值。这才是真正的爱国主义，或称民族主义。”

两年前，在一个年会上，笔者有机会与国内领袖级教育家交谈，结论是改良的儒学，即所谓的“新

《大学》论”。孔子曰：

“古之欲明明德于天下者，先治其国；欲治其国者，先齐其家；欲齐其家者，先修其身；欲修其身者，先正其心；欲正其心者，先诚其意；欲诚其意者，先致其知；致知在格物。”

根据现代知识，我主张用科学来格其物、致其知，用宗教、伦理和生命哲学来诚其意、正其心、修其身，用社会科学来齐其家、治其国，用文化之统一和宗教之普及的理念来明明德于天下。

国家主权的观念使狭隘的民族主义限制了文明的范围，而大多数伟大的宗教却提倡大同。但是，宗教却未曾做到言行之一致。

在纽约一个近二百人参加的圣经课上，小洛克菲勒说，在现代的仓促进步中，现代智识的发展远胜于宗教的发展。他引用大英帝国的财政大臣温斯顿·邱吉尔最近的一篇文章说：“一九二四年之理念是在和平的表象之下远征，并在世界各军队之中完善。人类已掌握了必将毁灭自身的工具。”

“为什么会这样？”小洛克菲勒先生这样问了，并且作出了这样的回答：

“因为人的灵性品格未能与人的智识同步发展。文明，即才智和物质的累积，暂时胜过了宗教。宗教必须加快步伐，否则人将无法及时觉悟，将自己从战争的恶梦中拯救出来。”

小洛克菲勒先生说，宗教的启示适用于人类事务，比如说医院、住宅计划，童工法、工厂法等。他宣称：“无论是有意识还是无意识的，在这些启示的背后，有一种基督精神。人的悲悯心是我们灵性理想主义之花。如果人类要在紧密交织的现代社会中共同生活下去，就必须接受源自上帝之爱的原则之指引，从而热爱我们的兄弟。尽管文明可能暂时胜过宗教，但其生长力却未见更强大。”

让每个人都这样问自己吧。“智识或文明，现代生活需求和神经质激情，是不是已胜过了我那恒久的宗教信仰？”更具体地说，“如果你信仰上帝之爱是天父之爱，你能不能爱人类如同自己的兄弟？”为什么我们的耳中不能时时回响这样的经文：“原谅他们，因为他们不知道自己在做什么”？难道我们没有听说过那个伟大的灵魂，当他的狗碰倒了图书馆里的蜡烛，烧掉了他倾注多年心血的手稿时，他的不快仅限于这样呼叫：“钻石啊钻石！你不知道你闯下了多大的乱子！”如果我们不能把这宽恕和同情的精神贯穿于我们的存在之中，那么宗教只不过是一件星期日的礼服。

从世界大战以来，德意志思想家们就忙于创立新哲学，尽管德意志民族中有相当一部分人正饱受饥饿和社会动荡的折磨。肉体的穷乏似乎使他们的精神需求变得比对食物的渴望更加迫切。哲学著作成为千百万中产阶层的追求。例如，张伯伦的《十九世纪文明的基础》一书卖了十五万册，韦亨格的《仿佛哲学》卖了五万册，斯宾格勒的《西方文明的衰落》（即《西方的没落》）卖了七万册，而凯泽林的《一位哲学家的旅行日记》则卖了五万册。

凯泽林伯爵出生于德意志贵族家庭，祖籍俄罗斯波罗的海外省，在革命中被剥夺全部财产。他那一代人所面临的社会和道德混乱，使他陷入绝望之中，作为一个教义与哲学的学习者，他因此开始了周游世界的旅程。“在锡兰（今斯里兰卡），他尽量像佛教徒那样去感受和思考，在印度像婆罗门一样去感受和思考，在中国像一个儒士一样去感受和思考，在日本像日本人一样去感受和思考，在美利坚合众国像一个美国人那样去思考。”他的精神转变被记录下来，即一九一八年出版的《一位哲学家的旅行日记》。他的结论可概括如下：“所有的事实，所有的教义，都是同一灵性意义的不同表达；它们是我们能够对灵性事实的真实世界获得认知的惟一途径；对其意义的更深层理解将使人更有力量、更完美；除了我们此种理解的提升以外，别无人类进步。”

对于灵性生命来自同一个源头的哲学认识刚出现没多久，但是早在1905年，协和神学院的院长查理·库斯伯·豪尔博士(Dr. Charles Cuthbert Hall)就观察到,无论是神职人员还是非神职人员,都对旧式的教派纷争越来越深恶痛绝。他声称,文化圈对于教会的合法职能产生了更真切、更明智的判断。萌芽状态的团结观念和生命与爱的运动无所不在,就像雄鹰展翅般不可阻挡,但却在无意间忽略了潜藏的分裂因素。同时,宗教哲学的进步,历史学和考古学的相关发现,社会问题造成的压力,新的世界大同理想,以及上述所有圣经批判的建设性成果,都在把诸多智识卓越和灵性圣洁之士凝聚在基督信仰和实践之下,既不混同于激进的异教主义,又独立于教派分裂。这种感情的基调不是革命性的,而是进化性的;不是破坏性的,而是建设性的。这种自发的情感清晰地表现在从非教派的角度对教会进行重新阐释,而这必须通过那永恒真理的凝聚力量,使所有人获得提升和吸引,并通过那永恒之灵的生命之力赋予每个人以自由。

豪尔博士预言异教主义和宗派主义的人为阻碍将逐渐坍塌,宗教生活将在更广阔的领域更自由地发展;继而豪尔博士讲述了他对东方的人民寄予的希望。"当一个人站在令人景仰的东方的心脏,感受那宗教脉搏的律动,审视那些容颜所显露的灵魂未得满足的征象,思考那些宏大而持久的建筑形式所表达的宗教情怀,就很难想象有谁会说这一切都毫无意义,有谁能否认这一切都是那些未能获得完满和充分的自我实现的人的内在神性的见证,有谁又能断言这一切都将被铲除和灭绝,而基督教终将在其废墟上崛起。我对于非基督教的信仰充满了热忱的希望和渴求,相信这些信仰都闪烁着神的破碎的光芒。"他还说:"基督教的普世信仰的精华在东方有着自己的表达方式,这一点是确定无疑的。我们的主是一个东方人,在我们的想象中他只能穿着东方的衣服,有着东方的举止,除非我们存心扭曲真理。若不是那陌生而不可理喻的西方总是试图把基督教强加给东方,通过不受欢迎的举止、习俗、性情、教条和军事政府,基督教本该早已传遍东方。"

"最后,当东方可以成为西方的补充和圆满,当东方可以向西方贡献自己看到的真理,并通过自身的体验去思考这真理的时候,世界对基督教的皈依才是对泽被全世界的基督信仰的更完整、更全面的诠释。"

我之所以长篇引用这些论述,是为了说明即便二十年前宗教思想家们在宗教生活中已在追求文化之统一和普世意义。近来,宗教观点更趋开明,比如在纽约出现了福斯迪博士(Dr. Fosdick)的教义,在伦敦则出现了英格的布道。

豪尔博士的预言在近年来很多知名运动中都不同程度地实现了,而这些运动或多或少都带有宗教色彩,但就我个人而言,我则皈依了巴哈欧拉("神的荣耀")和阿布杜·巴哈("神的仆人")所引导的巴哈伊运动。

"巴哈伊启示并非一个组织。巴哈伊圣道从未局限于一个组织之内。巴哈伊启示是当今时代的精神。它是二十世纪所有最高理想的实质所在。巴哈伊圣道是一个具有包容性的运动,在巴哈伊运动中所有宗教和社会的教义都有所呈现。基督教、犹太教、佛教、伊斯兰教、琐罗亚斯德教、见神论、共济会、唯心论等各宗各派的信徒,都可在巴哈伊圣道中找到他们的最高目的。社会主义者和哲学家们也发现他们的理论已在巴哈伊启示中完满呈现。"

巴哈伊启示于一八四四年,兴起于波斯,今天已为全世界所知。"与其说它是新宗教,不如说宗教在更新和统一。"

这一以社会和精神重建为目的的独特运动,最初起源于一位叫巴布的荣光四射的青年,他的使命是宣称一位伟大的世界使者的到来。很多欧洲历史学家都描述过这位心灵圣洁的开明宗教英雄的神奇魅力，他于一八五〇年殉道，即他传播其卓越教义六年后。

巴哈欧拉是一位波斯贵族，他即是巴孛预言中的使者。巴哈欧拉宣布一个新纪元的曙光已升起，在这新纪元里友爱与和平将如百川归海般遍布全球。然而，他所倡导的原则对于他同时代人中的思想偏狭者来说，是超前的普世理想。他和他的几位追随者被波斯的反动势力放逐和囚禁，最终于一八六八年被关进叙利亚荒僻的阿卡兵营。

但是，当上帝圣灵的光辉在其先知心中闪耀的时候，世人的迫害是无法将它熄灭的。从阿卡那“至大圣狱”中，巴哈欧拉将他关于团结和爱的福音传播到了整个西亚。一八九二年，经过四十年的放逐和囚禁之后，他终于离世，留下他的长子阿布杜・巴哈为“圣约的中心”，为指定的圣言诠释者和圣道的传扬者。

在阿布杜・巴哈的引领下，巴哈伊理念被传至所有的国度和所有的宗教。它把基督徒和穆斯林、犹太教徒和印度教徒，都“团结在世人所知的最为灵性的兄弟同盟之下”。

巴哈伊相信，这是地球上的黄金时代的开始，所谓黄金时代即实现普世和平和友爱的时代，即基督所预言的，人“将从东方来，从西方来，从南方来，从北方来，并将同坐在上帝的王国里”。

“巴哈伊信仰把世界的所有宗教都团结在一个普世的宗教之下。它证实，所有那些宗教的初始教义的本质，是同一的，尽管在这些宗教的成长过程中，因为增加了教条、神学和仪式的形式，并掺杂了宗教领袖的野心，故而开始走向分裂。”

曹云祥先生身着外交官服小照

我列举了诸多证据，旨在证明文化之统一和宗教之普及已经存在。这些综合观念是令人心满意足的，尽管它在这个世界上的完全实现仍需要漫长的时间。

这世界有多少破坏和痛苦是在文明与宗教的名义下施与人类的，林林总总，自相矛盾。如果没有秩序和体系，没有可理解性和一致性，没有团结，即使最好的文明和最好的宗教也只能带给我们不完整和不充分的真理，只是神圣使命的破碎的微光。这些概念无法使那质疑的灵魂满足，也无法呈现生命整体的宁静景象。只有实现文化之统一和宗教之普及，终极之钟才能敲响。

波斯的新国王——李查可汗*

何作霖

李氏对于土耳其和阿富汗政府，均持友谊的态度。而以正义对待各种教派的人民，并予以信教的自由。巴比(Bábism)教徒本来是波斯各种教派中最进步分子，从前很受虐待，现在则很受人尊重了。他如犹太人和左罗阿斯特教徒(Zoroastrians)也很相安。李氏振兴实业，不遗余力，他与政府内的各职员，都不穿外国布的。现在正采用种种的方法，恢复地毡、丝织品和其他的工业。此外李氏更鼓励本国人民和外国人竭力设法改良本国的教育制度。

* 原载《东方杂志》23卷14号，1926年7月。

巴比(回回教之一派)BÁB BÁBí*

I. M.

巴伯在阿拉伯文字,意义为门。按回教古史,言有著名首领(即以妈母)十二人,而西阿派(编者按:什叶派)则谓第十二位首领,未曾去世。不过在世隐而不显,时发训诲,教劝众人,则凭借一人为代表,此代表称之为巴伯。意谓借此门可聆受教训也。信从此义者,谓之巴比派。

于一八四四年,在波斯之石罗子城(编者按:今译设拉子),有二十六岁之少年,名阿利·穆罕墨德,自言彼即新巴伯。西阿派人多承认之。少年故为士人,而又克己造就道德,以故传道说教。有人认其为巴伯。彼又谓,被派为教之首领,凡要亲近真主者,应当认彼为门也。阿洪多反对其说。然而亦有多人信从。甚至一般绩学明理之人亦有作其门徒者。此派备受逼迫,于一八五〇年,波斯王将新巴伯处死。事过二年,有暗行刺王之计谋泄露,以故此次逼迫,尤为惨酷。有二十余首事者,全处死刑。然而直至今日,仍有信服此说者。

按巴比派之教诲,谓真主之性质,是人所不可知者。以其超越乎人之智识测度界之上也。所以欲知其主之发愿,必须有代表之一人,世谓之"圣人"。一世一世,陆续承继代表施行教训。此历世之圣人,抱持同一之宗旨。然所发愿之教诲,恒随时代与人之程度而有进化。古来自亚伯拉罕、摩西、大卫、耶稣、穆罕墨德,直至近日之巴伯,所有教训要旨无不从同,而教训意义未必尽同。正如一教员,所教有男、有女,有幼年、中年、成人,智识之不同,自然必因其人而施以教也。故穆罕墨德所讲之肉欲、乐园与地狱,不为实事,乃即阿拉伯人当时之心理,激发其热心,敢死致命,即得一无上快乐之乐园。以比喻形容,使人易于信从耳。

今世人类之程度,已高尚而有进化。因而今世之教训,亦应随世潮流而有进步。对真主之启示,自另有一番改进之解释。启发新义与旧日或有不同也。巴伯常预言指出继位者为何人,惟每每指出者,被众人拒绝,不肯接柄承认。如犹太之望弥赛亚,弥赛亚来却弃之不受。至于基督教,应当接受保惠师之降临,因为耶稣有预言,保惠师要来,保惠师来而基督教亦不肯承认接受也(按回教人思想耶稣预言之保惠师,乃指穆罕墨德而言者)。西阿派抱有一种盼望,以为第十二位以妈目(或称马迪)必要再来。如今巴伯果已来矣。人亦不承认,终将其置于死地,不肯接受。似此前后三事,如出一辙矣。

按巴伯之训诲,真主所派首领,其显现时,回教信徒当视为紧要。暂为放置世故,用心稽考凭据。果见有确据,都当服从。即未得十分确据,亦不可遽尔弃绝。可容忍一时,终或辨其真伪也。

* 原载[英]海丁(James Hastings)编:《伦理宗教百科全书》,上海广学会译,上海商务印书馆 1928 年版。

吾人试为稽核此巴伯所定规例，多有出自个人之意见。区区小节无关要道者，如禁止吸烟，禁止吃葱，衣有定式，贺有定礼，而指环、香水均各有一定规例。似此仅为一时禁令，过后人不肯遵守。其规例较为重要可取者，如禁止贸人为奴，不可强迫人入教，不守斋月，不向墨克祈祷，此四者显明其派有改良之趣向焉。

阿利·穆罕墨德死后，此派又分为二派，一为爱塞利，一为伯哈以。论伯哈以，有美教士在波斯者，作证之言曰："论此改良之新回派，或以为其与福音道接近，其实与普通回人无异。即表义言之，其遵守圣经，但对于圣经，多用寓言之解释。又不信异迹。故与吾人之视向，截然不同。彼等藉用耶稣道德之训诲，多采入其论料之中，如彼此相爱，观果知树，然而其心不发生感力，不认耶稣为救主，故彼之宗教，言语与行为不符。从他教人视之，此改良派道德之程度，实不见高尚于普通之回人也。惟自己恒浮夸其派人数之多，以为荣誉。在波斯通计，亦不过十余万耳。然有一事较之普通回教有希望而饶兴致者，即在有信教自由之造端也。"

宗教和平大会目的在反对战争 佛教孔教耶教巴哈教均加入*

世界新闻社云：明年将有一世界宗教和平大会在日内瓦开会，其目的在以宗教精神反对战争。加入兹大会者，有佛教、印度教、孔教、神道教、回教、犹太教、祆教、大同教（按：此处大同教不是巴哈伊教，是指民国时期正式注册的一个宗教组织"世界宗教大同会"，其简称是大同教，也有人称为"大同党"。一九二三年一月由王芝祥、汪大燮等发起成立于北京；声称以"发扬基督、犹太、儒、释、老、回六教真理，以期宗教大同"，"不涉及政事、军事及其他世俗之得失"。同年三月北京政府教育、内务二部分别批准备案）、耶教、通天教、接神术、伦理文化运动、瑞典通神教及巴哈教（Bahaism）等之信徒。其中巴哈教殆最为世界所罕闻。该教实为一种世界的运动，创始者为波斯之 Mírzá 'Alí Muḥammad（巴字）氏，最初公布时在一八四四年，其教旨共有十条如下：

1. 独立的考察真理——人负有解放自己使不受迷信及偏见之桎梏之义务；
2. 人类为一体——承认一切人与人间于精神上、心意上及物质上皆互相依赖；
3. 一切宗教之基础相同——名义形式，各教不同，在实际上则无不一致；
4. 宗教与科学一致——宗教若不合理，即为迷信；
5. 男女平等——其他宗教皆置男子于女子之上；
6. 世界和平——一切民族及国家间缔结亲爱和平之公约；
7. 精神的解决经济问题——以心之共同，反抗专制的财产共同（即共产）；
8. 国际裁判所——依照上帝之律令组织之；
9. 语言划一——在全世界学校中必须教授一种辅助语；
10. 世界教育——使精神上之智识与商业、技术或职务等之智识相联络。

此项教旨颇与社会主义相类，但其教之成立，实远在近世社会主义完备构成之前。我国上海现有该教信徒不少，据个中人云，该教纯提倡精神上之信仰，绝对不闻政治云。

此文由马保全在 2015 年 6 月 7 日寄达。

* 原载 1929 年 8 月 10 日《云南清真铎报》第 7 期"要闻"，第 22 页。

罗德女士演讲专号*

介绍罗德女士

廖崇真

九月四日，廖崇真先生，偕美国女记者罗德女士到台参观，并拟借本台作播音演讲。相见之下，甚相得也。廖先生现任建设厅农林局副局长兼农业课长，对于本省农林建设，擘划独多。此次女士来台演讲，均由先生任劳招待。九月七日，女士演讲"世界语运动"，蒙先生担任传译，尤为鄙人与听众所深同感谢！先生与罗女士相识，已有八年之历史，当能稔知女士言行。故本台于发刊"罗德女士演讲专号"之际，特攀廖先生作介绍辞焉。

伍楫舟(民国)十九，九，二十二。

罗德女士，美国女记者也。学问深博，其言行尤足感人。生平游历世界，不下十数次，遍访欧洲各国元首，与罗马尼亚皇后，尤相友善。女士尝语余云："吾最爱者，实有三国：即中国、美国、德国是也，此三国人民气度伟大，酷爱和平，国民性相同之点极多云。"罗女士周游世界之唯一宗旨，即为宣传巴海尔教义。其教旨即化除一切宗教，国家，及种族之界限，破除一切迷信，而以仁爱之精神，科学之功用，以解除人类之痛苦，促进世界之大同。一九二二年，余在北美念书时，始闻此教义，私心窃谓："与吾国'儒、释、道，一家'之旨相近欤！吾国素无宗教界限，此实为中国人之优点。然人类不可以无道德及精神之训练。此广博浩荡之精神，或能适应于吾国之需要乎！"一九二三年冬，余束装归国，道经纽约，访故人韦理浩君，君谓罗德女士将赴中国，嘱予为之招待。余以道经大西洋，横渡巴拿马运河，需时颇久，至一九二四年春，始抵家门。行装甫卸，罗女士即至。当时余曾为之传译，并偕同趋谒孙总理，颇蒙总理嘉许。旋女士又启程赴欧；余亦赴奉。至今六载，又复相遇于广州。女士尝谓吾粤进步之神速，政府及人民之努力，深信中国前途之伟大云，本市无线电播音台编辑伍楫舟君，嘱

---

* 原载1930年9月23日《广州市政时报》第11版。

余述女士行状，愧无以报，谨缀数言，以为介绍云尔。

国际新教育

美国罗德女士讲　赵邦荣译述

十九年九月六日下午六时四十分，在广州市政府无线电播音台演讲

亲爱的中国朋友！

我带给你们我们美国人民和欧洲各国友人精神上的敬意。我到各国去是旅行、著作、演讲的，此次到中国来并没有什么政治上或军事上的作用，我是对于你们的教育工作和世界和平的理想，感到兴味。我希望用我一些小小的力量，在国际的谅解上做些合作的工夫。

我或者可以告诉你们，我在别国讲到你们的情形。我向他们说，我们国里有一位政治家John Hay① 新近说："在社会方面、政治方面、宗教方面，能了解中国的人，是执到了未来五世纪的关键了。假使西方人以为中国还是睡着的，那倒不是中国人，倒是我们自己正睡着呢。"在这里占全世界四分之一的人口，有四万万三千万以上的人民。你们都受到那光荣的世界大哲孔子和平的教训。同时当六年前我在这里的时候，那时新文化运动正是蔓延全国，许多青年男女对我说："在你回去的时候，告诉西方的青年，说我们愿意和他们携手做那世界和平工作。"你们都希望和平，孔夫子善诱了你们，我从没有见过一个中国人不是孔子的信徒，你们名震天下的先哲说得好："四海之内皆兄弟也。"

我想告诉你们我的导师('Abdu'l-Bahá 'Abbás，即阿博都·巴哈)所说的话，他是世界和平的工作者。他说："假若中国变了一个军国主义的民族，她将改变世界的版图。"因此，他非常敬爱中国的人民，在有一封信中，他这样写："中国呵！中国会接受我主巴哈欧拉的意志，一定要去呀！谁是神圣高洁的光明的使者，得做中国的导师哟！中国人民是最忠实的真理祈求者，无论哪个导师到中国去，第一应该浸淫了他们的精神，明白他们神圣的文学，研究他们民族的文化，同时用了他们的语言，站在他们的立场上对他们说话。他不应有自我的邪念，总要想到他们精神上的利益才是。在中国能教导许多灵心，训练这类神圣的人格，他们每个人会成为人道世界的明烛的。真的，中国人是一些没有奸诈伪善的病根，而宣示出那种理想的信条。假使我还是健在，我得将会自己到中国去旅行一次。中国是一个有希望的国家，我们希望那种适当的导师会奋发到这广大的国家去，散布这神圣文化的原则呀。"

这个可祝颂的中国，当我们西方人在地上还是野蛮人的时候，已经有许多文化在交流了。她是具有了深刻和敏捷的智慧。那些在事业上能胜过你们中国人的，是了不得精明的人了。

我世界各处都到过，但是我从没有见到世界上再有比中国人这样有智慧有教化的人类的。你们中国不是摹仿的人，而都是"真正的人"呀！在我们那里当赞赏某个人的天才的时候，总说："他就是正的一个！"你们是不尚空论的人民，你们爱护你们古有的文明，你研究她保存最好的下来，你们研究

① 约翰·米尔顿·海伊(John Milton Hay，1838年10月8日至1905年7月1日)，又译"海约翰"，美国作者、新闻记者、外交家、政治家，曾任亚伯拉罕·林肯总统私人秘书和助手，后于威廉·麦金莱和老罗斯福时期任美国国务卿。在对华事务方面，反对列强划分势力范围，主张"门户开放，利益均沾"的政策。在担任国务卿时，海约翰(John Hay)氏有"美国所收庚子赔款原属过多"之语，一方面向美当局劝请核减，一方面上书清廷请以此款设学育才。对于清华大学建设有贡献。

西方文明适应了你们的国情来应用。你崇敬学术。在西方我们也是这样的。

这样，亲爱的东方朋友们，我请求你们，我们不能就携手起来做那国际谅解、国际教育的工作吗？这样，这种可憎的东西歧视是可以消除了，这样，在思想上世界是一国！我们都是一个园里的花朵，一棵树上的枝叶！

'Abdu'l-Bahá 'Abbás 提出一条路使世界教育产生的就是在世界各大学中要读相同的学科，各个伦理的基础是同一的。然后国际间相互交换大批学生，有一年或两年的研究，而后再回到本国去读毕业。他说这样扩大互相交换学生，可以多多促进世界的谅解和人类的一致了。

你大概喜欢知道经济问题新的解决方法，这方法可以为了真正贫穷者的教育上和安宁生活上得到钱财，这些教训并不是他自己的，是他父亲 Bahá'u'lláh 所指引的，他是世界大教育家之一，他要每一个城市，每个乡村有一处中心库藏，是为钱财的来路，那最贫穷的不用纳税，所有捐税应以进款作比例，富的应纳较高的捐税，至少要比他们在美国所纳的要高得多些，我不知道你们捐税是怎样的，再有一切牲口都要纳一种税，同时地下三分之一的财富，如，金、银、铜、铁和其他种，应该归给那中心库藏。再有倘然一个人死了，既无遗嘱，又无亲属，那么他全部财产应交到这中心库藏去，一切无人要的所发觉财宝是送到这中心库藏。库藏还有种得钱的方法，他说当这种计划试行以后，人们与现在比较起来，将见到教育是如何的进步。使人们都成了高超的男女，于是他们自己也会捐赠给那库藏了，从这种捐款上，手头的钱是预备为教育的。倘然为父母能够教育他们子女，他们一定要交费，倘然不能，钱就从这中心库藏去领，因为每国中每个小孩子都应该为了他的生活的预备而认真地教养的。当教育那正轨上成了普遍了，人类将改变了，世界会成天堂了。

教育应该是一个快乐的历程。Bahá'u'lláh 说："教那对人类有益那些教材，不独是那些字始字终的东西。"人种应生存。要舒适地生存。各人应得舒适的享受。每个小孩应教他一种技能或职业，这样社会上每个个人使他能自己谋生，同时服务人类。

不管以前有多少战争，'Abdu'l-Bahá 'Abbás 说这个二十世纪看到那世界永久和平的创勅，完成那世界解除戒备。在西方有一个国家我很知道的，在几年以前将所得的百分之九十三的钱，用在军事准备上了。其余百分之七的钱，百分之三是用在教育上的。试想假若世界和平实现了，将这样大的一笔现在用在军事准备的钱，用到了教育上和帮助贫穷者上面，这世界将怎样好呀！

现在正真有教化的男女少得实在不可设想的。许多是具了错误的成见、荒谬的见解、不正当的观念和不良的习惯，从小就受到这样的训练了。能有多少人从小得受到以全心敬爱上帝，将他们的生命献给上帝呢？又有多少人是以服务人类为他们生命的至高目标呢！或者为了大众的幸福而发展他们的能力的呢！实在这些都是良好教育的要点呀！

我觉得在你们中国到了一个新的时期了，在你们的教育制度中，你们是努力在发展真理和智慧。仅仅死记着那些数学、文法、地理、语文等等东西，在产生伟大的有用的生命上，是较少会有效力的。教育不单是知识的传授，应该要鼓舞那新的较高的文化的创造呀。

'Abdu'l-Bahá 曾有一个，我们大学专门学校教育应有的很好的标目。倘然他的理想可以使其实现，那时预备战争的军队，是很少用得到了，更用不着现在什么监狱和反省院一类东西了。他说：世界上的大学以及各种专门学院，对于教育的实施，所谓标准的，应该有三个主要原则：

一、全心为教育而服务的。此义甚广，简言之，如自然界神秘的探讨，科学范围的扩大，规准"普及"教育的方法，提高人们的良知与及消弭社会各种的罪恶就是这个意义。

二、为学生而服务的，这个意义，就是奖掖那有为的青年，使他们得到体育方面的充分发展，博爱观念的养成，人生美德的培植。

三、为社会而服务的。务使各个学生本能地觉得他是人类的兄弟，而绝对无所分别于种色之界的，家里的母亲，学校的教员，大学的校长及教授，应该将这些原则的精神，尽量的灌输到青年们的脑海中。我到了中国，见中国的妇女，得有良好教育的，殊属不少，并且能参与国内各种进步事业，实在可喜，宇宙循环会证明此后两性方面文明的要素，要比以前会平衡起来了。男人决不会明白他们将来会变成怎样，除非全世界的妇女能和他们受到同等教育，因为为人母的对于天才的影响比为人父的要大，她是人类的保姆呀。'Abdu'l-Bahá 'Abbás 以男女为人类的两翼。人类是决不能高飞，除非这两翼是生得适当而平衡，世界上全部教育应该给妇女受到才是。

我再重说一句。现在新的自由的学校，他们是在将个人的集团活动加以愉快的适应，代替那旧有的呆板的班级了。学校成了一个小的社会单元，张扬个性，伸展自治互助的精神。以合作精神和真正伴侣精神取代了竞争的精神。孩子们不再受到教员单独意志的专制支配了。这里是(种)下了一个社会改良的种子了。因为能自治的人，才是走上和平之路的人，那是在那种人类专门想征服他人的世界所得不到的，这种征服思想是太陈旧了。新时代需要新理想。这理想就是"服务"！另一个方法能使国际互相谅解的就是提倡一种世界通用的语言，你我的责任是要请愿国际间的领袖、要他们同集一个国际语言学专家的会议，这个会议中或者选择一种现存的语言，或者创造一种公认的语言出来，然后供给各校学习。这样世界各学校都教两种的语言，一种是本土的，一种是世界的通用的语言，我学会了世界语，因为照我所旅行过的各地，对于这种自然通用的语言，多数国家是赞美的。

国际世界语大会，刚在英伦牛津举行过，你们中国也有代表出席，在瑞士日内瓦世界语国际大会中，我听到你们广东的代表，Wong Kemm 博士(原编者按：即黄尊生博士，现充国际世界语中央委员会驻远东代表)的演说，他不但有高明的演说，同时他使四十二国的人民都爱慕中国了。单是柏林一处有三十个世界语学会，当时我向他们演说，他们用二十五块钱租了一所会堂，登出了大的广告，请我去讲中国问题。他们决定我的一半演说词用世界语，一半用英语，然后将他全部译成德语，我告诉他们世界语在中国进步的状况以及你们教育上的运动。

你们知道在德国法兰克福，有一个中国团体，专门是介绍中国文化给德人的，以及联络两国人民好感情的。他们有许多关于中国艺术哲学的讲演，他们欢迎中国人到他们国里去。

我们正在一个新世纪降临的时期，要使人们的文化达到最高的进步。我们需要世界的教育，世界的语言，和世界的和平，人类大同！倘然我们不负起这种理想，将她扩布开来，那谁将选这种工作呢？

这未讲完之前，我要到这里(感谢)无线电台的主持先生，和各位中国朋友。我最后用世界语来向大家道一声再会。我慢慢地说，试着各位能明白她否。Gis la revidokaraj gefratoj!

这意思是："亲爱兄弟姊妹，等我们再见罢！"现在让我再用世界语来说一遍：Gis la revidokaraj gefratoj!

世界语运动

罗德女士演讲　廖崇真君译述

十九年九月七日下午六时四十分在广州市政府无线电播音台演讲

朋友们！今夕鄙人觉得很欣幸，可以与诸君谈及世界语运动。

世界语实为一种人造语，由欧洲数种语根杂合而成，文法极简单。只需数日之时间，即可明白；六个月之内，即可讲及写，当余六年前在上海时，曾向五百世界语学生演讲，演毕，有一青年起立云："余学世界语只需六月，即能操语纯熟，而余用六年时间练习英语，尤不及六月之世界语纯熟也。"（此人操世界语极缔熟）

六年前，余在中国，见中国青年，对于世界语运动，有极大之兴趣。北京（北平）首设世界语专门学校，（民国十二年）实贵国无上之光荣。在日本多数大学校均有世界语一科。

美国在一九一八年，纽约商会已开始教授世界语。我有一部纽约导报，曾登载，很长的论文，希望国人共同研究，并将世界语列入中等以上学校课程内。纽约德克旬中学，曾有一年之实验，将学生分二部：甲部授全年英语；乙部授以半年英语及半年世界语。及学年考试乙部成绩胜于甲部。世界语课程在我国大城中定期以无线电广播。

当余在南美巴西京城时，我出席一世界语会议，会中出席五百余专家。该会长虽为一工程师，然彼亦教授千余学生。出席者多数为教员。每年全国世界语举行大会一次。若以世界语发电报，其价与用本国语相等。若以英、法、德等国语发报，则须三倍报费。在南美亚里司时，余曾参观七处世界语函授学校，因此该地乡人得在家自修世界语学科。在英伦牛津、剑桥二大学，世界语则列入选科。该地商会亦以世界语为国际贸易工具。世界语国际大会，每年举行一次。然在东方从未行之，若得在粤举行一次，此项国际会议，实良机也。

德国领导国际世界语运动。柏林一城已有三十余世界语学会，多数警察，亦为世界语学者，肩上悬有绿色星光为记。

法国可居其次，然其他欧洲各国，世界语学者亦颇多。

余曾会见捷克斯拉夫总统马沙克时，余询其对于世界语之见解。马氏谓："余十分赞成此项人造语言，深信若一国中如沙士比亚、雪莱、哥德华，能以此项语言作成诗文，则更妙矣。"

余曰："鲍多教授，一瑞士著名著作家诗人，偶谈及此事，彼谓：'余能以世界语直接作成诗文，与本国文字等无异。'"

总统马沙克说："余甚喜闻有此说。余一定尽力促进世界语，如世界语能助世界之和平。"

（如有人欲赴欧旅行，观察欧西文化，如彼能操世界语，实为一大助力）在欧洲二十余国有世界语代表，广东亦有世界语代表。如欲函达此种代表，彼等即赴车站欢迎，待你如兄弟。因此种人实有友情者。世界语实为兄弟之语言。

贵国学者得用世界语介绍中国文化于世界。盖以前的外国学者，深知中国语言者甚少，故不易介绍，然今中国之世界语学者，可利用此种语言译述本国各种文学，贡献于世界。如是世界各国学者，得赏鉴中国文学矣。

我等今日将得一世界新纪元，盖国际联盟已觉国际统一语言之需要，并推委员会讨论此事。该报告，则以今之世界语为最宜。无线电家及电影家，均注意及世界语之利用。

我等应提倡世界语之主因在实现世界和平，除此以外，别无善策。因此为沟通东西文化及一切隔膜之利器。

余词将毕，余深信诸君此后将感兴味于此而自加研究，并尽力促进此项国际语言。多谢播音台主事及各位听众。

最后余引巴海所云世界语名言，并直接以世界语说出。

亚布都尔巴哈说："这个世界的最大事业之一，厥为一种辅助的世界语言之实现。因为语言统一，足以熔举世于一炉。语言统一，足以消除各宗教间之一切误会。语言统一，足以使东西两方的民族凭着亲睦和友爱的精神，合而为一。语言统一，足以使分歧的种族联成一家。这种辅助的世界语言，将必使一切种族团叙一室，一若五个大洲均已化而为一。因为到了这个时候，各洲的民族自然能够互相传达其思想，而无丝毫障碍。国际或世界的辅助语，势必把一切愚昧和迷信扫而空之。因为到了这个时候，一切儿童，不论其属于何国何族，均能致力于科学和艺术之研究。盖他们此时所须学习的语言，不外两种：其一则为本国语言，其一则为国际的辅助语言。

"到了这个时候，这个物质的世界，便会变为精神世界的表现，到了这个时候，种种发明，势必纷纷出现；科学的进步，势必一日千里；科学化的农业，其成功亦必既广且大。因为到了这个时候，天下万国，既然无一不以此语言而表达其思想，那么他们领略各国或各族所表达的思想，便自然敏捷得多。"

什么是巴海(Bahá'í)运动

美国罗德女士演讲　廖崇圣译述

十九年九月十日下午八时在广州市政府无线电播音台演讲

中国的朋友们：

六年前，当我到广州来的时候，我很侥幸，而且觉得无限荣幸。能够(与)你们的留芳百世的国父孙中山先生相见，当时，我和他谈及"巴海运动"的世界大同主义，他觉得非常有趣。他教我回到纽约的时候，马上把两本"巴海运动"的著述寄给他。同时孙先生又告诉我道："我对于一切提倡世界和平的主义，均异常注意。我若能够促进或实现世界和平，我就是牺牲自己的性命，也是非常甘愿的。"孙先生是我生平所认识的空前理想家之一，同时我深信列位听众也是理想家，而且对于一切提倡精神友爱和国际谅解的运动也乐于研究的。

因此，此次鄙人能够在播音台上把巴海的教旨向大家略述一二，心里觉得无限愉快。下星期二，我打算到香港大学把这个问题重述一遍，同时又请该埠的播音公司，把演辞传达于全港民众。

"巴海运动"到底是什么？他就是以在人间创立一种真宗教，和促进世界和平为目的的运动。巴海的天启是这个时代的精神，他是近百年来一种高尚理想的精神。"巴海运动"是有史以来最奇伟的宗教，和社会运动，他是切实统一宗教的方式；他贡献一种最实际的计划，以为实现世界和平的张本，"巴海运动"表明科学与宗教是没有冲突的，同时他又以科学的方法证明死后的生命。从这几句评论当中，可知巴海的宗教决不是和世界各教争雌雄；世界各教实在已经把人弄到四分五裂了，这个宗教再不愿意增加什么无意识的界限。

“巴海运动”是纯粹的大同主义，他是人文主义的宗教，不久即将凌驾乎耶、犹太、回、佛等教以上，姑勿论我们信之与否，他的确是逐渐广播于全世(界)。“巴海”这个名辞，在波斯的语言里面，含有荷光者(light bearer)的意思，而“巴海运动”则简直有光明之运动的意义。至于这个名辞的来源，则简直是取自该教鼻祖巴哈欧拉(Bahá'u'lláh)之名，现在我打算请我的翻译者将“巴海运动”的历史略述一二，然后再和大家继续讨论。

八十多年前，当东西两方均努力从物质和无神主义的黑暗时代挣扎出来的时候，“巴海运动”即应运而生，他的目的，就是保证一个新时代的出现。

一八八四年五月二十三日，一个热情满胸的波斯青年，名叫巴普(这个名字含有智识之门的意思)大声疾呼，谓他的使命，是介绍一个伟大世界教训者之诞生，此人的使命，是兴奋我们的灵魂，照耀我们的心灵，统一我们的良心和改善我们的风俗的，经过六年百折不挠的热烈宣传，和受尽无数穷迫之后，巴普遂于塔布里士(Tabriz)当众殉教而死。殉教的时候，刚刚是一八五〇年七月九日。

经过这种准备之后，“巴海运动”的基础，是能够由巴哈欧拉(这个名辞含有造化之荣光的意思)建立之。他的个人及社会革新的大同主义，乃在其受着有史以来的残忍的窘迫的时候启示出来的。巴哈欧拉，把这种佳音向东西两方宣传，声称圣灵于我们需要的时候重复降临，使人道得以复兴，同时，一个较大的新纪元亦已宣布开始。所谓新纪元简直就是友爱、和平和认识造化的新时代。

当时，一般暴厉的反动势力相继向巴哈欧拉及其信徒大施攻击，结果他们便被该地当局囚困于德黑兰(Ṭihrán)，他们的财产和公权均被剥夺，继而又被放逐于巴格特、君士担丁堡和亚得里雅那堡(Adrianople)等地。一八六八年，该地当局为处以极刑起见，竟把巴氏终身监禁阿卡('Akká)的寂寞凄凉的兵营里。

巴哈欧拉的长子亚布都尔·巴哈('Abdu'l-Bahá)自幼即愿与其父同受此苦；亚氏受困于阿卡者凡四十载，直至一九〇八年，因为土耳其的青年已成立，一个人道主义的政府之故，方获省释。巴哈欧拉于一八九二年便死了。自从他的父亲死后，亚布都尔·巴哈便终身为“巴海运动”效劳，并以该教的领袖和解释者自居，因为他的信仰之热烈、生命之纯洁、精神之不倦，与夫智慧之无穷的缘故。这种使命，在他的鼓舞之下，于是能够逐渐深入世界各部之中，现在他的孙子淑海伊凡地(Shoghi Effendi，即守基阿芬第)在巴力斯坦(Haifa，Palestine，巴勒斯坦的海法)地方居住。已经变为这个主义的保证人了。淑海伊凡地本人也是一个三十岁的青年，在贵国的大学里也有不小学生寄信给他，请他到中国来，宣示这种教义。

巴海的教旨是值得研究的。而且诸君也可以拿一二关于此等宗教的书籍独自研究，看看此等理论是否解决现在的世界问题的良方。许多统治者、政客和无数民众对于这种主义，也予以详细的研究。在日内瓦居住的欧洲著作家查理·波道因(Charles Baudouin)教授，在他的当代学术里面说道："我们在西方的人，倘若完全不晓得这种发源于东方的奇伟精神运动，则简直可以说是惭愧无地了。"现在且请我的翻译者把这种主义的原理告诉大家：

(一)人类之平等；

(二)真理之独立研究；

(三)各宗教的根本基础是同一的；

(四)宗教必须为人类联合的原因;

(五)宗教必须与科学及理论相符;

(六)男女平等;

(七)一切偏见必须废除;

(八)世界和平;

(九)普及教育;

(十)经济问题之新解决;

(十一)共同的世界语;

(十二)国际的裁判所。

我现在恐怕不能够把这般教义逐一讨论了,然而,我们若是注意经济的状况,那么这里也未尝不能够把亚布都尔·巴哈的说话引述出来。在我的意见,诊断经济的病理,恐怕再没有别的理论好像亚氏那样明了;同时补救的方法恐怕亦以下面所引的第二段的理论最为明了了:

"以实在或未来的贫乏意念为基础的恐慌,每每把人们的灵魂逐渐压到物质的自然界里,一任'为生存而竞争'的法则所支配;既受这种法则的支配和俘虏,灵魂的奋斗则反受无限之缚束。因为为生存而竞争之举,每每使此灵魂的势力,与彼灵魂的势力相冲突,而势力的分离则简直弄成两败俱倾之局。是以今日之科学和发明,本来是未来的大同世界的先驱,而且又豁然证明一种实体之存在——这种实体的法则,就是合作的精神,惜乎世人竟把这种真理完全败坏,因此,今日的科学和发明竟直变了人类前途失败之大大的隐忧了。

"损害人类的病魔,厥为仁爱和利他主义之缺乏。在人类的心灵当中简直绝对没有什么真正的仁爱之心,而他们的感情除非受某种势力之影响而使团结和仁爱的精神一致发达,则我们人类简直是无可救药了。"

这种教义之所谓友爱和真爱,简直是使美国人能够对于中国的同胞们说,我是中国人,而中国人也能够向美国的同胞们说"我是美国人"因为亚布都尔·巴哈教训我们道:"你应该实行和一切人类做兄弟了!"同时巴哈欧拉也说道:"这种宗教,是从行为,不是从言语,表达出来的。而且他们的行为,倘若不能够胜过他们的言语,则其死亦胜其生。"

亚布都尔·巴哈在巴黎演讲时,对于东西两方,曾作以下的评论:

"在今日的时候,东方则需要物质的进步,西方则需要精神的理想。最妙的办法,就是西方则向东方求得精神上的启示,东方则向西方求得科学的智慧。我们现在必须这样交换礼物。东西两方必须互相结合并且以有易无。这种结合,必定能够造成新的文化,从此精神的文化,便能够从物质的文化中表现和实行出来。从此彼此交换,则最大的调和必将胜利,一切人类必将统一,最美善的状态必将实现。人类当中必有极大的团结。而这个世界必将变为一个明镜,把苍天的神法反射出来。

"我们东西两方的国家,必须朝这一方向,以求这种高尚理想的实现,以造成天下一家的佳象。到了这个时候,一切心神均觉无限愉快,一切心眼,必将放开,最奇伟的能力,必将授予我们。而人类的快乐,从此必将普及于全世界,这就是降临世界的天堂。到了这个时候,于荣光之国里面,一切人类势必群趋于统一或大同的天幕之下。"

亚布都尔·巴哈说,这般巴海的教义,倘若能够阐明于中国的一二哲人,他们便会自行传之于他们的同胞之中,我晓得中国对于一切世界大同的教训,都是极端注意的。例如历次在西方举行的世界和平会议，中国代表未尝一次缺席的。宣传这种大同主义，恐怕没有别个国家比中国更为适宜的了。一个很好的教育家说过："我相信凡是信赖三民主义的人，同时也会信赖这种巴海主义的，因为两种主义都是彼此相同。而孙先生本人从前亦注意这种主义。"

关于言论机关之为普及智识和教育群众的重要工具一层，这里也打算略述一二。巴哈欧拉说：

"言论机关是普及文化的势力。"

"到了今日，这个地球的神秘，已经显露于我们的眼前，而俄顷间出现的报纸，则确然是世界的明镜；他们把列国的行为和动作显示于众，他们把列国行为表明和宣布于众。今日的报纸简直是赋有听觉、视觉和演讲能力的明镜；他们就是一种奇伟的现象和重大的事情。

"然而作者和编辑的责任必须破除一切自私和贪欲的蒙蔽，而且须赋有公平和正义的美德，他们对于种种事实，必须加以详细的考察，以期得到真正的事实及得以按实记录，有价值的言论和真理是凌驾乎一切位置和等级之上的，他们好像东方的旭日一样，从智识的天涯逐渐高升。"

末了，我现在恭敬地向播音台主任和诸君致谢，当我和大家告别的时候，我的临别赠言就是：诸君如果能够研究这种主义而见诸实行，那么你们便是巴海的真信徒了。

廣州市政日報

廣州市無綫電播音台 播音報告

羅德女士演講專號

介紹羅德女士

國際新教育

羅德女士
Miss Martha L. Root

世界語運動

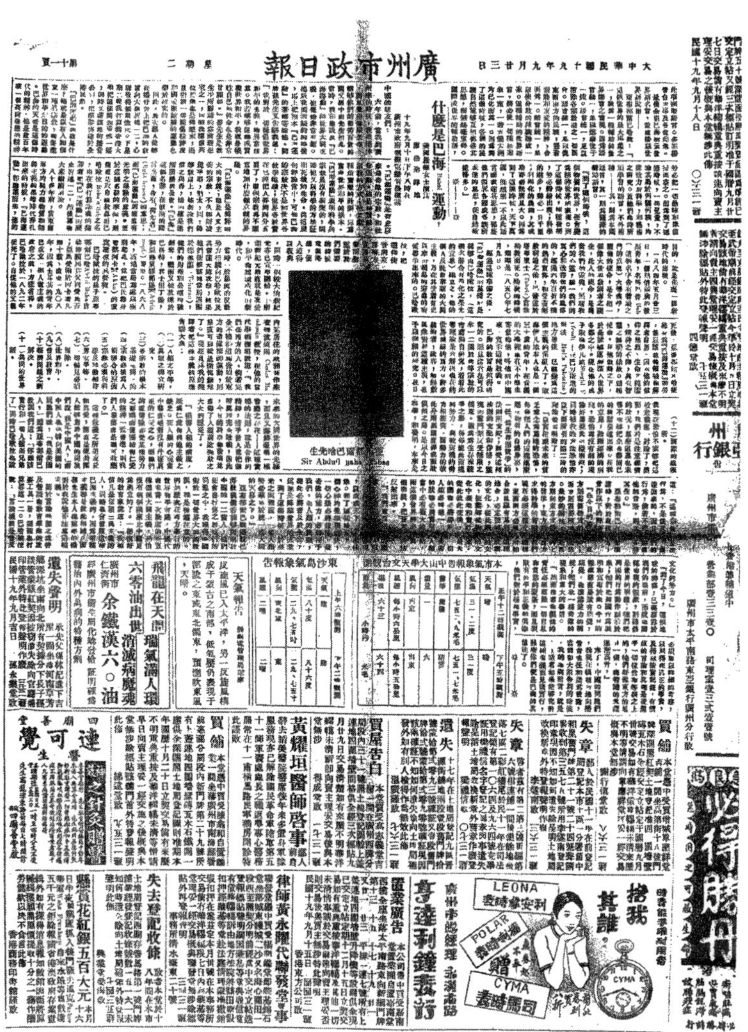

中華民國十九年九月廿三日　廣州市政日報　星期二　第十一頁

什麼是巴海運動？

《广州市政日报》1930 年 9 月 23 日第 11 版

东方民族论*

[美]汉斯·康著,刘君穆译

在波斯,回教的中世纪沉滞之打破,虽别具形相,但其成功则一。波斯人属于什叶派。什叶和逊尼两派之所以分,是因为加利弗承袭问题。前者相信阿里('Alí)——圣人的表亲和女婿——是他的惟一真正继承人,加利弗一席应由他家世世承袭。阿里曾为第四届加利弗,当他死了,阿拔斯氏继为加利弗时,什叶派仍认阿里的后裔为圣人选定的继承者。同时他们相信加里弗不独是一个人间世的首领,如逊尼派所信,而且是一个灵的领袖、圣灵的化身,在宗教和世俗两方面都是信道者的主宰。什叶派最大的一宗且相信有十二个这样的加里弗或伊马谟(Imám)。波斯人之所以忠于阿里那一家,或者还有一个原因:根据流行的传说,阿里的第二子胡逊(Al-Ḥusayn)曾娶萨散王朝(译者按:为波斯王朝之一,自纪元后二二六年至六四一年)的最末一个王雅兹迪格德(Yazdigird)的女为后,故最后的波斯王朝在波斯未为阿拉伯人征服以前实与阿里家有婚媾之亲。由阿里传下世代相承,被波斯人目为教主,或"圣灵的化身",至于十二代——即最后一代——的孙子,继位时为八七三年,过了隐居的生活后,至九四一年便终于踪迹渺然。据说他没有死,而是住于秘密的城里,有日会回来当马哈迪(Imám Mahdi,即救世主)。当他隐居的时候,他借一个居间者巴布(the Báb,意即"启示之门")与其信士通消息。自从他失踪以来,这种交通便断绝了。剩下了他的信徒,没有可见的领袖,但他们仍候着可见的圣灵的化身归回来。

这样子说来,一个国家内的整个公共生活都为灵的影响所浸淫,当合法的教主施行完全神权统治的时候,国家不过是一种暂时的便宜手段,结果便予僧侣,特别是邃于圣律的教长(Mujtahids)以大权。当十九世纪之初,教长阶级之支配,形同桎梏,使人民不得稍有学术和政治发展的自由。故波斯的回教也如别的地方那样完全陷于麻木腐败状态。直至十九世纪的巴布教(万有神教)运动,然后波斯的回教才由睡梦中醒过来,什叶派的教长的权力才动摇,近代的波斯的醒悟,和学术自由的开始也得力于它。从这一点看来,巴布运动和华哈布运动的意义是相似的。虽然巴布教派的缘起是完全不同。巴布教与其发展较为我们所熟知,这因为它与华哈布运动有一点差异,它的领袖极好执笔,而美欧作家又会把它论述过,且翻译过它的经典。

初时,巴布教是保守的,且糅杂有一大堆只有波斯才适于产生的神秘的神学和教条。但是,即在这个阶段,它也代表宗教演化的原则——启示终了之否认,其后教派分裂,得胜者又常是代表进步,启示不断那一派,故其趋势常向着自由主义和人文主义进行。巴布教其初完全以回教为范围,但当

* 民智书局,1930年。

其逐渐演化，它便越出回教的界限，而欲成为世界的宗教，不为某一民族或语言的传袭所拘束。特别是它的较晚的形式，不独证明回教在复活的奋斗的时候，其智力发展有伸缩的能力，而且显出是受了十九世纪欧洲的自由主义的神学和哲学的影响。在这一点，它是与华哈布运动刚相反，后者只合认为是对近代西方的自由主义神学的抗议和拒斥。

第十二代伊马谟最后为公众所见的那一年（即是他父亲殡葬那一年）是回教纪元二六〇年。据回教传说，他要经过一千年便回来。当回教纪元一二六〇年的时候（即耶稣降生一八四四年），一个二十四岁的少年名唤密尔撒·阿里·谟罕默德（Mírzá 'Alí Muḥammad）向人自称为巴布。他自视为救世主降临时代——在这时代伊马谟会由其隐匿处出来，上帝的圣灵会临御世间，使成为纯洁——的前驱。附从这个巴布的人如流水。当时的政府和僧侣大为震骇，便出而干涉这新的运动。巴布的党徒因之大受摧残，他自己被囚禁了数年。一八五〇年时，他就被杀，还不到三十岁。当他临死的那一年，他在狱内写了一些神学的小册子，那时他不再自称为巴布，或先驱，而自称为真正的伊马谟、圣灵的化身、救世主。

数年之间，巴布教把政教合一的波斯的公共生活的基础摇动了。波斯王残忍腐败，不得民心，有如僧侣。一八五二年行刺波斯王不成之后，巴布派教众惨遭屠戮。殉道者的坚毅慷慨更增加了它的影响。但是它的领袖已把他们的大本营由波斯移于伯吉达（时在一八六四年），再由那儿移至欧洲土尔其的亚得里雅那堡（Adrianople），因为波斯政府已不许这派的领袖那样近波斯的边界和什叶教两个最神圣的城——阿里儿子胡逊（Imám Ḥusayn）殉道所在的加尔巴拉城和阿里陵墓所在的内惹夫城（Najaf）。

巴布在世时，他曾从他的门徒中选定一十九岁少年名密尔撒·雅哈稚（Mírzá Yahyá）做他的继承者，称他为苏布哈·伊·爱遮尔（Ṣubḥ-i-Azal），意为永生的曙光。他与他的异母（或异父）兄密尔撒·胡逊·阿里[后称为巴哈乌拉（Bahá'u'lláh）]分任这教派的领袖。在亚得里雅那堡，巴哈乌拉自称为伊马谟——救世主，而巴布只是他的前驱。经过很久的讧争，巴哈乌拉的信徒日益增加，至一八六八年被遣往巴力斯坦的阿科（'Akká）。而爱遮尔却分得塞浦鲁斯岛做住所，随从他的人——即正统派——日见减少。

进步者又克服静止的份子了。爱遮尔派止于为什叶派。他们视巴布为伊马谟，他们认定的启示为最后的启示；巴哈乌拉便不是那样，他继续进行启示。回教的仪式大部分仍然保留，但是人们已向着阿科祈祷，而不向着麦加，阿科代麦加而为参谒之圣地。这一点显含有与一切别的回教宗派的传袭分离的意思。同时，巴哈教又渐显出是自由主义和人文主义的宗教，受了在亚得里雅诺堡和叙利亚与西方接触的影响。"凡不与人类的常识相冲突的，什么都可以容许"，巴哈乌拉曾有这样的箴言。初时，巴布教徒本属宗教狂热派，像欧洲宗教改革以后出现的许多派那样，热望上帝的王国之来临。但巴哈教似已越过数百年，力求与欧洲的自由思想或文艺复兴时的人文主义相谐合。诚然，他是仍为陈旧的什叶派思想所浸淫，不及最超卓的遍在神秘教徒的宗教宽大精神和自由的个人主义。但它却打破限制回教和限制东方的障壁。它是对全人类而发的呼声。它对于普遍的伦理和人文主义的原则渐加注重。它赞同国际和平而极端排斥对异教徒作神圣战争的观念。它禁止奴隶制度，以及喝酒吸鸦片。它主张男女教育的普及，不独容许而且要求与全人类交往，不问属何宗教，它甚至赞同建立世界语言的理想，尝极力鼓吹外国语之学习。"这样子，有语言的天才者，才可带上帝的话到东方和西方去，在各国各民族中宣扬它，然后人们的灵魂才为它所吸引，生的气息可以吹入最近代的骨骸上去”;巴哈教的经典这样子写着。巴哈乌拉告诉他们的信徒道,“被人杀了比杀人还好过”。他的在波斯的信徒,为数本多,且因为受过优越的教育和具有磊落的胸怀,故影响亦不少。他们常为道牺牲绝不抗拒。但是,他们当然反对波斯现存的制度,对于王室,及僧侣亦常不满,所以颇倾向于自由主义者的改良运动。他们没有僧侣及职业的学者阶级。团体中各成员都从事一种生产的和有用的职业,有才能者担任义务的教师和领袖。所以,巴布教后来虽容许反动的和反共和的倾向,它之与最近波斯的民族运动有密切的关系,正如华哈布运动之于近年的阿拉伯民族主义那样,虽殊途而同归。

一八九二年,巴哈乌拉去世,这一派内又见同前一样特色的分裂。他的少子密尔撒·阿里·谟罕默德坚认巴哈乌拉的启示为最后的。这一个静止的教派又失了势,教徒们赞成长子阿布巴斯·爱芬迪(‘Abbás Effendi)——后称为阿布都尔·巴哈(‘Abdu’l-Bahá)——所领导的那一派。据说,启示仍未完的。他自己要再补充它。没有什么叫作终极的启示,每一回启示——不论摩西、耶稣、谟罕默德、巴布或巴哈乌拉的启示都好——都与当时的情势相适应。布哈派的主义虽然不断的进展,他们仍不免于武断。他们以为决定个人者不是他的内心,而不过是圣灵暂时的化身的话。

在阿布都尔的领导之下,这一派开始作大规模的宣传和布道运动,初在美洲,继在欧洲。他们建立一个传教的团体名为“东西一致会”,而它的成绩,在美国、英国、法国和德国比较上还算不错。它的本来的性质因为向西方宣传而更淡薄。往日什叶派的教义渐隐晦起来,该派领袖为圣神化身之说更是如此。援引新旧约以证明教义之举,日益注重:巴哈教变成一种折衷的宇宙神教(Universalist Eclecticism),它对和平主义,宗教的自由主义与及女权主义渐渐大加重视。同时,发生于叙里亚的宗教分裂重演于美洲。第一次往美洲传教的巴哈教士,是一处曾娶英妇的叙里亚人,名唤迦鲁拉(Khayru’lláh),他仍忠于巴哈乌拉,且决心赞成他的少子密尔撒·阿里·谟罕默德,因此,阿布都尔·巴哈便开始在美洲作反宣传。

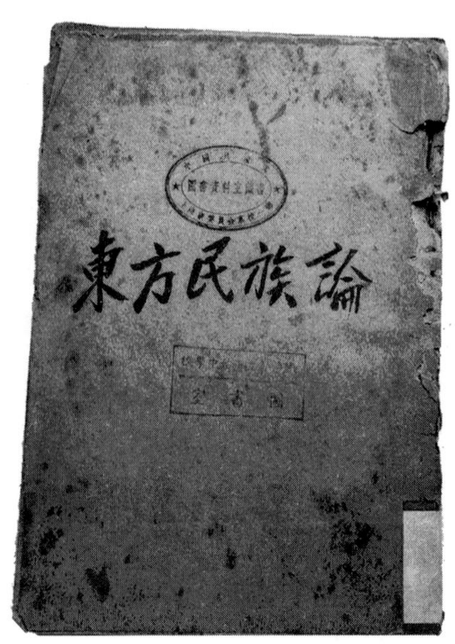

《东方民族论》封面

中国文化与巴哈伊教*

[美]玛莎·露特

巴哈伊运动正开始给中国这一拥有五亿人口的伟大国家带来崭新的面貌，中国今后的所作所为将会对世界上每个国家产生影响。可以这样说，如果这个占世界人口四分之一的国家变成一个军事大国，则会主宰整个文明世界的沉浮；如果中国坚定地实行巴哈欧拉的普遍原则，中国就会在一两个世纪之内促使世界出现崭新的梦寐难求的国际合作。一九二四年当我在广州拜见孙逸仙傅士时，这位新共和国的不朽之父，"中国的华盛顿"，带着极大的兴趣聆听了巴哈伊教义，他要求送给他一些巴哈伊的著作。这是位伟大的理想主义者。他的雄才伟略不是基于竞争，而是以合作为基础，其最终目的便是世界和平。

这位伟人逝世五年后的一九三〇年九月，笔者再次踏访广州时，有幸见到了广东省主席陈铭枢阁下。陈主席原是中国的一位著名将军，多次亲临前线，出生入死。这是位具有远大眼光深思熟虑的人。他告诉我说："前两天你送我那本小册子之前，我原对巴哈伊运动所知不多，读了这本小册子之后，我认为巴哈伊是个预言家，中国现在正需要预言家，这种教义起码可以使中国和其他每个国家获益极大。没有任何一个国家比中国更适合接受这些教义，因为中华文明的基础便是世界和平。当前我们正处于严重的兵荒马乱境地，可是当中国恢复和平，我们与其他国家地位平等之后，中国将会在所有的国际事务中取得她应有的地位。"

陈铭枢主席尽管百事缠身，但仍然抽空视察学校，并向学生们讲话，这一点很像孙逸仙博士。陈主席熟知哪些学校最先进，哪些教师观点最开放。没有一个人比他更清醒地意识到没有任何力量可以使中国实现和平，唯有理想才能最终战胜。

在上海期间，笔者又一次高兴地见到了前清华大学校长（即庚子赔款留美预备学校）曹云祥博士。曹云祥博士是中国最热心的教育家之一，同时又是著名的中国事务撰稿人。同他谈起中国文化与巴哈伊运动的关系时，他杂以其他，综合谈论道："分析一下中国文化便会发现，东方的哲学家们遇有忧虑时便深自反省。巴哈伊运动是种深自反省的新方式。巴哈伊的教义为他们提供了他们正在寻求的帮助。中国，实际上整个世界此刻都正在呼求灵光。人们当前对巴哈伊教义以及解释这些教义的书籍显示出极大的兴趣，其原因就在于此。既然有需求便会有探索，因此也就会有满足。这是一种伟大价值的新预言，它正在解放人们的思想，促使人们活跃起来，使得宗教在解决世界性难题时更加具有能动性。对于这一切都有一种需求，中国的有识之士都认识到了这一迫切需要。我们已经

* 原载 1931 年 1 月 29 日《大同教月刊》。

不可能再回到原有的陈腐不堪、半死不活的教义中。巴哈伊的这一预言提供了一种新的理想，不依照它，世界便行不通。各种旧的宗教会不断地挣扎下去，直至这些宗教消亡。它们大概从来没有达到接受这种教义的目的。整个世界会不断地沉沦下去，直至喝到了最底层的沉渣，然后才又会再次浮起，中国社会一直都是这样。一些年的多灾多难之后，就会出现某位统治者或圣贤，于是社会就有数百年的进步。之后又会故态复萌，旧病复发。然而现代中国已经经受不起病旧病复发了。孟子本人就曾教喻过，每五百年必有王者圣人或改革者兴。"

曹博士说道："巴哈伊的这些教义放之四海而皆准，为这一新世纪提供了教育、经济和社会问题的解决办法。不仅中国，而且全世界都需要这些教义。而因为中国的领导人们现在正在黑暗中求索光明，所以中国尤其需要这些教义。"

他继续说道："我有时候问我自己，中国人民会怎样对待这些教义？在东方各民族中，有些民族对待宗教的严肃程度远远超过西方或中国，近东和中亚的人民把宗教视为命根子。这些民族为了宗教可以不顾一切。我的问题是，中国人民会像近东各民族那样严肃地对待巴哈伊运动吗？根据以往的历史，如果没有政府或某位君主的鼓励，中国人民很少曾经这么热切地对待过宗教，根据现代中国新统治者们的情况看，他们已经学得了很多很现代化的西方思想，所以现政府及其领导人还并没有试图用宗教运动来帮助解决中国的事务。然而在解决这些国内事务中，他们并没有取得预期的迅速进展。因此，严肃的思想家们和正致力于深刻反省人类心灵并正在从精神上帝处寻求精神指导的领导人们，不妨借鉴并了解一下这一来自巴哈欧拉的新预言的价值。因为这一新运动不但满足了当今之需要，而且还为人类的未来提供了一种理想。在彷徨徘徊之际，中国人民可以在此看到一线灵光。"

曹博士现正大力协助《巴哈欧拉与新纪元》一书的中文翻译版的出版事宜。这是一本由 J. E. 爱斯莱蒙德博士撰著的西方书籍，书中论述了巴哈伊运动的历史和教义。

前交通部长叶钧召（编者按：叶恭绰）谈道："常识像一条线一样贯穿于中国的漫长历史中。这一常识清楚地说明，为什么中国的普遍理想是世界和平。中国的思想家们写了大量的文学作品，谴责战乱。中国对其他国家从无野心。所以，一旦中国把自己国内的事情处理好了，中国就会随时准备按照中国固有的传统的思想和道德在物质和人类精神方面与全世界合作。"

我在首府南京外交部长王博士（编者按：王正廷）的办公室里拜见了王博士。当我问起他关于中国对世界和平的目标时，他回答说："我们从来不是一个侵略成性的国家，这一点有我们四千年的历史事实作证。我们一直从事文化及和平发展，蒙古人好战，中国人却并非如此。如果我们自己有什么美好的事物，而全世界需要它，我们愿意让全世界共同享有。可是我们从不把我们的风俗习惯和法律强加于其他民族，我们从来没有征服过日本，也从未企图征服日本，可是他们却采用了我们的书面语言和我们的文化。"我用比较的方式谈起了法兰西革命，说到与中国的千万大众相比，尽管法国如此之小，却还是用了一百年的时间才恢复和平，王博士说道："现在时代不同了。中国用不着一百年就可以在自己的国土上实现和平"。

中华民国政府法律顾问保罗·林白格博士在南京我的旅馆下榻处拜访了我。他说到，他和已故的孙逸仙博士共同工作了十八年，后者的伟大目标便是世界和平。保罗·林白格博士被国立中央大学授予法学博士学位（在这所年轻的大学里这种荣誉至今只授予过另一名中国人或外国人）。我在南京逗留的一个星期里，他告诉我说："你们巴哈伊教徒在中国最受欢迎，我们很高兴看到你们把巴哈伊教义介绍进来。"教育部长张孟林(编者按:蒋梦麟)曾于一九一二年在加利福尼亚的州立大学里学习过,并在哥伦比亚大学获得博士学位,之后一直专门从事教育。他说,自一九一一年辛亥革命以来,曾数次出现过两个政府,可是教育却从来没有崩溃过。在整个这段时期中,有关教育的行政命令可以送达国内任何省份。由于这时在外国传教士中有一股很大的宗教狂热。因此我便问起蒋博士有关在学校中教授宗教的情况。他回答说:"就公立学校而言,目前在这些学校中没有教授宗教的情况,这和美国的做法相同,但是我们又作了进一步的规定,包括私立学校在内,不管何人所建,个人也好,社会或宗教团体也好,初中以下的学校不得教授宗教。然而,高中以上的学校,这指的是师范学校和各类大专院校,由于学生的年龄已大,可以独立思考了,所以许可选学宗教课程。但老师们不得强迫学生听课,这些传教士们太过分了,我们的做法比起有些国家来要宽厚多了。"

我送给了蒋博士一两本有关巴哈伊宗教的书籍,我们畅谈了巴哈欧拉的教义以及新式大学教育应该是什么样,所有的伟大教育家都对这些教义感兴趣,这些教义证明了曹博士的说法,即巴哈欧拉的教义为解决人类教育、经济以及社会问题提供了新的方法。这些解决方法在前所已有的各种宗教中都从来没有提出过。中国的各大专院校像西方各大专院校一样,允许教授这些教义,他们的国际俱乐部也安排了更多的讲座,笔者曾于十月六日在南京国立中央大学向数以千计的青年学生们作了根据巴哈欧拉有关新式大学教育的计划而准备的题目为《新时代的国际教育》的讲座,该校校长曾致信说:"我们衷心邀请你为我们作场演讲。"笔者在香港大学也举办了讲座,听众拥挤,气氛热烈,讲座结束之后,一位十九岁的美丽少女走上前来问道,她怎样才能在新加坡她的故乡城市里弘扬巴哈伊的目标,人们告诉我说,这位少女是香港大学里最有才华的女生之一。一旦她从事任何毕生的事业,她都会把这项事业进行得灿烂辉煌。

中国人民绝对不会有任何偏见,他们随时准备探求真理,广州市广播电台的台长说,中国人民会对这些普遍原则表示极大兴趣。该电台播出了三次有关的讲座,《广州每日新闻报》在一九三〇年九月二十三日出版的报纸中用了整整两个版面的专页副刊登载了阿博都·巴哈的照片和介绍。这两个版面的详细内容分别为:(1)访问广州纪事;(2)在电台上曾播出过的《新式大学教育》讲座;(3)《作为世界辅助语言的世界语》;(4)广播讲话《巴哈伊运动有关知识》。

在香港电台播出的该场讲演次日上午便被六家报纸全文刊载。

另一方面,西方世界却可以得益于考察中国文化的根源并扪心自问,中国的伟大文明是否含有可以对国际合作作出贡献的成分。中国亲身目睹和经历过许多朝代的兴盛和衰亡。中国产生过自己的发现者和发明家、美术家、哲学家、诗人和学者。当我们这些西方人还处于生活在平原高地上的野蛮状态时,中国就已经在公元前五百五十一年诞生了自己的伟大圣人和预言家孔夫子。孔夫子教诲人们,中庸之道在于克已复礼借之以修心养性,从而达到治国平天下。他还教诲人们,四海之内皆兄弟也。

一位作家说道,根据重农主义学派的观点,"孔夫子施教的全部目的在于恢复人性,这种人性原本光辉灿烂,无限美好,系由上天所赐。但是由于世俗的愚昧无知和贪婪欲望,这种人性已经变得模糊不清,黯然失色了。因此孔夫子谆谆告诫国人服从天命,敬畏上天,友好睦邻如同自己;不可随心所欲,己所不欲,勿施予人;欲施予人,则须名正言顺。非礼勿行,非礼勿思,非礼勿言。"其精髓部分现在仍然未能做到,还需要在天下大众中提倡。孔夫子的大任就是引导世人乐天知命,返璞归真,中国在没有遵循孔夫子的教诲期间所遭受的一切灾难与西方在没有按照耶稣基督的教义去生活期间所遭受到的各种灾难如出一辙。这些伟大的预言家和圣人贤哲们——巴哈欧拉即是其中的一位，一代又一代地降临世间“复活宗教”。这些圣人先知们的教义凭借上天的伟大创造力，规劝人们改邪归正，使之翻然悔悟。

今天清晨六点钟，正当我结束这场沉思冥想的时候，此时此刻在上海，我亲眼看到了巴哈伊教义将来能够造福于中国的象征，凭高窗眺望，我看到乌云在笼罩着中国，笼罩着大海，笼罩着扬子江。天看上去仿佛是暗夜之日，无比阴霾，然而此时此刻在那邪恶可怖、缓慢移动的黑暗后面，一轮巨大的光环正在冉冉升起，那笼罩大地的乌云正渐渐地、无奈地从视野中慢慢消失，不可思议地缓缓融进那白昼之美妙中，一轮红日熠然躍起，光芒四射！如此天光，势不可挡！今天终于阳光明媚，所有的黑暗已成过去并为人所忘却。巴哈欧拉正像太阳一样出现在中国的思想家们面前。这些思想家们在清晨等候一个新纪元的破晓之时，瞥见了真理之太阳！

至大之和平*

——辑录博爱和拉与亚卜图博爱之格言

曹云祥

这是人类能力的一个新的转换。世界上所有各处，都是光明的，世界真将成为一个乐园和天堂了。现在是人类子孙统一和各种族各阶级团结的时候了。你们从古代迷信里解放出来，这些迷信，使人们愚昧，破坏真实人道的基础。

上帝给予这个开明时代的恩物，便是人类一体和宗教根本一致的知识。国与国间的战争将要停止，由上帝的旨意，至大之和平将要来到。世界将成为一个新世界，所有人们将如兄弟般住在一起。——亚('Abdu'l-Bahá)

(1)“至大之和平”将要来到

我们只希望世界的完美和各国间的幸福；但是他们认为我们是斗争和叛逆的鼓动者，应受拘禁和放逐……所有国家，在信仰上，应成为一致的，一切人们，应如兄弟般；人类子孙间的友善及团结的关系，应当巩固起来；宗教的分歧，应当停止，种族的差别，也应取消……这些事件中有什么妨害呢？……但是事实将要如此：此等无益的斗争和破坏的战争将成过去，而“至大之和平”将要来到……这不是耶稣所预言了的吗？……但是，我们看见你们的国王和统治者，把他们的财富滥用于破坏人类之事者，比之用于促成人类之幸福者，是要多多了。此等斗争、流血和冲突，必须制止，一切人们如一族一家一样。……不要让一个人以爱他的国家为光荣；要让他以爱他的同类为光荣。——博(Bahá'u'lláh)

(2)“现时代的精神是什么？”

现时代的精神是什么？那便是世界和平和人类一家知识的建立。——亚('Abdu'l-Bahá，于英伦，一九一三)

人类的亲爱者——他们是一些超人，不管他们是哪一个国家的，信奉哪一种主义的，是哪一种族的；和平的目的，乃在寻出一和谐之点，以消灭冲突。我们不能用战争的方法，劝诱人们放下他们的武器。——亚('Abdu'l-Bahá)

一切偏见，不管是宗教的、种族的、政治的或国家间的，必须捐除，因为这些偏见，已造成世界的病症。这是一种严重的疾病，如不加以制止，即能造成整个人类的毁灭。各种破坏性的战争和其可怕的流血与惨剧，均为此种偏见所造成。——亚('Abdu'l-Bahá)

---

* 上海大同教社，1931 年。

(3)世界和平为现时代之问题

每个世纪都要解决一个重要问题。问题虽然是很多,但其中总有一个会是最大和最重要的。

现在,人类世界乃极需要国际统一和调协。这伟大的基础,需要一种推动力,以传布此等原理。人类世界之统一与至大之和平,不能以物质方法获得,是不待证明的。这也不能用政治力量建立起来,因为各国的政治利害不同,而人民的政策是互相背驰而矛盾的。这也不能用种族或爱国的力量创立起来,因为这是人力,自私的而微弱的。种族差别的根本性质和爱国的偏见,使这种统一和调协不能实现。因之,吾人承认,除借神力及圣灵外,要促进人类王国之一体,乃是不可能的,此种促进人类王国之一体,乃为上帝的圣灵显示意义的要素。——亚('Abdu'l-Bahá)

(4)意志、能力与行动

在现实的世界中,每种伟大的主义,可用三种方法,具体表现出来:第一,意志;第二,证实;第三,行动。现时在世界有许多人,都是和平及调协的宣传者,他们渴望人类世界一体和统一之实现;但此种意志,需要一种动力,使其在现实世界中表现出来。现在,博爱和拉圣明的教训和高尚劝告,将这种伟大的目的宣布了,而天国之证实,乃为此种显著意志之拥护和防卫者。因为上帝语言的力量是深入的,天国之存在,也是不可妨害的。因此,至大和平之旗帜,乃为博爱和拉之教义,此事不久即将显明。至于意志、能力、行动,则为三种必要之因素,而集于一处者,在世界中,任何事件之实现,均须依赖此三种原理。——亚('Abdu'l-Bahá)

(5)摘录亚氏致卡内基书(五月一日,一九一五)

今日天国至大之服务,乃在提倡人类统一原理及建立世界和平。

今日人类之生命及其长久光荣之获得,全视其依照大圣博爱和拉原理努力之表现;因博氏最要之教义,即为人类世界之一体。他说:"我们都是上帝的羊,崇高的万能的上帝乃是真实的牧羊者,他对所有的羊是都很亲爱的。那么,我们为什么彼此不和睦呢?"他的另一伟大的教义,乃讨论世界和平问题,世界和平之树立乃谋人民幸福、进步和安宁之大道。

今日天国最重要的目的,乃在宣布世界和平的主义及人类世界一体的原理。谁起而成就这种高超的工作,谁便会受着圣灵的证实。

在此次战争以后,为世界的和平而工作者,将一天天的增加,和平政党亦将整其旗鼓,表现其超过所有其他政党之伟大活动。此事之实现,乃是不可辩驳和否认的。

因此,在不久的将来,你的意见前面,将开展着广大而无限的田地,以表现你的能力和精力。你必须用天力及圣灵的证实去提倡这种光荣的意志。我现在为你祈祷,望你能在和平友爱和永远生命的世界中,撑起一个帐幕和展开一个旗帜。('Abdu'l-Bahá 'Abbás)

(签名)亚卜图博爱

(6)摘录亚氏致英伦"耶教共和国"书(于英伦,七月十九日,一九一三)

人类世界之善意希望者和世界和平之提倡者,必须作一特殊前进运动,组织重要的国际会议,邀请世界各处最进步而有势力的人,代表参加;由他们明智的考虑和商议,世界和平的理想,可以由纸上的宣传,变为实际行为的表现了。当然,这个问题是极端重要而不容易实现的。然而,我们必须采取各种方法,直到获得所希望的结果为止。——亚('Abdu'l-Bahá)

(7)"你们的努力,必须是高尚的"

你们的努力,必须是高尚的。用你们的心和灵奋斗,如此或者经过你们的努力,世界和平的曙光,可以照耀,离间与仇恨的黑暗,可由人们间排除;所有人们,将成一家,大家团聚在亲爱与友善中;东方可以帮助西方,西方给东方以帮助——因为大家都是一个行星上的住民,同一诞生地的人民,并且是一个牧羊者一群羊。——摘录亚氏在英伦最后一次之谈话(一九一二)

(8)生命依赖全体之调和与合作

政治团体,可以与人类机体相比拟。只要机体内各分子与各部分是在和谐中互相调和与合作,结果,我们的生命便有充分的表现。当这些分子缺乏调和与和谐时,我们便得其反面,这在人类机体中,便是疾病、解体和死亡。在人类政治团体中,也是如此,争论、不和及战争总是破坏的与不可避免的危险的。所有生物均系依赖着和平与调和,因为每个生物,都是各种不同分子的组合物。只要这些组成的分子能结合融洽,则力量与生命便可表现出来,但当它们内部发生了不和及斗争时,则崩解即继之而来了。这便是证明上帝所愿望其子女的和平与友善,乃救治人类社会的根本,而违背上帝命令的战争与竞争,乃是死亡与毁灭的原因。因之,上帝派遣他的先知者向人类世界宣布善意和平与生命的福音。——亚(Chicago,5-5-1912)

(9)"和平规律已经立定"

自现时以后,战争的魔力,将一天天的减少;和平的势力,将一天天的增大。时日正在来到,和平之鸽,将统治各洲,和平规律,将管理各国,战争的费用,将用于助长人类的精神的事业上。

和平规律,已经立定。我们是生长在和平的光明时代。和平天使,正在我们头上飞翔。我们天天在和平道路上前进。和平军队,正由各国各民族间募集。寄语和平作者,上帝之不可克服的力量,是在他们后面呵。——亚('Abdu'l-Bahá)

(10)当上帝说是这就是

今日,一个人的光荣,没有比为"至大之和平"服务更大的了……从亚格('Akká)牢狱中,博爱和拉以长函致各国的国王和统治者,邀请他们从事国际协调,并明白申述"至大和平"之旗帜,在世界上定将竖立起来。

这事已来到了。世界上的力量,不能与上帝为这伟大光荣的世纪所注定的特权和恩赐相抵抗。这是现时的一种紧急需要。除开神意为当代及其需要所指定者外,人不能抵抗任何事件。现在,我们赞美上帝!和平爱好者,在世界各国中,均可发现,这些原理,正在人类间传布,特别是在这个国家。赞美上帝!此种思想正在盛行,人们继续起来为人类一体之拥护者,企图赞助和建立国际和平。——摘录亚氏在纽约和平会之演说词(五月十三日,一九一二)

(11)摘录亚氏致海牙永久和平中央机关书(十二月十七日,一九一九)

呵!你们这些可敬的人们,你们是人类世界中善意希望者的先锋!

你们的意志,值得一千次的赞赏,因为你们是服事人类世界,这对于全体之愉快与福利是有所助成的。最近这次战争,已向世界人民证实:战争是破坏的,而世界和平乃是建设的;战争是死亡,而和平乃是生命;战争是黑暗中之黑暗,而和平乃是天上的光明;战争是人类的大厦的破坏者,而和平乃人类世界之永久生命;战争是为生存的斗争,而和平乃世界民族间之互相帮助与合作,且为天国中真实者(True One)的愉快的原因。

没有一个人,他的良心不相信,在今日的世界上没有比世界和平更为重要的事。

但是聪明的人们,他们知道事物现实方面所发生的必要关系,以为一种单独事件,自己不能影响人类现实如它所应该的一样,因为在人们的心意未团结一致以前,是不能完成任何重要事件的。目下，世界和平乃极端重要之事，但良心之统一，借以使此事之基础安全，使其树立稳固，建筑坚牢，乃为必要的。

因此，五十年前，大圣博爱和拉，无辜的被禁在亚格牢狱中的时候，即阐明世界和平这个问题。他曾为这世界和平的重要事件，致书世界各君主，并在东方友人中把这个树立起来了。

世界和平之宣布，便是他的教义之一。各国各教各派的人民，凡信仰他的，都集聚起来，组成一伟大的团体，包括东方的各国和各宗教。加入这种聚会的每个人，只看见一个国家、一种教义、一条道路和一种秩序，因为大圣博爱和拉的教义，并不限于世界和平的建立，是包含着许多辅助和拥护世界和平的教义。

下面便是这些教义中的几种：

独立研究现实，使人类世界，可以从模仿的黑暗中援救出来，以达到真理，人类世界一体。

宗教、种族、政治、经济和爱国的偏见，破坏人类的建筑。

宗教是一伟大堡垒。倘宗教的建筑动摇，则骚动与扰乱将继之而起，事物之秩序，将完全颠覆。

物质文明虽为人类世界进步方法之一，但是在物质文明没有与神圣的文明结合以前，吾人所希望的结果，即人类的快乐，将不能获得。

总之，这些教义是很多的。这些原理，为人类幸福之最大基础，并为大慈大悲者的恩典，须与世界和平问题相联合，以使效果增加。否则，世界和平在人类世界中之实现，其本身将感困难。大圣博爱和拉之教义即是与世界和平联结一块的。那就好比一张台子上，放着各式的新鲜而精美的食物。在那张无限恩典的台子上，每个人能找着他所希望的东西。倘这问题仅限于世界和平，则吾人所希冀的伟大结果，将不能达到。世界和平的范围，必须是如此的，一切社会和宗教，都可以在这中间找到他们的最高希望之实现。现在，大圣博爱和拉的教义是这样的，世界上一切的社会，不管是宗教的、政治的、伦理的，古时的或现代的，都在博爱和拉教义中找着他们最高希望的表现。

例如，信仰宗教的人们，在大圣博爱和拉教义中，便找着世界宗教的建立——一种完全与现代情形相适合的宗教，实际上，将即刻医好不可治的疾病，解除一切痛苦，并对各种致死的毒物，给予可靠的解毒剂。

譬如，关于世界和平问题，大圣博爱和拉说，最高裁判所必须建立起来：国际联盟虽已设立，但它不能树立世界和平。大圣博爱和拉所倡议的最高裁判所，将以最大权威，实践此种神圣任务。他的计划是这样的：每个国家的全国会议——指议会——应选出两三个全国最优秀的人，彼等须熟悉国际公法及国际关系，并了解现代人类世界之急切需要。这些代表的人数，应按各国人口为比例。这些由国会选出来的人，应由上议院、参议院及内阁、大总统或君王所批准，如此，这些人便为全国与政府所选出来的代表了。最高裁判所的委员，将由这些人中间推举出来，一切人类，将因此均有一份责任在内，因为每个代表，充分代表他的国家。最高裁判所对于任何国际问题所施的判决，不管是全体通过的，或是大多数通过的，原告被告均不能再有所借口，加以反对。倘任何政府或国家对于最高裁判所决议的执行有所疏忽或延宕时，则其余国家将起而反对之，因为世界一切政府国家，均为此最高裁判所之拥护者。试想，这是怎样坚强的一个基础！但以权威有限的国联，此种目的，将不能如愿实现。这是对于这事情的真理，已如上述。

今日，除开笼罩在事物之现实上的上帝语言的力量外，没有哪种东西，能将思想意识心绪和精神带到一棵树荫之下。在一切事物中，他是有大权威者，人们的生气给予者，及人类世界的保存者和管理者。我们赞美上帝，在今天，上帝语言的光辉，已向各地照耀，人们从一切教派社会国家种族民族及宗教中，集合于一体的语言之下，极亲密的联合融洽起来！

(12)摘录亚氏《文明之神力》文，仲裁法庭的建立

是呀，真实文明将在世界中心竖起它的旗帜，届时将有抱着高尚的志愿的国王，及热心于人道世界的开明人物出来，为一切人类的幸福，及快乐起见，用坚决的态度和坚强敏锐的意志，召开一个会议，讨论世界和平问题；在坚持实行他们的意见的方法中，他们要建立一个世界各国的联邦，缔结一种确切条约，并在他们中间根据不能规避的条件，订立严格的同盟。当整个人类已由其代表被邀参加意见及批准此种条约时，则世界各同盟国家的责任乃在注意此伟大条约之巩固和持久。此种条约，即为世界和平之条约，应为全世界人民视为神圣不可侵犯者。

(13)世界条约的建立

在这种世界条约中，每个国家的边境和界线，及每个政府的制度和法律，均应规定；一切协约、国家事务及各政府间之接洽，均应提出，予以适当解决；每个政府的军备数量，亦应明白规定，因为倘任何国家增加作战准备，将使其他国家发生恐慌。这个强大的联盟的基础，应这样的规定，即倘有一国以后破坏任何条文，世界其余各国将起而消灭之。是呀，整个人类将集合其队伍，以消灭那个国家。

(14)“事实要如此”

有些人，他们不知道真实人类的世界及其为一般的幸福的高尚志趣，以为这种生命的光荣的状况是非常困难，乃至没有达到目的的可能。但是，事实并不如此。所需要的乃是最坚定之决心和最强烈之热诚呵！

(15)“汝的天国来了”

人类的巴力门及其重要部分一经建立组织起来，世界各国政府，已加入永远的友谊条约中，将无保存庞大常备海陆军之必要。只要数营保存国内秩序的军队，及清除海道的一种国际警察就足够了。于是，这些巨大的经费，可用于其他较有益之事件上，贫穷消灭，知识增加，诗人将为和平之胜利讴歌。于是，一国的政府，不管是立宪的、共和的、君主的或民主的，统治者将致其全力于国家的繁荣，正直法律的制定及邻邦友好关系之培养。如此，人类世界将如一面明镜，反映着天国之德性与性格。

(16)军缩必须是并普遍而一致的

世界一切政府，由于一般的协约，必须同时裁兵。倘一个放下武器，而另一个拒绝这样地做，那是不行的。关于这种极端重要的问题，世界各国务须彼此协作，以便废除人类屠杀之可怖的武器。只要一国增加海陆军预算，则另一国家，为着自然及假定的利益起见，将被迫而加入这发狂的竞争……因之，事实似乎是这样，唯一的解决办法，乃在各国间之普遍裁军。

当我们说及世界和平时，我们是说一切政府须将他们的作战舰队，改为强有力的商船舰队，在世界海洋上往来，联络各处海岸，交换人类之商业，智慧及道德势力。

……不，军缩问题，必须由一切国家实行，而非由一二国家。因此，和平之提倡者必须日夜努力，使每个国家的人民成为和平爱好者，舆论亦将获得坚强而永远的地位，国际和平军，亦将一天天的增加，军备完全裁减，将可实现，世界和谐之旗帜。将在世界山顶上飘扬。——亚('Abdu'l-Bahá)

(17)只有神力才能建立和平

人类世界之一体，保证人之光荣。国际和平，乃一切人类福利之保证。在人类中，没有更伟大的动机和目的了。

……今日，人类世界，需要一伟大力量，使这些光荣的原理和目的，得以执行。和平主义，乃一极伟大之主义；它是上帝的主义，世界上一切势力，都反对它。

……一切天书，先知和圣哲都一致的以战争为破坏人类的发展，而和平乃是建设的。他们都说，战争与竞争，使人类基础受打击。因此，需要一种力量，阻止战争，并宣布和建立人类的一体。

但是知道此种力量的需要还是不够的……任何目的之获得，是以知识、选择与行动为条件的。这三种条件，倘不完备，则即无实行或完成之可能……因之，所谓人类状况之救济，即人类之统一，需要一种力量以实行和成就之。只有一种理想方法，一种灵力，圣灵的恩赐和圣灵的微风，才能医治这世界中的战争争论和不和的疾病。其他的东西，是不可能的；也是想象不到的。但用精神方法和神力，那便是可能的和实际的了。——亚('Abdu'l-Bahá)

大圣博爱和拉对于一切先知教义之典型，已重加阐明和建立……此种圣言和救义，乃救治政治团体的方剂，对于使世界受苦之纷乱，此为真方和灵丹。——亚(Paris，10-3-1913)

(18)“便是这一天”

你们知道你们是生长在什么时日呢？你们知道是生长在什么天运中呢？在《圣经》中，你们曾否听见过，在一切时代的终点，要有一天出现，是过去一切日子的太阳呢？这便是上帝在光荣的云端由天上下降的一天，这便是全世界人民将受上帝语言荫庇的一天。

这便是真主宰即是上帝的一天。这便是东方和西方如爱人般的互相拥抱的一天，这便是战争与争论将被忘却的一天。这便是一切国家和政府将进到永远友好与和谐的联络的一天。这一世纪为预期的世纪之实践期。

……你们安心等着，黑暗要消散，使天空黑暗的密层层的云，也要消散，真理的阳光，要在它的全部璀璨中出现。它的光辉，将使冷淡和仇恨的冰山融化，这冷淡和仇恨已将人类活动的海洋，变成坚硬而凝结的大地。

……大圣博爱和拉的原理，如神灵一样，要透入世界的死体，上帝的爱，如动脉一样，要运行五洲的中心。

东方要成为光明的，西方成为芬芳的，人们的孩子，要踏入人类世界一体的包含一切的天幕下。——摘录亚氏巴黎演辞(三月十日，一九一三)

(19)亚氏在芝加哥之祈祷(五月正日，一九一五)

呵！汝和善之上帝！汝已从同一原来父母，创造一切人类。汝已希望，一切属于同一家庭。在汝圣灵之前，彼等系汝之仆，一切人类均在汝天幕之下受荫庇。全体已齐集在汝恩赐的桌边，因汝之光，皆大欢喜。呵，上帝！汝对全体和善，供给全体一切，庇佑全体；汝给予全体以生命。汝赋予全体以才能；全体都沉浸于汝慈悲的海洋中。呵！和善的上帝！联合全体，让各宗教调和一致，使各国家团结为一，于是他们可以为一类，为一祖先之儿女。愿彼等在团结和谐中联合起来，呵！上帝！竖起人类一体的旗帜。呵！上帝！建立“至大之和平”。将心融合起来，呵，上帝！呵，汝和善的父，上帝！因汝爱之芬芳，使人心愉快；因汝指导之光，使眼目光明；因汝言语之和声，使耳欢欣，汝将我等荫庇于汝天国之穴中。汝乃至大而有权者——汝极仁慈，汝忽视人类之缺点。

(20)博爱和拉之教义

博爱和拉之教义，为现代神意之表现，对于这种人类世界生命之成熟时期，亦能运用，其大纲如下：

人类世界一体。

圣灵之保护与指导。

各宗教之基本统一。

宗教为统一与和谐之根本。

宗教与科学完全一致。

独立研究真理。

男女平等。

扫除人类间一切偏见。

世界和平。

普及教育。

推行世界语言。

解决经济问题。

设立国际裁判所。

（完）

附录：

大同教信仰之宗旨

新式科学和工业已于国际间铸下了物质的一致的强固的连锁，但在此前一世纪内，有一种宗教的运动根据人类一体的精神原则，是在波斯国内和近东为博爱和拉所树立，而博氏即为大同教信仰的创始者。在欧洲的近代史学家看起来，这种运动只是限于回教的范围以内，经过时代的递嬗，最后是要归于消逝的，可是博氏的主义的世界性质，经过八十年的艰苦奋斗后，已渐渐的表露于世了。在今日这种主义实际上是在全世界的回民中享有一种独立宗教的地位。其在基督教中与一切其他非回教的社会中的重要，也可足以引起我们注意下面的事实，就是大同教的教义是与现代人类的根本需要相符的。

大同教的宗旨和目的，据研究这种教义的人讲，如果仅是拿别的宗教，或伦理制度在他们的现在形式中，与之比较，就永远不能完全为人了解。博氏对于世界友谊与和平的主义的最大贡献是他把宗教的精神，恢复它本来的原质。他的宗旨和目的，据他的信徒们所讲，不是改正现代社会上的小毛病，乃是创造一个崭新的和正确的世界观。

大同教的教义，实在讲起来，是应现时全人类的需要的，因为博氏是与那些伟大的先知者站在同一线上，只有他们才能看到人心的深处，而借着他们的生命和福音的力量，对整个的文化，供给一个新的推动。所以大同教徒的第一步是接受所有先知者的精神一体的教训，和他们共同奉为神圣的那种工作，把人们从黑暗中指引到光明中。各种文化都是从一个先知者所阐释的学问和精神的能力的元素中发展出来的，并且所有先知者之降临世界，是正在一种光荣的文化趋于衰微的时候。这种事实是大同教徒呈出来的证据，以证明宗教的伟大力量，这种伟大的力量是经宗教的创立者在一世纪一世纪内表现出来了。

因此博氏的使命，据他的信徒宣称，是当无信仰的行为、道德与政治的腐化，不仅在世界哪一部分内，或仅在哪一种族间，是在东方和西方同等地往前迈进的时候，在上帝的普荫之下，去唤醒人的信仰。腐化的现象，为大同教徒所重视的，是人类间的争斗——宗教的斗争、阶级的斗争、种族的斗争与有关国际的、军事的或经济的冲突。现代文化与其一切智力的活动与科学的巧妙，如果没有普遍世界的新的信仰，表现人类的改造与社会组织较高的规模，是不能消灭潜伏在它中间的那种促成分崩离析的势力，这种事实是大同教徒据以解释博氏的主义的重要的。

信徒们宣称，那种圣灵的光辉已再度从博氏反射出来了，基督教和其他为神圣所启示的宗教都是借着这种圣灵而成立，担当挽救崩溃的时代的责任。在博氏所启示的教义的形式中分受这种精神的实质——人的接近上帝的意志的特权——个人的心灵上就能除去偏见、恐惧和仇恨的疾病，把一切琐细的顾虑和狭隘的忠义改成为一种基于内心的自觉的友谊，这种友谊马上代替了从死的过去所遗留下来的仇恨主义。

战争与争斗在今日动摇世界，这种事实，按照大同教徒的意见，正可供人民前车之鉴，使其觉悟人为的信条与法则的空幻，为一切互相敌对的制度与存破坏性的风俗的根源，并且在他们中间唤起一种对于超乎人类意志以上而存在天国中的实体的渴望。

如此博氏教义的传播不仅是唤起新的希望，鼓动新的热情，而且是要树立一个世界秩序，以作现代人类演进的终极目标。他们在人类经验的中心中，提倡科学与艺术的发展，以此为宗教崇拜的真实方式；政府的功用之可宝贵，是在其为道德与社会效能的联合体，民主政体的重要，是因其实现一切人民都是一个上帝的儿女的原则。

（一）大同教的原则

公共教育将事实装进脑筋中去，无论其为确实的或有用的，然而在人的心中留下陈旧的和破坏的偏见，所以大同教徒指出来，如果由国际战争和阶级革命所发生的世界的危殆，有一天要免除，这种教育是必须将精神的原理加上去，以补救其不及。

在八十余年前博氏所提出个人和社会的改造的原则中，这种精神的原素，依照大同教徒所讲，是存在于那样纯洁，那样完善和那样确有力量的形式中，所以现时在欧洲、亚洲与美洲有许多虔诚的学生团聚起来，其唯一目的是要以博氏的教义中所露布出来的道德力量与高志的意志，从新巩固他们的智识教育。美国的大同教徒们，有旅行过很广的，曾经在世界各地访问过这些学生的，他们说这种新的精神的知识的结果，是在印度许多信徒们中间减少了阶级（Caste）森严的流弊，在波斯和近东减少了宗教的偏见，在欧洲减少种族间与国家间的仇视，而在美国和加拿大，大同教的教义在泯除白人和黑人间的歧视，是特别的见效了。

我们或者可以引证亚卜图博爱的话，把博氏所启示的精神的真理作一总结，亚氏是大同教信仰的伟大的模范人物，他的话是："这是人类能力新的转换——上帝对于这个光明的世纪的赐施是人类一体和宗教根本一致的知识。"

大同教徒确信人类已踏进一个新的时代，在这个时代中全世界渐次的发达起来，反映所有先知者的理想，使男子与妇女的潜伏能力全部表现出来，科学与艺术在人民互相友爱和信仰的鼓励之下，要光荣地往前进步。这种信仰是大同教福音中的特有性质。既然小孩子生下来都是天真烂漫的，所以人类中有组织的仇恨和恐怖是从管束幼年的那些人的态度中得来的。大同教徒认为一种维护爱的权力的心理，代替现在意识的环境，一个新的世代就会产生出来，不受敌视行为与仇恨主义的恶毒势力的羁绊。在大同教徒看起来，精神教育的中心点是在了解一切现存宗教的创始者是为一个目的所鼓动，反映同一圣灵的力量。如果大家同意这一个原则，偏见的根本就可以消灭，因为除开先知者的势力外，没有别的社会力量能征服人的兽性，而使其接近上帝的天国。

所以大同教徒看待所有人们都是一个创造的、普遍的爱的表现，而无种族、阶级、国别或宗派的歧视，他们实践这种教训。博氏的教义巩固了这个真理，因为它从历史上证明每一个先知者的信仰曾经产生一个社会的团体，由这一个社会团体后来演进为许多国家与民族，并且证明宗教相敌对造成了人类的残忍，供给国家的、种族的与阶级的分垒上以破坏的力量。大同教徒相信在这个时候是需要一种新的普遍世界的精神运动，目的在于给人们以一种与圣灵的志愿相符的团体的意识，并且使他们打破传统观念的固执，从破坏的黑暗中脱离出来。

博氏的教义在这种新的广大的观念的基础上，树起一个社会改造的伟大建筑，这建筑的柱石就是以下几个有机的原则：真实科学与宗教的和谐，男女的精神平等，所有人民的教育完全依个性为准——包括职业中完善的训练和道德的培养以及智力的训练与学问，常常以坦白的心胸寻觅真理而保持终身不断的教育；社会对于个人经济安稳的责任，学校的课程上增加世界语为第二种语言；各国政府负有精神上的义务，把促成世界和平为它的最首要的任务；组织国际法庭要能根据对各国家各人民平等的正义，维持世界的秩序。

大同教的教义之所以异于现代书本上的哲学者，是因为它使个人的发展绝对的以对于社会的效用与否作为依归，因为所有人们都是互相依赖的，只有那些在互助中求满足者，往往能实现其希望，如果只求自利，就要失望了。大同教徒阐明这种正确的心理的原理，以使对个人独立的“完美”或“幸福”作自私的渴望者有所警惕。博氏的信徒宣布他已经鼓动了所有先知者启示的爱，而且用新的教义补助这种爱的主义，这种新教义阐明现时人类极需要的世界秩序的性质。

（二）大同教的沿革

在西方为工业主义所划分出来的新时代的初期，与在东方所发生的政治改革的狂潮，只须引证圣灵的光辉，就可完全解释明白，这种光辉已在八十余年前由无不包含的博氏的福音中向全世界照射了。在大同教徒所视为现在正是为人完全懂解和钦佩的这种福音内，拟定了有一个为真实人类进步的计划，所有基督教徒、犹太人以及其他宗教徒对于世界和平与正义的渴望均可由此实现了。

人类在这个时代中已经为一种新的精神所鼓舞，结果是打破过去的一切束缚与限制，改造世界于普遍的文化中，这种文化是以圣灵之实质的学问作根基的。大同教的历史，据其信徒们申述，对于以上的事实，就是表面的和显然的证明。

一八四四年五月廿三日，波斯国内有一个英俊的少年名巴孛(Báb)者宣布他的使命是作一个先驱的伟大的教导者，他要唤起人们的灵魂，光耀人们的心绪，调和人们的良知，提高人们的习惯与风俗。经过六年艰苦卓绝的与英烈的宣教，遭遇他本国政府与教堂之共同反对后，巴孛是牺牲于一种狂妄的刑法之下，一八五〇年七月九日于波斯国内塔不里兹(Tabríz)地方，当众的在一队兵士的枪弹之下殉难了。他死后在波斯的人民间留下了那样的忠义与信仰，所以他的弟子万千人宁肯随巴孛殉难，不肯背弃对于他的话的敬奉，他的话是预期者的一日在最后黎明了。

博氏的主义就是建筑在这种准备的基础之上的，他对于个人和社会改造所启示的原则是在残酷的压迫之下宣布的。这种压迫延长四十年之久，为宗教史上从来所未有过的。

博氏为一态度尊严之人，就是仇视他的最甚敌人也觉到他的伟大，承认不讳，他对东方和西方给予以下的喜信，就是圣灵重新在人的形象中显示，在人类极端需要的时候，去唤醒他们，使人类能力的新的和较大的转换开始——这就是友爱的、和平的、圣爱的时代。他唤起所有的人民来分受由他所阐示的圣灵之实体的学问。在团结的教训没有为人熟解以前,因国际战争以及内部交讧使人类所受的惨烈的苦痛,是已经博氏明白的预言过了。博氏在被放逐和囚禁的期中,由他的秘书笔记、著述了很多关于教理的书,并写了许多信,给欧洲、东方和美国各国的君主或统治者以及宗教的首领,他的福音就是在这些书和信的形式中露布出来的。

反对他的凶悍的势力既是集结起来对付他,波斯国内宗教的和政府的当权者,知道他们的势力会为博氏的光明的主义的传播所消灭,于是就把他同他少数的忠实的弟子一同禁锢于泰歇兰,褫夺他们的财产与公权,又放逐他们到白格达得、康士坦丁、亚旬里安等地,最后于一八六八年把他们终身幽禁在亚格('Akká)地方的一个荒芜堡垒内,这是土耳其国内的一个罪犯拘留地,离圣地内的卡米尔山(Mount Carmel)不远。后来不到五十年后之久,据大同教徒指明出来,那些负放逐和囚禁博氏的责任的人物——如波斯的沙皇、康士坦丁的苏丹与回教主——他们自己都是不光明地从权势中被踢出去了。

从幼小时起,就自愿分受这些苛政者,是博氏的长子亚卜图博爱,他被囚禁于亚格有四十年之久,在一九〇八年因土耳其青年政党之革命,才恢复他的身体自由。

博氏于一八九二年去世。从这时候起一直到他自己于一九二一年升天的时候止,亚氏是毕生尽力于这种主义,是这个主义中命定的模范者与解释者,由于他的特有的虔诚,生活的纯洁,始终不懈的努力和无穷的智慧,大同教的福音是确实渐次的深入世界各地了。现时大同教的团体是在多数国家都有了,从事这种运动的分子实际上是包含有各种国籍、各个阶级和各种宗派。现在大同教的团结与博氏教义的保全,是由沙基芬地主持着,他是亚氏的外孙,是在亚氏的愿望与其遗言中为大同教信仰的保护者。

(三)大同教义与世界和平

世界和平的方案,据博氏的信徒申述,不仅是已经在纸上计划好了的,而且是在广大的,发达甚速的,以精神相结合的,世界各处都树立有中心区的民众团体中,在实际行为上实行了。在欧美与东方各处的大同教徒中间,其对于世界和平的尊重是树立了一个完善的模范,各国家和各人民可以依照这一个模范在稳固的基础上,成立真正的世界和平。在应用博氏所提示的原则时,世界和平更为精神的真理所巩固,得着宗教上的认可,同时并不忽略政治和经济上所须考虑的事实。

实际上,在六十余年前,大同教就把和平问题看作一个顶神圣的问题,是远在各国的统治者对于这个问题作严重的考虑以前的。在他于一八六八、一八六九和一八七〇各年间所写给欧、亚、美各国政府的元首的信件中,博氏宣称国际秩序的新时代是已经黎明了,唤起各国的统治者会聚起来,采定步骤,以减少将来战争之可能性。为和平之理想尽力不仅是一种聪明的政治态度,而且是对上帝的服从,对于人民在和平中生活的权利,如果是不断的不负责和不忠实,就会产生国际的争斗和骚乱,其范围是如此其广,结果使一切守旧的统治都归于尽。这种透彻的真理是他所表白出来的。

博氏的长子亚卜图博爱为大同教信仰的模范人物,继承他父亲的遗志,毕生尽瘁于团结的理想。在一九一一年到一九一三年,适在大战之前夕,他周游欧美各国,目的是当面向各国人民宣传和平的原理。一九一二年亚氏在美国加州司丹福大学演说,断定国际战争的爆发即在当时的目前,劝告美国人民起来作世界和平之倡导者。

在大同教义中,世界和平的定义不仅是军事战争行为的制止,是包含一切宗教中的和平,种族间的和平与夫人类中所有各阶级间的和平。世界和平之产生，据这种教义解释，要在一切仇恨主义、偏见、争斗和竞争等等的根蒂在人们的心中铲除净尽后，才能实现，而这种态度与行为之改变又有赖于对圣灵意志的虔诚。信徒们接受所有各宗教与民族的平等和根本一致的原则，他们在世界各地的发达，是下面事实最重要的证明，就是宗教的精神在这个时代内复新了。

但是大同教所代表的，有远过于友谊的新态度和人民团体中的和睦以上的，研究这种教义的人指明出来，博氏并且创造了一个有机的和结构的团体，能够联络世界各处大同教徒的宗教和人道的活动。大同教在今日就是执行这种有机团体的职务，它结合各地方的，各国家的和国际的单位成为一个和谐的总体。大同教除极端重视这主义的精神方面的特质与严格不妥协的主张所有信徒们应对其本国政府尽忠外，同时又为那种势力和活动的范围，备就一定的程序与目的，在那种范围中，所有个人是有法律上的自由，为着精神的和理想的目的与别人合作进行。如此能统一耶教徒、回教徒、犹太人、火教徒与一切其他宗教徒的一种运动——这种运动在它自己的分子中间能压服种族的和阶级的偏见，并且能把德谟克拉西的原则，实施于各地方、各国家和国际的团体的选举上——据它的信徒们讲，这是世界和平理想的真正实施，证实所有人们对于和平问题研究所得的结论，就是他们了解和平不能在武装的政府间用条文与公约得到，因为这些政府都是受制于他们自己的人民中间的那种好战的潜势力的。真正的国际联盟与世界法庭的“道德平等”，据大同教徒指明出来，是已经为博氏所显示的爱的力量创造出来，而在他的教义中表现明白，这种教义，是被他所有在各地的弟子当作先知预言而加以接受了。

一九二一年为亚卜图博爱在世的最后一年，是年他在海发(Haifa)对人民的警告，是阶级的争斗会在各国继涨增高，对于文化是最大的祸害，一直到各国有诚意谋世界和平之时为止。大同教和平的方案，是在亚氏于一九一九年所写给海牙永久和平中央机关的会员们的信中，加以阐明了。在好几年以前，他曾经写过以下这几句有意义的话：“真实的文化无论何时都可在世界中心树起它的旗帜，只要有抱着高尚志愿的杰出的君王——虔诚与决心的光明的模范人物——为一切人类的幸福及快乐起见，用坚决的态度和灵敏的眼光，树立世界和平。在这种庄严的公约中的原则中应当这样的规定，就是如果后来有任何政府违反这种公约中的条文，则其余一切国家可起而制止之”。

大同教之在中国*

曹云祥

现在全世界均为经济的不景气所累，人类的前途将如何，正是一个疑问。各国的领袖们正在讨论军缩、经济合作、合理化等等，这样看起来，人类是在一般地寻求光明与真理。然而不管这种普遍的不安与痛苦是怎样，全世界的眼光现时都集中在中国，这是因为中国的大水灾、政治与社会的不安宁以及满洲事变与一·二八事件发生的缘故，世界的舆论似乎都以中国问题为主要题目。而在中国，则理想的与愤激的学生以前在国难严重的时期间，群赴南京请愿，甚至包围政府和殴伤政府官吏，他们也是在渴望光明与寻求真理呢！

正在这种严重局势发生的时候，有一个能干的诚恳的外国基督教徒，在中国各地演说。一次他演讲《中国的希望》，三百余的听众，都是曾经留学国外归来的男女。他说中国将来只有三条路可走，就是(一)共产主义胜利；(二)降服于日本；(三)或悔过自强。他的意见以为如果中国人民不互相友爱与团结，效法耶教的服务精神，就一定会走向共产主义之路或为日本所征服。

在这次聚会中，著者适充主席，待这位先生演讲完毕后，即起立致词，谓有一个国家在八十年前，几乎遭灭亡，后来因为有一个伟大的导师降生在这国家内，因为他的教训唤醒了这国内的人民，于是这个国家现在有宪法，有国会，关税完全自主，治外法权亦已取消，她是成为有组织的独立国家了。这位导师的福音是依据真理而宣扬仁爱的福音。著者当时并引证下面一段话："就我在旅行中所亲眼看见的讲，我觉得随便哪个地方的建设都是由友爱而成，随便哪个地方的破坏都是因恨毒而致。"在中国内，现时是爱占势力，还是恨占势力，我当时只好请听众自己去评判。

中国人对于宗教之态度

一个受有教育的中国人，你如果告诉他，不信仰一种宗教，将来死后，会要被罚入地狱，他就不会相信。他以为如果他去信仰一种外国的宗教，以求将来的超度，这对于他的祖先，就是不孝顺。他不相信正直的人会受大公无私的上帝的惩罚。因此他觉得还是不改变他的本来宗旨为好，就是孝顺先人，信奉他本国内原有的宗教——孔教与佛教。中国人相信宗教是教人为善的，所有的宗教都是一个目的，那么他们为什么要彼此相争斗呢？这真是中国人不能懂解的一件事，也就是使中国人对于

* 上海大同教社，1932年。

宗教淡漠的缘因。

因此无论任何宗教，只要它宣传一切宗教的中心理论是一致的，信仰一种宗教并非同时不可信仰其他宗教，或攻击和敌视别种宗教，如果能做到那几步，它就会受中国人的欢迎。大同教的宗旨，最重要的就是上面所讲的几项，而且能实行，所以容易得中国人的信仰，因为这与中国人对于宗教向来所持之态度是相符的。

一次著者在一个基督教徒的自由集会中，演讲《文化之统一与宗教之大同》末尾引大同教之十二大原则，以作结论。当时听众对于这十二大原则，莫不齐声赞同。

中国的政治思想

中国的历代政治理想，都是以孔子在《论语》上所讲的话为标准，就是"正心诚意，修身，齐家，治国，平天下"。中国之国本即建筑在这种人生与政治的哲学上。就是现时在党国中，亦有不少领袖提倡以孔氏这几句话，作人生与政治的准绳。所谓正心诚意者，就是人类的心灵在道德上的修养。从个人的心灵起，一直到平天下，这全部的过程，就是人类解放的"大道"。

自西方的文化流入东方与孔氏的话渐渐为人所忽视以后，中国是在找寻新的理想，以适合现代的新潮流。然在新旧青黄不接之时，中国人乃如失舵之舟、脱羁之马，容易走入错误的道路上去。后来孙中山著就三民主义，即民权、民族与民生是也。有些人以为这是与法国的格言所谓"自由、平等、博爱"相同，又有谓即美国林肯所讲"属于人民，由于人民，为着人民"。三民主义，对于现时中国的政治与社会，当然是极好的主义，但是从人生哲学的观点上看起来，那就远不及孔子的话了。

中山的信徒中，有眼光较远者，于三民主义中，又增加一"世界大同主义"，以为更高远之鹄的。然而很少有人注意这一点，终于没有人去研究它的究竟。自然，光有主义，而缺少一种动力使其实行，这主义就成为无用的了。而且当局者也没有诚意，不能以身作则，以领导民众，因此我们只看见主义有文字上的宣传，而没有实际行为的表现，人民的痛苦如故，恐怕比较以前，尤有甚然者呢！在上者不以身作则，不廉洁奉公，在下者即尤而效之，而无乱不作了。这就是现在中国的大毛病，这毛病非急治不可。大同教的福音是能应中国之需要，而诊治这种毛病的。大同教教义的基础是人类秉上帝的博爱宗旨而互相友爱。这种爱须是完全纯洁与自动的，而无人有自私自利的企图。人类的痛苦、无知与贫乏，在一个真实的大同教徒看起来，就不啻是他自己的痛苦、无知与贫乏，他必得加倍努力，以改良他们的情形。至于虚荣、骄傲与自利等等的思想，在他的脑筋内，当然是要铲除干净。中国目前就是需要这种人，假若大同教能供给中国以这种人，中国对于这种教义自然会极端欢迎了。

教育在大同教中的地位

大同教的十二大原则之一为教育之普及。因为一个人若没有知识，即无异禽兽，而无知者必不免迷信、贫穷与自利。大同教提倡以教育与劳动谋经济之自立。

大同教徒的儿女受教育的机会必须是平等的，因为就女子而论，她们是将来的母亲，要担任儿女教育的责任，所以她们的教育是应与男子绝对平等的。这种态度本是很正确的，不过独为大同教所重视，亦足见其在文化进步中，为一开明的宗教。不仅此也，在大同教的社会中，有切实的办法，以谋普遍教育之实现，并不是空口提倡这个原则，而将实行的责任诿诸不负责的官吏和公众的身上去。其办法如下：

所有大同教徒既都受过教育，学得一种职业，有谋生的能力，在经济上讲，当然是人人能自立，能担负他们儿女的教育费用。但是或者有异外的事件发生，不幸的儿童失去入学的机会时，于是他们就由公家教养，因为在这种社会中，平素储集得有公款，这种公款完全是由捐助得来的。中国的人民不识字的，占百分之九十。就是中国想实行义务教育，也没有这种能力。而且教育的目的，不仅在造就青年，使其能有谋生的能力，还有一个更高超的动机，就是要发展人类的灵性，使其能反映造物者的荣光。欲使教育迅速而有效地普遍起来，那就再没有比大同教的计划更佳了。

新的经济制度

资本主义的旧制度，是造成了生产过剩、失业，以及财富分配之不均。为纠正这种主义的弊病起见，有人主张实行合理化的，有人主张利润之平均分配的，有人主张共产主义的。还有人以为阶级的斗争是不可避免的，更有主张国家资本主义，政府管理一切生产事业，以谋利益之平均分配。

按照大同教义的原则，新的经济制度是建筑在剩余财富的自动的均分上。这种制度是容易发生效力的，因为在一个大同教的社会中，人人受有教育，人人有谋生的技能，少数不幸的人民与孩童是容易由公众扶助的。由各人自动的捐助或由各人的遗产中划出一部分以充公，以作此种扶助事业的经费。所有大同教徒都是要将他们的遗产分成七部分的，如果有几部分没有合法的承继人，即尽数归公。在普通的情形中，扶助许多无教育与穷苦的人民，本来是一件很难的事，但是在一个大同教的社会中，真正不幸的与失业的人是极其少数，所以容易由公众扶助，以达到财富之平均分配，人人无饥寒之忧。

世界和平

虽然大同教徒不干预政治，然而他们相信用组织的方法，以促进世界的和平，如国际联盟、国际法庭与国际警察等。战争的主要原因是：土地的扩张，经济侵略与爱国偏见，但是大同教的原则，如普及教育、新经济制度，与对于人类一体之信仰，就能将这些战争的原因消除了。

世界各国竞相扩充军备，每年支出占其收入三分之二以上的费用。中国近年来耗于无益的内战上的钱财，已达四万万，因此建设方面，是一点成绩也没有，民生日益疲惫。这样看起来，我们就可以知道全世界为什么要感受经济的不景气了。所以人是与他自己作敌。“爱国者不足为荣，要以爱同类为荣。”有一个中国学者讲，单是这一句话就可以证明大同教的创始者，是第一流的先知者。

同声的赞同

在这种非常的时期中，著者得着许多机会，与朋友讨论大同教理。此种谈话，极饶兴趣，兹特约略提述如下：

陈铭枢将军为国民政府行政院之代理院长，他说："中国现时极需要这种主义，因为这种主义不仅无害，且极为有益。"一个中国学者与教育家讲："这种主义包含许多基本的真理，所以我们应该细心的去研究，因为在这里面，可以找到人类解放的大道。"

一个中国商人，最近曾经作环球之游，他讲："这主义的原则是极其广博，而同时又很简明，所以定能普遍传布。"

另一个务实际的商人讲："没有哪本书能够如爱斯猛博士所著《新时代之大同教》之能使我满意。"

一个热诚的佛教徒讲："大同教提倡的世界和平与人类团结的原则，为人类进步必由之路。"

一个中国回教教士讲："大同教是实行所有以前先知者的教训。"他并索阅关于大同教的书籍，以资研究其中真理。

一个中国基督的牧师讲："由大同教所宣示的真理看起来，可以知道它驾乎现代一切其他宗教之上。"所以他在《新时代之大同教》一书上，特撰序言一篇。

一个中国青年会的秘书，指导学生部的事务，他讲："这种宗教是极合需要的，因为学生是在找寻真理。"

翻　译

爱斯猛博士所著之《新时代之大同教》，中文本早已印出来了，篇首的英文序，是经沙基芬地认可了的，他并把这篇序交下期的《大同教世界》中发表。接着《新时代之大同教》一书，就是《亚卜图博爱之箴言》的出版，这是亚氏在巴黎的演说辞，也是由英文本译出的。《笃信之道》亦已译完，现正在付印中。《教理问答》已译完一部，不久亦可付印。

除了上述的几种书以外，尚有小册子数种，即我自己著的《对于大同教之贡献》，上下两册，沙基芬地所著的《世界之趋势》，与由博氏及亚氏之格言所辑录之《至大之和平》，以上各书分寄国内外各处，现已接到不少回信，均表示赞成。此后我们当继续努力，总期这种教义能在中国普遍地传布。

大同教的贡献(一)*

曹云祥

引　言

自从民国成立,《约法》上说:人民信教可以自由了。以前旧的宗教,或因它是无稽而被视为迷信,或因时过境迁而不适合于现世了。那么究竟什么宗教或主义是永久可被世人信仰而遵从的呢?我们以为孙总理遗嘱中所昭示吾们的"世界大同",实是爱国爱种的人们,应当提倡的。

近代世界各国没有不注重政治、经济、实业、教育、军备等问题而能得到进化的。在十九世纪中,德、日、美三国的进步最是神速。欧战后,意、土、埃及三国的振兴,也很引人注意,还有暹罗、波斯、中国都在改造的行程中。最近俄、印二国的问题,也值得研究。

现在试问为什么有的国家蒸蒸日上,而他国就不能够如此,甚至政治、教育等各问题,都愈弄愈糟,人民愈陷于倒悬的苦境。这中间的根本原因何在呢?

大同教里的亚氏在一九〇二年曾写一信给国际和平会说:"……总之,遍游世界各国,如见他们的事业兴盛,便知其人民有友爱心、公德心。事事和衷共济,通力合作的。如见一国的各事各物,有破坏毁灭的形景,那么可断定其人民,必是自私自利、纷争不已的。"由此吾们可以得到一个结论,是民族的兴衰,跟着人心的正邪而定的。心正则兴,心邪则败,可说是万古不易的真理,国家兴衰的根由。

大同教之成绩

八十年前波斯国的政府很是腐败:官吏贪污,教育废弛,科学不兴,迷信宗教,妇女毫无智识,国人内斗不已。这样萎靡颓废,差不多被英、俄二国灭掉。在这时候巴孛和博爱和拉起来创大同教,把人心纠正,以救危亡。哪里知道波政府和他教都反对他们,逼迫他们,因此有二万多大同教徒殉教而殁。但是大道犹如旭日东升,终难埋灭的;人民因觉得大同教义的光明公正,相率加入。于是大同教再设立了许多学校,人民便都受了教育,过不了几时,什么迷信偏见不打自倒,大家肯彼此帮助了。以前反对他们的,到此时也不再反动了。后来波政府颁布宪法,设立议院,竟延揽大同教徒参加其

* 上海大同教社,1932年。

事。可见大同教徒有好的教育,便有好的人才。现在波国已把关税收回自主,领事裁判权也取消了。波国现有大同教徒四五百万人。约占该国人民三分之一。此外在俄、英、美、法、德、印度、日本、澳洲、南非洲等处都有大同教信徒了。

天下各国各教各色人民,信奉大同教后可以解除偏见,养成友爱心,这岂不是切实证明大同教的力量,能改造人心,作成新民吗?这不是大同教的成绩和新文化的预兆吗?大同教有如此显明的成绩,实在有研究的价值。本来,研究和信奉是两回事。不论宗教、科学,都当加以深切的研究,然后可得其真理。不研而信,便是迷信。著者当读大同教义之初,就觉其含义广博,适合现代思想,将来必能造福人类。

大同教与他教之关系

大同教博氏曾说:"天下各教出自一源,根本是相同的。"大圣人本没有彼此仇视之心,可是各教的教徒眼界窄小,私利心重,于是派别分歧,都有唯我独尊之概,不免起了纷争的事端,这是很是不幸的。博氏再说:"各教之所以有不同者,不过环境与时代的不同罢了。所以大同教非但不反对他教,而且如江海之下百川,可以容纳各教而张大之、申明之,以求永久适合现代及将来的需要,去解决人类一切的问题。凡实行大同教义的人,大家互认为优秀分子,是人类及社会的造福者。因之,大同教盛行的社会,必有欣欣向荣、蓬勃直上的现象。"

何谓大同教(Bahá'i Movement)

博氏的长子亚氏曾说:"大同教是新时代精神的表显。其教义包罗万象,一切高尚思想,无不包含在里边。像犹太教、耶、佛、回、孔、火、证理、心灵等教的教义,和社会学家、哲学家的理论,没有不彰明在大同教之中的。"

大同教义流行世界各国,引起东西通儒硕士及宗教家的特别注意。此教提倡世界和平,统一宗教,正符历代人类切盼的愿望。再此教的发源于神圣,而又切近于人情,便于实施,所以大家都愿信奉真理,而为人类服务。即孙中山、陈铭枢诸先生,也都赞美深信的。

大同教的根本原则

大同教的十二条原则,是教祖博氏在六十年前所宣示的:

(一)世界人类的统一;(二)真理的独立研究;(三)各教是起于一个泉源的;(四)宗教是统一人类的主动者;(五)宗教和科学是一致的;(六)男女平等;(七)化除一切偏见;(八)世界和平;(九)教育;(十)经济问题的解决;(十一)世界共同的语言;(十二)国际裁判所。

以下便是逐条简略的说明:

(一)世界人类的统一

博氏说:"你是一树的叶,一海的水。"这意思就是天下万人,都像兄弟一样,彼此平等的。以前的宗教常将人类分为善恶二派;善者蒙造物的赐福,恶者被造物的降罚。唯有博氏说:"造物之慈悲,宏大汪洋,渺无涯际。人类在慈海之中,没有分别,都是平等的。"

(二)真理的独立研究

人类天然有一种惰性,常使人盲从先圣,不肯独立的去研究真理,所以到后来,非但没有进步,即固有真理,逐渐泯灭,或被曲解,而异端随之丛生了。

(三)各教是起于一个泉源的

世上虽有种种名称的宗教,然而因为真理只有一个,所以根本上都是出自一源的。各教不同的地方,便是相沿成风的礼节罢了。然而礼节仅是外表的,人若能注重真理的基础,那么各教便能合而成一了。

(四)宗教是统一人类的主动者

宗教是先圣精神所萃集的。有了宗教,人类便有生命,便有荣耀,心灵也便有所归宿而得永生了。倘使因为宗教派别的关系,而造成人纷争的开端,那么还不如没有宗教的好。所以要认清宗教不是人类争论的工具,而是统一人类的动机。好比生病服药,正是为的治病。倘使服药反而增病,那又何必服药呢?

(五)宗教和科学是一致的

现今宗教的所以不能维持其地位,实因科学突起,心灵被物质蒙蔽着。物质文明有炫耀的力量,吸收人们的特别注意。于是心灵便被淡视了。在深信宗教的人,竟武断的反对科学。以为科学是宗教的大敌。其实二者应当互相提挈,彼此调剂,始能相互发生健全的作用。现在有人以为有了飞机,汽车的营业,必然要减色了。其实飞机若没有汽车的相辅,飞行事业也决难兴盛的。宗教与科学相依为命,便是这种道理。

(六)男女平等

以前各教,大多重男轻女,社会进化,不免因之迟缓。大同教有一种特色,就是主张男女绝对平等,应当受同样的待遇。或竟稍稍注重女子教育;因为母教是儿童教育的先决条件,儿童教育又是将来社会进化的先决条件。

(七)化除一切偏见

现在世界上的一切纷争,细细地分析起来,都是开端于偏狭的见解。但是造物的主旨,是在使人类统一不要争斗。因此,大同教极力设法化除偏见,解释误会,那么种族间、宗教间、贫富间的一切阶级观念,都可消灭净尽,争端便无由发生了。

(八)世界和平

一方面化除偏见,再一方面积极地提倡和平。假使人类仍旧拘泥阶级的观念,不能统一,那么怎样可以达到世界大同境界呢?世界人类争战的问题,怎样可以解决呢?

(九)教育

人类进步全赖教育。教育可以增进人民的智识,启发人民的天良,所以大同教的训条里,最重要的一条是强迫教育。大同信徒非但使他的子弟姊妹上学,而且还资助贫苦的受教育,因为社会的进步,是靠全社会的各个分子都有智识。

（十）经济问题的解决

往昔的先知圣人，创立宗教，并无具体的办法去解决经济问题。现在大同教中有彻底解决的法则，教规中有自由捐款的一项，就是在遗产中或他项进款中，抽出若干去津贴贫病、老弱、幼愚人们。再因为教育普及，人民各有职业，解决经济问题，易如反掌。因此大同教徒中富贵的，既然有舒适的生活，其他寻常人们也都享有相当衣食住的权利。大同教徒可谓别有天地，生活在快乐的境域里。

（十一）世界共同的语言

世界语由国际间审定承认。凡世界各国的学校应当添设世界语一科。于是一国的人学了他自己国里的话，再学会了世界语，便可畅行天下，毫无隔阂了。人类益发能相亲爱了。因为这个道理，大同教徒都当学世界共同的语言。

（十二）国际裁判所

天下万国，依赖了造物的威权，立足世上，应当设立国际裁判所，维持各国存在的地位。凡国际间的问题，应当遵从这裁判所的公正的判断。六十余年前，博氏提议国际裁判所时，曾颂之曰："国际裁判乃圣筵也。"

博氏提议此事时，世人都没有想到或听到这种组织，然而博氏竟首先呈请各国君主，申明其意义。在这时代有博氏下降人世，真是人类的幸福和光辉呀！

大同教的证明

没有听到大同教的人们，当然不知该教的来源，和它的主义。现在将勒罗百科全书所记的大同教的事实，和不偏不倚的评论，摘译如后：

> 一八一七年，博爱和拉生于波斯国都，推希仑城里。在这时候，有一先知名巴孛，宣传新道。博对于他很是信仰。后来不多几时，博和其他信徒被波政府处以流刑，放逐到博格塔、君士坦丁、爱特拿波等处。在这许多地方，土耳其政府受波政府的嘱托，将博监视。在爱特拿波城的时候，博氏正式宣布他的使命说："吾便是巴孛著作中，所预言将来造物的大显圣。"同时博奏请欧洲各国君主，树立新教，提倡和平。再后来，巴孛的信徒都承认博氏是大圣人。就信从大同教。一八六八年，土皇再将博氏放逐到犹太国的亚格城。博氏自到此城之后，即从事著作，申明教义。到一八九二年五月二十九日，博氏逝世。他的遗嘱命他的长子亚卜图博爱继续宣传教义，并以联络各地信徒为职志。大同教徒不独在信回教的国里才有，即欧、美、日本、印度各国，也都有信徒。博氏曾将巴孛的教义扩而大之，再溶冶各教于一炉而成大同教，传授世人。以前犹太教徒等候救主降生，耶教等候耶稣复活，回教等候马迪，佛教等候第五佛，火教等候巴仑，现在博氏降生，能副各教素来的希望，不啻集诸显圣于一人。
>
> 如是天下各教，自不宜再分门别户，当其以大同教为依归。大同教里面没有教士的把持，没有礼节的拘束，也没有公众的祈祷式。唯只要人人信仰造物，信仰诸圣（指各国历代之圣，如摩西、查罗斯德——火教之祖、耶稣、博爱和拉）的旨意罢了。博氏的著作有《意纲经》《亚特经》《亚达经》及奏疏格言、书信等等。大同教的所以鄙弃浮文末节，因为空言不如力行。凡事都当以身作则。再大同教徒除了注重个人道德、子女教育、友爱精神、社会经济各问题外，还规定人不当

有接受认罪及赦罪的权威，再宜履行一夫一妻制，废弃独身主义，而与社会中人常相交际。其余没有明文规定的，当服从各国的法律，或由博氏所提议的“公理院”解决之，规定之。按大同教义说起来，凡人能尊敬一国的元首，是尊敬造物的一部分义务。人人当提倡世界语及国际裁判所，以求免除争战。博氏说的“你是一树之叶，一海之水”二语。实质的说起来，大同教并不是一种新教，乃是集合各宗教而统一之、复新之罢了。现在该教为亚氏所领导(注：亚氏已物故，其外孙沙基芬地主持一切)。[①]

大同教的价值

综观世界现在的状况，可以说很不景气。天灾人祸，时时发现。大者有战事、地震、水灾，小者有谋财盗窃，等等。商战日烈，失业增加，人人都尝到经济压迫的滋味，各国军备浩大，租税繁重，民不聊生，铤而走险，这种现象，日甚一日，乌烟瘴气，弥漫全球，谁都觉有寝食不安的神气，正是人类沉沦的日子。于是有爱种爱国的人，提倡新主义，以谋解决此项大问题。所以在俄国有共产主义，在中国有三民主义，在东西各国有社会主义，这种主义的成效如何，姑且不管，而人类需要一种新的精神、新的补剂，去救济他，那是毫无异义而不容迟缓的了。这新补剂便是大同教。该教能令各种思想融洽贯通，彻底的改造人心，统一意志。现在把大同教对于个人、社会和文化三方面的关系，分别一论如下：

甲、个人。一个人立身处世，全恃德性以维持其地位。则产与势力实不足道。只要他的人格高超，操行纯洁，就可有恃无恐，能够得到最后的尊崇和成功了。因为大同教徒是受教育的、有职业的、注重科学的、研究真理的，所以他个人的经济因有职业而解决了。再因他受教育，研究真理，所以乐于助人，不求虚荣财势，心地光明坦白。一个人有财又有势，似乎是快活的了。然而这种快活，仅仅是在肉体上而已。他的财势若是用欺诈狡计得来的，那么天良发现之时，其内心之痛苦，实在万分的杌捏不安。唯有心灵或精神上的快活，才是真正的快活。现在不必多说，如果今天你看见一个人，因着你的帮助或教导，而成功，而上进，你才会晓得这种说法真是不错的。有人以为研究哲学也能收同样效果的。然而单是研究哲学，未免过于迂阔，所以研究的人就不很多了。总不如大同教义广大显明，便于普及，易于领悟。这是大同教对外他人的好处。

乙、社会。社会的良否，全视社会中各分子而定的。达尔文的天演论理说：“优胜劣败，弱肉强食。”这是就禽兽而言的，人类进化，适反于禽兽。互助力和公德心愈大，则进化愈速。大同教社会里的个人，都能独立，人与人之间，则相亲相爱，生气焕发，男女平等，则步伐整齐，不会有畸形的发展，孤寡幼愚，都有相当的机关收容保护；学校林立；人民普受教育，如此社会，举凡应兴者兴，应革者革，不会有意见分歧，或袖手旁观的情形。社会事业愈发达，则社会里的分子个个能有职业，经济力便能平均，也就没有为非作恶的事情了。这样欣欣向荣，庶几成为一个大同的社会。

丙、文化。文化是人类事业结晶的统称，其实不外物质和精神两方面，大同教徒的文化，可以说兼而有之的。因为大同教徒一方面研究科学，一方面注重心灵的。假使全地球上的人，都是大同教

① 见勒罗《百科全书插画新版补录》六十六页。

徒，则世界文化将登峰造极，天下可不分南北东西，到处都是乐土了。其实要到这个境地，并非难事。博氏提倡世界语，便是这个意思。他要沟通南北，贯通东西。世界虽大，可以使他近在咫尺。同胞乎！大同教的旨意，是在消灭偏见，化除争端，而希望人人相亲和爱，精神团结，使天下文化，站于一条水平线之上，而达到世界大同的目的。深愿阅者加以研究，幸勿等闲视之，则天堂便在人间矣。

结　论

为什么人要活在世上，至今世界上最大的哲学家，也不能完全的解答这个问题。可见哲学这一门研究起来，需要广博的学问，和长久的时间。然则吾们不知道人生的目的，便把生活如浮萍般的随波逐流、飘泊一世吗？不，人是有灵心的动物，不能像禽兽一样的整天价找寻他的食物便罢的。人的生活，至少要定一个准绳，然后依此而行。这个准绳便是所谓人生观啊，但是社会里的一般人民，因为受着经济的压迫，忙于糊口，无暇受教育，更谈不到抱定一个人生观而生活。忙于糊口，这与禽兽的生活相去何几呢？这是一回多么可怜的事啊！因为人民少受教育，有偏见之迷其心，私利之迷其眼，于是乎争端百出，循环靡已；人类沉沦于水深火热之中，其急待挽救，无可再迟了。我考察中华民族不振的原因之后，我也说："教育不普及，是一个最大的原因。"可是教育是和政治、实业、经济等各问题，互为因果的。现今中国的一切事业都呈衰败的情形，将有不可收拾之势。孙中山先生有鉴于此，乃提倡三民主义，教导民众，以冀挽狂澜于既倒。其目的可谓高超，宗旨可谓宏大，而其被视为现代的圣人，受万人的崇仰，亦理所当然的。

总理的遗嘱里有"其目的在求中国之自由平等"一语。凡知道总理的真精神的人，都明白中国之自由平等，仅是初步。其最后的目的，是在使世界人类都能自由平等。因为，总理又说"联合世界上以平等待吾之民族，共同奋斗"呀！

中国人民的自由平等，是中国国际平等的先决条件。如果中国人民仍旧有自由平等之名，而无自由平等之实，依然有种种的束缚，而欲求国际间的自由平等，这真是舍本逐末、缘木求鱼了。目前救中国的切要办法，是在少数的执政者，负社会事业之职责者，和一般知识阶级，迅速开诚布公，推心置腹，以"天下为公"四字做座右铭。换句话说，便是各人都注重道德，然后提倡教育，使人人都有知识，以开通人民的心性，清理财政，以苏人民的担负。振兴实业，使人民富足国力充实。话是这样说的，究竟用什么法子能使大家注重道德呢？我们以为这当首推宣传大同教义了。宣传之法，在信仰者身先作则，以为师表，而资观摩。那么虽不强人信仰，人们便会油然心折，起而效行了。好在大同教没有礼节的拘束，没有界限的区别。其意义浅显，人人都能领悟其主旨。假若中华人民有十分之一能够信受奉行，以友爱为生活的准绳，那么中国之兴，便可以计日而待了。

大同教的贡献(二)*

曹云祥

在第一本小册子中，鄙人曾将大同教的历史、价值和成绩，约略的叙明，以介绍于国人。现在再把其中各项重要的原则逐条分析明白，证明大同教的教义，实在是挽救人类的大道理。

一、什么是世界大同

大同的条件，是思想一致，精神团结，利益均沾，各国融洽，信仰统一，人类友爱，保持和平，遵守正义，所有人们都是站在同一水平线上，一律平等。如果能达到这种境界，就是人类的乌托邦，也就是世界大同的实现。大同的反面，便是各执成见，互相倾轧，你争我夺，彼此冲突，迷信百出，意见分歧，发生攻击和仇视；利益不均，贫富悬殊，发生争斗和阶级对峙；自私自利，野心勃勃，发生侵略和压迫。这就是人类沉沦的现象。

由历史上的事实看起来，人类的进化，是按部就班的。宗族制、国家制、联邦制，这都是人类团体演进的程序。倘由此进步不已，世界大同必能在最后实现。但是演进的方式不是相同的，譬如宗族之并为国家，有的是因婚姻的联合，有的是用武力征服，有的是因文化的相同，有的是因患难与共。于是这些归并的方式，就可分为自然的和强制的两种。自然的归并，是因趋势所必然，殊途同归，愈并愈大，愈大愈坚，是进化的趋势，强制的归并，是一方屈服，一方胜利，胜利的固然志得意满，但是屈服的一方，则土地损失，人民离散，这种归并断难结合长久，不久又将分裂。循环报复，争斗无止境，是退化的现象。

现在世界上的物质文化，可谓已经达到登峰造极的境地了。交通便利，消息灵通，人类间相互的关系日益密切，从种种方面观察，大同世界都有实现之可能。大同教有言，“无以爱国为荣，当以爱种为荣”，这种彻底的思想，与中国的古训所谓“四海之内皆兄弟”一说，有同样的意义。所以要促进人类的幸福，当先从思想入手，使人们在思想上了解人类有结合之必要，世界大同就会实现。

* 上海大同教社，1932 年。

二、大同教的基本

人类文化的发达，无不着宗教的推动。凡是进步的人群，都有宗教的信仰。不过到了后来，因为环境的变迁和时代的递嬗，人们渐渐把本来面目忘记了。宗教不仅能领导人群，自身反成为互相攻击的目标和战争发生的原因，这与宗教本来的宗旨是大相违背了。只有大同教祖博爱和拉(Bahá'ulláh)教人注重真理，不要固执成见。他的理由是各宗教所含的真理，是一致的，不同的地方，只是礼节教规等等的皮毛东西，与宗教的根本毫无关系。宗教的根本是真理，真理是不变的、不可分开的、唯一的。皮毛的东西则可增可减，无墨守成规之必要。所以大同教劝人独立研究真理，以便扫除一切偏见、武断和迷信，而违反大同的原则。

譬如犹太教、耶稣教、回教三种，都是出自一源。其基本原则为“爱人如己”，佛教的根本是“慈悲为怀”，孔子学说的中心为“仁恕”。由此可以知道各种宗教的根本基础是相同的，所含的真理是一致的。这种一致的真理就是各大圣哲所持以教训人民的，他们的使命都是“代天宣化”。

“天”就是“道”，是“造物”，是“上帝”，虽然各词不同，但是各圣共所指示的天命，就没有不同的——只是一个真理。因此大同教不仅不轻视别的宗教，而且愿意研究他们的教义，以收集思广益之效，而总其大成。所以称之为“大同教”，不是很适当的吗?

三、大同教的十二个原则是?——

(一)独立研究真理(扫除偏见和迷信)；

(二)各宗教的根本基础相同；

(三)宗教为仁爱与和平的原动力；

(四)宗教与科学可联合一致；

(五)世界人类完全平等；

(六)男女两性平等；

(七)保障世界和平设立国际裁判所；

(八)推行世界语；

(九)教育普及；

(十)工作普及(服务性之工作等于崇拜上帝)；

(十一)贫富之调剂(解决民生问题，赈济困难者)；

(十二)承认上帝为统一的(服从圣哲所指示之天命)。

十二条原则之中，第十二条叫人承认历代圣哲所指示之天命即是根本，以坚诚的信仰，求其真理所在，绝对不可固执成见和迷信。因此第一条原则叫人独立研究真理，以免盲从的错误。第二条则劝人放宽眼界，沟通各教，以达大同，而减除分门别户的观念。第三条则集合各宗教的根本，就是以仁爱为待人的根本。其余八条是关于教育平等、经济等各问题，皆以仁爱为出发点，求得其解决。父母对于子女都是爱护的，没有不使之受平等的教育机会，享平等的遗产权，对于他们前途，是愿意他们都是快乐，并能和睦相处。但是为子女的不能体念父母的心思，兄弟姊妹间每每因夺财产，作阋墙之斗，这是如何的不幸呵！人类都是上帝的儿女，他对于人人都是仁爱慈祥，在上帝的眼前人人都是平等的，所以人类应该体念上帝的意思，保持友爱与和平，才是正道理。

四、大同教的社会（或国家或世界）

就以上所讲的原则看起来，大同教的社会就是有信仰的，有人生观的社会。因此人民对于宗教就能够自然发生一种尊敬心，个人的生活也有所准绳。社会中之各分子既有了固定的人生观，就不致如大海中之一叶孤舟，随波逐流的飘浮无定。这种社会的重心全在德性，如果人民缺乏德性，只讲求学识才干，竞相取巧，社会的秩序就不能维持，社会的基础就会崩溃。德性是社会的躯干，学识才干是社会的枝叶，大同教的社会并非不要学识才干，不过不能舍本逐末而已。而且躯干不健全，枝叶也不能繁荣滋长，这个道理是很明白的。宗教信仰与尊敬心为养成德性的源本，所以社会的紊乱，是由于信仰和尊敬心的缺乏。

既经有了一致的信仰，宗教就是仁爱与和平的原动力。社会中的各分子会彼此相亲相爱，不致再猜忌仇视的心理，而且时时刻刻愿意为人服务，依照父母爱子女，和上帝爱兆民的榜样，友爱全人类，为全人类谋幸福。假若没有这种信仰，人们缺乏德性的养成，只知道彼此欺诈，你争我夺，这种穷凶极恶的现象，所异于禽兽者究有几何？

在大同教的社会中，最注重的是教育。教育本有宗教的和科学的分别，但是在大同教的信徒看起来，宗教并不和科学冲突，可以沟通一气，联合一致。宗教和科学有如鸟之两翼，如果只有一翼，是没有用的。所以一个人能够把宗教和科学打成一片，他就会有彻底的思想了。大同教又提倡世界语，目的在借此沟通人们的思想，使彼此可以得着谅解，不致各执偏见。一个社会的教育不发达、不普及，这个社会就决不能进步。所以大同教对于社会上的教育事业，是异常的注重，大同教徒愿以全力推进教育普及。

其次是谋平等的待遇，男女间须平等，一切人们须平等，没有高下和贵贱之分。于是各个人都会知道自重，保持其人格，而在社会上做事的效能和毅力也随之提高。譬如这一次十九路军在上海与暴日作持久之抵抗，虽在物质方面，远不及敌人的充足和精良，但是在精神上，则勇敢百倍，纪律严明，即在退却时，亦能有条不紊。或者这是因为这一军的指挥得力，和平日训练有素的关系。但是全国人民的热望，和上海各界的援助，实为鼓励该军这次不负卫国之使命的最大原因。即平日深居简出的小姐太太们，也亲往前方慰劳，因此使士兵大为感动，无不抱必死之心。这样看起来，看重人家，可以提高人家的人格，使其做较大的事业，轻视别人，不把他平等看待，反使之自暴自弃，甘心堕落。而且轻视的心理是根本与仁爱的信条相反背的哩！

其次是贫富调剂的问题。在社会中一方面富者是奢侈挥霍，一方面贫者是饥寒交迫，贫富的阶级就相差太远了。结果必然引起偏激的思想，极端的行动，使社会上发生骚乱不安的现象。握政权的人不知道从根本上改革，只知道一意压迫和摧残，是即所谓“不教而杀”了。

其次是和平问题，和平的对象是争斗。无论个人、团体、国家，都应有相当的保障，如法律、警察、国防、海陆空军，这些都是保障的工具。如果掌握政权者不给人民以保障，或因措施不当，或抱侵略野心，以致引起战争，使人民遭受兵燹的惨祸，是一样的有"杀人之罪"呵！

总而言之，教育之不普及，自由平等之不实现，经济分配之不均匀，和平保障之不完备，都是由于仁爱心的缺乏，一切事情都是由仁爱心所发动的，所以宗教的中心为仁爱。

大同教的社会有信仰，有真实的仁爱心。它的信条是广大而彻底的。如果有一百个人的大同社会，这一百个人的小团体，也能由互助而健全，千人或万人的社会则更见稳固。由此推之于一县、一省、一国以及于全世界，还不能达到世界大同的目的吗？而且大同社会的组织，是以道德作基础的。它的最高机关，称之为灵体会(Spiritual Assembly)，委员九人，用公共投票法选举出来，委员的资格，以最有道德和最富于灵体(Spirit)为标准。这些委员治理会中一切事务，如此有才无德之辈就无从滥竽充数了。

大同教的社会，是富于社会性质的工作的，与青年会相仿佛。其会堂大约分为崇拜之礼堂、交际室、招待所、学校、诊病院和赈济所等。一村或一镇间，如果能有这样的一个会社，不是能大大的造福于其人民吗？

五、结　语

读者如果信仰这种道理，可按部就班，开始试行，而由实行爱人主义着手。现在的三民主义虽然使政治已经有了准绳，但是在人民的心理上，还不能启发仁爱和恻隐之心，因此亲善友爱的表现很少省见。如果国家的一切官吏，对于四万万同胞，有如父母之待子女，上帝之待兆民，则将爱护之，教育之不暇，那还忍任意剥削、横行摧残呢？政府如能保障人民生命财产的安全，丝毫不剥夺个人的自由，对于失业者，设法安置；灾害者，尽力救济之，那么中国的前途，就有一线曙光了。大同教本不干预政治，不过看到现时政治上的窳败，人民陷落在倒悬的苦境和黑暗的深渊中，不得不本着仁爱善善的念头，写出这本小册子出来，以提醒当事者的根本错误。愿当局将"无与民共乐"的心理和"苛政猛如虎"的种种事实，赶快纠正，以救中国的沦亡。也愿国人迅速启发仁爱之心，使四万万同胞成为光荣的中华民族！

读者若欲明了大同教义，请阅《新时代之大同教》一书，并欢迎翻印。

二十一年三月十七日

曹云祥于上海

世界之趋势（大同教宣言）*

沙基芬地著，曹云祥译

导　言

大同教祖博爱和拉（Bahá'u'lláh）有言曰："世界将树立一新纪元。"吾人观察世界现势及人类之一般痛苦，知博氏救世之道，先见之明，皆将一一应验，而新时代行将产生也。

十年前亚卜图博爱（'Abdu'l-Bahá）逝世，普天下痛哭之。夫亚氏曾表现其慈悲之胸怀，及智慧之能力；在其末年，且曾一再提及，人类若不悔过，将受非常之苦楚。其时适值欧战告终，巴黎和议成立，人咸以为和平之目的业已达到。但按亚氏之先见，和平条约缺点甚多，不独不能保障和平，恐将引起更大之纷争也。

至于今日，十载骚乱，虽已过去，然世界所遭之劫难，已有不堪言者。胜败两方，皆深陷苦海之中，不能自拔。昔日议和代表之豪语，以及各国人民之热望，皆成幻境！

世界疲于战争

国际联盟内部所发生之纠纷，既非发起人高超之志愿所能阻遏，亦非订立和平条约之国家与保障者之力量所能挽救。联邦国家所议定之条件，及前美总统提议组织之国际机关，就理想与实际观之，皆不足以维持世界之秩序与安宁也。一九二〇年，亚氏书曰："世界所受之苦痛，必较前倍增。黑暗笼罩全球，近东诸邦，仍然不能满足，其不安状态，且较前更甚。战败之国家，不堪屈服，当必煽动骚扰，用尽方法，以引起战争。新生势力，行将普遍世界，其中左派运动必占重要地位，其势力必渐形膨胀。"

以上言词，为亚氏十年前所书者，按诸现在世界情形，皆已一一实现矣。经济衰落，政治纷扰，财政恐慌，宗教讧争，种族恶感等，重重叠叠，加诸此战疲与贫乏之世界上，于是人类在此种种痛苦之下

* 上海大同教社，1932年。此文为纪念亚卜图博爱'Abdu'l-Bahá' 逝世十周年所作，教祖博爱和拉之外曾孙沙基芬地撰。（译者注）

呻吟，几已不能动弹。而此项危机，复接二连三，有加无减，社会基础，为之动摇，综观大地四方，无处不如此，固为一不可解释与无可抵御之事也。

欧洲大陆，素称文化中心，自由平等之发源地，世界工商业之枢纽，然在目前，对于此种巨大变动，亦口呆目瞪，束手无策。所有一切政治思想，与经济组织，皆为之震撼，发生动摇。一方有顽固势力之把持，他方又有激烈运动之澎湃。在亚洲之中原地，发生一种新思潮，不信仰上帝及其信条，势将社会之根基，完全推翻。国家主义之鼓吹，以及各种偏激之思想与主张，在此文化历史悠长之大陆上，已将和平之空气，换为愁云惨雾。即进步极缓之非洲，亦在图谋自决，开始反抗帝国主义者之政治的及经济的侵略，增加现代之纷扰。美洲新大陆，素称独霸，在经济上与政治上，均自成区域，不受任何牵制，社会秩序有条不紊，富裕充实。然在今日，亦不能抵抗世界经济之巨大风波，一同卷入漩涡中矣。于是经济实业，均遭损失。南半球之澳洲，远离欧洲，几如世外桃源，本可安静乐居，不受影响，卒亦被牵入纷扰之，无力自救。

纷乱之预兆

自有人类历史以来，社会、政治、经济上所发生之恐慌，从未有如斯之甚者。当此危机四伏，人类社会将被根本推翻之时，大同教祖博氏之言，对于吾人，乃有极深长之意义。其言曰："人类之荒谬，何其持久耶？不公平之事，将继续至何时，方有止息耶？人类间之纷扰，何时方有止境耶？社会上之不安，何时方能停息耶？噫！现在无事不使人失望，人类之分歧争斗，日增月盛，大紊乱之现象，即在目前。由事实之昭示，现行制度，实有其缺点在，使人悲观失望者也。"

在欧洲大陆内，现有三千万人民，受少数人之宰割与压迫。失业者之众多，使社会发生不安现象，使政府及人民增加意外负担。万恶之军备竞争，各国为之竭尽脂膏；国际间之金融，已濒破产；无神思想，侵入耶、回二教之根据地。凡此种种事实，均为严重之征兆，将以推翻现代文化之根基。因此欧洲之著名思想家，大胆直言曰"世界是在文化史上经过一最严重之危险时期"，或曰"人类或将遭受大不幸，或将在真理与智慧上开辟一新纪元"，或曰"宗教之灭亡或复兴，即在斯时也"。吾人研究政治情形，即可知现时欧洲之势力，分为二种壁垒，对峙而立，战争之爆发，不可避免。此种战争之性质，非以前欧战可比，将划分人类之进步史，为一大段落。

政治家之缺乏能力

大同教之信徒们，君等俱已得到宝贵之信仰，岂能坐视现时政治上及精神上之大改革，一如罗马帝国衰亡时之状态，而能毫无动于衷耶？大同教之信徒们，世界大破坏之后，将有新光普照天下，胜过耶教之产生。或者全世界受此大震动，将来必有宗教之复兴，以挽救人类之沉沦。物质文化，破产之后，则能扫除余烬，而上帝之大意旨，始能灿烂光明，照耀世界矣。

现世之紊乱，已达极点，因此处世为人，颇不易易，大同教祖博氏，在五十余年前，身处太平之时，即已预言曰："世界之痛苦，日增月盛，而人心刚愎，毫无信仰。若为之指出祸患之将至，亦不置信，将继续坚持其态度不改。但一旦时期一至，人心恐怖，四肢惊栗，斯时圣旗高扬，天府之翠鸟歌唱仙音矣。”

亲爱之友朋们，人类间之现状，无论个人行为，或社会国家间之相互关系，均已走入歧途，不可挽救。无论掌权之君王领袖，何其清高，何其合作，何其诚恳，以及政治专家之计划，理财家之理想，及道德家之立论，皆不足以为改造此乱世之基础。世界上之贤明者，呼吁国际间互相谅解，虽声嘶力竭，亦不能镇压世界之凶暴，恢复其原气。国际间合作之计划，虽然用意至善，范围极广，亦不能改革社会中根深蒂固之罪恶。余敢断言，即提议组织国际机关，使世界政治经济统一，亦不能将社会中之毒素，完全廓清，以恢复人类之精力。此外更有何法能拯救世人耶？其唯一之大道，即为六十年前，博氏所声明之神圣计划也。其道简单，力量雄厚，以之团结人类，诚为万无一失之灵剂。其目的为造成“世界之新时代”，其目的之来源，实为神圣，其范围包罗万象，其原则公平，其大纲完备，世人藉之可脱离苦海也。

虽然，博氏救世伟大之计划，按照人类演进之历史观之，此时尚不能明谙其奥妙，推测其能力，估计其将来利益，想象其光荣也。

新时代之原则

吾人目前唯有努力以求得一线曙光，待时期成熟时，则世界顿现光明，笼罩全人类之黑暗，自然消逝。吾人仅能伸述博氏“世界新时代”之大纲，为“圣约之中心”，“大道之解释者”，如亚氏所说明而指示吾人者也。

现代人类之不安宁及痛苦，可归纳为二种原因：一即受欧战之影响，二为战后各国政治家，缺少远大之目光与卓越之见识，此乃世人所公认者。各国在战事期间内所负之债务，以及战败国家须负担苛重之赔款，促成金币之支配不均与缺乏，因金币缺乏之故，复使物价跌落，于是贫弱之国家，一蹶不振矣。此外，国际间之债务，增加欧洲平民之负担，各国预算，入不敷出，工商业衰落，结果使失业者增多，无法救济。且因战争所造成之报复、猜疑、恐怖、竞争等种种心理，因和平条约不公平之故，愈加增长，而各国战备之扩充，乃愈无限制。总计去年内，各国为军费所耗之金钱，达百万万元之巨。于是世界之不景气，更为显明矣。和会所定之“自决”原则，反而造成狭窄及凶残之民族主义，互相虎视。关税竞采保护政策，增高税率，于是国际间货物，不能自然流通，国际金融，为之梗塞。以上各种事实，皆为世界稍有知识者，所公认者也。”

欧战后，各国之损失极巨，民情紧张，战后之遗痕，伤心惨目。然现时世界之纷乱，不可完全归罪于大战。其实世界纷乱之现象，其重要原因，非为新旧潮流之不能衔接，实为国际间与各国之当局者，未曾将经济政治制度改正，以适合现代变迁之趋势也。现时世界常有恐慌发生，岂非因政治领袖之不识时务，未将成见及旧规抛弃，而尊重博氏唯一之宗旨，以改革政治之一切组织，使其符合“人类统一”之特别信条耶？博氏提倡世界大同之目的，为根据“人类统一”之原则。亚氏有言曰：“上帝灵光之辉映，每次必集中于某一事件上，本世纪内特殊之默示，即为‘人类统一’也。”

惜乎现时一班政治领袖，其所努力者，皆不合乎时代之要求，尚袭用以前成法，治理国事。昔时各国孤立，皆能自给，现已时变境迁，自当改弦易辙。而唯一大道，即为博氏所提倡之“世界大同”，否则，即为世界之沉沦也。自有文化历史以来，未有如此时期之危迫者。无论大小、东西、战败或战胜之各个国家，其领袖人物咸宜遵从博氏之意旨，充满企求世界统一之精神，勇往直前，实行此唯一挽救人类之政策。博氏如一神医，已为痛苦之人类，开一救治之剂。人们更当以果决之态度，抛弃各种成见，种族偏私，信服亚卜图博爱神圣之教训，盖亚氏者为上帝教训之解释家也。美政府某大员曾询诸亚氏，当用何法，以促进其政府及国民之福利。亚氏曰："君当站在为世界人民一分子之立场上，尽其力之所及，努力使贵国之联邦制度及其精神，推广及于全世界各国及各人民间，以实现世界大同。"

亚氏所著《文化之潜势力》一书，对于将来世界之改造，中有言曰：

"真正文化之旗帜，将飘扬于世界。思想高尚，见识卓越之君王，当以身作则，以诚意，以决心，致力于世界之和平，以谋人类之幸福。须开诚布公，讨论和平方案，结合联邦团体，订立公正切实；及不可违反之条约，然后向世界人民宣布之，以得其同意。此项伟大之工作，为世界和平与幸福之真源泉，是故人人当视之为神圣不可侵犯者。全人类须集中力量，以谋最高条约之持久及稳固。在该项条约中，各国之边疆，务须审定，邦交之原则，宜先阐明，国际间固有之条约及债务，亦当调查确实；同时，各国之军备，应当严格限止，以免彼此猜忌，阳奉阴违。其根本原则订定之后，如有一国违反之者，则其他各国，或全人类，当群起而攻之，并以全力消灭之。世界之祸害，唯有此种医方能治理之，而使世界永久太平也。"

亚氏又曰："事无艰难，只在人们努力与否。人咸以为此种思想，不能成为事实，非人力所能办到。其实不然，上帝之慈爱无限，上帝所祝福者，如智能之人，与思想界之领袖，努力为之，无有不可成就之事。唯需不断的努力、百折不挠与坚忍不拔之意志也。有许多事例，昔时以为幻想，而绝对不可能者，今皆一一实现。然则何以此种伟大高尚之主义，真文化之晓星，光荣之大道，全人类之进步、幸福及成功，反而视为不可能之事耶？人类必有一日接受此华美光荣之照耀也。"

统一之七道光线

亚氏为说明其旨趣，更进而言曰："昔者，人类曾得到短时期之和平，然究不能达到人类统一之目的。盖因交通不便，人类分歧，即在同一大陆上，亦因地域辽阔，无从交换意见。现代则不然，交通极为便利，而五大陆，已打成一片矣。于是人类俨成一家，人民与人民间，政府与政府间，市与镇间，皆有彼此相互依赖之处，不能再过闭关自守之生活，而各抱自扫门前雪之主义矣。因政治上之关系，各国互相联络，农工商教育等问题，复使人类彼此发生密切之关系，因此现在'人类统一'之目的，有完全达到之可能。诚哉，本世纪为别开生面之时代也，光明荣耀之世纪也。过去各世纪中所不能想望者，在本世纪以内，均一一发扬光大矣。在全人类中，吾人行见蜡炬高烧，光明辉映也。

"黑暗之世界，已有希望之曙光。第一线曙光，为政治上之统一，由事实之认识，其征兆已显现于吾人目前。第二线曙光，为世界思想之统一，其实现时期不远。第三线曙光，为全人类之自由，定将实现。第四线曙光，为宗教之统一，依上帝主权威，必为万事之基础。第五线曙光为邦国之统一，在本世纪内，必能在稳固之基础上，宣告成立，使各种人民咸视自身为同一祖国之国民。第六线曙光，为种族之统一，使世界民族，合而为一。第七线曙光，为语言之统一，选择一种世界言语，以利教育及交接之用。以上各种曙光，皆将一一演为事实，盖有天国之威权扶助，使其成功也。"

大同政府

六十余年前博氏曾为"世界君王大会"，上书英女皇维多利亚曰："君等当会聚一堂，专诚协商，以人类之幸福，为唯一之目标……当视世界，如一本来强健之身体，第因种种缘故，疾病丛集。病人复无一日之休息，其病势乃愈剧。因医士不良，仅顾私利，发药不当，病人几至不起。即一时得有良医，将身体之一部分治愈，然其他各部尚不能复原也。于是全智全慧者云……上帝预定一服良剂，为诊治全世界之病症者，即为利用共同之信仰，在世界大同之原则中，统一人类也。因此若无精明伟大神圣之医士，则决不能成功。此乃唯一真理，其他皆为错误也。"

博氏又云："余见君等每年增加政费，将其负担，加诸人民之身上，此乃大不公平之事也。君等当知人民之痛苦，勿将苛重之负担，加于百姓之头上……君等当和衷共济，以便缩减军备，至仅足自卫疆土之限度而止。世界各国之君王们，君等须知精诚团结，可以免除冲突与衅隙，人民可得安宁。如有一国侵犯他邦，则群起而攻之，此无他，乃为保障公理与正义。"

以上所述严重之词，指示将来所谓"国家之主权"，务须受相当之限制，以准备大同世界之实现。一种世界最高国家，必须产生，以资团结。各国宜将宣战之权完全托付之。此外，最高国家更应有相当之课税权，及维持军备之权，各国仅准其保留维持国内秩序少数之军队而已。在此最高国家内，宜设一国际委员会，强而有力，足以屈服国中捣乱而不服从之分子。最高国家之议会，为各国人民所选举而得各国政府许可之议员组织之。最高国家法庭，能有裁判任何案件之权，其判决即对于各国不愿自动交送之案件，亦能发生效力。在大同世界之社会内，关税障碍，完全废除，并承认劳资合作之原理。宗教之偏狂与争端，亦当永远免除。种族之争斗，当彻底消灭。各国代表共同所议定之唯一国际公法，当用联邦之军力作后盾，解决一切争执与纠纷。在大同世界中，一切暴嚣好战之国家主义，渐渐可将其凶焰消灭之，而养成和平之大同思想。以上所提之大纲，即为博氏所预言之新时代也。综观世界之趋势，此种时代，即为本世纪之硕果。

博氏曾向人类宣言曰："人类统一之大殿，业已落成矣。人们从此当一视同仁……同为一树之果，一枝之叶也……世界为一国，人类为其国民……勿以爱己国为荣，当以爱同类为荣也。"

殊途同归

人们不可误会博氏提倡世界大同之动机。其纲领不仅不动摇现社会之基础，且将其范围推广之，将其法制改善之，使适合世界新时代要求。因此既不与现行一切合法条理为敌，亦不破坏忠义、服从等必要之美德；既不阻止合理之爱国心理，亦不欲废除国家之独立组织，以免权能过分集中之弊；同时对于各地人种、气候、历史、语言、思想、习惯等之参差不一，既不加以忽视，亦不欲勉强使之一致，盖此为民族与国家成立之原因也。一方不使权能过分集中，他方又制止万事如出一辙，即如亚氏所云，其目标为"异别之和谐"也。

"试观园中花草，虽其种类、颜色、式样各有不同，但为同一泉源之水所灌溉，为同一和风所吹拂，为同一太阳光线所照耀，其不同之处，乃益增加其美观。如各种花草树木之枝叶花果，皆有同样之形式及颜色，则望之生厌矣。因此人类之思想天性品格，亦各有不同，但受同一势力之感化，而人品之表现，互相彰明其华美之处。唯有高超天道之力，能使人类之思想意见，和合为一也。"

博氏主张废除一切划分界限，自立门户之偏见。古旧之习惯、社会之故俗或宗教之成规，如已无益于人类幸福，不适合永在进化之社会，尽可听其自然消灭，而视之若废物然。夫世界不能违反"变化消灭"之定例，则一切风俗习惯，又安能逃脱其范围？法律、政治、经济之理论，乃为人类谋利益者，决不能为保全风俗习惯之故，而反将人民牺牲者也。

统一之原理

人类统一，为博氏教训之中心思想。此项学说，并非出于一种感情作用，或为渺茫之希望也。其所提倡者，不仅为人类友爱精神之复活，不仅为人民间国家间之和平与合作，其用意实有更深切者，其使命实较往昔任何圣哲为广大。其道不仅应用于个人，尤在使世界各国各邦团结如一大家庭。不仅为原理之声明，且议定一种制度，以含蓄真理，表现效用，而维持久远。为彻底改造现在社会之计划，此项计划，为世界以前所未有者。具有大无畏之精神及广大之范围，推倒一切陈旧之国家思想。夫以前国家观念，按照自然演进之法则，宜有较新之福音、较优之制度以替代之。整个文明之世界，将加以改造，军备普遍限止，造成一整个的统一有机体。所有政治、宗教、商业、经济、文字、语言等，均联合一致。而在此大联合之团体中，各团员国家复各自有其特点与情形，并不加以废除与限制。

此即为人类演进之法则也。其演进之程序，最初为家庭制，进而为宗族制、为城市制、为国家制，而现时更将演进为世界大同制也。

博氏所宣传之人类统一，即系根据此种人类演进之历史，实为必需而决不可避免之事，且不久即将实现。唯其成就之力量，必有赖乎上帝之权威也。

如此不可思议之观念，在博氏之信徒中，早已于其努力工作中表现矣，彼辈之觉悟，全赖深信斯道之高超，故能勇往直前，努力使天国实现。此外间接亦能见乎世界统一之精神，逐渐由紊乱之社会中，自然显现矣。

从社会进化之历史观察，此项高超之志愿，其逐渐进展，已引起各国领袖人物之注意。拿破仑大战后，各国忙于自卫，以求独立与生存，于是专心从事巩固本国，团结内部，因之世界大同观念，成为梦想。嗣后欧洲信奉天主教之国家，结成大同盟，而非同盟国家，借国家思想之力，与之奋斗，卒将同盟破坏。当大同盟与国家思想抵抗时，曾计划世界同盟，以求约束民族观念。欧洲大战后，民族思想盛兴，于是以为大同盟主义，能消灭其忠于国家之热心。昔者国家主义曾努力与大同盟争斗，以脱离拿破仑之羁绊，今则又与世界大同盟之主义奋斗，反不知世界大同，即为自救之大道也。

日内瓦之同盟，曾受人之极力反对，欧洲合众国之提议，亦遭人非笑，欧洲之经济联盟，宣告失败，似乎少数有远大目光之人，其努力终归失败。然而吾人不可因此即感失望，盖既有领袖之提倡，与一班人士之考虑，由此可知此项思想，已深入于人们之心灵矣。虽然现时反对此种高尚之主义者，如有组织之团体，然吾人明知在产生特殊之大纪元前，必经非常之争持。此种大纪元，即为扩大西方各国之联邦制，使之成为世界联邦制，而实现大同时代也。

人类之联邦

吾人始举一先例以证明之。昔美国未经统一以前，咸以为各种阻碍太多，联邦决难成立，如利害冲突，彼此猜忌，政治习惯之不同，皆为各邦国之障碍，任何势力不能调和之。然美国卒能克服一切困难，统一成功。且在一百五十年前之情形，与现时之情形，大有不同之处。现在利用科学之发明，一切艰难问题，易于解决，所以一百五十年前美洲合众国之成立，实较现代全人类之联合一致，尤为艰难也。

综观历史上人类之演进，一切进步皆须经过绝大之痛苦，方能有最后成功。因此美国合并，曾罹南北大战之劫，一国分裂为二，流血数载，其国始能统一成功。而此项根本之大革命，如仅用通常教育与外交方法，似乎不足以使之抵于成。在充满血迹之人类历史上，此项事迹，不胜枚举。是故肉体及精神，非受极沉痛之刺激，不足以树立伟大之新纪元也。

锻炼之洪炉

在以前人类历史上，尽多巨大之改革，然而过去事迹，较诸本世纪内行将实现之大革命，仅为准备之工作也。世界大纷乱之势力，业已养成，人类思想之大革新，近在目前矣。唯有非常之大火炉，能将现代文化中各种分歧异别之处，熔成一片，构成将来之世界大同。此项真理，后来之事实，可得而证明之。

博氏在《秘密语录》之结论中，已剀切警告人们曰“世界之人民，灾难将临，悔痛在等候”，即确实证明人类将受之痛苦。在受大火锻炼之后，新纪元中之领袖，始愿出而肩担重任也。博氏曾曰：“时期到临之时，人类四肢惊栗。”亚氏亦曰：“比欧战更猛烈之战事，行将发生也。”

此种不可思议伟大光荣之事业，一经成就，即为实现各代诗人之歌颂及一班先知先觉者所预言之大同世界也。此项事业，即以前罗马帝国大政治家之智谋，与拿破仑之雄心，亦不能成就之。古圣先哲所预言刀剑铸为锄犁，猛狮与羊羔同居之时代，即能实现矣。又如耶稣所称之天国降临，亦即为博氏所理想之世界新时代。如此之时代，乃能在大地上，反映天国之光辉也。

总之，博氏宣示之“人类统一”，即为天国之基石，不比以前人士，仅作空洞之悬想也。博氏身羁狱中，孤独无助，而其学说，复为有无上权威之二大东方帝王，多方所阻挠。故博氏提倡“人类统一”，实含有警告及永诺双方之用意……警告唯此可以挽救世界，使之脱离苦海，永诺此种事实之实现，即在目前也。

博氏在五十余年前提倡此事之时，世界各方面，无人梦想其可能。然因博氏得圣灵之协助，其学说，现时之思想家不独视之为可能之事，且就目前世界之状况观之，诚为必须实现之事矣。

上帝之喉舌

因科学之进步，工商业之发达，世界已成为一整个的复杂的有机体。然现时在经济势力之压迫，与物质文化之危险中挣扎，实迫切需要一种真理之说明，融汇古昔一切默示，以使人们了解而信服之。博氏诚为现代上帝意旨之传达者。除博氏以外，尚有何人能将普天下各种人民之思想，彻底改变之，使互相矛盾者，咸趋于一致？此辈受博氏人格之熏陶，其思想与之同化者，即成为博氏在世界各处之忠实信徒。

此种伟大之观念，业已迅速萌生于人类之脑海中，且异口同声，一致赞成之。即在有权势者之心目中，亦已有明显之觉悟，此实为毫无疑义者。世界大同之组织，已在博氏信徒之心坎中，可得而窥见之矣。

亲爱之同志们，吾人最高之义务，即为认清目标，努力奋斗，使吾人之事业，达到最后成功。其基础，博氏已在吾人之心意中建立矣。世界之现状，虽极黑暗，但时势之变迁甚快，而吾人之希望与努力，行将有成也。吾人更当诚心祷祝奇异征兆之实现，盖此为上帝最光荣之表现，而世界文化至美之果实也。

博氏信仰宣布后之百年纪念，非即人类文化史上，伟大新纪元之开始耶？

真愚弟沙基芬地
书于犹太海芬城
一九三一，一一，二二，
世界各国上帝之亲爱者及信徒们公鉴。

阿博都·巴哈和外孙守基·阿芬第

新时代之大同教*

爱斯猛著，曹云祥译

译者序[①]

民国成立，信教自由，载在约法。旧信仰虽未完全扫除，但已失其感化力，而世界大同为总理遗训所昭示，尤为智识阶级所应提倡者也。唯就中国之现状观之，对于宗教鲜有注意之者。此种态度究竟是否适当，殊为绝大疑问，爱国爱种者，宜三注意于此焉。

夫人类文化之发达，无不借乎宗教；唯昔者各教互相冲突，曾引起重大之战事；文化进步因是发生障碍。今也，人民愿为国为商而战，不愿再为宗教而战矣。然各教尚墨守旧训，各执成见，不能彼此谅解。此实人类文化统一之绝大障碍也。唯大同教独能承认各宗教之真理，出自一源，虽有时代环境之不同，而其根本真理，则未有不同者也。故大同教之信徒不唯不轻视他教，且愿研究各教之真理，以收集思广益之效。中国儒教曰："攻乎异端，斯害也己"，而大同教则令人信仰天下各教之真理，故称之为大同教宜也。

译者非宗教家，亦非神学家，但认宗教为广义之教育，而尝一再研究宗教与文化进步之关系也。当读大同教义之初，即觉其含义之广大，而适合现代之思想。数年前曾宣读大同教十二条大纲于一广义之耶教堂中，颇受听众之赞许；即爱国爱种如孙中山、陈铭枢诸先生者，亦皆大加称许；盖彼等默察社会之现状及人心之缺点，深知欲促进社会之进化，舍大同教莫由。

譬如政府废除阴历，表面上人民似皆服从，而实际上如送灶过年接财神供月等富有迷信色彩之举动，仍不能完全破除。普通人民只知墨守成法，积习难改，唯少数智识较高者，或能设法改良之耳。此仅就其极小之问题而论。若举其大者如：男女平等，教育普及，调剂民生，改革人心，以及世界和平等大问题，则非有极大之感化力，更难有成功之希望。此所以爱国爱种者，无不以工作大而力量小为忧也。

八十余年前波斯之大圣人，博爱和拉阐明大同教之十二条教义曰：

一、独立研究真理(扫除偏见迷信)；

---

* 上海大同教社，1932 年。

① 一九三一年春曹云祥序于上海。

二、各宗教之根本基础相同，并须统一；

三、宗教为仁爱与和平之根本；

四、宗教与科学理论不可不一致；

五、世界人类完全平等；

六、男女两性完全平等；

七、保障世界和平设立国际裁判所；

八、推行世界语（利用世界语而改良一切）；

九、教育普及（女子教育，更宜注意，因母教为儿童教育之基础）；

十、工作普及（含有服务性之工作，其功效与崇拜造物相等；故无论何人皆须从事工作）；

十一、调剂贫富间之经济（解决民生问题，赈济困难者）；

十二、承认造物为统一者（服从显圣所指示之天命）。

一八四四年先锋巴孛开始宣传新教义，一八五〇年巴氏殉难。一八六三年大圣博爱和拉始正式宣传，继续工作。未几，即受严密之监禁，先后凡四十年。一八九二年大圣博氏薨逝。圣子亚卜图博爱曾于一八六八年随父同受监禁，迨一九〇八年，土耳其革命始得释放，亚氏先后共受监禁，亦有五十余年，因其深谙乃父之教义，于是继之训世。一九一一年，亚始游历欧美各国。世人闻其道者，仅有三十年之历史，而其信徒散布在英、美、德、法、印、日各国者，已不在少数，且有团体之组织，其成效之显著，殊非他教所能及。是非教义适合现代之需要欤？是非世界各国皆有欢迎斯教之心理与准备欤？如美国对于黑白人种，素有阶级分明；凡旅馆、电车、学校、教堂等皆不得杂处。今在大同教之会议场中，则一视同仁，无畛域之见，无黑白之分，阶级之别。译者尝与东西大同教教徒往来，见其心中安乐；有朝闻道可夕死之概。而其待人接物又莫不和蔼可亲，实足令人钦羡。人类平等与世界和平，其将肇端于此乎？

更有进者，波斯八十余年前，其国为专制政体，受俄英之压迫，外交失利，疆土日蹙。其国民智识浅薄，各教信徒彼此残杀，惨无人道，民不堪命；而回教徒政权在握，对于大同教徒，横加摧残，受害者不知凡几，国家运命奄奄一息，亡无日矣，幸而大同教徒主张和平，不干涉政治，不仇视敌人，自愿为教牺牲，又遵守教义；提倡男女平等，实行普及教育，注重科学及职业教育，研究真理，扫除迷信，热心服务等等；因此人才辈出，政府与社会对于大同教徒乃一变其向来态度，而大加推重。现在波斯政治方面则已颁行宪法，设立议院；取消治外法权；故其国势颇有蒸蒸日上之新气象，非八十年前之波斯可同日语矣。其改造之神速，殊属可惊；以其基础建立于人心上，故极彻底而不受环境之支配也。

更考察世界潮流之趋势，人群之进化赖乎教育与科学；社会之团结，赖乎平等待遇及服务精神；政治实业，金融各界之合作，赖乎诚实与和谐；若欲扫除迷信及偏见，则须独立研究真理；若欲世界和平，则须实行人类完全平等，是故凡一种族知识幼稚，团结力薄弱，既不能合作，又不愿服务，更有欺善怕恶之念，自私自利之心，则殊难振兴而必落人之后；然宗教中最能引导人类上进者，自当首推大同教也。

是书原本共有十五章，兹仅译十三章，其他二章关于预言及应验者，因不合国人之心理，故从略。大同教之历史甚短，自巴氏至今不过八十七年耳；而其感化力之大，凡对于该教稍有研究者，莫不表示钦佩。诚以博氏乃生而知之者，其所传教义，将来必能造福于人类，可无疑义，爰特为介绍于国人。

序（钟可托）①

欧洲之战云甫散，曾几何时，东亚之和平，又告破裂，从此人相残杀，不知伊于胡底，是亦造物者所未及料也，然而误矣，人为万物之灵，是造物者，赋于吾人固甚厚也，独惜灵性泯灭，不知仁慈博爱为何物，世界之危机斯伏，人类之戕贼乃起，要在其灵性丧失故耳。

不佞尝谓丁此人类危机已伏之秋，欲挽狂澜，必先求世界人类达完全平等之地步，然后可以调剂民生，为仁为爱，不分畛域之心，共趋大同之境，是世界之和平可期，而人类之危机可灭，窃尝心向往之，匪朝夕矣。

夏间因事之日本，归途航海，值亚历山大女士，悉其为大同教领袖，相与谈论，于人类生活问题，研究尽致，女士所言，出之真理，先我心之所得，今而后始知大同教关于人类造福诸端，实非浅鲜。

学长曹君云祥，饱学士也，思想经验，素极超人，尝谓我国人值此旧信仰消失感化能力之际，必须有融合真理，感化伟大之宗教，以维持之。十年以来，专事大同教真理之考求，不遗余力，日者译本告成，欣然相示，不佞详读既竟，乃知亚历山大女士所言之真理不我欺，而造福人类之真谛，经曹君之精译，我国人乃得与之相见，不禁为之额手者再。

迩者国难方殷，群情愤激，固属民族优尚之精神，然果能培养于平时，有灵性之准备，为国力之泉源，虽强邻当亦不敢作虎视，今而大同教真谛，普传国人，求世界大同之途有自，以各个人之努力，进而为全世界之感化，得全世界之和平，人类幸福前途，庶有豸乎，爰为之序。

著者自序②

一九一四年十二月，有识亚卜图博爱之友人与余谈大同教义，并假大同教书籍数册。读之，大为感动。其教义之完善，魄力之雄厚，殊非其他一切宗教所能及；而极适合现代之需要。余乃继续研究，而益深信之。

当余研究大同教时，极感缺乏参考书籍之苦；拟就余所知者，著成一书，以备供后进者之参考。迨欧战告终，因当时犹太之交通已恢复，乃亟函寄全书已将脱稿之原稿九章与亚卜图博爱。旋得复函备加奖许，并邀余携全稿赴海芬。余欣然往焉。自一九一九年起至一九二〇年冬与亚卜图博爱共居至二月有半之久，殊引为荣幸。余稿曾数次与亚讨论，而得其斧正之处不少。俟全稿修改后，即译成波斯文。亚在逝世前，曾于百忙中为余修正第一、二、五各章，及第三章之一部分。惜其余诸章不及就正，殊为可憾。否则，当更能增高本书之价值。后请英国之大同教会议修改之，遂由会付刊焉。

付刊之前，此英文译稿复经亚氏之外孙沙基芬地——保守大同教者——校阅。深加赞许。虽未曾与波斯原文校对，但其所增删者，已使译文大加精彩。

① 民国二十年十一月钟可托时寓首都。
② 爱斯猛书于佛福克尔斯（近爱孛丁城）。

余著是书得友人之助颇多。今特表而出之，以志谢忱：如罗森卜女士、哥尔斯夫人、密士海金君、威廉君、密勒君，皆深谙教义者。书中所有亚拉伯文及波斯文专名，悉依据沙基芬地为大同教所审定之制度。是为序。

第一章　福　音

历史之大纪元

人类之进化，由历史观之，全赖出类超群之人物。有大圣、先知、发明家、开辟家出世，而后能别开生面，改造世界也。

无论科学、美术、音乐等界，皆时有此种现象，而以宗教界为尤甚。综观历史之演进，往往于道德衰微，人群堕落之际，先圣大贤突然降生。特立独行于污浊之世，发挥大道，宣扬福音。惜乎，蚩蚩愚氓，如聋若聩，置真理于不问，舍大道而勿由，良可慨也。

古语云“五百年而圣人出”，此言实不我欺，如中国有尧、舜、禹、汤、文、武、周公、孔、孟之递传，西方有释迦牟尼、查罗斯脱（拜火教主）、摩西、耶稣、摩哈麦之诞生，可为明证。诸圣贤之价值，各宗教之内容，姑勿具论。然其宣言一则曰“至尊者天”，再则曰“代天宣化”，则莫不异口同声，若合符节。而其所施教训，又莫不于人类之进化，有莫大之裨益。犹如旭日曙光之能普照万物耳。诸圣贤又曰：“将来必有大教师出世，以完成其所未了之工作，即统一各民族、各邦国、各宗教，而达到公理战胜强权，天下大同，万民协和之鹄的。”有如是之大教师降生，实开历史之新纪元；而大同教即宣布此福音者也。此大圣贤今已降生，行见真理之一线曙光，大放光明，使平原幽谷，将尽成光天化日之世界。有志于斯者，幸及早回头，悉心研究，毋失此良机也。

世界之变迁

十九世纪及二十世纪之初，显然系一过渡时代也。旧有之物质原理，自私自利之主义，及种种分门别户之偏见，与仇视心已逐渐消失；而友爱与大同思想之新精神，则逐渐发现。此种革命现象，随处可见。虽在今日旧势力未尽铲除，新势力尚在萌芽时期，恶魔之力，又如乌云蔽天，一片黑漆，但日光依然存在；久而久之，真理必能显扬，如拨云雾而见青天，可为断言。盖人类已得有新精神，遇事能加以研究与调查。而对于恶势力更攻击不遗余力。

回顾十八世纪人类，似醉若梦；如置身于黑暗中，毫无此种新气象之表现。尝闻英国卡莱尔史家云：“十八世纪无历史可传。此时代之虚伪，已深入骨髓；人民竟不知虚伪为虚伪也。自有法国之革命，始揭破虚伪之假面具。若天意无此一度之默示，则人类必将沉沦至猿猴之地位矣。”现代与十八世纪比较，则如黑夜之于黎明，严冬之于阳春。全世界蓬蓬勃勃，富有新气象，新生命及新意志。凡数年前所梦想者，今已成为事实，即目前所预想数百年以后之事迹，亦已在实际上见其端倪矣；如科学界之飞行天空，潜行海底，电信遍布世界等等是也。从前欲以武力称霸于天下之国家，业已衰亡；而以消弭战祸为职志之国际联盟，则已成立。其他如男女平等、禁烟、禁酒等，又皆有历历可举者也。

日光普照

世人有如斯之大觉悟，必有由来。此即天生大圣授人以大同教。“天意由大圣而表扬也。”大圣人，生于波斯，时在百年之前，殁于犹太，时在十九世纪末叶。圣人名博爱和拉（意即造物之荣光，以下简称博）。

博曰：“圣贤先知之出世，实为造物之显圣。”圣贤为灵界之太阳，犹如日为物质界之太阳。日光能使万物滋生，且无所不照，虽深山穷谷之植物，亦能感受其热光。真理之太阳，则能照入人之心灵，启迪其思想，提高其品性与道德。其感化力之伟大，无与伦比，虽圣贤所未临之地，亦能同受感化，显圣犹如春生万物，使灵界重生而获得新生命，于是气象为之焕然一新。物质之春天能使动植物重生，又能使腐朽之物质消灭；如日光能使草木发生新陈代谢之作用。日光所被，又能融雪解冻，水流所经，洗涤尘垢。灵界之日光，亦能发生同样之变化，一面扫除旧思想旧偏见及异端邪说，一面树立道德之基础。

博之使命

博尝一再声明其为人类之大教师，而大同教为归纳各教之宗教；如大海之容纳百川。故能超乎各教之上。其基础坚而范围广，可以统一人类，使天下太平。一如先圣之所预言及诗人之所歌颂者然。

凡研究真理，人类平等，统一东西宗教，民族及邦国，融和宗教与科学，扫除偏见与异端，设立国际裁判所，平均经济益利，提倡公德，统一语言，强迫教育，男女平权，世界和平等等，皆为大同教之极本教义。五十年前博曾在其著作及书信中明示之；不独为平民指迷，即各邦之君主亦受教不少也。

现代人类间之问题，何等重要，何等复杂；而其解决之方法，则又何等繁复，何等矛盾。故对于世界大教师之需要，至为急切；而大教师之降临，亦为必然之事实。大教师之使命及音信允能包罗万象，适合时代之需要也。

先知之明证

博仅将其言行与效力供人类之研究，使世人自知其为先知之铁证，并不欲人随意盲从，贸然深信，但劝人应致力于真理之独立研究而已。耶教有言曰：“仅防假先知之来，其貌如羊，而心如狼，故欲知其真相，须先察其果实；盖美树结美果，恶树结恶果，荆棘中决不能产生葡萄或无花果。唯见其果后，始能知其树之美恶也。”

调查之艰难

真理之调查与研究至不易易，故赞成者有之，反对者亦有之。唯人民所受之压迫与痛苦，自上古而至博，无论为真理之友，或敌，而所受之感觉相同。大同教之真理，即在于解除压迫与痛苦。但研究与调查者之意见，亦殊不能趋于一致也。

夫研究宗教宜虚心下怀，除去偏见；而研究真理，更当正心诚意，不可稍有苟且，若能如是，方能在教义中求得其标准。不幸大同教之著作，大部系由波斯文与亚拉伯文译成者，且出版甚少，研究调查更是不易。然其根本主义，实足令人信仰也。

本书之宗旨

本书用不偏不倚之态度，叙述大同教之起源历史及教义，俾读者可自行估定其价值，而继续研究之。但求真理之目的，不仅为图书馆之清理书籍，分类归部而已。其要旨在于发现真理，并能遵守而推广之，使天意得以施行于人群中也。

第二章　先锋(巴孛)

新默示之地点

亚洲西部之波斯国，为大同教之发源地。波斯，古国也。古时文化灿烂，驰名天下，历代名人中，有政治家、哲学家、美术家及先知、诗人等。其艺术亦至优美；如地毡、钢刀，及陶器等物，至今犹著名于世。

唯于十八、十九二世纪，其文化衰弱，达于极点，而固有之荣誉，亦丧失殆尽。政府腐败，经济支绌，国中领袖，非懦弱无能，即凶暴残忍，教士率多固执顽梗，人民又极愚蠢，而信仰异端，大部分为回教徒，亦有信仰火教、犹太教及耶教者。虽各教皆以教人彼此相爱为宗旨，而其结果，适得其反。驯至分门别户，争斗靡已。如回教中人，各派互相残杀，火教中人，则独树一帜，与人不相往来。因此其宗教及社会状况，腐败不堪，教育废弛，百业不振，科学与美术，则又视为反对宗教之大敌，而加以深恶痛绝，公理埋没，卫生不讲，道路不修，土匪遍地，抢夺劫掠，日必数起，国既不国，人民所受之痛苦自不堪言。在此混乱污浊之环境中，波斯人之心灵深处，尚留有一线之光明；盖当有少数优秀分子，虔心祝祷圣贤之降临。巴孛先锋乃于斯时出世，宣布新时代之肇端。

巴孛之幼年

巴孛者，门也，即新时代入门之意。原名密士亚利摩哈末；一八一九年十月二十日，生于波斯之布拉城，为回教祖摩哈末之后裔，其父为著名商人，早亡，由其舅父抚养成人，幼时尝略受教育，年十五，即随舅父营商；旋赴波斯湾沿岸之布显城，与另一舅父共同经商。巴孛仪表堂皇，品性端正，为人和蔼可亲，其宗教思想，极为虔诚，完全遵守回教之训条。二十二完婚，生一子早夭。

宣　言

巴孛二十五岁时，因心灵冲动，宣称“奉造物之命为门”。所谓门者，即言世界上将有一完美之大圣降世，凡欲认识此大圣人者，舍斯门莫由也。其时回教中之“散儿派”，渴望大圣人之下降。巴孛于一八四四年五月二十三日，谓土布希罗曰：“余即大圣人之先锋也。”土布希罗悉心研究，调查各项记载及事迹，经数日之探讨，乃承认巴孛为大圣人之先锋。不久，“散儿派”之多数信徒，咸信奉之。自此，少年先锋之名，即遍传于波斯全国矣。

巴孛之运动

巴孛之最先门徒，共有十人，均遣往波斯及土耳基斯旦各处，宣传福音。巴孛本人，于一八四四年十二月，赴亚拉伯之墨加城宣布其先锋之使命，回教徒进香之群众，闻之大为感动。迨巴孛回布显城时，受群众热烈之欢迎。巴孛之所以能感动群众者，以其智识充足，胆量过人，口才伶俐，著作宏博而动人，诚为维新改革家也。因此，信仰者日众，但同时亦引起回教徒中守旧派之恶感。于是，回教士即要求福省之霸道总督，名呼山者，驱逐而逼迫之。自此，巴孛备受审判、监禁、流徙、鞭打等各种苦刑，卒至殉难而后已，时在一八五〇年也。

巴孛之自称

巴孛自称为“门”，已引起敌人之反对；旋又自称为“米地”，米地者，即摩哈末所预言将来之大圣人也。于是，回教徒之反对更甚；最后巴孛更进一步，自称为“原动分子”。此名之意，等于摩哈末，又采用阳历新纪元，以巴孛宣言之日为始。因此，波斯之回教徒，竭力攻击其为假冒者。

逼害交加

巴孛既有以上之自称，因此群众信仰之者日众。不论贫富智愚，靡不大受感化。但他方面反对者亦日烈。尝用种种毒辣手段，强占信徒房产，并虏其妇女，甚至用刀枪等凶器，谋害男女信徒。此种逼迫手段，反使信徒之信仰更为虔诚。盖回教中本有预言曰：“米地至完善，至尊贵，至忍耐，其信徒必受大逼迫、大杀戮、大恐慌，血染大地，而妇女将为此受难之圣人而啼哭也。”

巴孛殉难

一八五〇年七月九日，巴孛殉难，年仅三十有一。其随员亚利者，自愿偕巴孛同登塔孛利城之刑台受难。正午前二小时，二人受缚高悬台上，亚米尼兵士即开排枪射击之，待枪烟散后，见二人未死，盖枪弹击断绳索，二人下坠，并未受损，即入一室与友人谈话。迨至正午，二人再度被缚悬台上，但原有兵士不愿再发枪，乃另换一队兵士击之，二人遂殉难也。

巴孛之敌人，以为此后其信徒必将星散，岂知其信心益坚，盖真理决不能被武力压倒也。

嘉梅山之墓

巴孛与亚利殉难后，军人抛其尸于墙外。次夜，数信徒即设法收殓，而私藏于波斯之私窑中。数年之后，复历尽难卒，运往犹太国，安葬在嘉梅山坡，与古代先知——意利亚墓之山洞相近。博爱和拉大圣人，晚年常在此地盘桓；死后亦安葬于此。今各国大同教之信徒，谒博氏之墓者，未有不赴巴孛先锋之墓，而祈祷者也。

巴孛之著作

巴孛之著作甚多，如《经义注解》《新祷文》《论道及劝谕》等，其大旨系解释独一无二之造物，及修养品性，洗涤尘垢，与依赖造物等等。而其著作之结晶品，则为颂赞将来之真理，及其自称仅能为其先锋；并云若与之相比，犹如露水之于海洋。是以其为至圣受刑殉难，实为至欣慰之事。其信仰之精神，已可概见矣。

造物之显圣

巴孛曰：“将来之显圣，即真理之太阳，发扬其荣耀与威严。”又以极谦恭之态度曰：“在造物显圣时，听一圣语，较诵千卷其他经文为有福。”巴孛之所以甘受一切苦楚者，无非希望能使显圣之事迹顺利耳。倘得如愿以偿，则已心满意足矣，他复何求。

复活与天堂地狱

巴孛曾将复活、审判日、天堂、地狱之真意义，详为讲解。其言曰：“复活者，真理之太阳，照彻人心也，即人之心灵，由粗蠢及情欲中，觉悟而重生也。审判日，即新显圣时，人类善恶之判明也。天堂者，能认识及敬爱造物，而自修完善，俾死后得进天堂，而享永久之道也。地狱者，不认识造物，不能修到完善之境，而失却天恩也。至于物质之天堂，地狱等等，皆属理想而已。”又曰：“世人之灵性，尚有无量改善之地步。”

伦理及社会训条

巴孛著作中之最重要者，厥为劝人以仁爱；其次为提倡美术及手艺，普及初等教育，解放妇女，筹集公款，救济贫民。禁乞赈，禁酒，亦皆于社会有益之教训也。

巴孛最纯洁之教训为“纯粹仁爱”。即不求奖偿，亦不畏惩罚。如《巴音经》中有言曰：“崇拜造物，而遭火灾，亦不变宗旨。若因畏惧而崇拜，则万不能到造物至圣之神界。若崇拜之目的在求天堂之福，则不啻视造物之光荣，为交换条件矣。”

苦难与胜利

巴孛终身之精神，如前节所言，能认识及亲爱造物，能表现造物之真性于世界，预备造物之显圣。

巴孛之生而无忧，死而无惧，以其热诚之爱，已将畏惧心打倒。是故视受刑殉难，无异供献其身心于至爱之造物，诚为增快乐之事也。如斯真心敬爱造物，亲爱人类之教师，反受信徒之恶恨与杀戮，不亦奇哉！巴孛先知也，圣贤也，宣布造物之福音者也。虽盲人亦能辨别之，彼陷害之者，岂竟毫无思想，抑亦囿于偏见使然耳。

巴孛毫未享受世界上之荣耀及安乐，是为表现其灵界精神之唯一能力。有如此能力，故能甘受极刑；不借世界之援助，而能战胜一切极恶厉之反对也。敌人如此恶毒，假友人如此奸猾；而巴孛仍能无忧，无惧，如鹤立鸡群，卓然不凡。彼又能宽恕仇人，而反为之祝福，是岂非表现造物至圣之爱力于不信之人耶？

巴孛虽受尽苦楚，但终获最后之胜利。盖有数千人，亦因信爱巴孛，而牺牲其生命、财产；否则，纵有君王之权力，亦不能使人如是悦服。况后来之大圣人，已确信其为先锋，而予以荣耀矣。

第三章　造物之荣（博爱和拉）

造物显圣尚何待哉。观其圣殿，何等庄严，何等荣耀，是即固有之荣耀之新显圣也。

——博爱和拉

博爱和拉之幼年

博原名默示和爽亚利，为波斯之大臣默示亚伯之长子。其族中因系贵族，富室之后裔，故为波斯政府文武大员者甚多。博爱和拉（义即造物之荣耀）生于一八一七年十一月十二日，其血地在波斯都城推希兰。幼时未入学，仅受家塾教育，但自幼聪明过人。父早亡，博即继父理家事，并负管教弟妹之责，其长子名亚卜图博爱尝向著者，述其父幼年事迹如下：

“自幼性善，量大，好作户外游，常在田园中度日。富于吸引力，人咸乐就之；名公巨卿，亦常与之亲近接谈，而尤为孩童所欢迎。年十三四，其学问智识，已颇著声誉；又善于讲解各种复杂奥妙之问题，常在大会中与著名教士，讨论宗教上之难题，听众皆表钦佩。在二十二岁时，其父逝世，波政府令其继任父职，不就。波国宰相曰：“其思想卓越，志望高超，余不能测其深浅。但将来必有大成，官禄非其所欲，听之可也。”

下　狱

一八四四年，巴孛宣布其使命之时，博年二十七岁，其称巴孛为奉行宗教之健将。曾为巴孛下狱二次，受杖刑一次。一八五二年八月，发生极不幸之案件；此案系大有关于巴孛信徒之将来者。

有一信徒名沙地者，目睹巴孛殉难，不胜悲痛，至于神经错乱，而起报复之念。遂用手枪，实以细弹狙击波斯王，并抛王下马。王中数弹唯以弹小故未致命。沙地被卫队捕获，就地处死。此事发生后，巴孛之信徒，咸受嫌疑，大遭杀戮。在波都死者，有八十人，被捕下狱者更多，而博亦其一也。其自述之经过如下：

“行刺之事，我侪并未与闻，审判厅之口供，可为明证。但我侪皆被捕，由尼弗伦王宫步行至波都。途次身带链锁，秃头，赤足，押犯者乘马驱之。抵都后，即拘禁于黑暗之狱中。计监禁四月之久。

时狱中共有犯人一百五十余人，大抵犯偷盗行凶者。狱中无衣，无席，污秽非常，生活之苦不可言状也。

我在狱中，日夜怀疑巴孛信徒之行动。以为既为信徒，则其心灵纯洁，性情慷慨，焉能有此行刺帝王之念。我乃立志于出狱之后，当尽力设法，使信徒改过自新。

一晚，在梦中得一非常安慰之音信，曰：“诚哉，汝将因汝之笔力与人格，而获胜利。毋为现在身受之苦楚，而忧惧。此系造物欲将汝表现于世人，而使汝胜利；凡身受感化者，莫不爱戴之。汝真平安者也。”

发配巴格达

博与狱中之友，虽身在缧绁而因笃信造物，心中泰然。狱中日必有一二人被提，或受常刑，或受死刑。故何人将遭不测，皆不能自知；但当被传之时，莫不向博道别，以口吻其二手，欢跃出监，甘愿受刑也。最后咸知博与行刺之事，毫无关系；且有俄国公使，证明其人格高尚；而博已身抱重病将死。波王遂免其死刑，发配米苏布大米省。博乃与家族及少数信徒，出狱就道。适值隆冬，一路饱经风霜；及抵米省巴格达城，病躯已受无量痛苦矣。

待休养后，身体稍健；即从事教训其信徒及问道者。不久巴孛信徒，皆受安慰而快乐。其时博之族兄，名密士姚者，忽来巴城，与之争执领袖地位。派别由是而分，冲突亦由是而起矣。后在业地拿波，曾发生极激烈之冲突，而博之宗旨在于统一人类，故视争执为极可痛心之事。

二载荒郊生活

博居巴城一年后，独赴散来门尼叶之荒郊，仅携随身衣服。兹记其自述之荒郊生活于下："仆抵巴城后，不幸发生争执之事，故避居荒野，独居二载之久。往往不食，不寝，赖造物之护佑，心中非常快慰；遂立誓不再返俗。仆不回俗，毫无他意；唯在避去争论，免伤友谊，勿使他人感受忧痛，损害而已。又各人之意见思想不同，应各随个性之自由，不可稍加勉强。最后得到造物之使命，促仆回俗，又不敢不服从。但既回俗之后，二年中所受种种刺激与逼迫，几将消灭净尽也。"

回回教士之反对

隐居二载后，博之名誉日隆，远近信徒，赴巴格达城受其教训者日众。常人愿听其道者，亦颇不乏人。即犹太教、耶教、火教，及回教之信徒亦有来归之者。但回教之教士，则极力反对；并设法排除之。最先遣一使者，问道于博，盖难之也。博对答如流，使者极端钦佩。博之学识及智慧，实生而知之，非由攻读而得者也。最后使者代回教士请博表示异迹，以为先知之佐证。博答曰："众回教士可议定一件异事，并立据声明，若异迹表现后，当承认余之使命，而不再反对。若表现失败，则余自愿认为异端。"回教士竟不敢表示同意，盖恐真理之益形彰明也。而彼之反对却仍不遗余力，甚至耸动驻巴格达之波斯总领事，奏告波王。谓博之势力扩大，有损回教士与波、土二政府。逼害最烈时，其态度极为镇静，处之泰然，仍劳力于教训其信徒，及从事著作。据其子亚卜图博爱言，其时博常至铁格利河（底格里斯河）滨散步，返家时，兴致甚高，即专心著作，《秘言经》及《意纲经》二书，即为此时之作品。凡信徒读之者，极受安慰。其初，此波文之《秘言经》，仅有数册，且须秘密收藏，以防敌人之毁灭，今则是书已遍传天下焉。

利时万之宣言

波土二国，经交涉多时后，土政府即应波政府之请求，下谕召博进土京君士坦丁。此信传出后，众信徒非常恐慌，咸来包围大教师之家族于利时万别墅，同时准备骆驼队，以备赴土京时，长途旅行之用。计留该处十二日之久。此十二日之第一天，为一八六三年四月二十一日，即在巴孛宣教后十九年也。是日，博将福音告于群众曰："余即巴孛预言造物所指之大圣人也。"此十二日，即为大同教信徒所守之利时万节。其时，博虽将远谪异域，但面无忧色，心中亦非常快乐，而精神并显露特异之威严。是以踊跃，快乐而来就之信徒，皆极表敬意；即巴格达城中之督抚及名人，亦来瞻仰此将离别之犯人也。

土京及亚地拿波城

自巴格达至土京需三四月之久。途次，博及其家族十二人，并信徒七十人，备受痛苦。及抵土京，即幽禁于一极小之屋中，后即迁入一较大之屋内，拘留四月，复即发配亚地拿波城。路程虽仅数日，但因衣服单薄，又遇大雪纷飞；故途中艰苦备尝。及抵亚城，幽禁于小屋中，苦不堪言；迨至明春，始得迁居于较佳之屋内。在亚城，共住四载半。博仍教导信徒，并向大众宣布其使命；故多数巴孛信徒，咸信仰之。自是而后，彼辈即称为大同教徒矣。但有少数巴孛信徒，受博之宗兄密士姚之指使，联合回教徒，共施攻击。于是，引起极激烈之教争；土政府乃将巴孛教徒及大同教徒，咸逐出亚城。

将密士姚派驱往地中海之西波罗岛，博派驱往犹太之亚格城。此一八六八年八月三十一日事也。

谏　疏

博在亚格，曾作无数奏章，送至欧洲各君王、意大利之教主、美国政府及波斯王，声明其使命。并劝令努力设立真理之宗教、公正之政府及国际和平。

致波斯王之奏章中，博极力为受逼迫之巴孛信徒辩护，并请面见指使者。奏折由大同教信徒名巴弟者呈进；非但所请未准，反受极残酷之炮烙刑而死。

奏疏中曾缕陈其志愿及身受之苦楚。今详述之如后：

“君王欤！余曾明见造物之道，殊并他人之耳目所能及者。

友人否认我，而我之道路穷矣。太平之泉源涸矣。甘泽之平原已枯焦矣。

余已饱受无数灾难，岂更将受之无穷时耶？

余向至威严至慈爱之造物前进，不料有毒蛇追随我后。

余之泪如雨下，床褥已为湿透，但我所受之苦楚，非仅为本身已也。

造物欤！余因敬爱上帝，深愿受枪尖之害。每遇一树，即祝祷变成十字架将我钉死。余见人类如醉若狂，莫知所往。贪恋情欲而不认识造物。视天道为玩物，自以为在安乐窝中。其实不然；不久其谬误将立见矣，哀哉哀哉。

亚格最荒凉之城也。气候恶劣，饮水混浊，仅宜鸮鸠之居。余将由亚地拿波幽居此城，以终余年；不能再蒙恩赦，而享世界之福矣。

天欤！余虽卧薪尝胆，疲乏饥饿，而与野兽为伍，余决不畏惧，矢志忍耐。倚赖造物之力，祝颂生物之主，并求赐恩，令人类皈依至威至恩之造物。诚哉，造物有求必应；亲之者必得保护。最大之艰难，即是圣贤之护心境。可防刀枪之损害也。

苦难愈深，造物之光荣愈显，自古至今莫不如是。”

亚格牢狱

亚格城为土耳其国之牢狱城。全国最恶之凶犯，皆监禁于此。博之家族及信徒，男女老少共有八十余人，起居甚为恶劣；既无床枕，又无器具。饭食不能入口，故请准予自备伙食用具。初抵该城时，孩童啼哭不已；不久疾病丛生，疟痢相侵。全体无一人得免疾病，而有四人竟至病死。

如此严厉之监禁，计有二年之久。凡大同教信徒概不准外出，仅准四人代众出外购买食物。然亦受严密之监视。外人亦不准入监探望。初有数信徒由波斯步行至亚格，来就博，而不准入城；仅得在城外高堤上瞭望博之窗户。倘博站立窗前，始得一见其形色。彼等见领袖如此受苦，大为感动。返里时，更愿牺牲而为社会服务也。

监禁稍疏

二年之后，适土政府招募新兵，需用此屋为军营，故博得另迁一屋居住。其他信徒，则寓一驼商旅店中。博幽居此屋内七年之久。其男女家族，同居邻屋中，故甚拥挤不便。所有饮食亦恶劣异常。但不久其家族又得数房，稍觉舒适。此时博始能接见探问者；盖土政府之官吏，已略变态度，而予以较优之待遇也，但有时亦甚严厉。

鸟瞰阿卡城

阿卡监狱，摄于1921年。图中二楼最远的两扇窗是巴哈欧拉住的地方

监狱开放

当博监禁最严之时，大同教之信徒，始终并不恐惧，且大众心理反觉泰然。博曾自亚格军营中致函友人云：“毋忧，狱门将开放，余之帐幕将扎在嘉梅山上而皆大欢喜也。”是项宣言，使信徒深得安慰。后其事果验。兹将博外曾孙沙基芬地所译其外祖父亚卜图博爱之记述，录之如下：

博深爱乡间树木之青翠。一日对人云：“云余未睹树木九载矣。乡间为心灵之世界，城市为肉体之世界也。”余间接闻斯言，遂即设法以求达此目的。亚格城有一回教信徒名巴沙者，有一宫院离城约四里，四围有花园及小溪环绕。此人极端反对大同教者。余往见之，问以何故不居此宫院？对曰：“因病不能孤居乡间也。”即向之租赁，并立合同五年，共付租金二十五镑。于是雇人修理自设浴室，并备一马车，供“圣美”之用。（博之信徒称博为“圣美”，盖尊崇之也）余自往督察修理。虽政府之命令不准余等出城，但巡警毫不禁止。及修理完竣，余邀数友人及官长同往。又一日即设筵邀名人及官长赴宴。余乃往见“圣美”，曰：“巴沙之官院及马车皆备矣，请行。”（其时亚格无马车，此为第一乘车）博爱和拉日，“余囚人也，不愿他适。”请三次，皆不允行。在亚格有一亚拉伯回教徒与余父善。余乃请其乘机婉劝之；但初亦以囚人为辞而拒绝出狱；该回教徒乃跪握其手而吻之曰：“汝非囚人，人无权幽汝，汝自幽耳。乡间之宫院，草木畅茂，花果丛生，碧水绿叶，宜汝所居，请速往也。”坚请至一时之久，圣美始允。友出告余，颇觉喜不自胜。次日余即备马车送圣美至花园，而自回城中；盖政府之命令，不许余与圣美见面也。幸随行赴乡时，一路毫无阻碍，是亦可喜者也。博居花园二年后，移至巴基；以其时巴基发生时疫，贵族避疫他迁，华丽庄严之宫院，皆廉价出租，故迁居于此也。按法律言，土政府治博之罪尚未收回成命，故博仍为犯人；其实博之生活，已颇为自由。众人争相敬仰，即嫉妒其势力之犹太官长，亦莫不尊敬其人。如总督军长等常来晋谒，然辄为博所拒。

某一次巴城之督抚奉长官命令，偕一欧洲之高级军官前来请见。博允之。军官虽身驱伟大，气宇轩昂，但一见博之仪容，不由不跪倒门前。博虽频以大水烟袋敬二贵客，但咸不敢吸，仅作形式上之接受。二贵客正襟危坐，不敢妄动。凡目睹此事者，无不大为称奇。

友人之敬爱，绅宦之尊重，以及信徒自远方来归，凡此诸端，皆所以表现虔诚信奉之精神也。是亦博之仪容庄严，有以致之耳。其信徒皆心悦诚服，奉命唯谨；甚至人咸尊之为至圣至善。诚哉，博非犯人，而实万王之王也。博之敌人，虽贵为君主，且挟其万钧之势，尝在狱中以极严厉之词规劝之，一若君王之训其属下。但博初不为所动，而彼之生活固俨然与君王无二也。博尝云：“诚哉，诚哉，最苦之监狱今已化为天堂矣。”此特别之事迹，自开天辟地以来，未之闻也。

在巴基之生活

博早年在艰难痛苦之生活中，即已一再表示尊敬造物。晚年在巴基虽已享受荣耀富贵，然仍多方设法以尊敬造物。博在晚年有数十万之信徒。彼辈供献无数经济力量，任其酌量支配。唯其在巴基时之生活极为简单朴素，无丝毫糜费，在其家邻近，大同教信徒为之建造一大花园，名利时万，博常在此园中逗留至数日，或数星期不等，晚则睡园中小屋内，有时博亦外出旅行；如往亚格及海法城，或在嘉梅山上，设幕而居。一如先前在亚格军营中所预言者。博之生活为静思、祈祷、著作、写碑文及教导信徒。此项工作，极需精神与时间，故其子亚卜图博爱，常代理他项杂务，并代接见回教士、诗人及政府之官长等。彼等闻博子之解释与讨论，皆极满意，虽未亲见博本人，而对于其子亦间接表示尊敬。

一八九〇年英国剑桥大学之东方学大家孛郎教授曾来巴基参见。当时参见之情形如下：

“引导人俟余脱鞋后，即以手启帐帏。帏内之房颇觉宽大。中陈一榻，对门设椅二三。余不知此为何人所居。少顷，见榻旁坐一老翁，头戴毡帽，帽下缠白纱布，面容威严，不可言状，双目炯炯有光，额高而阔，并有深纹，一望而知其年事已高也。但须髯俱黑，长垂及腹。此人非他，即博是也。故即向之鞠躬。受此敬礼者，非有帝皇之尊严，不能当之而无愧也。

老翁启口，其声温和，命余坐，乃曰：“汝来乃为见一囚犯及流徙者耶？此应荣归于造物。余之原意欲使世界受益，万邦快乐，但不料彼等竟认为煽惑人心而监禁之也。万邦当有统一之信仰。万人如兄若弟。人类当相亲爱。宗放之派别及种族之离异，理当消灭。试问此等教训有何害者！但世间无意义之争斗，自不可免。残害之战事为达到太平境域所必经之过程。汝等在欧洲其亦需之乎？耶教之主，不已预言及此耶？惜乎，世上君主将财产用之于害伤人类，而不用之于造福人类。此种流血战争，必须停止；万人应视为一家。毋仅以爱国为荣，博爱人类乃真荣耀也。”余所能记忆者，如是而已。此种教义宜受监禁及死刑乎？此教之传播有益于世界乎？抑有害于世界乎？愿读者深思之。”

荣　归

博晚年处境，如此简陋，但甚平安。后以疟疾终，时在一八九二年五月二十八日，享寿七十五岁。其最后之亲笔所书碑帖为其遗嘱。殁后九日，其长子在家族及数友人前启封宣读之：系命其子亚卜图博爱代为解释其教义，并命其家族及信徒遵从之。如是，教义可收统一之效，而分门别户之争，亦可从此免除矣。

博为先知

欲知博为先知，当先明了其教训。其说有二，与他教圣贤相仿。一代造物而言，一似乎造物自言。博在其《意纲经》中曾说明之。造物之太阳有二种性质及地位。一种为一体，无分彼此。一种有分别，并有限制。

在有限制之地位，各有殿宇，各有定名，指定使命，预定表现，各有特别之性质与原理或天理；如云圣贤虽有先后高下之不同，然皆为造物之使者。圣灵充满其中，亦有得造物之殊恩而更宜受人尊敬者。如耶教之主，即其一例。在一体之地位，则至高尚至神圣。统一诸圣贤同在造物之宝座显圣。是为生命之精华，而造物之至善，同时亦完全表显矣。

第二种之地位，有分别，有限制。而由肉体上表现之：实完全处于奴仆之地位。因此有缺点而卑微，故曰“诚哉，余乃造物之奴仆”，或曰“诚哉，余亦人也，与常人无异”。

但完全之显圣，则曰：“诚哉，余乃造物。”此语至为正确；盖须赖造物之显圣，其各种至善之性质，始能表现于世界也。至于自称谓我等为造物之侍者，显然仍系表明卑微之态度也。但此卑微之状态，非有胆识者，亦断不敢自居也。

夫生命之精华，已沉溺于永久至圣之深海中。凡在斯地位者，即完全站在真生命之前者，无不谦虚而卑微，似乎完全已无自我之地位。否则，既有造物而又有我，则变成多种之异端矣。

由此可知显圣之表示，不论其自称曰神圣，曰先知，曰使者，曰继替者，曰奴仆，皆正确无疑者也。①

博以人之地位而言，则表明完全谦卑。似乎在造物中，其自身已化为乌有。其显圣之所以不同于人者，即在完全抛却自己，并有充足之神力也。故博随时可以如耶稣受难时所云：“愿造物之原意成功，而不必令余之旨意得伸。”博致波斯王书中有言曰：“王欤！余睡榻上，诚与常人无异。但霎时间造物之威风降临，赐余以智识，故余所教者，非出于个人，乃来自至威至智之造物，而令余宣传于天下万邦也。

余自得此使命后，凡有识者，未有不受感动而至泪下沾襟者。余未曾进学校，又未研究科学；余又如草木之枝叶，为造物之风吹动而不得宁息。因余既沉没于永久之造物中，则唯有听其飘摇不已。余之责任，唯在宣传欢迎造物之福音耳。自领受此使命后，余即完全消灭。余身等于死亡，而完全受大慈悲之指挥矣。若余为个人一己计，则焉肯受上下众人之逼迫耶？诚哉，是因至威至严至神圣之力，已将永久之秘密，充满余之一切著作中矣。”

耶教之耶稣曾为其门徒洗足，博亦为其信徒烧饭，及他项卑微之工作。盖博为仆人之仆，以服侍人为荣；即席地而卧，藜藿自甘，已能知足。并尝谓：“饥饿为圣洁之补剂。”博之尊敬自然界及人类，尤敬一切圣人先知及殉道者，由此可证其谦卑之态度，良以不论尊卑贵贱，在博视之，万物皆属于造物者也。

博之人格，由造物所选择，其所负之艰难责任，以及著作等等，并非出于本人自愿。如耶教之耶稣，曾祝祷曰：“天父欤！倘属可能，祈勿以艰难临余身。”博亦曾云：“如有他人能代之者，余决不愿甘受众人之责骂、轻视及亵渎。但此系造物之使命，故未敢有违。”由此观之，天意即为博意，而造物之乐，即博之乐。其服从造物，可谓至矣尽矣。彼又尝曰：“诚哉，凡为上天而受之一切遭遇；固为灵之所喜，而心之所愿也。若为造物之故而受苦难，虽饮鸩如饴也。”

有时博之言语，宛如出乎造物之口。不过，借博之口或笔，向人类表扬造物爱人之心，及其品格、性质、志意、天道等；而令人敬爱之，遵从之，服从之。在博之著作中，其论调或为人，或为神，变化莫测。有时明明为人之口气，忽一变而为造物主之口吻。但在人之地位说话时，始终保持造物之使者之态度，全然服从天意，诚可谓天之活代表。综博之一生，皆受圣灵之指使；故其生命，及其教训，无论似人，或似神，皆无从明辨也。造物命之曰：“余之身，即天之身；余之美，即天之美；余之生命，即天之生命；余之本，即天之本；余之举动，即天之举动；余之愿，即天之愿；余之笔，即天之笔；乃至圣至高者也。”又曰：“余之灵中，只有真理；余之目中，只见造物。”

---

① 见《意纲经》一二五页。

博之使命

博之使命，为赖造物之力，以求统一人类。尝云："各种人类，即一株智识树上所结美好之果实，犹如树之有果，枝之有叶也。故人不当以爱国为荣，而当以爱人群为荣也。"

昔者，先知曾预言将来必有天下太平、人民和谐之时代。各先知对于此点，皆曾努力工作，以求其实现；但各先知又皆声明实现之时，即在将来造物降临之日。彼时恶者受罚，善者受赏，丝毫不爽。

火教之祖查罗斯达曾预言世界有三千年之恶战，然后救世之大主宰巴伦始降生。战胜恶力猛之恶势力，而创造和平之时代。犹太国之摩西曾预言犹太人将受长期充军之逼迫，然后万军之主始降世，歼灭敌人而设天国。

耶稣曰："勿以余之降世为致太平之兆，乃为动刀兵而来也。"并预言战争必将延长，苦难至于永久；须至天子再度降生时，而后可归荣耀于上帝也。

回教主摩哈末亦云因人类怙恶不悛，故上帝使人类彼此怨恨，以示惩罚。至复活日渠将再降世而审判之。

博爱和拉云："渠即各先知所预言将来之显圣而创设和平时代者。"此言极合当代时势之趋向，又应验诸大先知之预言；且透彻说明统一人类及达到和平之门径。

迩来世界上之战争非常剧烈、损失甚大，一如诸先知所预言造物降生之时，将有极大之战争也。诚哉博已降临八十余年矣。此岂不足证明显圣已实现耶？耶稣有葡萄园之譬喻曰："葡萄园主将逐出恶农人而以园地授诸善农人，俾能有丰富之收成。"此恶农者，即造物主宰降临时之专制政府、凶暴官吏、残忍教士等；专以操纵世界为能事。因其所种植者不能按时结果，故彼宇宙之园主，逐之于园外也。

现代战事可谓已尽破坏之能事，人类若不亟图得救，势必完全灭亡。

博明言无意义之争端，及含有破坏性之战事，不久即将过去，而最太平之时代，亦必将莅临。意谓救主已降此世也。

著　作

博之著作包罗万象，关于人生问题，不论个人、社会，无不具备。其他如物质之事、灵界之事、预言将来之事、解释古今之经义等，又详述无遗。博之智识，宏博正确，为世所罕见。各教之信徒来函问道者，纷纷不绝；虽对于各教之经书未尝寓目，但其对答中肯綮，令人钦佩不止。博在《狼子书信》一书中曾云：伊并未见其先锋巴孛之著作，但其本人著作与巴孛意旨相同。可见其完全明悉巴孛之著作也。按巴孛自言其巴音之著作，皆受造物显圣之感动而作者也。西方之智识界仅有孛郎大教授曾于一八九〇年与博接见四次，每次约二十分或半时之久。除此之外，并未与其他西方有智识之人接触；但其著作中，则讨论西方各种社会、政治及宗教问题，极为透彻。即反对之者，亦不能不承认其有独到之学识及智慧也。况博曾受数十年之监禁，而能得到如是宏博之智识谓非生而知之，其孰能信！有人尝问博在创其教义以前曾否研究西方各种问题。博之子亚卜图博爱对曰："博之著作于六十余年之前，其时西方关于现今一切社会、政治及宗教诸问题，尚未有所讨论，而博已论及之矣。"

博所用之文字为普通波斯语言，间有亚拉伯文夹杂其中；但其对于有智识之火教士发言，则往往用波斯之古文。此外博亦识亚拉伯文，故有时用回教经之古文，有时用浅显之普通亚拉伯文。博虽于文学未有若何研究，但能善用波斯、亚拉伯二种文字，且词句典雅，实令人钦佩不已也。

其著作中往往透露其圣洁之意义，似乎愚人亦能了解造物之默示也。其著作中又往往含有诗人与深奥之理想，哲学家及回教、火教圣经中之事迹。有时并引证波斯及亚拉伯文学中之古典，一如诗人、哲学家及学者之著作。然其他博更论及高尚玄妙之灵界问题。此项著作，非有灵界之智识，不能领悟。博之著作非常丰富，犹如丰盛之筵席，山珍海错，无美不备。欲求真理者，均可于此得到相当滋养料也。

故大同教义极受智识界之欢迎，不论文学家、著作家及诗人皆深表羡慕，即回教之领袖与政界中人见其文字之清秀及灵学之深奥，咸大受其感化也。

大同精神

博虽身受监禁于犹太国之亚格，但其教义已传到其祖国波斯；非仅波人受其影响，即全人类亦莫不受其感动。博及其信徒所传之大同精神，极为温良谦恭，但含有极大感化力，而能收不可思议之效力也。博曰："凡闻其道者，而能改变人心，即可谓完全改过自新矣。"其信徒皆有深厚之信仰力，奋兴力及爱人之心；而对于世界之喜怒哀乐，不甚措意，并置种种逼迫及杀戮所受之痛苦于不顾。盖其一心倚赖造物之恩典及力量，故能受难不惧，且反视为无上之荣耀也。

信徒之心中充满新生命之欢乐，自无从发生怨恨或报复之念。因此大同教之信徒完全不用武力以自卫，且亦不怨其所受之苦楚，而反自称侥幸。得见新默示，为之受苦而作见证。是以心中常觉愉快也。因为深信至圣至爱永远之上帝，曾假人口命彼等为其仆人及友人，设立天国于地上，而使久战疲乏之世界，化成升平之景象也。

博诚能启发以以往所述之信仰心，尝自言其所奉之使命，即其先锋巴孛所预言者。既有先锋在前，则已有数千信徒已捐除偏见与迷信，而虔心守候至荣耀之上帝显圣降临也。故博虽备受幽禁，及缧绁之苦难，外表似极卑微，然仍不能遮蔽造物之灵光，且物质上所受之痛苦愈甚，而灵光愈益焕发也。

第四章　博爱之仆（亚卜图博爱）

亚卜图博爱之幼年

亚卜图博爱（以下简称为亚）之意义，即博爱之仆也。原名亚巴爱芬地，系博之长子，生于波斯京城铁伦地，时在一八四四年五月二十三日。其生时，即巴孛宣布其使命之日也。

亚年八岁时，其父博幽禁于波都之监狱中。群众抢掠其家，将所有财物席卷一空。劫后余生，情极凄惨。一日，亚赴狱省父。见博形容憔悴，须发极长，身染疾病，步履维艰，枷锁加身，状极可怜。亚幼年见之，即深印于脑海中矣。

博发配至巴格达时，在宣言其使命之前十年。其时亚年仅九岁，但其见识，已明知其父即为巴孛信徒所等候之大显圣也。六十年后亚曾记载幼时所受之印象，略如下述："余现为至圣之仆矣。但当余在巴格达为孩童时，闻父之道，即深信之，立时匍匐于其足下。愿将余之生命，献祭于道。夫牺牲并非难事，实乃至大之恩典也。若为天道之故，而使余颈锁巨索，足系铁镣，肉体毁坏，而掷诸海中，亦所愿也。且将视为莫大之荣耀。吾侪若真心敬爱造物，而为其忠心之奴仆，则理当以生命相供献也。”

博赐亚名为“造物之奥妙”：于是其友人与巴格达之人，皆以此称之。博居荒野二年，亚见其父受苦之状，甚为伤感。常抄写并诵巴孛之经，及默思以自慰。迨后，其父返家，则不胜欢乐。

少年之时

自是而后，亚即为博之亲伴及护士。虽其年尚幼，但甚聪慧，而有判断力。常代表其父，接见无数问道者。如系出于至诚者，则引见其父。否则，不令其缠扰乃父也。有时，并代父答问道者之问难、质疑。某次，回教之“耶稣非派”领袖名白沙者，问回教遗训中所载“余为隐藏之奥妙”一句之意义。博命其子“造物之奥妙”解释之。亚即作书解释，时年仅十六岁也。其解释极为彻底，白沙见之叹服未止；至今大同教徒咸奉是书为圭璧也。

亚少时常赴回教堂，与教士及学者讨论宗教上各种问题。但亚未曾入学读书，仅从其父受训耳。亚所最爱之娱乐，厥为骑马。

博在巴格达城外之利时万花园，宣布其使命后，亚对其父更表敬爱。在赴君士坦丁途中，亚日夜看护其父。并乘马行于其父车旁，即在其帐幕之外妥为护卫。并代其父治理家务，俨然全家之小主人翁也。

亚在亚地拿波时，人皆爱之。常在群众前讲道，故人咸尊之为“夫子”。在亚格时，博之家族及信徒，皆患伤寒、痢疟等症，亚亲为洗沐，侍奉汤药，恪尽看护之职；致本身亦渐致虚弱而得痢疾，甚至卧病月余，状极危险。亚格及亚地拿波两地上自总督，下至乞丐，皆亲爱而尊敬之。

婚　事

以下所述亚之婚事，为波斯史家所纪，大同教历史之一部分也。亚少年时之婚姻问题，极为大同教信徒所注意，因信徒咸以有女与亚联姻为极荣誉之事，然亚对于婚事，初甚淡漠，但后来乃属意于一女郎。此女郎之父母，因受巴孛之祝福，而生此女。其父名密士摩哈末亚利，意斯弗汉省之大族也。其族中有二侄，曾为大同教殉难。博称之为“殉难者之王”及“殉难之爱者”等美名。先是巴孛赴意斯弗汉省，当时密士摩哈末亚利无后，其夫人盼子甚切，巴孛方赐密一苹果，令与夫人分食之。未几，夫人即怀孕生一女，命名“茉莉嘉农”，后复连生数子女，其一名散意约翰。茉莉之父，不久即物故。其二堂兄受该省之君王齐罗及回教士之逼害而殉难，其家族亦因信大同教而备受磨难。博闻之，即令茉莉及其弟约翰赴亚格以便加以保护。博及其妻娜华，非常宠爱茉莉，而优待有加，故人咸知其将与亚成伉俪也。亚因仰体父母之心，故与茉莉亦甚亲爱，而茉莉亦钟情于亚，两情融洽，故不久即结秦晋之好。

亚、茉夫妇二人，异常和爱。所生子女甚多，然有因受监狱之苦而夭亡者。故其后仅存四女，皆富于爱人与服务之心，大为众人所敬爱。

盟约之中心

博曾迭次表示，亚为其继承者。在其著作中，亦常称亚为“盟约之中心”、“至大树枝”、“古根之枝”或“家长”，令其家族尊敬之，并在遗嘱中劝人归向之。

“圣善”（圣善者，博爱和拉之家族及信徒对于博之尊称）殁后，亚即遵父命，主持大同教事务，并讲解教义。但族中亦有反对之者，恨亚刺骨，乃捏造谣言，控告于土政府，谓亚阳称遵父遗训，在海芬城之北，嘉梅山上建筑巴孛坟墓，及会议密室。实则建筑一种炮台，亚与其从人将盘据此处，以谋抵抗土政府，而图割西利亚也。

严行监禁

此冤狱发生于一九〇一年，亚及其家族虽曾受缓刑二十余年之宽限，至此又重遭禁锢于亚格狱城中矣。然亚并不因此气馁，仍继续宣传大同教义于亚、欧、美三大洲。霍来霍斯曾记载当时亚之生活如下：

“亚极为人所信仰，自远地来受教者，有各族、各邦、各教之人，并与亚讨论个人对于社会及道德问题。一时门下食客甚多，或留数小时，或居数月，无不得有新信仰及新意志而归也。

“凡在亚之门下者，印度各宗族，由离异而变成一德一心，熔犹太、耶稣、回回各教之信徒于一炉，而消灭彼此仇视之心。彼等经此大宗教师陶冶之后，皆具有热诚之心胸，高尚之志趣。彼此和睦之情形，仿佛英国历史上之亚德王，与其圆桌会议之诸名将。但亚之为王，人所爱戴，并非假力于刀剑，而由于爱人之大道所致。其时天下各处，来函问道甚众，文牍山积，故令其四女及书记、翻译等助理之。

“亚尝亲自出外，访察贫病之人。故其在亚格城中，最为贫人所欢迎。有一问道者，在书上记载曰：‘亚于每星期五施赈。渠虽私蓄无多，但有求之者，皆得其布施。受其惠者，约有百人之多。其中男女、老少、贫苦、残废者均有，亚赠各人以少数钱币，并用善言安慰之。’亚本人生活极简单。一日两餐。衣服朴素，盖鉴于他人之疾苦，更不愿稍有奢侈也。

“亚之性情，最爱孩童、花草及自然界之美声。每晨六七时，当全家进早茶时，有孩童唱歌以助兴。吉士君曾赞赏其孩童云：‘谦让恭敬，聪明克己，既不浮燥，又不自弃。如此孩童，余生平所罕见也。’

“亚格城中，献花一种风气，颇为盛行；尤以香客为甚。罗格夫人，曾记之曰：‘大师长有爱花癖。一见花朵，即伸手其间，沉醉于芬芳馥郁之中。亦可知其爱好之深矣。’且好以鲜艳香花赠人。”

至亚在亚格狱中之生活，吉士君有详细之记述如下：

“余等与亚同居五日，见狱中充满和平、仁爱及服务之精神。我等唯一之志愿，在谋人类之幸福，世界之和平，并承认造物为父，人类互为兄弟。狱中设备虽甚简陋，空气亦极恶劣，令人作呕。但充满自由气象及造物之圣灵，而世间之一切烦恼、忧惧及喧哗皆无从侵入也。

“人咸以为监狱中之生活，非常恶劣，但亚则处之怡然。彼尝云：‘毋为余之监禁而忧惧。盖余视监狱，无异为美晨之花园，宏敞之天堂，或天国之宝座。余在监狱受苦，不啻为义人加冕也。’人在富裕、康健、舒服、成功及快乐之境者，极受安慰，但在烦恼困苦中，仍能安之若素者，则非有高贵之精神曷克臻此。”

土政府之调查委员会

于一九〇四及一九〇七年间，土政府曾派委员审调亚之罪状，而假见证复捏词以证实之。亚自辩系为人诬告,但同时声明愿受公堂之判决,即监禁于牢狱,在街衢受刑,以语咒之,以唾沫吐之,以石击之,或受他种毒刑,亦所甘心也。

当委员会进行调查之际,亚仍尽其应尽之职责,种树、证婚,一如平时。其精神更觉自由及尊严,故意大利之领事,愿助之潜避他方,但亚拒之。因彼欲追随先锋巴孛及至圣之后,而不愿逃避敌人也。然其对于大同教信徒,则劝离开亚格城,以避祸难而从事传道。亚及数信徒,仍泰然居此,以待受刑。

一九〇七年冬,有四委员来亚格,作最后之调查。此四人腐败不堪,仅居一月,即以为调查告终,而回君士坦丁报告,谓亚等罪状确实,应受充军,或正法之惩处。幸彼等抵土之时,革命已起,四人为旧政府之官僚,故即亡命他方;新土政府乃大赦一切政治及宗教罪犯,亚因得出狱,时在一九〇八年。次年,土皇亚卜图哈米反被革命军定罪而受拘禁矣。

游历欧西

亚被释放后,继续讲道及服侍贫病之人。但其地点,已由亚格迁至海芬及埃及之亚力山大城。亚于一九一一年八月,开始游历欧西各地,曾遇许多意见各异之人,但亚因服膺博之训条"欣然与人亲近",故并不拒绝之。亚于一九一一年九月,抵英伦,勾留一月,曾接见问道者,与英伦市长聚餐,并在著名之二教堂中讲道(即都城庙及维斯明斯达之圣约翰堂)。是后,即赴巴黎,曾向各国在巴黎之人讲道。十二月,返埃及。次年春,应美人之请,赴美。一九一二年四月,抵纽约城,留美七月,到处演讲;听讲者有大学生、社会党人、多妻教人、犹太教人、耶教人、哲学家、世界语言家、弭兵会员、新思想家、女子参政者及各派教堂中之人,颇受彼等欢迎。是年十二月五日,鼓轮赴英,居六星期,游历利物浦、伦敦、孛立斯多及埃丁堡等处;在埃丁堡时,曾在世界语言会演讲,并宣言已劝东方之大同教信徒,学习世界语,以期沟通东西之文化。后复赴巴黎,迭次开会接见问道者,居二月,赴德之斯德嘉城,与德之大同信徒,讨论教义。继又赴奥国之普大市斯及维也纳,组织大同信徒团体。一九一三年五月,返埃及,十二月五日,重回海芬。

阿博都·巴哈在美国

重回犹太(圣地)

当时亚年已七旬,以工作多年,兼以跋涉重洋,疲乏殊甚,及返故土,即为东西诸邦之信徒,书一沉痛之碑文,曰:

"朋友欤!余不久将永别矣!不能继续工作矣!余终身勤于工作,未敢稍自豫逸;并尽力服从博之遗命。"

"余深望信徒,能肩此使命,继续努力。现正为宣言到荣耀天国之时,为统一和平之时,又为信徒从造物之朋友,达到灵界之和平之时。"

"余倾耳以闻信徒和爱之歌声,余之末日已近,除此歌声外,举不足以当余意也。"

"余深盼友人联合一致,如穿成之一串真珠,如群星同受太阳之光线,又如草地上羊群之栖息在一处。"

"神秘之夜莺歌唱,天堂之翠鸟和鸣,至荣耀之天使号召,盟约之使者恳求,而人皆置若罔闻。"

"余正等待福音;盖信徒为诚实忠心之结晶、亲爱友谊之降生及统一和平之显圣,当能使余之心灵愉悦,使余之志愿满足,使余之恳求有效,使余之希望得遂,并使余之呼吁有答复也。凡此种种,余当耐心以待焉。"

大同教之仇人,见巴孛殉难,博被充军监禁,以至于死,皆喜出望外,弹冠相庆,现闻亚自各处游历归来,身渐衰弱,又为暗喜,但彼等之希望终成泡影。亚书曰:"余之躯壳虽不能再受磨折,但赖造物之庇护,已得转危为安,人谓余之精力衰弱,已近末日,其实系背约者,及神经错乱者之妄测耳。虽余之身体,因努力圣道工作,而日就衰弱,但至圣之名,当受赞美;并得造物之灵光与力量,而益使灵力增加。感谢造物,余已得博之祝福,体力已恢复健康,心中愉快,非言可喻。"

在欧战之际及休战之后,亚于繁忙工作之余,曾发出无数动人之书信。于是世界各国之信徒,大受感动,热心服务。大同教在各处,遂愈形发达。

战时在海芬

亚具有先见,可从欧战证明之。彼在海芬时,常有无数香客,由波斯或由他处,远道来见者。距欧战半年前,在海芬之大同教徒,曾代波斯信徒,请见大师长,亚即加以拒绝,于是香客不得不陆续回里。

迨一九一四年七月终,海芬不复有远来之信徒矣。八月初,欧战突然爆发,震惊全球,亚之所以谢绝进香之意,至此始明。

当欧战开始时,亚已饱尝五十年之配军,及监禁生活,然仍为土政府所幽禁。其时除西利亚之外,各处交通断绝,不能与信徒通音讯,故亚与少数之从者,极感困苦;且其地粮食缺乏,亚本人亦屡受危险,但彼仍以救世为怀。对于该地人民,供以物质之需要,并补其灵性之缺乏,亚曾在泰比利亚开垦农田,种植粮食,以防饥荒,不独亚格及海芬之大同教徒受其赐,即他教之贫穷信徒,亦咸沾其惠。亚对于灾民,或赐以银钱,或给予粮食、枣子等;并常赴亚格,安慰救济其信徒,更召集海芬信徒,每日开会讲道,是以虽在苦难之中,彼等仍得安慰而恪守秩序也。

亚受爵位

一九一八年九月二十三日,土军与英印联军,在海芬有二十四小时之激战,土军败绩,英军占据海芬。英军官及兵士闻亚名，相率来见，一聆亚透彻之讲演，皆钦佩其见地之深远。亚既具自重之心，复极蔼然可亲，英政府代表对于其品格，及其致力于和平与民生之伟绩，尤表尊敬，英政府赐以爵位，以示钦仰。受爵典礼，于一九二〇年四月二十七日在海芬之军政总督花园中举行。

亚之末年

一九一九年至一九二〇年冬，著者在海芬常问道于亚，计二月有半。其时亚年七十六岁，甚康健，因其性忍耐、温柔、和爱、机警，故能予人以安慰，其每日工作甚多，有时虽极疲乏，亦仍服务社会，不稍苟安。自朝至晚，除午餐后休息片刻外，余则阅书、治家事、理教务及答复各处信札。有时在下午散步，或乘车出游，则每有一二位问道远客偕往，以便谈话；或同往探问贫人，返家后，复集友人或询道者，在会客室开会；在午餐或晚饭时同席者，有询道者及信徒，均能闻其诙谐之言语，及津津有味之谈论；晚则祝祷默思。亚常云："余家为快活及欢乐之家也。"斯言信然。亚更喜邀请各族、各国、各色、各教之人聚餐，以期统一精神。亚诚为海芬小社会亲爱之父，又为天下大同教之爱父也。

亚之逝世

亚虽身体软弱，但仍工作不息，直至逝世前一二日始已。一九二一年十一月二十五日下午，亚赴海芬之教堂祈祷，并且救济穷人；午饭后写复信数通，旋在花园中散步，与花匠谈话；晚则祝福并教训一忠心之家人后，即在客堂开会如故。越二日有半，即二十八一时半，亚乃逝世。当时有二女侍其侧，据云其去世时，与睡觉无异，极为安适，毫无痛苦之状。噩耗传来，举世同深哀悼。次日出殡，有一英女士记之曰：来吊唁执绋者，为数甚众，皆哀恸如丧考妣。其出殡时之哀荣，为海芬或全犹太空前所无也。当地总督，耶路散冷及非尼儿之二督抚，驻海芬之各国领事、各教领袖、犹太宦绅及教徒、耶教徒、回教徒、特罗人、埃及人，及土耳其人、克特人，及驻该地无数欧美友人，男女老少，共有万人以上，咸痛哭失声，曰："苍天！苍天！我父去矣！我父去矣！"

出殡至嘉梅山时，执绋者徐徐步行二时之久；及抵巴孛之墓，群众围聚拥挤不堪，咸抚棺大恸，并宣读吊唁之辞。其唁辞有临时作成者，或早已预备者，无非赞扬大师长，及人类之和平统一者。当此世风日下，亚适于此时降生，不啻为中流之砥柱矣。他人既有如斯之唁辞，则大同教徒，将更用何词以赞美之耶！

举行丧礼时，致祭文者，共有九人，皆回、耶、犹太三教之著名领袖，因羡慕敬爱亚之高尚人格，故作祭文以志哀悼。

如此纪念追悼，理所当然，因亚终身致力于统一宗教种族及语言之大工作者。且其工作进行顺利，而能达到博之目的，即亚之感化力及其有价值之生命，已能打破数百年来犹太、耶、回三教之仇视，而使彼此和平相处也。

著作及演说

亚之著作甚多，大抵为答复信徒及询道者之书札及演词；此外尚有自远处来问道者数千人，皆居留亚格，或海芬，与亚讨论各项问题，亦有详细之记载。因此亚对于各种问题之教训，极为完备，关于东西之各种问题，及施行大同教之教义者，较诸其父为多。惜尚有若干著作，未曾译成西文；但已译者亦属不少，故其原理已至明显。亚谙波斯、亚拉伯、土耳其三种语言、文字；故在游历欧西时之演说，皆用翻译，因此不能完全得其精美之处。但其精神、力量极为充足，故闻之者无不钦佩感动。

亚之地位

至圣亚之地位，可于以下博所书之碑中见之“诚哉，造物之舌，（指博）已宣布喜信，使造物之名远传地极；并宣称‘大名’将临，而传盟约于万邦也。（指亚）诚哉，彼即吾也。易言之，彼乃吾道之曙光，吾之天，吾志之教诲，吾路之灯，吾正理之道路，吾法律之标准也。

凡就彼者，即就吾，而已得美光照耀，无不承认吾为独一无二之主宰；凡不认之者，不得吾之宠爱，与恩典。凡诚心向吾者，必为其吸引。凡信独一主宰者，则正飞翔吾之慈天中。余之慈悲，仅有一人知之，此人即在吾之秘密中，所声明者。”

该碑中所载博与亚之神秘统一，说之最明白：“伊即吾也。”至圣（指博）亦用同样之称呼，以指巴孛。曾书曰：“起原点（指巴）非吾，而能与吾同时在世，则吾二人决不能分离，而彼此互相欢乐矣。”碑中明明指出，感动亚之灵，即为至圣；而亚之所作，所言，等于显圣之权力及指挥也。

亚并不自称为独立之先知。观其宣传所默示，盖即博之事业也，犹如回光镜之反照博之光源。为传达圣灵之显圣于天下耳。此外尚有人称亚为耶教之救主重降，亚对此意，曾作书与美之信徒曰：

“孛尔等所提及，在美之信徒中，对于救主重降之问题，意见何竟分歧若此。唯造物当受赞美，此问题业已数次发生，而余亦曾一再明白声明。凡预言中所提及之万军之主，及救主重降等事，皆指明为至圣（博）及至高者（巴孛）。余之名为亚卜图博爱即博之仆也。因此，余之资格为仆，余之性质为仆，而余之赞美亦为仆，唯隶属于至圣，则为余最荣耀之冠冕，而以服务人类为余永久之宗教也。

“余受至圣之大恩，得为大和平之旗帜，飘扬于至高处。得大名之大恩赐，为救世之灯光，随同造物之爱，普照世界。余为报天国之喜信者，使东西人民感觉。余为友谊、公正真理、和平之声，使万邦有新气象。余无名，无誉，无职业，又无可赞美之处，除为博之仆役而外，永无他名。余所渴望者，为永久之生命，及永久之荣耀也。

“造物之信徒，当予亚以赞助。尊敬唯一真理，服务人类，并以仁爱、慈善之精神，服务世界。

“亚为造物之友爱者，亦即显圣之公仆也。非救世主也。彼为人类之公仆，而非领袖也。又非永久之主，而永久存在者。人不当信亚为救主重降，但当信其为奴仆之表现。人类统一之枢纽，唯一真理之报信于世界者及圣旨之注解者，而又为现代真理信徒之抵押品也。请将是碑印行，而普传于天下。”

大同生活之模范

博为真道最著之显圣。其受监禁凡四十年；与世界人群接触极鲜。故亚之责任，为表扬默示，履行真道，而为大同教之模范。当世其与人接触时，则于各种举动中，表现现代人民之生活，皆当自爱，及求物质之舒适。同时当完全伺候造物及服务人类，如救主耶稣、博爱和拉及其他先知所垂训者。彼诸圣先知所示之模范，即一方面受尽苦难，毁谤及奸滑之待遇；但他方面，则受仁爱、赞美及忠心之尊敬。犹如狂风怒涛中之灯塔，建立于磐石上，稳固而不摇动。其所示之生活，为信仰之生活，而可使人效法者也。在此战云弥漫之世界中，彼独竖立统一和平之旗帜，而为新时代之大纛，号令世人助长新世界之精神。此种精神，即昔时先知圣人之圣灵，以新的方式，灌注于人心，俾能适合新时代也。

第五章　何谓大同教

博曰："人当有结果，无果之人，如无果之树，当伐而为薪。"哲学家斯宾塞，尝谓天下无点金术，不能使铅之性质，而成黄金之性质，故仅铅之一物，不能造成全社会也。博如昔日之先知圣人，尝一再教人曰："欲使天国降临，须先使人有诚心；故欲明大同教之教义，当先研究博之教训。对于个人之品格，当如何予以指导，以了解大同教信徒所负之使命。"

大同教生活

或问曰："何谓大同教信徒？"亚对曰："大同教信徒，当博爱世界，亲爱人类，及服务人群，并致力世界和平，及为普天下同胞工作。"又曰，大同教信徒，即"为人类工作之最完全者"。彼在伦敦演说时，又谓即未闻博之名者，亦可为大同信徒。其言曰："凡遵博之教训而行者，即为大同信徒。若自称大同信徒，而不实行大同之生活，则虽历五十年之久，亦不能称为信徒也。丑人自称为美，黑人自称为白，此种自欺欺人手段，人谁信之。凡人不识造物之使者，譬诸阴地生长之草木，虽未见日光，然亦赖之而生。先知圣人乃灵界之太阳，而博为现代之太阳也。昔日之太阳，给予世界以温度及光线使万物不致于冻死，但万物之果实，须有现代之太阳，乃能成熟也。"

伺候造物

凡欲完全实行大同生活，须与博发生直接之关系，犹如花之开放，非受太阳光之照耀不可。但大同信徒，不崇拜博之肉体，而崇拜博之人格中所表现造物之荣耀，且不反对其他各教，如对于耶稣、摩哈末及其他造物之使者，皆表示相当尊敬，唯独认博为现代之新使者，现代之大教师，以继续先圣之工作，而收最后之效果也。

仅有智识上之信仰与钦佩及个人品格之高超，皆不足称为大同信徒。博令信徒，当完全正心诚意，伺候造物。唯能承认，并实行此要求者，方可称为大同信徒。此要求仅造物能完成之，博不过代造物表示其意旨耳。昔者诸先知、圣人，亦曾声明同样之要求。救主耶稣尝云："凡欲从我者，当负十字架而牺牲一切。因欲求生者、反致死亡；愿为我而死者，反得永生。"就宗教之历史观之，大凡信徒，能完全诚心遵守此项训条者，则虽备受反对、逼迫、苦楚及殉难等灾厄，而其教必日见兴盛；但若信徒认信教为例行故事，而乏完全牺牲之精神，则其教必趋衰败。盖人当知天道胜于人道也。若宗教为求时髦而设，则其救世之感化力，及行奇迹之能力，将完全丧失矣。盖真正宗教决不能有时髦性，如将来能有时髦之一日，则为造物之特别大恩典耳。但现在正如经上所载，"生命之门狭小，能寻得者甚鲜"。故灵界生活之发展，须由渐而来，决非一蹴可跻也。若将来信敬者日众，亦并非门之较前广大，实人心愿完全皈依者较多也。

访问真理

博向人代其信徒说明曰："人之思想，当从迷信及盲从中，恢复其自由；使其心能辨别造物之显圣，并专心考察各事。"

各人务须明白觉悟造物之荣耀，乃由博之人体所表现，否则不能得实际之大同教义。古昔先知，均令人独具慧眼，不可盲从，须用思想，不可迷信。若人之见解清楚，思想自由，毫无奴隶之服从心，则偏见可以打破，盲从可以避免，而得到觉悟真理之新表现。大同教信徒，宜具大无畏精神，以探索真理；但探索之法，不应限制于物质方面，慧眼当与肉眼并用，不可偏废，以其天赋之力量，追求真理，凡不合理者，决不应轻易信仰。若能心清意诚，则智慧自开，无有不能认识圣天所表现之代表者。

博又曰："人当知己，及辨别尊卑、荣辱、贫富之界限。知识之根本，在于认识造物，倘若造物一无表现，则亦何从而得此根本智识。"

造物之表现，为完全之人格，为人类之模范，及人类之果实；若不见其花果，则焉能知人之本性？耶稣尝云："试看田中之百合花，虽苏罗门王最盛之时，亦不能及此荣耀。"百合花生自不雅观之球茎中，若人未曾目睹百合花之美丽，及其枝叶之繁茂，断不能由球茎中推测而知；即将球茎以刀判而细察之，说决不能预料茎中，可藏如此美丽之花朵。以此类推，若造物之荣耀无显圣以表现之，则个人与他人，在灵性上所具至美之性，亦将无从推测。但人若知爱戴造物之显圣，并能服从其教训，则能渐渐觉悟其暗藏之能力，而可明了生命及宇宙之意义也。

造物之爱

欲知造物之显圣，须先敬爱造物，两者应同时并进。按博之教训，创造人类之目的，为使认识及崇拜造物。博尝书一碑曰：

"创造万物之理由，即爱也。如古训所云：'余为暗藏珍宝，而深愿人能知之。'因此创造万物，使人得知也。"

又在《秘密语》中，尝曰：

"生命之子欤！汝当爱余，使余亦可爱汝；若汝不爱余，则余不能临汝之身。仆人欤！其亦明此道乎！"

"最高明之子欤！余曾将余之灵充满汝身，使汝爱余。何汝竟舍余而爱他人耶？"

敬爱造物，乃大同教之唯一目的。以造物为至亲爱之友人，虽最亲密之情侣，亦莫能比拟，盖在其光辉中，能发生至大之欢乐也。敬爱造物，即是爱万物，爱万物，盖万物皆来自造物者也。真大同教信徒必完全爱人，必清心热烈爱人，决不恨人，决不轻视人，因在万信之面目中，万物之性质中，能见可爱造物之面，及其痕迹也。且此爱不限于一教、一国、一族、一种。博曰："昔人尝云，爱本国为忠心。但在显圣时，荣光之大舌，则谓勿仅以爱国为荣，而当以爱人类为荣也。"又曰："爱兄弟胜于爱己者，有福矣。"大同信徒，不当如是耶？

亚亦曰："吾侪为整个灵体，分布于各体中；故吾侪彼此愈相爱，则与造物愈亲近。"亚尝向耶教士曰："众先知之降临，各道之宣传，皆所以提倡爱也。人若能彼此相爱，即可熔化一切反对力，并能克服仇敌，排除障碍。爱若能充满慈悲、大量、宽宥及尊贵之努力，而能胜过一切阻力，诚为不可限量，不可抵御之大爱力也。"又云："各人当爱他人之灵，甚至愿牺牲生命，财产，而尽力使人快乐，知足；但他人亦须有高超之品性，不自私自利，而愿为他人牺牲。如是，正如日光之能充满世界，仙药之能医治万病。真理之灵亦必能培养万灵也。"

脱　离

敬爱造物者，须脱离不属于造物之世俗，及私心尘境；并存有来世之希望。大同信徒，不论富贵、贫贱、康健、病疾、园圃或牢狱，均能随遇而安，亲信造物之道，而脱离非造物之道。所谓脱离，并非与环境不发生关系，而加以抵抗之意，亦非轻视造物所赐予之良好环境也。真大同信徒决非无知觉，无兴趣，而如隐士之弃世逃俗者然。但当极有兴趣，并作无量之工作，尽无量之快乐，以奉行天道也。唯不敢须臾走入迷途，以自误；亦不敢妄冀造物，所未赐之恩典。凡信大同教者，应以造物之志为志，若违背造物，便将认为不堪造就。行于天道者，不以过失为惧，不以烦恼为惊，即在最黑暗之中，因有爱光照耀，可使痛苦变为快乐，以受难为求仁，视死亡为乐事。博曰：

“凡人心中爱余，而有些微爱他物之心，存乎其间，则不能进天国也。

“人之子欤！汝若爱余，则须忘己。欲求遵余之志，则须抛弃汝之本志。汝若死于余之中，则余将活于汝之中。

“我仆欤！脱离世俗之羁绊，逃离自身之监狱，明白光阴之宝贵，时不再来，毋再自失良机也。”

服　从

尊敬造物，当完全服从其命令。即不甚明了命令之理由，亦当诚心服从。如航海一水平，须服从船主之命令，虽不知船主之用意，亦当表示服从；盖船主已受训练，对于航海之道，极有把握，若不愿服从，则不当在其手下为水手。大同信徒，亦当服从救世之船主，唯须先得充分可靠之证据，若已得证据，而尚不服从，则愚而愈愚矣。

因有见识之服从，必能得到智慧之利益，而跻于智慧之地步。船主虽精明，若水手不服从其命令，则船主将无所施其技，而水手亦不能学得航海之智识。耶稣尝云：“服从为求智识之道。”博云：“信仰造物，而认识之，并非易事。须服从其命令，并遵守荣耀之笔所书之训条。”现为平等之时代，若完全服从，不能视为德行。因完全服从他人之命令，则为害甚巨。但欲使人类统一，达到完全之真正和平，则人人当履行同一之圣旨。若天意未明白表显，而即抛弃吾人之领袖，则人类将继续争斗，以致阻碍福国利民之大计划之进展，而不能同心合力，归荣于造物也。

服　务

若敬爱造物、须先服务人类，伺候造物之道，舍此莫由。吾侪若避弃人类，则无异避弃造物也。耶稣曾云：“汝不愿为人之最小者，即不能为余友也。”博亦曰：

“人之子欤！汝若求恩典，则当利人，而勿以利己是谋，若求公正，应待人如待己。”亚亦云：“在大同教义中，美术、科学、艺术皆为崇拜造物而设。凡人竭其心力，专心于制造事业，亦即赞美造物之道也。总之，人若诚心作事，皆可视为崇拜造物。若其目的意志，在于服务人类，亦即崇拜造物。凡伺候人类及为他人服务，皆可作祈祷观也。医士若用温和谦恭之态度，医治病人，并信仰人类之统一，亦即赞扬造物之意也。”

教　训

大同信徒不独信仰博之教训，并以博为其终身之准绳。因此将生命之原动力，乐于告知他人。如是，始能得到灵界之赞许及力量。虽人未必皆能如博之演说或著作，但皆能以博之生活为模范。博曰：“大同教信徒，须以智慧伺候造物，以模范示人。换言之，即在行为上，表现造物之光。行为之力，实较言语之力为大。故教师之宣教，如其行为愈高尚，其收效愈宏也。”

但大同教信徒，决不勉强人接受其道，但以其行为吸引他人进天国，非逼人进天国也。如善牧羊者，用音乐领导羊群，而不乞灵于鞭或犬也。博之密言云：

"人之子欤！若人不愿听者，则勿启口，斯为智者；如人无欲饮者，则勿举杯。"在碑中又云：

"大同民众欤！汝等为爱之光，为造物之所深爱者。毋出恶言，毋视邪色，以表现汝之真理，只求人能识之足矣；人若不愿受，则虽强劝之干涉之，亦属无用，听其自然可也。汝自己当向造物，即汝之保护者，或自存者而进行，使人不听汝言而忧愁，并发生争端。务望尔等，能得造物之天恩庇护，而依造物之旨为人，须知汝为同生一树之叶，同为海中之水。"

礼义与尊敬

"造物之民欤！礼义者，德之本也。凡人以正直为衣，而有礼义之光，则有福矣。尊敬心能使人跻于高点，务望受难者及众人，遵守礼义，崇尚尊敬，是乃大圣之切实命令也。"博更恳切言曰："愿天下各国人民，互相欢洽，亲善交际，并与各教信徒，欢洽交际。"亚尝函美国之大同信徒曰："注意慎防，切勿伤人之心。注意慎防，切勿损人之灵。注意慎防，切勿以不善意待人。注意慎防，切勿使人失望。凡使他人之心忧戚，而使其灵失望者；此等人，毋宁埋没在九泉之下，勿令在世上现眼也。"

博曰："花藏于苞，造物之灵藏于人心。无论人之外表，如何丑陋皆有是灵也。真大同教徒之待人，如花匠之栽植花草，明知无意识之干涉，足以阻碍花之开放；而花之开放，端赖造物之日光。是以大同教徒之目的，在令生命之日光，照入黑暗之家庭及人心中足矣。"亚亦曰："博之教训，令人勿论何时何地，皆当原谅人，亲爱敌人，并将恶意化为善意；更不应心存仇视，而表面敷衍之，斯乃假冒为善，非真亲爱也。须真心以敌人为友，化恶意为善意。汝等宜如斯对待人，汝之爱心，务须真确，不可苟且忍耐，若忍耐勿由心中发出，是即虚假也。"

此种教训，似乎自相矛盾，而不可了解。其实不然，因吾等觉悟人之外表，或有仇恨与恶意，但其人亦内藏有心灵，是即真人，可由是而发生亲爱善意也。吾等须注意此点，而亲爱其内藏之真人，因人之心灵，若能觉悟，则其外貌必能改善也。

宽　恕

大同教最重要之训戒，为不可寻人之短。耶稣亦以此教人，但现今之人，皆以为此最高之教训，只可作为模范，及勉励而已。在寻常耶教徒视之，皆以为不能见诸实行也。博与亚均竭力以此教人，并勉人实行。博之密语（编者按：《隐言经》）中有言曰：

"人之子欤！勿言他人之罪，若言之，则汝自成为罪人矣；诚哉，违背是命者，非我徒也。生命之子欤！己所不欲，勿施于人，斯乃余之命令也。其切遵之！"

亚曰："闭口勿言他人之过，但为之祷告，而以善意助其改过。见人之善，而勿见人之恶。若人有十种善行，而有一种恶行，则见其十而忘其一，若人有十种恶行，而有一种善行，则见其一而忘其十。切勿有一语毁人，对仇人亦然。"亚致美友书亦尝云：

"人最恶之品性，最重之罪孽，即是谗言；出自信徒之口者，其罪恶尤甚。信徒有法封闭谗言之门，而启赞颂之口，则博之教训，即能遍传天下，使人心光明，人灵荣耀，而世界亦将永久快乐矣。"

谦　虚

大同教教人，勿责人之过，当自察己过；并忘己之德行。博在密语中有曰："何忘己之过，而责人之过耶；若是者，余必定其罪。人之口，当赞余之名，不可以谗言污辱之；倘以私见扰乱人心，则当先省自身之过，而勿好论他人之恶。因人之知己，当较知人为透彻也。”亚则曰：“汝，当表现汝之生命，乃来自救主之国。因救主在于事人，而非欲人事之也。教中咸视男女仆为兄弟姊妹，故人自以为比人优秀，即有危险。若不改革此心，则不能服务于天国。

若不自满，即能进步。自足为魔鬼之诡计，不自足乃大圣之表征。人即有千善，亦不当自足，宜更求其不足之处。因人无论进步到若何地步，必不能无缺点，尚须谋进步也。凡向前看者，则不自满，而希望前进，故自誉者，即私心之表现也。”

博令人自省其过，而改之；但不欲人向教士认过。其喜信中尝言曰：“犯罪者之心，当常向造物祈求宽宥，向人认罪，不能得赦于至圣。因在人前认罪，则是自贱，而至荣之造物，不愿人自贱也。唯造物为大慈大悲者，故犯罪者，当向造物认过，必蒙神恩，而邀宽宥也。”

真心诚实

博在碑中书曰：

“诚哉，诚实为世界和平之门也，亦大慈悲表现之荣耀也。凡能诚实，即已进入人类和平安稳之大门。因各事之安谧，全系于斯；即尊贵、荣耀，亦全赖其光之照耀也。”

“大同信徒欤！诚实犹如人身之清洁衣服，头上至荣耀之冠冕；故尔等当尊重至威严之命令。”博又曰：

“信仰之原理，在于少言而多行。凡言过于行，则虽生犹死，虽荣犹辱也。”亚曰：

“真实为德行之基础，无真实，则进步与成功，皆不可得。倘一德已立，则他德亦必随之而俱来。”

“愿真心诚实之光，无论在事业上或娱乐上，由汝之面上，照耀于外；使人皆知汝言，须可靠无疑，并须公而忘私。”

真　实

博常劝人真实，以表显内藏之完全性质。内藏之灵心，与人之外表不同；因人之躯壳，仅为灵之殿宇。往往可变为灵之监狱。在密语中又曰：

“生命之子欤！余以有力之手造汝，而以有权之指创汝，余将余之光耀，照临于汝。尔等舍余外，不当倚赖他物；因余之动作完全，余之命令有效力，固不容丝毫怀疑者也。”

“灵之子欤！余造汝本为富足者，何竟自致于贫穷耶？余造汝本为尊贵者，何竟妄菲薄耶？余已表显智识之结晶，汝何为而尚求他物耶？余以爱之泥，捏成汝形，汝何为而更寻他人耶？汝若自省，自察，即能知余在尔中，有支配之全权，及全力，而应受尔之尊敬也。”

“余之仆欤！汝为藏于鞘中之纯钢剑，若人不知汝之真性，当拔剑出鞘，使汝之光照耀于世间也。”

“朋友乎？汝为圣天之晨星，毋为世俗所蔽，当揭开面巾，露出汝之真面目，去巾揭帷，并以生命之衣衣万人。”

博之欲令信徒表现者，诚为人世中至尊无上而莫与伦比者也。真实为灵性之实在，真实乃证明人系出自造物之真理，故人当归向造物。大同信徒之目的，亦即在归向造物也。唯欲达斯目的，其必由之道，为服从其所选派之使者，尤当服从现代之使者，博乃新时代之先知也。

第六章　祈　祷

亚曰："祈祷即与造物谈话也。"造物欲使人明了其旨意，乃借先知之口以表白。于众先知在世之时，可直接与人接谈；先知殁后，则可从其记载，与著作中得亲其教泽也。此外造物与人接谈，亦用灵界之语；所谓灵界之语者，不借语言与著作，凡求真理者，不论何时，何地何种民族，或何种方言，造物在在可以显圣感化之。如此之显圣，尚能继续与世界之信徒接触通讯。耶稣受难后，尚与其门徒通音讯，而感化之；而其感化力且较受难前更大也。其他先知，亦复如是。亚对于灵界之言，尝曰：

"吾侪当用天语，天语即灵语，因心灵亦能发表一种语言也。灵语与寻常语言不同。如人语与禽兽之语不同相似。"

"灵语为与造物相通之语也，祈祷时当一洗尘境，心灵完全自由归向造物，此时即能闻造物之声。凡能达到真纯灵界者，无有不闻造物之声者。"

博曾云："高尚灵界之真理，仅能由灵界之语传达之，而口语与笔述，皆不适用。"博之小著作名《七山谷》系叙述其由红尘升登天府之历程者。书中述及临近天府之状态云：

"人口不能讲解，语言无济于事。在彼之园中，笔无所用，墨亦失效。彼此心灵之接触非报信者之工作，亦不能以书记之。唯身历其境者，始能知之也。"

诚实态度

凡欲达到灵界，与造物通音讯者，须牢记亚之所言："吾侪为人，须超出世界，单独归向造物。若欲达此地步，须努力奋斗，减去世俗之思想，及对于物质之注意，而注重灵界之事物。离此愈远，则离彼愈近，吾侪应慎加选择。

"吾侪当放开慧眼，在万物中察出造物痕迹，万物皆能向吾侪反照造物之光也。"又曰：

"最高超之地位为祈祷，盖其与造物接触故也。当祈祷时，须用纯粹之灵，完全抛弃尘念，一意虔诚，而唯灵体是求。若用呆板之祷文，而非由心灵中所发者，则完全无用。在夜半祈祷，最为合宜。他人皆已酣睡，而崇拜至爱者独觉清醒；他人双目紧闭，而祝祷者之目独开；他人有耳不闻，而祈求者之耳独闻造物之美妙音乐；万籁无声，清净无比，斯时祝祷者，得与造物主宰相接触也。"

媒介之用

按亚之言：

"人与造物接触，须有媒介，此媒介乃充满圣光，而普照宇宙之间者也。如大地之空气，受日光之热度，以温暖万物。倘人欲祈祷，则须专心一意，注重目的，若欲归向造物，则须将心思集中，故若无显圣为之媒介，则人仅能在心中设想而已。但人为有限，而造物无限；故不可以有限之设想为代表。其设想虽能令人明了，但人所明了者，非造物也。人所设想之造物，为幻想之对象。假象之表现也，焉能与真造物发生关系耶。若欲认识造物，须由完全之反光镜中窥见之。如耶稣或博由此二面光镜中可见圣洁之日光也。

人见荣耀之光彩与热度，即知有太阳。造物为灵之太阳，其光照临于显圣之身，于是发现完全之品格，美好之性质，及荣耀之光彩。”

又曰：“若人不得圣灵为媒介，不能得造物之恩赐，吾侪应认明斯真理。如孩童不得师长之教训，不能得智识；然智识亦为造物之恩赐也。又如大地，若不得云雾中所酿成之雨，则花草树木不能滋生；而云雾即恩赐与媒介也。光彩由一中心点发出，舍此中心，则不能得其光也。

当救主耶稣降生之时，人之思想以为无救世主之大恩赐，亦能得到真理。此思想，即沉沦之原因。”

人之崇拜造物，若不借重显圣；犹如黑暗中人，仅凭其形容力，而思享受日光之乐趣也。

祈祷之必要

博曾切实命令大同信徒作祈祷。博在经中有曰：

“余之民欤！敬畏造物，每早晚朗诵，或默诵造物之道。若疏忽之，即不忠于造物之圣约也。若避免之，即避免造物也。更勿以日夜多读圣经及多作圣事，而生骄心。若以欣喜之心，朗诵一节圣经，较诸有口无心之诵读全权造物之诸默示为优。但朗诵造物之经碑，亦不可稍露倦意，当使灵心清醒，而不使之困乏；俾高升于天，如驾默示之翼，而仰受有证据之曙光。凡有此认识者，方可临近造物也。”

亚答通信者之书曰：

“灵界之朋友欤！祈祷为必不可少者。凡人苟无神经病，或有不可避免之阻碍，不可不致力于祈祷。”更有通信者问曰：“造物创造一切，处置一切，无不适当；因此祝祷吁求，并声明恳求之物，实非智慧。”亚对曰：

“诚哉，汝当明白，弱者当求强者。欲得恩赐，当求荣耀之大恩人。人归向造物，欲由其恩海中求一点恩赐；则其心目中，可得光明，心灵中，富有生命，而全身亦可得勇跃之气。

在吁求造物之时，若云：汝名即为余之救药，则造物之爱，能使汝心乐灵悦，天国亦将吸引汝心。

若得此吸引，则汝之能力度量，必逐渐增加。犹如器物扩大，则盛水较多。如当口渴时，云中沛然下雨，则觉分外甘美。即恳求之奥妙，亦即伸述欲望之智慧也。”

博爱和拉曾作每日必读祈祷文三篇，大同教信徒可任择一篇读之。但至少应能背诵一篇。

祈祷含有敬爱之语

更有人问造物既能洞察人心，则又何必祈祷？亚对曰：“他人有友爱之心，虽其友已能深晓，尚必欲表明之。故造物诚知人心之所欲；但祈祷之欲，为自然之欲，发自敬爱造物之心也。

祈祷亦不必专用言语，仅以思想及态度明之足矣。若无爱心，且不自然，即勉强祈祷，亦为无用，语言中若无爱之原素，即无意义。人若与汝语，仅为一种乏味之敷衍；或与汝晤谈，而无爱存在其间，又何必多此一举。”亚又对人曰：

“最高尚之祈祷，仅在表明敬爱造物之诚；并非畏惧造物，或畏入地狱，亦非为求恩赐，而欲登天堂享福。凡人对于恋人，必直呼其名，以示亲密。故吾人敬爱造物，则更不可不呼其名也。在灵界中之生活，除纪念造物外，无他欢乐也。”

聚会祈祷

亚对于聚会，或群众祈祷，尝发表意见云：

"人尝云,余可随时随地祈祷。若余倾向造物,则不论在旷野,或在城市,皆可祈祷;何必限定某日、某时,在大众聚会时祈祷。因彼时余之心或哉不倾向造物也,其实不然。此因在大众聚会时,共同祈祷,其力较大。如用兵然,匹马单枪,自不及大队人马之实力充足也,灵界之兵,若能编成队伍,则其团结之灵力较大,因互助而收效更宏也。"

免除天灾人祸

按众先知之教训,各种天灾人祸,如瘟疫,病痛,皆因不遵从天命而来。亚尝谓,水灾、风灾、地震,亦皆有间接之关系。其言曰:

"天下系统一之天下,各事皆有连带关系,小事能牵动大局。故各人所作之事,有关全体,若有失约,则必震动全体。譬如二国不和,系意见不合,而非物质上之冲突,则此种不和,非可漠视者也。一旦战事发生,则千万人惨遭杀戮矣。人若失信于造物,或违背圣约,则其效果,亦必有物质上之关系,如引起天灾人祸是也。"

但人因犯过而受痛苦,此痛苦为处罚之证据,无非戒人改过,是即造物之声,令人勿入迷途,而归正道耳。如其痛苦剧烈,则其过失必甚严重,盖"死为罪之工资也"。

违背造物,则降灾祸;反之,服从造物,则得援救,此一定之理也。

全体人群,为一团体,是以个人之幸福,不专赖本人之品性,亦赖友朋之德行。若一人为恶,则大众受祸,一人为善,则大众得福。故人须为他人负责,而最善之人,当负最大之责。圣人与先知,皆受最大之苦楚,即是故也。

博在《意纲经》中曰:

"先知圣人,受尽苦楚,如贫穷疾病,与被人轻视,甚至先知之头颅,送入城市为牺牲之礼物。"然非圣人较常人更当受苦,实为代人受过,而致痛苦备尝也。但圣人固愿为他人受苦也。圣人为世界造福,而非便一己之私图也。真爱人类之祈祷,必非为求自免于贫穷、苦痛及灾难;实欲为人类免除愚蠢,过犯及连带发生之祸害也。先知、圣人亦未尝不欲求康健与财产,以期增进天国之工作也,但不以得失介怀。奉行天道之人,深知无论如何,遵照天意以行,必有特别之意义也。亚曰:

"忧愁之来,非偶然者也,乃天恩予人以训练也。因此如遇忧虑则知天上之父,将自谦卑中援救之也,受惩愈大,则受灵界之恩赐亦愈富。"就表面观之,善者反为恶者受苦,殊不公平,但在亚卜图博爱之意,以为此不公平之处,仅属于表面,而为时甚短;能彻底从长思之,则完全公平也。亚曰:

"弱者与婴孩,受强者之逼迫与杀戮,乃造物之大恩典也。因彼等灵体将受天上之酬报。诚哉,造物赐予其恩典,远较俗世之安慰为优也。"

祈祷与天理

或有人疑祈祷之效力,如万灵药相似,有求必应,则天理岂不为之更变耶?其实大谬不然,譬诸吸铁石;铁屑遇吸铁石,则铁屑即被吸住。按诸地心吸力之自然律,物在空中必下坠。今铁屑向上飞升,考此特殊之现象,缘有一较大之力,施于铁屑使然耳。此力与自然吸力,并不冲突,而铁屑之性质,亦毫无变更,此可按理推算而得。盖据大同教之意见,以为祈祷之力,正如吸铁石,为一特殊之力,虽人不甚明悉,亦未加研究,但祈祷固自有其相当之地位。然其所以神秘而不可推测者,实因人之愚昧不明耳。

更有疑祈祷之力薄弱者，此亦可用一比喻以明之。大水池中之水闸，施以微小之力，即足以阻水之流动。大轮船上之驾驶机，施以微小之力，亦能使轮船受其指挥。大同教具有无限之力，此力即造物之力也；故祈祷之力虽小，确能转移天恩也。

大同教之祈祷

博与亚曾记载无数祈祷文，其见解之广博，灵性之深奥，均能使有识者钦佩不止。但若能每日应用，则其力量当更能表现矣。因限于篇幅，故仅能略载数祷文于后，如欲知其详，可在他书求之也。

"余之造物欤！愿汝之美，为余之食料；汝之容，为余之饮水。愿余之信仰，符合汝之旨意；余之举动，服从汝之命令；愿余之服务，能见悦于汝；余之动作，为汝所接纳。愿余能认汝为唯一之援助者，更愿余之家庭，为汝之圣殿。"——博

"余之上帝欤！余可证明，余为汝之所造，使余认识汝之容，而尊敬汝之名。从余之懦弱，可以反证汝之威权。从余之贫贱，可以反证汝之富足。除汝之外，无他造物，足以为人类之保护者。"——博

"余之造物欤！余之造物欤！使汝众仆之心，能联合一贯，以表示汝之大旨；并使其明白汝之大旨。愿彼等服从汝之命令，遵守汝之法律。造物欤！赐力于彼，使能侍奉汝。造物欤！勿将彼遗弃，愿大智识之光，导彼前进。至亲爱之力，使彼之心悦诚服。诚哉，汝为彼之援助者，亦即彼之上帝也。"——博

"慈爱之造物欤！汝由一体创造万人，汝曾令万人合为一家。在汝圣洁之前，彼等均为汝之仆人。万人在汝之殿中，得受庇护。万人聚在汝之大筵席中，得享受汝之大恩光。造物欤！汝善待万人，供给万人，庇护万人授生命于万人，汝以才能与智慧施给万人；而众人皆浸渍汝之鸿恩浩荡中。

慈爱之造物欤！联合万物，愿各教和协，万邦统一。使万人如一族，大地为一家。愿彼等和乐同居，造物欤！请将人类统一之旗帜，飘扬于全世。

造物欤！创造大和平。

造物欤！团结人心。

慈爱之天父造物欤！施汝馨香之爱，使人心快乐。

施汝指导之光，使人目明亮。

施汝真道之音，使人耳恭听。

在汝天命之堡垒中，咸受护庇。

汝为至威严而有全权者，汝为赦宥人者，汝乃宽恕万人过失者。"——亚

"全权欤！余为罪人，而汝宽恕之；余充满过失，而汝以慈悲为怀，不加谴责；余在错误之黑暗中，视汝不啻为赦宥之光。

大慈悲之造物欤！赦余之罪，乃汝之恩典，宽恕余之过失，使余可得护庇；将余浸入汝忍耐之清泉中，医治余之一切疾病。

沛赐圣恩，使余愉快纯洁；使余之忧惧消灭，而感觉快乐；恐怖化成倚赖；失望化成喜乐；忧惧化成胆量。诚哉，汝乃宽宥者，慈悲者，大量者，可爱者。"——亚

"大慈悲之造物欤！赐于心镜，俾可反照汝之爱光；赐于灵恩，使大地可变成花园。汝以慈悲鸿恩，宽宥罪人。"——亚

大同教虽不重祷文，但以上所述者，皆极为完美。

博之终身，在祈祷中过生活。一切工作，如具有相当之精神，即系崇拜。一切言语举动，若能归荣造物，而裨益世人，即是真祈祷也。

第七章　卫生之道

如皈依造物，则身心灵之病，皆能痊愈。

——亚

身与灵

大同教义，以人身为灵体之暂时躯壳；灵体发育，则弃其躯壳。如孵卵成雏，则弃其壳，亚曰："人体决不能永生，盖物质为原子集合而成，终必分离腐蚀。故人当以灵为主，身为仆。如家之有仆，须服从主命，而其家始兴；但仆人，亦须受相当之待遇，若不加优待，则灾病立至，甚或灵身（主仆）俱受其殃焉。"

生命之统一

按博之教训，各种族，各阶级之生命，其根本归一。盖身体之健康，与智德灵之健康，或与个人及社会之健康，皆有关系；甚至与禽兽草木之生命，亦有关系，惜常人不之觉耳。

依照先知之教训，凡身上各部，与全身之健康均有关系。但有数种教训，则言之更为透切（编者按：彻），兹略述如下。

亚曰：

"今之生活，何等复杂；且其复杂性，日甚一日。人之需求，若无限止，则所得愈多，而心愈贪。其唯一挽救之法，在能自主，能自主则可置一切于不顾；否则，灵必为所迷矣，人能知足，则其灵自宏，如贤君治世，祥和立致。"

人以食为天，其重要可知；但食以简单蔬食为上。盖蔬食，既符博爱主义，又合卫生之道。按诸现代之实际状况，少许肉食，有时为必须之品，亦为合宜之品，是为亚所言者。

彼又曰：

"将来之食物，必为果子与五谷，肉不宜再食。今医道虽尚幼稚，但已证明肉食之不相宜；人之天然食物，当为土地所生产之物也。"

酒及麻醉物

博严禁酒精与麻醉物，此种物品只可作医药之用。亚曰：

"造物之友欤！人之经验，已证明戒除烟酒及鸦片，能增进体力与智力；使决断迅速，而精神倍增。"

娱　乐

大同教训，注重中庸之道；并不赞成隐居，或辟谷之道。大同教对于享受美丽之物，不论物质或灵界皆所赞许。博曰:"毋剥夺放弃为汝所创造之物。"又曰:"汝当以奋兴之意,及喜信形之于面。"

亚曰:

"人为万物之灵,万物皆为人而造,故当感谢上天一切之恩赐。对于所赐之物,我当表明感谢之心,并当深悉生命为天之恩赐。倘若我人存厌世之念,则实为忘恩负义,自暴自弃耳。盖我人之物质,及灵界生活,为表现造物之恩赐也。故我当快乐,赞美,亦欣赏万物也。"

人尝问大同教是否亦禁一切游戏,如赌博、彩票等。亚对曰:

"不然,各种清高无害之游戏,亦可用之消遣;但往往耗费时间太多耳。在造物之大道上,视多费时间为不当;但能增进体力之游戏,则不能以无益废时目之。"

清　洁

博在经中有云:

"勉为人类中最清洁之代表……不论何时何地,皆当注重礼仪。……不使不洁污汝之服。……宜常在清水中洗澡,但已用过之水,不宜再用。……诚哉,余愿汝在世,为天府之代表,使恩表现受恩宠者之心情。"

《满塞亚卜佛特》"大同证据"(书名)第八十九页内有云:"以上之命令,极为紧要,盖近东人之家庭,不论洗澡,饮食,所用之水,均极污秽,大不卫生,往往发生疾病及灾疫。此种境地,本为东方宗教所许,故须有大使之命令,始能改革之。泰西各国,本认清洁为近乎神。"若能进一步云:"如欲信神,务须清洁。"则裨益当更大矣。爱洁净者,当时时以香汤沐浴也。

服从先知命令之效果

以上各节所论,简单生活,卫生戒烟酒等之命令,与康健大有关系;皆显而易见,可勿多论。但人往往不能深明其利害。若遵守此命令,则传染病必大可减少,因烟酒而得之病,亦可铲除。此不独于卫生有益,于道德品格上,亦大有影响。因鸦片及酒,在伤害身体之前,必先损人之天良。若能戒之,则心灵上已得优胜之利益也。关于清洁问题,亚曾曰:

"外表之清洁,虽属于物质,确能影响于灵界。……因清洁无疵之身体,能感动人之灵性也。"

若能遵守先知所垂教之男女贞操训条,则能免除一大病源,即为可畏之花柳病。受其害者,为数以千万计;不论父母婴孩,犯罪与否,皆同受其害,当竭力扑灭之。

现今社会之恶现象:一方面贫穷者,聚居小屋,仅避风雨,逼做苦工,受人驱策,环境恶劣,工资微少;他方面自私自利者,懒怠奢侈,挥霍无度。是岂非有伤于体德智三育乎?若人服从先知所教之公正、互助及爱人如己之道,则此种恶现象,当消灭于无形矣。

若人服从诸先圣。如摩西、释迦牟尼、耶稣、摩哈末、博爱和拉等之简单训语,则较服从世界公共卫生之规程,更为有效。就医道而论,若大众服从卫生之道,则康健必能普遍。少年及壮年之夭殇,亦必大减;而人人皆能终其天年,如果之成熟于树上也。

先知为神医

就今之世界而论,自来服从先知之命令者甚少,爱神者较自爱者为少,结党分派自私自利者,较博爱者更多,爱物质之艳色者,较敬社会上灵界之益者为重。因此发生激烈之竞争及冲突,霸道行而贫富之阶级以成，其所受体智德三育之病根深矣，结果，全人类之大树得病，各叶亦随之枯萎。故就目前之情形而论，良医实所急需，不论个人、全国人、全人类，皆当加以医治也。故博以先觉觉人，以期维持人类固有之康健，并挽救已失之灵力者。博诚神医，为医人群身心之大国手也。

物质之医治法

泰西各国，近年来颇信仰灵智之医治法，乃是一种反动力之表现也。因十九世纪，医治病症，用尽物质之法，成功少而失败多。于是，反动之结果，趋于极端，甚至不信物质之力。博之教训，则兼信物质及灵界之医治法。尝劝人提倡与鼓励医道及治病之技术，不废各医之所长，并利用各种治病之良法。博之家中，如有人患病，则必延良医治之。并劝人效之曰："若汝有病，须延良医。"

大同教对于科学及美术之态度，认为有利于人者，虽偏重物质，亦当奖许云。因人能因科学，而超胜物质也。人若愚蠢，则为物质之奴隶。博书曰：

"在必须之时，切勿忽视医治之道，但痊愈后即当停止。若能先用饮食法医治者，则勿先用药，若能用简单药方医治者，勿宜用复杂之药剂。……病后，即勿用药，仅在有病始用之。"亚在碑中曾云：

"求真理者欤！治病有物质及灵二法，一则用物质之药剂也，一则祈祷归向造物，二法当并用之。……二法并用，并非矛盾，盖造物以医道赐人，俾其仆人受益；故汝当接受物质之药剂，此即造物之恩赐也。"

亚又云："若吾人之天性，未为不自然之生活所损害，而受蒙蔽，则对于饮食及有药性之果品、药草等，皆能自择其相宜者。"

关于医药一道，亚曾有演讲(问答中——二九六页)。其结论曰：

"医治疾病，固可全赖饮食、滋养品及果物。但今之医学，尚未完全发达，故人不能知之耳。迨医学充分发展时，则可利用食物、滋养品、香果、蔬菜及冷热泉水医治之。"

由是可知，医病须赖物质，因药草及矿质等，皆造物所赐者也。"万物皆赖造物而生，药材乃天用以治人之外表也。"

非物质之医治法

博、亚曾教人，以各种非物质之医治法。有所谓"康健之时疫"，犹如病症之时疫，先者为慢性，而力小；后者为急性，而力强。最有效力者，厥唯病人之思想及态度，自己授意之治法，亦能减轻病势。譬如恐怖，大怒及烦恼等，皆有害于健康者也；希望、亲爱及快乐等，皆有益于卫生者也。博曾曰：

"诚哉，随时知足为至要，知足可免除羸弱及怠惰。勿为忧愁所战胜，因忧能伤人也。"

"妒火能烧人身，怒火能焚人肝，避此二欲，当如避猛狮然。"

亚亦云：

"欣喜驾人以翼，在快乐之时，精神增加，智力锐利。……在忧闷之际，体力衰弱。"

亚更述一种智力之医治法，大有效验。其法乃健全之人，以精神专注于病人，而病人专心信仰之，则能强人之灵力，并能医治其疾病。强者尽力医治，病者诚心信仰，则痛自除；盖二人之精气，即由此而得和善之沟通，使脑筋发生一种感触，病人因以得愈。以上所述之医治法，其效力有限，重症不能见效也。

圣医之力量

最有效之医治法，为圣灵之力。

“不借接触或见面，……不论病势轻重，不论有身体上之接触与否，不论治者与病者有无关系，此种医治法，全赖圣灵之力也。”（见问答二九五页）

一九〇四年十月亚对于罗森堡女士云：

“圣灵之医治力，无须特别专神注意或接触，是乃圣人之诚意及祈祷也。故病者在东方，治者在西方。并不相识，只需圣人心向造物祈祷，则病者自愈矣。是为造物显圣之特别恩赐。凡人达到最高特殊地位者，亦能为此。”

病者之态度

用灵力治病，自有完全效力，但亦有赖于治者、病人、病人之友朋以及社会之态度。病人之重要态度，为全心归向造物，并信仰造物之能力，毫无疑惑。

一九一二年八月亚对美女士云：

“汝之病痛，必将免除，完全恢复身与灵之健全。汝心当竭诚信仰，赖博之恩典与慈悲，则万事必顺利快乐。但汝当面向荣耀之天国，专心注意，如默达利之玛利亚，注意耶稣然。余证明汝必得身灵之康健。汝乃优秀者，故余向汝报喜信，我固知汝心之清洁也。汝当信仰无疑，快乐欣喜，并充满希望。”虽有重症亚能使彼得痊愈，但不遇信心诚笃者，亚亦不愿轻易为人治病。

彼在亚格，曾对前来就彼之信徒云：

“医病之祷文，可治身灵之病，使病人受益，此祈祷必应之说也。但有一种病人，一病甫愈，他病复发，因此全知者，能知祈祷有时或无应验。

“造物之侍女欤！圣灵之力，能治身灵之病也。”

亚与病者书曰：

“诚哉，造物之志意，有时人不能测度之，但其理由，必将发现也。信仰造物，而依赖之，并完全信托造物之志意。诚哉，造物乃仁爱，慈悲及恩典，而将以恩惠赐汝。”

灵体之健全，能使身体康健。但身体之健康，尚有他项原则。非个人所能治理者。因此灵德最高之人，亦有不得身体之健康者；而圣人，圣女，有时亦患重病也。

虽然，灵心之相当态度，影响于身体之健康甚大也。而寻常必可免除病痛。亚与英女士书曰：

“汝身灵衰弱，余求博之恩，使汝之灵健全。使汝之灵得保持康健。汝身亦可由灵而得健康。”又曰：

“造物曾赐人各种能力，使向上而得恩赐，更得圣恩之医治，可惜人并不感激其恩典，反昏迷不醒，不觉造物之大恩典。以致背向天光，而走入黑暗之途也。”

治病者

以灵力治病，到处有之，唯能力各有不同。擅音乐，精算术者，各有特别之能力。以灵力治人者，亦有其特别能力。此等人当以治人为业。不幸现今世界之人，偏重物质，致用灵力治病一道，失其真传。此种能力，须受训练，而有教育，始能达到最高之地步。世之抱有此种天才者，大不乏人，特未曾启发之耳。一旦若加以提倡、尊敬，则其效力必将大增，若治病之智识及能力增进，而病人之信仰坚固，则其效果必更可观。

博曾为医士书一碑曰：

"完全信仰造物，造物之外，更热治病者，有智者，援助者。……天之所覆，地之所载，皆在造物掌握之中。"医士欤！在治病之先，须呼吁造物之名，因其为审判日之主宰。然后施行医术，方能奏效，此即造物救人之道也。诚哉，医士曾饮余仁爱之酒者，其探望病人，即能发生治人之力；其气息所及，即有恩典。其所希望，无非为求病人之康健；故病人当乐受之，因造物已赞成其医术。治病之术，实为最要之科学。造物之最大力量，莫如赐尘土以生命，以保全万人之身体；由此可知，彼已置治病之术于科学及智识之中矣。故今日汝当为余之战胜而奋兴。颂曰："造物欤！汝之名，可疗余病；汝之记忆，即为余之救药；与汝亲近，乃为余之希望；汝之仁爱，为余所乐受；汝之恩典，为余今世及来世之治病者，及援助者。诚哉，汝为赐予者，有智者，聪明者。"亚书曰：

"凡充满荣耀之爱，而忘却他物者，其唇可发圣灵之音，其心涌出生命之灵。……其口唇所发之言，如一串珠；一经其手之抚摩，病痛即愈。"又曰：

"清洁及灵体者！归向造物，全心充满爱心，并赞扬其名。仰望天国，恳求圣灵之援助，且存踊跃、快乐、亲爱、希望、馨香之心。造物必援助汝，降灵于汝，以治一切病痛。研求医治病人之道，当先归向天国，然后再依赖大名之力，造物之爱心，而专心以求其有效。"

群众之扶助

医治病痛，不独与病人医士有关；即与群众亦皆有关也。盖群众均宜扶助，或体恤之，或伺候之，或以正当者之生活，及思想援助之；而以祈祷为医治最有效力之法。亚曰："为他人之病，吁求及祈祷，必有效力。"

凡属病人之友朋，应特别负责，因其对于病人之影响，直接而有力。曾见有许多病人，因赖父母、友朋及邻人之侍候，而庆霍然。即组成社会之分子，亦能影响病状。因个人之力，不及团体之力为大也。人之生活，不论大众有信仰与否，或善，或恶，或喜，或悲，咸受社会环境之影响，因各人有改造社会环境之责任也。就现在之实际情形而论，不能使人人达到康健之地步。但各人可为圣灵健康之导引线，而成为医治本人及他人之力量。

大同教之命令，对于医病极为恳切。博与亚曾著有若干医人之极妙祷文。

中兴时代

博证明曰："若病人，医士，及大众社会，皆能协力合作，利用各法，以求物质智灵之康健；则藉造物之力，中兴时代，可以恢复。换言之，即忧惧转为欣喜，病痛变为康健。"亚曰："明悉圣旨后，则万愁消失矣。"

"物质与灵体二世界，息息相通。若人心清洁，志气高尚，则身灵二者，可完美接触矣。若能完全表现，此接触之力，则身灵之疾病，即可全（编者按：痊）愈矣。"

康健之正用

亚训人用康健于正当之途，可为此章之结论。亚曾为华盛顿之大同信徒书一碑曰：

"若人之康健，为天国之道而用，则大可赞赏；若为物质世界之公益而用，亦属可取；若用之于声色欲望，则与禽兽何异，必致恶贯满盈，自召灭亡。如此，则疾病犹较康健为益，死亡亦较生命为优也，汝若求康健，则当为天国之工作而求。愿汝对于此意，能彻底洞悉，并须有百折不挠之志，向美满之康健及身灵之力量，而前进，以致可得圣灵之援助，而饮永生之泉源。"

第八章　宗教统一

世界之民众欤！至大显圣之德行，在删除圣经中一切关于攻异端尚纷争之事，代以统一和平之新记录。凡能依此而行者，自当欣喜欢乐。……

——见博之《世界碑文》

十九世纪之宗教派别

十九世纪，宗教派别甚多，毫无统一现象。数百年来，宗教团体，如犹太教、火教、佛教、耶教、回教等，同时并存，彼此排斥，互相水火，不独此也，各教内尚自分派别，各相纷争。但耶稣曾云："汝若彼此相爱，别人见之，即知为余之信徒。"而摩哈末亦云："此教为唯一之教。……造物赐此信仰于拿亚、亚伯拉罕、摩西、耶稣等人（守此信仰，毋再分派）。"各教之祖，无不劝其信徒相爱，统一信仰。但其结果，适得其反。既失教祖之宗旨，更加以偏见、执迷、虚假等恶习。故分离、相争，而无已时。在大同教初创之时（八十年前），世界上之宗教派别最盛，似乎使人类试验各种信仰礼仪及道德之规则也。同时无数智识宏富之人，以大无畏之精神，研究及批评自然界之原理及信仰之根据。新发明之科学智识，进步甚速；于是人生问题，得以逐渐解决矣。赖交通、邮政、报纸之力，使各地之思想及生活，渐渐沟通；于是人类之视界扩大矣。

宗教与科学之战争，极为激烈。科学与耶教之圣经争辩不已，致使圣经固有之尊严，略为减色。因之人民怀疑教堂之教条者，亦复不少；即教士中对于各派别之成规，亦有改变其态度矣。

因意见之冲动与转移，令人觉悟古代旧教之教义及规条，似不再适用于现在与将来。于是努力考察较深较广之宗教思想，此种现象，不仅限于耶教，各国各教之信徒，亦无不有改弦更张之举。

博之喜信

世界在此争端混乱时，博宣布喜信，号召于众曰："万邦当由信仰而合一，万人皆兄弟也。人类之亲爱当坚固，而统一宗教之派别。当废除种族之离异。……无谓之争执及流血，即须停止；而万人当视为一族一家。"（上为博拉向孛郎大教授所言）

此项喜信，殊为荣耀灿烂；但是否能实行，尚宜考虑。夫诗人之诗歌，先知之教训，圣人之祝祷，千余年以来，莫不异口同声，劝人统一和平，然卒未成功；而宗教及宗族之争斗、杀戮及流血，迄无已时。然则如何能望奇事之实现耶？现在，既无新境遇，人心亦与昔相同，故争斗必至天地末日而后止。如二人或二国，欲得一物，势必出于争夺。若摩西、佛祖、耶稣及摩哈末皆不能使世界统一，岂博独能成功耶？昔之教义及信仰，已渐成腐化，致有分门别户之现象。大同教能不蹈此覆辙耶？此项疑问，请在大同教义中，求一答案。

人心能变否

人心对于教育与宗教之信仰，可变者也。此理甚明，无待深加研究而后知也。凡有生命者，不能不变，不变则无生气矣，矿物虽无生命，然亦不能不变；有生命者，其品质愈高，则其变化亦愈复杂而奇妙也。各种有生命之动物，在发展之进程中，有二种变化：一为消极者，一为积极者。消极者，进行迟而不易察觉；积极者，进行速，而每易使人惊骇。积极之变化，在特异发展之际，始有之。矿质之特异发展，每在熔化时或沸腾之时，即固体变流质，流质变气质之时也。植物之特异发展，即在种子变芽，或花苞开放之时也。动物之发展，即在虫变蝶，鸡脱壳，而婴孩出胎之际也。心灵之生命，亦常有同样之变化，此之谓“重生”也。在此时，人之宗旨、品格及举止，完全改变矣。如此之特异发展，能使一大族或数宗教同时变化；如植物逢春，而有蓬勃之气者无异。

博云：“较低之生物，既能突然发展，而入新生命；则人类亦当有特异之发展或重生也。”

古时之生活，将迅速改变，而无恢复之可能。人类之新生命，与旧者不同；如蝴蝶与虫、鸡与蛋之生命不同相似也。人类见新默示后，将见真理之新光辉；如全世界之人，当太阳上升时，则可脱离黑夜之生活，而明见各物也。亚曰：“现时为人力之新时代，世界之地平线已渐发白；而此世行将变成大花园或天府也。”众先知曾异口同声，预言此时之将至。现时彻底之革命，亦足以证明此言之不虚。因人之思想与社会制度皆在进化之中，若谓人心不能变化，是直杞人忧天、无稽之谈耳。

统一之初步

博教人以宽恕、仁爱，为宗教统一之初步。并命其信徒曰：“当欣然与各教之人为友。”在其最后之遗嘱中云：“造物在经文中，禁止一切争执，奋斗，是为造物最高显圣之命令。此令永远有效，并有其荣耀之见证维持之。”

“世界之人民欤！造物之宗教为仁爱，为统一；勿使成为恶毒，及争斗之原因也。……愿大同教之信徒，尊敬圣言所云：‘亲听乎，万物皆归造物。……’此完全光荣之道，如水能灭胸怀恨毒之火。借此一言，天下各教能达到真统一之光明地位。诚哉，造物曾示真理，曾指明大道，造物乃全权、慈悲及美丽者也。”

亚又曰：“众须除去偏见，各教之教堂庙宇，皆可入而崇拜。以教堂庙宇，为呼吁造物之名而设；信仰系崇拜造物，而非崇拜魔鬼者。故回教信徒可入耶稣或犹太教堂崇拜；耶、犹教徒，亦可入回教堂崇拜；乃彼此来往，无所分别也。彼不愿进彼此之教堂者，实因囿于无证据之偏见及教规也。余在美时，曾入犹太教堂及耶教堂崇拜，盖皆崇拜造物之所也。

余曾在各教堂中讲演讨论各圣教之基础；说明先知及显圣确实之证据。劝人切勿盲从众领袖，须赴各教堂讨论宗教之基本原理，崇拜造物须有统一和协之精神，并彼此来往赴各教堂崇拜，而切不可执迷妄信。”

倘各教彼此以友谊相待，则世界已达感化之初步；但须宜进取，方能达真统一之境。宽恕仅为分门别户之缓冲，而非对症之灵药，因根本之争点，尚未铲除也。

权势问题

昔者各教团体，不能统一，因其信徒皆认本教之教祖，为唯一至尊之权威，其他先知，与本教有不同之处，则视为真理之仇敌。各教中之派别，亦复如是，因信徒各认其次等教师之解释，为唯一真理而抹杀一切也。人若如是执迷，则真统一万难达到也。博之教训则不然，彼云众先知为造物之报信者，各先知就其社会之程度，而将所能接受之最高教义，授之，教之，为将来接受较深教义之准备。并尝劝各教之信徒，应信仰其所奉先知之圣感力，但同时亦须承认其他先知之圣感力；并须认清各教义之要点，并不冲突，而皆为大计划之一原素，教道当能统一人类。彼又劝各教之信徒，当尊敬其所信奉之先知，而实行统一之工作。夫众先知皆曾为实行工作，而受逼难也。彼在上英女皇维多利亚之奏章内，曾将世界比为病人，而其病势因受庸医之诊治，反而加重。其救治之法如下：

"造物之救药及良剂，为使世界人类归向一教，及遵守一法也。然若不得精明完美及有神感之良医，则决不能成功。诚哉，是乃真理，其他皆为虚假。每遇最有力之神医出现，当其荣光照耀之时，则庸医必从中阻碍，自古至今，无不然也。"

进步之默示

宗教统一之大阻碍，为各先知默示之不同。此教所信奉者，往往为他教所禁止。然二者之目的，固均为宣传造物之旨意也。真理唯一而不变，诚哉，真理乃唯一不变者也。但完全之真理，深奥无穷；而人类之智识有限，故须逐渐启发，使逐渐进步，于是人类之概念及思想，常有进化之变迁。其初，人类之思想不发达，故其概念不能完善。但造物之恩典无限量，故逐渐将较完善之概念，授诸于人。博曾为波斯大同教徒书一碑文曰：

"人民欤！真道之显露，全按接受者之容量而定，使童蒙亦得进步。一如婴孩之哺乳，俾易于消化。如是，则将来世界之婴孩，皆能入荣耀之天国。而厕身于统一之宫殿也。"

婴孩先宜饮乳，及稍长，则食较坚之物，亦能消化。若云，古时先知所教者为真，而后来先知所教者为谬；则犹云婴孩宜饮乳，而成人亦非饮乳不可，岂不谬乎。亚云："各种神圣之默示，可分为二部：一为宇宙间永久之元精，解释神圣真理之原则，是乃造物仁爱之表现，各教相同，而不可更改。二为非永久者，即关于日常生活及营业等事。关于此类之教训，可随人之进化而转移，非不可改变者也。故按照各先知之时代，而有所分别。譬如：在摩西时代，凡有偷窃之行者，法当割其手；又有以目偿目、以牙偿牙等刑法。及至耶稣时代，此种刑法已不再适用，故应废除。同时，因婚姻无定章，故离婚之事甚多；耶稣乃禁人离婚。

再摩西曾按当时之需要，制定十种死刑。以其时伊设列宗族迁居旷野；既无审判厅，又无监狱以范围人心，故若无严法峻刑，则不能保障社会之治安也。及至耶稣之时，因时过境迁，此法律已无所用之矣。因此宗教第二部之历史，仅仅关于生活，及风俗之记载，无甚价值。但第一部宗教，则以翔实为基础，且曾经博之恢复，而刷新者。

造物之宗教，为唯一之宗教，而众先知皆曾加以宣传。但宗教之为物，系活而进化者。非死而不变者。在摩西时代，见其苞；耶稣时代见其花；博爱和拉时代，见其果。花来自苞，果来自花，非毁坏也，是成全也。须俟苞落而花始开，又须俟花谢而果乃熟；苞与花，诚皆有用；但不落不谢，则不能结果，故苞落与花谢，不得视为无用也。先知之教训亦然，其外貌虽可因时代而改变，但其进化有一定之程序，后者对于前者，系成全而非矛盾也。此实各教历史之阶级也。犹如植物之由子而苞，而花，而果也。"

先知无误

博教曰：凡有先知之地位者，其使命必有明证，理当受人服从；并有权力取消，更改，或增加先进之教义也。在博之《意纲经》中有云："大慈大悲之造物，若在众仆中选择一灵，指导人群，则必赐以完全之明证，否则，不能取信于人，而使不信者，甘受惩罚。诚哉，生命主宰之宏量无限，故其显圣亦包罗万象也。"

每次显圣之目的，为使世界改变而进化，不论公私内外，俱有变化。若世事无变迁，则其历来之显圣为徒然矣。

造物为无误之独一威权，众先知亦皆无误；因其教训系秉造物之命而行也。是故，各先知之教训，在后来之先知，未宣布新教义，而替代其旧义之前，皆有效也。

造物为太医国手，唯造物能明烛世界之病症，而赐以适当之药剂。但一时代之救药，不适用于他时代，因病势随时而有变迁也。若医士已给新药，病者舍新药而服旧药，是即不信仰造物也。人若向犹太教之信徒曰，摩西在三千年前所赐之救世药方，已不适用于今日矣；则彼必大受刺激。同时耶教徒不肯承认摩哈末能补耶教之不足，而回教徒亦不愿承认巴孛及博有威权，而可更改摩哈末之教训也。但按大同教义，若真心尊敬造物，即当尊敬众先知；并应完全服从当代先知，所发表造物最后之命令也。果能如是，则统一可冀也。

至高之显圣

博明明声称，其使命之无误。在一碑文中曾向耶教信徒曰："天父已降，使汝得入所许之天国。"是即圣子所指示之真理，因其曾向左右曰："当天父降临之时，彼等不能见之，今时期已至，真理将照耀于天边地极矣。"圣子曰："团体欤（即耶教信徒），慎毋抛弃真理，此固较汝今之所有者，为优也。……"诚哉！真理之灵已降临，指导汝等，当就完全之真理。

诚哉，其非为本人而言，实为全智全慧者而言也，亦即圣子所归荣耀也。……世界之人民欤！汝其舍弃日前之所信奉者，而接纳至威严及忠心之使命。一八六七年，博自亚地拿波，函意大利教皇云："毋徒知庆贺，而不识所庆贺者为谁。毋忙于崇拜，而忘所崇拜者。试看造物乃全权而全智者，彼因伺候世界之生命及统一万民而来。世界之人民欤！来就默示之曙光，切勿须臾延迟。汝为明道者乎？何为而不识荣耀之造物耶？智识阶级欤？既自称明道，而可不识造物乎？试问若不承认此事，则尚有何项见证，而能证明信仰造物耶？"博致书于耶教徒，声明福音之所允许者，已得应验。并用同样之口气，向回教、火教、犹太教及他教信徒，声明各圣经中之所许者，皆已应验。彼称万人为造物之羊，唯分成羊群，而分住于羊圈中耳。彼又云，渠所报之喜信，乃造物之声音。即良善之牧羊者，及时降临，拆去藩篱，将分散之羊，合为一群，使一牧者牧全群之羊。

新境遇

博之位置，在众先知中，非常特别，因其降世时，世界境遇，亦非常特别也。世界上之宗教科学，美术及文化皆已有长久及曲折之历史，至此，而统一之时代，已将成熟。一八一七年，在博之圣诞时，凡为世界统一之障碍物悉将瓦解，及其宣传教义之时，一切障碍物，亦将崩溃殆尽。不论其原因何在，而事实固甚昭著也。如东西二半球之消息，顷刻可通；昨日欧洲之事，今日全世界即可知之；今日美国之演说，明日五大洲亦均知之。故在昔日先知时代，山川之障碍，足以阻碍世界之统一者，今已不成问题矣。

第二之障碍，为语言。今日谙外国语言者甚众，故此障碍已去其大部。且不久将有国际语或世界语，在各地学校中教授，则此阻力亦将消于乌有矣。

第三障碍，为宗教之偏见及仇恨之心。但今之眼界较广，而教育事业，不再在分门别户之教士掌握中。故宽大之新思想，已侵入于最顽固而守旧之社会中。是则，此障碍亦将逐渐减少矣。

博之喜信，为天下第一之先知，已在最短时期内，使天下皆晓。博之重要著作，已译成各国文字，凡识字者，咸能读之。

大同教默示之丰富

大同教默示之记载，其丰富及完美，特异于他教。耶教之耶稣，犹太教之摩西，火教之查罗斯脱，佛教之释迦，印度教之克礼希纳，其所遗传之教训，可证明者，甚少；亦难能解答现代之重要问题。而且各教祖之教训，亦有后来加入者。如回教圣经中，有无数遗传之故事记载，似较丰富；但摩哈末自己并不识字，而其最早之信徒，亦不识字，一切记载，自难凭信。因此，其后来之信徒，各执己见，分门别户，发生争端，与其他宗教相同。

大同教则不然，巴孛及博著作甚富，而其词章亦美而有力；二人均在宣传其使命后即受监禁，未能自由演讲，但仍从事著作。因此正确无疑之默示，非常之多；而对于真理之注解，亦极完满清楚，不如其他所传之含糊。而且永久之真理，即如昔日先知所教者，亦可应付现今复杂艰难之问题矣。

此种问题，昔时固尚未发生也。由此可见，此信而有据之记载，实能消除将来之误会，并可解释昔日教义之争端及分裂也。

大同新约

大同教之默示，更有特别之点；即在博逝世之前，曾在圣约中屡次声明，委派其长子亚为解释圣经之教师。博称其长子为“树枝”或“至大之树枝”。并云，亚之解释，当视与博之言语相等。在其遗嘱及圣约中曾云：“考察余书《亚达经》之言云，余之生命，如潮之在退。然在余之默示录著成后，尔等当归向造物。余所指定者，即古树之枝也，或经文中所云，‘至大之树枝也’”。彼又在《树枝碑文》中说明亚之地位，曰：“吾民欤，为此树枝之显现，而当颂赞造物。诚哉，斯为尔等所得之大恩典，及至完善之大恩赐也。若依赖之，则肉体可得活气；故归向之者，即归向造物也。凡不归向者，即不归向余之美；并否认余之见证，是即犯罪也。”

博殁后，亚在家或在旅行时，皆得无数之机会，与世界各处，抱各种意见之人接触；解释各项艰难问题，及反对之理由。而说明无数年代之教义，并指明如何可施于现代之生活问题。又有信徒之各种意见，亦曾请其正确判断。以上皆有精细之记载，因此分歧之危险，必可大为减少。

博预定在亚逝世后，当组织万国灵体委员会，为世界大同信徒之代表会，管理大同教一切事宜，及统一其工作；以杜派别之争，而保守教义，勿使腐败及误解。

除亚与万国灵体委员会外，博明明不许他人解释其道。在《亚达经》中，曾声明圣经不可用意外之注解，须就明文而讲，在一千或数千年后，世界当再见显圣，与博相同，其使命亦有明证。但在未再见显圣前，博亚以万国灵体委员会为最真确之考据，众信徒当服从之。勿得假托特殊默示，或对于教义妄加解释，而创设旁门异端，凡违此命令者，当视为失约及犯规者。亚云："大同教之仇敌，为将博之教训妄加彩色，以讲解之。别树一帜，诱人信从，以增高本人之地位，而分裂大同教之内部。"亚在碑文中亦书曰："分门别户者，又如海面之泡沫，赖天国之威严及圣海之大浪，而驱散之。……此种腐败之结果，个人之恶念，必归毁灭；而造物之圣约，必将永存。"自来人如欲脱离宗教，可听之。亚曰："造物不强迫人，使其灵魂清净。人得用其自由之意志，但灵体之圣约，明明不使大同界中再有分门别户之事发生也。"

教士无职位权利

大同教之组织，更有一特点，即教士无职位权利。凡大同信徒，亦皆有传道之责任；当按其能力而为之，并无特别阶级，亦无特别权利。故凡为教师者，皆出于自愿；即捐款酬报，亦皆出于自愿也。昔者人民目不识丁，毫无教育，故必须教士担任行礼节及治人等事。今则不然，先进诸国，教育现已普及。若博爱和拉之教训实行后，则全世界之男女，孩童，皆可得相当之教育，能自己诵读圣经，而自向生命水之来源而行，无需专门教士主持之。故大同教无仪式礼节，至法律问题，则另有专门机关掌理之。

孩童须有教师，以指道之，但良教师之目的，在使学生自修；即用目而视，用耳而听，用心而思。故人类在幼稚时代，须有教士指导之，但其目的，亦为令人自修，而能利用其耳、目、心，以明悉圣旨耳。现在教士之工作，已告完成，而大同教之目的，即在使人自修。故今之人类，可独立，而直接向造物之显圣，以得真道，若万人归向唯一之中心，则无分离混乱之弊；且愈归向中心，则彼此亦愈接近矣。

第九章　真文化

造物之民欤！毋为本身忙碌；但宜专心使世界进步，而予万邦以训练也。

——博

宗教为文化之基础

按大同教义而论，人生问题，不论个人或社会，皆至复杂而不可测。故凡常人之智识，所不能解决者，唯全智之造物，明晓宇宙之意义，而能解决之。即使众先知明示人生之目的及进步之道，但如欲得真文化，须忠心遵守先知默示之指导。博云：

"宗教为世界秩序及生物和平之大器皿，若宗教之力弱，则愚者便将露其卤莽之心。比诚足以降低宗教之地位，而启恶者轻视宗教之心；其结果，必酿成混乱之局面。试观泰西人群之文化……徒使世界人民，纷争扰攘无休时。因制造万恶之军械，而有伤害生命之惨剧发生。其凶恶残忍，为自来目所未见，耳所未闻。其唯一救济之法，舍按照一种原理或宗教，以统一世界之人民外，不可得而改良也。大同人民欤！一切默示之训条，乃为保全世界之保垒也。"(《天府箴言》)

观于欧洲及全世界之现状，诚足证明数十年前所书者，为颠扑不破之真理。因忽视先知之教训，或目无宗教，以致造成今日无限量之破坏与捣乱。若不按真宗教之原理，以改变人之心理及目的，而欲望社会之改良，真无异缘木而求鱼也。

公　理

博曾书一小书曰《秘语》，将先知之预言简要述之。对于个人生活之第一要点，则曰："当具慈善、清洁、开通之心。"其次，关于真社会生活之原则，则云："爱公理，在万事之先，汝当爱我，切勿忽略此道。若有公理，则汝之力量增加，可用自己之见解，审察各事，而不必依赖他人之智力也。"社会生命之第一要素，为各国人当有判别真假是非之能力，予事实以相当之地位与分寸。博对于心灵与社会，如盲如瞽之大原因以及社会进步之大仇敌与私心，曾言曰：

"智识之子女欤！若薄之眼皮，能使目不见世界一切；则贪心犹如厚重之帐帏，蒙蔽心窍，其结果将不可问也。人民欤！贪心及嫉妒之黑暗，能掩蔽心灵之光，犹如乌云之能障蔽日光也。"

人类之阅历，已切实证明先知教训。教训之正确，因私见及私利之举动，能损害社会，故人类欲免残酷之沉沦，当尊敬邻人之权利；并能为人类之利益，而牺牲个人之利益。则团体及个人之利益，皆得而保全也。博曰："人之子欤！欲望恩典，不应注意个人之利益，但当注意他人之利益。欲求公理，则宜将己所欲者，施诸于人。"(《天府箴言》)

政　府

博曾明白声明，社会组织之原理，为数千年后真文化之础基；直至将来更有先知报告改良之新喜信时为止。并云，在进步之社会中，法律当随时势而改变。大同教鼻祖所定之制度极为宽大，颇有变通改良之可能。博劝人设立君主立宪之政府，但不强人服从。在其所报之喜信中有云："民主政体，虽有益于人，但君主之尊严，具有造物之形式，余不愿中国废弃之。倘若政治家能将此二者，融合为一，则造物之恩赐，必将更大也。"有一次亚曾讨论此题，著者亦参与其列焉。亚曰："专制政体固不良，民主政体如美国所实行者，固极美好；但总以君主立宪为最优，因其兼有民主与君主二政体之长也。君主有特殊之地位，而由选举产生之总统则无之。君主有世袭，因此政府有连续性，而非民主政府所有也。若政府之领袖，数年一选举，则选举时不免有政治运动及发生争议；斯时公理往往难于执行也。"或问曰：……如有世袭之君主，则世袭之贵族，亦当有否？亚答曰：……凡为国效力者当受相当之尊荣以奖励之。但无论何人，不当因其父之庇荫，而享受尊贵。凡未为国出力者不当受人尊敬；则如大将之子，因其父之功绩，吾人自当表示相当尊敬，但在职权上，不应有特别优待之处。政府之义务，在于以公正不偏之态度，行使法律。亚曰："万人在法律上，一律平等，是为不磨之真理。……若东西各国，能施行完全之公理，则大地便成为美善之域；造物之众仆，皆可视为平等，而有尊严性，如是人群统一之目的可达，人类如兄弟之语，不难应验。真理之阳光，亦可照耀于万人之心灵中矣。"

政治自由

博爱和拉虽赞成完全民主或立宪之政体，但深信无论在地方国家或国际之政体中，若欲完全达到斯目的，个人及社会，当先有相当之程度，然后能成功。若人民无教育，则私利心重，对于公共事业，毫无经验，突然施行自治政体，则犹如未能操刀而欲割，贻祸必非浅鲜！将自由施诸于不能利用之群众间，为害亦必甚巨。博爱和拉在《亚达经》中有云："余尝见人好谈自由，夸奖自由，其为愚妄孰甚。使彼等果得自由，则其结果，必至酿成纷乱，流毒所届，不知将抵于胡底。故全智之造物，戒人不当表现完全之自由；否则，与禽兽何异。故人当守法律，以免受愚昧之害及恶人之暗算。自由能使人抛弃礼仪与尊严，而变成恶人。人类如羊群，当有牧人以监护之。余在相当条件下，赞成自由，但自由并非漫无限制者。”宜云：“凡有识者，当知遵从余之命令，即为自由。倘使人民皆受造物之感化，则其心灵可得完全之自由。”又宜云：“服从真造物，为最有价值之自由，凡尝此美味者，举天府地国，与之交换，亦所不愿。”

人类中退化之民族，若欲提高其地位，自以造物之圣训为唯一之良药。若全国上下能奉行圣训，则自能解除其国之束缚也。

君 民

博严禁霸道及苛政。在《秘语》中有云：“愿大地之霸道者，勿施苛政，因余决不任不公平之事发生也。”凡立法及行政者，“当严守会议之决议，而执行之，使人民安居乐业，若不如是，则其结果，必为纷争及叛乱”(《世界碑文》)。

人民务须遵守法律，忠于德政，并当倚赖教育之方法及良好模范之效力，以改良一国之状况，决不能轻用武力。博曰：“大同教徒，不论居住何国，当忠心正直，服从居留国之政府。”(喜信)

“造物之人民欤！当披信托及正直之美服于身，与有美德美行之群众，共助造物。”

委任及擢升

委任之标准、全视称职与否而定，其他如年龄、社会及经济状况或亲戚友谊关系，皆非所问。博曰：“第五荣光为政府熟谙人民之状况，在加委任时，当注意其能力，及称职诸端。各君主务须严守此法，以免奸猾者，得据要津；自私自利者，窃踞高位。”

以上之训言及原则，若能普遍实行，则社会之进步可立而待也。倘各种职务，皆能量才录用。则事无不举，且人尽其才，裨益于个人与世界，当无限量也。

经济问题

大同教义，极端主张贫富之间，宜有改良之关系。亚曰：“改善人民之境遇，勿使受贫寒之压迫，则人各安其职业；衣食住之必需条件，自不致发生问题。但照现在情形，富者华屋连栋，婢仆盈前；贫者饥寒交逼，贫无立锥。此种情形，必须改革。但改革之法，须审慎而行，不可草率从事。至于完全平等，则无异梦幻泡影，殊难实现。使勉强实行，亦必不能持久。结果将使全世界蹈于纷乱状态。人群之世界，宜有维持秩序之法律。上天创造人类之始，已如是规定。……人类如军队然，上有大将，中有各级军官，下有士卒。各有专职，不得相混。凡有秩序之组织，皆有等级。正如军队中之不能人人为大将，亦不能人人为军官或士卒，其理相同。诚哉！若社会有巨富及赤贫，则当有相当之组织以改善之。过度之贫富，均宜限制。……贫者若受饥寒，是行霸道之结果。人民当努力奋斗，切勿稍存迟疑，致使多数人民处于极贫寒之地位。

豪富者当存体恤怜爱之心，慷慨解囊，以扶助一贫如洗而不能生存之辈。

贫富悬殊，当设法以纠正之。……邦国之政府，当凭公理以处理之，俾能符合天道。……若不如是，则造物之道不得而行。”(巴黎演讲)

公共财政

亚曾提议各城各村各区当自理其财政，并将其一部分收入资助中央政府；并当以各阶级之所得税，为其财政最大之来源。若一人之进款仅敷生活之用，则不纳所得税。若其盈余愈多，则纳税亦愈多。

如遇疾病，或荒歉等不测灾祸，以致陷于经济绝境，则政府当由公款中提出若干经费，资助其家族。

公款除正项收入外，尚有他种进项；如死后无遗嘱之资产、矿产、宝藏及自由捐款等等。公款之支出，则有养老金、抚孤金、残废抚恤金、教育及公共卫生等用费。如是贬多益寡，人人各得其所矣。

自由愿分润

一九一九年亚曾函永久和平之中央机关云："博之教训中有言曰：自愿将私产分赠他人，实较法律所定之平等待遇为高。即人不当视己较他人为重，而宜为他人牺牲生命财产之意也。但此种办法，不当用法律规定而强人服从，因人当自愿或自动牺牲一己之生命财产，以周济贫困者；如波斯之大同信徒然。"

普遍工作

对于经济问题，博之最要教训为各人必须有相当工作。社会中不当有闲人。闲人犹寄生虫也。博尝曰："余令汝等宜各有一职业。余重职业等于崇拜唯一之造物。人民欤！思念造物之恩典即当有以感谢之。"

"切勿怠惰而虚耗时间，当作有益于己于人之工作。碑文上曾有如下之声明：智识之太阳及圣言已照耀天边线。造物最轻视者，为坐食之乞丐。汝当攀系营救之绳索，倚赖万物之主。"（喜信）

现今世人之工作及精神，惜乎大半用于无谓之途；如无意识之竞争奋斗等。且更有用之于害人之事者。不论在体育、智育方面之工作，如皆能遵守博之命令而为有益于人类之事，则各项使人生康健舒服之必需品，皆收取之不尽，用之不竭矣。而一切饥荒、贫乏、压迫、奴隶等事，均将无形消灭矣。

富贵之道德

按大同教义，则产如得之以义，用之得当，皆为可敬可贵者。又对于服务之工作，当有相当之奖励。博在碑文中书曰："大同教信徒须奖有功者，并尊敬有才干者。……人当有公道，并承认利益之价值。"

对于利息一项博碑文中曰：

"人往往收取利息，若加禁止，则商务将受阻碍。……友谊借贷，无利息而随意归还者，实所罕见。因此，特别允许生利之制度，如社会中借钱生利之营业，如果行之公平而有限制，亦属合法。彼荣耀之笔未曾明写禁止之条文者，实因造物之圣智体察人情而予以方便也。

余劝造物之友朋行事，务须公正。彼此当表示恩典及体恤之意。……执行此项事务，当委诸司法界中人，便能合乎时势之潮流，而得智慧之指导。"

禁止实业界之奴隶

博曾禁止奴隶制，亚并加以解释：吾人非但反对用寻常之奴仆，即实业界之奴隶亦违反天理。一九一二年彼在美时曾曰："一八六〇年至一八六五年间，汝曾作奇事，即废除黑奴制也，今当更进一步废除实业界之奴隶制度也。

经济问题之解决不在劳资争斗，而在彼此谅解。如是可收永久公正之效。

大同教中无苛求贪心及不公之行为，亦无反叛之举动，或反对政府之革命。

将来人不能借他人之工作而成巨富。富者将自愿分其资财周济他人。唯此事须逐渐行之，并须出于自愿。战争及流血非所宜也。"

劳资双方之利益若欲求充分之增加，须利用友谊之协议及合作精神，尤须用合股分利制。至于罢工停工之激烈手段，损害甚大；不独与事业有关，即社会大众亦同受影响。是以政府应当设法阻止此项举动。

一九一二年亚在美曾演说曰："兹余将造物之法律告汝。按照圣律：工人不仅应得工资，且当视之为股东也。社会问题极难解决，而用罢工手段以争工资，非解决之法也。天下各国之政府，应当联合组织一大会。其会员当由各国议院中举出各邦之清高人物充之。会员当用其智力计划一切。平心静气，订定法律，使资本家不致受损失，亦不使工人感觉生活之痛苦，如有如此之法律，而向众宣布。保全劳资双方之利益。如已得二方之同意，若再有罢工之事发生，则政府当合力阻止之。否则，工作必大受损失。今日劳资纠纷在欧洲为尤甚，诚社会之隐忧也。

将来欧洲若发生大战争，此必为其原因之一。产业、矿地及工厂之雇主，当将其进款与工人分派，并将一部分之利息分赠工人，使工人于工资以外，更得工厂所获之利润。如是则工人无不尽心竭力工作矣。"

遗产及遗嘱

博曾云："人在生时，可自由使用其财产；但各人当留遗嘱，以声明死后应如何处置。倘未留遗嘱，则其遗产当先估价而后分为不同数之七类。受遗产者为子女、夫妻、父、母、兄弟、姊妹、师长，第一类最多，末类最少。倘此七类中有一缺额，则将其应得之一份，归诸公家；用以周济穷人、孤儿、寡妇，或用于有益之公共事业。倘逝世者无后裔，则所有财产尽归公家。"

博并未禁止将产业遗传一人，但大同教徒皆愿遵行博所定之分配法，使多数人可得遗产。

男女平等

博所教之社会原则内，极注重男女平等。凡利权、教育及机会皆有平等之权利。解放女子之法，首在教育普及。但女子教育较男子更为紧要，因今日之女子即将来之母亲，负有教育子女之责任也。孩童犹如树之嫩枝，导之得当则直，不得其当则曲。因在少年时所受之训练，能影响终身也。是故女子之教育应格外注意，使能成为良好之母型也。

亚游历欧美时关于此点曾屡加说明。一九一三年正月彼在伦敦之女子自由社演讲曰：

"人类之有男女，犹如鸟之有两翼，一阴一阳，若两翼无同等之力量，而接受同样之指使，则不能飞翔天空。就现代潮流而言，女子无论何处，皆当与男子平等，享受同等之利权。是为吾人之愿望，亦即博之原则之一也。

科学家曾云:男子脑量较重,故能为两性之优胜者。然头小者其脑虽小而轻,但极为聪慧。头大者虽脑大而重,反较愚蠢。由此可知智慧及优胜与脑之轻重无关。或又云男子优于女子之说,可从女子无伟大之建设事业一端证之。但考之历史,女子亦非不能任大事者,即在现在亦不乏其人。"

亚曾引西拿别女士之古事及其他女英雄为证,并称颂默达利之玛利亚之信仰心,实超过众门徒也。又曰:"现代女子中有克拉都林女士者,回教士之女也。彼在巴孛宣言之时,表现非常之胆量与能力。闻者无不惊骇。按波斯之风俗,女子当蒙面巾,不当与男子谈话。此女英雄则去其面巾,与学者辩论而每占胜利。波斯政府乃监察之,发配之,并以死刑恐吓之。众人在街上掷之以石,咒之诅之,但女士誓欲解放其女同胞。受逼迫之时仍表示非常勇敢。因此在监狱中亦有人信仰之者。某次被幽禁于波斯政府大员之家中。女士云:'汝可随时杀余,但解放妇女乃天经地义之事,汝决不能阻挡之。'但卒被在花园中绞死。当时女士衣华服如新娘,从容就难,毫无惧色。见者无不惊异,一伟大女英雄也。现在波斯大同教中之妇女,既勇敢且有诗人之意;诚往往口若悬河,在大众之前演讲,滔滔不绝。

妇女必须前进,并应增加其科学、文学及历史上智识,以期完成人类之天职。不久妇女将得此权利。男子将见女子以诚恳庄严之态度,改良政治及崇尚私德,反对战事,要求政权及平等待遇也。余深望能见汝等在各方面皆有进步,而永久荣耀之冠冕,将加于汝等之额也。"

妇女与新时代

若众人对于妇女有谅解之诚意,而妇女对于社会各事亦能尽其贡献,则世界必将有大进步。因男子管理社会时,有无数问题未曾注意,如卫生、禁酒、和平及个人生命之宝贵等是也。若于此数问题能加改良,则其效益必无限量也。亚曰:"昔人宰治世界全赖权势。男子以权势压迫女子。因男子之身心较为雄壮也。今其势力已渐失矣。人之天性、智慧、仁爱及服务之灵德,渐占优势。斯等性质以妇女为最强。因此在新时代中,女权将代男权而兴也。换言之,即新时代之文化所含阴阳二性较为平均也。"

武力之废除

博亦劝其从者,解放女子,并诫勿用武力。大同教改良社会之方法可从波斯、埃及、西利亚三国之大同教女信徒所行者窥见之,当时三国之通俗妇女在外必蒙面巾,巴孛之教训曰:"在新默示中,妇女不再受此无谓之阻碍。"但博则劝从者,若事情与道德无甚出入,则可暂时迁就风俗,以待人民智识之进化。否则,将引起少见多怪之心,而发生无意义之抵抗,大同教女信徒深知开通之人必以蒙面巾之古风为无聊,且不方便,但仍愿忍受者,所以求免顽固者之攻击耳,但暂时曲从风气,不能认为畏惧。实因深信教育及真教义之力,确能感化人心。

故此三国之大同教徒莫不致全力于教育,更注意于女子教育,并竭力宣传大同之教义。深信新灵光若能普照全世,则旧风俗与偏见自易扫除;如春天之阳光能使花外之苞坠下,乃极自然之事也。

教　育

教育乃教导人之发育及训练人之天性也。斯为历代圣人之大志愿,而大同教义更深信其有无限之力量也。师长即为文化最有力之分子，而其工作亦最高尚，教育始于母胎至于终身而止。亦为正当生活之永久必需品，并为个人及社会幸福之基础。若教育入于正轨，则人类焕然一新，而世界必成天府矣。

就现今之状况而言，真有教育者殊为罕见，因人皆有虚假之偏见、错误之理想、矛盾之概念及腐败之习惯，此皆自幼养成者，试问曾有几人自幼即受教训，以全心敬爱造物以生命奉献造物为要义，以服务人群为生命，以大众之利益为最高之目的而发展其最高之能力耶？是即良教育之真原素也。若幼时之教育仅能背诵或记忆文章、算学、舆地、语言等，实非造就有用之人才及高尚道德之道也。

博极注重教育之普及。曾云："当规定父母必须使其子女受教育及碑文中所指定之智识。违者若有财产，则司法官向之索取教育费。如实无能力者，则司法院当代为担任教育费。诚哉，司法院当为穷苦者之收容所也。凡使其子女或他人之子女受教育者，等于教导余之子女也。各界男女人等，当将其所得一部分之资财为子女教育费。托可靠之人教育之，此项存款务须用诸子女之教育，并应由司法院指导之。"

天性之根本差别

按照大同教义孩童之天性非如蜡之可随意铸成模型者，盖造物赐各人以个性，则施行教育亦宜有特别之法，始能适合其特殊之情形也。如二人之天性才具不能完全相同，则良教师决不能强令就同一之模型。但须慎重训育幼稚之天性，鼓励而保护之，并给以相当之滋养料及扶助力。教师之工作犹如花匠之栽植花草：或宜阳，或宜阴，或宜于水，或宜于山，或宜沙地，或宜肥壤，应视所需而定。否则，不能完全发育也。亚曰："先知承认教育与人类之进化有绝大之关系，但人之本性及领悟力各有不同，如同年同地同族或同家之子女受同一教师之指导，尚有本性及领悟力之差异。蛤壳无论如何琢磨决不能如真珠之光亮。仙人掌决不可栽成荣华之树。斯之谓训练不能更改本性，但能使其增加光彩也。教育用琢磨之良法，则人性隐藏之德与量，可得而表现也。"

品格之训练

教育最高之用途莫如品格之训练。在此一点，师表较师训为重要。因此父母师长与同伴皆为儿童教育之原素也。造物之先知为人类之大教师，故其训言及传记皆宜从早灌入幼年之脑中；而至尊大师博爱和拉所教将来文化构造之基本原则，尤为重要。博云："以荣华之笔所著者，教汝之儿女以伟大上天所赐之智慧。教之令其记忆慈悲之碑文，并在教堂中柔声朗诵之。"

美术、科学及艺术

美术、科学、艺术及有用职业之训练为必需而紧要者。博曰："智识为人之翼，亦即一上升之阶梯也。研求智识为众人所当为者，唯宜注重有益之科学。有科学及美术之智识者，在世界上始能得权利也。诚哉！智识乃人之真财库也。智识为富贵欢乐之泉源也。"

罪犯之待遇

亚对于罪犯之待遇，其言曰："最要者为授人以相当之教育，使自知行凶为最大之非。其当受重刑而知所畏避。于是无人愿受惩罚之罪矣。倘有人苛待压逼，或损害他人，而受其害者即以其人之道，还治其人之身，此之谓报复。报复即是犯罪，如：甲损乙，则乙不应损甲，报复非所取也！乙当以善报恶，非但宽恕之，更当在可能范围内，善遇之，侍奉之，果能如此，始得谓有人格。报复果何益哉！报复之举动，与损人之举动无异；损人可恶，报复亦可恶，初无所轩轾也。至于社会有自卫自保之权利，社会之赏罚，非如报复含有恶意者。其用监禁及惩罚之法，实为保护他人之治法也。"

耶教亦云："人若披汝右颊，汝更当以左颊与之。"是教人勿尚报复之意也。譬如狼入羊群，耶稣见之，必力加驱逐，盖不欲鼓励人有如狼之行为也。

社会之法律，全凭公理。……社会当保障人之权利，耶稣所讲之宽恕，仅指二人间之关系。若有一人打我，我当恕之；非谓此邦攻击他邦，焚屋杀人，劫夺货物，虏掠妇女，而当忍受此霸道之苛待也。更有一端当声明者，现今社会，忙于订刑法，设刑具、监狱，严刑苛法，无非为惩奸宄耳；其实反使道德损坏，人品污浊。故社会以教化代刑罚，致全力于教育，使人之科学智识进步，道德力增加，去恶而从善，斯可矣。

报纸之影响力

博亦承认，报纸能推广智识教化；若用之得当，诚为增进文化之一大势力。彼曾书曰："现代大地之奥妙，已显明可见；而报章之篇幅，犹如世界之镜。关于各国之事迹，有记载，并有图画，可作为视听之镜子，其效用诚非浅鲜也。

但主笔者，当为纯洁之人，不可有私心私欲之偏见；宜具公正道德之心，须悉心研究事实，据实报告。报纸所载，对于本人所受之冤屈，大部分乃失实之过也。良言与正直地位至高，犹如智识天边线上之太阳也。"

第十章　和平之道

今日仆来，使世界得新生命，而统一天下万人。造物之意志，必能成功，而世界将成为光耀之天府也。

——见博书之碑文

争斗与和平

十九世纪之科学家，研究动植物界竞争生存之原理；而解决社会生活艰难问题，亦以下级动物为借镜。故人认竞争奋斗，为生命所必有之事，而视社会中之以强凌弱，以众暴寡，为应有之事，并以是为改进人类之必由途径，是殊不然。博之教曰："若人群欲求进步，不当向后看动物界，应向前看先知，而奉为准绳也。统一和平，及慈善之原则，实与动物界争斗自卫之道相对待，而不容忽视者。"亚曰："在天然界之大现象，为竞争生存，而其结果则为优胜劣败。但优胜之理，实为万恶之根本，亦人类中剧烈战争之原因也。天然界有霸道、自私、侵犯、骄傲、争权夺利等之缺点，所以人民若以天然界之原理为原理，则自取败亡之道也。天然界崇尚战争、血性、霸道，因天然界不知有全权之造物，故动物界之各种劣根性，为出于天然者也。于是人类之造物，大赐慈爱，令先知降临，默示圣经，使人类得受神圣教育，而脱离天然界之腐败，愚昧之黑暗，而修养高尚之德行，灵界之品性，使成为慈悲心之曙光点。……

呜呼！各国彼此表现愚蠢之偏见、不自然之分别及互斗之邪说，以阻碍人群之进步，抛弃神圣文化之原理及诸先知之教训，此实退化之原因也。”

至大之和平

造物之诸先知，曾在各时代预言“天下太平，人间和平”之时代。博曾以最热诚，最可靠之词，证明此预言之将实现。亚曰：“在斯奇妙之时代，大地回春，人类相爱，绝无争斗杀戮之事，唯有正直和平，充满在万国、万邦、万民、万族之间，彼此仁爱、亲善、合作，而战争完全终止……在大地之中心点，将建造和平、普及之大帐幕。东西各地，皆托庇于圣树之荫。无论强、弱、贫、富、异派、敌国，将如狼与小绵羊、虎豹与小山羊、猛狮与小牛犊同居一处，亲爱和睦，毫无加害之意。全世界充满科学与真理及认识造物之智识。”

宗教偏见

欲知至大和平之能达到与否，当先研究战争之大原因。试看博之如何解答，即可明了也。战争之第一大原因，起于宗教上之偏见，按大同教义而言，各教异派之恶斗，非由于真宗教，实由于无宗教所致；即忘却宗教之本，而以偏见、假冒、误传为本故也。亚曾在巴黎演讲曰：“宗教当联合众人之心，使大地废除争执及战斗，使灵力产生，使万灵得光与生命。若宗教反为人类恶恨、分离之原因，则不如无宗教为佳，而能退出此种宗教反为有益，此乃显而易明者也。如药所以治病，若反使病加剧，则不如无药之为愈也。凡宗教不能使人亲爱而统一者，非真宗教也。”“又曰：自古至今，世界各教，彼此咒诅而互斥为假教，彼此离异、怨恨、嫉妒，试看宗教战争之历史，十字军之战，为最大之宗教战争。十字军胜，则对于回教徒任意杀戮，抢掠或俘虏。回教徒胜，则对于侵犯者，亦大肆杀戮。如是往返报复，有二百年之久。迨欧洲教徒，自东方退出后，则其地已成灰烬，而国家亦因此陷于颠倒纷乱之境，是为圣战之一。

宗教战争甚多，耶教之新教徒，殉难者有九十万之多，是为耶教与天主教之战争。此外尚有无数死于监狱，或备受俘虏之痛苦者。

耶教及回教徒，视犹太教徒，为造物之仇敌，而属于魔鬼者，因此诅咒之，逼害之，犹太教徒之房屋被焚，财产被抢，子女被虏，而死者无算。犹太教徒，则视耶教为异端，故思报复，至今尚彼此咒诅未已也。

当博之光，自东方照耀时，即宣布人类统一之喜信曰：“汝等为同一树之果子，世间只有圣恩之树，而无魔鬼之树也。”因此吾等当相亲相爱，不能视他人为魔鬼之人民，而当认皆为同一造物之仆也。人类最大之分别为：不知者，当受指导与训练；愚笨者，当受教训，如孩童之抚育成人。或有道德不好者，使之改善；或有病痛者，当受诊治。但不因人病而恨之，亦无以其年幼而避之若浼者，或以其愚蠢而轻视之；无论何人，皆宜受亲爱之诊治、教育、训练及扶助也。吾人当使众人，在造物荫蔽之下，能得完满之安全及最高之快乐也。”

种族及爱国之偏见

大同教义之人类统一原理，更能铲除第二次大战之祸根。因有民族之偏见，故各民族皆自信为优胜之民族，按诸优胜劣败之理，则既自称优胜，即可剥夺弱小者之权利，世界历史之污点，即由此念所造成。然照大同教义，各宗族在造物之目光中，皆有同等之价值，各民族各有其天赋之本性，若有相当之教育，以启发之，使各尽其所长，不以弱肉强食为能事，则全人类之生活，必较今日为完满而充足也。亚曰："民族偏见，实为虚幻之梦想，浅陋之迷信。夫造物创造人类之原意，初无畛域之分，在造物之目光中，各民族固处于同等地位，何竟人类重违天意，而有优胜劣败之偏见耶？吾等焉能信此幻梦，而酿成流血之惨祸耶？造物创造人类初之意，岂欲令人类彼此残杀耶？各族、各邦、各派、各级之人，在天父之恩典中，固享有同等之权利也。然非无分别者，服从造物，及遵守法律之程度，固大有差别耳。如高燃之火把，或如天上之明星，其光耀固有明暗之分也。凡亲爱人类者，不论何国，何教，或何色人种，皆可为真正之人上人也。"

与民族之偏见，有同等之祸患者，厥唯政治或国家之偏见也，时至今日狭小之爱国心，已不适用，而当以爱世界之心代之。博曰："昔人云'爱本国为忠'。但荣耀之舌，在显圣时曾曰'非爱本国为荣，而爱人类斯为真荣也。'"如此高妙之论，乃博教灵魂之鸟以新式之法飞翔耳。彼将经中所有之限制，及模仿，尽行删除矣。

疆土之野心

二国或数国，往往因争疆土而战，贪心实为个人及邦国战斗之一大原因也。按大同教义，土地不属个人或邦国，而属于全人类，其实土地皆属于造物，人不过其佃户耳。当本加齐战争发生时，亚曰："余闻本加齐之战事消息，深觉悲伤，何以世界之人，竟如此野蛮、残忍，真可浩叹。彼等自相残杀，流血成渠，其目的果何在耶？岂仅为争夺一片土耶？人为万物之灵，而为争夺土地之故，竟至残杀同种，实足使人寒心。……以最高之动物，竟为区区土地而起纷争，是直禽兽之不如耳。土地不属一人，而属于众人，大地非为人之家，而实为人之坟也。

勇敢善战之大将，克胜一国，令其人民为奴隶；但归根结底，除六尺之土外，岂尚有所希冀耶？倘为增进人群之幸福，或谋文化之发展，而思扩展疆土，则尽可用和平之法，何必诉之于战争。因个人之野心而夺地，则必使无数民族陷于悲境，无数男女，备受流离失所之痛苦。

余令汝等，专心注意于仁爱统一之一点，如偶起战争之念，则以渴望和平之心，克制之。因恨人之念，必须以较强之爱心，战胜之也。世界之兵丁，持刀杀人，造物之神卒，则彼此握手欢笑，人之野蛮心，唯造物之恩典及清洁之心，或诚实之灵，能清除之。在造物之圣恩中，无事不可成，汝若诚心，欲与天下各种族为友，则应以造物之心为心，由近及远，而使众人同受感化也。"

普通语

前既详论战争之大原因及其免除之法。当进一步，考察博之积极主张，以期达到至大和平之目的。

其一，为施行一种普通辅助语，在《亚达经》中，及碑文中，博曾讲解曰："第六荣光，为人间之和平统一也。全世界各处须受统一荣光之照耀，而且最大之效力，莫如彼此通用语言文字也。先是余之书信中，曾嘱司法院董事，选择一种现存语言，或创设一种新语言，并采用一种普通新文字，教授天下各国学校中之青年学生，使世界变成一国一家。"

博初次提议此题之时，波兰国生一孩，名谢门诺夫，与此事大有关系。谢门诺夫在婴孩之时，即有志创造普通语言，其结果，即发明并推广世界语也。爱斯普兰都世界语，已有三十五年之历史，而成为国际交际语言。此种语言，较之学英、法、德诸文为易，费时尤省。一九一二年二月，巴黎有世界语大宴会，而亚曾曰："现今欧洲隔膜之最大原因，莫如语言之不同，德人也，意人也，英人也，法人也，皆属同种，但其间有语言之梗隔；设能用一普通之辅助语言，则可一视同仁，而无所分别矣。

四十年前，至圣博曾提及国际语之问题。尝云，若有误会，而无国际语为之疏通，则误会终不能铲除也。

就一般言之，东方人民，不知西方之事，而西方人亦不能谅解东方人之观念；两方之思想无从沟通。

世界语犹如开柜之钥匙也。若有世界语，则东西之书籍，皆可译成世界语，俾东西方人皆可读之。东西之统一，亦可由此公用语言，促进之，使全世界变成一家，是亦为促进人类进步之一大原动力也。行见人类统一之大旗，飘扬于空际。世界成为普通合众国，人类之子女，互表亲爱，天下各族，充满友爱之精神矣。

谢门诺夫发明世界语，吾人当感谢造物，此语有联络国际友谊之可能，万人当感激其高尚之努力，以致有今日之成功，而世界语之信徒，若能努力牺牲，则其普及可待也。因此人人必须学习而推广之，各国政府，亦当接受之，而定学校必修之课程。余尚望世界语，为将来国际大会之语言，如是，则人仅学习本国语，及世界语；即可与各国之人交际，而后天下人民可完全统一矣。试想现在各国，交际之困难，即能谙五十种语言，亦尚有不通语言之国。余深望诸君，努力推广世界语也。"

亚虽鼓励爱斯普兰都世界语，但深知此语，尚宜改良而后扩充之，俾臻于普通语之地位。彼在伦敦演讲时，曾云："爱斯普兰都世界语，所用之爱心及努力，非为徒然者。但认一人之力，殊难创成普通语，故各国当派代表组织议事会，先谋发扬而光大之。"

现在之世界语，正在继续发达中，并有万国语言委员会掌理其事，而字数已每年逐渐增加，大率发源于各语言之为多也。

国际联盟

博亦曾极力主张国际联盟，以维持国际之和平。一八六五年，曾致函与英女皇维多利亚曰："君王之大会欤！欲消弭汝之离异，则不宜再用大队之军士及军备，少数军士足以保护疆土及人民矣。……帝王之大会欤！应联合一致，如是则争论之风可息，而人民立可安宁矣。……若有一邦攻击他邦，则可群起而攻之，此无他，乃现公理也。"

一八七五年，亚曾预言国际联盟之设立，此预言今果应验，现时各国对于国际联盟，皆极注意。亚之书曰："诚哉，真文化之旗帜，将建竖于地之中心点，而高尚之君王，犹如博爱世界之太阳，将为人类之利益，而勇敢提议和平之会议，使彼此严守疆界。创设国际联盟，签订和约，而其公订之条件，任何人不得违犯，倘全人类皆派有代表，讨论赞助和平之盟约，则世界人民将视之为神圣，而联邦之义务，即为维持及拥护斯约也。

此普通之盟约，可决定各国之边疆，法律及税则，政府之一切合同及政务，并国际间之纠纷，咸当说明而审定之，各国军备之多寡，亦当商定；否则，一国之军备多，则他国必起恐慌，此种强有力之联盟，当建筑在一重要之原素上。即若有一国违约，则列强当群起而制裁之。诚哉，全人类当兴起，而推翻此一国之政府也。

若斯良药，能施诸世界，所患之病，则常能以温和之药剂疗治其病症也。”①

国际裁判

博亦提议，设立国际裁判所，以解决争点，维公理，持正道，而免除战争。

亚于一九一一年八月，曾函美国马亨国际裁判会之总干事曰：“五十年前，博在《亚达经》中，曾令人类设立普通和平圣会，并召各国，赴国际裁判之圣筵。设公理之裁判所，解决边疆国家，关于名誉、财产等之国际间要题，并使各国莫敢违背其判决。二国间如有争议之事，应由国际裁判所判决之；犹如二人相打，当受审判厅之裁判也。如一国不服从判断，则其他各国可群起而攻之。”一九一一年，彼在巴黎亦曰：“各国政府与人民，当设一最高裁判所，由各国政府所选之代表组织之。其代表当具统一之精神，调解国际间之争端，化战争为玉帛，此即国际法庭最大之使命也。”

在国际联盟未成立前二十五年（一九〇〇年），在海牙已设有裁判庭，并签订裁判条约，但大都不及博之提议为彻底；且无一大国，愿将一切问题，依照所签订之裁判条约解决，其特别除外者，如“生死利害关系”、“国家名誉”及“国家独立”等问题是也。不独此也，签约后之遵守与否，又谁能担保之者。大同教之提议，则包括一切重要问题，如边疆、国誉及生死利害关系，皆明白规定，而其条约即有国际联盟之最高担保。若欲得到国际裁判之完全利益，而免除世界上战争之害，当完全实行大同教之提议。

军　缩

亚曰：“各国政府，当订立盟约，同时缩减军备。若一国弭兵，而他国不从，则事即不能成；故各国务须同意解除杀人之军备。若一国增加其海陆军预算，则他国亦必将起而竞争，以保其天然及理想中之权利也。”

勿用抵抗

大同教徒，受博之明训，宗教团体，当完全摒弃军械，以争利权；即为自卫计，亦不能用之。在波斯国无数之巴孛信徒，及大同教信徒，曾为信仰而殉极惨之难。在巴孛运动开始之时，巴孛信徒用刀自卫其家族，极为勇敢；但博阻止之。亚书曰：“博降生后，即宣言真理之宣布，不可用武力，即自卫亦不可用之。渠禁止用武力，并废除圣战之命令。并曰：‘汝若遭杀戮，则比杀人为佳，因造物之真理，须赖信徒之坚志与毅力传布之。’信徒如具大无畏之精神，完全高超，而不借尘世之利器，以颂扬造物之道者。为造物而服务，则唯借真理之力，自能战胜一切，因大道之真理，皆赖圣洁灵魂之生命血证明之。诚心、诚意及恒心，是证明造物将得胜利，即可宣布其道，而克服反对者。造物无须护卫，故吾等可大胆前进，不畏殉难。”

博曾致函于逼害大同教者，曰：“大主宰欤！本教致全力于世界之和平，不用军械；以善举为军械，以善事为军械，以畏惧造物之公平者为将领，故当快乐也。

造物欤！大同教徒用忍耐洁净，服从及知足，以表现公正，其驯服已达极点。愿受难而不杀人，且其所受之难，为自来未有之残酷。彼受大艰难，而勿举手以自卫者，是因荣耀之笔，加以严禁故也。

① 见《文化之秘密力》一三四页。

此即其所以有如此之忍耐与清静之理由也。夫彼等已握大道之要纲，并得世界主宰之力量也。”

博所教无抵抗之政策，实为合理，已有明证。在波斯之大同信徒中，如有一个人殉难，则有一百新信徒加入；而凡殉难者，皆勇敢欢乐，将生命献于造物之足下，此可证实其已得新生命，故非常快乐，虽死亦无畏惧。彼等轻视世界之快乐如鸿毛，而不以最痛苦之苛刑为意，诚如孔子所云：“朝闻道，夕死可矣。”

义气战争

博如耶稣劝告信徒，及宗教团体，抱无抵抗态度，并存宽恕仇敌之心。但彼曾令社会，阻止不公正及逼害之事。若个人受逼害或损伤，则当宽恕，而不图报复。但社会当禁止在其疆域内，有一切抢掠杀戮等举动。良善之政府，当禁人民行凶，而惩罚犯罪者。邦国之团体，亦宜如是。若一国逼害或损伤他国，则列强应仗义执言，共加制止。亚书曰：“如有强悍野蛮人种，欲攻击政府或屠杀人民，则人民应当自卫。”

按寻常人类之习惯，有一国攻击他国，如无损于其本身之利权，则往往守中立，而不负责任，虽受攻击之国，系弱小民族，亦将取旁观态度，而不知扶持也。博之教训，则反是，其卫护之责任，不在受攻者，而在其他国度，因全人类为一整个之团体，一国受侮，即全体受侮也。如此主义，为人类所公认而共守，则一国即欲攻击他国，因恐受全世界之干涉，而不敢轻举妄动，即最爱战之国，亦有所惧而不敢冒天下之大不韪矣。若世界爱和平之国，结成团体，则世界之战事可免。但在过渡时代，自国际交恶，至国际和平之时，或者尚有战事发生。为保障国际间之公理统一，与和平起见，军力或他种强力尚不能免也。亚书曰：“有时战事为和平之大基础，破坏为建设之根本。……是项战事，符合和平之理，为正义而争，为公理而战，固不能以寻常之战争视之也。现今有权势之君皇，其唯一之责任，为提倡和平，保障公理，使世界人类皆得自由也。”

东西之统一

和平若能普及，则东西不难联合，而共致力于和平之实现，固非仅求息战已也。更进一步，当使分离之国，有友谊之合作，及真正之统一。亚在巴黎演讲曾曰：“现与昔时相同，真理之灵体如太阳，在东方之天边线上照耀。昔者，摩西在东方兴起教导人类，耶稣、摩哈末亦生于东方，博与巴孛亦生于东方之波斯国，是则灵界之大教师，皆产生东方也。

“耶稣之太阳，虽出自东方，但其光，在西方亦得见之，其教训之圣光，在西方之荣耀，较其产生之地尤为显明。”

“现今东方各国，需要物质上之进步，而西方则需灵体上之精神；因此西方当向东方求光，而以科学智识交换之，各方所受之恩赐，须互换，东西宜联络，如此方能产生真文化，而灵体之精神，亦可在物质中表现之矣。彼此既能交换所长，则太平立致，人类亲密和协，一切纠纷自免。到此时，世界将如明镜，能反照造物之性质矣。

“东西各国，须以全心全力，共求达此目的，使万国统一，人类快乐。……是为天府下降，使全人类共受庇于统一之帐幕，而入荣耀之天国。”

第十一章　教义与规律

圣律以时而变，唯爱之法律，有如泉水源源不息，而无变者也。

——博

独自修道之生活

博如摩哈末不准信徒过闭关之生活，其所书拿波仑第三碑文曰："僧侣之团体欤！勿隐居庵殿中，当听余之命令，作有益本人灵魂及人类灵心之事。……

汝当成婚，俾有后嗣。余禁阻不清洁，而劝人忠心，但汝已走入迷途，而脱离造物之道矣。汝又当畏惧造物，而勿以愚笨者自居，若使世无人类，则何人在余之地上，尊敬余之名，而余之性质，亦岂能表现耶？汝其深思，勿为睡梦之人，未婚者（如耶稣）则无处可归，无家可居，其实奸狡之徒所使之然也。造物乃灵之圣洁者，不赖汝之妄想，而唯赖余之所有。汝当祈求，俾知造物之地位，因其超过世人之理想也。知乎此，则有福矣。"

耶稣在世时，其门徒皆为成婚之人。耶稣与其信徒皆与人来往，极为亲善者也。而耶教之门人，反而倡言不婚之制，岂非奇哉！回教之圣经中曾云："马利亚之子耶稣，余曾赐与福音，其信徒余曾赐与慈善与体恤心。但避世之生活，为其门人自创者，余曾令人悦服造物，惜不能为其所为耳。"

避世之生活，在昔或有意义；但按博之教义，则毫无意义矣。若多数虔诚敬神之人，隐居独处，既不与人交接，而又终身不娶，则人类将受灵心上之损失矣。

婚　姻

大同教主张一夫一妻制。博令男女二方，及其父母，咸须同意。在《亚达经》中云："诚哉，巴孛之经中曾载明，夫妇须同意，但余欲提倡亲爱与友谊，故将父母之同意加入，免生恶感。"亚又曰："按造物之法律，婚姻之事，先由本人选定一女，然后再征求父母同意；但在未选之前，任何人不得干涉。"亚云："在耶教及回教中，因婚姻之关系，岳父母及亲戚等之间发生种种怪问题；但大同教徒，因得博之警告，故鲜有此类之事发生，而离婚案件亦属甚少。"关于婚姻一事，亚曾书曰："按大同教之订婚礼，二方须完全同意，且须彻底明白彼此之性情，故其所订之约，具有永久性；而结婚之宗旨，尤在维持永久相爱，及有友谊合一之生活。

"新郎当在证婚人及众人之前，宜称：'诚哉，吾等对于造物之志意，认为满意。'而新妇当答曰：'诚哉，吾等对于造物之志愿，认为知足。'"

"大同教对于婚姻，主张灵肉合一，俾在圣世界中，永久合一，而互相增进灵心之生命，是之为大同教婚礼。"

离　婚

关于离婚一事，各先知之教训不同。亚曾说明大同教对于离婚之态度曰："大同教友人，必须避免离婚。但夫妇之间，若有极端冲突之处，强迫分居者，则先须通知灵体之大会，而后分居。若在一年之内，仍不能言归于好，则始可离婚……”

天国之基础，在于和平仁爱，彼此相亲，和洽无间；而夫妇之间，尤宜如此。倘二人中有一人甘为离婚之祸首，则必遭灾祸，痛悔无穷也。

对于离婚及其他问题，大同教徒不独遵守大同教义，并须服从各国之法律也。

大同教年历

各民族采用各种年历，以定日期，现时尚沿用数种年历也。如欧西之阳历、欧东之犹连历、犹太人之希伯来历、回教之回历及远东之阴历等。

巴孛因欲表现其使命之重要，故特另创新历，但与阳历相暗合。

大同教年历，每年有十九月，每月十九日，全年三百六十一日，当年加四天，闰年加五天，俱加在十八与十九月之间。巴孛以造物之性，为月之名，大同新年与波斯所用旧历相同，即以春分日为岁首（阳历三月二十一日）。大同教年历，开始于巴孛之宣言时，即阳历一八四四年（回教一二六〇年）。

不久天下各国，当有统一之年历出现；因统一之新时代，当有新年历以纪念之。而旧历中各种无意义之纪念，当由多数人类废弃之。巴孛所创之历，既简易而又便利。

【注】大同教之月份如下：

月	亚拉伯名	译名	阳历
正	博爱	荣	三月二十一日
二	极拉	华	四月九日
三	极美	美	四月二十八日
四	亚士马	耀	五月十七日
五	纳耳	光	六月五日
六	拉麻	恩	六月二十四日
七	加利麻	道	七月十三日
八	亚斯马	全	八月一日
九	加马	名	八月二十日
十	意石	力	九月八日
十一	马希约	志	九月二十七日
十二	意仑	智	十月十六日
十三	克特拉	权	十一月四日
十四	郭耳	言	十一月二十三日
十五	马赛耳	问	十二月十二日
十六	斯拉夫	尊	十二月三十一
十七	塞耳顿	王	正月十九日
十八	墨耳克	国	二月七日
（闰日自二月二十六日始至三月一日晚止）			
十九	乌拉	高	三月二日

灵体大会

每处若有大同教信徒九名以上，宜设灵体会，用选举方法组织之，以便指导及统一。大同教友之工作，波斯各城灵体会之情形，著者曾从机那比亚杀徒拉法地(即马星特拉尼)大同教之组织法中，得到梗概。

灵体会之要务如下：

一、用会议及文字等法，宣传教义。每星期举行会议，次数无定，意在欢迎指导，或教训他人，并坚固新教徒之信心。

二、处置及办理服务贫穷者之事。服务之范围，不限定大同教信徒，倘若大同教信徒遇有艰难，不论属于家庭事业或灵体者，当告诸灵体会，俾得劝导扶助之。

三、提倡教育、科学及美术，灵体会当负责，使大同教之少年受完满之教育。

四、演讲大同教义。灵体会增派教师，赴各会演讲大同教之信条，并劝人服从。凡有信徒不履行教义，而有假冒之行为者，灵体会当召集特别会议，并派聪明、严肃及有阅历之教师，加以解释及训练，以尽警劝之义务。

五、收管款项。开会时不捐款，亦不向公家募捐。一切经费皆由真心大同教徒，自愿捐助。备有捐册，记载捐款人姓名、捐数、收款时，发给收据为凭，亦按期收款者，大都为隐名者所施。支配经费，由灵体会共决，以若干用于教育，若干用于周济。

六、宴会。灵体会派委员会主持灵宴会事宜，每十九日大同教信徒，当灵宴会一次，如有人愿为东道，当将地点日期报告委员会，由委员会代为办理。信徒中有一年请客三次者，其余或多或少不一。委员会更记录招待大同教信徒之客人姓名于簿内，倘有灵宴会时，则将人数通知请客者，若有设备不敷，则由他信徒招待之。全区之信徒，每遇特别之节，如新年及“利时万”节，则同时团聚。一区信徒之工作，当由灵体会掌管，以便集中，而使灵光普照，若灵体本身不清洁高尚，则此区之道理，必不发达。信徒在教务上当完全服从灵体会，在灵体会开会之时，朗诵碑文，亚曾在会中讲解一切会务。灵体会之选举法如后：

在选举之前，各信徒处皆须通知，并有经验之信徒，向众讲解灵体会委员之资格。亚曾云：“委员最要之点，在能坚信教义，在有深长之阅历，有相当之教育程度，及高尚之人格；被选者须与人和协合作，如有不良分子，则不当选之。”

节　期

大同教之快乐，在一年之节期中表现之。一九一二年之新年节，亚在埃及之亚立山大城演说曰：“按造物之圣律，每年每次之赐恩，皆有节期。此等节日，应休假，士农工商，概须停止工作，众皆欢喜，并开大会，以表示国家之统一和平于众目之前。盖节期为圣日，不可忽视，当奉为欢乐之日。每逢节期，当奉行礼节，以志纪念。

今日除指导人群外，无其他较大之效果，造物之友人，在今日当留实在之善举及高尚之成绩于世。此种善举，不仅限于大同信徒，在此奇异之恩赐中，一切慈善事业，宜普及人类，因此造物恩赐之表现，为造物之友人，宜在众人前，完成之。”

新年，利时万节，与巴孛、博爱和拉之诞辰纪念，及巴孛之宣言日(亦为亚之诞辰)，为大同信徒最快乐之节期。在波斯则有各种宴会、音乐、朗诵诗歌、碑文及演说等。第十八、十九二月之间(即二月二十六日至三月一日),为招待友人之时,此时当送礼,并救济疾病与穷苦者。

在巴孛殉难,与博、亚逝世之纪念日,皆用庄重之仪式纪念之,如开会、演讲、朗诵祈祷文及碑文等是也。

斋　戒

在闰日招待之后,第十九月乃为斋戒之月,自黎明至黄昏,不饮不食,直至春分节为止。每年以春分、秋分二节分界,极为正确。一年中有春秋之分,而无寒暑之别,每届春分、秋分,昼夜之长短平均。然斋戒之事,并不勉强孩童、老叟、病人、旅客或怀孕之妇女为之。

大同教此项短期之斋戒,实于卫生有益;因大同节期之用意,不在物质之食物,而在记忆造物,即得灵体之食物。故斋戒之真义不在禁食,而在消灭一切肉体之情欲,以清身心,而与造物接近,禁食固为清身之良法也。亚曰:“斋戒为一种表记。斋戒者,避肉欲也。禁食无非表明避免肉欲耳,再除作为表记外,并无他义也。且斋戒非完全不食也。印度有一教派完全禁食。不食虽不至死,但人之智力受损矣。若人因不食而弱其身脑,则不足事奉造物;因其力量减少,不足以有为也。”

开　会

亚极注重信徒开会、崇拜及研究教义,讨论大道进行等事。在碑文中曾云:“慈悲造物之志,欲使男女信徒,增加其和平及合一之心。若不达此目的,则万事不能进行。开灵体会议即为增进和平合一之最大妙法,故极为重要。犹如吸铁石之吸铁,能吸引造物之准许。”

大同教灵体会议讨论之范围不涉及政治及俗事。其唯一目的为讲解及研求造物之真理;使人心充满圣爱,服从圣志,以促天府之降临。一九一二年亚曾在纽约演说曰:“大同会议为一种天性之会议,须有天性之光彩照耀之。人心当如光明之镜,反照真理之日光。各人之怀抱仿佛如电报之电线,其一端衔接人心,一端达于天性。会议故能打通一气,接受造物天国之恩赐,而一切议论亦自趋于和平矣。”

会议中愈和协统一而相爱,则造物愈多赐赞许,而圣美之博亦将扶助赞成之。在一碑文中又云:“开会时不可将闲事加入,当诵诗读经讨论造物之道,如解释证据,推想表现,调查人类唯一所爱之明证。与会者,宜先整衣冠,一心向荣耀之天国,更当具谦恭之态度。在诵读碑文时,咸当肃静。发言时宜用和蔼之态度,俾可得在座诸人之称许,并须善用口才使听者悦服。”

大礼堂(马显哥尔亚士嘉)

博嘱咐信徒在各国各城建筑礼堂为崇拜之殿宇,名之谓马显哥尔亚士嘉,意即“赞扬造物之曙光地点”也。大礼堂当有九面形之屋宇,上盖圆顶。其工程式样,须精致美丽。堂宜建于大花园之中,园内须有花草树木及喷水池等。其旁附建为教育慈善交际所用之屋宇,使崇拜造物之礼仪与美术之快乐及改良社会之工作,发生密切之关系也。①

① 关于大礼堂之建筑,英国诗人脱尼森有诗曰:“余梦以石建筑圣殿,非塔非庙非堂,第较高较简。终日门户大开,以接受上天之真理、和平、亲爱与公正;四方之人咸趋就焉。”——原注

波斯大同教徒至今尚不准建筑崇拜之殿宇。第一所大礼堂建在俄境之意希克孛特。第二所在美国芝加哥城邻近之维尔默城,已择定地址,在大河之滨,绘成图样,正在兴工建筑。其建筑工程师为路意卜雅亚,在各碑文中指此为西方母殿。亚有文曰:"赞颂造物。现今世界各国人民已各尽其力,将捐款送往美国以供建马显哥尔亚士嘉礼堂之需。……自有历史以来,此为创举,而为人类所从未见者。亚洲最远之国,亦捐款项。是乃赖有造物之约耳。诚哉!智者视此为奇事,而深望造物之信徒能慷慨解囊,共襄此举。……

余愿各人自由捐输,若人以钱作他用,则亦听之,不可强加干涉。但建筑马显哥尔亚士嘉实为当今之要务也。

大礼堂当为九面形,九门之外有喷水池、道路、门亭、柱子及花园,礼堂如大殿,并有楼阁及圆屋顶。其图样及建筑须极华丽。其建筑之奥妙甚深,尚不可说明;但其建造实为目下最要之事。大礼堂之附属设备极为紧要,因其为基本工作也,如孤儿学校、贫病施医院、废病疗养所、高等科学学校、招待所,为必要之附属设备。每城当有如是之大礼堂一所。大礼堂内每早有祈祷。大殿内不置风琴,附设之房屋可设筵席、做礼拜、开大会、公开会议及灵体会谈。但大殿内之唱歌,不用乐器,大殿之门完全开放。

其他一切善举如学校、医院、招待所、废疾院、高等科学院、专门科及为他项善举用之屋宇建筑,则对于各国各教人民,完全公开,毫无限制。施行善举不分人种,祛除偏见,爱护众人。如是……宗教与科学融合。科学成为宗教之侍女,共施物质及灵质之恩赐于人类也。"

来世之生活

博曰:"今世肉体之生活为萌芽之时期,人之灵心脱凡之时,则又如重生而进一富足自由生活之世界也。"其书曰:"须知人死后其灵上天,赴造物之前。其形为永久者。如天之府之无穷尽,而造物之尊严及威权,即发现其痕迹与性质,护佑之,恩赐之,圣恩之,臂扶之,人人类不可思议之境。盖灵体脱离肉体时,业已清洁,不为世俗所迷,不为疑感所扰,福当无量。诚哉!斯灵将在造物之神圣气候中出入,以达至高之天府。天府之众天使围绕而侍候之;并将与造物之众先知及圣人为伍,并将告以为造物真道所受之待遇。

若人能明知造物之天国所定之待遇,即尘土中及宝座上之主宰所定者,则必将渴望立刻达到此永久尊贵圣洁荣耀之地位矣。至于灵之形式无从描摹,亦无须说明。仅有数点宜知之,即报喜信者下降以指导人类归向造物之道,而训练人类也。

赖造物本身之力量而上升之灵光,能使人类发展,万国提高,诚为生命之发酵物也。灵体者较吾等为高也。红尘与天府之别,犹如萌芽时代之世界,与现在世界之别也。"亚亦书曰:"世界上人所不注意之奥妙,到来世即将明白。可知真理之秘密更能明白认识相识之人,因圣洁之灵魂,具有清洁之目光,故有特别锐利之视察,是为无疑者。盖在光乐之国,可知各种奥妙而必求恩赐以探视各大神灵之真相。彼等在天会之中必能见造物之仪容,同时亦能见造物古今之友朋,人之类别异同之处。在脱离红尘之后,自然即能分明,但其分别非在地位,而在灵心与良心,因天府不为时间与地位所限,是乃又一世界别一苍穹也。在圣洁之世界也,凡灵体相爱者,必再能认识而再有灵体之结合。因此在今世界所爱者,来世亦必不忘,即今世之生活亦不致遗忘也。"

天堂地狱

博与亚以为古经所讲之天堂地狱为一种表记。耶教所讲之创世纪亦非实在者。其解释如下：天堂者，表明完全之状况，地狱者，系指不完全之状况而言。天堂表现造物之志意，使人类和睦。地狱则反是。天堂即灵体之生活。地狱即灵魂之死灭。是以肉身在世之时，可升天堂或入地狱。天堂之快乐乃灵体之快乐。地狱之惨苦，即不得灵体之快乐也。亚曰："若人由信仰之光而得救，即可脱离罪恶之黑暗，而得真理光辉之照耀，并充满德行与尊贵。此为最大之奖励，是乃真天堂也。同时灵体之惩罚，即必受自然界之支配，与造物隔膜。野蛮、愚蠢，沉淹于情欲，与禽兽无异。幽居在黑暗之世界中，是即惩罚最大之痛苦也。

来世之奖赏为逝世后，得到灵界之完美与和平。……灵体之恩赐，即能得到心灵之欲望，受各项天府之奖赏，在永久世界中与造物晤面。来世之惩罚即不能得特别之天福及完全之恩赐，而沉沦于最低之生活中。人不得圣赐，虽在身死后，其灵尚存，但在有真理之人之目中，则直视为已死耳。

来世之富贵在于与造物亲近。因此凡近天庭者必能代求宽宥，而造物亦准许此代求也。故人若不信仰而死于罪恶，尚能有改善之机会。斯乃由造物之大恩典而得赦免，非造物之不公正，实造物之殊恩耳。我人在今世可代他人之灵祈祷，即在来世之天府亦能代人祈祷。因此恶人在来世尚能改善。无论何人在今世若能祝祷而得光明，则来世亦能恳求宽宥而吁求光明也。

人在今世及来世虽其地位不能改变，但其完善之处尚能演进。生物中之最完善者为人，处于最高地位。既达此地位，则无改变之余地矣。唯完善上尚能再求进步。在人之地位，其完善之进步，则无限量；如已有学识之人，而能有更高之学识。人之进步既无限制，故在来世亦能进步也。"

今世与来世为统一

博所讲之人类统一，不仅指生人而言，亦包括生死两界；不独在今世之活人，即在灵界者，亦同在一体之中。因今世与来世，乃互相倚赖者也。灵体之交接并非不可能；大凡灵力未充分发育，则不觉二者有密切之关系。若其力量发育后，则与去世者之接触，极为明显而正确。此所以圣人与先知能与灵界接触，仿佛常人之相见及交谈也。亚曰："先知之异像，并非幻梦，实为灵界之发现而有明证者。先知若云余见一人如何形状，余向之问询而得何答。此种异像实为苏醒中之事，而非梦呓。斯即灵界之发现也。

精神充足之心灵中常有灵体之接触与发现。此项交际极为清高并非幻想，亦不为时间地点所限制。耶教经中曾云'在泰白山上先圣摩西及伊利亚来见耶稣'，斯明明非指肉体相见，而实为灵界之接触也。是项交际固为者实者，此是人之心理上发生特异之效能，而能吸引人心也。"

亚虽承认超出寻常之心灵能力为正确，但不赞成勉强使其发育；因能力当使自然发展，犹如昔时先知所指出之道也。亚曰："今世干预心灵之能力，即能阻碍来世灵魂之地位。"此项能力乃是真确者，但在今世尚不活动；如胎中婴孩虽有耳目手足而不活动，其理一也。由是可知今世之意义，即为预备升入来世之真世界也。心灵之能力，即能完全活动，盖灵力属于来世者也。"

与去世者之灵交际，不当以好奇心为动机。夫在此界者若能为在他界者祈祷，诚为特别之权利义务也。故大同教劝人为去世者祈祷。亚曰："能发生效力之代求，诚为一种恩赐。斯项能力为完善之状况，而属于有进步之灵魂及造物之显圣。耶稣在世时有斯能力，代其仇敌恳求赦免，而现在亦有此能力。亚如提及过去之人名必云'愿造物宽赦之',或用其他类似之语句。先知之门徒,亦有代人恳求赦宥灵魂之能力,是以我等不应以为凡人不认识造物。若作如是想,则其灵必永远沉沦,因有效力之代求,固常存在也。"

在来世富者能助贫者,如今世之富者能济贫者相似。不论在何界之人,均为造物之动物。故须依赖造物,决不可擅求自立。人若需要造物,则愈求而愈富足。何谓来世之财产耶?何谓济助耶?曰:"代求也。"凡未发育之灵魂宜先赖灵力。富足者代为恳求,俟得有进步后,然后乃能自求进步也。

亚又曰:"在天之灵与在地之灵有不同之性质,但非完全分离者。在祈祷时各界统一,不分阶级。汝为人代祷,人亦为尔祈求。"人若用信仰之心及仁爱之力,能使未闻新道而过去者觉悟否?亚对曰:"是必可能,因诚心之祈祷,常有效力而能感化他界。我等与彼等并未脱离关系,因真正之感化,不在今世而在来世也。"

博曰:"凡按预定而生活者……天会之大众,至圣天府之人民,与至高天府中之居民,受至爱而可颂赞之造物之命令,咸为之祈祷。"

或问亚:"人之心何以自然归向过世之友人?"亚对曰:"造物创世之律,使弱者倚赖强者。尔所归向者,即在造物前为尔代求权力者也。与人间之弱倚强相同,但能使万人得力者,唯此一点圣灵也。"

恶性之不实在

大同教之人生观,以造物为统一者,故无极端之恶,因"善"为无限者。人只能有其一二,不能尽其限。若宇宙间有唯一之对待者,则此唯一者不能视为无限。黑暗即为无光或少光,故恶即为无善或少善。……即一未发达之地位也。所谓恶人者,即人性良善之部分未发达耳。人之自私自利,其恶亦由于自爱所致。……然仁爱心即自爱,亦神圣者也。其恶乃其自爱之不得当,即消失其爱人爱神之心也。其自视为一特异之动物,而傲然自骄。……亚在一函中曾曰:"汝云亚曾向信徒曰'无恶',或曰'恶不实在',是实真理也。人最大之恶,即入迷途而不见真理也。错误即由缺乏指导所致。黑暗即无光也,愚笨即无智识也,虚假即无真理也,盲目即失明也,重听即失聪也。是故错误、盲聋及愚笨皆非实在者也。"又曰:"宇宙间本无真恶,而人常暴露各种天性,似有足取者。其实不然,譬如:婴孩在生活之初,即表现欲望。因此人云善恶之性,为人之本色,但此不合'性本善之观念也'。欲望即多要求之谓。此性若用之得当,未尝不佳。若人欲求科学及智识,或欲有体谅、大量、公正之心,皆为可褒奖者。人或以有霸道之君王虐待人民如犬马而发怒,亦为理所当然,但若发怒而不得其当,则不足取矣。……凡人之天性莫不如此。此盖人生之资本也。若用之不当,则自取其咎,由此可知宇宙为纯然善者也。"恶者缺少生命也。若人之向下性非常发达,则唯一之救药在于增加其向上性之生命,以求其平衡也。耶稣云:"余来乃使汝得生命,并有充足之生命也。"我人所求者生命也,丰富之生命也,真生命也。博之教训与耶稣所教者相同。博曰:"今日仆来是使世界活动。"并向其信徒曰:"余将使尔在世界活动。"

第十二章　宗教与科学

摩哈末之婿亚利曰："凡合科学者亦合宗教。凡人之智慧所不能明白者，宗教亦不应接受之。宗教与科学当携手同行。凡宗教不合科学者，则非真理也。"

——亚在巴黎演讲

冲突由错误而来

博之重要教训为：真科学与真宗教必然和协。真理为独一无二者，若有冲突乃由于错误而非由真理本身有所矛盾也。历代所谓科学与所谓真理者，曾有非常激烈之争论与冲突，但就现在较为明显之真理观之，所有争执无不基于愚蠢、偏见、虚荣、贪心、固执、暴燥、怪僻等理由而起。但此项理由不合乎科学与宗教之真精神。真精神固为合一者也。大哲学家赫胥利曾曰："哲学家之成大事业，并非为智力之效果，实为其智力之运用，适合特异之宗教态度也。真理之发现，由于忍耐、仁爱、专诚克己而来，非从科学中抽象而得之者。"大数学家布尔证之曰："几何推算之理，根本上为一种祈祷也。……有限而求无限。并以之解释有限之问题也。"宗教及科学之大先知未尝彼此批评攻击。凡施行强迫手段反对进步者，不足为先圣之信徒，因其仅知皮毛而未得真精神也。彼熟读特种默示之道而奉之为神圣，凭狭小之眼光，详细况明其性质而崇之为唯一之真光。若无限恩典之造物更赐以他方较明亮之真光，照耀世界，则彼不独不欢迎此新光而祝祷感谢众光之祖，反将恼怒而唯恐不合乎彼之解释，盖彼以为色不正，源不同；若不扑灭之，抑若将引人入迷途者。此实为各先知之仇敌，彼因欲保护其所自信之真理，而反对较新较明之真理，乃如以盲导盲，莫知所至矣。更有为私利关系而反对真理，或阻止其进步者，则其灵心已不能上进而死矣。

先知遭逼害

宗教之大先知无不先受轻视，而后被弃绝者。先知及其最早信徒无不为造物之真理而受人鞭打，甚至牺牲财产生命。此不独古代为然，即近代亦有之。自一八四四年以来，波斯之巴孛信徒，及大同教信徒，为其信仰而受监禁、充军、贫苦、卑贱甚或殉难者，约有数千人。最后之大宗教亦受流血之洗礼；且其所受之苦难，较之昔日尤甚，为信仰而殉难之事迄今未止。科学方面之先知亦复如是。一六〇〇年白露拿因演讲地球绕日之学说，致目为异端而被焚毙。数年后加利里亚天文家亦倡是说，而为众所反对。经跪求并否认其说，始免于难。后来达尔文及其他地理学家创言大地之建造需时约六千年，违反圣经所云六日成地之说，于是大受攻击。但当其时科学真理所受之反对非独由宗教而来；因彼时真实之科学与真实之宗教皆反对进步也。在哥仑布时代之科学家皆信若船行过地平线即不能复起，因此讪笑哥氏之说。加尔凡尼电学家亦受当时科学家之嘲笑，而讥为"蛙类跳舞师"。哈维发明血脉统系学说，亦为人所讥笑，且革去其大学讲师之职。当斯蒂芬森发明铁路机车时，欧洲之数学家咸以为车行滑铁轨上，轮滑必不能前进。即谢门诺夫之世界语发明于一八八七年，亦备受讥笑及愚蠢之反对。与哥仑布、加尔凡尼及斯蒂芬森所受者，如出一辙，且有因此而殉难者。以上所述之事实，自古至今不胜枚举。

和协之曙光

近半世纪之时势，非曩昔可比；盖真理之新光，已使从前之争执失其意义，而精神为之一变。彼自夸之物质家及固执之无神家欲将宗教逐出于世界外者，现已不再见矣。彼宗教家所谓不信其教规者必受地狱之刑而归于灭亡之说，不久亦将不再闻矣。争议最激烈者，既非真科学，又非真宗教也。按现今心灵学之智识，科学家尚能云脑生思想有如肝生胆汁耶？或云，身死则灵散耶？今之研究心灵学者，咸知思想之自由，必不为肉体所限；并知我人所知天下之事，仅如沧海之一粟。未发明者，尚不知凡几。然则奇事有发现之可能性，可以承认矣。奇事之发现非违反自然之理，而为表明人所未知之秘密，未知之势力也。如电气与 X 光线，为古人所未明而今人始明知之者也。今之教士尚能云若不信宇宙为六日内创造者不能得救耶？或谓《出埃及记》中所载各种灾难，实为正确者耶？或谓太阳在天空停而不动（即地不自转），可使约书亚追赶仇敌耶？或谓人若不信圣亚达纳西之经则将永远沉沦耶？虽则此种说法尚有人提及之，然决无按其字义而信之者；因其解释有不同之处，故人心不再受其束缚矣。宗教界之人曾受科学界之开导，将推倒一切落伍之教训；真理乃得自由前进矣。科学界亦受圣人及神密者之利益不浅；盖彼等对于真理之确实，无论人之若何报告，已由其灵界之阅历而证明之。使无所信仰之世界，明了生命非仅为肉体所有，且知不见之生命较可见者尤为可贵也。此辈科学家与圣人犹如山之高峰，受日光而反照于平原然。而现在日光已普照天下，无微不至矣。博之教训诚为真理荣耀之表现，而能使人之心灵满意；盖宗教与科学已能联合和洽矣。

探求真理

大同教与科学完全和协，为求真理之正道。人须完全脱离偏见，方能探求真理而无阻碍。亚曰："欲探求真理，须舍弃偏见，人心必当开豁。杯中若充满一己之私见，则无地可容生命之水矣，人往往自以为是而以他人为非，此为统一之大阻碍。欲求真理宜先统一；盖真理为统一者也。

此一真理与彼一真理不相冲突，如光不论发自何灯，皆有光亮；又如玫瑰花不论生在何园，其色皆美，明星不论在东在西，皆能发光。若除去偏见，则真理之太阳不论在何方之天边线照耀时，皆当敬爱之。汝当知晓，若真理之圣光可照在耶稣身上，则摩西及释迦身上亦无不可照耀者。斯之谓探求真理也。

探求真理之首，当先放弃昔日之所学，以免为成见所蔽。在必要时，我侪不可畏惧。当完全改弦更张，重新研究，切不可被一教一人所蒙蔽，而受偏见之束缚。若能脱离羁绊，使思想自由，则不难达到目的也。"（巴黎讲词）

真真不可思议之学说

大同教与科学哲学之意见相同，即造物之真相非人智所能思议者也。赫胥利及斯宾塞二大哲学家竭力申述造物之性乃不可思议者（彼称造物为最大之第一原理）。博亦云："造物包罗万象，包含一切。若欲明悉造物之精神，其门闭，其路不通。"因有限制之人，不能窥测无限制之造物；如一勺之水，不能包含海洋。伟硕之意义在一撮尘土中，含有宇宙宏大之成分。此即最有学识之科学家，亦所不能完全明悉者。化学及物理学家研究物质之性质，将物质分为无数"分子"，"分子"再分为"原子"，"原子"更分析而为"电子"，以至于"以太"。每进一步，愈觉难以分别。即有最灵敏之智力，亦将告技穷矣。于是在不可思议无限之造物前，虚心下怀，承认人智之有限，而造物乃奥妙无穷者也。英诗人脱尼森有诗曰：

墙上鲜花，生于隙中。
拈之在手，娇小玲珑。
根株与花，神妙无穷。

如隙中之小花，其物质之原子，皆极奥妙，非最灵敏之智力所能解释者。则宇宙之大，人焉能明白！因此宗教家猜度造物之性质，实为徒然也。

认识造物

造物之原理为不可思议者，但其恩赐在各处，皆明明表现，人之五官，可觉其力量也。如识画者见画师之所作，即能知画家之心理。若人知宇宙之各方面……如自然家之物、人类之心情及一切可见与不可见之物。……即可知造物之工作。故凡求神圣之真理者，亦能得造物荣耀之真智识。诗篇有诗云："上天宣布造物之荣耀，苍穹表示造物之工作，日日宣布，夜夜示智。"

造物之表现

万物皆能多少表现造物之恩赐，如各物质受日光亦能多少反照其光线。灰土之反照力甚少，石块反照力较强，云石之反照力更强；但在此反照光中，不能见太阳之形色；唯在镜中则太阳之形色，可完全反照出来。故视镜即如亲见太阳无异。由此类推，各物亦能反照造物。石能表现造物几许，花所表现者较多，而动物有五官、天性、行动，则所表现者更多矣。在下等人类中可睹造物之非常性质，在诗人、圣人及才子中，造物之默示较高，而大先知及大宗教家则如一面明镜，可反照造物之智慧，及仁爱于人类中也。常人之镜有私心偏见之黑点，但先知与宗教家因能完全服从造物，故其镜明净无疵。因此乃得为人类之大教育家也。至圣之教训及圣灵之权力，皆由彼等发出而使人类进步；盖造物采用以人助人之方法。凡人在天演界中等级较高者，即能扶助万人，因此众人似悬系于宽紧带上，若有出类拔萃之才出现，则其带紧张，而使人下坠者提之向上。故若其出众之才愈高，则全世界下坠之力愈重，于是必赖圣力之扶助；然能得斯力者，全赖较高之人也，其最高者为先知及救世主，即造物之显圣也。……斯类完全之人，如在其时代，特立独行，负起全世界之重担；仅有造物扶助之（人类罪恶之重负皆集于其身。诚哉！彼等乃各为其信徒之"道路、真理与生命也"，各为造物恩赐之门径，以达于信徒之心灵，各有发泄天机以提拔人类之责任也）。

创造宇宙

博教曰："宇宙无开始之时，盖宇宙为最大之第一原理；发泄真理，永久勿息（造物所创造者，必永远存在）世界及星系存灭无定，唯宇宙则永远生存。凡物由合并而成，势必出于分化，但其原质则仍存在。创造世界无论是一花朵或一人体，并非'无中生有'，乃因将分散无形之质，合成一种有形之体。后来其质消散，其形分化，但其原质固未尝消灭也。盖新形式将从旧物中重生。博证明科学家所持六千年创造宇宙之说为不确，实经百万年或亿万年而始成也。按天演之学说，并不否认创造之权力。天演之说，仅说明创造表现之方法。天文家、地理家、物理家及生物家所逐渐说明物质宇宙之故事，较诸犹太圣经所载浅陋之创世纪深多矣。若能有相当之领悟，则更当表示佩服与崇拜。创世纪之旧故事，用简单之语句，记述创世之大意；如神画家之用简笔，仅画其精神；非如工笔画家之用细致之笔法可比拟。因此物质若琐细过甚，难免不失却真精神，则宁舍弃其精细处。一旦若能操持全计划之大纲，则精细之处，更能使人领会其图画之浓厚深奥，而不仅能得其梗概已也。亚曰："须知所谓宇宙无开始之说，乃灵界最深奥之真理也。……须知有创造者，即不可无被造者。譬如有供给者，即不能无被给供者。故至圣之众名词，及各性格皆有其物之存在也。若人设想曾有一无生物之时代，此为幻想，即为否认造物之神圣也。因完全无生命，不能变成有生命也。若生物而可完全无生活，则生物何从而来耶？是故统一之精义，即造物系永远生存，无始无终。同样生存之世界，亦为无始无终者；唯彼有始终者，即为宇宙之一部分。譬如有一星球有时生存，有时分散；但其他各星球仍继续存在。各星球既有始，则必有终；因既有合并，则即有分散。无论其为团体或单位，终不得不分散，唯有迟早、缓急之别耳。"

人类之演进

博亦证明生物学所讲人体之演进，有数百万年之历史。夫人类之初，其起点为一极简单之原子，逐渐演进，逐渐变成复杂，逐渐改进组织，而后始成人形。人之胚胎既由原子而演成人体，可以确实证明。则谓人类之演进，亦复如是，固非妄谈。然此非谓人之祖宗，即为猴。人胎有时像鱼，有鳃有尾，但非鱼也，乃人胎也。故人类在演进各步骤中，有时似一种动物，有时又像他种动物，但非真动物也。结果乃演成人体。即将来亦能更跻于高级之地位也。亚曰："大地之创造非旦夕间事。现今之状况，盖由逐渐演成者。……人类之初，在大地之胎内，犹如人在母胎内，逐渐一步一步演进，始达到现今完美而有力量之地步。其初必不能如此美丽可爱者也。……人类之演进自始至今必经过极长之时代。……但自始即为一独立之种类也。……即谓人体内之部分虽已演进，而尚表露旧时之痕迹，亦不能确证人类为非永久而不独立者。其所能证明者，为人类各部分之形状，已演进耳。因人类为一特别种类也。人为人，兽为兽，人非由兽所成者也。"耶教中有亚当夏娃之故事，与中国伏羲之故事相类。亚曰："常人讲此古典殊为离奇。只就智识方面言之，决不能推测而承认之。因其所述之布置、设备、语言、责骂等皆远不如智者之论调。是则焉能称之为造物之口气？……造物在无限之宇宙间，首创至为完善之形体，并使无数人民皆有完美之制度与力量也。"因此，亚当、夏娃之故事，称人因食禁树上之苹果而被逐出安乐园等事，仅能作为一种譬喻，不能目为事实。其所谓故事，含有奥妙含混意义，而可加以各种之解释者也。

身体与灵魂

大同教对于身灵及死后之生命问题，颇合于心灵研究之结果。即曰："死为新生命之起点，灵体脱离肉体之躯壳，而进于较为广大之生活，故死之进步为无限量者。"

现今科学之证据，业经征集就绪。按正确之考据及不偏之意见，死后之有生活，实为无可疑者。斯之谓灵魂脱离躯壳后而仍继续存在，且有生活及活动者也。美耶君在人性论中，已将心灵研究社之工作，简略言之如下：

"视察试验及推测，曾使研究者及余本人，深信过去与今世之心灵，有直接或间接之感通。无论今世之人，已故之人，其灵皆能感应。此项发明，实启默示之门。……虽然吾等之表现尚有无数欺人自欺之幻象，但过去之表现实为正可确信者。

灵之默示已由此发明，而得暂定根据。第一要点为余个人深信灵魂之地位，在智识及仁爱上，有无限之演进。灵乃爱红尘、而其最深最高之爱，在敬爱崇拜之宜泄也。……灵并不认罪恶为可畏者，而仅视为一种奴隶性质耳。罪恶非储在大王之身，实为一种孤独之狂性；而高级之灵体，即欲使不正之灵魂脱离其羁绊也。因此无须采用火刑，只须能知己之地位，即足以表明赏罚。在彼世之仁爱，即为求自存之道。与诸圣交际，不独能增荣耀，且可得永远之生命也。诚哉！按诸心灵感通之道，此项交际现已实现。例如：亲爱者虽已去世，然尚能答复吾等之祷求。如吾等敬爱去世者，亦能扶助彼等上进也。……所谓爱即祈祷也。”

以上所述之意见，为由科学研究所得者。此意见与大同教义相合之处，如是深切，实为非常可贵者也。

人类统一

“汝等为同树之果，同枝之叶，同园之花。”是为博之最特殊之语也。又云：“爱己国不足为荣，爱人类乃真荣耳。”统一即为其最大之教训也。……统一之义，即使人类与乃物在造物前统一也。因此真宗教与真科学，实无所抵触也。

科学逐次进步，更证明宇宙为整体者。宇宙之各部分彼此互相依赖，如天文学家与物理学家有密切之关系，物理学家之于化学家，化学家之于生理学家，生理学家之于心灵学家，亦皆相连贯者也。是以对于一项科学研究，如有所得，则在其他科学界上，亦得缘是而发现新光明。如物理学家所说宇宙一种物质能吸引或感应其他一切物质，同时心灵科学家亦云宇宙间之一种灵体能感化其他各灵也。克鲁泡特金太子在《互助论》中有云：动物中之最卑微者，亦表现互助为生存所必需，而人类文化之进步，全赖有互助之精神。个体而与全体有密切之关系，即为社会进展之惟一原理也。

统一之新时代

按现代之趋势及潮流而言，人类之历史将大放光明，而造成新时代。昔时人类犹如小鹰，羽翼未丰，株守旧巢，心惊胆怯，不敢飞翔；但其志不在小，必欲达到目的而后已。人类亦复如是。受古训与旧教之束缚，致无转侧余地，然终思脱离羁绊，恢复自由。现在束缚之期已告终，可倚赖其信仰与合理之翼。扶摇直上，迳达心灵界、仁爱与真理之境。因羽翼既丰，可以高翔，俯瞰四方，而得荣耀之自由矣。但在飞腾之时，若欲行动稳妥，务使双翼完全合作。如亚云：“人类不能用独翼而飞，若仅用宗教之翼，则将沉沦于迷信之泽中。若仅用科学之翼，则将埋没于物质之土中。”

宗教与科学，须完全和谐，为人类高尚生命必由之途径。若能达斯目的，则孩童不但受科学及文艺之训练，并能博爱人类，乐于服从造物之志意。如天演之进步及先知之教训所表示者。然后造物之天国，始能降临。造物之志意始能行于大地，与在天上无异。然后世界始能受至大和平之福也。亚曰：“若宗教去其迷信之旧习及无理之信条而与科学携手，则廓清之力，即能发现于世。扫除一切纠纷冲突及战争之事，然后人类始能在造物之爱力中宣告统一。”

第十三章　过去与将来

友朋欤！余证明恩赐之完全及余辩护之正确；证据显明，不啻已成铁案矣。造物之圣恩，将使汝及上天下地者得应验，但须视汝努力超脱凡世之力量，达何程度以为断。人人赞美造物为万世之主宰。

——博之《隐秘语》

大同教之进行

大同教在世所行之事迹，不能详细记载。若一一记述其先锋之行动，及其殉难之经过，则将连篇累牍，非本书所能尽载，故仅约略记之。在波斯国最初信奉此默示者，受尽本国人之反对、逼迫及苛待。但彼等甘受种种残忍之待遇而不辞，甚至以自己之血来受洗礼。计殉难者数千人，受鞭打监禁或财产被抢，身遭驱逐，受尽恶毒之待遇者，亦数千人。此种迫害历时六十余年之久。凡波斯国内之人如信奉巴孛或博爱和拉，则其财产即被充公，并将丧失其自由及生命。然迫害虽极残酷，而大同教仍得长足进展，犹旭日上升，非尘土所得而阻之。现在波斯之疆域内，各城皆有大同教徒，即在小村镇及游牧民族中，亦有信徒之足迹。有全村皆为大同教徒者，或信徒居其多数。此辈信徒皆从各族各教中而来，昔为互相恨毒势成水火之人，今则结成友爱之大团体而彼此以同胞相称矣。彼等不独在本团体中如是，即视他处之人，亦莫不如是，并能通力合作，提高人类之地位，而扫除偏见与争斗之恶习，使天国能实现于世界也。

此非绝大之奇事耶？岂尚有他事可与比拟？设彼等之工作能推而广之，普及于天下，则必成为更大之奇事也。凡有远大之目光者，皆能感觉斯更大之奇事，因无日不在进行中也。

大同教从波斯（伊朗）发轫，其后，土耳其、美国、印度、缅甸等国，信徒已发展至世界各地，全球有教友聚居之地达三万三千余处。各地信徒，大都发行刊物，宣传教义，热心传教工作。至中华民国方面，则已于民国五十七年正式成立总体会，信徒亦日益增加……不过为数尚少。但其感化力极大，教运非常发达；如酵母之于食物，可使全体人类发生变化。

大同教信徒最重要之点，是否能按照博之教训而行。因博为圣约之中心，故此项运动之成功与否，其唯一之标准，不在信徒之多寡，而在其道理之是否普遍及其感化世界之程度如何。人咸知自博降生之后，世界之变迁更为迅速，而其奇异之进步，颇合于博五十年前所教者，亦为显而易见之事实。凡存心公正者，一阅本书前数端之事实，即难加以否认矣。大圣为预言所明指者，而大圣在世之时，亦明明极力提倡之，则因此而起之改变与其事实，发生相当之关系，亦属可能之事。读者若稍知心灵感通之现象，或祈祷之感化力者，则易知博之灵力于有体恤力与收纳力之人心中，必能发生极大之感化力，不论其人远在何处，或曾否闻博之名也。

巴与博为先知

对于巴与博之生活及教训愈研究，而愈难解释。诚令人莫测其高深。所可言者，唯知彼二人自幼受神圣感化。生在迷信固执之空气中；且其教育程度极浅。而与西方之文化并无接触。既无势又无财，然亦无求于人。且其受人逼迫及不公正之待遇，为世界上有威权者所忽视与反对。因执行使命，曾受鞭打、监禁及各种虐待。彼等孤立于世，仅有造物佑护之。其处境之困难，可谓至矣。然卒能得最后之胜利，已极显明矣。

其目标之高超与尊荣，其生活之高尚，与所受之牺牲，其大无畏之胆量与信仰，其奇异之见识与智慧，其目光之远大，能明悉东西各邦之需要，其道理之适合时宜与包罗万象之气概，故能感化信徒，使其全心热诚服从；其感化力之伟大与潜势力侵入人心之深，其创立宗教并使之进步，凡此种种皆可表明彼为先知之铁证，实较各教之仅有历史之证据为可恃也。

荣耀之前途

大同教之喜音乃宣扬造物之大恩赐及人类将来之进步，诚为人类所得最大最荣耀之默示，集历代诸默示之大成也。其宗旨不外乎再造人群，与创造新天地。斯项工作即昔日诸先知，终身所矻矻以从事者。诸大教师并不自相竞争。亦非此一显圣彼一显圣，而不相贯通者。实合先知之众显圣，而大告厥成者。如亚所云："尊崇耶稣不必降低亚伯拉罕，尊崇博爱和拉亦不必降低耶稣。不论在何处吾等唯当欢迎造物。因其要点为众大使者咸来高举完善之神旗也。彼等均如明星在同一圣洁之天下发光。照耀世界也。"

其工作为造物之工作也。造物不独命先知工作，并令众人在创造之工作内，相助为理，即使拒却之，亦不能阻止工作之进行；因造物之旨意，必能成功。若吾放弃此责任，则造物将令他人为之，而吾则失去生命之意义与目的矣。若能与造物为一体……敬爱之，侍奉之，而为其创造力之引导线，甚至不觉本人之生命，而仅觉造物丰富之生命……是即大同教最荣耀而不可思议之成功也。

人心本善，因人之形象系仿造物而造。故一见真理即不再继续走入愚笨之途。博曾言明不久众生将接受造物。全人类将归向公义而表示服从。一切忧伤，将变成快乐。病痛变成康健，世界各国将变成上帝救主之国，而永受治理。无论上天下地，均将在造物中变成一体，永享快乐。

宗教刷新

现在世界之状况，各教中除极少数人外，颇能证明，盖其已醒悟而明了教义。博之一部份（编者按：分）大工作为令人醒悟也。渠欲使耶教徒为好教徒，回教徒为真教徒，使各教信徒皆忠于其教之精神。博亦应验诸先知之允许曰："时机已告纯熟，更荣耀之显圣即将降临，使彼等之工作成功。"博所宣扬之心灵真理，较诸先知所言者为丰富，而其宣示造物志意之教训，对于现世之一切个人及社会问题，极为普遍，而为新文化坚固基础，最适于将开始之新时代之需要也。

新默示之需要

统一人类，合并世界各教，融和宗教与科学，提倡世界和平、国际裁制、国际公理庭、世界语、解放妇女普及教育，废除奴仆制及劳工界之奴隶制，组织统一之人群，而尊重个人之权利自由……对于此种艰难重大之问题，耶、回等各教之信徒，意见自来不同，即至现今意见仍极分歧。但博曾宣示极显明之原则，若能服从之，则世界将变成天府矣。

公众之真理

有人云："大同教极适宜于波斯及东方诸国，但不宜于泰西各国，故在西方则无需乎此。"亚答之曰:"博之事业,为求普遍之利益也。若有普遍之利益,即为神圣。凡是真理,即属于大众者。反是,则亦无人承受之。神圣之事业既有普遍之利益,即不能有东西之分。真理之光荣普满东西南北,其热度到处皆觉之。……固无南北极之分别也。昔耶稣显圣之时,罗马人及希腊人,自以为其文化完善,视耶教为犹太人之教,而鄙弃之。但因此一念之误,曾失去其特别之恩赐。因耶教之原则与博之戒条相似,而同轨者。唯昔时神圣之事业虽在进步,但尚在胚胎时代,其后渐进至初生时代,而孩童时代,而少年时代。今则光明灿烂照耀于人寰矣。

诚哉!凡能透彻明白此中玄妙而与光明之世界为伍,则能得真快乐也。"

亚之最后遗嘱及圣约

新境地

大同教亲爱之领袖亚卜图博爱逝世后,其历史遂告一段落,而进入另一新境地。因其圣义已渐发展,故宜有相当制度之组织,以联络天下各友人之工作,俾得统一而增高其效率。其组织之梗概,博曾略述之,而亚在其最后之遗嘱及圣约中,更明言之。其计划中含有下列之三大要素:

一、保守造物之大道者。

二、造物大道之助手。

三、灵体会议分为本地、国家及万国三种。

造物大道之保守者——圣护

亚曾指定其外孙沙基芬地为保守大道之负责者。沙为亚之长女谢稚意嘉农之长子。其父密士哈地乃巴孛之亲戚(非巴孛之后裔,因巴仅有一子早夭)。在亚逝世之时,沙年二十五,在英之牛津大学中卜利尔校肄业,亚之遗嘱如下:

"亲爱之友朋欤!受苛待者(指己)过去后,圣莲树之枝叶(指巴与博之亲族),造物大道之助手,及至美造物之亲爱者,咸宜归向沙基芬地。……此少年之肢体出自两圣莲树(指巴与博),即为二圣树之肢体联合而结之果也。渠为解释造物之道理者。为造物之记号,为被选之枝体,为造物大道之保守者。今后其后裔之长子,宜继续之。因此各枝叶与造物大道之助手及造物之亲爱者,皆宜归向之。……幼少之圣枝,造物大道之保守者及选举而设之普通议会,皆在至美造物保护之下,而受至高圣者之看护及指导。但愿余之生命贡献于此二者(指枝与会)。凡彼所定者,即为造物所定者也。

造物所亲爱之人欤!造物大道之保守者,当在生时指派其继任者,以免去世后发生争论。凡受指派者,务须表示超脱红尘而为清洁之结晶。务须畏惧造物而有见识、智慧及学问。设使保守造物大道之长子不能表显(有其父必有其子)其真精神,不能保守心灵上之遗传,及其后裔之良善品格,则造物大道之保守者,当指派他枝属为继承人。

造物大道之助手中须互选九人常川协助保守造物大道者之一切重要工作。九助手之选举法,当全体或多数助手中选出,而保守大道者所指派之继任者亦宜得九人之同意。征求同意之正反表决法,正反二票俱不必记名(即无记名投票法也)。"

造物大道之助手

博在世之时，曾经派诚实可靠之友人四名以负指挥提倡教务之责，而名之曰“造物大道之助手”，但四人中有三人去世。所仅存者，唯亚耳。其遗嘱中曾预备组织永久团体，助理大道之工作及扶助大道之保守者。亚书曰：“友朋欤！造物大道之助手，务须由造物大道之保守者指派之。……其义务须为传布造物之圣旨，及训育陶冶人类之心灵。不论何时何地，常使圣洁而无尘垢。其语言动作皆当有畏惧造物之表示。

造物大道之助手团，当受造物大道保守者之指挥。当时时促其努力，尽量宣扬造物甜蜜之恩赐。并指导世界之人民。因造物指导之光辉，能使宇宙变成光明也。”

灵体会议

大同教本地灵体会议之组织，前章已略有叙述；而其工作亦已在世界各地进行矣。此外博与亚亦提议国家及万国灵体会议之设立。亚之遗嘱中有曰：“造物所预定之灵体会议，为万善之源，并脱离一切谬误，当由信徒用普遍之选举法组织之。凡属会员宜知敬畏造物之心，乃为明达智识之源。务宜始终信仰造物及亲爱人类，而愿其受福。此项会议即为万国灵体会；而在各国当有次级之会议。万国灵体会议之会员，当由各国之会议选举之。无论何事，可由该会解决之。如审定圣经中未曾明定之教义及律例等，皆当在此会中议决。因此该会可解决一切艰难之问题，而大道之保守者，即为该会之终身领袖或主席。若不能躬亲莅会，则当派一代表出席……此会所通过之法律，当由主席执行之。立法团体务须扶助行政之人；而行政者务须援助立法者。若二方面之力量能协和合作，则公平及公理之基础，即可达到坚固健全之地位。然后世界各处即能与天府相同。

众人宜信从至圣之经。若经中未载者，则可询问万国会议。凡为全体或多数会员所审定者，即可视为造物之旨意及真理。凡有不服从者，即系私心自用，而违背造物之约者也。

万国会议之会员宜聚集一地，考察各种问题。如遇怀疑或隐密之处，而非圣经中所明载者，一经审定，即等于圣约之言。会议既有立法权以规定圣约所未载之事及日常之事务，故亦有权删除其已规定者。譬如灵体会今日规定一律而施行之，百年后因时势之改变，境遇不同，为适应潮流起见，当有改变之必要，即可加以改窜。因其规定之法律，非圣经之明训也。故此项会议，实为创造及革除律法之机关也。”

亚之圣约之摘要

亚之最后遗嘱与圣约极为紧要。其中曾论及重要问题，而其解决之法亦含有深奥之智慧。是以目下不宜将其记载轻加注解。今在书尾引用数段作为结论该项记载中表明重要之精神及原理。亚亦曾受此项原理之指导而获益匪浅。若将此教训传授忠心之信徒，实为最宏富之遗产也。

“造物之亲爱者！在此神圣之天道中，不宜有争斗或争论之事。凡轻于启衅者，即自行取消其造物之恩典也。人应彼此相爱，充分表现公正、直爽、慈爱等美德。各国各邦之人皆应一律待遇，不当有远近亲疏之分。其爱人之精神务须尽量扩充；即在疏远者，亦当以友人相待。化仇敌为兄弟；因同属人类，固不应有所厚薄好恶于其间也。造物乃普遍者。若强加限制，即为世俗之见矣。

亲爱之友朋欤！用真实、公正、忠诚、敬爱、慈善及友谊之心，与天下各种各族各教之人交际，使普天下能得造物恩赐之圣乐。使愚笨、仇视、怨恨及恶感皆可绝迹于世。使各民族畛域之成见，可变成统一光明之心胸。若他族他邦有欺汝之行者，汝当示以忠实之心。若他人以不公正待汝，汝当报以公正。若他人仇视汝，汝当以友爱相待。若他人毒害汝之生命，汝当使其灵甜蜜。若他人损害汝，亦当以药敷其创痛。善良者！其亦有斯特性欤！造物之亲爱者！汝等当服从一切公正之君主。以极忠诚之态度伺候世界上之君主而为之求福。若未得其准许，切勿干涉政治；因不忠于公正之君主，即等于不忠于造物也。是即余之劝勉语，亦即造物之命令也。若能照此而行必可得福。

造物欤！汝曾见众生为余而悲哭，而余之亲属反为余之受害而欢喜。余之造物欤！赖汝之荣耀使余之仇敌中，亦有为余受苦难而悲伤者。使嫉妒余者，亦为余之被充军受苦楚而流泪。彼等有如此之感触，因在余之心中除仁爱与责任及敬爱于恩典外，别无他物也。彼等见余辗转于痛苦艰难之洪流中，犹如为众矢所射击之鹄的，即发生怜恤之心，而热泪直流矣。并加以证明曰：'造物为我等之见证，除忠仁、宽恕、怜惜而外，未尝见其表现其他性质也。'违背圣约者，预言凶恶者，见余受最悲痛之苦难而反表示快乐，见余遭遇痛心之事更拍掌称快。造物之主宰欤！余用全心全力恳求，勿因彼等之凶恶与奸诈而施以报复，因彼等愚笨而不自知其过也。彼等不能辨别善恶、是非、公正与不公正。彼等放纵情欲而蹈不完善者及愚笨者之覆辙。余之造物欤！赐恩典彼等。在此艰难之时，庇护之，勿使其受难，请将一切痛苦艰难集于汝仆之身；因余已坠入黑暗之坑中，甘受一切痛苦，而为汝之亲爱者代受牺牲。至高之造物欤！愿余之灵魂、身体、灵心等皆为彼等而贡献而牺牲。造物欤！造物欤！余俯伏于地，至诚祈祷赦免一切加害于吾之人而曲加宽恕；完全洗涤其罪恶，赐宏恩于彼等。自忧虑中拯救之，令其快乐。赐和平与富裕与彼等。赐福与恩宠于彼等，造物乃至荣耀而有威权者，自能拯人于危难之中。

耶稣之门徒忘其一己之私，尘世之事，抛弃妻孥财产及其所有一切，奔走四方，大声疾呼，使世人咸来受神圣之指导，使世界终能完全改变。全地充满光明，至最后之时尚能为造物之亲爱者完全牺牲，甚至为荣耀之殉难。凡有作为者，当追随而效法之。造物欤！余之造物欤！余恳求造物，众先知、众使者、众圣人、众贤人皆为余之见证，因余曾向造物之亲爱者彻底宣布造物之证据，曾明白中述诸事于彼等之前，使彼等能保护造物之信仰，保护造物之正道，保护造物荣耀之法律。诚哉！造物乃为全智全能者也。"

结　论

大同教在圣护沙基爱芬迪之指导下，日益发展。西元一九五一年，有十一个总灵体会成立，嗣即设置万国大同教会，为世界正义院之前驱。其后，圣护复指定若干教友为圣辅，至一九五七年，共有圣辅三十二人，从事传播大同教之工作。至圣护逝世时，尚有圣辅二十七人健在人间。各圣辅并分别指定若干教友，在各洲协办教协，称为圣助(Auxiliary Boards)。

圣护常训诲教友，研求教义，设置教务机构，悉遵正轨。至西元一九三七年，成立美国大同教会，使之传布博之福音。此项圣工计划，为亚于世界第一次大战时所订，为传播教义之宪章。

依此计划，传教工作次第展开，从西半球开始，继而欧洲、亚洲、澳洲、非洲。西元一九五三年，圣护又号召教友，从事"十年环球圣工"，以传教于世界各地。

西元一九五七年，"十年圣工"推行及半，而圣护逝世于伦敦，勤劳圣教者三十六年。

圣护无继承人，于是一九五七年十一月以后，即由二十七位圣辅共同主持教务，至西元一九六三年止。此时，十年圣工圆满结束，圣辅乃召集全球五十六个总灵体会代表，集会于大同教世界中心海法，选举成立第一届世界正义院。

世界正义院既经成立，全球各地教徒集会于伦敦，以庆祝博利时万宣言百年纪念。

根据博圣盟约之规定，世界正义院有教务立法之全权，有领导圣工之责任。在亚遗嘱及圣约中，规定世界正义院之选举方式，并昭示其直接承巴孛与博之导引，而为大同教之最高机构。

博之圣盟约为大同教之基石，大同教一切机构据此而建立，一切发展借此而奠基。基于此，上帝之圣言有权威之解释。基于此，此种神圣的权威得以永续。

在较早之各宗教中，圣书解释纷歧常为教派分裂之源。故博爱和拉于其圣盟约中，指定其长子亚，授以解释圣言领导教务之全权。亚复于其遗训及圣约中，指派其长孙沙基芬地。故大同教无职业的传教士，任何人不能自作聪明解释圣书，一切圣权均赋予根据大同教圣约而成立之机构。

由于大同教具有此项特色，乃不致蹈其他宗教之覆辙，而产生分歧扰攘。乃不致被人为之教条与理论所侵蚀。博之圣教乃得以纯洁而不染，永为人类灵性生活之泉源。

西元一九六八年，世界正义院为继续发展传教，设置各洲教务委员会，其委员由世界正义院指派，与各圣辅密切合作。各洲圣助之人选指定与工作指导，改由洲教务委员会负责。圣辅之现仍健在者尚有十九人，得各洲教务委员会与圣助帮助之，遂能在全球各地，扩展其传教工作。

世界正义院遵圣护之昭示，订定全球传教计划。其第一期为“九年计划”，自一九六四年开始。至一九六九年，大同教已传播于一百三十九个独立国家。全球有教友聚居之地区逾三万三千处；大同教典籍已译成四百二十一种文字；第五座灵曦堂已在巴拿马兴建中，另有五十余处已拥有建堂基地；已有八十三个总灵体会及六千八百余地方灵体会正式成立。

最令人鼓舞者，为在各地之传教活动。非洲、印度、东南亚及拉丁美洲，均有大批当地人士信教，为全世界大同教会之组织与社会活动，开辟新天地。

亚卜图博爱之箴言*

曹云祥译著

著者序

关于亚卜图博爱，亚伯斯爱芬地到欧洲的旅行，已经有很多的著作加以叙述了。当他住在巴黎克蒙恩斯路四号的时候，他每早晨向许多聚集在门前要听他的教理的人们，作简短的谈话。

这些听众是属于许多国籍和各种思想的人，有学识和无学识的，各种宗教中的，神学家和现实家，物质主义者和精神主义者等等。

亚氏用波斯语讲，由翻译者译成法语。

在这些谈话中，我的两个女孩子，我的朋友同我自己四个人同时笔记。

许多朋友劝我们把这种笔记用英文印刷出来，但是我们总是踌躇着。到最后当亚氏自己叫我们办的时候，我们自然就答应了，虽然我们觉得，以我们的文笔去记这种崇高的福音，是力量不能的。

法语翻译的流畅和简切，我们是努力在英文本中保持着。

S. L，B. ，M. E. ，B. R. E. C. B. 与 B. M. P.
于蒙脱伯莱林，威维

大同教的沿革

为使读者明了大同教的历史起见，特将其沿革约略的叙述于下：——

大同教的创始者为博爱和拉(Bahá'u'lláh)，博氏是在西历一八一七年诞生于波斯国境内泰歇兰(Ṭihrán)地方的。他信仰巴孛主义(Bábism)。当时波斯国政府和其所御用的教士们，因巴孛所宣传的教义和他们从来所固守着的传统的信条不相符合，对他都存很憎恶和敌视的态度，到后来竟把他杀害了。博爱和拉在这时同几个重要的巴孛主义的信徒都被放逐到白格达得(Baghdád)，后来又在奥多门政府(Ottoman Government)严重监视之下，驱送到康士坦丁露布罗(Constantinople)和亚句

* 上海大同教社，1932 年。

里安露布罗(Adrianople)等地方。这是在后一个地方,博氏才公开宣布他的使命的。他是"上帝所要显示的人",是巴孛在其著作中所宣称的人,是在最后时日预期的上帝的伟大显示。他致函各国君王,叫他们和他共同来树立一种新的宗教,并促进世界的和平。就在这个时候起,凡是以前的巴孛教徒,现在跟随着他的,就都成为大同教徒了。于是苏丹又把他放逐到派勒斯丁(Palestine)的亚加('Akká)地方,在这里他完成了很多教理上的著作,在这里他于一八六八年(编者按:应为1892年)去世了。他委托他的儿子亚卜图博爱('Abdu'l-Bahá)继续推广大同教和联合世界各处教徒。实在讲起来,大同教徒是在世界各处都有了,不仅是在回教国内,就是在欧洲各国,以及美国、坎拿大、日本、印度等处,无不有大同教徒的踪迹。这是因为博氏能将巴孛主义改成一种世界宗教(大同教)的缘故,这种教是集一切古先信仰之大成的。犹太人等候救世主之到来,耶教徒等候耶稣之复活,回教徒等候马帝(Mahdí),佛教徒等候第五佛,火教徒等候沙巴兰(Sháh-Bahrám),印度教徒等候里士拉(Krishna),无神论者等候社会组织之改良,而博氏一人则代表以上一切,如此消除各宗教间之意见和纷争,使他们在原始的天真中相睦起来,使他们解除腐败的信条和仪式的束缚。因为大同教是没有牧师,没有宗教的仪式,没有公众的祈祷,它的唯一信条是信仰上帝和他的显示(左鹿斯特、摩西、耶稣、博爱和拉等)。博氏的重要著作为《意纲经》(*Kitáb-i-Íqán*)、《亚可得斯经》(*Kitáb-i-Aqdas*)和《亚得经》(*Kitáb-i-'Ahd*)以及致各国君王和私人的信件等。仪式在宗教中不关重要,这个须在生活的行为中表现,在友爱中成就。人人应有固定的职业,儿童教育应有明文规定。无人有权接受罪恶的自首,或予人以赦宥。现时各宗教中的教士应废除独身主义,以身作则,宣扬教义,融合于人民的生活中。一夫一妻制应普遍的提倡等。凡未论及的问题即依照各国的法律办理,或由博氏所建议的公理裁判所判断。尊敬一国的元首就是对于上帝尊敬的一部分,制定世界语和设立国际公断法庭可以消灭战争。博氏讲"你们是一树之叶,一海之水"。总而言之,大同教并不是什么新奇的教,不过是冶各教于一炉而加以改良罢了。博氏死后,大同教由其长子亚卜图博爱主持,本书即其在巴黎之演说辞,对于大同教理,解释得极为明显,故特译出,以介绍于国人。亚氏于十余年前去世,现在大同教由博氏之外曾孙沙基芬地主持。

译者　一九三二年四月三〇日于上海

阿博都·巴哈在巴黎

一、优待外人之责任

一九一二年十月十六至十七日

一个人只要信仰上帝，他就会发现无处不是光明，他就会看待所有的人们如同兄弟一样。假若遇着面生的外国人，不要因为礼节习惯的不同，对于他们表示冷淡无情，更不要把他们当歹人看待，好像他们是盗匪窃贼一样。你或者以为同这些不可靠的人交际，不免有点危险，须得小心一点。

你不要专为自己设想，你得善待外人，不管他是从土耳其、日本、波斯、俄国、中国或其他的国家来的。

你得设法使他们感觉舒适，问问他们，是否有需要你帮忙的地方，勉力使他们的生活比以前愉快。

如此，就是他们真的不是好人，然而因为你们以和蔼亲热的态度对待他们，就会使他们变为好人。

根本讲起来，究竟为什么要把外国人当生人看待呢？

要使与你接触的人，不用你自己声明，也知道你的确是一个大同教的信徒。

要实行博爱和拉的教训，友爱万国，不要空谈友爱，就算了事。使你的内心，充满着爱的燃烧，对于所有的人们，一视同仁，无论其为友为敌。

呵，诸位西方的人民，希望你们对于从东方来到这里游历的人，亲热的待他们。你们与他们交谈时，要把自己的礼节忘记，因为他们对于这里礼节是不惯熟的。在东方的人看起来，你们礼节中的态度，好像是冷淡无情。你们须有亲热的态度，使人知道，你们是充满博爱的心情的。当你们遇着一个波斯人，或者别的国家的人民时，与他谈话，就要如同与老朋友谈话一样。如果他觉得孤单，想法子帮助他；如果他悲愁，安慰他；如果他贫苦，周济他；如果他受压迫，救济他；如果他哀苦，体恤他。这样的做下去，就能表示你们不仅在言语中，而且在行为中，的的确确是把所有的人们看待如同兄弟一样。

仅是口头赞成博爱主义，空谈人类统一，究竟有什么益处？这些思想，若是不能见诸实行，就毫无实用了。世界上的错误继续存在着，就是因为人们只知空谈理想，不去实行，假若行为能代替言语，世界上的愁苦，就会变为幸福了。

一个人行伟大的善事，而绝不告人，必能成为完善的人。

个人做了一点很小的事，故意用言词夸大其行为，这是毫无价值的。

假若我爱你，我用不着常常告诉你，我是在爱你……你也不用我讲，自然会晓得。反之，假若我不爱你，你也会知道——我就是对你讲一千次，说我爱你，你决不会相信。

人们常常表扬自己的好处，夸耀自己的行为，因为他们想使人知道，他们是比别人伟大，比别人善良，以沽名钓誉。而一班行善最多的人，反对于自己的行为，绝少提及。

信服上帝者，是服从天道行善，绝不夸耀。

我对于你们的希望是，你们总不要有专横和压迫的行为，你们往前努力继续不断，使公理统治世界，你们要保持思想的纯洁，使你们的行为公正。

这就是你们倾向上帝必由之道，也就是我对于你们的希望。

二、真思想之价值和力量全在行为中表现

十月十八

人的实质，在其思想，不在其肉身。思想的力量与兽性的力量，是相并的。虽然人是动物界之一，然人有思想的权力，故能胜过其他动物。

假如一个人的思想，总是向上，他就能成为圣贤。假如他的思想不能向上，总是倾向形以下的现实事物，他就会渐渐的物质化，到了后来，所异于禽兽者必无几了。

思想可以分为二类：

（一）理想之思想；

（二）行为之思想。

有人以有高尚之思想为荣，然思想若不能实行，还是没有用处，思想的权力，要靠行为表现。哲学家的思想，对于世界的发展和进步，虽然本人终其一生不能或不愿实行，然而往往交给别人去实行了。这班哲学家的思想，总是超过他们的行为，哲学家之仅为哲学家，与哲学家之能为心灵的导师，其分别就在此。心灵的导师以身作则，言行一致，对于心灵的见解与理想，不尚空谈，注重实行。他们拿行为，向世界表现他们的圣灵的理想。他的思想，就是他的为人，他的行为不能与思想背道而驰的。我们看见某个哲学家，一方面提倡正义，主张公道，一方面却又鼓励横暴的君王去压迫虐待人民。我们马上知道，他是属于第一类的哲学家，他只有高尚的理想，没有忠实的行为。

心灵的导师决不会如此的，因为他们总是用行为表示他们的高尚宝贵的思想。

三、上帝为一伟大仁慈的医生施给真正的诊治

十月十九日

真确的医治，是来自上帝。疾病的原因有两种，一种是物质的，一种是精神的，假若肉体生病，就需要物质的方剂，假若心灵生病，就需要精神的方剂。

我们在受治疗的时候，假若上帝施给我们恩典，就能得着全部的治愈。因为医药只有诊治我们的外表，我们的内心，只有上帝方能医治，而且除非有心灵上的医治，单是肉体上的医治，是不值什么的。一切都在上帝的掌握中，没有他，我们就无医治可言。

有许多人专门研究某种疾病，结果反害着这种疾病而死。譬如亚里士多德，专门研究肠胃消化，是害胃病死的，亚维苏是心脏病的专家，自己反害心脏病而死。上帝是伟大仁慈的医生，只有他能有施给真确医治的权力。

万物都须依靠上帝，无论他们的智识有多高，力量有多大，独立性有多强。

请看世界上一班极有权威的君王，他们有无限的力量，但是一旦死神临门，他们也是同穷苦的人们一样，须得服从。

请再看许多动物，虽然有很大的气力，也是怎样的无用！像是动物中最庞大的，怕蝇子咬，狮是

动物中最凶猛的，怕虫类伤害。就是人为万物之灵，也是需要许多东西，方能生存。第一样就是空气，因为一个人没有空气，在几分钟内就会窒死；次之就是水、食物、衣服、温热，以及其他等等。在人的周围，尽是危险与困难，对于这些危险与困难，他的肉体是不能单独抵抗的。假若一个人环顾世界周围的情形，他就会知道宇宙万物都须服从自然的定律，不能逃出它的范围。

只有人，因为有思想的权能，不受自然的限制，能够征服自然，利用自然。

没有上帝的帮助，人也会同禽兽一样，要受自然的淘汰。但是上帝赐他不可思议的权能，所以他能够向上，能接受各种恩典，能接受圣灵的医治。

噫！人类对于他们的特殊秉赋，不知道感谢上帝，还是醉生梦死，宁舍光明而就黑暗。

我诚心祈祷，诸位不要如此。诸位要决心向光明的道路上走，于是诸位在生活的黑暗中，就会如同明亮的火炬一样。

四、东西人民有互相联络之必要

十月二十日

亚卜图博爱讲：——

古今真理的灵光，总在东方照耀。

亚伯拉罕出在东方。摩西在东方出世，教导人民。耶稣降生东方，穆罕墨德是一个东方国家的人民。巴孛生于东方波斯国。博爱和拉是在东方生长，在东方施教。所有伟大的心灵的导师，都是出在东方。但是耶稣虽然诞生于东方，他的教义已传播到西方，而且在西方的势力，比在东方更大，西方人民受他的思想的影响，是非常的深刻，他的教训是深入于西方每个人的心灵中。

在现时，东方是需要物质方面的进步，西方是需要精神方面的进步。假若双方交换，东方把精神方面的思想，输给西方，西方把科学知识，输给东方，那就再好没有了。这种互相交换是必不可缺少的。

东西两方必须团结，互相交换其所需要者。这种团结，可以促成真文化之实现，精神与物质双方并进，都能发扬光大。

如此互相交换，和平又可实现，所有人们能联络一致，坚固的团结起来，达到一个最完善的境地，而世界就会成为一面明镜，反映上帝的恩德。

我们全体，东方与西方国家，常用全副精神和思想，日夜努力，以求达到这种高尚的理想，使世界各国坚固的团结起来，于是人人快乐，处处光明，一齐向上，人类的幸福得着保障。

我们当祷告，上帝的恩典使波斯能够接受西方物质的和智识的文明，同时输给西方精神方面的思想。东方与西方的人民若诚心努力合作，必能成就这种目的，因为有圣灵的力量帮助。

人们当悉心逐条研究博爱和拉的教义，以求心灵上的彻底了解，如此方能成为上帝的忠实信徒，在波斯，在欧洲，在全世界，宣扬真文化。

这就是将在世界上产生的天国，全人类在这光荣的天国统一的帐幕下团结起来。

五、上帝领会一切，不为一切所领会

十月二十日晚间

在巴黎每天有许多集会举行，宗旨各有不同，讨论政治、教育、商务、美术、科学等等问题。这些集会都有他们的价值，但是本会之召集，是为着一齐归向上帝，是研究如何为人类谋幸福，如何消除偏见，并在人们的心灵中，培植友爱和感情的种子。

上帝赞成我们这会的宗旨，并且会赐给我们恩福。

在《旧约》中，上帝讲“让我们照我们自己的形象造人”。在《新约》中耶稣讲，“我在父里面，父在我里面”，在《可兰经》内，上帝讲“人是我的奥秘，我是人的”。博爱和拉说上帝讲，“你的心是我的家，把它弄洁净，以备我的降临”。“你的心灵就是我的视线，准备着，待我示显”。

所有这些圣语，是表明人是照着上帝的容貌创造的。然而上帝的精灵，不是人类的智识所能领会得到。因为有限的智识不能应用到无限的奥妙上去。上帝包罗万象，不为万象所包罗，包罗者胜过被包罗者，整个大过部分。

人类所知道的事物，不能超过其智识能力范围以外。所以人的智慧不能领会上帝的尊严，我们的想象力，只能达到一切有形的东西。

宇宙间各物的智慧能力，其程度高低不一。矿物、植物、动物除开自身以外，对于别的物件，不能有了解，矿物不能想象植物的生长力，树木不能知道动物的行走能力，更不能领悟视听觉是怎么一回事。视听觉是属于生物界的官能。

人类是生物界之一，但是下等动物不能知道人类的思想，不能明了人的智慧，只有限于五官范围以内的知觉，不能想象抽象的事物。一个动物不能知道地球是圆的，与地球绕日而行，以及电报的制造等。只有人才明了这些事情。人是万物之灵，在所有的动物中，与上帝最接近者。

一切物类，高等的决非下等的所能领会，所以人又如何能够明了万能的一切的创造者呢？

我们所能想象的，不是上帝的本体，他是不可知晓的，不可思议的，超乎人类一切思想之外。

一切生存的动物，都须依靠圣灵的恩典，圣灵的恩典给予生命的本身。如同太阳的光线普照世界，无限量的上帝的恩惠是遍施万物。如同阳光使果实成熟，使一切生物得着生命，得着温热，真理的光辉是照耀在一切人们的心灵上，使人们的心灵充满着圣爱与智慧之火。

人之所以能胜过世界上一切其他的动物者，又在于他有一个心灵，在这个心灵内，藏有圣灵的精神，其他动物的心灵在本质上是低下的，不能有这种功能。

于是就毫无疑问的，人在各种动物中是最与上帝的品性相接近，所以能接受圣灵的恩典中最大的赐给。

矿物有存在力，植物有存在与生长力，动物除开存在与生长力外，还有行动的能力，而且能应用五官的知觉。人类则除兼有各种动物的能力外，更有许多优长处，是先天创造的总和，包罗一切。

人受智慧之助，因为有智慧，他才能接受圣灵的光辉的一大部分。完善的人如同一面磨光的镜子，反映真理的光辉，表现上帝的德性。

耶稣说：“看见我的人，就看见父。”——上帝由人表现。

太阳在天空中不曾离开它的位置，下降到镜子中，只有镜子反映它的光线。因为升降与来去的动作是不属于无限量者所有的，这些动作只是有限量出动物才有的。上帝的启示，为光明的镜子，在某种为人类所能领会的形式中，表现圣灵的德性。

上帝不会责备我们不接受我们所不能相信或不能领会的教规，因为上帝对于他的人民，是无限量的公正。

这种解释是极合逻辑的，任何人只要稍加思索，就能够明了。

愿你们每个人都成为一盏明灯，灯的火焰就是上帝的仁爱；愿你们的心灵为统一的光辉所照耀，愿你们的目光因真理的阳光而晶莹。

巴黎是一个美丽的都城，在现在世界上，找不出比这文化更进步，物质更发达的城市。但是圣灵的光辉在此处久已消逝，这个城市的精神方面的进步，比较物质文化是落后多多了。所以需要一种至高无上的权力，唤醒它的迷梦，使它得着圣灵的真理的实体，吸收新生命的意识。你们必须团结努力，振起巴黎的生气，由最高力量的帮助，激发人民的精神。

病势轻松者，只要些微的医药，就能诊治：但是轻病一变成险症，就必需天医诊治，使用重方。有些树木在寒冷的天气内，开花结实；又有些树木，果实的成熟，需要强热的日光。巴黎现在是如同后一类的树木一样，在心灵的发展上，是需要上帝灵力的强烈光热。

我希望你们各人跟随真理之光和圣训，上帝必以其圣灵的精神，帮助你们，使你们能够征服困难，消除一切使人们分离憎恨的偏见。使你们的心灵充满着上帝的爱，并且要使人人都如此，因为无论任何人，都是上帝的仆人，都有接受上帝恩赐的权利。

对于一班思想物质化与退步的人们，尤其要尽量的表示友爱及忍耐，如此，你们以友爱的表现，方能使他们加入联合的团体中。

倘若你们对于这种伟大的工作，忠实地做去，顺从真理的圣光而无改变，大同友爱的幸福时日，就会来到这美丽城市中。

六、战争的悲惨原因和每人努力求和平的责任

十月二十一日

亚卜图博爱讲：——

我希望诸位快乐和健康。我自己是不快乐，很忧愁的。本嘉西的战争消息，使我的心中悲痛。我不了解，人类的野蛮性依然还在世界上存在着。人类如何能够朝夕从事战争，互相残杀，使同类间有流血的惨剧呢？到底为的是什么？为争夺地球上一部分的土地而战罢。就是禽兽的争斗，也有比较合理的原因。人类为最高尚的动物，竟因为争夺一片土地，互相厮杀，残害同类，这是何等的一件可怕的事！

最高的动物，乃为最低的物质——土地而战！土地不是哪一种人民的，是属于所有的人民的。现在的世界不是人类的栖所，简直成为人类的坟墓，人们为争夺坟墓而战。世界没有东西再比坟墓可怕，这是人类腐朽尸体的埋藏所呵！

战胜者的势力尽管庞大，他征服的国家，尽管有许多，但是对于他所蹂躏的这些地方，结果他一

点也不能保持，他仅能永远占住一块小小的地方，就是他的坟墓。

假使是因为改良人民的生活，因为推广文化，因为要把公平的法律代替野蛮的习俗，所以需要较多的土地，那么用和平方法，一定能够得到这种必要的土地的开拓。

但是战争之发生，是为满足个人的野心的，因为少数人的私欲，使无数的人民家破人亡，流离失所，使许多男女因遭受惨祸，肝肠寸断。

我们听到多少野蛮的残忍的行为和事实！有多少寡妇为她们的丈夫悲伤，有多少孤儿苦女为他们的亡父哀号，有多少妇人为她们的被杀害的儿子哭泣！

我嘱咐你们，要把全付的心思用在友爱和团结上面。假若有战争的意识跑进你们的脑海里，就马上用坚强的和平的思想去抵抗。假若有憎恨的念头，就用强有力的友爱的思想去消灭。战争的思想破坏一切和平、幸福安宁和满足的意念。

爱的思想创造友爱、和平、感情和幸福。

世界上的兵士拔刀杀人，上帝的兵士当握手亲善！如此，心诚意洁地往前进行，有上帝的恩惠帮助，人类的野蛮行为可以消灭。不要以为世界和平是一种理想、办不到的事。在上帝的天恩中，没有不可能的事。

假若你想要与所有的人们亲善，你这种精诚正确的思想必能传布给他人，渐渐的伸展，到最后所有的人们均与之同化。

不要灰心失望罢，努力往前进行，精诚和友爱必能征服恨憎。有许多好像不可能的事，在现时是都已实现了。你们往光明的道路上走去，对于一切人们表示友爱。"爱在人们的心灵中是圣灵的气息。"大胆的做去罢！上帝决不会摈弃努力工作和祷祝的人民。让你的心绪中充满热烈的愿望，希望安宁与和平的空气笼罩这个纷争的世界。如此，你们的努力必能成功，而"四海之内皆兄弟"的现象就会随着太平和亲善的天国降临。

今天在这里有各国的人民，法、英、美、德、意各国的兄弟姊妹们，在和善与友爱的空气中，聚首一堂！就让这种聚会为将来世界的一个模范，在那时人人了解他是一树之叶，一个园内的一枝花，一个海洋内的一滴水，一个父亲的子女，这位父亲的名字就是"爱"！

七、真理之光

十月二十二日

亚卜图博爱讲：——

今天天气明媚，阳光在大地上灿烂的照耀着，将光和热施给各种生物。真理之光也在照耀着，将光和热施给人们的心灵。太阳是大地上万物生命的给予者，没有它的热力，万物就不能生长，不能发育，要腐烂、死亡。人们的心灵也是一样的需要真理之光的照耀，去发展它，修养它，鼓舞它。真理之光对于人们的心灵，就如同太阳之光对于人们的身体，是一样的重要。

一个人在物质方面得到最高的进步，但是没有真理之光，他的心灵就会停滞无长进，感受饥饿。另外一个人在物质方面，或者是一无所有，在社会的阶梯上，是处于最低微的一层，但是受着真理之光的热力，他的心灵是伟大的，他的精神的智慧是光明的。

在耶稣教开始传播的时期，有一个希腊哲学家，虽然不是耶教徒，但是充分具有耶教徒的精神，曾经有过下面的一句话："我相信宗教是真文化的基础。"因为一个国家的国民道德若不加以养成，其人民尽管有智能和天才，而其文化是依然没有稳固的基础。宗教培植道德，所以是真确的哲学，唯一永久的文化就建筑在这上面。为证明起见，这位哲学家指出当时一班耶教徒都是有很高的道德。他的信仰是符合真理的，因为耶稣教的文化在世界上是最高尚的，最光明的。耶稣教的教义是受过真理之灵光的洗礼，所以教信徒们友爱世人，要如同兄弟一般，不畏惧任何势力，就是死也不怕！耶稣教徒要友爱他的邻居，如同爱自己一样，要努力为全人类谋幸福，忘记自己的私利。耶稣教的宏愿就是使人心渐渐的与上帝的真理之灵光相接近。

假使耶教徒能始终履行这些原则，从不懈怠，就无需有所谓耶教使命的再生，与人民的复醒，因为果能如此，世界早已有伟大的光荣的文化，天国早已降临。

但是不能如愿，过去的事实究竟怎样呢？人们对于耶稣的教义和上帝的真理，背道而驰。人心是如隆冬的寒天，冰冷无生气。人的身体既然需要日光，方能生存，所以至善的德行没有真理的光辉，就不能在人们的心灵内养成。

上帝决不会让他的人民陷在沉沦的苦海中，当隆冬的黑暗笼罩了人类时，他就派遣他的使徒，先知先觉者，去唤醒人类，使他们觉悟，恢复幸福的春天。于是真理之光重复在大地上照耀，射入人心，使人们从迷梦中醒悟转来，领受新曙色中的光荣。于是人类之树，重复开花，结出正义之果，诊治各个国家。人类对于真理的福音，把耳朵塞住不听，对于圣灵的光辉，把眼睛闭着不看，对于上帝的法律，不去理会，因为这种原因，于是黑暗弥漫大地，战争、暴动、纷乱、灾祸等把世界弄得一塌糊涂。我希望你们努力指导人们向真理的光明中走去，隆冬的严寒和黑暗，会因圣灵的光辉和热力，而消逝，融化。

八、真理之光普照东西

十月二十三日

一个人在某个地方找着了生活的快乐，他必定会回到那个地方去找更多的快乐。一个人发现了金矿，他必定会再跑到这矿里去挖掘更多的金子。

这是表现人们的天赋本性，与内在力量的自然流露。西方人士从东方得着灵光。天国的福音最初是在东方传播，但是它的功效，大部分是在西方发生了。

救世主耶稣出世，如同在东方天空的明星。但是他的教训的光辉在西方照耀得更灿烂，他的势力在西方已根深蒂固，他的主义在西方传播的范围，比在他的故乡更为宽广。

耶稣所提倡的主义，已在西方各地发生很大的影响，他的教义已深入于人心。

西方人民的信仰心坚牢，他们的基础稳固，有恒心，不容易忘记。

西方如同一株坚强的树，受着雨水的溉灌和阳光的照耀，就能及时开花，结出肥满的果实。但是由耶稣所表现出来的真理的光辉，久已不在西方闪射了，因为上帝的真面目是被人们的罪恶和懈怠所蒙蔽。现在我们要感谢上帝的恩典，圣灵重新在世界上显示，爱、智、力三大星宿仍然在天空中照耀，对于归向上帝的灵光的人们，都给予快乐。博爱和拉打破了偏见及迷信，解放了人们的心灵。我们当祷告上帝，求他以圣灵的精诚，给与人们的新希望，新的精神，使他们觉悟，服从天意。愿每人的心灵都活泼有生气，得着重生的快乐。

于是全人类在圣爱的光明中，都改头换面起来，这时就是新纪元的黎明时期了。于是最慈悲者的恩典就会雨一般的洒落在人们间，使他们得着新的生命。

我的诚恳的愿望是，你们要努力进行，以达到这个光荣的前途，要为创造新精神文化中的努力者，为上帝的选民，甘心情愿的实行他的圣旨。成功就在目前，因为圣灵的旗帜已经高高的举起，上帝的正义的光辉在天空中显现，普照世人。

九、博爱

十月二十四日

有某印人对亚卜图博爱讲：——

"我一生的目的，就是尽力传播释迦的福音到世界上。"

亚氏讲：释迦的福音就是爱的福音，上帝的先知者都带着爱的福音给世界。从来没有人以战争和仇恨为善行，人人都异口同词的赞美仁爱和慈善。

仁爱的实际要在行为中表现，仅是在口边讲讲，是没有效用的。要使仁爱表现它的力量，一定要有目标、有工具、有动机。

表现爱的方法很多，爱家、爱国、爱种，政治上的热心和服务社会的兴趣，这些都是表示爱的方法。没有这些方法，爱就成了看不到、听不到、觉不到的东西——完全没有表现发泄出来！水在许多方法中，表示它的力量，止渴使种子生长等等。煤最重要的功用是在煤气灯，电的最大的功用是在电灯，假若没有电流，也没有煤气，世界上就会终夜处于黑暗之中，所以爱一定要有工具、有动机、有目标去表现它。

我们应当尽力在人们中传播爱的种子。

爱是无限制，无边际，无穷尽的。物质的东西是有限制、有边际、有穷尽的。无限的爱不能以有限的东西表现。

完善的爱是没有自私自利的目的，不受任何限制。家庭的爱是有限的，血统的关系不是最坚固的结合，常常一家人不能和睦，互相仇视。

国家的爱也是有限的，因为爱自己的国家，就仇视其他的国家，这不是完善的爱。而且同是一个国家的人民，彼此中间，有时又不免互相内讧起来。

种族的爱也是有限的，虽然能使同种的人民联合起来，但是也无济于事，爱须没有界限！爱同种的人民，或者就是仇视其他的种族之谓，何况同种之间，又时常发生裂痕。

政治上的热情，引起党派的争执，因此这种爱也是有限和不可靠的。

服务社会的兴趣，也是一样的要发生变动，竞争嫉妒，结果仇恨代替了友爱。

几年以前，土耳其与意大利在政治上有友谊的谅解，现在两国从事战争了。

由此可以知道，这些爱的表现，都是不完全的。受物质的限制，决不能充分表现博爱主义。

伟大无私的爱是不能被这种不完全和半自私的结合所束缚。这是唯一完善的爱，对于全人类都是可能的，而且只有依着圣灵的力量，才能办到。现实的力量是不能成就这种博爱主义的。

让所有的人们在爱的圣力中联合起来罢！让我们在真理的光辉中努力前进，使所有的人们为友爱的精神所熏陶，使他们的思想联合一致，永远栖息在博爱的光明中。

在我旅居巴黎的短短时期中，请把我所讲的话记住。我诚恳的劝告你们：不要让你们的思想被物质缚束，不要醉生梦死的懈怠糊涂，不要做物质的奴隶，要振作起来，脱离它的羁绊。

动物须受物质的限制，上帝仅给人类以自由。动物不能逃出自然的范围，人类能征服自然，包含自然，所以能超出自然界。

圣灵的力量启导人的智慧，使他能够发明许多方法，自由利用自然。人能在空中飞，海上浮，而且能在水底下行走。

这都是证明人的智慧，使他能够不受自然的限制，解决许多自然中的神秘问题。人在相当的限度内，已经把物质的束缚解除了。

除此以外，圣灵必给人以更大的力量，只要他努力前进，追求精神方面的事物，使心灵与无限的圣爱相吻合。

假若你爱本家的人，或本国的人，你应当用博爱的精神去爱他们，这种爱就是上帝的爱，是为他而爱。无论在什么地方，你遇见有上帝品性的人就应当爱他，不管他是不是你的同胞。对于所有与你接触的人们，不管他们是不是与你同国、同种、同党，都应一视同仁，以博爱的精神，与他们接近。在这种团结世界人类的工作中，使其集合于统一的大幕之下，上帝一定会帮助你们。

于是你们将为上帝的使徒，与他接近，为他的助手，为全人类服务。全人类和每个人都不要忘记这一点。

不要说某是意大利人，某是法兰西人，某是美国人，某是英国人，只记着通同都是上帝的人民，最高者的臣仆，都是人！把国别忘记，在上帝前面，一切都是平等的。

不要以为你的能力有限，上帝会帮助你。忘记你自己罢，上帝的帮助一定会降临！

你要是求上帝的帮助，你的力量将增加十倍。

你们看我罢，我是这样的文弱，然而上帝赐给我力量，所以能够来到这里，我是上帝的一个贫穷的仆人，他使我能够赠送福音给你们，我在这里的时间也不久了！一个人不要顾虑自己的弱点，因为这是圣灵的爱的力量，使人能够有教训世人的能力。如果想到自己的弱点，就会使人灰心。我们要有形以上的思想，脱离一切物质的欲望，追求精神方面的事物，注意上帝的无始无终的大慈大悲。上帝曾使我们的心灵上充满快乐，我们要服从他的告诫“彼此友爱”。

十、亚氏的监禁

十月二十五日

今天使你们等候甚久，抱歉之至！但是为着上帝的爱的宗旨，在这个短短的时间内，我是有很多的事情要做的。

你们因为要见我，在此略略的等候，想不至介意。我是在监狱里面等候了好多年数，今天才能得见你们的。

而且，赞美上帝，我们的思想总是一致的，唯一的目的，是一齐感戴上帝的爱。因为天国的恩惠，我们的志愿，我们的思想和我们的精神，不是已经联合一致吗？我们祈祷，不是为着集合人们在一块，大家融洽起来吗？

昨天晚上，当我从句莱先的家里回去以后，我是很疲倦了。但是我不能入睡，我是彻夜醒着在想。

我对我自己讲，呵上帝，我现在是在巴黎了，巴黎是什么，而我又是谁呀！虽然他们把判决书读给我听，我不相信，然而我也从来没有梦想过，会从监狱的黑暗里，来到你们这里。

他们告诉我，亚得罗汗米得已经判决我永远监禁，我讲，这是不可能的，我不会老是做囚徒，如果亚得罗汗米得永生不死，这种判决就或者可以实行。一定的，我有一天总可以恢复自由。我的身体在一个时候内被拘束了，但是亚得罗汗米得没有权力可以拘束我的精神。我的精神是永久自由的，任何人不能加以囚禁。

我因上帝的权力，从监狱内被释出来，在此地与你们相会，我感谢上帝。

让我们把上帝的宗旨传播起来罢！我为这宗旨是受了苦难了。

我们能够自由的在此地聚会，这是怎样的一种幸福。上帝使我们可以一齐努力，促进天国之降临，我们又是怎样的快乐。

这样的一位客人，刚从监狱内释放出来，带着光荣的信息给你们，你们欢迎他吗？他是从来没有想到这种会合是可能的呵！现在因为上帝的恩惠，因为他的不可思议的权力，像我在极远的东方城市内已经被判决永远监禁的一个人，竟能来到巴黎与你们谈话了。

从此以后，我们可以永久在一块，思想、心灵、精神融成一片，一齐向前努力，等到所有的人们均集合在天国的帐幕下携手唱着和平之歌。

十一、上帝对于人类最大的赐给

十月廿六日

上帝对于人类最大的赐给，就是智慧。人类借着智慧，可以得着关于宇宙间万事万物的学问，可以知道生存的各个阶段，就是对于眼睛不能看见的东西，也可以凭着智慧去理解它。

人有了这种赐给，他自身就是各种元始创造的结晶体，他能够支配万事万物，而且有了这种赐给，人常常可以凭他的科学知识，有预知将来之明。

智慧的确是上帝赐给人类最宝贵的东西，动物中只有人类才得着这种巧妙的能力。

在未有人类以前，宇宙间万事万物都为严格的自然律所束缚。

日月星、海洋山泽、河流、树木花草以及各种动物，无论大大小小，没有能够违反自然律的。

只有人类得着自由，他可以用智慧支配而且调和自然律，以适合他的需要。他应用他的智慧，发明许多工具，不仅用火车轮船在陆地海洋上行走，而且用潜水艇在海底航行，好比鱼一样；用飞机在空中翱翔，好比鸟一样。

人类又能在许多方法中，利用电气成功，如用作灯光，用作动力，用作传达信息，从地球的这一面，可以传达到地球那一面，利用电力，人类可以相隔数十里之远，互相通话。

人类有了智慧，还可以利用日光，摄取人和物的像片，且可以摄取相隔很远在天空中的星相。

我们看，人类是已经用多少方法征服了自然。我们看到人类利用上帝所赐给的智慧，制造杀人的器具，违背了上帝的告诫“你不要杀”和耶稣所讲的“互爱”，又是何等的痛心呵！

上帝赐给人类这种权力，是要用以推进文化的，为全人类谋幸福的，为增进人类间的友爱与和平的。而人类偏要利用这种天赋，做出许多破坏、不公平、压迫、仇恨和残害等等的事情，耶稣叫我们“互爱”，而人类偏要在同类间互相残杀！

我希望你们要把聪明用在推进人类的和平、光大人类的文化、友爱所有人们、促成世界大同的实现。

研究科学，使学问一步一步的增加罢！学问的确是终身不能尽的事业。不过总要用你们的学问，为人类谋幸福，如此战争或者会在这美丽的大地上消灭，而和平之光普照全球。努力促成你们的理想的实现，使现实的世界，成为上帝的天国。

十二、真理的蒙蔽

十月二十七日早晨

今天天气晴朗，没有云雾遮蔽太阳的光线。灿烂的阳光，洒遍大地。同样，真理之光，普照着人们的心灵。

耶稣说，“他们会看见人的儿子从天上的云间出来”。博爱和拉说，“当耶稣初次降世，他是先从云间出来的”。耶稣讲他是从空中、从天上来的。他虽然是他的母亲玛丽生的，但是他是上帝那里来的。他讲他是来自天上的意思，很明白的，不是指这个实际的苍天，是指上帝的天国，从那里，他来到云间。云既然阻障太阳的光线，人们的偏见也就蒙蔽他们的眼睛，不知道耶稣的圣明。

当时的人讲，“他是拿撒勒人，玛丽生的，我们知道他的，我们也知道他的兄弟。他讲他是来自上帝，是什么意思？他是在说什么话”？

耶稣的身体是拿撒勒玛丽生的，但是他的精神是来自上帝。他的肉体的能力有限，但是他的精神的力量是伟大的无限量的，不可思议的。

人们问，“他为什么要说他是来自上帝”？假若他们知道耶稣之为人，他们就会懂得他的肉身掩盖了他的圣明，人们只看见他的外形无异常人，所以不能明白他怎么会“来自天上”。

博爱和拉讲：“就如同云雾遮蔽天空和太阳一样，耶稣的常人身体是掩盖了他的圣洁的人格。”

我希望你们睁开眼睛，认识真理，不要只看到物质方面的东西，因为不如此，你们就会为世界上的无价值与如浮云般的快乐所引诱。让真理给与你们一种力量，于是偏见的暗影，就不能蒙蔽耶稣的光明，使你们有目不能共见。于是真理对于你们就会豁然开朗了。

吸收新鲜的空气罢。愿你们都能得着天国的圣赐，愿这个世界不至把真理从你们的眼光中掩没，如同耶稣的身体把他的圣洁从当时人民的眼光中掩没一样。愿你们对于神圣的精神，有清楚的认识，然后你们的心地就会光明起来，能够了解真理之光是遍照世界，“他”的荣辉笼罩宇宙。

不要让物欲蒙蔽心灵，如此，你们才可以由圣灵的恩典，进入天堂。

这是我所为你们祷告的。

十三、宗教的偏见

十月二十七日

博爱和拉学说的基础，是提倡世界大同。他最大的志愿，是在使友爱与和善深入于人心。

他曾经劝告人们息争止斗，所以我愿意向你们解释国际间不安宁状态的主要原因。主要的原因就是宗教的意义被教士、牧师等误解。他们告诉一班信教的人，只有他们自己所信的那种教，是上帝唯一所喜欢的，别种宗教的信徒都要遭天谴，都要为上帝所厌弃。于是互相非议、鄙视、争论、仇恨，就在人们间发生了。如果这种宗教的偏见能够消除，国际间一定可以保持和平。

我有一次在迪白里斯地方，那里有一个犹太教堂，我恰好住在这教堂的对面，我去听过一个犹太教士向许多犹太人的宣教。他的言语是这样的：

"呵，诸位犹太同胞，你们的确是上帝的人民！所有别的民族和宗教都是属于魔鬼的。上帝创造了你们这班亚伯拉汗的后裔，上帝赐给你们幸福，上帝差使摩西、雅各、约瑟以及许多别的先知先觉者来教导你们，这些先知先觉者同你们都是一族的。

"我替你们祷告上帝打破怀纳的权力，使红海干涸起来。上帝给你们吗啅作食物，从石岩内给你们泉水作饮料。你们实在是天之骄子，世界上各种民族间的最优秀者，所以其他的民族都为上帝所厌恶，要受他的谴责。你们的确会要统治和征服这个世界，所有的人们都会是你们的奴隶。

"不要同信奉别种宗教的人民往来，污辱你们自己，尤其不要与这种人民交朋友。"

当这位犹太教士滔滔不绝，演讲完毕之后，所有听众，没有一个不是感觉愉快和满意。他们那种快乐的神情，简直无法形容。

噫！许多人们就是像这些犹太人一样，被偏见所惑，为造成世界上分离仇恨的主要原因。现在世界上还有许多的人民崇拜偶像，几个大的宗教，彼此中间还是不断地争执，耶稣教与回教间之争，亘一千三百年之久，其实他们中间的纠纷是很容易解决的，这种纠纷一经解决，世界就会太平了！

在《可兰经》内，穆罕墨德对他的弟子说：

"你们何以不相信耶稣？不相信福音？你们何以不接受摩西以及其他先知先觉者的教训？《圣经》实在是天下之大道呵！实在的，摩西是一个超凡的先知先觉者，而耶稣是充满着圣明的精神。他是从上天降世的，他是神灵的结晶，他是圣洁的玛丽生的。他的母亲玛丽是一个圣人，她消磨她的岁月在寺院内祈祷，而她的食物是由天空降下的。当她的父亲栽澈里斯去看她的时候，问她的食物是从哪里来的，她回答说，'从天空来的'。自然这是上帝要把玛丽从所有一切妇人中超升出来。"

这就是穆罕墨德教给人民关于耶稣与摩西二人的事略，他责备他们对于这些伟大的导师没有信仰，他教给人民真理与宽忍。穆罕墨德是上帝差使到如同生番一般的人民中间去服务的。这些人民简直是无知无识，更谈不到有友爱、同情和恻隐的知觉。妇女是那样的堕落，被轻视，一个男子可以活埋他的女孩子，可以随便娶很多妻妾，做他的奴隶，要多少，就是多少。

穆罕墨德负着高超的使命，在这种半人半兽的人民间传道。他告诉人民，崇拜偶像是错误，应该相信耶稣与摩西以及其他先知先觉者的道理。在他的指导之下，那班人民就慢慢的由堕落的环境中，进入到有文化有知识的地步。这不是一种伟大的习作，值得所有人们的称赞和景仰吗？

你们看耶稣的福音，是多么光辉灿烂呵！然而现在还有人不能懂解它的真正价值，误解它的意义。

耶稣是反对战争的，当他的弟子比得因为要保护他，砍掉一个僧人的仆人的耳朵，耶稣就马上对比得讲："把你的剑收起来罢。"现在一班人虽然表面讲服从耶稣的告诫，但是在实际上仍然从事争斗，互相杀残，把耶稣的教训丢在脑背后了。

所以后人的错误，不能归罪于我们的导师与一班先知先觉者。凡教士、牧师和一班人民所过的矛盾生活，能说是耶稣与其先知先觉者的错误吗？

穆罕墨德教回人相信耶稣是从上帝那里来的，是由圣灵诞生的，是超凡的人。摩西是天道的预言者，他当时教训人民相信上帝的道理，相信他是为上帝的道理而替人民服务的。

穆罕墨德是认识了耶稣、摩西以及其他先知先觉者的伟大和神圣。假若全世界都能了解他这种伟大的精神，争斗就会消除，世界会成为一个天国。

回人信仰耶稣，并不算屈辱。

耶稣是基督教中的先知先觉者，摩西是犹太人中的先知先觉者——为什么回人不能信仰耶稣，基督教徒不能信仰摩西呢？只要人们知道彼此互相宽恕，互相了解，互相友爱，世界和平就可以实现，永久不会动摇了。

博爱和拉尽其毕生的光阴，教人民友爱和善。让我们消除偏见和固执罢，让我们用全副的思想和精神来促进回教与基督教的互相谅解与和善罢。

十四、上帝赐给人们的福音

十月二十七日

上帝支配万事万物，是万能的。然则他何以要给人们以种种艰辛困苦呢？

一个人的困苦有两种。一种是自作自受，譬如一个人吃得太多了，就会得肠胃病；又假如他饮鸩止渴，他不死，也得害一场大病。假如一个人赌博，他就会倾家荡产；假如他嗜酒如命，就会残害他的身体。这都是自作孽。所以许多不幸的事，都是我们自己的错误行为的结果。

第二种痛苦，是因为信仰上帝而甘愿忍受的。试想耶稣与其使徒所受的痛苦是何等的伟大呵！

受痛苦愈多者，其人格愈伟大！

如果有人愿意为耶稣的宗旨去受痛苦，这就可以表示他是有诚意，不过必须用行为去证实他的诚意。桥布受着最大的痛苦，证明了他爱戴上帝的坚诚，耶稣的使徒忍受着一切苦难，证明了他们不可移易的志向。这样看起来，能否忍受，不就是最好的试金石吗？

古人所受的艰难困苦，在现在是没有了。

赛尔非斯一生过着舒适快乐的生活，而比得毕生，则完全是忧愁困苦，试问哪一个人的生命有价值？当然是比得的，因为他的精神是永久不死的，而赛尔非斯则遗臭万世！痛苦是上帝给人在德行上的试验，我们要为这个感谢他。忧愁不会无故而来，是圣灵的恩典给我们的，是为完成我们的德行的。

一个人不能忍受痛苦，就不能完成德行。一株果树被园丁修刈最繁者，到了夏天一定会生长很美丽的花朵和很丰富的果实。

农人用锄犁耕地，从地面上得着丰盛的收获。一个人受困苦愈多者，其精神上的修养也就愈伟大。一个军人没有经过剧烈的战争，受过重伤，必不能成为大将。

一班圣哲向上帝祷告的言词，总是：呵，上帝，我愿意为你的宗旨抛弃我的性命，我愿意为你流血，愿意牺牲一切。

十五、异别中之美丽与和谐

十月二十八日

万物之创造者为上帝。

因为上帝的力量，万物乃能生长存在于世界，他是万物所共同拥戴的唯一目标。这种意义已经在耶稣的话里面说明白了，他说："我为首与尾，我乃始与终。"人为万物之灵，德行完善的人，即是上帝的意旨的全部表现。

我们想想，世界上的动植物，种类是怎样的繁多和不同，然而都是上帝所创造的。所有不同的地方，不过是外表的形态和颜色而已。

你看花园里的花、草、树木，每朵花有它特有的可爱处，有它特有的美丽，有它特有的香芬。有它特有的颜色。树木也是一样，大小高矮各不相同，结出来的果实各色各样。然而所有这些花草，这些树木，都是在地面上，阳光之下和雨露之中生长出来的。

人类何尝不是如此。种族虽然各别，皮肤颜色虽然不一样，有白的、黑的、棕色的和红色的，然而都是上帝所创造的，都是上帝的人民。这种不同，不幸不能如同花草树木一样的能保持和谐的状态，成为人类间争斗和仇恨的原因，国与国之间互相战斗，皆由于此。

就是因为血统的不同，人类也从事互相争杀。噫！这种现象就是在现时还是如此。我们要看待人类种族间的不同，如同各种植物的形态和颜色的不同一样，是美的象征，是和谐的表现。假若你跑到一个花园内，这里面所有的花草树木，都是一样的形态、一样的颜色、一样的香芬，这个花园对于你就会一点也不起美感。你会感觉单调，沉闷。花园之所以能使我们畅心悦目者，是因为花园里面的花草树木，种类繁多，各种花草树木的颜色、形态、香芬，各有其妙处，形成一整个花园的美丽和悦人。一个花园内果树满园，果实累累，和个田庄上百树丛生，众花杂开，都是极可爱的景致，其可爱之处，就是因为种类参差不一，互相调和，形成一整个的美。

人类中间亦应如此。皮肤容貌的不同，应该为互相友爱与和睦的原因，如同音乐一样，百音杂奏，才成为最完美的音乐。假若你遇着异族人民，皮肤颜色与你的不同，你绝不要怀疑他们，或者远之若鬼神；你要对于他们表示亲热，表示友爱。你看待他们在人类中，如同花园中不同颜色的玫瑰一样，你就会觉得与他们接近，只是一种愉快。

同样，你不要遇着意见与你不同的人，便不与他往来，因为大家都是在企求真理，达到真理的道路是有许多的、各方面的，但是真理的本身永远只是一个。

不要因为意见和思想的不同，即与你的朋友离散，并且不要因此就发生争论，仇恨和争斗。

大家共同为真理努力，一切的人们都是朋友。

一所房屋的墙壁，是用许多砖石建筑的。这许多砖石互相维系互相支持，倘若从中抽掉一个，全部的建筑就要发生危险，倘若其中有一个砖石不稳固，全部的建筑也就因之不稳固。

博爱和拉呼吁世界和平，他计划使世界上的人们结合起来，共同在和平中生活着，这是一种伟大的工作，我们必须用全副思想和精神，共同努力，促其实现。只要我们不懈怠，我们的力量就会强大起来，我们要抛除一切个人的思想，只求服从上帝意旨。

如此我们就会成为天国的臣民，我们的生命就有不朽的意义了。

十六、耶稣降世的意义

十月三十日

在《圣经》内，有耶稣降世的预言。犹太民族现在还在等着救世主的降世，日夜祷告上帝，希望其早临。

耶稣降世后，他们辱骂他，最后竟把他杀害了。他们说："这不是我们所盼望的人。看罢，我们的救世主来了，一定有许多奇异的征兆显示，证明他是我们的真救主。我们是知道这些征兆的，不过还没有显示罢了。这位救世主会在一个无名的城市内出现。他是坐在大卫的宝座上，而且看罢，他手执钢剑和铁笏，来统治人民。他会实行先圣的言行，他会征服东西各国，他会光荣他的优秀的民族犹太人，他会使世界和平，在这个和平的状况中，就是野兽也不会伤人。狼与羊同饮，虎与鹿同睡，蛇与鼠同巢，各种动物都是安闲自在。"

在犹太人看起来，耶稣对于这些条件，当然是一件也没有办到。因为他们戴着有色的眼镜，把目光蒙蔽了。

耶稣是拿撒勒人，并不是从无名的城市来的。他的手里并没有执着钢剑，连一根棍子都没有。他并没有坐在大卫的宝座上，他是一个穷苦的人，他改善摩西的教训，废除安息节日，他并没有征服东西各国，他自己还得服从罗马的法律，他并没有特别提高犹太人，他所提倡的是平等和友爱。他并没有带着和平给人们，因为他自己是毕生处于残暴和无法的环境中，结果他的生命都牺牲了，死在十字架上。

犹太人的思想和言语是如此。因为他们不懂得《圣经》，不懂其中所含的真理。他们只知道字面上的解释，其精义所在，他们是一点也不能了解的。

诸位听着，我现在要把真实意义解释出来。耶稣虽然是生在拿撒勒地方，不是什么无名城市的人。但是他是天意使之降世的。他的身体是玛丽生的，但是他的伟大精神是天赋的，他以舌作剑，将善与恶、诚与伪、忠实与叛逆、光明与黑暗分别出来。他的言词如同快剑一样，锋利无比。他所乘的宝座不是可以毁灭的物质的宝座，是永垂不朽的荣誉的宝座，他复述并完成摩西的教训，他履行所有先知先觉者的言行。他的言语征服了东西各国，他在世界上有不可磨灭的力量。他感化了一班能了解他的犹太人，这些人都是出身微贱的男女，因为与他亲近的原因，为他的人格和思想所熏陶，都成为伟大的人物。有许多民族，因为种族的偏见，以前分崩离析，常常以刀兵相见的，自受了他的感化后，到现在居然能够化干戈为玉帛，彼此互相友爱和睦起来了。

这样看起来，所有先哲对于耶稣降世的预言，都已经实现了。只是一班犹太人有目不能见，有耳不能闻，他们对于耶稣的人格和思想，完全不能了解、爱戴。

《圣经》是容易读的书，但是要了解它的精义所在，须有纯洁的心情去领会。求上帝帮助我们了解圣书的真正意义罢！让我们祈祷，人们不要把耳目蒙蔽起来，要把心思渴望和平。上帝的恩典是不可思议的。他常常挑选心灵纯洁者，给以特殊之智慧，给以圣灵的启示，给以真诚的意旨。这些人就是上帝的使徒，他的恩惠是无限量的。你们既然都是信仰耶稣的，所以也有成为上帝的使徒的一日。上帝的赐给是无穷尽的。

圣书的道理是对于人人有益的，上帝对于全世界的人民，都爱之若赤子，雨露均沾，泽及四海。只要人们有诚意，通同可以得着他的保佑。

十七、圣灵是上帝与人类中间的媒介

十月三十一日

上帝的本体是不可思议的，无穷尽的，永远的，不朽的，看不见的。

伟大无比的上帝，是无所谓有上有下的，是不能以人的智慧去猜测高深的，是不能拿世界现实的象征去解释的。

所以人是必需一种力量，借着这种力量，他才可以得到上帝的扶助，只有这种力量才可以使他踏进生命的源泉中。

一件东西的两端，必定需要一个中间连接起来，这两端才能发生关系。贫与富、缺乏与充足，这些都是要有一个中间，连接这种相反的极端。

所以我们可以说，上帝与人们间也必需一个中人，这个中人就是圣灵，圣灵使世界和上帝发生关系。

上帝好比太阳，圣灵好比太阳的光线。因为有太阳的光线，地球才得着太阳的热力。上帝与人们之间，也是一样的道理，因为有圣灵，人们就得着上帝的庇佑、启示，人们的心灵就因此光明起来。

太阳不能下降到地球上，地球也不能上升到太阳那里去，必需有阳光作中间媒介，然后太阳与地球才发生关系，然后地球才能接受到太阳的光线、热力和温度。

圣灵是真理之光，有伟大的力量，给予全人类以生命和光辉，给予人们心灵上真美善的启示，将上帝的恩典散给全世界。地球假若没有阳光传自太阳的光和热，就得不到太阳的好处了。

同样的道理，圣灵是人们生命的源泉，没有圣灵，人就会没有智慧，就不能得着科学知识，主宰世界。圣灵给予人们以思考力，使人们能够有各种科学上的发明，征服自然界。

由于古圣先哲的教训，圣灵使人有操守，有贞节，生命有不朽的价值。

所有这许多恩典，都是由圣灵的力量给予人们的。因此我们可以知道圣灵是造物者与被创造者的中间人。太阳的光线和热力使地球生长万物，使万物欣欣向荣，圣灵使人们的心灵光大、进步。比得与约翰二位大哲，其初都是出身低微的工人，但是因为圣灵的力量，他们的心灵就启发了，接受耶稣不朽的福音。

十八、人类的两种天性

十一月一日

今天在巴黎是欢乐的一天，全城市的人们都是在庆祝“诸圣”节，但是你们何以知道这些人都是“圣人”呢？这个名词是有很重大的意义的，一个人之所以成为圣人，是因为他过着纯洁无瑕的生活，能从人类的弱点和毛病中摆脱出来。

人类有两种性能：一种是精神的或者高尚的一种；一种是物质的或者低下的一种。一个人有了前一种性能，他就会信仰上帝，将来可以超升天国，如果只有后一种性能，他不过是在这个世界上活活而已。在人们中随处可以发觉这两种性能的表现。在物质方面，他们就表现虚伪、残暴、不公平等。这些都是低下性能的产物。在高尚的性能中所表示出来的是友爱、仁慈、恻隐、诚实和公正等。每一个善良的习惯和高尚的道德，都是属于一个人的精神性能一方面的，所有恶习与罪恶都是物质性能所产生的。假如一个人能够把精神性能克服物质性能，他就能成就为一个圣人。

人可以行善，也可以作恶；如果行善的意志可以克服作恶的意旨，这种人，就说他是圣人，亦无不可。但是，反过来说，一个人完全被作恶的心绪所征服，对于上帝的道理摈弃不信，他就与禽兽无异了。

圣人之所以为圣人，因为他们是能够从一切物欲里面摆脱出来，“寓于物而不役于物”，他们的思想高尚，他们的生活纯洁，他们的行为所表示出来的是友爱、公正、圣明。他们在人类中，好比黑暗中的明星一样，这样的人才是世界上的圣人。耶稣的使徒当初何尝不是一如常人，为物欲所引诱，只知道为自己的利益着想，不知道公理为何物，没有一点优美的道德。但当他们随从耶稣，对于他发生了信仰之后，他们的无知变为有知，残暴变为公正，虚伪变为诚实，黑暗变为光明。从前他们是平凡的，现在他们成为高超的圣洁的人了。从前他们是在黑暗中生活着，现在他们走到上帝的光明中，成就为圣人了！你们努力跟着他们走罢，把所有一切物欲抛除，只顾往前进，以达到光明的境界。

祷告上帝督促你们前进，完成你们的德行，成为世界上的天使，世界上的明星，将一切大道大德启示给你们。

古圣先哲是上帝所遣使的，他们到世界上教导人民，解释圣灵的意义和权能给人们听，使其了解、效法；于是这些人们又可以转授别人或后代。《圣经》《可兰经》等书是到友爱、公正、和平等道路去的指南针。所以我对你们讲，要听从这些书里面的教训，要取法这些书里面所讲的事实，于是你们也就可以成为圣人。

十九、物质与精神的进步

十一月二日

今天的天气是何等的优美，气朗天晴，每一个人的心里都是感觉愉快！

这种晴朗的天气，能够给每个人一种新的生命和精神。就是一个病人，在这样的天气里，也觉得病势减轻了许多，存着不久就可以痊愈的愉快希望。不过这种自然界的赐给，只是关系人的生理方面的，因为这仅仅是人的身体，享受这种物质上的益处。

假若一个人为事业界或学术界的成功者，收入丰富起来，他就能够增加他在物质上的享受，用种种方法，使他的身体得着舒适。我们看见许多的人们是在各式各样的新式方便和奢侈中生活着，对于他们的生理方面所需的物质条件，是应有尽有。但是要留心点，不要对于肉体上所需要的东西太注意了，因而忘记心灵方面所需要的东西，因为物质上的好处并不能提高一个人的心灵，物质上的完备，只能使一个人的肉体享受舒适，不能光大他的心灵。

也许一个人有各种物质上的利益，他的生活是享受着所有现代文明能供给的最大的舒适，但是他对于心灵方面的修养，是一点也没有。

物质的进步，当然是一件很好而值得称赞的事，不过在物质的进步中，不要让我们忘记那更重要的精神方面的进步，不要对于普照在人们间的圣灵的光辉，闭塞我们的心眼，给它一个不管。

只有物质与精神双方并进，才是真正的进步，我们才能成为完善的人。古圣先哲之出世，是带着精神的生命和光明给世界的，是使真理之光辉煌灿烂，普照人们的心灵，人们在这种光辉中，可以成就永远不朽的心灵上的伟大。

耶稣降世后，将圣灵之光，散布给在他左右的人。他的使徒得着这种光辉，就成为高明与不朽的人物了。

博爱和拉之降生于世，也是为发扬圣灵之光的。他教给人们千古不易的真理，他将圣灵的光辉遍照世界。

噫！你们看人们是如何的疏忽这种光辉，他们还是在黑暗中摸索，还是彼此离贰、争斗。

人利用物质的进步，以满足战争的野心，制造破坏的器具和方法，残杀同类。

我们不要如此，我们要把心思用在精神的修养上，因为只有这个才是求真实进步的方法，这才是上帝的意旨，这才是虔敬上帝。我为你们和所有的人们祷告，能够得着圣灵的恩典，光大你们的心灵，进步无已，成就伟大的德行。于是你们就可以接受福音，就会成为贤哲的人物，会有充实的理论，将上帝的道理，转授给旁人。

二十、物质的演进和心灵的发展

十一月三日

巴黎的天气渐渐冷起来了，冷得如此的厉害，简直逼得我要离开此地了。但是我仍为你们的热情所留住。上帝愿意，我希望同你们在此再住几日，肉体上的寒暖是不能影响精神的，我的精神是为上帝的爱的热力所燃烧了。我们如果了解这种道理，我们就能知道来世生命的意义。

上帝于其恩典中，在此处是给我们一种尝试，他已经给了我们许多证据，证明肉体、心灵和精神之间，是有许多不同之点存在着。

我们知道冷热疾病等，只是关系肉体方面的，不能影响人的精神。

我们常常看见有人贫病交加，饥寒交迫，无法生活，但是他的心灵是壮热的。无论他的肉体上痛苦如何，他的精神是自由的，健全的。我们又常常看见一班富人，在生理上非常的健康，但是在心灵上就病态不堪，枯萎得要死。精神是永恒的，不可毁灭的。心灵的进步和发达，心灵上的喜怒哀乐，是能脱离肉体而独立存在的。

假若我们为着一个朋友快乐或悲愁，一种爱证明是真的或假的，这是心灵上的感应。假若我们的亲友远离我们，这是心灵上发生不快，而这种不快或者烦恼，能反映到肉体。

如此，当精神贯注在心灵的德行上，肉体就感觉愉快；如果心灵陷落在罪恶中，肉体在感觉苦痛！

当我们找到真理、贞节、忠实、友爱，我们就快乐，但是假若我们遇到虚伪、无信实和欺骗，我们就难过。

这些都是关于心灵的东西，不是肉体上毛病。如此，这是明白的了，心灵就如同肉体一样，有它自己的个性。但是假若肉体经过变化，精神不会受影响。当你打破一块有太阳照在上面的玻璃，玻璃是破碎了，但太阳仍然照射。假若关住一个鸟的笼子毁坏了，鸟并没有受伤！假若一盏灯被打破了，灯的火光仍然燃烧明亮！

同样的情形可以应用到人的精神，虽然死亡毁灭肉体，然不能损及人的精神，道是永远不灭的，无生无死的。

人的灵魂在人死后，仍然是如同以前在肉体内一样的纯洁，而从躯壳脱离以后，就永远沉浸在上帝的慈海中。

在灵魂离开肉体来到上天世界的一刹那间，它的演进是精神的，这个演进就是接近上帝。

在实体的物类中，演进是由一级进到另一级的发展。矿物发达完全，就进到植物界，植物发达完全，就进到动物界，如此一直到人类。这个世界是充满着类似的矛盾情形；在那些物类中（矿物、植物和动物），生命存在每个的程级中。与人类的生命比较起来，地球虽然像是死的，然而实际它也生存着，有它自己的生命。在这个世界内，各种东西生而死，然后又在别种形式的生活中生。但是在圣灵世界中的情形就完全不同。

灵魂不是从一级演进到另一级如同有定例是的，由上帝的恩典和慈惠，它只是演进到与上帝接近。

愿你们都是在上帝的天国中，与他接近，这是我恳切的祈祷。

二十一、巴黎灵体会

十一月四日

现在欧洲各地时常有各种集会演讲，关于商业的、科学的和政治的各种团体会社，是到处都已经成立了。这些都是物质方面的工作，目的在使现实的世界进化。然而在这些会社间，没有一点圣灵的气象存在，他们对于上帝的仙音是充耳不闻，对于上帝的教训是漠不关心。但是这个会在巴黎确实是精神上的结合，圣灵的空气很浓厚的弥漫在这会场中，圣灵的光辉是在每个人的心灵上闪耀。

你们今天在此处，是一德一心，心心相印的聚合一块，充满圣灵的爱，努力企求世界大同。

这个聚会是精神的结合。就如同一个美丽芬芳的花园一样，因为在上面有黄金色的阳光照射着，它的温热使得每种植物都欣欣向荣。超乎一切的耶稣的爱，是在你们中间存在着，圣灵是在帮助你们。

这个会会慢慢的发扬光大，它的精神将来可以笼罩全球。

你们要用全副精神努力，成为上帝的恩惠的传达者，因为我对你们讲，上帝是选择了你们传播他的爱，到全世界上，选择了你们将圣灵的恩典散布人间，选择了你们倡导世界的平和。上帝给了你们这种特殊使命，要十二分的感谢他。贡献你们毕生的光阴，为他的恩典努力！

你们不要专顾虑现实，要以坚诚的信仰希望将来。现在把种子撒下去，落到地面上，将来有一天会长出一株光荣的树出来，树上会结着垒垒的果实。我们要为这一天的黎明快乐而欢欣，努力了解它的力量，因为这实在是不可思议的呵！上帝给了你们的尊荣，上帝在你们的心灵上，安着灿烂的星光，这星的光辉曾照耀全世界。

二十二、两种光明

十一月五日

今天的天气是阴沉暗晦！但是在东方的天气总是晴朗的时候居多，天空很少有云雾，繁星从不会隐没。太阳从东方升出来，将它的光线射到西方。

光明有两种，一种是有形的阳光，我们借着它的帮助，能够看见在我们周围世界中的美景。如果没有阳光，我们就茫然无所见了。

但是阳光只能使我们看见东西的外形，不能使我们知道或了解一件东西的内容，因为这种光明是没有智慧和知觉的。只有智慧之光，才能使我们得着学问和知识，没有这种光明，肉眼会成为无用的了。智慧之光是最高贵的光明，因为这是由圣灵的光辉中产生出来的。

智慧之光能使我们知道和了解一切存在的事物，但是这又只有圣灵的光辉，才能使我们看见无形的东西，才能使我们知道真理，而真理是有时需要数千年的时间，方能大白于世的。

这是圣灵的光辉使得先哲能知两千年以后的事情，现在我们目睹先哲的眼光都已应验了。如此这种光辉才是我们所要努力找寻的，因为这是比任何都伟大。因为有这种光辉，摩西就能够体认圣灵的形态，能够听到从火棘(Burning Bush)中对于他所讲的福音。

穆罕墨德说："亚拉是天地间的光辉。"他所指的也就是这种光辉。

你们要诚心诚意的去找寻这种圣灵的光辉，于是就会能够懂得一切真实，知道上帝的神秘，明白所有的奥妙。

这种光辉就好比一面明镜，镜子既能把在它前面的东西反映出来，这种光明也就能将圣灵中的一切，显示给我们看，并且能够使得一切事的真实显灵出来。因为有这种灿烂的光辉，圣书的解释，才能明白，宇宙的奥秘，才能显明，而我们也就能够体会圣灵对于人们的目的。

我祈祷上帝会在他的恩典中，用他的灿烂的光辉，照耀你们的心灵。于是你们各个人在这个世界上，会如同在黑暗中的明星一样。

二十三、西方精神的渴望

十一月六日

你们是很欢迎的！我是从东方来到西方，与你们聚会一些时候的。在东方常常有人讲，西方的人民没有灵性，但是我觉得并不如此。感谢上帝，我亲眼看到，觉得在西方的人民中，是很多有精神上的渴望的，而且在有时候，他们在精神上的体认，比东方的人民还要深刻些。假若东方的宗教好好的早传播到西方来，世界文明必定更要进步了。

虽然在从前几位伟大的精神的导师，都是出在东方，但是在东方仍然有许多人民，是十分的缺乏灵性。他们对于精神方面的事务，是同顽石一样的死气沉沉，他们也不愿意改变，因为他们以为人不过是一个高等动物，上帝的事情与他无关。

但是一个人总应该有高尚的志趣，有形以上的思想，除了自己的肉身以外，如果能够在德行方面，不间断地朝上和往前进行，将来就可以由上帝的恩惠，踏入天国之门。现在有许多人的眼光，只能看到物质上的进步和世界物质文明的发达。这些人觉得，与其枉费心思去想念人们的心灵与上帝的神灵的关系，不如去研究人类和猿猴在生理上的异同。这真是荒谬，人类不过在生理方面与这种下等动物有相似之处，至于讲到智慧，就相差天壤了。

一个人总是进步无已的，他的知识范围时时在扩大，他的意识活动是多方面的。因此人类在科学上能够有伟大的成就，有各种发明和创造，对于自然界的原理，有透彻的了解。

在艺术界中，情形也是一样，人们的天才在艺术上惊人的造就，是一天一天的增多。拿近几世纪内的科学上的发明、艺术界的创造以及各种物质方面的建设，合计一下，你就会知道在这几个世纪以内，进步之快，成就之大，较之以前世纪内，真有天壤之别了。因为人们进步的速度，是能与时间成正比例的。

智慧的权力，是上帝给人们最大的恩惠，就是这种权力，使人类成了动物中之最高者。一世纪一世纪的过去，人类的智慧也就一天一天的长进，但是别的动物的智慧还是一样的，没有一点进步。现在的动物与几千年以前的动物比较，在智慧上并没有分别。这样看起来，人类与其他动物之判然不同，是很明白的事实，不必再需证明了。

心灵的造就，是人生下来就有的特权，这种特权只为人类所有。实在讲起来，人是一个有心灵的动物，他要求真正的快乐，非过着精神的生活不可。心灵的渴望与觉悟，是每个人都能有的。我的确相信西方人民的心灵的渴望较其他的人民为深切。

我热诚地祈祷，在东方的明星，会将灿烂的光辉照耀到西方，而西方的人民在坚忍、诚恳和勇敢中一齐起来，扶助东方的朋友。

二十四、巴黎美术馆之演说

十一月六日

这的确是一个大同社。无论在什么时候，只要这种会社成立了，它就会对于所在地，一个城镇或一个国家的一般发展上，有最大的帮助。这种会社能促进学术和科学上的进步，而且人人都知道，这种会社是积极提倡心灵的，是在人民间传播爱的宗旨的。

这种会社只一成立，跟着就是最大的繁荣。大同社最初在泰歇兰地方成立，发展极快，在一年之内，会员的人数增加到原有九倍之多。现在在波斯境内，这种会社很多，所有信仰上帝的朋友们，都在一种愉快友爱的空气中，在会内相聚会。他们提倡上帝的宗旨，教导一班无知无识的人民，他们彼此同心一德，友爱如同兄弟。他们扶助贫穷的人，赠给这些人面包。他们救济有疾病的人，安慰一班受痛苦和被压迫的人，并且鼓励他们。

呵，诸位在巴黎的人们，努力使你们的会社成为这种样子罢，将来所收的效果也许更要伟大哩！

呵，诸位信仰上帝的朋友们，假如你们相信上帝的言语，并且坚定的信仰，你们就会照着博爱和拉的格言，去救济贫病的人，赈恤孤老的人，扶助被压迫的人，安慰忧伤的人，对于世界的人民，一律诚心诚意地爱护他们。如此，我可以对你们说，你们这个会社不久就会有一个不可思议的收获。会员们会慢慢的进步，心灵上会慢慢的光明起来。但是你们的会应该有一个稳固的基础，会的宗旨和目标，应为各个会员所明了，会章应该如下列几则：

(1)对于所有的人们，表示友爱和同情；

(2)帮助人们；

(3)努力启导在黑暗中的人们；

(4)对于人人都要和蔼，表示亲热；

(5)对于上帝的态度要谦恭，要不断地向他祷告，如此才能渐渐的和他接近；

(6)在各人的行为中，处处要忠厚，有信实。每个会员都要有忠实、友爱、诚笃、仁慈、慷慨、勇敢等等的操行。要摆脱一切物质上的引诱，只诚心信仰上帝，为他的神圣精神所感化，有纯洁的心灵，然后大同社的社员才能成为完善的人物。

在这些集会中，你们要努力做到以上各项。于是你们相聚一块，一定会有无限的欢慰，你们要互相扶助，团结一致。

我祷告上帝使你们的心灵进步，使他的爱在你们中间多多的表现出来，使你们的思想纯洁无瑕，使你们的意志常常的趋向他。愿你们齐心努力，往前进行，走入天国之门，愿你们每个人如同一个火把，为上帝的爱的热力所燃烧，发出明亮灿烂的光辉。

二十五、博爱和拉

十一月七日

我今天同诸位谈谈博爱和拉的事业。在巴孛宣布他的使命后第三年，博氏即被一班狂妄的摩拉(Mullahs)所控告，说他信仰新奇主义，于是他就被捕而下狱了。然而到第二天，经政府里面的几位权贵出力，他得以恢复自由。后来他又被捕了。教士判决他处死刑，地方行政长官恐引起革命的爆发，对于这种判决，不敢执行。一班教士在教堂内会议，刑场就在会议室的前面。全城市的人听到这个消息，就都跑到教堂前面来了。有些木匠拿着斧锯，屠夫带着尖刀，泥水匠背着锄镰，这些人都是被丧心病狂的摩拉所煽动，想跑来加害博氏的。在教堂的里面聚集着许多教会中的博士们，博氏站在他们的前面，用伟大的智慧、镇静的态度，答复他们的问题，特别是他们中的首领，简直被博氏说得完全哑口无言，不能加以辩驳。

在这些教士中，有两人讨论巴孛的著作中某些字句上的意义，攻击他的理论不正确，并且讽示博氏，问他是否能替巴孛辩获。结果，这些教士都被屈服了，因为博氏向他们证明出来，巴孛是完全不错的，攻击他的是因为自己没有知识，不能了解他。这些被他驳倒的教士，无以泄忿，就给他受笞杖的苦刑，受了苦刑之后，就把他推到刑场，预备执行他的死刑，在那里等着的，就是一些被煽惑的人民。

然而地方行政长官仍然不敢服从教士的命令，杀害博氏。他知道这个尊荣的囚徒现在是处在有绝大危险性的境地中，就派了几个人去救他。他们打通教堂的墙壁，将博氏从墙壁的洞中带走出来，安置他在一个安全的地方。但不是绝对自由的地方，因为这位行政长官，为推卸自己的责任起见，他把博氏押送到泰歇兰地方去了。

在那里他是被囚禁在地底下的土牢中，在这种土牢中，是终年见不到阳光的。他的颈上系着一条又粗又重的铁链，另外还有五个巴比系在同一铁链上，铁链在各人的颈上，是用很笨重的铁闩和铁环锁住的。他的衣服是撕成碎片，他的帽子遭了同样的命运。在这种可怕的状况中，他是关了四个月。

在这个时候内，他的朋友，没有一个能够去看他。

管囚官想把他毒死，但是所下的毒药，除开使他受更大的痛苦以外，没有发生别的效力。

后来政府把他从囚里面释放出来，同他的家室一起，放逐到白格达得，他在那里住了七年。在这七年之内，他是受尽磨难，因为在他的四围左右，无一个不是仇恨他的人，时时侦察他的行动。但是他对于这些痛苦烦恼，都处之泰然，毫不介意。他是早已把生命置之度外了，是常常在早晨起来，不知道到日落时是否还能活着的。同时，每天都有一班教士跑来，诘问他关于宗教和哲学上的理论。

最后土耳其政府把他放逐到康士但丁，从这里又驱送到亚区里安，住了七年之后，又被送到圣真的亚克境内很远的一个囚垒中。他在这里面是关在军事犯所居的部分内，防范极严。在这个囚狱内，他所受的苦痛，非言语所能形容得出来。但是在这里，博氏写了许多信，寄给全欧各国的君王，其中只有一封不是由邮局寄递的。

他写给沙皇的信，是派他的一个波斯弟子，名字叫作巴蒂的送去，要亲手交给沙皇的。

这个人很勇敢，他在泰歇兰地方等着，因为沙皇在那时会到他的暑宫中去，要从那里经过的。这位勇敢的信差，等到沙皇经过，就跟随在后面，一直跟到宫前。他在宫门外的道路上等候好几天，不见沙皇出来。别人看见他总在道上徘徊不去，形迹可疑，就有人去报告沙皇知道，沙皇马上命令把他带进宫里去。

"呵！诸位，我带来一封信，要交给沙皇陛下亲自收受的。"巴蒂讲完这句话后，随即又对沙皇讲，"我带着博爱和拉给你的信！"于是他就马上被看管起来，交人审问，审问他的人都想他供出些关于博氏的消息，好借着更进一步的去逼害博氏。但是巴蒂一言不语，他们就给他苦刑受，他还是不讲，他们无法可施，过了几天，把他杀害了。当他受刑的时候，那些残忍的人们曾经给他拍了一个照。

沙皇把博氏的信交给一班教士，叫他们解释给他听。过了几天，这些教士告诉他，说那封信是从一个政敌方面来的。沙皇勃然大怒，说"这不是解释，我所要求你们的，是读给我听，并且替我答复，我的命令要服从"！博氏写给沙皇的信，其中大概的意义如下：

"现在时候已经到了，上帝的宗旨和光荣会显示出来。我请求你允许我到泰歇兰地方来，当面答复一班教士质问我的话。我劝你舍弃帝王的赫赫虚荣，记着在你以前的帝王，他们的荣华都已成过去了！"

这封信写得非常的动人，信中不断的警告沙皇说，博爱和拉的思想学说，无论在东方和西方，都会占最后的胜利。

沙皇对于这种警告一点也不在意，还是行其是，一直到他的死后为止。

博氏虽然身处狱中，然而圣灵伟大的力量，是常常环绕在他的左右。

没有那个在狱中的人，有他那种精神，虽然受尽苦痛，也不怨恨。

在他的不可侵犯的尊严的态度之中，他拒绝接见地方行政长官，或其他有势力的要人。

他在狱中，虽然被看管极严，然而他还是来去自由，他死在距离圣真的亚克三基罗米达远的一所房屋内。

二十六、好的思想必须用行为表现

十一月八日

无论在什么地方，一个人总可以听到名言佳训受人称扬：人们都是好善而憎恶的，诚实为人所称赞，虚伪为人轻视，忠诚是一种德行，欺诈是人类的羞耻，心中愉快是幸福，但是错误就是痛苦的源泉。有仁爱恻隐之心为正直，仇恨乃是罪恶，公正是高尚的德行，偏袒为不义之行为。一个人应该怜恤别人，不当伤害任何人，应当以任何代价，免除嫉妒和怨恨。智识是光明，无知是黑暗。心志向往上帝为美事，对此置若罔闻，即是愚蠢。指导别人向上，是我们的责任，我们不可使人走入歧途，使他堕落。如此等等，书不胜书。

但是这些话只是些口头语而已，我们很少看见有实行的。我们知道人们常常为情欲和私心所蒙蔽。各人只为自己的利益着想，就是损害他的亲兄弟也是不管的。他们孳孳为利，只替自己打算，对于别人的幸福，就一点也不关心，只求自己的平安，不顾他人的祸害。

可惜这就是许多人所走的道路！

但是大同教的信徒不当如此。他们应当从这种境况中摆脱出来，躬行力践，不徒尚虚语，必须拿行为表示慈悲为怀，宽厚为量，在行为中证明态度的忠实，在行为中显示圣灵的光辉。

只有实际的行为，才能使世人相信，才是人类进化的原因。把你们的行为表示出来，使世界上相信你是一个大同教的信徒罢！

假若我们是真实的大同教信徒，我们就不需要空洞语言。我们的行为会帮助世界，会推广文化，会促进科学的进步和艺术的发展。没有行为，在现实的世界上，无论什么事，都不能成就。就是在心灵上，一个人光说空语，也决不能有进步。上帝的选民，决不是专由口舌的宣传，就能成为圣洁的，乃是孜孜不倦，躬行力践，方能将圣灵的光辉传播给世界。

所以要努力使你们的行为慢慢的证实你们是忠诚的祈祷者，归向上帝，常常找公正和高尚的事做，接济贫穷，扶助老弱，安慰愁苦者，拯救有疾病者，救济被紧迫者，宽慰怯懦者，鼓励失望者，安置流离失所者。

这些就是一个忠实的大同教的信徒的工作，与应尽的责任。假使我们努力做到这些事情，就是忠实的大同教信徒，假使置之不理，就不是这灵光的顺从者了，而我们也没有权利享受这个名义。

上帝能看透人们的心灵，知道我们的言语有多少是实践了。

二十七、水火洗礼的真意义

十一月九日

在《约翰福音》内，耶稣曾经说过："除非一个人是水火与圣灵生的，他不能进入天国。"于是许多教士解释这个意义，为求解脱，必先受洗。又在马太福音内说："他会用圣鬼与火给你受洗。"

由此可以知道，水与火的洗礼是一件事情。此处所讲的水，必不是指实在的水，因为水与火是极端相反，不能相容的东西。在福音内，耶稣所讲的水，是指生命的源泉，因为没有水，世界上的动物就不能生存——矿物、植物、禽兽和人类，所有一切都须依靠水生存。最近在利学的发明上，已经给我们证明出来，就是矿物也有生命，也需要水，方能延续。

水是生命的源泉，当耶稣讲到水的时候，他是暗示永生的源泉。

他所讲的这种为生命源泉的水，又如同火一样；不是指实在的火，是指上帝的爱火，这种爱是我们心灵的生命。

因为有上帝的爱火，于是在我们和圣灵的实际中间，那层障膜就被焚烧掉了。于是我们就有明朗的心境，能够努力奋斗，在道德和圣洁上，不断地前进，成为世界光明的推进者。

上帝的爱是最伟大，最祝福的。能诊治有疾病的，救治受伤的人，给全世界以快乐和安慰，使人们得着永生。上帝的爱是一切宗教的原素，一切圣训的基础。

上帝的爱启导亚伯拉罕、以赛克、雅各，鼓励在埃及的约瑟，给了摩西的胆量和耐心。

上帝的爱派遣耶稣到世界，做一个完善的、牺牲的和诚笃的榜样，带给世人永生的福音。上帝的爱给了穆罕墨德的力量，把亚拉们人从与禽兽无异的堕落情况中，挽救出来，到一种高尚的生活境域中。

上帝的爱扶助巴孛，使他作伟大的牺牲，甘心情愿地死于枪林弹雨之下。

最后，博爱和拉受了上帝的爱，把他的主义的光辉，从东方远射到西方，从南极射到北极。

所以我劝告你们，要了解这种爱的力量和华美，要牺牲自己的成见，言行一致的把圣爱的知识，输入每人的心中。

二十八、灵学社之演说

十一月九日

承诸位厚待，我应当表示感谢，诸位有灵性的渴望，我又当表示欣慰。今天我来参加像这种为倾听福音而召集的会，我是非常的愉快。倘若你们能够用真理的眼光看看，圣灵的大波纹就在你们的目前显现。圣灵的力量为着我们全体，在此处降临了。感谢上帝，你们的心情为圣灵的热忱所鼓舞！你们的心灵是圣海的波浪，虽然每个人各成一浪，然而同是这个海洋内的水，同在圣灵中团结起来。

每个人的心情，应该有团结的精神，然后全体的唯一的圣灵的源泉，其光辉必灿烂澄明地照耀着。我们不可仅仅注意各个波浪，必须注意整个的海洋，我们应从个人加入全体中，圣灵是一个大海洋，人们的心灵是这海洋中的波浪。

《圣经》告诉我们，新耶路撒冷将在世界上出现。无疑的，这个圣城不是物质的砖石和灰泥建造的，不是人工建造的，乃是天国中永生不灭的城池。

这是一种预言的比喻，是指圣训之复临，以启导人们的思想。

圣灵指导人类的生活，是好久以前的事，然而现在圣城终究又降临到世界上了。这个城重新在东方的天际显现，它的光辉从波斯的天边线照射出来，启导全世界。现在我们能看到圣灵的预言的实现了。圣城耶路撒冷从前被毁灭了，消逝了，现在又重新建筑起来了。这个城本来已经在地面上铲除净尽，荡然无存，现在它的墙壁楼阁又都恢复了，重新美轮美奂地巍然屹立。

在西方物质上的繁荣，已登峰造极，但在东方圣灵的光辉，是照耀明亮。

我在巴黎看到有这种集会，感觉十分快慰，在这里精神和物质的进步连成一气，不偏不倚。

人——真实的人——是心灵，不是肉体，虽然在生理上，人是属动物界，然而他的心灵使他从动物界中超升出来。阳光照耀物质的世界，圣光照耀人们的心灵，心灵使人类成为圣灵的实体！

人们由圣灵的力量帮助，在心灵上努力，就能体认事物中圣的实体。所有在艺术上和科学上的伟大成就，都是这种灵力的证明。

这种灵力使人得着永生。

只有受了圣灵洗礼的人们，才能使全人类团结起来。只有圣灵的力量，才能使东方的精神思想和西方的实际行为，溶成一片，于是现实的世界就会成为圣灵的世界。

因此所有为上天意旨努力的人们，就是灵军的兵士。

天国的光明和幽暗昏迷的世界宣战，真理的光辉驱逐迷信和误解的黑暗。

你们是有圣灵的精诚的。博爱和拉的启示，对于你们追求真理的人，必为最大的愉乐。他的教训是圣灵的教训，其中都是圣灵的箴言。

灵性除非是在外表的形式和动作中表现出来，是为肉眼所看不到的东西。人的身体是有形的，人的心灵是无形的。然而心灵支配人的能力，管理人的性格。

心灵有两种主要的功用。(一)外界的情境，由人的眼、耳、神经，传达到心灵，心灵又把它的意旨,由神经传达到手足和唇舌上,表示它自己。心灵是生命的原素。(二)心灵的第二个功用是在思想,心灵寓于思想之中,执行它的职务,无需乎肉体上器官的帮助。在思想的区域中,心灵不用肉眼,能看见,不用肉耳,能听闻,不用肉体的行动,能行走,所以无疑的,人们的心灵无需利用肉体上的器官和知觉,却能执行职务。心灵无需器官和知觉的帮助,在思想的宇宙中,能独立生存活动。这就清清楚楚的证明了人们的心灵胜过肉体,精神胜过物质。

举个例来说,看这盏灯罢,在灯里的光不是灯的本身吗?虽然这灯的样式是好看的,然而如果这里面没有光亮,它的功用就没有达到,就成为无用的,死的东西了。灯必需有光亮,但是光亮不必需要灯。

灵性不需要肉体,但是肉体必需有灵性,不然肉体就不能生存,心灵无需肉体,也能生存,但是肉体没有心灵,就要死亡。

假如一个人失掉了视听和四肢的能力,只要心灵还存在他的身体内,他依然能够活着,能够表现高尚的德行。反之,没有灵性,就是一个健全的身体,也不能生存。

圣灵的最大力量,是存在上帝的真理启示中,由灵性的力量,上帝的教训传达到人间,由灵性的力量,人们得着永生。由灵性的力量,圣灵的光荣,从东方照射到西方,而且由这同一灵性的力量,人类的高尚德行必将显示。

我们最大的努力,是要用在脱离现实事物的羁绊。我们要勉力成为更有灵性,更光明的人,遵从上帝的教训,促进统一与真正和平之实现,对于一切人们表示慈爱,将最高者的仁爱反映到他们全体上。于是灵性的光辉就清楚地存在我们的行为中,最后全人类必能联合一致,怒浪的海洋必归平静,狂风暴雨必在生命的海上消逝,此后风波不兴,泰(编者按:太)平无事。于是人类就会看见新耶路撒冷出现,从它的大门走进去,接受圣灵的恩典。

感谢上帝,我今天下午参加了你们的会,我又感谢你们在灵性上的觉悟。

我祷祝你们在圣灵的诚笃上进步,我祷祝灵性中的团结力量增高,使先哲的预言可以完成,我更祷祝在上帝光辉中的这个大世纪以内,圣书内所载的喜信均能实现。这就是耶稣所讲的光荣时期,当他告诉我们祈祷"你的天国会降临,你会在世界被做得如同在天上一样"。我希望这也就是诸位的愿望和目标。

我们在一个目标内一个希望中团结,然后全体一致,而每个人的心灵为我们的天父上帝的爱所照耀!

愿我们的一切行为都成为有灵性的,我们的一切兴趣和感情都集中在天国的光荣中!

二十九、灵性的演进

十一月十日

亚卜图博爱讲:——

本晚我讲讲关于灵性的演进和进步。

绝对的静态,是不存在于自然内的。万事万物不进步,即退化,总没有停滞不动的,或者是前进,或者是后退。人从生下来以后,在生理方面,渐渐长大,一直到成熟为止。于是到了成年以后,就要开始衰弱，身体上的气力渐次减低，以至于死亡。在同一情形之下，植物由种子生长成熟后，它的生命就开始凋残，到最后枯槁而死。一个鸟飞上天空，达到某种最高度后，就要降落下来。

如此，这就是明明白白的了，动作对于各种生存都是必要的，所有物质的东西，进步到一定的终点后，就要开始衰退起来。这是一种定律，包括一切生物界。

现在我们看心灵可是怎样的。我们已经知道，动作对于生存是必要的，有生命的东西就都有动作。所有一切物类，无论矿、植、动，都须服从动作的定律，或者前进，或者后退。但是人们的心灵，就没有衰微的时期，它的唯一动作，是向完善的境地走。只有生长和进步，是心灵的动作。

至善是无止境的，所以心灵的进步，也是无止境的。人从生下来以后，心灵就往前进，智慧增长，学问进步。当肉体死亡后，心灵仍然存在。所以一切生物界的寿命，长短虽各有不同，但是都有一定的限度，只有心灵是无限的。

一切宗教都相信灵魂能使死人复活。一个人死了，他的亲属代他祈祷，使他超度，使他生前的罪过得着赦宥。假若灵魂随着肉体以俱亡，这种举动就失掉意义了。并且，假若灵魂离开肉体以后，不能再往完善的境地走，那么，我们为死人的一片诚心祈祷，还有什么用处呢？

在圣书内，有“所有的工作都再找着了”。假若灵魂不能复活，这句话也是没有意义的了。

我们天赋的灵性催促我们去为亲故祈祷，他们是已脱离尘世了，这种行为决不是无益的。这不就是他们生存延续的证明吗？

在圣灵的世界内，是没有退化的。在现实的世界上，尽是矛盾冲突的现象。动作是强迫的，无论什么东西；不前进，即须后退。在圣灵的宇宙中，没有后退的可能，一切动作都是向完善的境地走。“进步”在现实的世界上是灵性的表现。人的智慧、理解力、学识、科学发明，这些都是灵性的表现，与灵性进步的定律相关联，所以必然的是永生不朽。

我所希望你们的，是在心灵方面进步，同时也在物质方面进步，是你们的智慧发达，学问增长，知识扩大。

我们要不断地前进，不要站着不动。停滞是退后腐化的头一步，要避免它。

一切生物都有死亡的时期。肉体为细胞所组织。细胞分解，腐烂开始，于是所谓死的辰光就到了。细胞为人类身体和一切动物的身体的因子，它的组织是暂时的。只要结合细胞的那种力量一经消逝，身体就停止生存。

心灵是不同的，不是因子的结合和细胞所组织而成的。心灵是一个不可分离的东西，完全超出生物界的现象之外，所以是不朽的，永生不灭的。

科学证明单因子(“单”的意思是“非组合”之谓)是不灭的。心灵不是由许多因子组合而成，在性格上，是如同一个单因子，所以不会停止生存。

心灵为一整个不可分离的东西，不会破裂，也不会毁灭，所以没有终止时期的理由。一切东西都有生存的表记，这种表记，如其所表明的和证实的东西，没有生命，自身也就不能存在。一个不存在的东西，不能有生存的表记。心灵存在的许多表记，是永远在我们的目前。

耶稣的圣灵的表记和他的圣训的势力，现在还存在我们中间，并且会永远的存在。

一个不存在的东西，不能有表记，为人所看见，是大家承认的。要写字必得有一人存在，人既不存在，即不能写字，写字的本身是写字者的心灵和智慧的表记。圣书(总是包含同样的教训)证明圣灵的永生。

我们想想一切物类生存的目的罢。一切物类的生存都是为着人类在世界上岁月无几的寿命，其目标既小，是不是能够在千百年中演进和发达呢？而这就是一切物类生存的最后目的，难道这是不可思议的事吗？

矿物演进到最后，被植物吸收，植物生长到最后，被动物嚼食，动物又为人类的食物，被吃到他们的肚子里去了。

如此，表明人类为一切创造的总和，一切物类中的优越者。为着人类，生存进步，是不知道经过若干世纪了。

人类在世界上，顶多只有八十岁到九十岁的寿命，真是一个短时间！

人离开躯壳以后，就不存在了吗？假若他的生命就此终止，那以前的演进就成为无用的了，一切都归于无用！谁能想象创造没有比这更大的目的呢？

灵魂是永生的，不灭的。

讲实际主义的人说："灵魂在哪里？什么是灵魂？我们看不见，摸不着。"

我们就这样的答复他们罢：矿物虽然可以进步但是不能了解植物界的情形。这种了解能力的缺乏，不能证明植物的不存在。

植物虽然可以生长到很高很大，然而不能够知道动物界的情形，这种愚昧不是动物就不存在的证明。

动物的智慧有限，既不能想象人的智慧，也不能了解心灵的性质。然而不能因此就说人没有智慧，没有心灵。这仅能证明一种生存是不能领会较它优超的一种生存。

好比这朵花，它不会觉得有人在这里。但是不能因为它的无知觉，就否认人类的存在。

同样的道理，讲实际主义的人不相信有心灵的存在，他们的怀疑，不能证明没有圣灵的世界。就是人的智慧即可证明他的永生不朽。并且黑暗证明有光明，因为没有光明，就没有黑暗。贫穷证明富足的存在，因为既没有贫穷，我们又怎样去估量富足呢？愚蠢证明知识的存在，既没有知识，就无所愚蠢了。所以死亡的意识，预示永生的存在——因为既没有永生，就无法较量这个世界的生命了。

假若圣灵不是永生不灭的，上帝所启示的大贤哲，又怎能经历绝大的艰难。

耶稣何以能在十字架上，受可怕的死刑呢？

穆罕墨德何以能忍受苦难呢？

巴孛何以能作伟大的牺牲，博爱和拉何以能在囚狱中度生活？

这些艰苦所为的是什么？假若不是证明圣灵的永生。

耶稣忍受苦难，不辞艰辛，是为他的圣灵的永生。假如一个人思索一下，他就会懂得在进步律中灵性的意义，一切东西如何由低级进到高级。

这只有一班无知无识的人，想到这些事的时候，才能想象创造的大次序会忽然停止前进，演进会这样不完备的终止！

讲实际主义的人用这种方法解释，辩驳我们不能看见圣灵的世界，或体认上帝的祝福，他们真是像动物一样的没有知识。有眼不能见，有耳不能闻。这种视听力的缺乏，除开证明他们的低能以外，不能证明别的事。关于这种人，我们在《可兰经》内读着下面的话："他们对于圣灵是瞎了眼睛聋了耳朵的人。"他们不利用上帝的那个伟大的赐给，即智慧的力量。假若利用这种力量，他们就可以用有灵性的眼睛，看到一切，用有灵性的耳朵，听到一切，并且用光明的心灵，领会一切。

实际主义者的脑筋不能理解永生的意义，不足以为永生不存在的证明。

永生的领会，完全要我们有灵性的生机！

我为诸位祈祷的，是诸位的灵性的功能和渴望，一天天的增加，是诸位永远不要让物欲蒙蔽，以致不见圣光的荣华。

三十、亚氏之愿望和祈祷

十一月十五日

亚卜图博爱讲：——

诸位都在欢迎之列，我爱诸位都是很亲切的。我日夜祷告上天使诸位有坚忍的力量，使诸位全体参加博爱和拉的福音，进入天国。

我祈祷诸位可以成为新人物，为圣光所照耀，如同灿烂的明灯。并且上帝的爱的知识，可以从欧洲之这一端，传播到另一端。

愿诸位的心绪充满着这种无限的爱，使悲愁无地自容，无孔而入。

愿诸位以愉快的心情，如同鸟一样，飞升到圣灵的光明中。

愿诸位的心如同明镜一样的清楚、纯洁。在这明镜内，反映真理的光荣。

愿诸位睁开眼睛，看天国的表记，愿诸位洗耳倾听圣道的宣扬，得着完全了解。

愿诸位的心灵得着帮助和安慰，力量坚强，能依照博爱和拉的教训生存。

我为诸位全体祈祷，愿诸位为世界上的爱火，爱的光辉和热力可以深入每个愁苦人的心中。

愿诸位为灿烂的明星，永远在天国中炫耀。

我劝诸位诚恳地研究博氏的教训，于是有上帝的帮助，诸位可以在行为和实际上，成为忠实的大同教信徒。

三十一、肉体，心灵，精神

十一月十七日

在人类中有三种阶段，肉体的，心灵的，精神的。

肉体是人的生物的或动物的阶段，从肉体方面观察，人是动物之一。人类与动物的身体都是为原子所组合，为吸引定律所结合。如同动物一样，人有四肢五官，须受热、冷、饥、渴的限制，然而人有一个有理解力的心灵，即人类的智慧，就非动物所能有了。

人的智慧为肉体和精神中间的媒介。

当人由心灵以精神启导智慧，他就包含一切创造了。因人为万物之灵，一切演进中的优越者，包含一切下级物类的成分。由于心灵的作用，为精神所照耀，人的光荣的智慧，使他成为天之骄子。

但是反过来说，如果人对于圣灵的祝福，不打开他的心坎接受，在他的心灵上，只是斤斤于物欲，于是他就会从他的高超地位堕落下来，比下级物还不如。在这种情况中，人就堕入悲哀的深渊中了！

因为如果心灵中的精神性格不启发吸收圣灵的空气，就永没有应用的时候，就要萎缩、微弱，最后成为无用的了。同时，如果只有心灵中的物质性格在行使功能，慢慢的强大起来，到了可怕的程度，这种不幸误入歧途的人们，就会比下等的动物更野蛮，更不讲理，更卑鄙，更残忍，更毒恶。所有他的志望和欲念都是为心灵性格低下的那部分所巩固，他的凶残的程度，渐渐的加高，等到后来，他整个的人无法和趋于沦亡的禽兽区别。像这种人，总是图谋不轨，伤害别人，破坏别人。他们是完全没有圣灵的慈怀，因为心灵中的善性已被物欲征服了。反过来说，如果心灵中的精神性格坚强有力，能够使物质的那部分屈服，那么，这个人就能与圣灵接近，他的人格成为那样的光荣，圣灵的德性都集在他一身了。他发扬上帝的慈爱，鼓励人类精神的进步。因为他已成了一盏明灯，给予人们在迷途中的光亮。

你知道心灵怎样为肉体和精神的媒介。在同样的情形中，这株树是种子和果实的媒介。当树的果实结出来，成熟了，我们才知道这株树是完善的。假若树不结果，这树的生长就是白费事，没有用处的了。

心灵中要有精神的生命，才能结出好的果实，成为一株圣树。我希望各位努力了解这种道理。我希望上帝的无可形容的仁慈会鼓舞你们，使你们心灵中的善性，和精神相连系的善性，永远克服物欲，把物欲完全管束住，然后你们的心灵就可以达到天国中的完善境域。愿你们的心志坚定的倾向上帝，成为晶莹灿烂的，于是你们的全部思想和言语行为，会与笼罩在你们心灵上的灵光，一齐炫耀。于是你们会在世界人类中，表现完美的德行。

有许多人的生活完全受现实事物的支配。他们的思想完全为外形和传统的观念所包绕，所以除现实的事物以外，不看见还有别的东西存在着，不知道精神在一切中的重要！他们天天在梦想尘世的虚荣和物质的进步，他们的视线限于肉体上的快乐和舒适的生活，他们最高的志趣是集中在实际事务的成功。他们不抑制低下的性能，他们吃、喝、睡，如同动物一样，除开生理上的舒服以外，他们没有别的思想。当然吃、喝、睡是必不可免的，生活是一个重载，活在世界上一日，就得把这重载肩担起来，然而我们不能让生活中的低下事务占住人的思想和志愿的全部。我们的志向应当向更光荣的目的前进，意识的活动向更高的界限上开展！人们在心灵上应当保持至善的思想，应当容纳圣灵的无限的恩典。

让你们的志愿为造就世界上的神圣文化罢！我代你们求上帝的祝福，使你们充满圣灵的精神，为世界的模范。

三十二、大同教徒宜努力改善世界

十一月十九日

我们看到这种会社，心中感觉无限的快慰，因为这的确是一班善良人们的集团。

我们在一个高尚的目的中联合起来，没有物质的动机，我们最宝贵的志愿，是在世界上传播上帝的爱！

我们为人类的团结努力而祈祷，企图使世界上的各种人民成为一族，各个国家联为一国，全世界的人们在一个目标之下，齐心合力，以达到四海一家，世界大同。

赞美上帝，我们的努力是诚恳的，我们的心志是倾向天国。我们最大的志愿，是真理可以在世界上树立，在这种希求中，我们以友爱的精神联合一致。人人都有坚决的意志，克己的态度，都愿意为其所努力的高超理想——人们间的友爱，和平与团结——牺牲一切自我的成见。

不要怀疑上帝是同我们在一块，他是一刻不离我们的左右，会使我们的会员一天天的增加起来，会使我们的会的力量和效用长进。

我恳切的希望是各位要帮助别人，对于一班在精神方面沉迷不醒的人们，要使之觉悟，对于一班陷入罪恶中而心灵已死灭的人们，给予他们以新生命。

愿你们帮助一班沉沦在物质中的人们，使之了解上帝的伟大，鼓励他们振作，使他们的生命价值不致辜负。如此，你们的努力就会使现实的世界成为上帝的天国，人类成为上帝的选民。

感谢上帝，我们在这种高尚的理想中是一致的，我的愿望就是各位的愿望，我们在完善的团结中，共同努力前进。

现时在世界上，看到战争的残酷和悲惨！人们为自私的目的，为扩大疆土，杀害同类！为着这种卑劣的野心，仇恨占住他们的心情，流血的惨剧，天天的增多！

战争扩大，军队增多，各色各样的枪炮和炸弹不断地往前线输送，于是残忍和仇恨也就随着一天一天的加涨！

但是感谢上帝，这个会只是渴望和平与团结，诚心诚意的努力促进世界的改进。

你们为上帝的臣仆，须与压迫、仇恨和分裂宣战，于是战争才可以停止，上帝的和平法律和亲爱才可在人们中确立基础。

努力罢！用你们的全副力量努力，传播天国的主义于人们间，教导自私自利的人归向上帝，犯罪的从此自新，安心等着天国降临。

敬爱而且服从你的天父，坚诚地信仰圣灵会帮助你们。我对你们讲罢，你们会战胜这邪恶的世界！

只要有信仰、耐心、勇气——这是第一步，你们就一定会成功，因为上帝是时刻在你们的中间呵！

三十三、毁谤

十一月二十日

从天地开辟一直到现在，每个为上帝所遣使的贤哲，总为黑暗势力的集团所反对。这种黑暗势力总是想方设计去毁灭光明。横暴想法征服公理，无知拼命践蹈学识，这就是自有历史以来物质世界中的法门。

在摩西的时候，怀纳从事阻止他传播圣道。

在耶稣的时候，安纳斯和赛菲斯鼓动一班犹太人民去反对他，而一班所谓有学问的，以西结博士们又联合起来，共同抵抗他的势力。所有各种毁谤流言都集中于他一身。一班文士和法利赛人协同煽动人民，叫他们相信耶稣是一个说谎的人、背教的人、亵渎神圣的人。他们把这些谣言散播到东方各处，以引起对耶稣一致之反感，而最后使他遭受不法的惨刑！

再拿穆罕墨德来讲，在他的时候，一班所谓渊博的博士们也是坚决的要扑灭他的势力的光辉，他们用武力阻止他的主义传播。

然而不管这些人怎样努力，真理之光依然从天空中照射出来。在各种情形中，光明的军队在世界的大战场上，总是消灭了黑暗的势力，而圣训中的光辉照耀全球。接受圣训而为上帝的主义努力的人们，成为人类中的灿烂明星。

现在，在我们这一代中，历史又在重演。

有许多人，他们想叫人相信宗教是他们的私产，又在抖擞精神，和真理之光作对：他们反抗上帝的告诫，捏造没有理由和证据的谣言，他们暗地攻击人家，不敢抛头露面，堂堂正正的干。

我们的方法是不同的，既不攻击别人，也不毁谤人家，我们不愿意和这班人辩论，我们拿出理论和证据出来，欢迎他们反驳我们的陈述。他们不能答复，反而尽他们所想得到的写下来，以反对圣灵的使者博爱和拉。

不要让你们的心绪被这些诬损别人名誉的文字所扰罢！服从博氏的话，对于他们可置之不理。而且可以引为快慰的，就是这些伪造结果反能使真理播扬。当这些毁谤一出现，人们必加以研究，看真伪如何，这些人发现了事实的真象后，结果对于所毁谤的人，反因此发生信仰了。

假如一个人宣称："隔壁房内有一盏灯没有亮。"有人或者就相信他的话，但是聪明的人一定要亲自跑去看看究竟是怎样。当他发现灯的光亮是在灿烂地照耀着，他就把真实的情形确定了。

再如某人说："那里有一个花园，园内树的枝子都折断了，树上没有果实，树叶枯黄零落。那里还有许多花本植物，但是都不开花，一些玫瑰都是凋残萎谢——不要到那个花园里去罢！"一个有理智的人，听到了关于那个花园的这种叙述，除他自己亲身去看看究竟是真是假外，他必不能感觉满意。所以他就跑去，发现这花园整理得很好。树的枝子都坚牢，在密层层的绿叶，垂着肥满甜美的果实。各种花本植物开着颜色不一的花，呈着活泼的生气。丛丛的玫瑰既娇美，又芬香。而芳草茸茸，青翠满目。当这花园的一种繁荣景象，展开在这位有理智的人的眼前时，他就感谢上帝，由于别人的胡说乱道，竟把他引入这种胜境了！

这就是毁谤工作的结果，使人发现真理。

我们知道一切毁谤耶稣与其使徒的流传，和一切反对他的著述，都引起了人们的兴味，去研究他的主义。于是一经走入这天国的花园中，看见美丽的景色，吸着芬香的气味，就流连花草果树间，不忍离去了。

所以我对各位讲，要用全副力量播扬圣灵的真理，开导人的智慧，这就是对于流言毁谤的最好答复。我既不愿意批评这些人们，也不想糟蹋他们——仅仅的告诉你们，毁谤是无关紧要的。

云或者可以蒙蔽阳光，但是总不能浓密到使它的光线无从穿过！没有东西能阻止，使圣灵的花园温暖而有生气的光辉的下降。

没有东西能阻止雨从天上落下来。

没有东西能阻止上帝语言的应验！

所以当你看见反对圣书的书籍和刊物时，不要介意，但平心静气地等着，主义的力量自然会坚强起来。

没有人向无果之树抛掷石头，无人想吹熄没有光亮的灯！

想想以前的事罢。怀纳的诬陷有什么功效？他坚持摩西是一个杀人犯，说他杀害了一个人，应受死罪！他并且宣布摩西同亚龙是蓄意破坏治安的人，曾经图谋推翻埃及教，所以应处死刑。怀纳的这些话是徒然白说了，摩西的光荣在炫耀着，上帝的法律的光辉笼罩了全世界！

法利赛人说耶稣破坏安息日，说他藐视摩西的教训，说他恫吓破坏圣庙和耶路撒冷城，所以他应该钉十字架——我们知道这些毁坏的话毫无功效，不能阻止福音的传播！

耶稣的光荣是在天际灿烂地照耀，而圣灵的空气弥漫全球！

我对你说，没有哪种谗毁反对上帝的光明，是能够流传的，结果只能使这光明更普遍地为人认识，假若一种主义无关重要，人们又何必去反对它，自找麻烦呢？

但是通常主义愈伟大，敌人就愈见增多，企图推翻它。光明愈亮，黑暗愈深！我们的责任是在用谦恭的态度，坚决的意旨，依照博氏的教训做人。

三十四、没有灵性即无真快乐和进步

十一月二十一日

凶残和野蛮为动物的自然本性，但是人类就应当表现亲爱和友感的性格。上帝派遣先知先觉者到世界上，只有一个目的。就是在人们间传播亲爱和善意的种子，为着这个伟大的目的，这班人都甘心情愿受苦，牺牲自己的性命。所有各种圣书都是为领导人们向亲爱和团结的道路上去；然而事与愿违，在人类中有战争和流血的惨剧。

我们翻开历史看，在以前，在现代，地球是被人类的血染红了。人们互相残杀，一如凶恶的虎狼，忘了亲爱和宽厚的教训。

现在光荣的时期已经到来，奇妙的文化和物质的进步随着实现了。人们的智慧已经扩大，思想力增高，但是不幸得很，不管这些事实是怎样的，新的流血惨剧又是一天一天的在开演着。看现在意、土之战，想想这些不幸的人们的命运罢！在这种悲惨的时期中，有多少人是被杀害了？有多少家庭被破坏了？有多少妇人成了寡妇？有多少孩子成了孤儿？而这种伤心惨事换回了什么代价？不过为着争夺小小的一块土地而已！

这就表明单是物质上的进步，决不能改进人类。恰恰相反，一个人愈沉浸于物质的进步中，他的灵性就愈被蒙塞了。

在物质方面进步不甚速的时代，流血的惨剧就不及现时的热闹。在以前的战斗中，没有枪炮，没有炸药，没有鱼雷，没有战舰，没有潜水艇。现在受物质文化进步之赐，这些利器通同有了，而战争的残酷就更其加甚！欧洲成了一个庞大的兵工厂，充满着炸药，愿上帝阻止他的爆发罢——因为一旦爆发，全世界都要牵入漩涡之中。

我要使各位知道物质进步和精神进步是两个根本不同的东西，只有物质进步和精神进步并驾齐驱，才是真实的进步，而最伟大和平的景象才能在世界上实现。如果人们服从圣灵的规劝和先知先觉者的训诫，如果灵光普照人心，而人们有真实的宗教信仰心，于是我们就可看到世界和平之实现，和天国在人间的降临。上帝的法律好比心灵，物质的进步好比肉体，如果肉体不为心灵所推动，就会停止生存。这是我恳切的祈祷，灵性会在世界上不断的生长增高，于是一切旧习可以改变光大，而和平友睦可以实现。

战争和侵略与其所附带的一切凶暴残忍是对于上帝的罪孽，自然要受惩罚的。因为仁爱的上帝也是公正的上帝,人无论如何不能逃出种瓜得瓜、种豆得豆的因果律,我们要知道最高者的告诫,要按照他所指示的,调节我们的生活。真正的快乐在于精神方面的好处,我们的心要常常的打开接受圣灵的恩典。

倘若人心与上帝给予的福音背道而驰,又如何能希望快乐。倘若人心不把希望放在上帝的恩典中,而信托他,又哪里去找安慰?呵,信托上帝罢!因为他的恩典,他的福音,是不朽的,至高无上的。呵,信仰这万能者罢,因为他是不失人望的,他的慈惠是永远不变的!他的真光永远散给光辉,他的慈云充满圣水和慈爱,沐浴信仰他的人们的心灵,他的和风惠雨永远诊治人们干渴的心灵!离开这样仁爱的父亲,还算聪明吗?他的恩典是如雨一般地散给我们,我们还要做物质的奴隶吗?

上帝在他的无限慈怀中已经抬举我们到这样尊荣的地位,使我们为物质世界的主人翁。我们难道还情愿做这世界的奴隶吗?不,让我们保持生而有的权利,努力过上帝的圣灵的儿子的生活。真理的荣光重新在东方显现了。它的光辉在波斯的天空中向四方照耀,驱散迷信的浓云。人类大同已有一线曙光。和平与国际结合的旗帜不久当在天空高扬。圣灵的和风将鼓舞全世界!

呵,各种人民和各个国家,起来罢,努力罢,快乐罢,在人类大同之幕下结合罢!

三十五、苦痛与忧愁

十一月二十二日

在这种世界上,我们受着两种情感的影响,快乐和苦痛。

快乐使我们振翅欲飞!在快乐的时候,我们的气力充足,脑筋灵敏,思想清楚,我们的能力好像增大,应付世事,绰有余裕。但是悲愁一跑进我们的心绪,我们就成为孱弱的人了,我们的气力消散了,我们的思想混沌,我们的脑筋模糊,生活的实际好像要从我们的掌握中跑开,我们的灵性不能发现圣灵的奥秘,我们简直成为死人了。

没有人不受这两种情感的影响,但是一切忧愁苦痛都是从物质的世界来的,在圣灵的世界内,只有快乐!

假若我们受苦,这苦是由物质事物所生的,而一切艰难苦楚都是出自这幻变的世界。

譬如一个商人经营失败,随着就要受亏累,一个工人被革除,生活马上发生恐慌。一个农人收获不佳,心中充满焦虑。一个人建造一所房屋,不幸完全烧毁,就即时无家可归、破产、失望。

这许多事例是阐明所有落到我们跟前的一切祸害;所有我们的一切悲愁、苦痛、羞辱、忧伤等,都是由物质的世界发生的。但在圣灵的天国中,从没有愁苦这一回事。一个人活着,把他的思想用在这天国,就会终身感觉愉快。肉体上的苦痛不能动摇他的精神,只能影响他生活的皮面,他心的深处是泰然自若。

现在人类为艰难忧愁苦痛所屈服,没有一个人能逃脱,地球为泪水淋湿了。但是感谢上帝,救治的方剂就在我们的目前。我们要让心绪脱离这物质世界的羁绊,要栖息在圣灵的世界中!只有如此才能使我们自由!假若我们为困难所累,我们唯有诉诸上帝,他的大慈大悲一定会帮助我们。

假若遇着忧愁和挫折,就让我们来求助天国,圣灵的安慰会倾盆而至,滔滔不止。

假若我们病了,在困难中,让我们求上帝诊治,他一定会接受我们的恳求。

假若我们的思想被世界的悲惨所苦恼，我们就把目光移向上帝的慈爱，他一定会给予我们以安慰。假若我们被羁绊在物质的世界中，我们的精神仍可飞升天国，自由自在！

假若我们的寿命是渐临末日，让我们想着永生不灭的世界，我们就会有无限的欢愉了！

你看在你的周围尽是物质的东西不完美的证据——快乐、安适、和平和慰藉，是怎样的不能在如同过眼浮云般的世事中找到。于是我们如果不肯到那可以找到的地方去寻求这些宝藏，不是愚蠢吗？圣灵的天国之门是为人人开放的，而在门以外就完全是黑暗。

感谢上帝，你们在这会里的人都有这种知识，在你们的生活的所有愁苦中，你们可得着至高无上的慰藉，要知道你们的寿命虽然有限，永生在等着你们。假若物质的焦虑在黑暗的气氲中包绕你们，圣灵的光辉会照耀你们的途径。所以一班人，他们的心绪为至高无上者的圣灵所照耀，即有最高无上的慰藉。

我自己是身处囹圄四十年之久——就是一年也难忍受——没有人能忍受一年以上的监禁，但是感谢上帝。我在这四十年中是非常的快乐！每天醒来，就像听到喜信，一到晚上我就有无限的快乐。我有精神上的慰藉，归向上帝是我最大的快乐。如此，你还相信我是在牢狱中生活了四十年吗？

所以灵性为上帝的最大赐给，"永生"即是"归向上帝"。愿你们天天在灵性中进步，愿你们在一切善行中的力量坚强，愿你们得着多多的圣灵的慰藉，由上帝的圣灵得着自由，愿天国的权力存在你们中，帮助你们努力。

这就是我的恳切愿望，我祷告上帝允许你们这个恩典。

三十六、完善的人类情感和德行

十一月二十三日

亚卜图博爱讲：——

你们应当为你们的特殊秉赋而快乐，而感谢上帝。

这完全是一个精神的聚会：赞美上帝，你们的心是向着他，你们的心灵是为天国所吸引，你们有精神上的渴望，你们的思想是超出尘世之外的。

你们是属于圣洁的世界的，不满意过那动物的生活，一天只是吃、喝、睡！你们真是人，你们的思想和志愿是用在求人类的完善，鼓励懦弱的人，而对于失望的心灵，你们为希望的源泉，你们的思想是朝夕倾向上帝，你们的心中是充满上帝的爱。

如此，你们就不知道敌视、憎恶、仇恨等行为，因为你们友爱人人，为人人谋福利。

这些就是人类的完善情感和德行。如果一个人在这些当中一样也没有，那就不如不生存的好。如果一盏灯不能发亮，不如把它毁掉，一株树不能结果，不如把它砍下，因为它只是地面上的赘物。

所以，一个人没有德行，死了比活着要好得千百倍了。我们有眼睛，是要看东西的，假若不用它们，那对于我们还有什么益处呢？我们有耳朵，是要听的，如果我们聋了，这耳朵还有何用？我们有唇舌，是用以赞扬上帝，宣播福音的，假若我们哑了，这唇舌还有何用？

大慈大悲的上帝创造人发挥圣灵的光明，用语言行为和生命开导世界。假若人没有德行，就无异于禽兽了，而没有智慧的禽兽是下贱的东西。

天父给人以无价之宝的智慧，使他成为灵光，深入物质的黑暗中，将仁善和真理带给世界。假若你们诚恳的信从博爱和拉的教训，就确实会成为世界的光明，世界的灵魂，人类的安慰和帮助者，全宇宙解放的源泉。所以你们要用心和灵，努力信从这位圣哲的规训。抱定宗旨，只要能够依照他所指示的生活下去，天国中的永生和不朽的快乐会属给你们，天国的供养会天天送来，充实你们的力量。

我恳切的祈祷你们都能得到这种快乐！

三十七、漠视他邦人民的苦痛

十一月二十四日

亚卜图博爱讲：——

有人告诉我，在这国内发生了一件可怕的事故。有一列火车倾跌在河内，至少有二十个人是死于非命了。这是一件今天要在法国议会中讨论的案件，铁路经理要出席说明经过。关于路政的概略和这次事故发生的缘由，他会要受诘问的，会有激烈的辩论。为着这二十个人的死亡，引起了全国的注意和不安，而同时对于在句莱波利被杀害的万千意大利人民，土耳其、亚拉伯人民，则漠然无动于衷，我看到这种情形，是充满了惊异和希（编者按：稀）奇的心绪！这种大批屠杀的恐怖是完全没有惊动这个政府！然而这些不幸的人民也是人类呀！

为什么对于这二十个人表示这样深切的注意和同情，而同时对于五千人的性命一点也不怎么样呢？他们都是人，同属于人类，但是他们是在别的地方的，属于别种民族的。就是这些人被砍成碎片，也不会与这些不生关系的国家相干，这种大屠杀是不会影响他们的！这是怎样的不公平，怎样的残忍，怎样的缺乏善良和诚笃的意念！这些在异地的人民有儿女、有妻室、有姊妹兄弟父母！现在这些国内，几乎没有一家不闻悲惨的哭声，没有一家不受战争的祸害。咳！我们处处看到人们是如何的残忍、偏私、不公平，是如何的徘徊歧路，不信仰上帝和服从他的告诫。

倘若这些人们不汲汲于以刀剑枪炮从事残杀，而互相友爱帮助，比较起来会是怎样的要高贵得多了。倘若他们能如鸽子般的和睦地相处一块，不是像虎狼一样的互想伤害，又会好多少。

人们为什么有这样的铁石心肠？这是因为他们还不知道上帝。假若他们有关于上帝的知识，他们的所行所为就不会与上帝的法律直相违反，因为倘使他们有灵性的知识，这种行为对于他们即为不可能的。只要上帝的先知者的法律和规训为人所信仰了解和服从，战争就可从此消灭，不致再把世界弄得暗无天日了。

就是人们对于正义有初步的意识，这种事态也不至于发生。

所以我对各位讲，要祈祷——祈祷而且倾向上帝，于是他会在他的无限慈怀和恻隐心中，帮助和搭救这些误入歧途的人们。我们求他赐给这些人们以圣灵的知识，教给他们宽容和恻隐，于是他们的智慧可以启发，他们可以受圣灵恩典的赐予。于是和平与友爱在任何地方都是偕手同行，而这些不幸的人们就可得着安息了。

让我们努力向前进行，促成一般状况的改良。我的心因这些可怕的事情而悲痛欲裂，所以大声疾呼着——愿我的声音能达到每人的心中罢！

于是糊涂的人会清醒，死了的人会复活，而正义会到来，统治世界。

我求各位诚心祈祷此事之成就。

三十八、勿因同志人数有限而失望

十一月二十五日

当耶稣出世，他在耶路撒冷显示他自己。他召集人们到天国中去，邀他们到永生中去，他又教导他们去求得人类的善全。救世的灵光从这位明灿的星宿中照射出来，最后他为人类牺牲了自己的性命。

在他的光荣的一生中，他受尽艰苦和压迫。然而不管怎样，人类还要仇视他！

他们否认他，侮辱他，虐待他，诅咒他。他被看待得如同非人一样——然而尽管如此，他总是一个慈悲、善良、仁爱和各种德性的结晶品。

他爱全人类，但是人类待他若仇敌，不能了解他，不重视他的言语，不为他的爱的力量所感化。

到了后来，人们才知道他的为人，才知道他是圣灵的光辉，他的言语含蓄永久的生命。

在他的心中是充满对全世界的仁爱，他的仁慈是务必要达到每个人身上——他们开始了解这些事实。他们悔恸——但是他已经被钉在十字架上了！

这是耶稣升天后许多年数，他们才知道他的为人。在他升天的时候，他仅有很少数的弟子，只有少数的人信仰他的格语，服从他的教训。无知的人说，“这个人是谁，他仅有几个弟子！”但是知道他的人说，“他是天上的真光，会在东方和西方照耀，他是圣灵的显示，会给予世界以生命。”

他最先的几个弟子所知道的事，到后来也同为世界所了解了。

所以你们在欧洲的人，不要因为你们人少，或因为别人以为你们的主义是无关重要的，就感觉灰心。如果只有很少的人加入你们的会，不要丧气，如果你们为人讥笑反对，不要介意，因为耶稣的使徒有同样的情形要忍受的。他们被人辱骂、逼害、诅咒、虐待，但是结果他们胜利了，他们的敌人发现了自己的错误。

假若历史上的事实要重演，同样的命运要落到你们的头上，不要忧愁，要充满快乐。感谢上帝，你们是被命定受苦，同以前的圣人受苦一样。假若他们反对你们，用柔和的态度对待他们，假若他们责难你们，保持你们的坚确信仰，假若他们对于你们远之若鬼神，把他们找出来，亲热的对待他们。不要伤害任何人，为所有的人祈祷。勉力使你们的光辉在世界上照耀，让你们的旗帜在天空中高扬。你们的高尚的生活的芬香会无孔不入，在你们心中燃烧着的真光会照射到远方的天际！

世界上的漠视和讥诮是毫无关系的，而你们的生命，会有重要的意义。

所有在天国中找寻真理的人都是如同明星一样的闪烁，如同树一样的结着鲜美的果实，如同海洋一样的充满着珍贵的珠宝。

只要信仰上帝的恩爱，播扬圣明的真理。

三十九、在巴黎教堂之演说

十一月二十六日

刚才你们对我所说的那种同情的言语，使我深深的感动，我希望真实的友爱和感情会天天在你们中间增长起来。上帝已经指明爱应该在世界上为一种重要的力量，而你们都知道我是欢喜谈爱的。

在各世纪中，上帝都派遣先知者到世界上为真理的主旨服务——摩西带给人们以真理的定律，在他以后，以西结的各先知者都想方设法传播真理。

耶稣降世，将真理的火炬点燃，高高的举起，使它的光辉四射，全世界都为之照耀。在他以后就是他的优秀弟子，他们四处奔波，将他们主人的教训的光辉散给黑暗的世界——如此他们轮流下去。

于是穆罕墨德降临，他在他的时候和方法中，在一种野蛮民族中传播真理的知识，因为这常是上帝的选民的使命。

最后，博爱和拉在波斯出世，使真理的灵光在各处复炽，是他最大的愿望。所有上帝的圣民，都是用全副精神努力使友爱和团结传播全世界，然后物质的黑暗方可消逝，圣灵的光辉方可在人们间照耀。于是憎恨、毁谤、仇杀可以消灭，而友爱和平起而代其地位。

所有上帝的显示都是为着这同一目的，他们都领导人们向德行的坦途上去。然而我们为他们的臣仆，仍然在自己中间争论不休。

为什么如此呢？为什么我们不互相友爱团结一块？

这是因为我们戴了有色眼镜，不了解一切宗致的根本原理。上帝只有一个，他是我们全体的父亲，我们都是沉浸在他的恩爱中，受他的爱心的庇佑和保护。

真理的荣光普照万物，圣灵的慈雨沐浴人人，圣灵的恩典遍施给他的所有百姓。

这个仁爱的上帝希望他的百姓都能和平度日——于是为什么他们还要消磨岁月于战争之中呢？

他爱他的百姓而且保护他们——为什么他们要忘记他呢？

他对于我们人人赐施他的父爱——为什么我们要疏远我们的兄弟们呢？

一定的，当我们了解他是如何的爱并照顾我们的时候，我们就应该把我们的生活支配得使我们成为更像他的人。

上帝创造了我们全体——我们既然都是他的儿女，共同爱戴这一个父亲，为什么还要违反他的志愿呢？我们在各方面看见的那些分歧，那些争论和冲突之所以发生，都是因为人们不肯放松仪式和表面规则，而忘记了简单的、根本的真理。这是宗教表面方式的不同，使人们发生争论和仇视——实体总是一致的、整个的。这个实体就是真理，真理是没有区分的。真理是上帝的指导，是世界的光明，是爱，是仁。真理的实际就是人们为圣灵所激发的德行。

所以让我们紧紧的跟随真理，我们就会确实能得着自由。

这一天是快来了，在那时世界上所有的宗教会联合起来，因为在原理上他们已经是一致的了。既然知道这是表面形式使他们分歧，就没有彼此划分界限的必要了。在人们中间，有些人的心灵因愚昧无知受苦，让我们赶快去教导他们；有些人是如同小孩一样的需要看顾和教育，以待其长成，又有些人如同害病的人，我们就要把圣灵的医治介绍给他们。无论是无知、有孩子气或者病了，他们都是需要有人友爱，有人帮助，不能因为他们的不健全，就为人所嫌憎。

宗教的医生的天职是在将圣灵的医治介绍给人民，是须为国际团结的促进者。假若他们是分歧之酿成者，那么他们还不如不存在的好！药剂是诊治疾病的，假若只能使病人受苦更厉害，就不如把它搁置不用。假若宗教只是分裂的主因，就不如没有宗教的好。所有为上帝派遣到世界上的圣贤，都是为着播扬真理，促进人们的团结与和睦，而经历绝大的艰难和辛苦。耶稣忍受一生忧愁、痛苦、艰难，留给世界一个仁爱的完善的榜样——然而在我们中间仍然精神不一致的彼此交讧和冲突。

爱是上帝待人们的根本原则，他告诫我们互相友爱，要如同他之爱我们。我们在各方面所听到的那些争论和纠纷只是促成物质的形态。

世界是大部分沉浸在物质的主义中圣灵的福音为人所忽略。真灵性的知觉是如此其少，世界的进步大部分只是物质的。人们是如同动物一样的须遭沦亡，因为我们知道他们没有灵性的感觉——不倾向上帝，没有宗教信仰！这些事情只是为人所有的，如果缺少了，他就成了自然的奴隶，而与禽兽无异了。

上帝既经创造人成为这样高等的动物，人怎能满意仅仅度着普通动物的生活呢？一切物类都须服从自然律，只有人能征服自然。太阳虽然有它的光和力，然须受自然律的限制，不能改变它的程序到一发之差。汪洋大海无力改变它的潮水之涨落——没有东西可以违抗自然律，只有人！

上帝只对于人类给予这种不可思议的力量，使他能够支配、管理和征服自然。

自然律叫人在地球上行走，但是人制造飞艇，在空中飞行，自然律叫人栖居陆地，但是人在海洋上驰骋，有时还在海底行走。

他学会管理电力，予取予携，把它幽禁在灯泡内！人的声音是发出在短距离内谈话的，但是人的能力是这样的大，他制造器具，能使东方和西方交谈！这些事例是证明人如何能够管束自然，是如何的能够从自然的手中把剑夺过来，反用此以抵抗自然。既然知道人是被创造出来为自然的主人翁，如果他反变了它的奴隶，那是多么的愚蠢呵！上帝既使我们为自然的主人翁，我们反去崇拜自然，这又是怎样的无知和愚笨。上帝的力量是显现在人人之前，然而人，你们蒙蔽他们的眼睛不看。真理之光在它的全部璀璨华美中炫耀，但是人们的眼睛是紧紧的闭住，不能看见它的光荣量！我对上帝的恳切，是你们由他的慈怀和仁爱而全体团结起来，充满无上的快乐。

我求你们全体补足我的祈祷，就是战争和流血之永远止息，亲爱、友善、和平统治世界。

在各世纪中，我们看到血是怎样的污染了地面；但是现在一线较大的曙光来到了，人的智慧比从前大，灵性也开始长进，世界上的宗教会和睦起来，这种时候一定快到了。让我们对于表面的形式，抛除意见分歧的争执，携手促成圣灵的团结宗旨之实现，等到全人类知道同为一家，在亲爱中团结一致。

博爱和拉的教训十一大原则，由亚卜图博爱在巴黎解释如下：

1. 找寻真理；

2. 人类结合；

3. 宗教应为亲爱和感情的原动力（非分开施给）；

4. 宗教和科学的结合；

5. 偏见之废除；

6. 生计机会平等；

7. 法律平等；

8. 世界和平；

9. 宗教不应干涉政治；

10. 性的平等——妇女教育；

11. 圣灵的力量。

四十、巴黎真道社

自从我到了巴黎，我就听到关于真道社的事。我知道这是由许多有声望有名誉的人组织的。你们是有智慧有思想的人，有精神理想的人，今天能参加你们，是我最大的荣幸。

让我们感谢上帝使我们本晚聚会一块。这个给我以无限的快慰，因为我知道你们都是寻求真理的人。你们是不为偏见的桎梏所束缚的，你们最大的愿望是在知道真理。真理可以比如太阳！太阳是有光辉的物体，驱散一切阴霾。在同样的情形中。真理驱散我们思想中的暗影。如同太阳给予人类身体的生命一样，真理给予心灵的生命。真理是从天边线上各种方位中升出来的一个太阳。

有时候太阳是从天边线上的中央升出来的，到了春天就稍为移到北边一点，到了冬天又移到南边一点——但是总是这一个太阳，虽然它升出的地点有改变。

一样的情形，真理是唯一的，虽然它的表现有多种的方式。那些有目能见的人，崇拜太阳，不管它是从天边线上哪一个方位中发出曙光来；当太阳离开了冬天的方位，而在夏天的方位中现出的时候，他们知道怎样去再找到它。有些人只知道崇拜太阳升出来的地点，当太阳在它的光荣中，从另一个地点升出来的时候，他们还是在它从前升出来的地点之前默想。咳！这些人对于太阳的福利，是被他们自己剥夺了。那些崇拜太阳本身的人，会在太阳升出来的任何地点中认识它，会马上把他们的脸朝着它的光辉。

我们须崇拜太阳的本身，不仅是它升出来的地点。在同样情形中，心智明达的人们崇拜真理，不管它是从天际哪个方位中显现出来的。他们不受个人的限制，只是跟随真理，无论真理是从哪方面来的，都能认识清楚。推动人类的进步，总是这个同一的真理，这个真理给予一切动物的生命，因为这是生命之树呵！

博爱和拉在他的教训中，给了我们真理的解释，关于这个解释，我愿意向你们作简略的说明，我知道你们是能了解的。

(一)博氏的第一个原则是：找寻真理

人要解除一切偏执和成见，于是他才能寻求真理，不受阻碍。

在各种宗教中，真理只是一个，借着这个真理，世界大同可以实现。

所有人民有一个根本的共同信仰。真理既只是一个，就不能分开，而存在各国间的分歧只是他们固执成见的结果。倘若人们肯把真理找出来，他们就会发现自己是同在真理中一致的了。

(二)博氏的第二个原则是：人类给(编者按：结)合

唯一的博爱的上帝施与全人类以仁慈和恩典，全人类都是这最高者的臣民，他的仁慈、恩惠、仁爱是洒落在一切人的身上。人类的光荣是每个人的世袭产业。

所有人们是同一个树的枝叶和果实。他们都是亚当的树的枝子，有同一的来源。同一的雨落在所有人们间，同一温和的太阳使他们生长，同一的和风使他们神清气爽。唯一不同之点的存在，使他们分开的，就是这些：小孩需要教养，无知者需要教导，病人需要护侍和诊治；如此，所以我讲，全人类是笼罩在上帝的仁慈和恩惠中。圣书告诉我们，一切人类在上帝之前都是平等的，他对于人们无所偏倚。

（三）博氏的第三个原则是：宗教应为亲爱和感情的原动力

宗教应团结人心，使战争和纠纷从地球上消灭，创造灵性，将生命和光明输入每人心中。假若宗教成了憎恶仇恨和分歧的原由，那就不如没有宗教，而从这种宗教中退出来，反是忠实的宗教行为，因为这是明明白白的，药剂的功用是在诊病的，假若药剂仅能使病人感受更大的痛苦，那就不如抛弃不用。随便哪种宗教，不能为亲爱和团结的原动者，就不能称之为宗教。所有圣明的先知者都是诊治心灵的大夫，他们教给诊治人类的方子，如此，随便哪种方剂，反能引起疾病的，就不是出自伟大的高明的医生。

（四）博氏的第四个原则是：宗教与科学的结合

我们可以把科学看为一翼，宗教为另一翼；一个鸟需要两翼飞翔，一翼就无用了。无论哪种宗教，与科学相冲突的，或者是反对科学的，只是无知，因为无知是学识的反面。

宗教如果只包含偏见的仪式和礼制，就不是真理。我们要恳切的努力为结合宗教和科学的人。

亚莱为穆罕墨德的女婿，曾经说，“凡符合科学的，亦符合宗教”。凡为人的智慧所不能了解的，宗教不应接受。宗教和科学携手同行，凡宗教与科学相冲突的，即不是真理。

（五）博氏的第五个原则是：宗教的、种族的或派别的偏见破坏人类的基础

所有在世界上的分歧、仇恨、战争和流血都是由这些偏见所发生的。

全世界要看作如同一国，所有各个国家如同一个国家，所有各种人民如同一族。宗教、种族、国家只是由人造成的分歧，只是在他的成见中为必要的界限。在上帝之前，无所谓波斯人、亚拉伯人、法国人、英国人等等的分别，上帝是为所有人们的上帝，一切创造在他看来只是一个。我们须服从上帝，努力跟随他，抛除一切偏见，促成世界和平。

（六）博氏的第六个原则是：生计机会平等

每人都有生存之权，休息之权，相当的幸福权。一个富人既是能够住在他的皇宫式的大厦内，为一切奢侈和最大的舒适所包绕，一个贫人也就应该能够有生存的必需品，没有人应受饥饿而死，人人应有够穿的衣服；一个人不应当在过剩的境况下生活，而同时别人却没有生存的可能条件。

让我们用所有的力量促成较佳的境况，使没有一个人有冻饿之虞。

（七）博氏的第七个原则是：人类平等——在法律上一律平等

法律须管治人人，不是单独哪一个人；如此，世界就会成为美丽之乡，真正的友爱可以实现。人们得到团结，就会找到真理。

（八）博氏的第八个原则是：世界和平

由各种人民各国政府共同设立一个最高法庭，从各国政府委派来的代表会聚在这法庭内，所有一切纠纷争论都是到这里来解决，他的使命是在制止战争。

（九）博氏的第九个原则是：宗教不应干涉政治

宗教是管理精神方面的事务，政治是管理物质方面的事务。宗教从思想方面进行，政治的范围是在一切有外形情状的事务中。

教士的职务是在教育人民，指导他们，给他们好的劝诫和教训，使他们能在精神方面进步，政治问题与他们是不相干的。

（十）博氏的第十个原则是：性的平等——妇女教育

妇女在世界上与男子有平等的权利：在宗教中，在社会上，她们都是重要的分子，妇女既受阻碍，无从发展她们的能力到最高限度，男子也就不能成就他们分内应做的大事业。

（十一）博氏的第十一个原则是：圣灵的力量、灵性的发达只有由此方能成就

只有借着圣灵的感化，灵性才有发达之可能。无论物质的世界怎样的进步，无论世界把他自身装饰得怎样的富丽堂皇，这永不会值什么，不过是一个无生命的物体，除非有灵魂在中间，因为这是灵魂驱动肉体；单是肉体是无真实的意义的。缺乏圣灵的祝福，物质的身体就会无生气。

这是几个解释得简明的博氏的原则。

总而言之，我们应为真理之爱护者。让我们随时随地去找寻它，留心不要粘连我们自己到个人身上去。让我们去看这光辉，随它照耀的地点而转移我们的视线，愿我们总能够认识真理的光辉，无论它在哪块升出来。

让我们从生在荆棘中的玫瑰吸收芬香，让我们饮每个清泉中的流水。

我自到巴黎来后，遇着像你们这样的巴黎人民，给了我不少的快慰，因为赞美上帝，你们是聪明的、无偏见的人，都渴望知道真理。在你们的心中蕴藏着对人类的友爱，而且就能力之所及，你们在慈善的工作和团结的促进中努力，这是博氏特别所愿望的。

为着这个原因，我与你们相聚在一块，是无限的快乐！我为你们祈祷，愿你们是上帝的祝福的接受者，是通全国内圣灵的播扬者。

你们已经有很好的物质文化，愿你们有相等的精神文化。

卜腊克君感谢亚卜图博爱，置答词如下：

“我很感谢先生刚才所讲的一番恳切的话。我希望这两种运动会最早在世界上传播，于是人类的结合会在世界的中央，将帐幕支起来。”

四十一、第一个原则——找寻真理

十一月十日

博氏的教训第一个原则，是找寻真理。

假若一个人想要寻求真理成功，他第一步即须把一切以前的传统的迷信破除。

犹太人有传统的迷信，佛教徒与火教徒都不能免除，就是耶稣教徒也是一样的。

一切宗教都渐渐的为传统的观念和武断的信条所束缚。都各自以为是真理的保护者，其他的宗教都是完全错误的，他们自己是不错的，别人是错误的！犹太人相信他们是真理的唯一主人翁，攻击一切其他的宗教。耶稣教徒坚持只有他们的宗教是唯一真实的教，其余的教都是假的。同样，佛教徒和回教徒都只相信自己是好的。假若大家互相攻击，那么我们到底要到哪里去找真理呢？大家互

相抵触,那就都是不真实的了。假若各人只相信他们所有的某种宗教是唯一真实的教,他们是对于在别种宗教内的真理,将他们的眼睛蒙蔽了。譬如一个犹太人只斤斤奉行以西结教的表面仪式,他们就不让自己去体认别种宗教中存在的真理,真理都包含在他们自己的教内了!

所以我们应该从宗教的表面形式和仪节中解脱出来。我们须知道这些形式和仪节虽然堂皇,只是表面文章,真理是深藏在里面。假若我们要在一切宗教的中心内找到真理,我们就必须废除传统的偏见。假若一个火教徒相信太阳是上帝,他如何能与别的宗教联合一致?崇拜偶像的人相信各种偶像,他如何能了解上帝只有一个?

所以这是很明白的,要在找到真理的工作中求任何进展,我们必须捐弃迷信。假若所有寻求真理的人都遵照这个原则,他们必能得到对于真理的清楚认识。

倘若有五个人一同去找真理,他们起始须将各人自己的特殊情形和一切成见抛除。要找到真理,我们必须抛弃我们的偏见和一切凡庸的意识,一个虚怀若谷的心是要紧切。假若我们的杯子是充满自我,就没有地方容纳生命之水了。我们想象自己是对的,别人都是错的,这种事实是往团结之路的最大障碍。假若我们要达到真理的境地,团结是必需的,因为真理是一个。

所以这是最要紧的,如果我们想要找寻真理,我们应当捐除自己的成见和迷信。除非我们将一方面的武断、成见和迷信,与一方面的真理分别清楚,我们就不能成功。当我们是在恳切地找寻某件东西时,我们一定是四处找寻它。这个原则须行之于找寻真理。

科学须加以接受。没有哪个真理和另一真理抵触。光无论在哪个灯内都是明亮的!星无论在东方照耀或在西方照耀,是一样的明璨。脱离偏见罢,于是你就会爱好真理的光明,不管它是在天际哪块上升出来的!你会了解如果真理的灵光从耶稣照耀出来,就也会从摩西、释迦照耀出来。恳切的找寻者会得到这种真理。这就是所谓"找寻真理"的意义。

这意思又是我们须涤除一切我们以前所学的足以阻碍我们向真理之路进行的。假若是必需的,我们不要畏缩将我们的教育从新起始。不要让我们的爱为着某一个宗教或某一个人,使得我们的眼睛被蒙蔽,使得我们受迷信的束缚!当我们能从束缚中解脱出来,用自由的心绪去找寻真理,就能达到我们的目的。

"找寻真理,真理会使你们自由。"如此我们就会在一切宗教中找寻真理,因为真理是一切,真理是一个。

四十二、第二个原则——人类结合

十一月十一日

昨天我讲到博氏教训的第一个原则"找寻真理",一个人须如何解除一切迷信,与对于宗教中真理的存在,传统观念会如何蒙蔽他的眼睛。当他敬爱及依附某种宗教时,他必不可因此就憎恶其他的教。他须在各种宗教中找寻真理,倘若是用恳切的态度去找,他一定会成功。

在"找寻真理"中的头一个发现,就会把我们引到第二个原则,就是"人类结合"。所有人民都是这一个上帝的臣民,一个上帝统治世界上一切国家,爱悦一切人民。全人类属于一家,人类的王冠戴在每人头上。

在创造者的眼目中，他的一切人民是平等的，他的仁慈是倾注全体。他不会偏爱这个国家或那个国家，都一样的是他的人民。既然如此，我们为什么要划分界限，这个民族和那个民族的分别起来呢？我们为什么要制造许多迷信和传统观念的障碍物，促成人民间的不和睦与仇恨呢？

在人类大家庭的成员间的唯一分别，只是级次的不同。有些人是像小孩一样的无知，须受教育，以至于成人。有些人是像病人一样，须为人爱护和照顾。没有人是坏或恶的！我们不要对于这些可怜的人们退避三舍，要以和蔼亲热的态度对待他们，教训无知的人，爱护有病的人。

试想着：结合对于生存是为必要的。爱是生命的源泉。反之，分离促成死亡。在一切物类中，所有东西的实际生命都须归功于结合，树木、矿物、石头的原子之组合是为吸引力的定律所固结的。如果这个定律一刻停止作用，这些原子就不会结合一块，就会分解，而那件东西就停止存在。吸引力的定律把某种原子结合起来，成了这朵美丽的花，但是如果吸引力在这中间消散，这朵花就会分解，不成其为花了。

这与人类的大物体也是一样的。不可思议的吸引力的定律，和谐和结合凝成这个奇妙的创造。

全体如此，部分也如此，无论为一朵花，为一个人的身体，只要吸引的原理一经消散，花和人就都会死亡。所以这是显明的，吸引、和谐、结合和友爱是生命的源泉，而冲突、衅隙、仇恨、离贰促成死亡。

我们已经知道无论什么东西能使生存分解者，就能促成死亡，在圣灵的世界中，这个定律是同样的行使作用。

所以这唯一的上帝的每个人民应该服从爱的定律，避免一切仇限、衅隙、争斗。当我们观察自然的时候，我们发现动物愈柔驯，就愈能合群，而野暴的动物如狮、虎、狼等是深居在山林之中，与文化隔绝的。两个狼或两个虎或者可以相安无事的居在一块，但是千百绵羊可以共处一栏，无数麋鹿可以合成一群。两鹰或能共栖一处，但是千百只鸽子能和睦地在一块居住。

人至少应该能如柔驯的动物，但是当他凶暴起来，他会比野蛮的动物更残忍和毒辣！

博爱和拉已经宣布“世界人类结合”，一切人民和各个国家属于一家，一个父亲的儿女，彼此应有如兄弟与姊妹！我们彼此在一生当中要表示这种精神，传播这个教训。

博氏讲，我们且应亲爱我们的敌人，如同朋友一样的待他们，假若我们都遵从这个原则，最大的团结与谅解就会在人类心中树立。

四十三、第三个原则——宗教应为友爱与感情的原动力

“宗教应为友爱与感情的原动力”已经在本书所记各谈话中深加说明了，而且在别的原则的解释中也提到了，故不赘述。

四十四、第四个原则——宗教与科学之关系的承认

十一月十二日

我已经对你们讲过博氏的几个原则：找寻真理与人类结合。我现在要对你们解释第四个原则，

就是承认宗教和科学的关系。

真实的宗教与科学没有抵触之处，宗教反对科学，就仅为迷信了。反对学识者，即为无知。

一个人怎能相信已经科学证明为不可能的事呢？如果他不顾理由，仍然相信，这与其说是信仰，不如说是迷信。所有一切宗教的真实原理是与科学的教训相符的。

上帝的单一论是合理的，这种思想并不与科学研究所得的一切结论相冲突。

所有宗教都教我们行善事，教我要慷慨、诚恳、忠实、守法、笃厚，这都是有理由的，合乎逻辑的，为人类进步的唯一道路。

一切宗教的规律都是符合逻辑的，适合人民的要求和时代的环境。

宗教有两个主要部分：(1)精神的；(2)实际的。

精神的部分从无改变。所有一切上帝的显示和他的先知者教人同样的真理，给人同样的精神的规律，他们都是教人以道德的经典。在真理中是没有区分的。真理之光发射许多光线开导人们的智慧，但是光辉总是同样的。

宗教的实际部分是对于表面形式和仪节及惩罚犯的方法，这是规律的物质的方面，限制人民的习俗和态度的。

在摩西的时候，有十种应得死刑的罪过，到耶稣的时候，就都更改了。老格言所谓"一眼还一眼，一齿还一齿"是改变为"亲爱你的敌人，善待仇恨你的人们"，严峻的老规律改成为友爱的、仁慈和宽厚的了。

在昔日惩罚偷窃为砍下右手，在我们现在的时候，法律就不能如此施行。在现代，一个人骂父亲，还是准其活着，但是在以前，他就会因此被处死刑。所以这是显然的，精神的条律既从不改变，实际的规则则随时代的需要而变更。宗教的精神的方面是两者之中的更大的更重要的，这是在各个时代中都如此，从来不会改变的。昨天，今天。永远是一样的！"起初如此，现在如此，将来永久如此"。

每个宗教的精神的，无可改变的规律所包含的一切道德问题在逻辑上都是对的。倘若宗教违反逻辑的理论，就不成其为宗教，而仅是传统的观念了。宗教和科学为两翼，借着这两翼，人的智慧可以腾上高空，人的心灵可以进步。用一翼飞翔，是不可能的事！假若人要勉强仅用宗教的一翼去飞，他就会堕入迷信的深渊中。同时在另一方面，如果仅用科学的一翼去飞，他不仅不会有进步，反会跌落在物质主义的污泥中。现代各种宗教都陷落在迷信的仪式中，既不与他们所代表的教训的真正原理相符，又与现代的科学发明相抵触。许多宗教的首领相信宗教的重要在某些现成的信条的遵从，仪式和礼制的实行！他们教导一般所谓领受他们的心灵的诊治的人们作同样的信仰，这些人就牢牢的钉住在表面的形式上，对于内在的真理反莫明其所以然。

这些形式和仪节在各教堂各派别中分歧不一致，而且互相矛盾，因此发生衅隙、仇视、分离，这些倾轧，争讧之发生由于许多受有教育的人，相信宗教和科学是相矛盾的名词，宗教无需反省的思考力，应不受科学任何的限制，且必然的互相反对。这种思想的不幸结果是使科学日渐与宗教分离，宗教成为仅仅盲目的，无意识的对于某些教士的诫语的信从。这些教士坚持自己所喜的信条为人接受，而对于科学持反对的态度。这真是愚蠢，因为这是很明白的，科学是光明，既然如此，真实的宗教就不应反对光明，趋附黑暗了。

我们已经熟悉这些名词："光明与黑暗""宗教与科学"。但是宗教若不与科学携手并行，自身就成了迷信与无知的黑暗。

世界上的许多分歧倾轧是被这些人为的冲突和矛盾所造成。假若宗教能与科学和谐，相偕并进，现在陷人类于悲惨之境的许多仇恨和嫉视就会终止。

我们想想看，人类之所以异于禽兽者，不就是因为他的思考力和智慧吗？他还不把这些应用于宗教的研究中吗？

我对你们讲罢！要将任何呈现在你们前面的关于宗教的东西，摆在理论和科学内去细细的秤衡它。倘若它在这种试验中及格了，就接受它，因为这是真理了！否则拒绝它，因为这是无知！

瞩目四望，你看现在的世界是如何的沉浸在迷信和表面的形式中！

有些人崇拜自己想象的东西，为自己制造一个幻想的上帝，崇拜它。但是他们的心智有限，如何能够揣拟一个无限伟大的上帝出来呢？有些人崇拜太阳、树木或者石头。在过去的世纪中，有人崇拜海、云，就是泥土也有人崇拜。

现在人们已渐渐与表面仪式和礼制结不解缘，所以他们不是争论仪节的这一点，就是争论形式的那一种，等到在各方面只听到使人厌倦的争执和倾轧。有许多人的智慧低弱，思考力没有发达起来，但是宗教的权力不可因为这些人的不能了解就发生疑问。

小孩不能领会管束自然的定律，这是因为他的智慧没有成熟之故，一旦大了，受有教育，他也就会知道这永久不变的真理！一个小孩不能明了地球绕日而行的事实，但是一旦他的智慧启发了，这种事实对于他就是清楚明白的了。

虽然有些人的智慧太弱或太幼稚不能了解真理，但是宗教和科学相矛盾总是不可能的事。

上帝创造宗教和科学，作我们的智慧的测验器。留心不要忽略这种不可思议的权力，把一切东西在这上面秤一秤罢。

对于有悟解能力的人，宗教是如同打开着的一本书一样。但是一个人缺乏思考力和智慧，又怎能了解上帝的灵体呢？

使一切信仰都符合科学，就不会有冲突了，因为真理是一个。宗教免除一切迷信，传统观念，无意识的信条，就会能与科学一致。于是就会有一个大结合的，开明的势力在世界上出现，扫除一切战争、分歧、倾轧和纠纷——于是人类在上帝的爱的力量中团结一致。

四十五、第五个原则——偏见之废除

十一月十三日

一切偏见，无论其为宗教的，种族的，政治的或国家的，须一律废除，因为这些偏见酿成世界的病态。这是一个严重的病症，除非加以制止，是能造成全人类的毁灭。破坏性的战争与其可怕的流血和悲惨，是因这些偏见而发生的。

现代战争之发生是多半由于一种人民对于别种人民狂妄的宗教的仇视，或种族和肤色的偏见。

非待由偏见所造成的各种障碍扫除清净之后，人类间是不能和平的。因为这个原因，博氏曾讲过，“这些偏见是毁坏人类的”。

我们想一想宗教的偏见罢：看那些所谓有宗教信仰的人民的国家，如果他们是对于上帝的忠实崇拜者，他们就会服从他告诫他们不要互相残杀的规训。

倘若宗教中的教士真的崇拜仁爱的上帝，服事圣灵的光辉，他们就会教导人民遵守这主要的诫律，“以友爱和善待一切人们。”但是我们适得其反，因为这常常是一班教士鼓励国家打仗，宗教的仇视总是顶残恨的！

一切宗教都教我们应当互相友爱，应当在责备他人的过错之前，先找出自己的短处，不可以为自己较他人为优秀。我们要留心不要把自己抬得太高，恐因此反要受屈辱。

我们是什么人，应该决断吗！我们怎会知道谁在上帝的眼前是顶正直的人？上帝的思想不比我们的思想。有多少人对于他们的朋友好像圣人一样，后来失身于最大的耻辱中。想想玖达斯以斯克里亚提罢；他起先很好，但是结果如何？反之则保罗起初为耶稣的敌人，后来成了他的最忠诚的弟子。如此，我们怎能吹嘘自己，贱视他人呢？

所以我们要谦卑，没有成见，将他人的好处摆在自己的前头。我们永不要讲，“我是个有信心的人，他是一个无信心的人”，“我是接近上帝，他是一个败类”。我们永不能知道最后的判断是怎样！所以让我们帮助一切需要帮助的人们。

让我们教导无知识的人，照看幼稚的人，待其生长成熟。当我们发现某人是陷落在悲苦或罪恶中的时候，我们须和蔼地待他，援之以手，帮助他恢复他的立足地和他的气力；我们须以友爱和柔情领导他，须待他如朋友，非如仇敌。

我们没有权力把同类间任何人看待为恶人。

关于种族的偏见：这是一个幻想，一个纯粹简单的迷信！因为上帝是创造我们全体为一族。在原先是毫无分别的，因为我们都是亚丹的后裔。而且最初在各陆地上也没有疆界之分，没有哪一种人民比别种人民占有较多的土地。在上帝的眼前，各种民族间是无分别的。人为什么要造成这种偏见呢？我们怎能拥护为一种幻想所造成的战争呢？

上帝创造人们，叫彼此间不宜互相破坏。一切种族、部落、派别和阶级都是平等的享受他们的天父的恩典。

唯一的分别是在信仰之是否坚确与服从上帝的法律的态度是否忠诚。有许多人如同明亮的火炬，有许多人在人类间炫耀若明星。爱人者为上等人，不管他是属于哪一国，哪一教，哪一种。因为对于这种人，上帝会说以下的祝福的话：“做得不错，我的好而且忠实的臣仆。”当时他决不会问：“你是美国人？法国人？或是波斯人？你从东方来的？或是从西方来的？”

唯一真正的分别是如此：有圣哲的人，有平凡的人：在最高者的仁爱中为人类而牺牲自己的人，是提倡和睦与团结，教人和平与友爱。在别一方面又有那些自私自利的人，仇视他们的同类，在他们的心中偏见把亲爱的地位占住了，结果产生倾轧和争斗。

这两种人们是属于哪一种族或哪种肤色的呢？属于白种、黄种、黑种，属于东方的或是西方的，北方的或是南方的？假若这就是上帝的分别，我们为什么还要造出别的分别来呢？政治的偏见是一样的能酿成祸害，这是使人类间发生悲惨的争斗一个最大的原因。有些人蓄意挑拨离间，有心鼓动他们的国家与别国开战——为什么呢？他们想使本国受利益，别国受损害，他们派遣军队侵扰和破坏别人的土地，为的是要在世界上闪耀他们的武力，而偿足其战胜的愉快。于是就会有人说，“这个国家把某国打败了，而使之屈服于其强权之下”。这种以流血的代价所得的胜利是不能持久的。战胜者有一日会被人战胜，战败者又会取得胜利！记着以前历史上的事实罢，法兰西不是把德意志征服了好几次吗？于是德意志不又是把法兰西打败了吗？我们又知道法国曾经征服英国，于是英国又把法国打败了！

那些光荣的胜利是这样的如昙花之一现！为什么人们要看得如此的重要，不惜牺牲人民的血肉去取得胜利？胜利能抵偿其所造成的罪恶吗？在战争中互相屠杀与破坏，使双方国家内的人民均遭受生命财产的损失，凄惨的苦痛。因为只使一方面受损是不可能的事。

呵！人们在圣灵的法律的权力中，应以身作则，为什么对于上帝成了不服从者，与圣灵的教训背道而驰，而专于从事破坏与战争呢？

我的希望是在这一个光明的世纪中，爱的光辉会普照世界，深入每人心中，使其感化，真理之光会领导一班政客将成见与迷信抛除，而以自由的心绪服从上帝的政策，因为上帝的政治是伟大的，人们的政治是微弱的——上帝创造世界一切，将圣灵的恩典赐给人。

我们不是上帝的臣仆吗？我们能随便不遵从主人的榜样，疏忽他的告诫吗？

我祷告天国会降临到人间，一切黑暗会为天日的光辉驱除消散。

四十六、第六个原则——生计问题

博氏教训中最重要的一个原则是：人有支取每天生存所必需的面包的权利，或生活需要的平等。

人民的环境要改良到世界上没有贫苦的人，人人应按照他的阶级和地位尽量分享安乐和幸福。

我们看到在一方面有些人是有过剩的财富，在另一方面又有那些不幸的人们天天不免冻饿之忧，有些人有堂皇富丽如同宫殿式的房子，而同时又有些人贫无立锥之地。有些人是食必山珍海错，有些人是得不到粒米充饥。有些人是满身丝棉皮货，有些人是衣不蔽体。

这种现象是不对的，必须改良。改良的方法必须慎重从事，不能马上使人人绝对平等。

平等是一块梗喉的鱼骨。这是完全不合乎实际的，就是如果平等能达到，也不能存续——如果平等的存在是可能的，全世界的秩序会为之破坏。秩序的规律必须在人类间存在。上帝造人的时候，是如此的规定了。

有些人的智慧极高，有些人平常，有些人没有智慧。在这三种人间就有一个次序，不是平等。聪明怎能与愚笨相等。人类如同军队一样，须有司令、队长、下级干部、兵士，各人都有一定的职务。要保障一个有秩序的组织，阶级是绝对需要的。一个军队不能尽由些司令组织，或尽由些队长组织，或者除开士兵以外，没有一个长官。这种计划的结果一定是全军混乱和败坏。

莱克格斯王为一哲学家，拟出一个大计划，使斯巴达的人民平等。他是牺牲自己并使用机智开始这个试验的。他把他国内的人民召集前来，叫他们宣誓，于他离国之后，维持原样的政体，非待他回来以后，无论如何他们不可更改这政体。于宣誓完毕之后，就悄然离开他的斯巴达国土，永不回来了。莱克格斯放弃他的王位，抛掉他的尊荣，想由财产和生活状况的平等成就他国家永远的幸福。但是这王的牺牲是没有发生效益的，不久以后一切都被破坏了，他深思熟虑所想出来的制度消灭了。

试行此种计划之无益，与求生活状况之平等的不可能，是已经在古代国家斯巴达表明而昭示了。在现代这种试验会同归于失败。

自然，有些人过富，有些人太穷，是需要一种组织去限制和改良这种状态。限制财富和救济贫穷是一样的重要，两方面太过了都是不好的。得乎其中是最切要的。假若资本家可以有巨大的家私，那么工人就应有充分的生存需要。

金融家不应独拥巨大的财富，假若在他的旁边有困迫不堪的穷人。我们知道贫穷到了没有饭吃的境地，是因为有人剥夺而发生的必然现象。在这些事态中我们要一定鼓舞他们，不要迟延去改革那些使多数人陷于极贫的苦痛中的现状。富人须把财富施舍些出来，须把他们心软下来，养成慈善的心肠。想想那些愁苦的人民，他们是缺少生活的必需品，而在忍饥挨饿。

一定要制定一种特殊法律，处理极端的富和贫。政府的当局者，当他们是在制定计划以治理人民的时候，应顾及上帝的法律，人类的普通权利必须加以保障与存全。

各国的政治应符合圣灵的规律，那是对于全人类给予平等的正义。这是唯一的方法，以免除贫富的悬殊和其所产生的不幸的结果。非待这一件事办到了，上帝的法律不算已为人服从。

四十七、第七个原则——人类平等

“上帝的法律不是意志的、权力的或福乐的强制，是真理的、理由的和正义的决定。”

一切人们在这个法律之前都是平等的，这个法律须绝对的统治。

惩罚的目的不是报复，是制止罪犯。

帝王须以智慧与公义治理人民。王子、贵族、平民是同对于公正的待遇有平等的权利，必不可对于某个人有偏袒的表示。一个法官决不能对于人民有所爱憎，但以严格的公正态度执法以治人。

假若某人对你犯了罪，你没有权力宽恕他，法律必须惩治他，防止别人再犯同样的罪。个人的苦痛在人民的全体幸福之前是无关紧要的。

当绝对的公理通行于东西各国的时候，世界就会变为极乐之乡。每人的地位和平等会加以承认。人类团结的理想与真实的友爱会实现，真理的光辉会照耀每个人的心灵。

四十八、第八个原则——世界和平——世界语

一个最高法庭应该由世界各国政府和人民共同设立起来，法庭的组织由各国推举代表成立一个伟大的委员会。各委员在会中以和睦一致的精神共同商酌行事。所有一切有国际性质的纠纷均应送交这个法庭解决，它的职责在用强制的手段调解一切事件，使战争不致发生。这个法庭的责任就是制止战争。

促成世界和平的大步骤是在设置一种世界语言。博爱和拉劝告人类应和衷共济，选择一种现成的语言，或制就一种新的语言，作为世界语。这已经在四十年前的*Kitáb-i-Aqdas*（法律书）内阐明了。书中讲到各种言语之不同是一个很困难的问题。现在世界上有八百种以上的言语，无论哪个人，不能够把这许多言语通同学会。

民族间非如古代之不相往来。现在要同各国家间发生密切的关系，就须先能讲他们的语言。

一种世界语言会使各国间的语言无阻碍。如此，一个人就只须懂得两种言语了，一种是本国的言语，一种是世界语。后一种能使他与世界任何人民任何国交谈。

第三种语言就无需乎有了。能够与任何种族和任何国家的人民谈话，不需要翻译，这对于各人是怎样的方便和舒适！

世界语就是因这目的制成的。这是巧妙的发明和一件宏大的工作，但是还需要改良。照现在的情形看起来，世界语对于有些人民还是很困难的。

一个国际会议应该成立起来，由世界东西各国选派代表参加，制定一种共同语言，能为所有人民学会，于是每个国家会由此收获很大的益处。

除非等到这种语言见诸实用之后，世界仍然会感觉交际方法的大缺点。语言之复杂是使各国间发生嫌隙猜疑的一个最重要的原因。各国多因语言之不能互相谅解，以致彼此猜忌。

倘若人人都能说一种共同语言，那么为人类谋幸福的工作就会容易多多了！

所以要重视世界语，因为这是实行博氏最重要的主义的开始，而这个必须加以改良完善。

四十九、第九个原则——宗教不应干预政治

十一月十七日

在生活的行为中，人是受两个主要动机的支配——“报酬的希望”和”“惩罚的恐惧”。

这种希望和这种恐惧必须为政府的当局加以深切的注意，他们的职务是共同商议制定法律，借以公正无私的治理人民。

世界秩序的帐幕，是支持在这两个柱石之上：“报酬和惩罚”。在专制的政府中，当权的人无圣灵的信仰。在这种政府中没有精神上的惩罚的恐惧存在，法律的执行是武断不公平的。

这两种情感，希望和恐惧的压迫，是极须防止的。两方面都有政治的和精神的结果。

假若掌握法律的人会顾虑他们的判决要发生精神的结果，并遵从宗教的指导，他们在现实的世界上，就会是圣灵的使者，人类中上帝的代表，而且他们会为着上帝的爱，保护人民的利益如同保护自己的一样。假若一个行政长官了解他的责任，唯恐疏忽圣灵的法律，他的判断就会公正。总而言之，假若他相信他的行为的结果会影响到他的尘世生命以后和“种播什么，就收获什么”，这种人就一定会避免偏见和专横。

反之，假若一个官吏相信他一切行为的责任，随着他的尘世生命而终止，不知道也不相信什么是圣灵的恩典和天国中的快乐，他就会缺乏公平待人的天良与消灭压迫和不法的愿望。

当一个君王知道他的判断会为圣灵的法官在天秤上权衡，权衡的结果他若不缺少分量，将来就可以升入天国，而为圣灵恩典的光辉所照耀，这样他就会依照正义和公平行事。国家的官吏应受宗教的启导，是何等的重要呵！

然而教士对于政治问题则毫不相干，宗教的事情不应与政治混在一块，依世界的现在情形看，他们的事业是不相同的。

宗教是关于心灵、精神和道德方面的事务。

政治是管理人生物质方面的事务。教士不应侵入到政治的范围中，他们应该只去做人民的精神方面的教育事业，应不断的贡献人们善良的劝导，勉力为上帝和人类服务。他们应该努力唤醒精神上的觉悟，扩大人类的智慧和知识，改进道德观念，增加对于正义的爱好。

这是与博氏的教训相符的。在福音内也说:“凯塞的东西归还给凯塞,上帝的东西归还给上帝。”

在波斯国内,重要的官吏中有几个是宗教的,他们为人民的模范,崇拜上帝,唯恐违背他的法律,他们判断公平,以公道治理他们的人民。在这一国内其他的行政官吏就不同了,在他们的眼目中是不畏惧上帝的,他们不管他们的行为有怎样的结果,只顾自私自利,陷波斯于混乱与困艰的境况中。

呵,上帝的朋友们,做正义的活榜样罢!于是由上帝的慈爱,世界可以看到你们在行为中表现公正和仁慈的德性。

正义是没有限制的,这是一个普遍的德性。正义的施行须遍及于各阶级。从最高的到最低的。正义须是神圣的,各种人民的权利都须顾及,“己所不欲者勿施于人”,你自己想望什么,也为别人想望什么。于是我们就会在正义的光辉中快乐,这种光辉是从上帝方面照射出来的。

每个人都是处在一种尊荣的地位中,他必不可把这地位糟塌。微贱的工人犯了不公道的事,与一个著名的暴君是同样的应受惩处。如此我们在公平与不公平之间就会有所选择了。

我希望你们各人都会成为公正的人,把人们的思想倾向人类的团结,于是你们就不愿伤害别人或讲任何人的坏话,你们会尊重一切人的权利,对于别人利益比你们自己的更关心。如此你们就会成为神圣的正义中的火炬,依照博氏的教训行事。他在一生中,忍受无数的艰辛与苦难,为的是要将天国中的德行表现出来给世界看,使你们能了解圣灵的伟大,和在上帝的正义中得到安慰。

由于他的仁慈,圣灵的恩典会洒落在你们的头上,我为此祷告!

五十、第十个原则——性的平等

十一月十四日

博氏的教训第十个原则是性的平等。

上帝创造一切东西,都是成双成对的。人、动物、植物,这三类都是属于两性的,而且在两性中是绝对平等的。

在植物界,有雄植物和雌植物,它们都有平等的权利,平分种类的优美,虽然结果的树实在可以说比不结果的树为优。

在动物界中,我们看到雄的与雌的有平等的权利,分享他们类中的利益。

在这两种下等的自然物类中,我们已经看到没有什么这性比那性为优越的问题。但是在人类中,我们就发现大大的不同了。女性好像是被看待得比较低下些,不准享受同等的权利和机会。这种现象不是天然的关系,是因为教育的关系。在圣灵的创造中,没有这种歧视。在上帝的眼前,没有哪性比别性为优秀。为什么一性断说别性低下,把持共有的权利和机会,好像是上帝允许他如此行为的一样呢?假若妇女和男子受有同等教育机会,结果就会证明两性求学天资的平等。

在有些方面,妇女是优于男子的,她是比较温柔,比较有接受性,注意力比较集中。

现时在各方面,妇女都是比较男子落后,是无容否认的事实,并且这种落后是因为缺少教育的机会。在生活的需要中,妇女是比男子更爱好有能力,因为男子的生存根本是叨她的功劳。

假若母亲受有教育,儿女一定会教养得很好,假若母亲是聪明的人,儿女会跟着成为聪明的人。假若母亲是信仰宗教的,她就会教导她的儿女怎样敬爱上帝。假若母亲是有道德的,她就会领导她的儿女向正义的路走。

所以这是很明白的了，后代的子孙须依靠今日的母亲。这不是妇女很重大的责任吗？妇女不是需要各种可能的机会以造就她能胜任此项工作吗？

所以妇女的责任既如此其重要，而对于她的毕生的伟大工作，反缺乏训练，以得到适当和必需的才干，这一定是为上帝所不满意的！神圣的正义要求两性的权利应受平等的尊重，因为两性之中的任何一性，在上帝的眼目中是不比他性为优越的。在上帝之前，贵贱之分不在性别，是在心绪之是否纯洁和光明。人类的德行是平等的属给全体的！

妇女所以应该努力以得到较大的才干，在各方面都是要与男子并驾齐驱，而在以前较男子落后的事情中，努力进前，赶上他们，于是男子就会逼得不能不承认她的才能和造就平等。

在欧洲的妇女较之东方的妇女是进步得多多了，然而还没有到登峰造极的时候。当学生在学校读书，每逢学期终了的时候，就要举行考试，结果判明每个学生的程度和能力。这对于妇女也是一样的，它的行为会表现她的能力，再无需用言语宣传了。

我的希望是东方的妇女与西方姊妹们一同快速进步，人类就会达到完美的境域。

上帝的恩典是为着全人类的，他给予每个人以力量，使之进步。当男子承认妇女平等的时候，她们就无需为她们的努力而奋斗了。所以博氏的原则之一是性的平等。

妇女须以最大的努力，得到精神的能力，增加圣睿的德行，等到它们的造就和努力能促成人类的团结。她们须用炽热的心情，努力传播博氏的教训于人民间，于是圣灵的恩典的灿烂光辉可以笼罩世界各国的灵魂！

五十一、第十一个原则——圣灵的力量

十一月十八日

在博氏的教训中有一句话是："只有由圣灵的力量，人才能进步，因为人为的力量是有限的，圣灵的力量是无限的。"历史的事实使我们得着这个结论，就是一班真正伟大的人，为人类谋幸福的人，那些使人们好善憎恶的人，和那些促成真实进步的人，都是为圣灵的力量所激发的。

上帝的先知者都没有在渊深的哲学院毕过业，实在讲起来，他们常是一班出身微贱的人，在一切表面上看起来，都是无知识的人，在世人的眼目中都是不足道的无声无臭的人，有时候连读书写字的智识都没有。

然而所以能使他们成为伟大的人物和真理的导师者乃圣灵的力量。借着这种伟大的启发，他们对于人类的影响是广大而深刻的。

最聪慧的哲学家，虽然他们的学问渊博，然而没有圣灵的力量，其影响于人类者就比较的不重要了。

譬如柏拉图、亚里士多德、班莱里和苏格腊底，这班人的非常的智慧没有影响到使人们简直要为着他们的教训而牺牲其性命的程度，同时那些简陋的人感动人类如此其深，所以有千百人为着拥护他们的言词，甘心殉难。先知者如玖大、以西结、耶潞犹、耶里米、以赛亚、以赛克都是微贱的人，就是耶稣的使徒也是一样的。

比得为使徒中的首领，常把他所钓得的鱼分成七份，每天吃一份，当他吃到末了一份的时候，他就知道这是感恩节的日子到了。想想这种情形罢！于是再想想他以后的地位，因为圣灵大大的感化了他，他是得到怎样的光荣。

我们知道圣灵是人生中的原动力。凡接受到这种力量的人就有一种势力，影响在他左右的人。

就是最大的哲学家，如果缺少这种灵体，也是没有力量的。他们的灵魂是无生命的，他们心是死的。除非圣灵是注入到他们的灵魂内，他们就不能做出伟大的事业来。哲学的法则没有能够将人民的态度和习俗改良的。渊博的哲学家未经圣灵的启导者。常常是道德低下的人。他们没有把他们的美妙言词表现于行为中。

圣哲之人与普通一班哲学家的分别就在他们的生活中表示，因为圣灵的导师是在自己的教训中，表示自己的信仰，对于自己所告诫别人的话，以自身作则。

一个微贱没有学识的人，但是充满圣灵的精神，是比一个出身高贵，学识深博而未经圣灵启导的学者，为更有势力。凡为圣灵所教育者，必能在其当时领导别人去接受这同一的灵体。

我为你们祷告，愿你们能受圣灵生活的教导，于是你们就可以成为教导别人的人。一个有圣灵精神的人，他的生活和道德对于他的朋友根本是一种教育。

不要顾及你们自己的能力有限，要切记着光荣的天国中的幸福。想一想耶稣所影响于其使徒者，再想一想其使徒所影响于世界者。这些简陋的人为圣灵的力量所助，以传播福音！

所以愿你们都能受到圣灵的帮助。只要为上帝的圣灵所引导，就没有哪种能力是有限量的了！

地球自身并没有生命，是荒野干燥的，等到受了雨水的灌溉和太阳的光热，才能为人们的乐土了；是地球亦不必为自己所受着的限制而悲观。

愿你们得着新生命！愿圣灵的恩雨和真理的光热使你们的园地果实累累，如此，奇香可爱的各种美丽的花会很繁盛地开着。不要顾及你们自己的能力有限，只注视永远的光辉，于是你们的心灵会充分接受圣灵的力量和无限恩典的祝福。

假若你们如此的常常把自己预备起来，你们对于人类就会成为明亮的火炬，指导的明星，累累的果树，由慈光的照耀和福音无限的祝福，将世界的一切黑暗和苦难，改为光明和快乐。

这就是圣灵力量的意义，我祈祷这力量将多多的赐与你们。

十一月二十八日

在过去的各次集会中，我们聚首一堂，一块谈论，你们对于天道中的各种原则和事实的真相是都已明悉了。你们是被命定知道这些事理的，但是仍有许多未经启导的人，陷落在迷信中。他们对于这种伟大和光荣的主义，很少听闻过，他们的知识的大部分是根据传说而得的。咳，可怜的人们！他们所有的知识，不是根据真理的，他们的信仰的基础不是博氏的教训。在他们所受的教训中自然有一部分是真理，但是他们的知识的大部分是不正确的。

上帝的福音的真理就是我对你们所讲的十一大原则，我已经对你们一个个的详详细细的解释明白了。

你们须常常奋勉。依傅氏的教训和原则待人接物，如此别人才可以在你们的一生的行为中，认识你们是言行一致的为博氏的信从者。

你们须努力使这个光荣的教训弥漫全世界，使灵性注入每人的心中。

圣灵的力量会坚定你们的意旨，虽然有许多人会起来反对你们，但是不会得势的。

当耶稣戴上荆棘的冠冕时，他知道世界上的一切王冠都是在他的脚下。世界上的王冠虽然炫耀，有势力，赫赫有威仪，但是都要向这个荆棘的王冠俯首致敬！当他讲"一切权力都是给我了，在天上的和在地上的"，他是从这种确有把握的见地而说的。

我现在对你们讲，请你们把这个在心中牢牢的记住。于是你们的光芒就会普照全世界，你们的灵性会影响及于人人。你们会确能成为地球上明耀的火把。不要畏惧，也不要悲戚，因为你们的光芒会射入密层层的黑暗中。这就是上帝的诺言，我介绍给你们，起来罢！为上帝的权力努力而奋斗罢！

五十二、临别巴黎之演词

十二月一日

当我初到巴黎的时候，我举目四望，感觉很深的兴趣，我在心中把这个美丽的京城比做一个大花园。

我细心考察这个花园的土壤，发现它是很好，很能培植坚确的信仰，因为上帝的爱的种子已经种下去了。

天上的慈云在这上面洒落雨水，真理的光辉温和地在这将萌芽的种子上面照耀着，今天在你们中间已经可以看到信仰的诞生了。播下去的种子已经开始向上生长，你们会看见这个一天一天长大起来。在博爱和拉的天国的恩典中会产生一个伟大的收获！

我带来喜信和福音给你们！巴黎会成为一个玫瑰的花园！各种美丽的花会在这花园内繁长滋生，花的香芬和美艳会散播到各地。当我想巴黎的将来时，我好像是看见她沐浴在圣灵的光辉中！这一天是快要到来了，那时巴黎会接受圣灵的启示，上帝的仁慈和恩惠会显现在每人之前。

不要让你们的思想专于顾虑现在，要以信心希望将来，因为上帝的圣灵是确实在你们中间潜移默化着。

我自从在几个礼拜之前来到巴黎以后，就能够看见灵性的发达了。当初只有少数的人跑来这里询问教理，但是在我的短短的旅居期间，人数已渐渐的增加起来，现在较前倍增了。这是将来的希望。

当耶稣被钉在十字架上，脱离这尘世的时候，他仅有十一个弟子和少数的信从者，但是他既为真理的主旨尽力，你看他一生努力在今日所得的结果罢！他已经启导世界，给予死气沉沉的人类以新生命。在他升天以后，他的主义慢慢的庞大起来，信从他的人的心灵也渐渐的光明了，他们所过的圣哲的生活中的异香已散播到各地了。

现在要感谢上帝，同样的情形已经在巴黎开始发生。有许多人倾向上帝的天国，向团结、友爱和真理之路走。

所以要努力使上帝的仁慈和恩惠笼罩全巴黎。圣灵的力量会帮助你们，天国中的圣光会在你们的心中炫耀，上帝的幸福天使会从天上带来力量给你们，搭救你们。你们既然得到最高无上的利益，要诚心诚意感谢上帝。世界上大多数的人民都是酣睡不醒，但是你们是已经醒悟的人；许多人是盲目的，但是你们是能辨识事情的。

天国的呼喊是在你们中间听得到。这是上帝的光荣，你们是已经复生了，受过上帝的爱火的洗礼了；你们是沉浸在生命之海中，为爱的灵力所改新。

你们已得到这种恩典，要感谢上帝，永不要怀疑他的仁慈和恩惠，只有对于天国的恩惠，保持坚确的信仰。

你们要互相友爱，如同兄弟一般，要互相帮助，就是牺牲自己的性命，亦所不惜，而且不仅是为你们的朋友应如此，要对全人类都如此。要把全人类看作一家人，都是上帝的儿女，如此你们对于人类就不会有所歧视了。

人类可以比做一株树。这个树有枝叶、花朵和果实。要把所有的人们看作一个树的枝叶和果实，勉力帮助每个人了解和享受上帝的祝福，上帝是不疏远任何人的，他爱一切人们。

存在人们中间的唯一的实在分别，就是各人发达的程度不同。有些人是不完全的——这种人一定要导入完善的境地，有些人是酣睡着——这种人一定要使之醒悟。有些人是懈怠的，这种人一定要使其振奋；但是全体都是上帝的儿女。用你们的全副心思去友爱他们，没有哪个对于别人是生人，大家都是朋友。今天晚上我来向诸位告辞——但是有一点要请牢牢记着，就是我们的身体虽然各在一地，但是在精神上我们是聚在一块的。

在我的心中我永远会记着你们，不会忘记你们中间的任何人——我希望在你们中没有哪个会忘记我。

我在东方，你们在西方，让我们努力用心和灵，把这个世界团结起来，使所有的人民成为一家人，全世界成为一国——因为真理之光是在世界上各个处所作同样的照耀。

所有上帝的先知者，都是为着这一个大目的而降世的。

你们看亚伯拉罕是怎样的努力将信仰和友爱灌输给人们，摩西是怎样的努力用妥善的诫律以团结人民，耶稣是怎样的忍受艰苦至以身殉，将仁爱和真理的光辉散播在黑暗的世界上，穆罕墨德是怎样的想方设法，在其所居住的无文化的民族中促成团结与和平。最后博爱和拉受苦四十年之久是为着同样的宗旨——在人们间传播爱的单纯的目的——而巴孛为着世界的和平与团结牺牲了自己的性命。

如此就努力依照这些圣哲的人们的榜样，从他们的清泉中汲取饮水，接受他们的光明的启导，而对于世界为上帝的恩惠和仁慈的表记。你们对于世界要有如恩雨和慈云，有如真理的光辉，有如圣灵的军队，于是就会确实能够征服人们心中的城府。

感谢上帝，博氏已经给了我们稳固的墓础。他没有在人们的心中遗留悲愁的痕迹，他的圣笔所写的著作是包含为全世界的安慰，他的言语是真理，凡是反对他的教训的东西都是虚伪。他的一生最大的目的就是在消除分裂。

他的遗著是佳言懿训，真理的光辉，生命的源泉，圣灵的力量，如此，打开你们的心坎，接受他的全副力量罢，我会为你们祷告，这种快乐可以属给你们。

现在我要对你们讲“再会”了。

这个我是对你们的外形讲的，不是对你们的心灵讲的，因为我们的心灵总是在一块的。

安心罢，相信我日夜为你们向上天祷告，使你们一天一天的长进、圣明、接近上帝，多多的为他的爱的光辉所启导。

五十三、伦敦兄弟之会演说

一九一三年一月十二日

一千年以前在波斯有兄弟会之组织，会的目的是在使会友团聚一块，向上帝默祷。

他们把神学分成两部分，一部分是在学校由演讲和研习的方式所得到的，第二部分是内心的自省，这一部分的研求就是在静默自省中进行，将心志倾向光明的源泉，天国中的奥秘由这光明映入每人心中。一切圣道问题都由这种启示的力量所解决了。

这种兄弟会在波斯发达很快，就是到现在这种会还存在着。会中的领袖有很多的著述，贡献世人。当他们在会所内聚集的时候，他们坐着默不作声，作内心的省察；只有领袖向大众提言："你们要对于这问题默省。"于是大家摒除一切思虑，坐下来，平心静气的默想，不一会他们就得着明显的答复了，很多艰深的神道问题用这种启示的方法都得着解决。

在真理的光辉中，展开在各人的心意之前的几个重要问题是：人的灵性的实体问题，灵性的产生，灵性在尘世之产生与其超升天国，灵性之内在生命及其脱离躯壳以后的命运问题。

他们对于当代的科学问题，也用静思默察的方法，得着解决。这些人是"内心真光的信从者"，得到权力的最高级，完全摆脱了一切偏执的信条与模仿。他们是完全凭借自己的理性，内心的省察，解决一切问题的真相。

假若他们由内心的真光得着结论，他们就接受它，就公布它，不然他们就会觉得只是盲从。他们更进一步的省察圣灵的必要性质，圣灵的启示，圣灵在世界的表记。所有一切神道的和科学的问题都被他们凭借灵性的力量解决了。

博爱和拉说在一切现象之中都有一种表记(来自上帝的)：智慧的表记是省察，省察的表记是静默，因为一个人不能同时做两件事的——他不能一面说话，一面默省。

当你默省的时候，你是在对你自己的灵性说话，这是一定的事实。在那种意态中，你向你的灵性提出问题，而灵性向你答复，真光显现，事情实际明白了。

你不能把"人"这个名词用在缺乏默省能力的动物上，人没有这种能力，就仅是一个动物了，比兽类更低下的动物。

由默省的能力人能得着永生，能接受圣灵的力量——圣灵的赐施是在静思默察中给予的。

人的灵性的本身在默省的时候是被启迪和激励了。由于默省的功用，人所不知道的事情是清楚地展开在他的意识之前了。由默省的方式，他接受圣灵的鼓舞和天赐的食物。

默省是打开玄秘之门的钥匙。在默省的时候，人是忘了自己，忘记了一切外界的事物，沉浸在灵性的生命之海中，能就事的本身解决一切奥秘。人是有两种知觉的秉赋，当内觉的能力在行使功用的时候，外面的视力就看不见东西了。

这种默省的能力使人从兽性中解脱出来，看见事的真相，与上帝接近。

这种默省的能力使科学和艺术从无形的物界中产生出来，使各种发明成功，使各种巨大的事业得以进行，使各个政府治事顺利。人有这功能可以进入天国之门。

然而有些思想是对于人们无益的，是如同海上的波浪而无结果的。但是如果默省的能力受内心的真光的洗礼和有神格的个性，结果就会确定了。

默省的能力有如明镜：假如将这镜子置于尘世的事物之前，它就会将一切东西映在里面。所以如果人的灵性是在默省尘世的事物，他就得着这些事物的知识。

但是如果你将灵性的镜子朝着天上，天上的星宿和真理的光辉就都会映入你的心中，就会得到天国的德行。

所以让我们保持这种能力的正当使用——朝着天上的真光，不是尘世的事物——于是我们才可以发现天国中的奥秘，领悟圣经的意旨和圣灵的神秘。

愿我们确能成为明镜，反映天体，愿我们成为纯洁无瑕的反映天上的星宿。

五十四、祈祷

“祈祷应有行为的表示吗？”

亚卜图博爱：“是的。在大同教中，美术科学和一切技艺都是（算作）祈祷。一个人制造一张笔记纸，凭自己的良心，尽其力之所及，求纸张的优美，他就在敬颂上帝。简言之，一个人的努力奋勉如果是出自他的诚心，而且是为人类服务的最高动机和志愿所发动的，这就是祈祷。一个医生诊治病人，温和地、慈祥地、毫无一点偏见。深信人类团结之重要，他就是在祈祷。”

“我们的生活的目的是什么？”

亚卜图博爱：“求德行的。我们从地球出世，为什么我们从矿物界变化到植物界——又从植物界变化到动物界的形态呢？因为如此，我们可以在每种物类中得到完善的境地，我们可以得到动物中最好的质分，我们可以得到植物的生长力，我们可以得到动物的各种官能，有视、听、嗅、触、味各觉的功能。从动物界我们变化到人类，于是我们有理解力、创造力、灵力。”

五十五、罪恶

“什么是罪恶？”

亚卜图博爱：“罪恶就是不完全。罪恶是人类的低下性能的表现，因为在人类的天性中存在着不公平、横暴、仇恨、敌视、争斗等等的缺点，这些都是低下性能的特征。这些是世界上的罪恶，是亚丹从那个树上摘食的果子。我们必须由教育的功用洗刷这些罪恶。上帝派遣许多先知者到世间以及各种圣书经典都是要使人们脱离罪恶的羁绊。人从呱呱坠地以后，即降入罪恶的世界中，而由圣善的教育的陶养，复进入圣灵的世界中。人降生到现实的世界以后，他发现宇宙中一切；当人从现实的世界重生到圣灵的世界以后，他发现天国中的一切。”

五十六、心灵的进步

“心灵是在忧愁中进步得快，还是在快乐中进步得快？”

亚卜图博爱:——"人的心境和灵性,当他是在受艰苦的挫磨时,就往前进步。土掘得愈深,长出来的植物愈好,收获就愈佳。艰难苦楚之于人,就如同锄犁之耕掘土地,要深才能除去草艾,才能使人摆脱一切尘世事物的牵扰,以至完全达到无挂无念的心境。于是他在这个世界上的快乐就会是神圣的快乐。这样讲起来,人是不成熟,要以艰苦锻炼他成熟。我们看以前历史上的事迹,就会知道最伟大的人是经过磨折最多的人。"

"由磨折以造就造成人者,是不是怕快乐?"

亚卜图博爱:——"他会从艰难苦楚中得永远的快乐,为任何人所不能夺取的。耶稣的使徒受着艰苦,他们得到永远的快乐。"

"然则不经过艰苦,是不是能够得到快乐?"

亚卜图博爱:——"要得到永远的快乐,就须耐苦。一个人能有自我牺牲的精神,才能有真正的快乐,暂时的快乐会终于消逝的。"

"离开躯壳的灵魂是不是仍能和世界上的人谈话?"

亚卜图博爱:——"谈话是可以举行的,但是不是与我们的谈话一样的。无疑的,高超世界中的各种力量与这个世界中的各种力量相交织,当人的心坎是在打开接受启迪的时候,他是在和圣灵交谈。灵性的谈话就如同我们在梦里与朋友谈话,而口中无声响的一样。一个人可以在心中对自己的灵魂说:'我可以做这件事吗? 我是否应做这件事呢?'像这样就是与神灵谈话的形式。"

五十七、四种爱

爱是一种力量,这是最不可思议的,一切存在的力量中最伟大的。

爱给予无生命者以生命。爱使灰冷的心绪炽热起来,使无希望的有希望,使忧愁的人鼓舞。

在现实的世界中,诚然没有哪种力量比爱的力量更伟大。当人的心绪是被爱火所燃烧着的时候,他是预备牺牲一切了——哪怕就是他的生命。福音说上帝是爱。

爱有四种。第一种爱是上帝对人们的爱,这种爱是含有无穷尽的恩典,为圣灵的光辉,天道的启迪。世界由这种爱得着生命,人因有这种爱得生存于世,然后再由圣灵的力量——同一的爱——人得到永生,成为上帝的象征。这种爱是创造世界一切爱的源泉。

第二种爱是人们对上帝的爱。这是信仰,是倾向上帝、光明和进步,是到天国的道路,是接受上帝的恩典,是受天国的光辉的启导。这种爱是仁心的根源,这种爱使人心反映真理的光辉。

第三种爱是上帝对于自身的爱或上帝的显示。这是他华美的化身,他自己在创造中的反映。这是爱的实体,千古的爱,永远的爱。得着这爱的一线光辉之照耀,其他的爱就都存在着。

第四种爱是人对人的爱。在信徒们心中所存在的爱,是由灵性的团结意念所激发的。这种爱是从上帝的知识中得到的,于是人们就看见圣爱反映在自己的心中。各人都看见上帝的华美反映在彼此的心灵中,发现了这种相同之点后,他们就在友爱中团结起来了。这种爱会使得人们成为一海中的波浪、一个天上的星宿、一个树上的果实。这种爱促成真正和谐的实现。是真实团结的基础。

但是在朋友中间的友爱有时不是真实的爱。因为这种爱不免要发生变化的,只是一时的感情作用。有风吹来的时候,幼弱的树就会为风所摇撼,风从东边吹来,树向西边倒,风从西边吹来,树向东边倒。这种爱是由生活的偶然情形所发生的。这不是爱，只是一种感情，是要发生变化的。

或许你今天看见某两个人明明是在深厚的友谊中，但是到明天情形就会完全改变，昨天他们是刎颈之交，今天彼此就有如秦人之于越人了！这不是爱，这是感情上偶然的冲动。所以使感情的冲动的情境一变动，这种爱也随之变换而消逝。这在实质上并不是爱。

爱只是我对你们所讲的前面的四种。即(a)上帝对自身的爱或上帝的显示。耶稣讲上帝是爱；(b)上帝对人们的爱；(c)人们对上帝的爱；(d)人对人的爱。这四种爱都是由上帝所发动的。这些是真理的光辉，是圣灵的微风，是真实的表记。

五十八、亚氏的信

呵，我亲爱的女儿！

你的流畅而动人的信，我是把它在花园之内、绿荫之下展读，当时微风是在徐徐地吹着。一切可以使生理上感觉愉快之情景都是展开在我的眼前，而你的信成为使我的精神快乐的源泉了。实在讲起来，这不是一封信，只是一个花园，里面充满着各种奇花艳草。

这里面蕴藏着天国的芬香，圣爱的和风从它的玫瑰般的语句中向外流露。

因限于时间的短促，我在此处仅能给你一个简单的概括的答复如下：

在博爱和拉的宣示中，妇女应与男子相偕并进，无论在哪种事业中，他们不应受阻碍，以致落后。她们的权利和男子的是绝对平等，她们要加入各种政治的活动中。她们会加入一切事业中，达到登峰造极的境地，做到尽善尽美的地步。安心等着，不要管现在的情形是怎样罢！在不远的将来，世界上的妇女都会成为光明的和荣耀的。因为圣明的博氏是如此愿望了！在选举的时候，选举权是妇女不可移让的权利，妇女应加入人类各项事业中，是无容置辩和无需疑问的事。无论任何人不能加以阻碍。

但是在有几项事情中，妇女是不值得去参加的。譬如在民族努力御侮的时候，妇女不可担任军事的职务。或者横暴与凶蛮的民族侵入别种民族的境内时，作大规模的屠杀，在这种情况之下，抵抗当然是急需的，但这是男子的责任去抵抗敌人，不是妇女的职务——因为她们的心是柔弱的，就是为着自卫的原因，也不能忍受那种残杀的可怕的情景。像在这一类的和同等的事情中，妇女都可以不加入。

关于公理仲裁会的组织，博氏曾对男子讲过："诸位公理仲裁会的人们。"

这种会的会员在推选时，无疑的，妇女是有绝对的选举权、推举代表、参加意见的。当妇女进步到了最高度的时候，她们就会按照时代的需要和她们的地位与能力，得到各种特殊的权利。请你相信这种预测罢。博氏的教理对于妇女运动是伟大的兴奋剂，而妇女的权利的承认是亚卜图博爱所宣传的原则之一。安心等着罢！在不远的将来，男子们就会对妇女讲："你们是为上帝祝福的！你们是应该享受这种恩赐的。你们有权戴上永久的光荣的王冠，因为在科学和美术中，在德行和造就中，你们是与男子并驾齐驱的。讲到心的温柔和慈祥与同情心的富有，你们是胜过男子的。"

阿博都·巴哈

笃信之道*

博爱和拉著，曹云祥译

序言(Preface)

当博爱和拉住在称为“和平之居所(Dwelling of Peace)”的白格达得地方，而尚未宣布他自己是“上帝的显示者”时，有许多有学识的人，其中有犹太人、耶教徒与回教徒，都提出宗教与神道的问题，去请他解答。在这些人中间，有一个是希拉兹(Shíráz)的西特穆罕墨德(Mírzá Siyyid Muḥammad)，他是巴孛的舅父，于一八六二至一八六三年间，常到伊斯兰教的圣地去朝拜，这圣地就是在白格达境内的。他的问题是关于那些预期的显示的表记和证明，而从他自己的宗教(回教)的观点上提出的。这本书就是博氏因对于他的问题的答复而著就的。据大同教徒的一般意见，以为这本书是由那枝超然的笔，在一晚中写成的。

这是显然的，波斯人到伊拉克去参拜圣地，是不会在巴格达停留一天以上的时间的。纵然西特对于这种习惯，是一个例外，在那里停留了一个较长的时间，然而他之会见博氏，总不能有两次或三次以上的次数。

西特把他的问题，用书面提出，送交乔瓦特(Siyyid Javád-i-Karbilá'í)，他是伊拉克的一个有学问的宗教家，博氏写了这样的一封信给他，“请巴孛的舅父把他的问题写下来，我们按照每个题目写下我们的答复”。如此，对于这本书成的速度，可以把疑难解除了。

在这本书中，博氏阐明了一切犹太人、火教徒、耶教徒与回教徒的教义与经典。因为西特对于巴孛的怀疑，与其他宗教徒对于一切上帝的显示者的怀疑，在实质上是一样的，使他们不能信仰这些先知者。这些怀疑是关于“死者的复生”、“太阳与月光的昏暗”、“天的开裂”、“新宇宙”等等。博氏在这些象征的语句的解释中，把各种宗教的教义贯通起来，联合一致，于是把和平的旗帜，在世界各国间树立起来了。

英译文是由波斯文的原文翻出的，原文本又是由博氏亲自校阅一过，经他许可了的。关于这本书的著作的描述，是经亚卜尔法斯(Mírzá Abu'l-Faḍl)证明过的，他是上面所讲的乔瓦特的至友。

---

* 大同教社，1932年。

第一章(Chapter I)

在我们崇高的、至上的上帝的名义之前。

本章在表明,凡上帝的臣仆,如欲得到圣灵的学识,必须摒除一切对于尘世事物的顾虑。

世界上的人们呵!你们在正心诚意,于是你们或者可以达到上帝为你们所指定的地位,可以踏入上帝在天国所撑持的帷幕中。

本章的精义,是凡向信仰之路前进,而在追求真理的人,必须正心诚意,从一切物质的事物中摆脱出来,那就是耳不乱闻,心不乱疑,以免对于荣光发生隔膜,心灵不要倾向现实的东西,眼睛不要注视暂时的言语。他们应该如此的前进,信仰上帝,依赖他。要如此,他们总能成为适合于圣灵的学问和智慧的光辉的人,接受看不见的无限的恩典。因为一个人如果以别人的言行为准绳,而求了解上帝与其选民,则无论别人为有识与无识者,他对于上帝的学问,总永不会升堂入室,永不会达到唯一之神的学问和智慧的源泉中,他不会达到永生的目的,不会接近上帝,以得到幸福。

试想在以前,人民无论高下,都是在圣庙中等候唯一之神的显示,时时刻刻在引领企盼,祷祝天恩之倾降与预期者之来临。但是当恩云展布,慈门洞开,而真光从权威者的天际显现出来的时候,他们又否认他,避免和他见面。与他见面是等于与上帝见面的。这些事实都是载在天书中了。

现在我们想想,在这些人民寻求渴望之后,他们又对真光加以拒绝的原因。他们否认反对到一种为言语笔墨所不能形容的一种情形中。没有哪个圣灵的显示与先觉的出世不受人民的攻击、反对、仇视。所谓"哀哉从仆!只要有使者来教化他们,他们便加以愚语"(K. S. 36:30)。又云:"每个国民都定出阴险的策略以对付他们的使者,使其就范于他们的强权之下,他们作为无谓的申辩,想借此蒙蔽真理。"(K. S. 40:5)

从永生不灭者的权威和天国的区域中,所露布出来的圣语是超出常人的智识范围之外,而无从领会的。对于一班有灵性和有悟解能力的人,仅《可兰经》内"荷德"章(Súrah of Húd)就够了。要平心静气领会这个祝福的一章,注意其中重要的意义,于是你或者由此可以知道先知者事业的奇迹与其所受的反对和攻击。或者你可以使人民从自利的懈怠中振作起来,而投入团结和圣学的怀抱中;或者可取饮不朽的智慧的清水,分食光荣的主的学识的树上的果实。这是从天上的圣桌上分派下来给各人的。假如你知道先知者的艰苦和常人反对他们的动机与理由,你就会了解许多事实了。你愈去研究人民对于一班先知者的攻击和反对,你在你的宗教中和上帝的主义中的态度就会愈坚强。因此本书述及关于先知者一些事略,表明在各个时代内人民对于权威的显现与启示者都予以难堪,而非言语所能形容的。或者这种叙述可以使某些人们消除因各时代中之有识者与无知者的反对和否认所引起的迷惑,如此增加他们的信仰。

先知者中之一为那亚(Noah),他劝导人们,叫他们到圣灵的和平区内去,为时有九百五十年之久,然而没有哪个去理会他,他们对他每每嬉笑怒骂无所不用其极,而且用种种方法去陷害他,非把他置之死地不可,所以经上讲,"常常有许多人在他前面走过,他们都嘲笑他,但是他讲,你现在嘲笑我们,我们以后也会嘲笑你,如同你现在之嘲笑我们一样,那你就会明白了"(K. S. 11)。

后来他不断的答应他的弟子，在一种预定的时期中，光荣会降临，此事之实现成为“白答”[1]。于是他的弟子中有几人就从他脱离，因为这个预言是没有实现的。关于这些事的详细情形，已经载在许多名著中，许多人读过，没有读过的将来会读得到。到最后同他在一块的只有四十至七十二个人，这是根据书本和传说所述如此。末了，他大声的说，“呵，我的主，不要留着任何无信仰的人们在这世界上吧”。

我们想想看，为何这些臣仆在这时候反对和远避他，而不能抛弃否认的态度，表示接受的精神，以得到主的荣光？如何圣灵的预言成为“白答”，使得跟随他的弟子许多人从他跑开了？你如要求了解无形的事物中的奥秘，就必须深思默察方可，要从这天国的花园中吸收芬香，要承认上帝的试验会时时刻刻在他的臣民间降临，如此光明和黑暗，真理和虚伪，启示和迷路，幸福和失望，玫瑰和荆棘，这些就可以分别清楚了。经有云，“人们以为只要说‘我们相信’而不经证实（试验）就够了吗”？（K. S. 29）

在那亚以后，荷德出世。据许多传说讲，在七百多年的时间中他召集人民到光荣的主的天国中去，但是灾难落到他的头上如同大雨一样的倾盆而至，他教导人民的热度愈高，他们反对他也就愈甚，他愈加努力，他们的轻蔑态度也就愈嚣张，“他们的不信只是加速不信仰者的沉沦”（K. S. 35）。

于是赛雷从天国中降世，召集人民到永生不灭的极乐区域中去，在一百多年时间以内，他劝告人们服从上帝的戒律不要妄犯违禁的事情，但是结果等于零，一点效果也没有发生。有好几次他迫得不能不把自己隐藏起来，如此种种，层出不穷，然而永生的华美召集人民只是到团结之城去的，经上讲，“在塞马得（Thamúd）的民族中，我们派遣了他们的兄弟赛雷。他对他们讲，呵，我的同胞们，崇拜上帝罢，你们除开他以外，没有别的上帝。他们回答说，呵，赛雷，我们所希望于你的是如此，你难道禁止我们去崇拜我们的祖父所曾经崇拜过的吗？但是我们对于你所邀我们加入的宗教很是疑惑，事实正会如此”（K. S. 7）。凡此劝导人民的工作均归无效，最后一种可怕的巨声发生，将他震死了（Qur'án）。

后来亚伯拉罕（Abraham）降世，打起劝世救人的旗帜，他邀世界上人民到正义的光明中去，他虽然努力劝导他们，但是除开使人嫉妒或者予以不注意外，没有发生别的效果。但是那班诚心服事上帝的人，就能由坚确的信仰，不可思议地超升到上帝所抬举的地位。从历史上所载着的，可以知道圣明的亚伯拉罕是怎样的处于四面楚歌之中，一切嫉妒反对都集中在他一人身上，如火如荼一样的。在《可兰经》的故事以后，他们把这盏明灯驱逐出境，这是在经书上都载过的。

亚伯拉罕去世以后，摩西降生。这位圣人是从圣爱的伯兰（Párán）带着告诫的杆尺和学识的白手来到世间，他具有权威的魔力和不朽的威仪，从先莱（Sinai）的光明中来到人世间，召集世界上所有的人们到生命的王国中去，引导他们去得到信仰之树的果实。但是法老（Pharaoh）同他的人民都反对他，这是许多人都知道的。一班无信仰的人都向这个纯洁的树抛掷怀疑的石头。后来法老同他的人民专心致志的用反对和否认的水去熄灭这圣树的火，不知道圣知的火是从来不会被物质的水熄灭的，有最高权力的灯也不会被逆风吹灭。事实是恰恰相反的，在这种情形中，水只能助长火的燃烧，风反使火势延存，假若你用深刻的眼光去观察，优游于上帝的福乐中，就会了解这真理了。

由法老族中的一个信仰者所述的解释是何等的动人，这个故事由权力的主（The Lord of Might）

[1] “白答”（Bada）的意思照字面上讲是“意识的实现”，但在此处是指预言之未能实现。

述给他的可爱的信徒:“有一个人是法老族中的真正信仰者,他把他的信仰隐藏于心,不告诉别人。他说因一个人说上帝是我的主,你就把他置之死地吗?你看见他从主那里带来明白的表记,还不相信吗?假若他是一个说谎的人,欺骗的惩罚自然会落到他的头上,但是如果他所讲的是真理,他对你警告的那些断语,就会降到你的身上;上帝决不会引导欺骗者和叛徒的。”(K. S. 40)

到最后,事情走到了极端时,他们索性连这个信仰者也用残刑把他处死了。“上帝的谴责不该降到无理的人的身上吗?”

现在想想这些事情和这些纠纷的原因罢:那就是当一个真的显示从渺茫的天际出现在世界上的时候,世界各处就会群起而攻之,用种种卑污残酷的手段去反对他。所有一切先知者当其降世时,总是向人民宣布另一个先知者的来临,并指明将来显示的表记,各种圣书中所载的是如此的。于是何以人民对圣灵的显示和圣书中所载的表记尽管追寻盼望,但是在各个时代中,像压迫,仇视,逼害先知者和选民等类的事情,总是发生呢?经上讲,“无论何时一个使者到你这里,带着你心中所不愿要的东西,你就骄傲的拒绝他,控告他有欺骗的行为和杀人罪”(K. S.)。

现在我们想想这些行为的理由是什么,何以他们对光荣者的美的象征要如此的对待。所以使从前人民发生反对和不注意的那种同样的事实会促成现在的人民的疏懈。假若我们讲,圣灵的证据不完备和齐全,所以使人民反对,这就纯粹是诅骂的口语了。因为恩惠无尽穷和慈怀无止境者,从他的臣仆中选择一个人为其人民的导师时,决不会不给他充足和完备的证据,而同时就惩罚人民不信仰他。不,操生存权的上帝,从他自身的显示中,是包罗一切现实的事物。他的恩典的施予是不会有一刻停止的,他的慈雨从天上的云端落下来,是不会有止境的。这种穷尽止境等等,只是心境有限者才有的情形,他们是栖息在骄傲和自大的山谷中,徘徊于隔膜的沙漠中,他们依从自己和想像和一班宗教博士所告诉他们的一切。所以他们不能成就任何事业,只是反对先知者,不能得到任何结果,只是拒绝真理。

假若那些臣民,在每个显示来临的时候,能够洗心革面,使心境脱离他们以前所见所闻以及成见的羁绊,那他们就无疑的不会失去圣美的权利,因而不能与圣地接近和圣明的先知者相结纳,这对于凡是秉有悟解能力的人,是很明白的一件事。譬如在各世纪中,他们把证据和他们从宗教博士们所得来的学问相比较,他们发现与他们有限的知识不相符合,这种无识的举动是在现实的世界上,只有他们有的。各个时代中的宗教博士是阻止人民达到团结之海岸的主动者,因为鞭策人民的权柄是握在他们的手中。有些是因为领袖欲太甚,阻碍人民向上,有些是因为自己缺乏智慧和学识,不能领导人民。所以各先知者都由这些博士们的判处而殉难,超升天国中去了。这些一时的领袖和教士们所加害于生存的帝王(Kings of Existence)和愿望的实质(Essences of Desire)者到底是什么!他们以有限和暂刻的时日为满足,是阻碍自己不能到永生的国土去,他们的眼睛失掉观看为人爱戴的美的权利,他们的耳朵失掉倾听愿望的莺声(Nightingale of Desire)。所以关于各时代内教士的事略都在各圣书中载过,如在《可兰经》上讲:“呵,你们这些人,为什么当你们自己是上帝的表记的证人,还要否认他们呢?”(K. S. 3)又云,“呵,你们这些人,为什么要把虚幻蒙蔽真理,有意的把真理隐藏起来呢”?(K. S. 3)又云,“呵,你们这些人,为什么要阻碍往上帝的路?”(K. S. 3)。

这是显然的,那些人阻碍人类向正义之路走,就是当时的那些教士,他们姓名和事略在各种著述中都载过的,而且你要是用上帝的眼睛去看,在许多诗歌和传说中也可研究得出来。

所以要用纯洁无瑕的深刻眼光观察至上的学问的范围,探讨不朽的圣语的精义,于是当所有圣智的奥秘显现时，不致有障蔽荣光的暗影，能从仁惠和恩典的笼罩中显明于外。人民的反对和矛盾完全是由他们缺乏知识和悟解能力而产生的。譬如他们不能懂得惟一真实者以庄严的态度所讲关于将来显示的解释。于是他们就揭举反对和分离的旗帜。这是显然的，只有永生的先知者才能懂得上帝的言语的意义，只有永生的人民才能听到天国中的仙音。在摩西的时候，一班无信仰者当然不能了解以西结(Israel)民族的精神，无信仰的法老也从来不会知道摩西的圣明。经上讲，"除开上帝和一班学问有根底的人，没有哪个知道其中的解释"(K. S. 3)。然而他们还要从有成见的人们去觅得书的解释，不去从真正的源泉中找到学问。譬如摩西去世后，耶稣的灵光在世界上照耀时，犹太人反对，说在摩西的五经内(Pentateuch)所预言的人，一定要提倡和实现这经内所讲的，但是拿撒勒(Nazareth)少年自命为上帝之子，是把离婚和安息日的规定废除了，那是摩西经内最重要的规定，而且显示的表记并没有降临。如此犹太人还是在等着摩西经内所载的事的实现。自从在创世期中的摩西以后，有多少一体的圣灵显示和永生的光明的先知者降世，而犹太人还是被他们的如恶魔般的自大的成见，和自利的错误观念所蒙惑而不醒？他们还在等候在某个时候内，按照他们所知道的表记，这种理想中的人会来到。因此上帝惩罚他们的罪恶，剥夺他们信仰的灵力，因为他们不懂得摩西经内所载着显示的表记的意义，叫他们在地狱的黑暗中受苦。他们既然不知道这些表记的实体，而这种事情又没有外形的表现，所以他们得不到耶稣的教训，不能接近上帝，还是在等候着的人们。如此无论哪国的人民因不正确的观念，采取和犹太人类似的办法，就都会失去纯洁的澄清的流泉了。

为阐明这些奥秘起见，我们已经在前面述过，先知者对一个有信心的人，用不可思议的希哲士(Hijaz，Arabic，阿拉伯文)的谐音所讲的一些圣语。在此处我们应你的请求再用伊拉克(Iráq，Persian，波斯文)的音调将他们复述一遍。这个或者可以领导在寂寞的沙漠中干渴的人们，到与上帝接近的海滨去，使那些在分离与背弃的荒原中漂泊的人们，到亲近和团结的帐幕中去。如此错误的云雾或者可以消灭，照耀全世界的指导的光辉，就会从心灵的天际显现。我们信仰上帝，求他的帮助。或者我这枝笔可以发挥一些唤醒人们的东西，使他们从懈怠的态度中觉悟转来，得着上帝的许可，去倾听天国的福音。

当耶稣的爱火把犹太人的固执的障碍物烧毁了，他的权威就是就外表上讲也是部分的为人承认了的时候，这位圣人对他的弟子讲到他的离去，就把渴望之火燃烧起来了，他说，"我去了，我会再来的"，这事对于凡是有学识的人，是清楚明白的。又在另一处他讲，"我去之后，别个人会来告诉你们以前我所曾经告诉过你们的，会完成我所讲的。"假若你用上帝的眼睛去看一致的显示，上面的两种话实际是一样的意义。

对于一个有高明悟解的人，耶稣的书同他的主义实际是在"先知者的最后者(Seal of the Prophets，Muḥammad，穆罕墨德)"的时候证实了。在名义上，穆罕墨德讲，"我是耶稣"，并且证实一切表记，事实和耶稣的书都是从上帝的面前来的。就这个意义讲起来，在他们两人中和他们的书上都没有不一致的地方，因为两人都奉上帝的命令，降生世间，赞扬上帝的。他们两人的书都是宣布上帝的法律的，因为这个原因，所以耶稣讲"我去了会再来"。也如同太阳一样，假如今天的太阳讲"我就是昨天的太阳"，这是确实的；然而按照每日的顺序，太阳说"我是昨天太阳另外的一个"，这也是对的。如此我们再看日子罢，如果讲所有的日子都是一样的，这是对的，确实的；然而如果讲，按照名号称呼，它们是各不相同的，你知道这也是对的。因为虽然它们都是一样的，然而各有各的名号、性格、称呼，与众不相同的，用这个同样的方法可以知道分离的地位，圣灵的显示的不同和一致，于是关于分离和团结，你可以领悟性格和名号的创造者的言语的解释。如此你就会完全懂得何以那永生的圣洁者时常对他自己有不相同的称呼和名义。

后来他圣下（耶稣）的徒众和弟子问他关于复活和显示的表记，在什么时候这种表记才会降临。同样的问题是对这个具有大无畏的精神者提过，每次他圣下都指出其某种表记，这是在四部福音内载着的。

我这个被压迫者现在讲到事体中之一件，如此将酬报之树上（Tree of Reward，即储藏之树）的隐藏的利益，为着上帝的缘故，赐给他的臣仆，于是一班凡人不致失掉永生的果实，而或者可以得到光荣的主的川流不息的河水之洒泼，这河是在白格达得（The Abode of Peace，和平之栖所）内奔流的，我们并不要求报酬。"我们供养你，只是因为上帝的缘故，我们对于你不希望得着任何报酬和感谢。"（K. S. 76）这是使心灵光明的人得着永生的食物。这就是"呵我们的主，使天上降下食物给我吧"（K. S. 5）那句话中所讲的食物。这种食物对于应得的人永远不会断绝的，是永没有穷尽的。这个在恩惠的树上不断的增长，从正义和慈悲的天上不断的降下。经书上讲："你没有知道上帝讲一个喻言：一句好的言语是如同一株好的树，它根深蒂固，枝叶繁生，在一年四季中开花结实。"（K. S. 14）

噫，人们还要使自己失去这种最好的赐给，抛弃这种不朽的恩典和永久的生命！所以要讲他赏识这种最好的食物的价值，或者死的身体可得到新的生命，枯萎的心灵可以发达成无可比拟的灵性。呵兄弟们，往者已逝，来者可追，达到永生，是在及时努力而已。从上帝那里吹来的生命的微风不会永远不停息的。圣训的河流不会永远奔流不止的，天国的门不会是常常打开着的，到某一个时候天国的夜莺从神圣的花园飞到神巢内去，在这个时候你就会看不见玫瑰的美丽，也听不到夜莺的歌唱了！所以当永生的鸽子是在欣欣歌唱，圣美的春天是在辉煌灿烂之中的时候，你要趁着这个时期，使你的心灵莫失去倾听仙音的机会，这是鄙人对于阁下及爱戴上帝者的贡献。对于上帝的道理，往前进取或持反对，都随各人自己的愿意，上帝自有其独立不可侵犯之处，他的圣神不随凡人之所见所闻而有转移。

这就是玛丽之子耶稣在福音中，对于后来显示的表记，所持之议论，所抱之态度。关于这些表记，当他们问他的时候，按照马太福音内所载，他答复如下：

"那些日子的灾难一过去，太阳就变黑了，月亮也不放光，众星会从天上坠落，地球会要震动，那时人子的表记会在天上显现，于是地球上的兆民都要哀苦，他们会看见人子具有权威和伟大的光荣从天上的云端降临。他要差遣使者用号筒的大声，将他的选民，从四方招聚来。"上面这一段话在波斯文翻译内的意义，是在笼罩人民的灾难过去之后，太阳要停止照耀，那就是宇宙变成黑暗，月不明亮了，天上的繁星要坠落到地球上，地球会震动。在那个时候，人子（Son of Man）的表记要在天上显现，那就是，预期的圣美和生命的实体要从无形的宫中来到现实的世界。他（耶稣）讲：在那时所有栖居在世界上的人们要悲苦和哀号，人民要看见一体的圣美带着权威，光荣和伟大的赐给，驾云御雾从天上来临，用号筒的大声，派遣他的使者。同样的叙述是载在马可、路加和约翰福音内。这些既然详细载在阿拉伯的文字内，我们在此处就无需重述了，我们只研究其中之一件。一班教士既不懂得这些记载的意义，又不知道这些字句的命意，只知道依随字面上的解释，因此他们与穆罕墨德的恩河和亚马德[1]的慈云相隔绝的。人民中的无知者依赖他们的所谓有学识的人也是一样的被蒙塞，不能看

---

① 亚马德（Aḥmad）是穆罕墨德的另一名号。

见光荣的王的圣美。因为这些记载过的表记在亚马德降世的时候，并没有显示。最后那个生命的实体回到他的统治中永生之所去了。一世纪一世纪的过去，时间有如白驹之过隙。精灵的气息的又一股是吹在圣灵的号筒内，把在懈怠和错误的丘墓中的死的灵魂，唤醒起来，到指导的地方和恩典的所在去。然而那些人民还在等候那时候的来到，在那时这些表记要显现，预期的人（耶稣）要起来，然后他们就可以帮助他，为他破费财产，为他牺牲性命。在同样的想念中，许多别的人民都是与上帝慈怀无限的意旨的源泉相隔绝，他们的心绪是充满了他们自己的想象。除开这段话之外，在福音内又有一句话是："天地或有尽期，但是我的言语是不可消灭的。"这句话在波斯文里面的意义是天地或者有一天要消灭，但是"我的言语"是永远不会消灭，永远存在人类间的。因为这个原故，信奉福音的人讲，福音内的经典永远不要废除，无论何时，预期的人具有各种的表记而降世的时候，他须证实和树立福音内所订的法律，于是就没有相异的宗教存在世界上。这对于他们是已经证实明白而无容疑问的一件事。他们相信就是一个人降生，有了各种表记，如果宣布了与福音内字面上的法律相反的东西，他们必不可服从或接受他，不，他们须诅骂他，控他以叛逆之罪。这在穆罕墨德降世后已经历过了。假若他们用一致的降临者在每种显示中所有的谦和的态度，询问宣布在书上的字句的意义——由于无学识，一切人们对于最终的鹄的和沙谷拉提、雅洛、孟塔哈（Sadratu'l-Muntahá）都被蒙蔽，不能加以辨认——他们当然就会被领导到启示的日光中去，明悉学问和智慧中的奥秘。

现在我把这些话的意义解释出来，使有辨悟和直觉能力的人可以领会一切圣语的征象，和对于圣灵显示的寓意的解释，如此就不致因字义之艰深，对于名义和性格之海，发生隔阂，对于团结的灯光，致受蒙蔽，这灯光就是实质的显示的地方。

至于"随即在那些灾难的时日以后"这句话的意义是指人民因灾难困苦处于水深火热的时期，这就是真理的光辉和学问智慧之树的果实，在人类间隐没了的时候，管理人民的权柄是落在无知的人的手中；这时候，学问与团结之门——人的创造的必要目的——是关闭了，这时候，学问变成迷信，指导变成叛逆，正如同在现时我们所亲眼看见的，每当权柄是握在无知的人的手中，他可以任意所欲的摆布他们。在他们中间对于受人崇拜者和渴望者的印象是一点没有了，空有一个名字而已。人欲之横流有如此之极，他们把内心中的良知和理性的光明都消灭了。虽然圣学的门是为至上的权威的钥匙所打开，物类的生命要素为学问的光明和圣灵的恩典所发扬光大，到了那样的程度，在每件东西中之学问之门是打开着，在每个原子之中都有真光的表现，然而不管事实是如此，他们还以为学问之门是关闭的，恩雨是停止了。他们既对于成见牢不可破，对于学问的坚强的把柄就相隔愈远了。他们好像本能地不愿有学问和它的门，也不想到它的实现。因为在臆断和想象中，他们已经找到寻求面包的门，在学问的显示者降世时，除开性命的牺牲外，他们没有看见别的东西。所以他们自然的舍此而就彼。虽然他们知道圣灵的告诫是一个的，然而从各方面又都有经典产生出来，从各地方有命令露布。没有哪两个人对于一句诫语表示一致的，因为他们并不追求上帝，只是放纵私欲，且不跟随正道，只是往错误中走，他们把领袖地位看作目的最后的达到，视骄傲倨慢为受人爱戴的最后成功，他们以为自利的诡谋胜过圣灵的经典。他们不崇尚谦和与宽忍，只顾图谋不轨和装腔作势，以全力保持这种伪善的态度，恐不然即有伤尊严，有碍体面。如果我们的眼睛受了圣灵的光明的洗治，我们就会看见是一群野兽在那里吞食人民的死尸。还有什么困苦灾难，比这种情形更严重？因为一个人要想追求真理和学问，他就不知道去请教哪个是好，或向哪个去研求，因为意见是那样的纷歧不一致，方法有那么多。这种灾难困苦是每个显示的表记，没有这种表记，真理的光辉就不能发挥灿烂，因为导师降世的黎明时期，是在错误的黑夜之后的。所以在传说和记载里面，就有这些话，说背叛的行为会蔓延世界，黑暗和同类的事情，如上面所述的会笼罩全球，为简略起见，在此处就不把这些传说重述了，因为是大家都知道的。

假若人民以为这灾害(从字义解释即窄狭)的意义，是指地球会要缩小，或者如他们所揣想的别种情形，那末这就从来不会实现，他们就一定会讲这种情形是没有实现过的——正同他们所讲过的和现在仍在那里讲的一样。简单讲起来，灾害的意思是圣灵学问的窄狭(即艰深难求也)和至上的言语的难懂。在真光和他的[①]明镜没落之后，人民陷在窄狭和艰苦的境况中，无所适从，不知道追随哪个是好，书上已载过。

所以我们向你把传说的意义解释清楚，把智慧的奥秘剖解明白，于是可以使你懂得真意所在，可以成为那些饮过学问和智慧之水的人之一！

至于“太阳要昏黑，月光要停止放射光亮，众星要从天上坠落到地上”这些话：“太阳”和“月光”，按照先知者的言语中所讲的，不是仅指有形的太阳和月亮，他们引用这两个名字，是有几方面的意义的，在每一处有每一处的特别意义。譬如太阳的一个意义是指“真理的阳光”，这是宇宙的主宰者向世界放射光辉，将恩典传给世界万物。这些真理的阳光在他的性格和名义的世界中是普遍的圣灵的显示。受了真正为人爱戴者的命令，物质的东西的发达如果实、树木、颜色、矿物以及一切存在世界上的东西，都是由于有形的太阳的帮助而成就的。一样的情形，团结之树，一致之果，概念之叶，学问与信仰之花，智慧与宣扬的石榴，都是由于理想的阳光的训练而表现的。所以当这些阳光照耀的时候，世界是更生了，生命之河在奔流，慈悲之海在波动，恩云密集，仁风向人们吹拂。因为有这些圣光和理想的火，上帝的爱的热力乃在世界上燃烧了，因为这些理想的神灵的恩典，生命的不死的灵魂才授予生命于有限的死者的身上。

有形的太阳实际是那个理想的太阳的华美征象之一，这个理想的太阳是没有哪个东西可以与之相比、相像、相等、相峙的。一切东西都是为它的存在所维持，因它的恩典而表现，以后又会回到它那里去。一切东西都是由它那里表现出来，嗣后又归还到它的命令的财富中去。一切现实的东西都由它发源而来，而归还到它的命令的储藏中去。假若在解释和记载中，这些(太阳)只是用一些名称和性格表明，如你所见闻的，这是为着使心灵微弱和不完全者能了解起见，而如此的。不然他们就已经永远的超然于每个名称之外，会从每个性格中洗净出来。名称的实质对于他们的圣灵之宫是不生关系的，性格的精华对于他们的权力的王国是不相连接的。上帝是太光荣了，除开自身以外，用不着使他的选民知道，而他的朋友除开他们自身的实质表现外，也用不着别人去描摹，他是崇高无比，超乎臣民的叙述与揣想之外的！

在“纯洁者(Immaculate)”的著作中，太阳这个字是常用到那些理想的光明(显示)上去。这种引用的方法可以在“赖德巴(Nudbih)”的祷告中找到一个例子——“上升的太阳是在哪里？灿烂的明月在哪里？闪烁的繁星在哪里？”所以这是表明在原来的意义中，太阳，“日光”和“繁星”这些字是指先知者，圣哲同他们的徒众，由于他们的学问之光明的照耀，凡一切有形物界和无形物界都为之开化，启迪了。在另一个意义中，“太阳”“月光”与“繁星”是指在后来显示的时候，从前神道的教士，在他们的手中是握着人民的宗教的大权的。假若他们为后来显示的太阳的光辉所启导，他们就会是可敬爱

① 即先知者同他的弟子，如耶稣是。

的，光明磊落的人物，不然他们就要被人叫作黑暗的人物，哪怕他们明明白白是领导者。所有这些情形，包括信仰和不信仰，领导和错误，快乐和愁苦，黑暗和光明，都要依圣使的那个理想的太阳之判断是从。假若在判断的日子[Day of Judgment，即新的显示之日（Day of a New Manifestation）]这些教士中无论哪一个，只要经智慧的源泉者声明是虔诚的，他就确实能为人称做一个有学问，有光明和信仰，而得到上帝的福乐的人，不然他就会是愚蠢、顽固、叛逆和不公平者。

星的光亮，当太阳一出现，就被隐没，所以皮毛的学问，智慧和就造的光芒，当真理之光照耀时，也就藏匿不见了，这对于凡是有悟性的人是很明白的一件事。"太阳"这个字用在一班教士身上，是因为他们的高傲，露头角和著名的缘故。这就是在各时代中为人所公认的所谓圣人，他们在各国间是著名的，为人民所认可的。假若他们有圣灵的太阳的表现，他们就是高超的太阳（Exalted Suns）了；不然他们就是在黑暗的深渊中的人物。无疑的，你已经明白在此处所讲的关于"太阳"和"月光"这些字的意义，所以用不着再加说明了。无论何人，凡是这种"太阳"和"月光"的成份的人，就是凡是舍真理而倾向虚伪的人，是从地狱出世，仍会回到地狱中去。

呵，质问者，我们要牢牢的把握住强固的把柄，于是我们或者可以舍去错误的黑暗，而就指导的光明，从固执的阴霾中逃出来，找寻接受的寄托，从地狱的深渊的火坑中跳出来，接受他仁慈者崇高的圣美的光明。在这种情形之下，我们授予你以学问之树的果实，于是你可以成为那些在上帝的智慧的天国中快乐而鼓舞的人。

在另一个意义中，"太阳"和"月光"这些字是应用到各宗教所订的经典和教规上面去，如祷告斋戒等，这些在穆罕墨德的圣美隐没之后，是比《可兰经》内任何经典都强大占势力。这一点在记载和传说中已经指示出来，因为这事的彰明较著，此处有提述的必要。在各个时代中，祷告的规定是树立了，为人遵守。这是为穆罕墨德的弟子记载过，就是在每个天运中，祷告的规定传袭给先知者，不过依时代之需要，其形势和礼节各有不同，各有特殊之表现，在每个后来的显示降世时，先前显示中已经树立的、亮晶的、明显的，固定的礼节风俗教规是废除了。于是他们对于这些礼节教规等，象征的名之为"太阳"和"月光。""于是他可以证明你，看你们哪个在善事中是卓越的"（K. S. 67）。

在遗俗中，"太阳"和"月光"这些名词又应用到祷告和斋戒上去，所谓"斋戒是光（太阳），祷告是亮"，有一天我们坐在某一个地方，当时走进来一个著名的教士，忽然谈到这种遗俗，他说："斋戒既能在这制度中发生热情，所以这个就释义为光辉，就是"太阳"，而晚间的祷告既引起冷寂，所以解释它的意义是亮，就是"月亮"。我们知道这人是没有得到意义之海水的一滴，也没有得到圣智的沙谷拉提（Sadrat）的一线之火。稍停片刻后，我们在很谦和的态度中声明："关于这种遗俗，阁下所讲的话是人民口头上的话，不过这个或者还另有一个意义哩，"于是他要求解释，我们就说："先知的最后者，选民中的首领是把回教比做天，因为它的高超、崇高和伟大，并且因为这个包含一切宗教。在有形的宇宙中既然是有两个固定了的伟大的强固的柱石，那就是发光体的太阳和月亮，所以一样的，在宗教的宇宙中也建立了两个轨道，那就是斋戒和祷告。回教是天，斋戒是太阳，祷告是月亮。"

简单讲起来，这都是为着圣灵显示的语句的象征的目的。

因此这种对于"太阳"和"月亮"的意义的引用，在上述的律证中，是在已经宣露的诗篇中和记载着的传说中证实和阐明了。所以"太阳和月亮的昏暗"和"繁星的坠落"的意义是指教士的叛道和在宗教中已树立的经典之废除。圣灵的显示者特用象征的口语把它述出来。这只有光明磊落的人才能懂解这种喻言，只有正气磅薄者才能领略其中意义，"正直者要饮那混合有佳惠（Cáfúr，天国中的泉水)的杯子中的水"。

这是一定的,在每个后来显示的时期中,以前显示时期内所树立的教训、经典、告诫和禁律的"太阳"——人民在那个时候得着启迪和指导的一切教训和告诫的"太阳"与"月光"——是黑暗了,那就是他们的势力与效力消失了。现在想想看,如果信奉福音的人民知道"太阳"和"月光"的目的,或者关于这个请教了圣灵的学问的显示者,不持反对和固执的态度,那么其中的意义必然的会是明显,他们也不会禁闭在自夸和欲望的黑暗中了。噫,他们既不能从源泉之地求得学问,他们就毁灭在不信仰和错误的危难之乡了。他们是仍然不知道一切表记的显现了,预期的太阳从显示的天际破晓而出了,同时以前的学问的太阳和月亮,经典和教训是成了一团黑影消逝了。

现在我们以正确的学问的眼光和确有见地的把握踏入无疑问的真理中去。"上帝把这个送来,他们要作无意识的议论,就让他们去罢。"(K. S. 60)如此你就可以算作那些人中的一个,就是"那些讲我们的主是上帝,和行为坚决的人,天使会到他们中间的"(K. S. 41)。于是你就要用你自己的眼睛去看所有这些奥秘。

呵,我的兄弟们,采取灵魂的步骤,你就可以在一刹那间越过离间和隔阂的悠远之山谷,踏入联合和接近的天国中,在一瞬间亲近圣哲的精灵。这种阶段之渡过和目的之达到,均非肉体之步骤所可能的。那些确实跟随真理的人和站住告诫的道中,在学问之边岸,上帝的名义中,祝他们平安。这是那节圣诗"我凭东方和西方的主发誓"(K. S. 70)的意义,因为所讲过的这些太阳,每一个都有一个上升的地点和坠落的地点。作批注的博士们既不知道这些太阳的真正意义,所以他们不能把这一节圣诗解释明白。有些人讲太阳每天上升出来的地点即与前一天的不同,所以他就用复数提出"这些东方与西方"来。又有人讲是指四季的不同,因为在每季中太阳是在一个固定地点上升,在一个固定的地点坠落,所以讲到"这些东方"和"这些西方"。这就是一班人的学问的程度,但是他们把怎样的无知和弱点推到学问的实际和智慧的微妙上哩。

在同样的情形中,借着这些清楚的、坚定的、基础稳固的、直接的解释去懂得"天之开裂"的意义,这是复活时的一个表记。经上讲"当天要开裂的时候"(K. S. 82),这个意义是指在天运之每个轮回期中,宗教之天的提高与在每个后来显示时之分裂,那就是宗教的废止和取消了。我凭上帝发誓,这种天之分裂,在一个深思的人看起来,是比有形之天的开裂更为重大。想想罢,一个历史甚久的宗教,在其下一切都已发展扩大,人民受其炫耀的经典之熏陶已久,他们除服从这个宗教的告诫外,对于祖宗父母的话都不听信,于是眼睛只看见它的告诫之尊严,耳朵只闻它的经典之施布,而不久以后,忽然有一个人出现,借着圣灵的权能和力量,将这一切分裂破散,并且根本把他们废除,你想这种情形比起一班无价值的人所想象的天的开裂,是不是更关重要。并且,你想这种人的困难和艰苦,当他们要在全世界的阻力之前执行上帝的法律,而在世界上没有一个人帮助或扶持他的。然而不管所加于这些纯洁和高超圣明的人的艰难困苦是如何,他们总是以最大的毅力,以不可思议的耐心,忍受一切。

在同样的情形中去了解"地球之变换"的意义。无论在何人的心绪上,只要从那个天上的恩云中倾下慈雨,这种人的心地就会变成学问和智慧之田地。团结的石榴花是在这种心地的花园中长成了,学问的实质的牡丹是从这些光明的胸府中开花了!倘若这种人的心地没有改变,那不认识一个字的,也没看见过一个教师或进过学堂的人,怎么会能说出话来和讲出道理来,使任何人都不能懂得呢?他们好像是用不朽的学问的泥土塑成的,用直觉的智慧之水搓成的。所以讲"学问是光明,上帝把这光明照在他所愿意的人们的心灵上”。就是这种学问有赞扬的价值，不是那些由偏见和不正确的想象所得来的知识，人们常常彼此互相偷窃这种知识，在侪类间竞相夸耀。

呵，愿人们可以把这些有限的知识和黑暗的言语从心绪中洗刷干净，于是他们或者可以得到学问和精义的荣光，得到直觉的智慧的奥秘之本质！

我们想想看，假若这些胸无点墨的人没有改变，那团结的奥秘和圣灵的本质怎能在他们中间显现呢？所以在《可兰经》上讲："在那天，地球要改变成另一个地球。"(K. S. 17)

假若你省察显示的奥秘，你就会知道就是物质的地球在生存之王的仁风中也是改变了！

悟解那一节诗的意义罢："全球既然在复活日要仅为他的一握，那末，天要卷成一团在他的右手中。赞美他，愿他高高的居于一切偶像之上，人们把这些偶像同他联合一起的。"(K. S. 39)这节诗的意义是全球在判决之日是握在他的掌中，天是卷入他的右手中。

现在公论是需要的。假若这个目的就是人民所知道的那种样子，那从这里面有什么好的结果发生呢？并且这是一定的，哪里会有一个手为我们的目力所能看见的，成就这些事情，不能推诿于本体，不，承认这种事情是完全欺骗和造谣。假若要讲这是他的显示，在判决之日，受命致力于此种事情中，这也是不可能的和无关的。并非如此，'地球'的意思是指学问和智慧之地，而'天'是指宗教之天。你想想他是怎样的以权力和威严掌握智慧和学问以前扩大的地域，而在人们的心中展布一个新的无可比拟的田地，使得各种奇花异草和高伟的树在他们光明的心胸中蓬勃而生。

一样地去想想以前树立的宗教之天是如何的在权威者的右手中搓成一团，比央(Bayán)的天是受上帝的命令，高高撑举起来，而以不可思议的和新的告诫之日、月星点缀起来！

这些就是字句中的奥秘，这是清清楚楚的解释明白了，你就可以悟解其中的精义，而由信赖和认辨的能力消除一切迷信、幻想、疑惑和猜疑，在心绪中点起信心和学问的新灯来。这些比喻的语言和暗示的引证，从告诫的圣语所露布出来的，其目的是在试探人心的，已于上述，于是有高尚和光明的心地者，可以将愚昧和平凡的性质消灭。这是人民间已成为圣灵的定律，如在圣书中已经显示明白的。

再想想"基卜拉(Qiblih)"[①]一节罢。自从穆罕墨德从麦克(Mecca)移居墨丁纳(Medina)后，他在祈祷的时候朝向耶路撒冷，等到后来犹太人向他说些难堪的言语，这些言语不宜在此处重述，以免冗长。简单说起来，穆罕墨德是大受困迫，于是仰望天空，凝思静想。于是克卜里尔(Gabriel)自天空降下，说出下面一段话来："我们已经看见你把脸朝着天空，但我们要使你把脸转过来，朝着一个为你所喜欢的基卜拉。"(K. S. 2)在另一天中，他正在和他的几个弟子午祷。他们已经行了头两段跪拜，于是克卜里尔降临，说，"你就把你的脸朝着圣庙(在麦克)吧"。于是他圣下在这个祈祷中，就把脸从耶路撒冷的方向掉过，朝着卡亚伯(Kaaba)。他的弟子登时大哗，有一部分人就停止祈祷，离开他了。

这种试验仅是考试人们的，不然那个最高的主宰者就无需改变基卜拉，就是在那个时代，也会指定耶路撒冷，不致把接受的外衣从它剥夺去。因为基卜拉的告诫在许多于摩西以后降世的先知者的时代中，都没有改变，这些人如大卫、耶稣以及许多别的先知者，他们是间在以上各人中间降世的。所以这些使者，代表万物的主宰者，告诫人民朝向那个方向。并且一切地方，对于那个最高的主宰者的关系是相同的，除开那地方是为他所选择的，于他的显示的降临的时，用作某种特殊的用处。所以

① 当祈祷时，面必须朝着的方向。

经上讲，“对于上帝，东方和西方都是属给他的，所以你无论朝着哪方面祷告，上帝的面总在那里”(K. S. 2)。不管这些事实的真相是怎样，究竟这个为什么要改变，使得人们怨恨、悲戚，使得从众哗嚷和不安呢？盖此等使人恐怕的事，其发生乃在使所有人们受上帝试金石的考验，坚贞者可以从不诚者当中辨别出来。所以在人民分离以后，他讲，“我们指定这个基卜拉，你们从前朝着这个祷过，我们为的是要知道谁跟随这个使者和谁离开他”(K. S. 2)。这节话的意义是他改变和废除这个基卜拉，就是耶路撒冷，看谁会服从他，谁会离开他，那就是谁会不服从，拒绝和停止祈祷，跑开去，“同胆怯的驴子畏惧狮子而逃跑似的”(K. S. 74)。

你们要是稍加思索，就会找到意义和解释的门径是打开在这种题目和叙述中，你们就会看见其中的学问和奥秘，而不存偏见。这种事情只是为着修养的目的和解救人们脱离自私与物欲的囚笼，因为那个最高的主宰者是从来不求凡人之了解的，而他的本体是永远超乎俗物的崇拜之外的。他的仁风只要吹拂一下，就能使全世界受惠，他的恩泽之一滴赐予所有的生物以永久的生命。然其目的既在辨别真理和虚伪，光明和黑暗，所以在每刻中从权威之主前所颁来的考试是如大雨之倾盆而降。假若人们对于以前的先知者和其显示稍加思索一下，这个事情对于他们就会是那样容易，那他们就不至被与他们的自尊和自私相矛盾的行为和言语所蒙蔽了。他们会用学问的沙谷拉提之火焚烧一切障碍物，而泰然休息于安静和平稳的御座上。譬如摩西为亚孟兰('Amrán)的儿子，为伟大的先知者之一和一部书的著作者，在他施行天道的最初时期某一日，他去宣教，在市场中经过，有两个人正在互相扭打，有一个求助于摩西。他圣下就帮助他，把他的敌人打死了，这是在圣书上载过的。要把这件事详细叙明，就会耽搁我们的正文，故不赘述。这件事登时传布出去，全城皆知，根据书中所载的，于是恐怖就落到他圣下的头上。后来他接到以下的一个信：“呵，摩西，现在县知事正在计议关于你的事，要把你处死刑，”(K. S. 28)因此他离开城里，到米帝安地方沙阿尔卜(Shu'aib)(Jethro)那里服务去了。当他回转时，他来到那个“圣地(Blessed Valley)”——新莱(Sinai)的荒原，在那里他从那个“既不是东方的也不是西方的”树上(Qur'án)目观那惟一之王的显示之光。他从那燃烧着的圣灵的火光中，听到那使心灵鼓舞的仙音，他是被命定去领导法老(Pharaohic)民族，把这班人民从自夸自利中解脱出来，领导他们到精神和光明的愉快的境界中去，指导创造中一切生物脱离隔阂的彷徨，由(the Salsabile of Severance)去到接近的和平之居。当他走进法老的屋中，说明他所召的使命时，法老就表示鄙夷的态度，向他怒言道，“你不是那个犯了杀人之罪，而成了一个叛徒吗”？“然而你已经做了你的行为，那行为你做了，而你是一个没有信实的人”。摩西讲，“诚然我做了这件事，我是那些犯了过失的人中之一；因此我从你那里逃走，因为我怕你，但是我的主已经授命于我，任命我为他的使者之一”(K. S. 26)。

想想上帝的考试和他考验的奇迹罢；他是如何的从他的人民中选择了一个人出来，命他做伟大的导师，这个人就是大家都知道的杀人犯，而他自己也承认他是违法的，如圣诗里所记载的。这一个人明明白白是在法老的家中抚养大的，受他的供养总有三十年之久！这是不管权威之王(上帝)有力量阻止摩西犯杀人罪的，如果是那样，他就不会在人民中负着这种名誉，使得人心惊惶和厌恶。

我们再想想玛丽的情形罢——那个有圣的容颜者在她的烦恼中，因为事情的严重是如何的想死。因为这是在那节圣诗内说明了，在耶稣降生后，玛丽非常的苦恼，口中说出以下的话来，“愿我在此事以前死了，为人所忘记，在无形中消灭了”(K. S. 19)，我凭上帝发誓，听了这种话，心灵是要被感动而颤栗的，这种感奋和悲恸是因为敌人的责备和人民的不信仰与侮谩的批评而发生的。我们现在想想，玛丽能作怎样的答复呢？一个孩子的父亲还不知道是谁，说是圣鬼投生的，这怎能够向他们解释明白呢？所以这个不朽的贞洁者就抱着她的孩子回到她的家里去。当众人的视线集中在她身上的时候，他们讲："呵，亚龙的女孩子，你的父亲不是一个坏人，你的母亲也并非不贞洁"。(K. S. 19)

想想这种伟大的试验和最大的艰苦罢。不管这一切如何，上帝是授予那个圣灵的本体耶稣以先知的能力，他在人民中是为大家所知道没有父亲的人，上帝任命他作他自身对于宇宙一切的证明。

你看创造之王是如何使显示的事实表现出来，与人们的志愿和欲望相反。当你明白了这些奥秘中的要素时，你就会知道那个可爱戴者的目的，会发现那个权威之王的言行是一致的。所以无论什么事情在他的行为表现出了的，同时在他的言语中也说明了，而凡在他的言语中所表示的，同时也在他的行为中实行了。因此这些行为和言语在表面上是对于作奸犯科者的惩罚，而实际上乃是对于正直者的恩典。对于一个能用思想辨认事理的人，从意志的天(Heaven of Will)中所表白出来的言语，和从权威的天国(Kingdom of Power)中所产生的行为，是一样的，而知道其一致。这个已经在前面讲过了。

呵，我的兄弟们，现在假若这种事情，或这种情形在这个时代中发现，你想人民将怎样？我凭万物的教导者和圣语的阐示者发誓，他们会马上宣布那些有关系的人为叛徒，处他们以死罪。就是有千万人如此讲，也不能使任何人相信一个没有父亲的人是被任命为先知者，或者一个杀人犯能从火棘中听到那句'我就是上帝'的话。什么地方会有人听信一个人宣布耶稣乃圣灵降生或者摩西受了上帝的任命呢！

假若用公正的眼光去观察，就可以从所有这些解释中看出在现时显明的有类似的事情同结局。虽然这种情形在这个显示期中没有表现，然而一班人民附和那些违背天意者的臆断，是已经对人攻击和加害，其手段之残酷为有史以来所无。

上帝是伟大的！解释到了这一点，圣灵的香芬就会从崇伟的黎明中向外泛荡，晨光曦微中的和风从永生不灭的时巴城(City of the Sheba)吹来。它的微风赐予心灵上以新鲜的喜信，给灵性以莫大的开展！这个展开一个新的氍毹，从那个无踪无影的可爱戴者那里带来无数珍贵的赐给。这可爱戴者的和悦的形像是不能以言语形容的，他的赫赫有威的容颜是不能以笔墨描述的。这个不用文字展开意义的内含(编者按：涵)，不用言语阐明解释的奥秘。这个教给分离和缺乏之枝叶上的夜莺以悲戚与哀伤，训练他们于友爱和恕道中。这个施给一致与接近的天国中的奇异的花以仪态和妩媚，授与(编者按：予)爱的花园中的牡丹以真理的奥秘，而把它的微细的喻意和其精义存放于友爱者的心胸中。这个在这个时刻内表示了这样的恩典，圣灵也为之艳羡不置。这个使得海中的波浪降落，在瑕疵上覆以太阳的光华。恩典之施赐已经到这样限度，那简真使得甲虫要成为麝囊，蝙蝠要在阳光之下生活了。这个以生命的微风将死者从坟墓中唤醒转来，将无知者造成大有学问者，将不公正者引导到正义之绝巅。

生存的世界是为这一切恩典所浸润了，是在等候时间之到来，在那时看不见的天帝踪影会在世界上显现，会领导疲劳干渴的人到可爱戴者的圣泉那里去，会使在死亡和寂寞的荒原中飘泊者达到接近的天幕和可爱戴者的生命中去。谁会撒播这些圣灵的种子在心地中？而在那心灵的花园中看不见的本质的牡丹会开花吗？总而言之，在爱的新莱中的爱的沙谷拉提是燃烧得太烈了，是不能以解释的水去熄灭的。海洋不能消解这种鱼的干渴，这种火鸟只能栖居在可爱戴者的前面的火中。呵，我的兄弟，所以要用智慧的油在人们的心胸中点起灵性的灯光，用学问的灯罩保护它，于是信奉多神的人的气息不至把它熄灭或阻止它照耀。

我们已经如此的把声述的天空的水平线用学问和智慧的光明加以阐明了，所以你的心或者可以因此平静下来，那些笃信的羽翼，飞升到他们的大慈大悲之主的爱的天国中的人，你或者可以成为他们中的一份子。

至于这句话——“于是人子的表记要在天中显现”的意义——他说在圣学的太阳被掩蔽和已经树立的经典的星宿坠落以后，在学问的月亮暗晦以后——那就是人民的教育者——在指导的与繁荣的界石消灭以后，在真实与和平的黎明被掩蔽以后，于是人的儿子的表记要在天中显现，“天”在此处就是指实际的天空中。因为在正义之天的苍穹显现和指导之舟在广大的海上浮泛以前，有一个星宿在天中出现，这个就是向天上的人民宣布那个“最崇伟的天体”。如此一个星宿在意义的天中显现，这个就是向地上的人民宣布那个“最正直和最珍贵的黎明”。这两个表记在每个先知者的显示以前是在外形的天和内在的天双方都显现的，这是已由前人告诉过我们了。一个是“慈悲的朋友（亚伯拉罕）”。在他圣下降世前，林姆拉得（Nimrod）得了一个梦，召集一班预言家，告诉了他们。他们警告他有一个星宿在天上出现。于是有一个人降生世界，他宣布他圣下的显示为先知者亚伯拉罕。

在他以后，就是“上帝的谈论者（摩西）”的故事。那时候的预言家警告法老，说有一个星宿在天上出现，是一个小孩降生的兆头，法老王同他的人民的命运都要操在这个小孩的手中的。于是一个聪明的人又出现了，他在晚间安慰和鼓励以西结的人民，这是已经在书上载着的。倘若把这些事的详细情形通通叙述起来，这一段文章就会成一部书了。并且我们也不愿意引证过去的事实。上帝证明就是这个解释也是由于对于你的人格的伟大的敬爱而发表的，为的是使世界上许多贫困的人们或可由此得到财富的处所，许多无知的人可以达到学问之海，许多渴望启导的人们可以得到智慧的源泉。不然我就认为讨论这些题目是一个大的罪过，很重的咎戾。

当耶稣的显示将临的时候，有几个波斯的道士（Magi）知道耶稣的星宿在天空中显现，于是他们追踪那个星的方向去找，一直走到一个城里来，那就是希律王的都城——因为在那时候，那些国家都是在他的统治之下——他们说：“生下来做犹太人之王的在哪里？我们在东方看见他的星，特来拜他。”从各处打听，他们才知道这个孩子生在伯利恒境内。这是在外面天空的表记。

至于内在的天中的表记，那就是在学问之天和意义之天中；这就是采特里亚的儿子约翰降世，他向人民宣布他圣下（耶稣）的显示；在《可兰经》上讲，“上帝既向你宣布，约翰，你就要承认那从上帝来的言语；一个尊贵的人和顶正直的人”(K. S. 3)。在此处所讲的“言语”是指他圣下耶稣，宣布他的显示为约翰。这又在天书中载着：“约翰拉是在玖笛的原野中传教，他讲‘悔过罢，因为天国，是近在目前’。”（马太福音）约翰拉即约翰。

在同样的情形中在穆罕墨德的圣美降世以前，在外面天空中的表记是显明的，而内在的表记是四个人，他们接连向人民宣布那个圣光在世界上的显示。罗斯拜尔（Rovz-bilr）的姓氏是塞尔曼（Salmán），他是受了服事他们的荣宠，一个人到临终的时，他就把罗斯拜尔遣送到别人那里去，一直轮到第四人为止。最后一个人在临终的时候讲“呵，罗斯拜尔，你把我装殓埋葬之后，你就到希哲士（Hijáz）去，在那里穆罕墨德的灵光会上升出来，与他圣下相遇，对于你是福音呵！”

对于这种不可思议的和不可避免的事，许多星相家宣布星宿在天空之显现。于是那两个灿烂的星光——亚马德（Ahmad）和开辛姆（愿上帝超度他们的尘灰）降临世界。

因此这是为这些句语所表明，就是在统一的每个明镜降临以前，显示的表记在外面的天空中显现，也在内在的天中显现，内在的天就是学问的太阳的立场，智慧的月亮和声述与意义的星宿。这是在每个显示以前一个完善的人降生，训练人民，预备与那个圣灵的太阳和统一的月亮相遇合。

至于他的话："于是各种人民都要悲哀，他们会看见人的儿子从天上的云端降临，有权威和大荣耀。"（《马太福音》二十四——三）这节话的意义是在那个时候，人民会要悲哀，因为圣美的阳光，学问的月亮和真觉的智慧的星光是都已消逝不见了；于是就会看见预期的人的面貌和可爱戴者的华美从天中腾云驾雾而降临，就是圣美以凡人的形态从最高无上的意志之天中降临世间。"天"的目的非他，即表明先知者与圣哲之降世的高超和崇伟的情况。虽然这些古人也是由他们的母亲怀孕而生的，然而实际他们是秉上帝的意旨而降世的；虽然他们住居在世界上，然而他们是斜躺在意义之榻上的，当他们在人们间行走，他们的精神飞升接近的天空中，他们不用足移动，能优游于圣云之地，不用羽翼，能飞升到统一的山巅上。在每一瞬间他们在现实的世界上东来西去，在每一刻中经过看见的和不看见的天国中。他们是位置在"没有那种职务能妨碍他（同时）做许多事情"的御座上，他们是坐在"每天他是从事于（一些新的）工作"的椅子上（K. S. 55），他们是从万物的主宰者的伟大的权力和最伟大的统治者高超的意志所派遣出来的。因此他讲他要"从天上降世"。

"天"这一个字用在意义的太阳的声述中，是有多方面的意义，譬如"命令之天""意志之天""愿望之天""学问之天""信仰之天""解释之天""显现之天""隐没之天"，等等。在每个事例中，他对于"天"这个字，有一个立意，只能为那些有对于统一的奥秘的学问和饮过永久之杯的人所懂得。譬如，"你的粮食是在天上，所答应你的东西也是在天上"（K. S. 51），虽然粮食是在地面生长的。同样，"名字是从天上来的"，虽然名字是从人民的口中出来的。你要是把心境弄干净，弄清洁，以免偏见的灰尘之沾染，你就会能悟解在每个显示中完善的圣语中的象征的语句，你就会知道学问中的奥秘。但是除非你用辨别的火把人民中间衣钵相传的片面知识烧毁，你不会得到最善的学问的灿烂的黎明。

学问是分成两部份（编者按：分）：圣灵的学问和魔鬼的学问。一个是由至善的王的感动而成的，另一个则系由心灵漆黑的人们的想象所造的。一种学问的教师是高超的上帝，另一个学问的教师是私欲的暗示。前一种的解释是"敬畏上帝，上帝会教导你"，后一种的定义是"学问是最大的障碍物"。一个树的果实是忍耐、渴望、智慧和友爱，另一个树的果实为骄傲、虚荣和欺骗。这些卑微的知识，其黑暗的势力是弥漫于各宗教中，是没有从声述的教师对于学问的意义的解释中得到一点香芬。这个树的惟一的果实是不公平和罪孽，这个不能产出什么收获，只是嫉妒和仇恨。它的果实是能致命的毒药，它的黑暗是破坏的烈火。"紧紧的牵住情欲的衣边，抛弃谦恭的态度，虽然他们可以成为光荣的，然而舍弃虔诚的正道。"这句话是何等的有意义呵！

因此胸中应无城府，不为一切道听途说所误，心意须诚洁，不受一切顾虑之牵缠，于是这个心就可以成为圣灵感动之接受者，最高学问之奥秘的宝藏。所以在《可兰经》上讲——"在白色的道路和红色食物中旅行的，永不会达到他的家宅，除非是在他的手中没有人民所有的一切东西"。这是旅行者的情况，你要作适当的反省和默察，于是你就会知道这书的意义，不受偏见之蒙蔽。总括起来讲：我们还离题很远，然而一切所述的都是关于这个题目的，并且我们凭上帝发誓，我们虽然想择要而言，把话节短，然而我们觉得笔势奔放，不可制止。然而在心壳中是还有多少珍珠没有取去，在智慧的房中是还有多少意义之神隐藏着，智慧之房是从没有人接触过！——"人与魔鬼都没有进去过"（K. S. 55）。不管这些解释怎样，这好像是没有一个字讲到题目，没有一种目的的表记已经解释过一样的。到底要在何时才能找到一个可靠的人。穿着朝拜的衣服到朋友的圣地去，而达到愿望者的圣庙(Kaaba)呢？去听和发现解释中的奥妙，而无需耳与口之助呢？

在上面所讲的诗节中"天"的意义是由这些清楚的，正确的，明显的解释所阐明而为人懂解了。至于在"他会从云中降下"那句话中，"云"的意义是指与人们的利已主义和私欲相反的事物，这在前面所引证的诗节中已述明了。"你们于是在无论什么时候，一个使者到来你们中间，带着你们心意所不愿要的东西，就骄傲地拒绝他，控某些人以欺骗之罪，而杀戮他人。"(K. S. 2)

做一个例证讲，这就是经典之改变，法律之替换，传统的法则和仪制的废除，以及那些在普通人民间成为信仰者，他们的闻名较有知识而否认圣道的人为早。因此永生不灭的圣美依照人类的限制而降世，如吃、喝、贫、富、荣耀、卑微、睡、醒以及其他等等的事情，这些使得人民疑惑，阻碍人民相信圣灵。这种种的阻碍都是比做如同"云"一样。

这些是使所有在世界上的学问和智慧之天破裂和分崩的云，所以在《可兰经》上讲："在那一日中天要为云分裂"(K. S. 25). 云既阻碍人的眼睛去仰望青天，所以以上的情形阻碍人民领悟那个理想的太阳。这是载在书上，叙述不信仰的人们的口语如下——"而他们讲这个是什么样的一种使者呢？他吃东西，在街上行走(同我们一样)；除非是有一个天使派给他，同他为(伙伴)的传教者"(K. S. 25)。那些圣哲的人物既须受制于外表的贫乏和逆境，又需受制生理的和身体的需要，如饥饿，疾病和一切偶然的事故，所以人民在猜疑的戈壁中，在幻想和迷乱的沙漠中，是惶惑不知所措，不知道何以一个人能从上帝那里来的，宣称为世界上出类拔萃的，将生物的创造的动机归功于他自己——如他讲——"要不是为你，我不会创造苍天出来的"，——还要为这种小事情所苦恼。因为我们知道每个先知者与其徒众是如何的历受挫折，如饥饿、疾病、为人轻视等；他们弟子的头颅是如何的在城市中为人当作礼物相赠送；他们是被禁止去服从上帝所告他们的。他们人人是受宗教中的敌人的陷害，其程度是到了后者可随自己的喜怒而对前者施刑。

这是显明的，在每个显示期中所发生的更改和变动，都是漆黑的云，阻碍人民的知识去认识那个从天国中所发出来的圣光。当人民是已多年奉行他们祖先所信仰的宗教，在这种宗教的制定的经典和遗俗中养成，而忽然一旦发现一个向来在他们中的人，在一切有限的人类能力中，是与他们平等的人，要废除那些宗教的法则，在那些法则中他们是接连受了几世纪的熏陶，凡对此加以否认者，他们就以为是叛徒，大逆不敬——这种情形对于那些人，他们的心没有尝过辨别的圣泉与学问之圣水的，自然成为一种障蔽与云雾了。他们一听到这些事情，对于那个太阳的认识，就成为那样的隔膜，于是他们宣布他为叛徒，不经过法定的手续，判决他的死刑。这种事情，从古以来已数见不鲜，且亦见之于今日。所以我们应作一种努力使我们由超然的扶助，不致为同样的黑暗的障蔽与圣灵试验的云雾所阻碍，因而不能看见光华的圣美；使我们能知道他的本身，假若我们要争取任何证据，我们得着一种凭证与理论，即可满意，为着我们可以达到无限典恩的圣泉，在这圣泉之前，一切恩典都不算什么，为着不致以每天的想像和妄断去反对他。

赞美上帝！虽然这些事情已经在前面以奇妙的象征和引证宣布了，使所有的人们可以知道，而不致在今日被剥夺去恩典中一切海洋的海洋，然而事体还是如此的发生了。

同样的语句是在《可兰经》中阐布了，其中说——"(无信心的人)是盼望较小于上帝要降临到他们中间为云所掩蔽的，天使也是一样的吗"(K. S. 2)？有些有表面知识的人，以为这段话是一个想像的复活的表记，而为他们所懂得的，虽然同样的话是载在许多圣书中，关于后来显示的表记，是在各章中都说到了，如在上面所述的。因之在《可兰经》上又讲——"这天(于是日)要发出显明的烟雾，这烟要笼罩人类;这个会是一个惨痛的惩罚”(K. S. 44)。权威之主是已经把这些与不诚洁的人们相背驰的,而为私欲的人们所反对的情形,作一个试验和标准,他用这个标准测验他的臣民,将正直者从不义的人群中分别出来,将信仰者从反对者中间分别出来,这已经在上面述过了。在这段话里,他是把革除、废止和传统的仪节之铲除与制定的标准之破坏等释义为“烟”。这种烟笼罩人民,而对于他们是这样大的痛苦,使得他们无论怎样也不能把它铲除,只有从自利的欲火中,每刻钟内忍受一个新的惩创,世界上再有比这更大的烟么?当他们听见这种奇妙的和圣灵的主义,这种不可避免的和永远的命令已经降临全世界,每天是向前推进,这时一个新的欲火是在他们的心中烧起来了;而无论何时他们目睹信徒的力量诚笃和坚忍,他们由上帝的庇佑,其意志是一天天的成为更坚定与更卓绝的,这时在前者的心中就又有新的烦恼发生了。

赞美上帝,在这些日子当中上帝的统治是那样的开展了,使他们不敢明目张胆的反对。上帝为着他的教义是甘愿自动的牺牲万千人的性命,假若他们遇着一个上帝的信徒者,他们因为恐惧,自己承认有信心,但是暗地里,他们还是在诅咒、谩骂。如《可兰经》上讲——“当他们遇见你,他们说‘我们相信’,但是当他们私地集合起来的时候,因为他们对你的怒恨,他们咬牙嚼齿。(对他们)讲,怒恨至于死罢,因为上帝知道你们心中顶内在的部分”(K. S. 3)。

不久你要发现圣灵权力的标准在各处竖起,你要看见他的权威和统治的表记是表现于各地。

总结起来讲,许多教士既然没有悟解这些话,也不知道“复活”的意义,他们就无意识地解释这些是指想象的复活。惟一的上帝证明,他们只要用一点点辨别能力,可以在这两节诗的解释中,懂得一切题目的立意,而能由大慈大悲的庇护,达到笃信的灿烂的黎明。

永生的鸽子在耶路巴哈(Al-Bahá)的沙谷拉提的枝上,如此的向你歌唱,使你由上帝的许可,或者可以在学问与智慧的道路上前进。

至于他的话:“会派遣他的天使,等待”,这些“天使”是那些人们,他们由圣灵的力量,用圣灵的爱火,把人类的性格焚烧掉了,而成为有高超的和圣人的特性的人。大圣沙的克(Sádiq,穆罕墨德的第六个弟子)关于圣人,讲着下面的话:“他们是一批我们施提(Shí'ih)的徒众,在王座后面。”虽然“在王座后边”这几个字无论在表面上和内容中,是有多方面的意义的,然而在一个意义中,是指没有真实的施提存在。因为在另一处,他又讲了,“一个真实的信仰者是好比哲学家的石头”,于是他问听者,“你曾经看见过哲学家的石头吗?”你看这种象征的说明,比清楚的解释更为流畅,是如何的指明真实的信仰者不存在。这是沙的克的话。你看那些不公正的人们是何等的多,他们没有吸着信心的芬香,然而他们却把不信仰的原因归罪于那些阐明信心的人,由于这些人的话,信心是成为有生气的了。

总括起来讲,这些圣哲的人物既是心诚意洁的,摆脱了人欲的羁绊,都是受了圣灵者的性格的秉赋,有圣灵者的特性,所以“天使”这个名字就加诸他们之上。简言之,这就是这些字的意义,其琐屑之处,已经用清楚确切的证据和显明的理论解释清楚了。耶教徒没有明白这些意义,这些表记也没有彰明的如他们和他们的教士所知道的一样地发生,他们是从那天起一直到现在都不相信圣灵的显示,所以他们是被剥夺了圣灵的恩典,被蒙蔽了,不懂得永远的不可思议的圣语。这就是一班人们在复活的这一天的情形。假若在任何时代,一个显示的表记是在现实的世界上降临了,与在传说中所记载的情形相符,没有哪个人会敢于否认或反对,虔诚的与不正直的,罪恶者与公正者,也不能分别出来,就是这种情形,他们也是不知道的。作合理的判断罢;譬如,假若这些记载在福音中的话依照字面逐条实现，玛丽之子耶稣与天使从实际的天空中坐在云端降下，你想有谁敢否认，谁能拒绝或争论？决不，世界上的人民会忽然为这样的惊奇所袭击，那会使得他们不能说一句话，更不消讲否认或接受了。

这是因为这些意义的没有悟解，所以有许多基督教教士与大圣（穆罕墨德）争论，他们说，“假若是那个预期的先知者，为什么那些与你在一起的天使，在我们的书中所载的，要随预期的圣美同来的，不在他的主义中帮助他，而警戒人民呢？”权威的主义记载他们的话如下——“于是为什么天使不降临于他而助他警告”（K. S. 25）？这个意义是，“为什么没有天使派遣下来，助穆罕墨德申饬和警告呢”？

这种矛盾与反对是在各个时代中都发现于人民中，他们总是说出那些无谓的话，说某种表记没有显出，某种没有来到。这种毛病之所以影响他们者，仅是因为他们信从当时的教士对于这些纯洁的实体和圣灵的人物，所置之可否。教士是沉浸在自私的情况中，从事于卑鄙与浮化（编者按：华）的事物，觉得这些不朽的太阳与他们的学识相背驰，与他们的决断相违反。他们并且把圣语的意义，传说与“一体的文字”中所载的，根据他们自己的知识，照字面上解释。所以他们对于自身和人民，是把圣灵的恩典和慈祥的雨剥夺了。然而他们还承认那著名的传说，那传说讲——“我们的言语是高峻的奥妙的”。在另一处又讲，“我们的事体是高峻的，奥妙的，没有哪个能胜任这个，除非是接近的天使，一个派遣来的先知者，或者一个臣仆，他的心是为上帝所证明了有信仰的”。他们知道清楚，他们对于这三种条件是没有一种够得上的。前两种是显明的，他们简直说不上；至于第三种，他们是从来没有得着上帝的证明，而在圣灵的试金石之前，他们除开表现是劣质的金属外，没有表现别的出来。

赞美上帝：这些教士们对于宗教的问题还在犹豫中疑惑着，虽然承认这种传说，然而还宣称有对于圣灵的原理中的深奥问题与圣灵言语的必要奥秘的知识。他们讲如此和如此的一种传说，为格以姆（Qá'im）[马赫底（Mahdi）]降临的一种表记的，是还没有实现，同时他们对于这种传说的意义是一点都没有悟解出来，不知道一切表记都已显现了，不知道“命令的桥（Bridge of Command）”是展开着，使有信心的人以闪电的速度从上面跨过，而他们还在那里等候表记之显现。呵，无知之流，你们等罢，就如在你以前的那些人一样的等着罢？

假若有人质问他们关于下面的事实，即在后来先智者的显示的表记中，在以前各圣灵的章节中所载的，有些是讲到穆罕墨德的圣光的降临与出世，已如上述；这些表记既然照字面上所讲的发生，然则他们根据什么证明和理论否认耶教徒及同样的人民，而宣布他们为无信仰者呢？——他们觉得不能答复，就固执的说这些书是被人穿插了，穿插的那些话不是来自上帝的；虽然实际上这一节话自身证明是来自上帝的。这一节话的意义又载《可兰经》内，假若你们是那些知道的人，自然明白，我确切的讲，在这种时候他们还是知道什么叫作穿插（Interpolation）。

是呀，在阐明了的各章节中和在亚买的克 Ahmadic 的明镜（穆罕墨德的弟子）的言语中，讲过“高超者的改变，崇高者的穿插”，但是这些是论及特殊情形的。在这些特殊情形中之一，即为易卜恩，苏里亚（Ibn Suwaya）（一个犹太教士）的故事。当开伯（Khaybar）询问穆罕墨德关于惩罚已婚男女间所犯之奸淫罪，他圣下讲，对于这种罪的惩处，是以石击之死（Stoning），他们反对他，说“在摩西的经典内，没有这种命令”。他圣下就讲：“在你们犹太人中，你们以哪个为有权威，哪个人的话为你们所承认呢？”他们公认是易卜恩·苏里亚。他圣下召他前来和他讲：“我凭上帝恳求你，他为你们开凿海洋，给予你们以嗱吗（编者按：一般写作“吗嗱”，来自希伯来语，英语为 Manna。《圣经》中写作

“吗哪”，是一种滋味如同掺蜜的薄饼）作食物，用云庇阴你们，把你们从法老和他的人民中搭救出来，而提拔你们于人民之上——告诉我，摩西所制定对于已婚男女间之奸淫罪之处置是什么”。他回答说，“呵，穆罕墨德，这是以石击之死”。他圣下讲，“然则为什么这种惩罚是废除了，而在犹太人间没有施行呢?”他回答说，“当 Nebuchadnezzar 把耶路撒冷烧毁，把犹太人处死，只有少数人没有死。那时的教士，考虑这一小部分犹太人和一班买罗开提（Amalekites）人的将来，于是会集商讨，断定如果他们要按照摩西的经典实行，就是那些已经从 Nebuchadnezzar 手下逃生出来的人也会为这书上的判决所毁灭。为着这种原因，所以他们完全把死刑废除了”。

同时，克卜里尔降到他的光明的心胸中，向他讲出这一段话来，“他们更改词句的次序，从一个地方移到别一个地方”（K. S. 4）。这是特殊情形之一。在此处，“更改”的意义并非是这些无价值的人所知道的那样，因为有些人讲犹太人和基督教已经从书中把那些所载关于穆罕墨德的事剔出来，另插入与他们相反的东西进去。这是极端无意义与不的确的。一个人，他相信一本书，知道这是来自上帝的，能够把这碎成断章吗？而且圣经是通行于世界各处的，不仅限于美加与黑了拉两地，这个是不能改变更动的。决不，“更改”是现时回教教士做的事，那就是随着他们自己的意思和愿望，解释《可兰经》，如在穆罕墨德时代的犹太人，依照他们自己的意思，解释摩西五经中的语句，这经是指着他的显示的，而不满意于他的解释，于是关于他们的更改的经典也就露布出来了。这是同样的见之于今日，信奉《可兰经》的人们，把书中关于显示的表记的（那）句话改动，而随他们自己的愿望和意志，解释这些语句。

在另一处，《可兰经》上又讲：“然而他们中间一部分，一听见上帝的言语，懂得以后，于是故意误解，同时他们知道，”（K. S. 2）这也是指圣语的意义的更改，不是指语句的涂抹，这是在引证的话中证明了，为有正确思想的人所懂得。

在另一处，《可兰经》上又讲：“灾祸要降到那些人身上，他们以（自己）的手，（胡乱）抄写这本书，说‘这是从上帝来的’；于是他们可以为小小的价钱，把它出卖。”（K. S. 2）。

这节话阐明了出来，是关于那些有知识的和有名望的犹太人的。因为这些犹太教士，为着讨有钱的人的欢喜，从他们得一点金钱的报酬起见，著述很多的文字，驳责他圣下，在这些文字中，他们提出理论来，这些理论，此处不便加以述说，他们说这些理论是根据摩西的五经的。

在同样的情形中，在今日可看到一班教士是如何的发表文字，驳责这个不可思议的主义，他们以为这些毁谤的话，是与圣经中的语句相符的，与学识的所有者的言词相合的。

总括起来讲，这些解释的目的，就是假若他们讲在福音内所讲的这些表记是更改了，因此否认他们，那你们就要知道，按照圣诗和传说所讲，这实在是妄语，完全为毁谤。

是呀，更改照前面所述的意义讲是指某些特殊的地方，我们已经在前面述讲过几种，使得每个辨认事理的人知道，就是表面的知识也为上帝的有些无知的人民所有，而且使那些反对的人不致于争辩，或者以为关于某些指更改而言的语句，我们故意避免讨论，不过是缺乏知识之故。并且许多指更改而言的语句，当讲到犹太人时，是都已经加以阐明了。假若你们在《可兰经》学问的岛上漫游，你们当然就会明白。

我们又听到世界某些无知的人民说，天上的福音不是在耶教徒的手中，但是已经上升到天上去了——他们没有注意，用这种说法，他们是将最大的不公平和武断加诸崇高的上帝（他是超然的光荣的！）假若在耶稣的美光从民间消逝以后，超升到第四重天，而上帝的书（他的赞美是崇高的！）——这是他对人民最大的证明——也同时消逝了，那么人民从耶稣时起一直到穆罕墨德出世时，将何所依附呢？那么他们服从哪种命令呢？并且他们怎能为真复仇者（Real Avenger）的报复的目的，最高主宰者的惩处与责罚怎能落到他们的头上？更有甚然者，这个必然的会使恩主的赐施停止，创造之王的慈门关闭。我们在上帝之中觅庇荫，不是人民所想象关于他的情形！他是超乎他们所知道的界限之外！

呵，可敬畏者！在这种不朽的晨光中，"上帝是全宇宙的光明"（K. S. 24）他的光辉笼罩全世界，"上帝除开使自己完成他的光明不指望别的人"（K. S. 9），他的保持与防卫的天幕竖立起来了，"在他的手中是一切东西的王国"这种权威的手是张开和举起来了，我们应当加紧努力，于是我们或者可以由上帝的恩典和慈惠走进"我们即是属给上帝的"圣城中，而站在"我们回复对他"的高超的地位中。

使上帝欢喜，你应当洗心革面，以免俗见之玷污，于是你可以悟解学问的无限程级，知道上帝是太明显了。无需你去找凭据表明他的本体。

呵，爱疑问的人！假若你在圣灵的空气中翱翔，你就会看见真实者是那样的明显，超乎一切东西之上，使你除开他以外，不看见别的了。"有上帝，而上帝没有什么东西。"这种情形是无需任何证据表明或任何理论解释。假若你渡过真理的神圣区域（你就会看见）一切的东西由他的辨别而彰著，而他已经是和将是永在自身中显著。假若你定要根据理论，你就要满意他所讲的这些话："我们已经送给他这本书，还是不够吗？"（K. S. 29）这是他自己所举出的证据，比这更大的证据，从来没有，将来也永不会有。"他的言语是他的证据，他的本质是他的理论。"在这时候，我们恳求比央（Bayán）的人民，它的聪明人、圣人、有知识的和目击者不要忘记在书中所述的上帝的告诫，要常常注意事体的本源，不然在实体之实体，真理之真理和光明之光明的显示时期，他们或者依从书中的某几句话，要对他强施以在《可兰经》的周期中所强施者。因为那个圣灵的王有权力把生命从全比央和它的人民中拿去，只要用他自己不可思议的言语的一个字就够了；或者以一个字赐给他们全体以不可思议的永久生命，把他们从自利与欲望的坟墓中唤醒转来。要留心和注意，因为一切的人们都须信仰他，至生命终了为止，而达到过他的日子，与他相遇合。"正直不是脸向着东和西，但信仰上帝及其最后之日者为正直之人。"（K. S. 2）呵，比央的人们，你们听着我们在真理中所劝告你们的话罢，于是你们可以住在展开在上帝的时日中的庇荫之下。

第二章（Chapter Ⅱ）

本章即是解释真理的太阳与上帝本体的显示是宇宙间一切的主宰者，就是世界上没有一个人服从他，也不生关系，他是超然存在于万物之上的，虽然他自己是一无所有。如此我们向你表明事情的奥秘，向你阐示学问的实质，使你坐在辨别的翅上，飞翔到那种为眼睛所不能看到的空中。

本章之内容和实质乃在对于有纯洁的心灵者与虔诚的光明人物表明和探释以下之事实，即无论在什么时代，真理的太阳和一体的明镜从看不见的圣灵的天幕中出现到现实的世界上，为着现实的东西的发达，为着倾降恩典于万物之上，他们用伟大的权威和胜利的统治，显示他们自己，因为这些保存着的珍宝与藏匿着看不见的财富，是上帝降临的源本，"上帝愿做什么就做什么，想命令什么就命令什么"。

看不见的神格与一体的实质，已经是圣灵的，超过表明与显现、上升与下降、入与出等限制之外的，超过每个赞扬者的赞扬和每个领悟者的领悟之上的，这对于凡是有学问的人与有光明的心绪者，是清楚明白的。他已经是且永久是藏匿在他自己的实体中，并且会永远的隐藏在他自己的一体中，而为人的目力所看不见。“人看不见他，但是他看见人；他是慈悲者，聪明者(K. S. 6)。在他与现实事物的中间没有可能的关系，如连接、分开、联合、接近、隔离、地位、关涉等，因为宇宙间的一切因他的命令的语言而存在，因他的志愿，从绝对不存在和虚无中，跨到存在和现实中，他的志愿是独立存在的愿望。”

而且，就是在现实的事物和他的言语中间，从来没有也永不会有什么关系。“上帝警告你明白他自己”(K. S. 3)，就是这个事实中一个明显的证据，而“有上帝而上帝无所有”是其明白的证据。因此所有先知者、继承者、传道者、圣人和贤明者都承认他们没有得到实体之实体的学识，都自认不能知道和达到真理之真理。知道永生不灭的实体的门径，既是在一切现实的事物的面前关闭了，所以他使圣洁璨烂的实体，在伟大的常人体态中，从圣灵的天国中出世，这是与“他的慈惠已笼罩在一切东西之上”和“我的慈惠已及于万物”的这种大慈大悲相符的，为着使他们可以表现那个永久的实体和先存的一致。这些圣洁的明镜和神格的光明人物充分表现那个生存的太阳与愿望的实体。譬如，他们的学问表现他的学问，他们的权力表现他的权力，他们的统治表现他的统治，他们的华美表现他的华美，他们的显示表现他的显示。他们是最高学问的财富、不朽智慧的宝藏、无限恩典的宣扬者，那个永生不灭的太阳的黎明地。因此在经书上讲“除开他们是你的臣仆和人民外，在你与他们的中间没有别的分别”。这就是“我是他而他是我”的情形，如传说所讲的。

传说和记载说明这种事实的，是有许多，但为篇幅所限，恕在此处不一一加以赘述。不仅此也，宇宙间的一切都表现圣灵的名义和性格，一直到真理的太阳的光荣的痕迹是显示和表明在每个原子中；所以无论什么东西，假使没有这种荣光的显现，就不会有生命。不能生存于现实的世界上。何等的学问的太阳是隐藏在每一个原子中！何等的智慧的海洋是藏匿在每一滴的水内！在动物中，人是特殊的被赐给这种恩典，被选择享受这种地位，因为一切圣灵的名义和性格都是在至善至美的情况之下，显示和表明在人的形态中。所有这些名义和性格都与人有关系。因此他讲过：“人是我的奥秘，我是人的奥秘。”接连证明和指示这个微妙的一点的语句，是记载在一切天书和圣灵的著述中，如《可兰经》上讲：“我们一定要向他表现我们的表记，在(全世界)各处和在他们中间。”(K. S. 41)于是又讲：“而且在你自己的本身中，你于是不加考虑吗?”(K. S. 59)在另一处又讲：“不要和那些人一样，他们忘记了上帝，上帝使他们忘记他们自己，”(K. S. 59)于是永生不灭的王(愿在看不见的帐幕中的一切生命对于他作一种牺牲!)讲：“随便什么人知道自己的就一定知道他的主。”

呵，我的朋友，我凭上帝发誓，倘若你思量这些话的意义，你就会发现圣灵的智慧与无限的学问的门是在你的面前打开着。总括起来讲，一切东西表现圣灵的名义和性格，由上面这些解释看起来，已成为显明的了。每个以它的能力为比例，表明和指出圣灵的学问，一直到(他的)性格和名义的显现笼罩在一切有形与无形的东西上面。因此有所谓“除开你以外，是否有什么显现在别的事物中，而不属于你的——而这个能把你表露出来呢？看不见你的眼睛是瞎了的”！永生不灭的王又讲过：“在内、在前、在后我除开看见上帝以外，没有看见别的东西。”而且在卡米尔(Kamíl)的传说中又讲——“从永生的黎明中照射出来的光辉，也照在统一的人物上，人为动物中之最高贵和最完善的、比较别的现实的东西为更大之证明与更大之表现。人类中最完善的，最高尚和卓越的，乃真理的太阳的显示；不仅此也，除开他们以外，其余一切都是由于他们的志愿而存在，由于他们的仁慈而行动。”“假若不是为你（穆罕墨德）我不会创造这宇宙。”在他们的圣灵之宫前，一切只是虚有和绝对的不存在，他们的陈述是涤除了一切别人的陈述，他们的讲解是纯洁无瑕，超乎一切别的讲解之上的。这些圣明的人物是永生的基本的明镜，他们表现一切看不见中的看不见的东西与所有上帝的名义和性格，如学问、权力、统治、威严、慈悲、智慧、光荣、仁慈与恩典。所有这些性格，由于这些一体的实质之降临，是成为显明和清楚的，这些性格不是为某些人所特有，而为别人所缺少的。不，所有受宠爱的先知者，都赋有这些性格，得着这些名义，但是在某些情形中，有些人是在较大的显示和较大的光明中降临，如在《可兰经》上讲：“这些是先知者，我们特把某些人抬举在别人之前。”（K. S. 2）所以，在这些性格中，虽然有些是或者在那些光明的人物间，表面的显现出来了，或者没有显现出来，然而所有先知者和上帝的选民都是显示的黎民，和一切高超的性格与无限名义的露布。已在此处表明和证实了。就是这种性格没有在那些圣明的人物中有表面的显现，也不能因此就否认那些圣灵的性格的仓库中与至上的名义的宝藏中有这种性格。因此，所有这些光明的人物与奇妙的容颜都是宣称赋有上帝的性格，如统治、威严等等，虽然他们或者没有实确具有表面形式的统治和其他同等的权力而降世。这一点对于有悟解能力的人是明白而确定了，无需再加说明。

是呵，这些人民既没有从圣灵的学问的澄清的和灿烂的源泉中得到这些圣语的解释，他们是漂泊在疑惑和疏忽的山谷中，枯干憔悴，他们是离开了水味清洁和卫生的淡海，而环绕水味极苦的咸海漫游。关于这种人，圣灵的夜莺讲过：“虽然他们看见正义之路，然而他们还要采取那条路。但是假若他们看见错误之路，他们要采取那条路，因为他们攻击我们的表记是假的，而忽略同样的事件”。（K. S. 7）这节话的解释是如下：假若他们看见正义和解放的道，他们不采取这条路，也不会向着这条路前进；但是假若他们看见错误、反抗和虚伪的道，他们就会采取这条路为达到唯一真实者的道路。这种向虚伪前进而与真实者背道而驰的事没有发生——那就是，他们是没有受这种错误和迷途的折磨——不过是作否定我们的表记和不理我们的话语的启示和表白的惩罚。

这是一样的在这种奇妙与崇高的显示中可以看出来，无量数的圣灵语句从权威与慈悲的天际露布出来，然而人民还要加以否认，牢不可破的相信那些人的语言，那些人是对于圣灵的语句一个字也不懂得。因为这种原因，他们疑惑同类的清楚的事实，他们自己抛弃唯一上帝的学问的天国不朽的智慧的乐园。

为简明起见，我们回到所质问的题目上去，就是：“虽然格以姆的统治是载在关于‘灿烂的星宿’（穆罕墨德的弟子）的传说内，然而这种统治的踪影，是一点也没有显露出来。不仅如此，事实的表现恰恰是相反的，因为他的徒众和朋友都是受尽磨难，限制在人民的手中，任其摆布，他们都是世界上顶低微和不重要的人。”

是呵，在圣书中所述关于格以姆的统治是实在的而无容置疑的，但是这不是一种统治或政府，而为每个人所能悟解的。并且所有以前的先知者，他们向人民宣布一个后来的显示，都讲过那种显示的统治，这是在以前各圣书中都述过的。这不是仅指格以姆而言。统治与一切名义和性格关于所有那些先前和后来的显示的，都是确切和明显，因为他们都是圣灵性格的表现，圣灵奥秘的宣露，前面已述及了。

并且所谓统治者，是指圣灵的权威。广布于一切现实的事物间，不管它在现实的世界上的显现是否有表面的势力。这个是以他自己的意志与愿望为转移。但是统治、财富、生命、死亡、更生与复活等的目的在以前各圣书所载的，不是现时一班人民所想像的那样，对于阁下是显明清楚的了；不仅此也，统治的意义是指在每个真理的太阳的显示时日中，他自己在自身中表现的统治。这是那种内在的权威，他们用这种权威战胜宇宙间的一切，而这种权威后来依照世界、时代、人民的器量，表现于现实的世界上。譬如使者大圣穆罕墨德的权威在今日是显明而清楚，然而在当初的情形如何，你已听说过了。无信仰和错误的人民——那个时代内当权的教士和他们的徒众——是怎样陷害那个性格的菁华和天真的实体！在他圣明的道上是布满了多少荆棘与反对！这是显然的，依照他们恶毒的想念，以为陷害那个不朽的人物，即所以谋他们自己的解放。因为在那时代内的一切知识份子，如阿比('Abdu'lláh-i-Ubayy)、隐士亚美('Abú-'Ámir)、亚施拉夫(Ka'b-Ibn-i-Ashraf)和黑里兹(Nadr-Ibn-i-Hárith)等都无稽的否认他，诬他以疯狂与毁谤之罪。这种诬赖简直是上帝不允许用笔墨写述或在纸上记载的，是呵，这些诬赖使得人民压迫他圣下。一个为当权的教士所拒绝排斥和认为是不信实的人，他的遭遇会是什么，是显然而明白的。我本人以前所遭遇的是什么，是为众目所共见。

因此，他圣下讲："没有哪个先知者之受虐待，有如我之受虐待。"他们捏造的罪状和他们对他圣下所施的陷害，是统统载在《可兰经》上，如果你去翻阅一下，你就会知道其究竟了。在后来，情形对于他圣下是那样的困难，使得没有人敢和他或他的弟子说话，如果有哪个跑到他面前，就要受着最严酷的刑罚。

在这一方面，我们引述一节话出来。假若你睁开辨别的眼睛，你就会为他圣下所受的压迫，终身悲哀，不能自已。这节话是在他圣下受着猛烈的打击和反对，因而大大的灰心与失望的时候宣泄出来的。克卜里尔从接近的沙谷拉提·雅洛·孟塔哈降下，讲出下一段话来："假若他们的反对(为你的劝告)对于你是苦恼的——假若你不能找出一个洞来(由此你可以钻入)地(底内)，或者一个梯子(由此你可以上升)到天上去。"(K. S. 9)这种声述的意义是没有办法，他们不会停止对你的进攻，除非你是藏到地底下去，或飞到天上去。

你看在今日，是有多少君王在他圣下的名字之前鞠躬致敬，有多少国家和人民栖居在他的庇护之下，以他们和他中间的关系为荣幸，在教堂中用毕恭毕敬的态度读那个祝福的名字。就是那些没有加入他的庇护之下，和没有抛弃不信仰的外衣的君王，也承认那个天命的太阳的伟大和尊严。这是表面的王国，为你所看见的。这种统治为着一切先知者，必然的要表现于外和树立起来，或者是在他们生在世间的时候，或者是在他们超升天国以后，如我们在现时所见的一样。但是那种为天意所使的统治是永远不断的环绕着他们旋转，总是在他们的左右，不会一刻离开的。这就是那个内在的统治，笼罩宇宙间一切。

以下所述即为从一体的太阳所表现出来的那个统治之一例。在一节话中你不是听说他们把黑暗和光明、正直者和罪恶者、虔诚者和叛逆者分别出来吗？由这同一节话的表白，一切关于判决之日的表记和指示，为你所听闻过的，如复活、更生、书的展开和其他等等，是成为显明的了。这一节阐明了的话也是对于正直之人的恩慈，就是对于那些说"呵，我们的主，我们听到，我们服从"的话的人。同时这又是对于那些罪恶的人们的惩罚，就是那些说"我们听到，我们不服从"的话的人。这是如同上帝的剑一样，将信实者和叛逆者、父与子分开。你已经看到那些承认的和那些拒绝的人们是如何的相互谋夺各人的生命和财物！有多少父亲离开他们的儿子，有多少求爱者规避他的爱人！这个奇妙的剑是那样的锋利，所以它砍断每种关系。在另一方面，它又能连接这些关系，因为我们已经看过有许多人，在他们中间为自利的魔鬼，是已多年撒下了仇恨和恶意的种子，因为共同信仰这个不可思议的和不可克服的主义，一旦成为那样的团结与和睦，就好像他们是一家人一样的。那些诚心信仰他的，相信他的表记的，并且由于圣灵的力量是饮了恩慈的泉水之一份子的那些人，上帝把他们的心团结起来。并且有多少信仰、宗教和风俗不同的人民，由于理想的乐园和圣灵的天国的这种微风之吹拂，是披了新的一体的外衣，饮了一致之杯。

这就是那著名传说的意义，“虎狼与羊羔同在一个地方饮食”。想想这些无知者学问的缺乏，他们像从前的人民，还是在等候这些动物会聚在一桌的那个时候。这就是人民的情形！好像他们是从来没有饮过正义之杯，也没有踏上公平之路。而且，这种事体在世界上实现，究竟有什么益处呢？关于这种人，以下所述的话是很有意义的，“他们有心，不能用以知道事理；他们有眼，不能用以看见东西”。

想想人民的难题，是如何的被这一节从意志之天中所宣示出来的话所解决了，因为无论什么人，他承认上帝的道理，往前进取，他的好的行为会超过他的坏的行为，他的一切罪恶会为上帝所恕宥与轻忽。所以这对于他是确实的，就是“他是很迅速的把事情整顿”。如此，上帝把恶行改成善行，假若你们是那些凝视学问的天空和智慧的灵魂的人们，就会明白这个事实。在同样的情形中，无论什么人，只要分饮仁爱之杯，就从不朽的恩典的海洋中，从永恒的慈云中，得到永生的、不灭的、以信仰作根基的生命，同时无论什么人，如果他不接受，就要受永远死灭的苦难。在圣书中所载“生”、“死”的意义，是指由信仰所得的生命与由不信仰所得的死灭。在每个显示中，一般人民拒绝相信，没有被引导到真理的光辉中去，没有跟随着那个不朽的美光，就是因为对于这种意义的悟解的缺乏。

穆罕墨德出世后，他改正了人民对于复活、重生、生命与死亡的观念，遭受他们的反对和讥笑，他们的话语是正如同圣鬼(Holy Ghost)所记述的：“倘若你说，你们死后必能复活，不相信的人就会讲，这不过明明是一种邪术而已。”(K. S. 11)而且，“倘若你惊异(无信仰的人否认复活)，他们的话一定是惊人的“在[‘伊查’(Tzá)照字义解释为‘倘若’或‘当时’]我们成了灰尘以后，我们还是一个新的创造吗?”(K. S. 13)。这些话的意义是：倘若你惊异，等等，无信仰者与否认者的话语就会是怎样的惊人，他们讲：“我们是灰尘?”于是又用轻蔑的语气讲：“我们是复活者吗?”

所以在另一处地方，他责备他们，说：“我们的力量是为第一个创造所耗尽吗？是呀，他们因为一个新的创造而苦恼。”(K. S. 50)这种话的意义是：我们是不是因我们的头一个创造就没有力量，就筋疲力尽了呢？不仅如此，这些无信仰的人因为一个新的创造就陷入惶惑之中。

依照字面上的意义作批判的人民既没有领会到圣语的意义，对于内在的真实本意不明白，于是他们想引用文法的规则解释，说“伊查”(照字义讲为“倘若”或“当时”)这个字摆在过去时间的前面时，这个就含有一个将来的意思。但是后来他们又被那些不含有“伊查”这个字的语句弄糊涂了。譬如“号筒是吹着，这就是预期的一天来到；人人到来了，带着一个驾驶者和见证人”(K. S. 50)。这句话的表面上的意义是：在号筒内发出声响，而这是预期的一天，这一天好像是很遥远，每个人都来了，与他同来的是一个驾驶者和一个见证人①。在同样的情形中，他们或者是用“伊查”这个字，如上面讲的，或者从事证实复活日既是确实的事故，所以就用过去的时间把它表明出来，好像是已经发生过的。你想他们是何等的没有知识与缺乏辨别力！他们没有领悟穆罕墨德的号筒的声响，他的声响是那样清楚的。他们失掉这种仙音所能给予的福利，等候以西结费尔(Isráfíl)号筒的声响，以西结费尔

① 驾驶者是唤起人们注意真理者，见证人是给人们真理的证据的人。

不是他的臣仆之一，而他与其他相等的人之生存都是因他圣下的语言而成为著名的。他待你好，你还要更换他吗？假若如此，你就做了恶事了，因为你换错了。所以你没有理由的更换是罪恶，而你是一个罪恶的人民，徬徨无所依归。

不仅此也，所谓号筒是指穆罕墨德的号筒，这是任何人都知道的，而"复活"是他圣下秉上帝之命令而出世。对于所有醉生梦死的人们，他给他们穿上信仰的外套，从新的和奇妙的生命中把他们唤醒起来，所以当那个一体的美丽想露布复活、重生、天堂与火等等的奥秘中的一个表记的时候，克卜里尔说出下面一节话来："当他们向你摇头，问这事要何时实现，你就回答他们说，或者这是最近期中"。(K. S. 17)那就是不久这些在错误的山谷中徘徊的人们，用轻蔑的神情摇首作态，说：这些事情要在什么时候才发现？你就回答——或者是不久了。为着人民，单是这一节话的意义就够了，假若他们是用敏锐的眼光去思虑这节话。

赞美上帝！这些人民离开真理的道路是何等的永远呵！虽然"复活"是在他圣下之出世时即已实现，所有其中光明与表记已充满世界，然而他们还要讥笑谩骂，固执自己的成见，这种成见是根据当时教士虚伪的想象而得的，不注意至上的天国中的阳光和圣灵恩典的慈雨。是呵，甲虫是被剥夺了永远的圣香，蝙蝠逃避普照世界的太阳的荣光。这种同样的事实，在每个世纪中，一遇真实者的显示降临的时候，就会发现；如耶稣讲："汝等必须复生。"在另一处，他又讲："一个人除非是水与灵生的，他不能进入天国；由肉体生的总是肉体，由灵体生的总是灵体。"(《约翰福音》第三章第六章节)

这句话，把它的意义解释起来，是无论何人没有为圣学的水与耶稣的圣灵所启迪，他就不配到天国中去；因为无论何人从肉体生下来的，总还是肉体，如果是灵体生的，那就是耶稣的精灵，他必是灵体。这实际的意义是那些臣仆，他们在每个显示期中，为圣哲人物的精神所鼓舞而复生，像这样的人配称有生命，复活了，而能踏进圣爱的天堂中，同时对于其他的人民，只是死灭、懈怠，堕入无信仰与圣怒的地狱中。在一切圣书与经典中，那些没有饮过学问的纯洁之杯的，他们的心没有得到当时圣灵的恩典的，所有死亡、火、视听力和学问之缺乏等等的名词都是加在他们的身上，如前面所述过的"他们虽然有心，不能懂解事情"等。

在福音里面另一处又讲："一天，耶稣的一个弟子的父亲死了。这个弟子就告诉他圣下，请求他准许他去办理丧死（编者按：事）。耶稣讲：'让死者去埋葬他们的死者。'同时又有两个古佛（Al-Kúfah）的人民到他圣下那里去。一个人有一所房屋，愿意出售，另一个人就是要买的。他们决定要做成这个买卖，并且要请他圣下做顾问，写成那张契约。于是那个圣灵的命令的代表者就命令书记写：'一个死人从一个死人那里买了一所房子，这房子四方面的界限，是一方面到茔穴为止，一方面到坟墓为止，一方面到桥梁为止，另一方面是到天堂或地狱为止'"。

倘若这两个人是为亚莱('Alí)的生命的号筒所唤醒，而由于他圣下的爱，从懈怠的坟墓中起来，"死亡"这个字就不会加在他们的身上。无论在哪种时代，没有哪个先知者和圣明者的目的，不是为着真实的生命，真实的复活与真实的重生。只要对于他圣下所讲的这番话反省一下，所有"茔穴"、"坟墓"、"桥梁"、"天堂"和"地狱"这些字的意义就会明白了，但是呵，所有人民都是关在自私的坟墓中和埋在情欲的茔穴中。总而言之，你们要是尝过一点圣学的清泉，就会知道真实的生命是心灵的生命，不是肉体的生命，因为兽类与人类是同等享有肉体的生命，但是这种真实生命，只是派给那些有光明的心灵者的，他们饮了信仰之洋中的水，吃了信仰的果实。这种生命不会有灭亡，这种永生不会有朽灭；所谓"一个真实的信仰者是在今世与来世内都是活着的"。假若所谓"生命的意义"是指肉体上外表的生命，那么死亡要继之而来，是显然的了。还有许多同类的话，载在其他各书上，都是证实这种高尚的事实与崇高的语句的。并且在《可兰经》内所载关于汉姆查[①]"殉难之主"[②]与亚博尔的事实，就是显然而清楚的证明，如"或者，他是已经死了，我们使他重生，我们给他安置一盏灯光，借着这灯光他可以在人们中走，与他类似的人们都是在黑暗中摸索，不知道如何得到光明"……（K. S. 6.）

这一节话是当汉姆查穿上了信仰的圣衣，而亚卜尔陷入无信仰与否认中根深蒂固、牢不可破的时候，从意志之天中露布出来的。所以从伟大神圣的源泉与至大的主宰者的居宅中，"死后之生"是给予汉姆查，而恰恰相反的东西则给予亚卜尔。因为这个原因，无信仰的火是在叛徒的心中燃烧着，而反对之风刮起来了。他们喊出来："汉姆查什么时候死的；他什么时候被唤醒；什么时候这种生命施给了他的？"他们既没有领会这些圣的解释，也没有请求[③]宰克（Dhikr）的人民赐施他们意义的源泉之一滴，因此这种腐败的现象弥漫全世界。

在现时，你可以一样的看到所有一切人民，无论高下，他们都是不顾意义的太阳，附从黑甲虫和魔鬼的人物，不断地问他们许多难解的问题，而这些人呢，因为缺乏学问，就用一种不至损害自己的利益的方法答复。这是显然的，一个甲虫自身既没有一点香芬，也没有到过芬香的花园，它怎么能泄出芬香到别人的鼻孔内呢？一班臣仆的情形从来就是如此，也永远会是如此。只有那些朝着上帝前进而远避魔鬼形像的人，会达到上帝的领域中。如此，上帝用庄严的笔，制定这一天的法则，写在一块碑上，藏在权威的幕后。你要是留心这些解释，而于其所含表面和内在的意义上作反省，你就会悟解一切艰深的问题，这些问题在今日是成了一个梗在臣仆与判决之日的学识中间的一个障碍。我们希望，假使这是为上帝所喜的话，你不会从圣海的岸边跑回来，成为被剥夺了这种海水而感觉干渴的人们，你不会离开永远志愿的圣所，而成为孤苦零丁的人。现在你的努力和奋勉到底会成就什么呢？

总结起来讲：以上这些明显的解释，其目的是在证明那个王中之王的统治。现在用不偏倚的心理想想到底是哪种统治有力量、伟大；这种统治只要由一句话就有这多的力量、势力、威严，但是那些君王的统治呢，他们保护他们的臣民和贫苦的人，是在一些时候内表面上为人民所服从，暗地仍为人民所反对。

这种统治只用一个字就已征服了、唤醒了、赐施了生命给全世界。"尘埃怎么能与主中之主比拟呢？"当每种关系都是从他的统治之圣宫那里中断了，还有什么比照可讲呢！要是一个人作彻底的推想，他就会知道就是上帝门槛边的臣仆也统治一切物类，这在过去既然是清楚的，将来也会是很明显的。

简单的讲起来，这就是内在的统治的意义之一，而是按照人民的能力与器量解释的。为着那个生存的准点与那个可赞美的容貌，还有许多别的统治。不过这种统治的范围，非我这个受压迫的人所能描述，也非一班人所能领悟。上帝的光荣是为人民想像不到的，上帝的高超非笔墨所能形容的！

我问阁下一个问题！倘若统治的目的就是表面上的治理和暂时的权势，以压制人民，使人民在表面上表示服从——于是与之为友者就得着平安与荣宠，与之为敌者就要受屈服与耻辱——像这种

① 穆罕墨德的叔父的名号。

② "愚蠢父"：是穆罕墨德给亚卜赫克（Abú-Hakím，智慧之父）的一个名号，他是高勒施（Quraysh）的有名的人，而不信仰穆罕墨德的。

③ 就是那些谨守一个先知者的语言的人民。譬如耶稣的弟子是。

形式的统治对于权威之主者怎么能是真实的呢？因为在权威之主的名义之下的统治，其伟大与庄严是所有的人们承认的吗？因为你亲眼看见地球的大部分是为他的敌人所占有，一切人民都是正从事于反对他的福乐、不相信、否认，避开他所教人应做的事情，倾向并实行他所教人不应做的事，同时他的朋友都是遭敌人的陷害。所有这种种情形是比阳光还要显明。呵，你这个找寻问题的答案者，要知道表面上的统治从来没有，也永不会为上帝与他的圣明所重视。而且，假若统治与权力的目的是表面的统治与权力，这于是对于阁下就会成为一个困难的问题了。因为在《可兰经》上讲："我们的敌人一定是胜利者。"(K. S. 37)在另一处又讲："他们想方设计用他们的口，消灭上帝的光明；但是上帝除开要完成他的光明以外，不想望别的，虽然叛徒对这光明持反对的态度。"(K. S. 9)又"他是征服万物的胜利者"。一部《可兰经》，其中大部分都是在阐明这一点。

假若这目的是这些无价值人所讲的那样，那么对于他们，除开否认一切圣语与不朽的引证外，就别无所选择了；因为在这个世界上除开哈辛恩(Ḥusayn, son of 'Alí，亚莱的儿子)以外，从来没有更高超更接近上帝的人了；而且他的圣明在世界上也找不出有同等的了。"假若这不是他，世界上就没有像他这样的人了。"虽然如此，你已经听过了所发生过的是些什么事情。"上帝的谴责要落到不正直者的头上。"(K. S. 11)。

假使你要把这句话("我们的军队一定会是胜利者")，照字义解释，这对于上帝的圣明者和他的群众，表面上从不会是确实的，因为他圣下(哈辛恩)的人格有如皎日之光明，是在塔弗(Taff)地方，受着最大的压迫与制服而殉难了。因此这节圣语，"他们想方设计用他们的口消灭上帝的光明，但是上帝除开要完成他的光明以外，不想望别的事情，虽然叛徒是反对这光明的"，假若按着表面的意义解释，那就总不会与实际情形相符的，因为圣灵的光明表面上总是被消灭了！永远的灯亮总是被扑熄了，那么胜利又怎能实现呢？而在这句圣语内，"上帝除开要完成他的光明以外，不想望别的"，又有什么阻禁呢？这是显然的，这些光明，因为叛徒的陷害，不能在哪一个安全的地方得着休息，得着平安。这些光明是如此的受压迫，所以各人都可以任意加害这些生存的实体——所有这些情形是统同为人民知道的。因为这种种，这些人民又怎能从事解释永远的权威者的圣语和诗节呢？

简单讲起来，这目的不是如他们所懂的那个样子，所谓统治、力量、权威的意义是指另外一种情形和另外一件事情。举个例来说：我们想想他圣下(哈辛恩)的血的统治看，这血是洒在地面上了，他的遗骸是如何的借着那①血的福佑和力量向人们的肉体与灵魂上运用他的优胜和势力；因此无论何人要恢复健康，只要尝到这遗骸的一片，他的病就治好了，无论何人要保全他的财产，只要以完全的信仰与准确的学问把这神圣的遗骸的一点点，珍藏在他的家中，他就能保持他一切的所有物了。这是它的外表的效力的范围。假使我们要述出它内在的德行，人民一定会讲我们把遗骸看作了"主中之主"，而完全排斥了上帝的宗教。

而且我们再想想，虽然他圣下在最黑暗的情形中殉难了，当时没有一个人明目张胆地去帮助他，死后又没有人去棺殓他，然而在现时，各地方各宗教中的许多人民都离开他们的国家，来到那个地方，拜倒在他的墓前。这就是神圣的权力与统治，最上的尊仪与威范。

你不要以为这些情形既然是在他殉难以后发生的，就与他圣下不生关系；在为他圣下有圣灵的生命，是永远活着，住在不可攀登的接近的榻上和崇高的统一的树上。这些生存的实体是准备牺牲

① 回教徒相信穆罕墨德的弟子死后的遗骸有灵验。

一切，那就是，他们在朋友的道上牺牲性命、财产、灵魂和自我，于是没有哪种地位再比这个可爱。爱人者除开可爱戴者的福乐以外，没有别的愿望，除开与可爱戴者遇合以外，没有别的目的。

假使我们要解释一点殉难的奥秘和其所发生的结果，那无疑的不是在本书内所能完全叙述得出来，而且话也会说得个没有止境。我们希望，假使这是为上帝所喜的话，慈爱的微风或会吹拂，生存的树由于神圣的春天，会蒙上一件新的外衣，于是我们可以领悟圣智的奥秘，而由上帝的保佑，不致使其他一切知识的蒙蔽。除开少数的不闻名的人以外，还没有一个人出世，曾经达到了这种地位的。将来的时代会是神圣的判断所预决的和从圣谕的帐幕中所显现出来的那样。我们如此的对你解释上帝的主旨的奇迹，对你阐明了天国的仙音，于是你或者可以达到学问的源泉，分食智慧的果实。因此要确实知道，虽然这些庄严的太阳是住在地球上，然而同时他们是坐在最大的宝座上的，虽然他们或者是一个钱也没有，然而同时他们是飞上财富之峰的，虽然他们在敌人的手下受折磨，然而同时他们是坐在权力和统治的右手旁的。表面上他们虽然是受最大的屈服，可是实际上他们是坐在永久的权威者的宝座上，虽然他们明明白白是极懦弱的，然而他们占有统治和权威者的位置。

玛丽之子耶稣一天坐在椅子上，用圣灵的谐声，把上面这道理解释出来，他的话是这样的："呵人民！我的食物就是地面上的青草，我用此以充饥。我的榻就是光地，在晚上我的灯就是月亮，除开我的腿以外，我无马以代步。世界上还有谁比我更富足?"我凭上帝发誓，有十万财富绕着这种贫穷旋转，有十万光荣的王国在寻觅这种微贱。倘若你得到这些意义之洋的一点滴，你就会舍弃现实的世界，而绕着明灿的灯亮，牺牲你的性命，如同"火鸟"一样。

关于大圣沙的克(Sádiq)有同样的事实，记述如下：有一天他的一个弟子在他圣下之前诉穷。那个伟大的圣哲就讲："你是富足的，你已经饮了财富之酒。"这个平常的人对于这位光明人物的话很惊讶，就说："我既然一个钱也没有，又怎么能是富足的呢?"他圣下讲："你不是对于我们有一片爱心吗?"这个弟子回答说，'是的，你上帝的使者的儿子！'沙的克问，"你愿意把这爱，用一千金丹纳(Dínár)卖掉吗?"他回答说："就是把全世界与其所有一切的拿来，我也不愿意把它换掉！"他圣下讲："一个人既有一些全世界兑换不去的东西，他怎么会贫穷呢"?

贫穷与富足、微贱与尊荣、统治、权力，如此等等为一班无价值的人们所视为重要的，在圣灵的宫中都是不足道的东西，如《可兰经》上讲："呵人们，你们需要上帝，但是上帝是无求于人的。"(K. S. 35)因此所谓"财富"的意思是指除开上帝以外，不需要其他一切的，"贫穷"就是指需要上帝之谓。

有一天，玛丽之子耶稣为犹太人所包围。他们想叫他圣下承认他曾经自称为救世主与先知者，于是他们就可以借此宣布他为叛徒，判决他的死罪。后来他们把那个意义之天的太阳带到①派勒特(Pilate)与赛尔菲斯(Caiaphas)之前，这两个人是当时最有权势的宗教家。所有教士都来参加那个会议，有一大群的人为着要与他为难和侮蔑他的目的，都在那里观看。无论他们怎么问他，想使他自己承认，他圣下总是保持静默，根本不愿意答复。最后有一个恶汉站起来，走到他圣下的面前，讲"我恳求你，你不是讲过'我是上帝的救世主，我是王中之王，我是一部书的所有者，我是安息日的破坏者'吗"？于是他圣下把他那福佑的头抬起来，讲："你不是看见人子是坐在权威与力量的右手旁吗?"他说了这句话，虽然在表面上看去，他没有什么权力的表现，然而他有一种潜势力，这种潜势力是弥漫宇宙之间的。他说了这句话以后，他们是怎样的对付他，对他施以何种刑法，此处亦无需赘述了。后

① 派勒特国籍是罗马，宗教是犹太。

来他们计划要如此的处治他、消灭他，使他超升到第四重天中去了。

在《路加福音》内又载着，有一天他圣下在一个犹太人的前面走过，这个犹太人患着瘫病，睡在一个榻上。当他看见耶稣，就由他的相貌识认了他，开始向他求助。他圣下讲："从你的床上起来罢，那么你的罪就会被赦宥了。"当时遇着有几个别的犹太人在那里，他们喃喃自语道："谁能赦宥罪恶，除开上帝以外？"于是耶稣看出他们的意思，就对他们说："或者说你的罪赦宥了，或者说你起来行走，哪一样容易呢？但要叫你们知道人子在地上有赦罪的权柄等"（《路加福音》第五章二十三节）。这就是上帝的圣明者的真的统治与权力。上面所引证的这些话是要使你们明白上帝的选民的语言的解释，于是或者不致因为别种的话语使足滑跌，使心苦恼。

如此我们可以取确信的步骤，走上某种学问的道路上去，于是善乐的微风或者会从圣意的天堂中吹过来，使得这些凡人达到永久的天国中去。于是你就会懂得传说和经书中所讲的统治等等的意义。这对于阁下已经显然而清楚的了，就是从前犹太人与耶教徒之反对穆罕墨德，与现在回教徒之反对巴孛的主义，其所依据的是同样的事情（愿在命令的天国中所有的生命对他为一种牺牲！）你看这些无知识的人，他们现在说着犹太人的话，自己还不觉得！关于这种人，他的话是何等的高妙——"他们要说废话，就随他们的高兴罢"（K. S. 6）。又"当你活着，他们在愚蠢的行为中徘徊"（K. S. 15）。

当永远的看不见者与神圣的实质者使穆罕墨德的太阳从学问与意义的天边线上照射出来的时候，犹太教士反对的理由中的一个，是在摩西以后，不应有第二个先知者出世。是呵，圣书上载着一个人要降世，宣扬他（摩西）的宗教和经典，等到摩西经内的法律能笼罩全球为止。因此统一之王述及这些漂泊在隔阂与错误的山谷中而筋疲力尽的人们时，就有着下面的话——"犹太人说，上帝的手是缚住了。他们（自己）的手要缚住，为着他们所说的话，他们成为可诅咒的了。不仅如此，他的两手都是向外伸张的"（K. S. 5）。这节话的意义是——犹太人讲上帝的手是缚住了。但是他们自己的手或者是要被缚住！他们作这种无稽的毁谤，他们是要成为可诅咒的人。不仅如此，神权的手总是张开着而保护人民的。"上帝的手是在他们的手之上"（K. S. 48）。

关于上面这一节话（K. S. 5）所阐示的，批评的人有各种不同的评断。然而我们想想其中所含的意义罢，因为他讲这不是如犹太人所想象的，就是至上之王创造了摩西的形体，赐给他以先知的外衣，于是他的手就被缚住了，在摩西以后他就不能再派遣使者了。我们想想他们这种无意识的话是与学问和智慧的道路相差得有多远！现在这些人民（回教徒）也满口是些无益的话。因为有一千多年了，他们总在背诵这一节话，无意识地责备犹太人，不知不觉的他们自己无论是公开或私地，都是在说着犹太人所说的一类的话。因为你已经听到他们宣称一切显示都完毕了，圣灵的慈爱的门关闭了，没有太阳要再从圣灵的天国中照射出来，没有波浪从先存的永远的海洋中显现出来，没有人从看不见者的神帐中走出来。这就是这些无价值的人们的见解！他们相信布满宇宙的恩典和永无穷尽的慈爱会真的有止绝的时候，这在有智慧与知识的人决不应作如此想的。他们使尽方法束住压迫之腰，努力从事用迷信之水消灭沙谷拉提之火，而不知道权力之碗在它的保护的坚垒中，保藏有统一之灯。他们被剥夺了原始的目的，与命令的原质和实体相隔绝，这对于这些人民也就是充分的屈辱了。因为至上的圣恩所授予人民的东西是"与上帝的遇合"与他的学问，这是应允给予一切人们的。这是先存的恩惠者为着他的人民最上的恩典，为着他的人民绝对的仁慈的全部。但是在这些人民中间，没有哪个享受过这种恩典，或得到这种光荣。虽然有许多露布出来的话语，是指明这个重要之点与这个伟大的事实，然而他们加以否认了，而将那些语句，按照他们自己的意思解释。《可兰经》上讲

"对于那些不相信上帝的表记与他的遇合的人民，他们就不该希望我的慈爱，为着他们是一种苦痛的惩罚预备着"(K. S. 29)。又讲"还有那些人作郑重的想念，他们要遇见他们的主，要向着他转回去"(K. S. 2)。在另一处又讲，"只有那些人，他们以为应该遇见上帝的才讲，一个小的军队是怎样常常的挫败一个大的军队"！在另一处又讲，"所以让那个希望遇见他的主的人，为正直的工作努力"(K. S. 18)。又讲，"他命令一切事情；他清清楚楚地表现他的表记，使你们确信一定要遇着你们的主"(K. S. 13)。

他们否认这些指明"遇合"而言的语句，遇合是在圣书内所能发现的最大一个经典，他们对于自己剥夺这种崇高的地位和这种最上的光荣的品级。有些人讲遇合的意义是指在复活的时日与上帝的光华的遇合。倘若他们讲是指"无限的光华"，那么这种光华在万事万物中，无不存在，因为我们在前面已经表明了，宇宙间万事万物无不表现那个至上之王的光华，而显示者的太阳的光辉是反映于万物中，存在不灭。不仅此也，倘若人们睁开灵性和圣善的眼睛，他就会看见没有哪件存在的东西不有那个至上之王的光华的表现。因为你知道一切现实的东西都表露圣灵的光辉，你看见在万物中，圣灵的天堂之门都是打开着，使得寻求者能由此跑进智慧之城，以达到学问与权力之花园中。在这种花园中一切意义都可以清清楚楚地在字句中发现出来。一部《可兰经》的大部分就是表明这种神圣的事实。所谓"也没有什么东西，不是表彰他的"(K. S. 17)，就是最好的证明，而"样样东西我们都核对过和写下来了"(K. S. 78)是确实的见证。倘若"与上帝遇合"就是指这些光华，那么所有人民都得到与上帝的遇合了。那么为什么这个是要指定在复活之日呢？

倘若他们讲这个目的是"特殊的光华"，有些苏菲(Sufis)解释这个情况为"最高圣灵的倾注"！倘若这是在实质的本身内，这就已经永远是在圣学中。就承认这种假设，那么在这种意义内讲，"遇合"随便对于哪个都是不可能的，因为这种情境要在实体的最深层中才能实现，这种情形是任何人所不能达到的！"道路是被禁阻了，去找这条路是被禁止的。"就是接近者的心意也不能飞渡到这种境地，何况一班常人的智慧哩！倘若他们讲这是"第二光华"，把这个解释起来是"圣灵的倾注，"那么无疑的这是在创造的世界了，那就是在原始的泄露和最初的显示的世界中。这种境地仅指给他的先知者和圣哲的人物的，因为在生存界中没有比他们更伟大和更有权威的人出现过，所有人们都承认这种事实。这些人是一切永久的性格和神圣的名义的源泉和显示者，而这些人是充分表现圣灵性格的明镜。一切讲到他们的事情，实际上就是讲到上帝的事情，他是"显著而冥冥者"。原始的学问和得到这种学问，要了解和接近这些人物，才能有成，他们是反射真理的光辉的。因此接近这些圣灵的光明，"与上帝的遇合"就达到了，从他们的学问，可以达到上帝的学问，从他们的面目，可以看见上帝的面目。这些高超的实体是最初者、最后者、显著者、渺茫者，从这种事实，可以证明那个真理的阳光，就是"他是最初者、最后者、显著者和渺茫者"(K. S. 57)，还有别的崇高的名义和高尚的性格，也是一样的。因此无论何人，只要受着这些灿烂的光荣的人物的宠爱，而在每个显示中与这些光耀的辉煌的太阳相接近，就能达到"与上帝的遇合"，踏进永生不死的生命之城中。这种"遇合"，除非是在复活日的时候，是任何人不能使其实现的，复活日即为上帝自身在他无限的显示中的降临。

这就是在各圣书中所载的那个"复活"的意义，而这一天是向所有的人们宣布过了。我们试想，还有别的可想象的日子，比这一天更伟大，更有权威和更优美的，使得人们避开它，要把它的恩典从自身剥夺去吗？这种恩典是由大慈大悲者那里如同春雨一样的向人们倾降。既然用了充分的证明，证实没有哪一天比这一天更伟大，没有哪个事情比这个事情更关重要，而对于这些真确的证据，也没有哪个聪明伶俐的人能加以否认或避免，那么一个人怎能由疑惑与悬想的言语对于自己剥夺这种伟大的恩典。他们没有听过这个最著名的传说，“当格以姆要起来的时候，复活也要起来”吗？受着正当指导的穆罕墨德的弟子——为永生不灭的光明——也一样的解释了这节圣诗，“要较上帝降临到他们中间，为云所掩蔽的，希望少一点”（K. J；2）——无疑的这是他知道要在复活日发现的一件事——是指大圣格以姆与他的降临。

呵，我的兄弟们，于是你可以懂得复活的意义罢，不要听信这些被天厌弃的人们的话，以保持你的耳的纯洁。倘若你向辨识事理的道路前进一步，你就会明白没有哪天比这一天更伟大，没有哪个能想象出来的复活比这个复活更有权力，而在这一天内的一个行为是等于千万年内的所有行为——不仅如此，我要请求上帝恕宥我这种限制，因为在这一天内所发生的行为是虔诚的，超乎一切有限的酬报之外的。这些无价值的人既不知道“复活”和“与上帝遇合”的意义，所以他们是完全与这中间的恩典相隔绝了。虽然知识的目的与其愿望是在得到这种学问与地位，然而他们的脑筋完全为表面的知识所占据，无一刻罢休，他们对于学问的实质，反把眼睛闭着不看。这好像是他们没有从圣学中饮过一滴水，没有得到慈悲者的恩典的一点点。

试想着，假如一个人没有分受过遇合的恩典或上帝的显示的学问，他怎能被称为有知识的人，就是他求学了一千年，有着一切有限的与表面的科学的知识，也是没有用的。这是很明显的，他不能被称为有学问的人。但是一个人就是不认识一个字，倘若他得到了这种最大的荣宠，他是无疑的可以称为有学识的圣人了，因为他已经达到了学问的峰巅和它的最高级。

这种情形又是显示的表记之一，如经上讲，“他会使你的最高的成为最低的，你的最低的成为最高的”。又讲，“我们立意要对于在这地方内的那些陷于衰弱的境况中的人表示仁爱，要使他们成为宗教的模范者，要使他们成为（法老的财富和他的人民）的继承者”（K. S. 28）。在现时可以看到，有多少教士。因为否认圣道，是自甘居于无知的最下级，他们的名字是从高超的与有学识者的书上涂抹去了；有多少无知者。因为他们信仰圣道，上跻于学问的最高级，他们的名字是被权力的笔载在学问的碑文中了。如此，“上帝要随他意之所喜而废止而认可，他手中所有的是原始的书”（K. S. 13）。因此在经上讲，“当事实已白，还去找证据，是应受谴责的，已经达到学问的目的，一己还亟亟以知识为事，是要受贬斥的”。呵，世界上的人民，这是一个火热的少年，他在神灵的原野中奔跑，领导你们到上帝的灯光那里去，提醒你们一件事情，这件事情，虽然隐藏在掩盖光明的暗影中，然而在伊拉克地方从圣的天边线上，可以看得出来的。

呵，我的朋友，倘若你向《可兰经》的意义之天上飞一飞，在展开在这经中的圣学之田地上走一走，就会有许多学问的门径在你的面前打开着，你就会确实相信，在今日阻止人们达到永远之洋的边岸的事情，也在《可兰经》的显示期中，阻止了人民承认和服从穆罕墨德。因此，你就会知道“归来”与“重生”的奥秘，而居于笃信与坚贞的高房中。

一天，那伟大无比的大圣穆罕墨德的许多敌人，他们是被剥夺了永远的（Kaaba）的，用讥笑的神情对他讲，“一定的，上帝与我们约定，我们不应相信任何使者，除非是有一个人到我这里来，带着要为火所毁灭的牺牲品”（K. S. 3）。这节话的意义是造物主已经与他们商定，他们不应相信任何使者，除非这个使者能实行亚培尔（Abel）与开因（Cain）的奇术，那就是供奉一件牺牲品，从天上有一道火光降下，把这个烧掉；这件事情是他们从亚培尔的掌故内听来的，而且也是载在各圣书内的。他圣下讲，“在我以前，使者已经到你们中间来了，带着很多的证据，与你所讲的奇术；倘若你们讲的是真话，那么你们为什么要杀害他们呢”？（K. S. 3）现在我们要持公正的态度，那些在他圣下时代内的臣仆，怎能实际上就是那些在亚当和其他先知者时代内的呢？因为时代的相差是几千年之久的。那个真实的本体为什么要将亚培尔和其他先知者的谋害诿于在他时代内的臣仆呢？你除开对于他圣下说些无稽与意义的话以外，没有别的方法，或者说那些凶恶的人与在每个时代内反对先知者和使者，而最后把他们统同处死的那些人，是一丘之貉的。

对于这种解释要慎重的想一想，于是学问的和风或者会从慈悲者的城中吹来，使得人们的心灵从可爱戴者的优美的语言中，达到智慧之花园。疏忽的人民既不懂得这些完善的流畅的解释的意义，按照他们的意思，又觉得答复与问题不相符，因此他们就把学问的缺乏与幻想诿过于那些学问与理由的实体。

在另一节圣诗内，又有责备这时代内的人民的话，“虽然他们恳求帮助，以便对付那些不信仰的人，然而当他来到他们中间，而他们又知道他是从上帝来的时候，他们会不相信他；因此，上帝的责罚要降落叛徒的身上”（K. S. 2）。那就是这些人为着上帝向叛徒开战，讨伐他们，他们要得到胜利，目的在于帮助他的主旨，但是当一个为他们所知道的人来到他们中间的时候，他们又否认他；因此，上帝的责罚要落到叛徒的头上！你想想，从这节话内，是怎样的可以知道，在每个以前先知时代内的人民，他们努力争斗，宣扬上帝的法律和他的主旨，是与在他圣下时代内的人民一样的，虽然耶稣与摩西时代内的人民实际上不是他圣下时代内的人民，而且，他们从前所知道的那些人，为五经（Pentateuch）的所有者摩西与福音者的所有者耶稣。虽然如此，他圣下为什么要讲“当一个为他们所知道的人来到他们中间的时候”——那就是耶稣和摩西——他们“否认他呢”？他圣下表面上既是被称呼一个别的名字，那就是穆罕墨德——从别一个城里出现，在别一种言语和法律内来的——那么这节诗怎能证实和为人了解呢？

你想一想“归来”这个题目罢，这在《可兰经》中是怎样明显的阐明了，然而一直到现在还没有一个人了解。你将何以置辞？倘若你讲他圣下是以前先知者的归来，如在诗节中所指明的，那么，他的弟子必也是先前的弟子的归来，因为以前臣仆的归来也是清清楚楚地在前面所述各诗节中表明了。假若他们要否认这一层，他们就是反对圣书的本文，而圣书是最有权威的证明。因此，在同样的情形中去明白关于在圣的显示的降临的时日中的“归来”“复活”和“重生”等等的事实，于是你可以用外面的眼睛看见圣哲的灵魂在纯洁与光耀的肉体内之归来；用慈悲者的学问中的慈水洗去无知的灰尘与黑暗的自我，而成为清洁虔诚的，于是或者你可以由于明璨的灯光、圣灵的力量、永远的指导，从错误的黑夜中，判断真理光明的大道出来。

而且，统一的预期的监护者是用一个新的命令与新的宗旨，降临于现实的世界之上，这对于阁下是显然而明白的了。这些占有永远光荣宝座的人物既是从圣灵意志的天空中降临的，他们既都是在一种至上的不可抵抗的命令中出世的，因此他们是被称为一个人和一个实体。因为他们都饮了圣爱之酒，分食了一体之树的果实。这些真实者的显示有两种情况。一种是纯粹的抽象概念与单一的实体的情况。在这种情况中，假若你用一个名称和职位称呼他们全体，这是不错的，如在《可兰经》上讲，“我们在他的使者之间完全不作分别”（K. S. 2）。因为他们都是召集人们到圣灵的一体中去，而宣布无限的恩典与慈惠的源泉的。他们都有先知之明，是尊严的，有光荣的人格，为人敬重的。所以在《可兰经》内讲，“我是一切先知者”。他又讲，“我是最先的亚当、纳亚、摩西与耶稣。”亚莱特（'Ali'ite）也讲过同样的话。同样的话语指明这种一体的，是发现在永远的语句的源泉中与学问的珍珠的宝藏中,如在各圣书中所载着的。

这些人物是圣诰的指出者和法典的阐示者。圣诰是无所谓有复数与数目字的。如此,有所谓,"我们只有一个命令"。所以命令既然只有一个,命令的显示也必然的只是一个。因此穆罕墨德的弟子,为笃信的铮铮者,他们讲过,"我们的头一个是穆罕墨德,我们的最末一个是穆罕墨德,我们的当中一个是穆罕墨德"。

总括起来讲,所有先知者都是上帝的命令的人物,他们降临世间,虽然外表的形式不同,然而只要你留心观察,你就会发现他们都是住在一个天堂中,飞到一个天空里,坐在一块毡毯上,说着一种言词,遵守一个命令。这就是那些生存之实体和无限的不可分离的太阳的一体。因此,假若这些圣灵的显示者的当中一个人讲,"我是所有以前先知者的归来",这是实在的。所以在后来的显示中,先前显示的复临,是实现了。先知者之重临既已证明是与圣诗和传说相符合的,圣哲者的重临就也是确定而已成的事实了。这种重临是太明白了,无需证明和解释的。譬如在各先知者中间的一个是纳亚。当他被委定为先知者,带着圣灵的使命降世时,那些相信他、承认他的命令的人,他们的确是受了一种新生命的宠赐,有了一种新的精神。因为他们在信仰上帝和服从他的显示以前,对于暂时的效果和财物有最大的爱好,如妻子、饮食等,爱好有如此其甚,于是他们不分昼夜的在追逐虚荣和快乐的资料,汲汲从事谋得暂时的财富。除此以外,他们在未达到信仰之海之前,是那样的固执着他们祖先相传的习俗,他们宁肯受死罪,不愿别人改变通行于他们中间的习俗的一个字。因为这些人民大声疾呼的讲过,"我知道我们的祖先奉行一种宗教。而我们是跟随着他们之后的"(K. S. 43)。

同一样的人民,他们一饮了在可赞美者的显示者的手中的笃信之杯内的信仰之美酒时,就不管他们从前的成见是怎样,旧习是怎样,他们是登时改变了,所以他们愿意舍弃妻子、财产、负担和信仰、吓,除上帝以外,简直是愿抛弃一切。他们是那样的被对于过分的想念,被永远欢乐的狂喜所征服,所以他们把全世界和其中所有一切的,看得如一草之微。他们不能被称为"新的创造"和"重生"吗?而且这些人们在得到上帝的不可思议的新的恩典以前,他们是用千方百计保护他们的生命,等到后来他们见着一个狐狸就要奔逃,遇着荆棘,则避之惟恐不及。但是在宠受了有权威的安全与伟大的庇佑后,他们会自动的情愿牺牲千万人的性命;不仅如此,他们受着福佑的灵魂,根本厌恶肉体的羁绊。像他们这种人,就是只有一个人,也敢于和许多人相斗。假若这些人还是从前那些人,那么像这种事情,违反人类的趋向和肉体的愿望的,怎能从他们中间发生出来呢?

总括起来讲,这种事实是明显的,此等行为与以前的行为是根本不相同的,如果没有神圣的更改与变换,是决不能在生存界发现的,因为他们的烦恼改为安泰,他们的疑惑改为笃信,他们的恐惧改为勇敢。这就是神圣伊力塞(Elixir)的功用,这个能把人民在一刻中改变。

譬如,我们拿铜来做个例讲罢,假若铜是在它自己的矿区内保护着,以免过分的干枯,就会在七十年[①]内达到金质的状态——虽然有些人以为铜本身就是金质,因为过分的干枯,其原质就混乱了,而变为铜。

简言之,一种完善的炼金药水就能使得铜质在一顷间变为金质,把七十年的过程在一顷间渡过。这种金还能说它是铜,或没有达到金质的状态吗?这是可以试验,把铜的质分与金的质分分别出来的。

---

① 当时一班哲学家的说法。

在同样的情形中，这些人们由于圣神的炼金药水，渡过了尘世，踏入圣洁的世界，而在一蹴之中，从有限的世界，来到无限的神圣世界中。你如要得到这种炼金药水，是需要一种努力，这种药水在一刻间，使无知的西方，达到学问的东方，使黑夜的阴沉达到光明的黎明，指引疏隔在疑惑的荒原中的人到接近与笃信的甘泉中去，领导凡人到永生不灭的天堂中去。假若讲铜可以变金，是真实的话，那么讲这些人们就是以前没有信心的那些人，就也是真实的和有理由的了。

呵，我的兄弟们，在这些清楚的完全的解释中，"新创造""复生"和"复活"的奥秘是明显的而无疑难了。假若这是为上帝所喜的话，你就要将以前的旧衣抛弃，穿上新信仰的衣裳。

所以在每个后来的显示期中，那些在信仰中为世界上所有人民的前锋者，他们从一体的美丽者那里饮过学问之清泉，升登信仰、笃信与辨别的高峰，就能称为是先前显示期中那些在名义上、职位上、行为上、言语和一般情形中，都达到了这种境地的人们的复生。因为在先前的臣仆中所表现出来的东西，也在后来的人们中表现出来，而成为显明的了。譬如，假若一个玫瑰的花园是在地球的东边，而这种花又在西方的另一树枝上长出来，于是这朵花还是称之为"玫瑰花"。在这种情形中，枝叶与花的形式都无关重要，要紧的是在两者之中所显出来的香芬是否相同。因此你的目光要从表面上的限制移开，于是你就可以看见他们是一致的在一个名义中、一个职位中、一个实体中和一个真理中。而且你又可以在宣示了的语句中，看出"重生"的字语的意义。想想穆罕墨德时候的弟子们罢，他们是如何的斩断尘世的羁绊，因受他圣下的熏陶，抛弃一切人类的趋向与自私的欲望，而成为纯正的与圣洁的人。他们在一班人之先得到遇合的荣宠，这种遇合是与上帝的遇合相同的。因为你们已经听过，他们是怎样的在那个光荣者的显示之前牺牲生命了。

你可以在巴孛的弟子中，看到同样的刚毅、坚贞和辨别，因为你们已经亲眼看见，这些弟子是那样的由于主中之主的仁慈的奇迹，在不可近的峰巅上，竖起了辨别的旗帜。

简单的讲：这些光明是从一个灯内发射出来的，这些果实是从一个树上长出来的，实际上就没有分别可以看得出来，没有变换表现于外。"所有这一切都是由上帝发出的，他在他的人民中，赐给恩典于他所愿赐的人"。上帝愿意，我们要避开否认的陆地，达到承认之海，于是我们就可以不受外界影响的纯正眼光，辨识统一、区别、一体、分离、限制等的世界和神圣的概念，而飞升到接近与意义的圣洁的最高空中。

因此从这些解释中可以明白，假使一个面貌是在那个"终点之外别无终点"的当中出来的，而在那个"起初之外别无起初"的时候内的面貌所树立的同样命令中出世的，这就可以确切的说，后者之面貌与前者之面貌是相同，因为"终点之外别无终点"的面貌是在"起初之外别无起初"的面貌所树立的同样命令中出世的。如此巴孛(除开他以外，愿一切人的生命对他作牺牲！)把统一的太阳比同现实的太阳了，这个太阳虽然从"起初之外别无起初"的时候升出来，一直到"终点之外别无终点"为止，然而总是同一的太阳。假若讲太阳就是先前出现的太阳，这是确实的，假若讲这就是讲那个太阳的复现，这也是对的。因此，"后者"这一个名词是与前者的意思相同的，而前者与后者的意思也是相同的；因为无论任何事物为后者所树立的，是与前者所树立的相同。

虽然这一点对于那些饮过学问与笃信的美酒的人们是明显的，然而有多少人，因为知识的缺乏，不明白，"先知者的最后者"这一个名词而被剥夺了恩典！虽然他圣下自己讲过——"我是所有先知者"与"我是亚当、粒亚、摩西、耶稣"，已如上述，然而他们不以为那个永远美丽者的话——"我是最先的亚当"，既是确实的，他的话——"我是最后的亚当"，必也是确实的。因他既把"先知者的初者"——那就是亚当——引用到他自身,那么在同一的方法中,也可把"先知者的后者"引用于那个神圣的美丽者。这是明显的,既然"先知者的初者"对于他圣下是真确的,"先知者的后者"就必也是确实的。

在这种显示中,全世界所有人民都要经过这一点的尝试,在他们中间有大部分人,固执着这种陈述,都远避它的著作人。我不知道这种人民对于上帝(他的名义是崇高的!)的起初和终点所懂得的是什么。假若所谓起初和终点是指着暂时的起初和终点,那么尘世的事物还没到终点的时候。于是终点对于一体的实质怎能是真实的呢?不仅如此,在这种情形中,起初就是终点,终点就是起初。

总括起来讲,既然在"起初之外的别无起初"的情形中,"终点"的情形对于那个看得见和看不见的教导者也是真确的,于是同样的情形对于他的显示也会是真确的。"起初"这个名词对于他们既是真确的,那么同时"终点"这个名词对于他们也会是真确的。他们既是树立在为"起初"的地位上,同时他们也占有为"终点"的王座。要是有深刻的眼光,就可以看出这些圣灵的实体,理想的神灵和神圣的人物,都是"先前者""最后者""显明者""隐藏者""起初"和"终点"一切的显示者。"有上帝,而上帝无所有",假若你能飞升到这种界域中,你就会发现所有这些名词在那个宫中都只是乌有和绝对的空洞,于是你不致为这些偏见、幻想、妄说所蒙蔽。这种阶段是怎样的纯正与崇高,对于这种阶段就是克卜里尔没有一个指导,也找不着道路,就是圣鸟没有冥冥中的帮助,也不能飞去。

懂得(有信心的)命令者阿里所讲的话罢——"打破光荣的障碍,勿使有隐蔽"。光荣的障碍是各时代内的宗教家,与各显示期中的神学家,他们因为知识的缺乏与他们对于表面领导地位的爱好,不服从上帝的告诫。不仅此也,他们不听信圣哲的语言,"他们把指头塞住耳朵"(K. S. 2)。一班人民既把他们当作师父,以代替上帝,于是对于真理之取舍,都以这些人为依归,因为他们自己没有决择真伪的能力。

虽然所有先知者、上帝的选民和圣哲者代替上帝告诫了人民应当用他们自己眼睛看,用他们自己的耳朵听,然而不管这些是怎样的,他们总是听信一班教士们的话。假若一个贫苦的、外面没有知识的装饰的人讲——"呵,人们,服从上帝的使者罢"(K. S. 36)。他们对于这种话就会觉得非常的奇怪,而回说——"这些有知识的、受有教育的人,有外表的领导地位与富丽华美衣饰的,还不知道,还不能辨别真伪,像你这样的人又怎能知道呢"?假若人数与知识的装饰,就是真理和学问的证明与表现,那么前者的人就应该是更有价值和更高尚的了,因为他们的势力较大,而且他们是占多数的。

各时代内的教士们在圣的显示期中,阻止了人民踏上真理的道路,这一点也是显明而清楚的。这是在一切圣书中载明了的。没有哪个先知者被派遣出来之后,他不是成为众矢之的的。愿上帝责罚那些教士们以前的行为和现在他所做着的事!还有什么光荣的障碍比这些错误的人们为更大呢?在上帝看来,铲除这些光荣的障碍是最伟大的事情,分散他们是最有力的行为!愿上帝充实我们的力量,呵,灵体的集团,于是你们在墨斯特格斯(这个字是巴孛用以表示"上帝要显示的人"的降临时期)(Mustagháth)的时期,在这件事内成功,不致在他的时日中,对于上帝的光荣有所蒙蔽。

而且"先知者的最后者"这个名词以及其他构成了"光荣的障碍物",铲除这种障碍就是这些无价值的人们最大事务。所有的人都是被这些障碍所阻,被这些暗影所蒙蔽。亚莱讲,"我已婚娶过一千个 Fáṭimih,她们都是'先知者的最后者'亚得拉之子穆罕墨德的女儿",他们难道没有听见这个圣鸟的仙音吗?

想想有多少奥秘是藏在上帝的学问的帐中,什么样的他的智慧的珠宝是保存在他的府库中,于是你就可以了解在他的创造中从来没有过，也永不会有起始或终点的。天命的范围是太大了，不能加以解释的，为意想不到的。他的创造是从"起初之外别无起初"的时候，而到永没有"终点"的时候。圣美的显示会一直到无限的终点，而先前就没有过起初的时候。

再看一个同样的解释，你看是怎样恰恰与那些人的情形相合。哈辛恩为亚莱的儿子，对沙尔门(Salman)所讲的话如下："我是一千个亚当，在每个亚当之间的年代是一千年，对于每个人，我称为我父亲的继承者。"你要懂得这话的意义。于是他于叙述一些细节之后，又讲："我在上帝的道路上作了一千次战争，其中最小的一个是克认伯(Khaybar)的战争，在这个战争内，我的父亲打了，与叛徒相斗。"如此，从这两个传说中，去懂解"终点""归来"与"创造无始无终"的奥秘罢。

呵，我的可爱戴者，神圣世界中的仙音是超乎尘世所闻之外的。尘世中的蚂蚁又怎能跑到可爱戴者的圣宫中去呢？然而心灵不健全的人们，因为知识的缺乏，否认这些深奥的解释与同类的传说。是呵，只有那些有灵性的人们能懂得这一层。这是一个终点，在这个终点之外，创造中没有其他的终点，这是一个起初，在这个起初之外，原始的世界中没有其他的起初。所以，世界上的人们，你们可以在起初的显示中，看到终点的光华。

这些人民对于宣露在《可兰经》中的圣诗和确信者的传说，只拣取那些与他们的志愿和欲望相符的加以相信，对于那些与他们的愿望相反的就加以否认。"所以你们只相信这书的某一部分，而否认其他各部分吗？"(K. S. 2)你们怎能批判为你们所不知道的东西呢？因为在圣书中，万物之主宰者在他的崇高的话语中，"穆罕墨德仅是上帝的一使者与先知者的最后者"(K. S. 3)，讲到"最后者"这个名词时，他又将他的遇合预许给所有的人们。指着那个永远之王的遇合而言的圣语，是载在经书中了，有些已经在上面述过。唯一之上帝证明载在《可兰经》中的是没能比"遇合"更重大更清楚的事了。在某一天中，那些人会达到这件事的，以上所言的对于他们或者会是有益的，同在这一天中，又会有某些人对于这件事避之惟恐不及的，正如同你亲目所睹的一样！

虽然在复活日内的"遇合"这个问题，是清清楚楚的在这本书中载明了，然而他们否认第二件事，(遇合)是因为第一件事(先知的最后者)。所谓"复活"的意义是他的显示在他的告诫中出世，这已经在明显的例证中加以阐明了。因此"遇合"的意义是指在他所显示的人物中，他的圣美的遇合。"因为他是常人的目力看不见的，但是他看见一切。"(K. S. 6)然而不管这开始确定的事实和清楚的解释，他们是无意识地固执着"最后者"这一个名词的陈述，在他的遇合的时日中，与"终点和起初"的原始者完全相隔绝。"假若上帝为着他们的不公正，要惩罚人们，那他就不会在地球上留一个动物了，但是他给他们一个宽限，等到指定的时候为止。"(K. S. 16)但是就把这一切事情搁住不讲，只要这些人民懂得"上帝做他所愿意做的任何事情，命令他所想命令的任何事情"的一点点的意义，他们就不会反抗上帝的告诫有如此其甚。

命令、言语、行为都是在他的权力的掌握中。"随便什么东西在他的权力的掌握中就成为降服的了，而这对于他是容易和实际的事情"。他是他想做的事的实行者，是他所愿做的事的成就者。"任何人讲'何以，为着什么理由'就失去他的信心了。"假若这些臣仆明白他们所犯的过失，他们就要遭毁灭，自踏火坑，这火坑就是在他们的栖身之所，他人的鹄的。"对于他所做的事，他不应受诘问，"(K. S. 21)他们难道没有听过这句话吗？既然有了这些解释，一个人还怎能胆敢从事废话呢？

赞美上帝！这些臣仆的无知与无识已经达到这样的程度，所以他们服从自己的知识与欲望，摒弃真实者的学问与愿望。真实者是崇高的、伟大的！

现在我们要公正一点，假若这些臣仆坚确的信仰同类的光明的语句和圣哲的引证，而把上帝看作“他所想做的事的实行者”，他们就不能固执着这些废话。不仅如此，他们曾用他们的全部灵魂承认和服从他所讲的话。我凭上帝发誓，假若制定的经典和注定的智慧没有树立成功，地球就会把这些臣仆一体毁灭了；“但是上帝展缓这件事情，要等到彰明的一天内的指定时间。”

简单的讲起来，自从穆罕墨德降世后，至今已有一千二百七十八年之久了，这些无价值的臣仆是每早必背诵《可兰经》，然而他们仍然不知道其中一字的意义，虽然他们读着的那些诗节，是明明指着圣灵的事实和永久的权威的显示，然而他们是绝对的不能懂得。一直到这个时候，他们还没有悟解。无论何时背诵圣书的目的，是要深知其意义，明白其奥秘，不然读而不求其知，是没有大益的。

譬如某日有人访问我这个臣仆，他是对于圣语的意义，需人向其解释的。于是就讲到关于判决、复活、重生和责罚之日的表记。他固执着要知道在新的显示期中，既然没有人知道，人民的情形是怎样的决定。于是我们按照这人的知识与悟解的能力，向他解释许多科学和哲学的例证。后来我们又问，“你没有读过《可兰经》，没有看过这句圣语：‘在那一天，人与鬼对于他的罪恶，都不要受诘问’(K. S. 55)吗？你没有懂得‘疑问’的意义是不用言语的，如在这同节话中所表明的和证实的吗”？因为在《可兰经》中的后面讲过：“罪恶者要从他们的面貌上知道，要从他们的额上与足上辨别出来”。(K. S. 55)如此，人民的情形是从面貌上判断，于是无信仰、有信仰与罪恶就会显明出来；正如同在今日错误的人民与正直的人民互相从面貌上认识分别的一样显明。

假若这些臣仆，诚心诚意为着上帝的原因，想望他的善乐，精查这书中的语句，他们曾无疑的懂得他们所找寻的。他们会在那其中发现所有在这个天运中发生的事情的全部细节；就是从政府和人民的反对与专横中产生出来的名义与性格的显示，也可在这里找到。只有那些有灵性的人们才能懂得这一层。我们用以前启示给穆罕墨德的话完结这一段，于是这个完结可以为引导人们走入圣灵天国中的麝香。他说了，他的话是真理——为的是这种恩赐可以遍及世界——“上帝邀他所喜的人到和平之居所①，指导他到正当之道”(K. S. 10)，“他们要有一个和平之居所，与他们的主在一块，而他要为他们的保护者，为着他们工作的”(K. S. 6)。赞美上帝，万物之主宰者！

对于每一个题目，我们重述了我们的解释，使每个人，无论高下，或者可以因此按照他的能力与器量，懂得其中意义的一部分，而且就是一个人不懂得一个解释，或能悟解另一个解释。“使每个人知道他各自饮水的地方。”(K. S. 7)

我凭上帝发誓，这个凡间的鸽子除开这些谐调以外，还有许多的歌曲，除开这些解释以外，还有许多表记，其中每一点都是胜过以前所解释的与笔下所述的。当圣意准可时，意义之新妇，未被蒙掩，就会取显示的步骤，从圣灵的大厦中走到先存的宫中。除开为他所许的外，没有别的命令，除开由于他的权威和力量，就没有权力。他是创造和命令。所有人们都是秉着他的命令，由于灵性的奥妙而讲话的！

我们在前面解释过，太阳从圣灵的黎明中上升出来时的两种地位。一种是统一的地位与一体的情形，如在前面述过的。“我们不在他们任何人中间作分别”。(K. S. 2)另一种地位是分别、创造与人类的限制。在这种地位中，每个人有一个各别的面貌，有一个特殊的使命，受上帝的显示与其他等等的限制。每个人有一个名字的称呼，有特殊的性格，被委派于一种新的主义与法律中；如在《可兰

① 白格达得，博氏被放逐之地。

经》上讲:“这些人是使者,我们把他们中间的某些人推举在别人的前面。有些人已经有上帝对他们说过,已经把他们的等级抬高于别人。我们给玛丽之子耶稣以显明的表记,用圣灵充实他的力量。”(K. S. 2)

因为这些地位与情形的不同,于是有各种言词与解释从圣学的那些源泉中表现出来。但在实际上都是指明圣学中的各种题目的,明白的人看起来,就是一个声述。但是有许多人既不能明白以上所讲的情形,所以他们被那些一致的人物的各种不同的言词弄糊涂了。

简言之,这是显然的,所有这些言词的不同是因为地位的不同。因此在一体的地位与单一的品级中,纯正庄严,圣善,一体,绝对的神性等,这些名词已经是而且仍然是专用在生存的那些实体上,因为他们是坐在“上帝的显示”的王座上,树立在“上帝的波顿”[①]的座位上——那就是上帝的表现因他们的表现而显明,上帝的美丽因他们的美丽而表露。如此那些圣语都是出自这些一体的人物的。

至于在第二个地位中,那就是分别、区分、限制与暂时的情形和表现,他们表示绝对的服从,真实的贫乏和极端的谦卑;如在《可兰经》上讲:“我是上帝的一个仆人,”并且“我不是同你一样的一个人”(K. S. 41)。

从这些正确的解释中,懂得你要疑问的题目罢,于是在圣教中,你的意志或者可以成为坚定的,不致因先知者与选民所讲的话有不同处,就为之迷惘。

假若从完善的显示中,听到“我即是上帝”,这是确实的、没有疑问的。在前面已经再三的说明过,由于他们的显示、他们的性格、他们的名字,于是上帝的显示、上帝的性格、上帝的名字才得表现于世界。如此就在《可兰经》上讲,“你(呵穆罕墨德)并没有掷石子到他们的眼睛中,当你好像是掷了,但是上帝掷了”(K. S. 8)。又“他们发誓忠于你的,也就是发誓忠于上帝,等等”(K. S. 48)。假若他们要讲:“我即是上帝的使者”,这是对的,没有疑问的;也是《可兰经》上讲,“穆罕墨德是你们任何人的父亲;但是他是上帝的使者,等等”(K. S. 33)。在这种地位中,他们都是从那个至上之王和永远之实体的前面派遣出来的。假若他们振声一呼,“我是先知者最后者”,这是确实的,毫无疑问的,因为他们全体是被视作一个人、一个实体、一个精神、一个身体,都是那个至上的精灵之精灵和永远的实体的“起初”“终点”“最先者”“最后者”“显明者”“隐匿者”等等情况中的显示者。因此,假若他们讲,“我们是上帝的仆人”,这也是确实的与显明的,因为在外表上,他们都是怀着最大的服从性而降世的。没有哪个有勇气,敢于世界上表现那种服从性。如此,那些生存之实体者,当沉浸于永远的圣灵之海中与攀登于至上之王的意义的巅峰上的时候,就宣示一体的与神性的语言出来。要是一个人细心的观察,他就会发现,就是在这种情状中,他们在绝对的生存与真实的生命之前,于自身表现最大的谦恭与卑屈,好像是把他们自己看作绝对的非生存(Non-existence),把自己的陈述视为多事。因为在这种情状中任何陈述会是现实生存的表示,这是为圣哲的人们所视为一个大错误的。假若陈述一些别的事情,或者在心中、言语中、意识与灵魂上,除开可爱戴者外,充满了别的陈述,或者眼睛除了他的美体之外,还要看别的东西,耳朵除了他的仙音之外,还要听别的东西,足除了他的道路外,还要踏上别的处所;有如此等等的行为,又是何等更大的错误。

在这种时候上帝的仁风在吹拂,上帝的精灵已笼罩宇宙。笔停止写述,口停止言语。简言之,在这种地位中,神灵的宣布以及其他,是从他们中间显现出来了,同时在使者的地位中,他们宣布了先

① 波顿(Botoon)本作隐藏解,在此处是指没有宣布的显示的地位。

知之见。如此在每种地位中，他们都有了一种便利这地位的宣布，将一切都诿于他们自身；就是一切关于命令的世界、创造的世界、神灵的和现实的世界等的声述。因此无论他们所讲的和声明的是关于哪种事情，包含神灵、神性、先知、出使、承继、服从等等，都是确实而无疑的。所以对于这些证实了的话，应该予以反省，于是就会没有哪个因为他们的话语的不同，而感着迷惘与苦恼。

简言之，一个人对于真理的太阳的话，应加以深省，假若他们不明白，就应该请教于那些有学问的人，得着解释，除去困难。一个人不应该把圣语按照他自己不完全的判断去解释，于发现这些语句与自己的意思不相符时，就开始反对和否认——正如同各时代中的宗教家与神学家一样，他们是坐在学问与知识的讲座上，称无知为学问，压迫为公平。

要是关于他们的幻想，他们去请问至上的太阳，而发现答复与他们从与他们相类的某人的书中所得来的知识不相同时，他们就会无疑的将无知诿于那个学问之源泉。这是在每个时代中都如此的发生过了。

譬如，当他们向那个生存之主（穆罕墨德）问及月之盈亏时，他就秉上帝的命令回答说："这是指派给人们的时间。"（K. S. 2）听到这句话，他们就说他圣下无知。

又在关于"灵性"的诗节中，有着下面的话，"他们向你问及灵性的时候，就答复他们，灵性是秉我的主的命令"（K. S. 17）。当这个答复宣布出来的时候，他们会一齐喊着"一个无知的人不知道什么是灵性，他还宣称受有直接学问之赐"！在现时，教士既是由他圣下的名字得着荣耀，而且看见他们的祖先信仰他，所以他们接受他的告诫，完全是出自盲从。假若他们是公正的，听到对于类似的问题的同样答复，他们会无疑的拒绝、否认和重述上面的那些话，正如同他们从前所做过的一样。然而不管这一切，那些生存之实体总是超过这些虚伪的学问以上的虔诚的，超过这些有限的言语以上的纯洁的，超过每个人的知识以上的崇高的。所有这种知识在那种学问之前是绝对的虚妄，所有这些臆想是完全的欺骗。不仅此也，所谓学问者，是从神圣的智慧的源泉与那些永远的学问的宝库中产生出来的。"学问是一点，但是无知的人把它加倍了"这句话就是一个证明。而"学问是一盏灯亮，上帝把它照入他所喜的任何人的心中"是把以上所述的话证实了。

简言之，他们既没有悟解学问的意义，而称他们自己从那些无知者所得来的妄诞的思想为学问，所以他们就向学问之实体者施以你们看过的与听过的那种刑罚。

譬如，在某个臣仆所著的一本书中，所有受有正当启导有学识的人们，都受他的反对和攻击，他因学问与智识而著名，他以为自己在人民间是顶闻名的一个人。这种攻击之词用隐语或坦直的笔法，是遍全书皆是。我们对于他既久已闻名，就想看他的著述，虽然我们是不想采取别人的话，然而有些人既问及他，为着使我们的答复有根据起见，就不能不看他的著作了。总之，他的亚拉伯文字的书是得不到的，但是有一天听说他的著述之一种名为 Irashád Al-'Awán'（平民之指导）者，可以在这个城内（白格达得）找到。从这个书的名称上，就可以看出他的骄傲与自恃，因为他自以为人民都是无知的，只有他是有学识的。他的一切性格实际上是显明的表现在这书的名称上了，因为他是骄傲的、自利的，他实际是无知的，盲目的。他或者忘记了那著名的传说："学问是表明一切能理解的东西，权力是表明一切被创造的东西。"然而我们得到这本书，留在这个臣仆里有好几天。大概我们参考它有两次。在第二次中，我们忽然看到讲述“假若不是为你”[①]之主的“上升”[②]一段。我们发现他把“上升”的学问弄成非依二十种以上的科学知识解释不行的东西，意思就是假若一个人对于这些科学不熟悉，他就不能得到对于这高超崇伟的事体的学问。在这些中间，他提出哲学、炼金术与魔术等，把永远的和神圣的学问弄得要依这些平凡的被人唾弃的知识解释，真是荒唐已极！

赞美上帝！以这样的知识，他是何等的毁谤和糟蹋了有上帝的学问的人物！“难道你要提问那些为真实者所委托为七重界限中的财物的管理者吗？”这句话是说得多妙。在有悟性和学问的人民间，在聪明和智慧的人民，没有哪个看过这种荒诞。然而这种科学从来是为真实者所摒弃，这对于凡是秉有悟性的人，是清楚而显明的一件事。科学的知识为真有学识者所摒弃，又怎能对于“上升”的绝顶的学问是必要的呢？同时“上升”之主对于这些有限的被弃的科学没有批准一个字，而“假若这不是为你”之主的光明的心是超乎这些知识以上的虔洁和纯正的。以下这句话是何等的有意义，“这一切概念都是骑在瞎马上，但是真理是临风而飞，如箭一样的快”。凭着上帝，无论何人想知道“上升”的奥秘或从学问之海中饮一滴水，假若他有了这些科学的知识——那就是他的心境被他们的污点所损——就定要在这一点的奥秘或者会向他的心中反射以前，把那污点洗去。

在今日，凡是沉浸于圣学之海与栖居在圣智之舟中的人，要禁止人民学习这种科学。他们明亮的心胸，赞美上帝，是纯正的，不受这些知识的影响，是虔敬的，不受这些偏见的蒙蔽。我们在这一句话“学识是最大的障碍”内，用友爱之火，把这最大的障碍焚毁了，建起另一个帐幕来。赞美上帝，我们用可爱戴者圣美的火，焚毁“光荣的障碍”，我们除开可爱戴者外，不把别人摆在心中，我们在这件事中，觉得有光荣。除开他的学问以外，我们不信仰别的学问，除开他的荣光以外，我们不依附别的知识。

简言之，这些人所讲的那些话，他的意思只是叫人知道他有了对于这一切科学的知识，虽然我凭上帝发誓，他根本没有懂得一点圣学，也不知道圣智的奥秘的一个字。不仅此也，要是学问的意义给解释出来了，他一定瞠目不知所对，他的骄气就要降下了。不管他的话是怎样的浅薄，他仍然骄傲自恃！

主的光荣！我们是怎样的对这班人民觉得奇怪，他们接受和服从这样的一个人！他们满意灰尘而信服它，摈弃主中之主，满意乌鸦的啼声和乌鸦的丑态，而反对夜莺的歌唱与玫瑰的美丽。在这本书的虚妄的语句中，可以看出许多事情来。咳，诚然的可惜，一枝笔要用来写述这些东西，时间要耗废在这里面。但是假若有一块试金石，真理就可以从虚伪中分别出来，光明从黑暗中分别出来，阳光从阴霾中分别出来。

在这个所宣称的科学中，一种是炼金术，我们诚恳的希望有一个有势力的王或人要请他把这种科学作实地试验，把空言弄成事实，而我这个卑而无识的人，对于这种科学既没有称能，也没有断定这种知识是学问或无知，深愿从事这种同类的试验，以辨真伪。但是又有什么用处呢！我们从现时的人民中所试验出来的，没有别的，只是戈矛的伤痕，所尝着的只是致命的毒液。颈上受着枪刀的遗痕犹新，周身受着压迫的创伤还明显的存在。

关于他的知识、无知、学问与笃信的程度，这是在一本书中载着，“爱尔捷克(El-zakkum)的树[③]

---

① 上帝对穆罕墨德讲“假若不是为你，我不会创造世界”。

② 穆罕墨德与克卜里尔之夜行。

③ 一个在因范洛(Inferno)的树。

的果实要为亚西姆(Athím,罪恶者)的食物"(K. S. 44)。这是一字未删的原文。于是接着又有许多别的陈述,末尾一句是:"你尝尝这个罢,你是有权力的克里姆(Kárím,尊贵的人)。"你看他的为人是如何的在这书中描摩尽致了。于是在他自己的书中,他持谦逊的态度,称自己为"亚西姆的仆",在书上是"亚西姆",在平民间是有权力者,名义上又是"克里姆"。

反省上面那节圣诗罢,于是以下的话的意义就可以铭刻于心中,"既没有绿的(湿的)东西,也没有干的东西,除非这是载在圣书中了"(K. S. 6)。然而不管这一切,还是有许多人依附他,远避公正于有学问的摩西,依附无知的沺米里(Sámirí)[①]。他们摈弃了意义的太阳,这个太阳是在永远的神灵的天空中照耀,他们反以为它不存在。

简言之,呵我的兄弟们,至上的学问的珍宝只能从神圣的矿区中得到,奇妙石榴的香芬只能在实体的玫瑰花园中吸到,而一体的学问之花只在纯洁的心胸中长大。"在一块好的地面上,它的果实因它的主的许可,要累累的长出来,但是在一块坏的地面上,它就要结实很少。"(K. S. 7)

在前面已经讲过,没有哪个能享受圣莺的仙音,除非那些是这仙音的接受者,所以每个人必须将神圣问题中的困难与艰深处向圣哲的人物,心胸纯洁者与明了一体之奥秘者询问,于是问题方可在至上的确定与圣灵的恩典中得着解决,不是借助于求得的科学知识。"因此要询问那些有圣书的学问的人"(K. S. 16)。

但是,我的兄弟们,当一个圣道的研求者想要踏上先存之王的学问的道路,他必先正其心,诚其意——心是神灵的奥秘的光华之表现所——他必须虔洁其心——这是一个宝座,永远的可爱戴者的爱就安置在这个宝座上——以免为一切得来的知识所沾污,以免为武断者的偏见所蒙蔽。他并须虔洁他的心,以免水与土的沾染——那就是不存有一切偶像与鬼怪的象形——必须是如此的虔洁。使得没有爱或恨的痕迹遗留在心中,不然那种爱没有指导,要偏向于一方面,或者那种恨阻止他倾向于那方面;正如在今日,许多人因着这两个趋向,被剥夺了上帝的恩典与意义的真谛,乃是在错误与寂寞的荒原中,盲行乱撞。他应该绝对的信仰上帝,不要盲从世人,摆脱尘世的羁绊,与主中之主联合,不要重视自己而贱看别人,只是使心中不要有一点骄傲气与虚荣心,而惟以忍耐与自敛是务;要注重静默,避免无益的言词;因为口舌是将燃的火,而多言是致命的毒液。实在的火能烧死人,但是口舌的火烧毁心灵。前者的效力在一小时内就消失,但是后者在百年之间犹不灭。

他应该知道暗地伤人是一种错误,永不要犯那种行为,因为暗地伤人毁灭心中的光亮,麻木灵魂的生命。他应当安贫而戒贪,以与上帝的选民为伍为有益,而以远避那些骄傲与自利的人们为利。在黎明的时候,他就应该从事祷祝,用极度的诚恳与力量祷求那个可爱戴者,用爱与赞美的火消灭疏懈的态度,用迅如闪电的速度,除开上帝以外,忘记一切其他的事物;要施惠于零丁孤苦的人,要帮助不幸的人。他应该对于一切动物表示仁爱,对于人类要更其加甚,尤其是对于巴孛的信徒们;不要不肯为着可爱戴者而牺牲他的性命,不要因为遭受别人的反对而离开真实者。己所不欲者,勿施之于人,也不要轻诺寡信。要坚决的不与作奸犯科者为伍,但是代他们求上帝的赦宥;宽恕罪恶的人们,不要轻视他们,因为将来的结果是难于知道的。有许多犯罪者在临死的时候,受了信仰之实体之赐,在一刻间超升到至上的会合中去了;同时有许多信仰和服从的人在灵魂离去的时候,是离开了上帝,而住在地狱的深渊中。简言之,所有在上面所述的正确的解释与真实的引证,其总括的意义就是研

① 与摩西同时的一个术士,他造了一个能说话的小牛。

求圣道的人们要把一切事情看为平凡的，只有上帝除外，除开可爱戴者外，把一切东西都看作不值什么的。

这些情形是崇高者的性格与神灵者的本质。关于追求圣道者所需的资格与品行，已在前面加以阐述了。当这些情形在一个诚恳的追求者与不受拘束的前进者身上发现了的时候，于是他就确实称为“努力者”了。“那些在我们中间努力的人”，当他确实有这种行为时，他就一定会享受“我们要指导他到我们的道路上来”的这种喜信。

当追求、努力、渴望、热情、仁爱、欢乐、感动与虔诚等的灯亮是在心中点燃着，而爱的微风从一体的方向吹来，于是错误与疑难的暗影就会被驱除，而学问与笃信的光明就会笼罩全人类。于是至上之先驱者就会从圣城降临，有如曙色之明，带着圣灵的喜信，用学问的号筒把人的心和灵，从醉生梦死中唤醒转来。于是永远圣灵的恩典与保障会给予人们这样的一种新生命，使得每个人都觉得他有一个新的眼睛、新的耳朵、新的心胸、新的意义，而对于清楚的普遍的表记与个人隐匿的奥秘，会集中他的注意。用这个上帝的新眼，他会在每个原子上都看见有一张门打开着，通到绝对的学问，真理与光明的道路上去，而在一切事物中体认出一体的光华的奥秘，与永远者显示的踪影。

我对上帝发誓，假若向解放之道前进者与对于正义之极顶之追求者要到达这种至上的与崇高的地步，他就会从迢遥的远处吸收真实者的香芬，而从一切东西的光明中，体认启导的灿烂的黎明。这个原子与那个物体会指导他到可爱戴者与可愿望者那里去。他是那样的能明了事理，所以会将真理从虚伪中分别出来，正如同光明与黑暗之分。比如，真理的微风从创造的东方吹来，他一定会在露布的西方吸收。因此，他会从一切别的东西的行为与征兆中辨别真实者的一切表记出来——如不可思议的言语、无可比拟的光明磊落的行为——正如同珠宝商人之从石头中辨别宝石，人们之对于秋与春之分，寒与热之分。当灵魂的头免掉了现实的和生存的疾病，它就一定会从远的地位中，发现可爱戴的香芬，由于这种香芬的效力，达到他崇高者恩爱者的笃信的城中，而在那个圣城中看到他崇高者至圣者的智慧的奇迹。它会从那个城中树叶的形象上侦察出奥妙的学问来，而从其土地上，用它内心的耳与外面的耳，听出主中之主的光荣与赞美，体认“上升”与“重生”的奥秘。我们奉着名义与性格之王的命令，对于在那个城中制定的表记、象征、显示与荣光，要如何的陈述呢！这个用水止渴，用火增加上帝的爱的热力。至上的完满的智慧是藏在那个植物内，千种莺语是在这玫瑰花上欢唱。摩西的火的奥秘是表露在奇妙的金香上，耶稣的圣灵的气息是从圣的香芬中流露出来。这个不用黄金，赐给财富，赐给长生，没有死亡。一个天堂是存在每片叶子上，而有千百智慧保存在它的每个孔中。那些人，他们诚恳的在上帝的道路上努力前进，摆脱了一切羁绊，就会对于那个城成为如此的依恋，所以他们是不肯一刻舍弃它的。他们会从那个会场的玉簪花上听到切实的证据，会从玫瑰的美丽上与夜莺的音调上，得到清楚的理论。这个城是大约在千年中从新粉刷和装饰一次。所以，我的朋友们，我们一定要努力前进，达到那个城，而由神圣的恩典与主的仁慈，铲除一切光荣的障碍，于是我们在这个新的可爱戴者的道路上，可以牺牲那已衰萎的灵魂，表现千百恳求与谦卑，以便受到那种成就的宠赐。这个城并不是别的东西，就是每个时代中的圣书。譬如，在摩西的时代内，就是五经，在耶稣的时代内，就是福音，在上帝的使者穆罕墨德的时代内，就是《可兰经》，在现时是《巴孛经》，将来在“上帝要派遣的人”降世后，他的书就会是所有以前各圣书的复现，是他们的保证者。在这些城中，食物是储藏了，永久的赐福是授给了。他们赐给的食物，供给先存在者的恩典。他们对于抽象的人民，赐以一体的财富，对于无所有的人，给以一部分的恩典，而对于无知的沙漠中飘流的人们，授以学问之杯。在这些城内，是存藏着所有宇宙间的启导、恩典、学问、知识、信仰与笃信。

譬如，《可兰经》对于凡是信仰穆罕墨德的人们，是一个坚固的堡垒，那些在他的时代内跑进了这个堡垒的人们，就受着保护，免掉了魔鬼的袭击、反对者的铁矛、无根据的疑难与多神教的暗示。他们并且从圣树上，分受了纯洁的一体的果与智慧之实，饮了学问的清水，尝着一体和单一的奥秘的酒。

所有那种人民所需要的东西，如宗教的规训与使者之主的法律都是备载和确定在这圣书中。这在穆罕墨德以后，对于相信它的人们，是一个永久的证据，因为它的经典是正确的，它的告诫是无穷的，一直到"六十年"①时新的显示时，所有人们都共同遵守它了。它领导追求圣道的人们到团结的源泉中去，使得努力的和往前进取者，达到接近的帐幕。这是一个真实的、有力的证据，一切其他的书本，记载和传说都没有这个优点，因为传说的言词和存在都要由这本书的原文证实和确定。而且在各传说中，互相歧异的和不明显的地方是很多。

在他的使命将终的时候，穆罕墨德讲："我遗下两种重物在你们中间，上帝的书与我的家人（十二个弟子）。"虽然有许多传说是从那个先知与启导的源泉中，披露出来了，然而他只提到这本书为追求圣道者的最大的根据和有力的证明，为人民的指导，直到复活的时日为止。

你要用公平的眼光、纯正的心和虔洁的灵魂，想想上帝在他的书中所创立的，以作他臣仆的学问的证据，而他的书是为无论高下者所接受，如此我与你以及所有在世界上的人们，依赖它的启导，或者可以分别真伪，辨明是非。因为这种证据是限于两件事：书及家人。讲到家人，他们是已经物化；所以这个证据只是限于这本书。

在这书的首几页内讲，"A. L. M. 在这书内没有不确定的地方，这是对于虔诚者的一个指导"（K. S. 2）。在《可兰经》内插入的各信件②（编者按：应为字母）中，圣灵的奥秘是宣示了，而一体的珍宝是保藏在他们的字里行间，关于这一点，此处为篇幅所限，我们不便多述。在表面上看起来，这是阐明他圣下自己，因为有以下的话，"呵穆罕墨德，这本书是从一体的天中宣布出来的，其中没有什么疑难或不确定的地方，这个含着对于虔诚的人们的指导"！你想想，他是指定了《可兰经》为宇宙间所有一切的指导。那个一体的实质与冥冥中的神灵者，他自己证实了，其中没有疑难和不确定的地方，所以是一切臣仆的指导，一直到复活的时日为止。这种有力的重物之可信赖，是已经上帝证明了，经他宣布过了，如果一班臣仆对于这个重物还要疑惑、不相信，难道是公平的吗？难道还要避开已经上帝所指派为启导的工具与达到学问峰顶必由之道，而去追求别的东西吗？或者听信别人无价值的话，因而犹疑不决，而宣称某人是讲的怎样怎样或者某某事件没有实现吗？假若除了圣书之外，还有别的东西或原因可以作启导人民的动机或证据的，那就一定在上面所引述的各圣诗中载着了。

总之，我们对于上帝无可置驳的命令与最高者制定的经典，如载在以上各圣诗中的，必不可远避，必须接受这奇妙的书；因为假若我们不承认这些书，圣诗就被人否认了。而且这是明显的，无论何人不接受《可兰经》者，就是在实际上不承认在《可兰经》以前的各圣书。这些意见从这一节表面上亦可以看得出来。假若我们要讲到其中艰深的意义，解释其中所含的奥秘，乃为时间与篇幅所不许。上述证明了我们所讲的话！

① 一二六〇年（A. H），巴孛的宣示与亚伯斯・亚卜图博爱降生的一年。

② A. L. M. 与其插入的信件是《可兰经》内二十九章之首。

因此，在另一处地方又讲："假若你们疑惑我们给我们仆人（穆罕墨德）的书，你就照这样子写一章试试看，而叫你的证人到上帝旁边来，假若你是讲实话的"。（K. S. 2）这节话从它外表上的意义解释起来是：倘若你们对于我们所派送给我们的仆人穆罕墨德的书要怀疑，你们就写一本像《可兰经》那样的书，而请你们的证人——为你们所视为有学识的人——使他们帮助你们写出；假若你们是那些说实话的人。

你想想圣诗的重要性是何等的大，其价值又是何等的高，上帝在这里面完成了他完全的理论、有力的证据、统治的权威与深刻的意志。在宣布他的证据时，那个统一之王没有与他们相同的东西，因为在证据与见证中，圣诗是如同太阳，其余别的就如同繁星。圣诗对于人们就是永远的证据，一定的理论与那个至上的王前发出来的光明。没有哪种优点可以与他们平等，没有哪种东西是在他们之前的。他们是神意的珍珠的宝库，一体之奥秘的储藏。他们是坚固的线、结实的绳子、最强大的把握与不能毁灭的光明。圣灵学问在他们中间奔流，永远智慧的火在他们中间燃烧。这种火同时发生两种效力。这在有信仰的人民中间创造爱的热力，在互相仇视的人民间产生疏忽的冷淡。呵，我的朋友，我们一定不要摈弃上帝的命令，我们一定要满足和服从他所指定为我们的证据的书。

总之，在这一节话内所含的证据与理论是过于伟大了，不是卑微的臣仆如我者尽能解释得出来。上帝说的是真理，指示人民向真理之路走。他是超乎他的所有臣仆之上，而为至上的，他是伟大者、圣美者！

因此《可兰经》上又讲："这些是上帝的圣诗，我们实实在在的转述给你听。于是在上帝和他的圣诗以后，他们会相信什么启示呢？"（K. S. 45）他讲："这些是从神圣的天空中所露布的圣诗，我们转述给你听，于是在这真实者显现以后与他的圣诗宣示出来以后，他们要相信一种什么言语呢？

假若你能把握住这节话的意义，你就会知道从来没有比先知者更伟大的显示者，也从来没有任何证据比宣示在世界上的圣诗为更有权力。不仅如此，除开为你的主所愿意的以外，也没有较大的证据是可能的。

在另一处，《可兰经》上又讲："灾难要降到每个说谎和不敬的人的身上，他听到诵给他听的上帝的圣诗，用骄傲的神情，坚不相信，好像他没有听见一样；向他宣布一个痛苦的惩罚罢。"（K. S. 45）那就是灾害要降到每个欺骗的罪恶者身上，他听到从圣意的天中所宣示出来的诗节，而不肯相信，好像他没有听见一样，你就将一个痛苦的惩罚加到他身上罢。

要是人们注意他们的主的圣诗，这节话就是足够使他们警惕了。所以你在现时听到，当圣诗诵给人们听的时候，没有一个人加以注意，好像这些圣诗毫不关重要似的，然而从来没有过，也永不会有什么东西是比圣诗更伟大的。你对他们讲，呵你们这些不智的人们，你们是讲你们的祖先以前所讲过的话！假若他们觉得反对会有什么效果，你们也是一样的见地。你们是久已与你们的祖先住在火中，火就是他们的境况，罪恶是不公平的人的下场。

在另一处地方，《可兰经》上又讲："当他知道了你们的话的某一句，而对于这一句话表示讥讽，对于这样的人，是有一个可羞的惩罚预备等着。"（K. S. 45）譬如，他们嘲笑着说："造出另一种奇迹，表示另一种理论罢"！一个人讲："你使得天的一部分落下来罢；"（K. S. 26）又一个人讲："呵上帝，假若这是你所讲的真话，你从天上把石头落下来罢"（K. S. 8）。譬如在摩西时代的犹太人舍弃天赐的食物不要，宁取像葱蒜一类的浊物以代之，因之这些人民宁肯不相信由天意宣示的圣诗，而依附不纯洁的想象。因此在现时可以看到，虽然天赐的食物由圣灵仁慈的天中与永远恩典的云端降落下来了，虽然生命之海由于万物之创造者的命令，在天国中奔流不息，然而他们是饿犬一样，围绕着死的尸体，他们满意死海中的苦水。赞美上帝！他们在证明的旗帜已树起了的时候，还要找证据，在学问的太阳已现出来的时候，还要依附知识的暗影，对于这样的人们，一个人必定会很奇异。这就正如向太阳要求光线的证明，或者与春雨理论，叫它证明它的雨量。太阳的证明就是它的光线，这光线遍照宇宙间，雨的理论就是它的水，这个给予全世界以新的生气。是呵，盲人不知道有光，只知道有热，荒瘠的土地不知道春天的益处。

“假若从《可兰经》内，除开它的信以外，没有什么可得的，不要奇异，因为在阳光之下，盲人只觉得有热外，不知道其他。”

在另一处，《可兰经》上又讲：“当我们的话讲给他们听的时候，他们的理论没有别的，只是下面的这几句话，‘使我们的祖先复活罢，他们已经死了，假若你们说真话’，如此等等。”(K. S. 45)

你想想他们是拿些什么样的理论，以反对那完善的与无穷的恩典。他们嘲笑圣诗，但是圣诗的一个字都比全宇宙的创造要伟大，而圣诗用信仰的精灵，把在利己与私欲中醉生梦死的人唤醒转来，但是他们要讲：“把我们的祖先从坟墓中唤起来。”这就是人民的反对和骄傲。假若你们细心去领会上帝的圣诗，就会知道圣诗的每一句是一个正确的证据与为着世界所有人们的高超的理论，对于人民是足够的。

在这上面所述的同一节话中，奥秘的珍珠是藏在其间，你只要费一点点的气力，就会找着。

你不要听信人们的无益的话，他们说“这本书同书里的诗节不能是对于平民的证据，因为他们不知道它的意义”。《可兰经》对于东与西都是一个证据。假若懂得这书的能力，对于人民是不可能的，那它又都是一个证据？按照他们的话，没有哪个是必需知道上帝的，而且可以不必，因为他的学问是比他书的学问大，而平民是没有能力领会他的。

简言之，这种话是极端的无益与不能容纳的，是从骄傲者的口中流露出来的，其目的是使得人民避开上帝的善乐之源泉，而牢牢的把他们束缚起来。这些平民是在那些有知识的人之前为上帝所接受、所承认，这些有知识的人远避真实者。对于圣语的了解与对于至上者听述的体认，是与表面上的知识无关的，全赖心的纯正、灵的虔洁与精神的自由。因为在现时，有些人民，他们不认识一个字，然而他们由于圣灵的恩典，是坐在学问的峰巅上，他们的心中充满了智慧与卓识之花。愿诚恳的人们因伟大之日的光明而得着祝福！

因此在《可兰经》上又讲：“对于那些不相信上帝语言的人，或者不相信他们要与上帝相遇的，他们就不要希望我的慈惠，对于这种人只是给以一种很痛苦的惩罚。”(K. S. 29)又“而他们说——我们要为着一个理想的诗人而舍弃我们的上帝吗”(K. S. 37)？这句话的意义是很明显的。你看他们在圣的言语露布了以后，他们是讲些什么样的话，“我们要为着一个理想诗人而舍弃我们的上帝吗”？他们称穆罕墨德为诗人，嘲笑圣语，他们说，“这些都是古时代内可笑的寓语”(K. S. 6)。他们的意思是这些话都是从前的人所说的，穆罕墨德搜集起来，而宣称是来自上帝的。于是我们在现时可以听到人民说同样的话，“他把这些话与前人的话编在一块”或“这些言语是伪造的”。他们的口语是讥讽的，但是他们的品级与地位降低了。除了上面所述的这些反对与攻击之词外，他们又说按照圣书所载的，在摩西与耶稣以后，应该没有独立的先知者降世，来废除这法律，只应该有一个人出来完成这法律的。于是这一句圣诗，指明一切圣灵的事体与证明慈悲者的恩典决不会有穷尽的，是宣示出来了：“约瑟在摩西以前降世，有明显的表记，但是你们并没有停止对他所宣传的宗教的疑惑，一直等到后来他死了，你们又说‘上帝决不会派遣第二个先知者了’！如此上帝使他错误，他是罪过和怀疑者。”(K. S. 40)所以要从这一节话中了解在每个时代中人民固执书中的一句话，作些无谓的争辩，说不应有第二个先知者降世。譬如基督教士想从一句在前面述过的话中，证明福音的经典应永远不要废止，而且除开是证实福音中的法律者外，不应有第二个先知者降世。许多国家的人民都是被这种同样的心灵的疾病所苦。你看到回教中人，是如何同从前的人一样，为“先知者的最后者”这个名词所蒙蔽。虽然他们自己承认这一段话：“只有上帝与那些在学问中有根底的人，知道其中的解释，”(K. S. 3)然而当上一个在学问中有根底的人降世了，而且这人是学问的源泉，本体，实质和证明，但是他们发现有与他们的愿望相反之处，他们就说着和行着他们所看到的那些事。这都是从那些宗教的领袖们中发生出来的，就是那些人，他们只以私欲为前提，黄金为目的，他们是被知识的偏见所蒙蔽，被错误的理论所迷惘，正如同万物之主用很明显的口语所讲的，“你怎样的想？他之崇拜上帝，只是为着自己的私欲，上帝使他在学问中错误，而他的耳和他的心是给上帝封塞起来，他的眼睛是给上帝挂上一个面罩；在上帝以后，哪个要指导他呢？于是你们还不会受谴责吗”(K. S. 45)？

虽然这一句话，“上帝要使他在学问中错误”的表面上的意义是已如上述，然而依我看起来，这句话是指在那时代内有学识的教士，他们远避真实者的圣美，而依仗他们自己的知识，这种知识是从武断和私欲中产生出来的，他们驳责上帝的福音与他的主旨。“喂，你所摈弃的福音，是重大的福音”(K. S. 38)。又讲“当我们清楚的表记是读给他们听的时候，他们就说(对于你，呵穆罕墨德)这不是别的，就是一个人要把你们从你们的祖先所崇拜过的上帝离开，而他们(对于《可兰经》)又说这不是别的，只是假造出来的骂人的话”(K. S. 34)。他确实讲过当一体的圣语读给无信仰的人与罪恶者听的时候，那些不虔敬的崇拜多神者不要讲，“上帝的使者只是想要制止你们崇拜你们的祖先所曾经崇拜过的”，又讲“这是假造出来的骂人的话”。

你们听着圣灵的仙语和永远的福音吧，他是如何用暗示警告了那些对于圣语作无稽的驳责的人们，他是如何摈弃了那些反对圣语的人。再想想这些人民与接近源泉之隔绝以及那些骄傲与持反对态度的人们，他们对于圣美所应享的权利是被剥夺了。虽然那个恩慈的实体者指导了那些无用的人到生存之宫去，指导了确实贫穷的人到财富的圣路上去，然而有些人还讲，“这个人不是别的人，就是诅咒上帝的人”；又有人讲，“这个人阻止人民到宗教与信仰的道路上去”；还有人攻击他是疯狂等等。在同样的情形中，在现时你们看那些人民是讲了些什么样的废话，以反对那个永远的实体者(巴孛)，是怎样的污蔑和攻击那个正确的源泉者。虽然在圣书上，与至圣的书信中，上帝对于那些否认和摒弃已经宣示的圣语的人们，警告过了，而对于那些接受圣语的人们，将喜信宣布过了，然而从新的圣灵的天空中所露布出来的话，又是被他们反对了，虽然在宇宙间从来未见过有这种恩典，人们的耳朵也从来没听过这种言语的流露，是如同从慈悲者的恩惠中倾降下来的春雨一样。每个先知者秉有坚强的毅力，他们的品级之伟大与地位的崇高是和太阳一样的明显，他们每个人都只有一本仍然存在而仍为人所知道的书。但是在今日从慈悲者的恩惠中是降下如此其多了，使无人可加以估计。现有的书已经是二十部了，还有许多得不到的，有多少被劫去，落在叛徒的手中，他们把它如何处置，是不知道的。

呵，我的兄弟们！我们要打开眼睛，反省，诉诸圣的显示，于是我们可以受着圣书中格言的劝导与训诫的警告，不致反对圣语的宣示者，只是诚心诚意服从他的命令，接受他的经典，于是我们可以踏入仁慈者的宫中，居在恩典的边岸。“他是慈悲的，对于他的臣仆是宽恕的。”(K. S. 5)

在《可兰经》上又讲:"呵你们这些接受了圣书的人,你们拒绝我们,除开是因为我们相信上帝,或者因为我们对于那种派下给我们的启示的信仰,或者是先前派遣下来的,以外是否还有别的原因——而就为着那个原因,使你们中间大部分的人成为罪过者吗?"(K. S. 5)

这句话的意义是何等的清楚,而圣语就是一个证据,又是何等的明显。这节话,是当无信仰的人民虐待穆罕墨德的徒众,而攻击他们为叛教者的时候,宣示出来的;这些人民宣称他圣下的徒众否认上帝,相信欺人的魔术。当回教初兴,其势力尚未膨胀的时候,无论什么时候,他们一遇着他圣下的徒众,他们就会很凶暴的对于那些信仰上帝者,施以迫害、压迫和攻击。于是在那个时候,这节圣诗从一体的天际露布出来,有清楚的理论与显明的证据,教导他圣下的徒众对无信仰的人们与信奉多神者说,"我们毫没有别的举动,除开相信上帝,与相信穆罕墨德启示给我们的以及以前先知者遗留给我们的话,你们就因此要迫害和虐待我们吗?"他们的意思是,他们除开以为新的与不可思议的圣语,启示给穆罕墨德的以及从前启示给各先知者的话,都是来自上帝,因此对于这些圣语表示承认和服从外,没有其他的罪过。这是一个证据,统一之王将这个证据教给他的臣仆。

因此,假若他们不相信这些奇妙不可思议的,笼罩东西各国的圣语,同时还能以为自己是有信仰的人民吗?或者他们是应该相信圣语的启示者呢?拿他自己所造的证据来讲,他怎能不把那些承认它的人们,算作有信仰者呢?事实决不会如此,他决不至于把那些信仰和承认一体的圣语的人们,从他的慈门前赶走,也决不会对于那些依附真实证据的人们,施以恫吓。因为在他的圣诗中,他是真理的证实者,在他的言语中,他是命令的创立者!他是权威者、保证者、万能者!

因此在《可兰经》内又讲:"虽然我们授给你一本在纸上写成的书,而他们也用他们的手摩弄过,然而无信仰的人们一定要说,'这只是骗人之谈'。"(K. S. 6)《可兰经》中的语句多半是指明这一点。但是我为简明起见,只引证上面这些话。因此,在他的全书中,他指示给人们的,没有别的,只是证明他圣美的显示的话,他们还要固执着某一点而加以否认吗?不仅此也,在每种事例中,他对于那些否认和讥笑圣语的人们,都用火警告过了。所以当某人带着无数的语言、训诫、使徒书、圣语而降世的时候,一个人对于这些既没有由于别人的教导,而得着了解,怎能就加以拒绝,对于自己剥夺这种伟大的恩典呢?在灵魂脱离幽暗的躯壳以后,他们将怎样的答复。他们能说他们依据某一种传说,而不知道其究竟意义,所以就否认命令的显示,而与真实者的道路远相隔离吗?在先知者何以称为"有坚贞的秉赋"的理由中,是有一本书启示给他们,你们没有听说过吗?这是一定的。然而,信从某一个人的话,这人因为他自己的无知,将引起猜疑的话,灌入人们的心中,他是时代中的魔鬼,煽惑人民,使其不依随圣书的著作者,这个著作者是在先前就有过好几部书流传世间的,如此他们对于自己剥夺了圣恩的太阳,这怎能是正当的呢?除开这些情形以外,假若他们要避免和摒弃圣灵和慈悲者的恩典,我不知道他们将以谁为依归,以什么面貌为他们前进的目标。是呵——"在每一个门派中,都有他们依从的方向"(K. S. 2)。我们已经向你表明这两个道路,随你向哪条道路前进。这是一种真确的话,而真理之外,只是错误。

在阐明这种主旨的证据中是在每个时代内,当看不见的神格在一个常人的身上表现的时候,有些无声闻的,于世无所有的人们,向先知的太阳寻取光辉,于是就被导入启导的光明中,而得到与上帝的遇合。为着这个原因,各时代中的所谓贤明的人物就加以讥讽,以下的一节话,就是对那些错误的人们而讲的——"在他的人民间,那些不信仰的人讲:'我们看你不过是同我们一样的人,除开我们中间的那些最下贱的人一味盲从以外,我们并没有看见别的人信从你,我们也没有看出你有较优于我们的地方，我们只觉得你是说谎的人'"(K. S. 11)。

他们反对那些圣的显示者，说除开那些下贱的人，不值得人家的信用以外，没有别哪个信从他们。他们以为人民中间的有学识的有身价与闻名的人，是不相信这些显示者的。他们想拿这个事实做证据，以证明真理之保持者之不可靠。但是在这种最清楚的显示与最大的权威的统治中，有许多正直的教士、大学问家、高超的思想家，都是受了接受与遇合之杯的宠赐，得到最大的恩典，为着可爱戴者，舍弃世界。我们把这些人的名字提出几个出来，使烦闷与苦恼的人或者可因此而能平静其心境。

在这些人中间，一个是大圣莫纳·哈辛恩(Mullá Ḥusayn)，巴孛的主义的光明，由他而发射。假若这不是为着他，上帝就不会有那样的仁慈和那样的神圣。又有西特雅亚(Siyyid Yaḥyá)，他是在他的一生中，始终如一，勇敢无畏。

莫纳·穆罕墨德·亚莱 Mullá Muḥammad 'Alí of Zanján；

莫纳·亚莱 Mullá 'Alí of Bastám；

莫纳·塞得 Mullá Sa'íd of Bárfurúsh；

莫纳·林巴德·和拉 Mullá Ni'matu'lláh of Mázindarán；

莫纳·约索夫 Mullá Yúsuf of Ardibíl；

莫纳·马帝 Mullá Mihdí of Khu'í；

亚格·西得·哈辛恩 Áqá Siyyid Ḥusayn of Turshíz；

莫纳·马谛 Mullá Mihdí of Kand；

莫纳·巴克 Mullá Báqir，his brother；

莫纳·亚卜图·开莱克 Mullá 'Abdu'l-Kháliq of Yazd；

莫纳·阿赖 Mullá 'Alí of Baraqán。

与其他诸人，约有四百人，他们的名字都已载在上帝的"藏书"中。

所有这些人对于显示的那个太阳(巴孛)，是那样的承认、服从、被启迪，所以在他们中间，有许多人舍弃财产和家室，将他们自己加入到光荣之主的善乐中去。他们为着可爱戴者，牺牲他们的性命与财产。他们的胸膛成了敌人的箭靶，他们的头断在叛徒的戈矛下。世界没有哪个地方，不染有这些人们的血迹，没有哪把剑不会触到他们的颈项。他们的行为就是他们的言语的真确的充分证据。这些圣哲的人们。他们为着爱的宗旨，舍弃其生命，全世界看见他们这种牺牲的精神，都为之惊异，这对于人民，还不是一个顶好的榜样吗？有些人们只知崇拜黄金，不相信宗教，只顾及现实，不想到永生，宁舍接近的源泉，而就死湖的咸水，他们除开夺取人民的财产外，没有别的目的，对于这种人们的否认，那些圣哲者的行为还不是一个见证吗？因为他们只知道追求世界上的虚荣，根本离开了至上之主。现在我们以公正的态度评断，那些人的品行是不是可以为人效法与可贵的？他们的言行一致，表里如一，所以别人看见他们的行为、自制以及他们的身体上所受的折磨，都为之惊叹不已。或者还是那些反对者的行为可取呢？这些人除开自己的私欲外，没有别的愿望，他们不能解除虚妄的幻想的羁绊，他们醉生梦死，惟私利是务，对于圣灵的经典，则毫不予以注意。一班人民要信从这种人，对于圣哲的人们，持反对的态度，不肯信仰和承认，这是为那种法律或经典所许可的吗？圣哲的人们在真实者的善乐中，牺牲了生命、财产、名义、财务、名誉与尊荣。"殉难之主"(哈辛恩，亚莱的儿子）的事在以前不是看作最伟大的事情与他圣下的真理最有权威的证据吗？没有这样的事情在以前发生过，没有哪个真理表现出来，有这样的圣确与明显，虽然他圣下的事物只从早上延长到中午，这不是已为人宣称过了吗？然而十八年的时间已经过去了，在这个时间以内，苦难从各方面落到这些圣哲的人物身上，有如暴雨之倾降。他们是以何等的爱、感情、虔诚与渴望，自动的在可赞美者的道路上，牺牲他们的生命，这是为人人知道的事。因此，他们怎能以为这是一件简单的事呢？这种重大的事在以前发生过吗？假若这些人还不是为上帝努力者，那么，谁才是努力者呢？他们是追求荣誉、财富与势力的人吗？他们除开真实者的善乐外，还有别的目的吗？假若不管这种奇妙的证据与不可思议的行为，说所有这些人们都是虚伪的，于是要哪一种人才能称为真实的呢？我凭上帝发誓，假若人们对于命令的奥秘加以反省，这种行为对于世界上所有人们，就是充分而明显的证据，“他们行为不公正的人，随即就会知道他们自己要受别人什么样的待遇”（K. S. 26）。

而且在圣书中，真实与虚伪的表记均已判明，所以人民的声明与口实都要经过这个试金石的试验，然后真才可以从伪中分别出来。这个试金石是“愿意死，假若你们讲真话”（K. S. 2）。想想这些忠诚的殉难者，他们言语的真实是在圣书的本文中证明了，你们已经看见他们都牺牲生命、财产、妻子与他们一切所有的，而超升到天堂的最高一层中去了。然而这些崇高与伟大的人物，其承认这种崇高的主义的榜样，不为人民接受。同时那些弃宗教而崇拜黄金，阻止巴孛主义的传播，以免他们自己的势力的毁损，像这等人反为人民所信从，依照其榜样，以反对巴孛；虽然人人都知道他们没有为着圣教，舍弃他们的尊荣之万一，更何况生命、财产与其他等等呢？

你看依照圣书的原文中，神圣的试金石是如何的把纯洁的从不纯洁的中间，分别了出来，然而人民仍然不予以注意，在醉生梦死的境况中，惟现实与领袖欲是务。

呵，人子们，时日已经过去了，在这些时日中，你惟以幻想与迷信是务，而这种幻想与迷信是由你的自大心造成的。你要何时才从你的睡梦中醒悟过来呢？起来罢，因为太阳已经升到中午的时候，使它可以用圣美的光亮照耀你罢。

但是要知道以上所述的这些学问家与宗教家，没有哪个真的有领导的资格。因为在各时代中，著名的有势力的教士，他们位高势大，是决不会信从真实者，只有“为主所愿意”的那些人总有这种信仰，而且除开极少数的人外，这种事在世界上很少有的，“因为在我的臣仆中很少是感恩的”（K. S. 34）。在现时，那些有支配人民的大权的教士们，在他们中间没有哪个对于真实者有过信仰，不，他们惟以压迫有信心的人们是务，其手段之残忍，是为以前所未有过的。

至上之主（巴孛）（除开他以外，愿一切生命对他作牺牲！）对每个城市中的闻名的教士，特别写一封信，他在信中把他们的骄傲与反抗详细的分列等级。“于是你们有眼睛看的人们，学他们的榜样罢。”他讲这句话的意思，就是叫巴孛主义的信徒，在下一次复活期内的“莫斯特格斯”（Mustagháth）（Bahá，博爱）的显示中，根本不要争辩“何以在巴孛的显示内，许多有学识的教士都相信了，而在这个显示期内不如此”；上帝不许可，他们对于这些小的地方，不要鳃鳃过虑，以免失去圣美的权利。是呵，上面所述的圣哲，许多是不闻名的，但是他们因为上帝的恩典，都能不受领袖欲和虚荣的引诱，而成为虔诚与纯洁的人物。“这是由上帝的恩典，他会对他喜欢的人们，赐以同样的恩典”。

另一个证据和理论，在各种证据中照耀得如同白日的，是那个永远的圣美者（巴孛）在圣教中的坚苦卓绝。虽然他还是在青年时代，然而他具有大无畏的精神，不避任何艰难，宣布一件事情出来，与全世界的人民的意志相反，无论高下、贫富、贵贱、君王或臣民，都不与他表同情。这是人人都知道的。这除开是上帝的圣命与确定的意志以外，还是别的吗？我凭上帝发誓，假若另一个人也动这种念头，想做这种事，他就会即刻遭杀身之祸；就是你们把全世界的人民的胆量都放到他一个人的心中，他也不敢对于这种重大的事情冒险，除非他是得了圣意的许可，或者他的心是与慈悲者的恩典联合起来，他的灵魂信赖至上的恩典。对于这个，人民要怎样的解说？他们说这是疯狂，正如同他们说以前的先知者一样，或者说他所以从事这些事情，是为着领袖欲，以得到虚荣吗？

赞美上帝！在他的第一本书内——他把那本书命名为"Aḥaìyu mìn Asmá'i"（名义的自存，Self-subsistent of the Names），是所有圣书中最伟大的和最有权威的一部——他预言过他自己的殉难。在某一处，他讲过这样的一段话："呵，你上帝的儿子，我已经对你完全牺牲了我自己，我在你的道路上对于别人的辱骂，处之泰然，我不想望什么东西，只是在你爱中的死，所以对于崇高者、保护者、先存者之上帝，这是充分的见证"！

因此他又在下一段话中，表示他殉难的决心，"我好像听到有一个人在我的内心中喊着——'你在上帝的道上，牺牲你所最宝贵的东西罢，正如同哈辛恩（祝他平安）！在我的道路上牺牲自己一样'；假若我不是顾及这种真的奥秘，我的灵魂是在他的手中，就是世界上所有君主与帝王都集结起来，他们不能从我这里拿去一个字，更何况那些无关重要的臣仆，他们都是被天意厌弃的人们呢？他们可以知道我在上帝道路上的忍耐、顺服与牺牲的程度"。

能说这些语句的著作者除开为着上帝的宗旨，还有别的目的，或除开他的善乐以外，还有别的愿望吗？在这一节话内含有这样的一种卓越的见识，如果宣示出来，所有的人们都会愿意牺牲他们的生命与舍弃他们的灵魂了。你想一想人民的无知与麻木，他们对于这一切，把他们的眼睛闭起来，反想追随于那些死体[①]之后，这些死体是造成信仰者的痛苦的原因，他们对于圣哲的先知者，是作怎样的无稽的攻击！如此我对你叙述了经那无信仰的人们一手所造成的事实，他们在复活日中，逃避与上帝的遇合。上帝要惩罚他们的无信仰，而且在他们的肉体与灵魂毁灭了以后，给他们预备一种刑责。这是因为他们讲过，"上帝不是在任何事情中，都有权威的，他在恩典中，袖手不给"！在这个主义中，坚忍是一个大的证据与有权威的理论。先知者的最后者讲："两节话把我弄老了。"两者都是关于在上帝的主义中的坚忍的。《可兰经》上讲："你要坚忍，因为你是如此被命定了的。"(K. S. 11)

你看在他的幼年时代，这位圣哲是如何的把上帝的主义宣扬出来，而何等的忍耐精神是从那个一体的圣美者表现了出来。虽然全世界的人们联合起来压迫他，也不能发生效果。他们陷害他愈甚，他的热诚愈见增加，而他的爱火是燃烧起来了。所有这些事实都是清楚的，没有哪个加以否认。最后他死了，超升到至上之友那里去了。

在巴孛的显示的证据中，是权力、统治与权威，这些从那个生存的显示者与可爱戴者的表现者，发布出来，遍及全世界各地。虽然那个圣美者是降生于希拉兹（Shíráz），在这个"六十"之年中，把障碍铲除，然而在短时间内，那个实体之实体与海洋之海洋者的权力，统治与威严的表记，是在各国间成为那样的明显，于是那个天中的太阳的踪痕、表记、证据与征象，是无论在哪一个地方都表现出来了。许多纯正与贞洁的人们都有了那个永远的太阳的表现，而那种直觉的学问的光辉是笼罩于人们间。虽然各地的教士与权贵者都起来压迫他们，充满着嫉恨与残忍去铲除他们，杀害了许多圣哲与公正的人，用最不公正的判断与最残酷的刑法，许多有灵性的人，表现纯粹的学识与行为的，都是死

① 指当时的一班毛拉（Mullas）与教士。

在他们的手下，然而不管这一切，这些人们是为上帝而努力，直到临死为止，然后他们超升到天国中去了。他影响于这些人们，而改变了他们有如此其甚，所以他们除开他的愿望以外，没有别的目的，除开他的命令以外，不想望任何事件。他们顺从他的善乐，把他们的心依附他的思想。

试想着，这种权威与势力在世界上，从别的中间表现出来了没有。所有这些纯洁与虔诚的人们，都是以绝对的顺服态度，服从天命。在痛苦的期间，他们只是向上帝感恩，在受磨折的时候，他们只是逆来顺受。这是显然的，世界上的人民，对于这些人，都是怀着极深的憎恨，因为他们以为虐待和压迫这些圣哲的人物，可以促成他们的繁荣、解放、永久的成功与利益。从亚当的时候一直到现在止，像这种事变以前在哪个地方发生过了吗？或者这种骚乱在人民间发现过吗？不管他们的痛苦如何与怎样的受害，他们是成了人民诅咒和攻击的目标。这好像是忍耐在人类中是发源于他们的自制，信实在世界上是产生于他们的行为中。

简言之，你要对于这些在以前发生过的事实，加以反省，使你能领悟这个主义的伟大与重要。于是你就可以由慈悲者的恩典，平静你的心绪，休息和居住于笃信的宝座上。唯一之上帝证明，假若你们稍加思索，就会发现除开在上面所述的这些事实和证明外，就是世界上的人民的诅咒与反对，也可为那些圣哲的人物的真理的最大证明与有力的证据。当你对于人民，包含教士，知识分子与无知者等的反对，加以反省时，你就会在这种主义中，成为更坚定的了，因为所有发生过的事实，都是被直觉的学问与永远的命令的源泉者预言过了。虽然我这个臣仆不愿提述先前的故事，然为阁下之故，引证一些适合此处的用处的传说。实际上讲起来，是可以不必，因为在上面所述过的，对于世界上的人民，仅够他们资以反省了。实际上，所有一切圣书与道理，都包含在这个简单的叙述以内了。要是一个人稍加思索，他就会从前面所述的文字内领悟到圣语与事实中的奥秘，这些都是从至上之王表现出来的。但是人民的程度与情形既然不一致，我们可以再引证几种传说，以免除人们的疑惑，使得他们的意志坚定起来，而且圣灵的证据，对于无论高下的人民，可以因此补充完足。

在这些中间的一个，是，“当真理的准则表现出来的时候，无论东方和西方的人民，就会加以诅咒”。一个人应当饮一点辨认的酒，把他自己树立在坚毅的座位上，而注意这一句话：“一小时的反省胜过七十年的虔诚奉祀。”由此以发现人民的这种卑下行为的原因，他们不管爱的宣示与真理的追求，只是在显示以后诅咒真实者的信徒，如在上面的传说所讲明的。这是显明的，这种事情之所以发生，只是因为先知者降世，把人民从来所固守着的风俗、礼仪与习惯等，加以更改，所以遭人民的反对。假若慈悲的圣美者对于人民固有的风俗与礼仪表示一致，不置可否，那就不会有这种纷争与变乱在世界上发生了。这种祝福的传说是被以下的话证实了：“在那一天，领导者召集人类到一个可反对的事情中去。”(K. S. 54)

总言之，一体的领导者，在圣灵帐幕后，既(编者按：即)是指示人民遵守与他们绝对相反的事情，而这种神圣的启导，既(编者按：即)是违反他们的欲望，所以就有这许多事变发生。

你想一想，人民对于这些有根据的传说，都已经实现过的，就绝对不提，对于那些成为疑问的传说，则一点不放松，责问何以这些传说没有实现，虽说有些为他们意想不到的，是仍然实现了。真实者的表记与征象是如同中午的太阳一样的明显，然而人民还是盲然无所见。虽然《可兰经》中的诗节与已证实的传说，许多是指一个新的法律与命令、一个新的主义，然而他们还在等候那个预期的人来，制定与《可兰经》内的法律相符的经典，正如同犹太人与耶教徒一样。在指着一个新的法律与新的天运而言的原文中，有赖巴(Nudbih)在祷告中的词句：“那个人，他是被保留着，以革新规律的，是在哪里？那个人，他是被选择了，以改造宗教与法律的，是哪里？"这在 Zíyárat（亚莱所著的书名）内也讲过："祝新来的真实者平安。"阿赖（Abú-'Abdi'lláh，穆罕墨德的第六个弟子）被人问及马蒂的性格时，他回答说："他会做上帝的先知者（穆罕墨德）所做过的，他会被破坏所有在他以前的东西，正如同上帝的先知者废弃了 Jáhilìyah[①] 的事情一样。"

你想一想，虽然有这许多相类的传说，然而他们还是如何的想要证明法规的永久性，不知道每个显示的目的是为着改造，使世界进化，无论公共的、私人的、外表的、内在的，都是不能永久不变的。假若世界上的事一成不变，则新的显示为多事。这是在"亚维廉"（'Aválim）一书中讲过，"一个青年人，他带着新的圣书与新的法律，会从穆罕墨德的徒众中出现"。这是一本有权威的书，接着又讲："他的敌人，大多数是教士。"在另一处，又载着沙的克·伊卜恩·穆罕墨德曾经说过："一个青年要从穆罕墨德的徒众中出来，他誓必忠心于他，以告诫人民，他会有一本新的圣书，他要领导人们去承认这本对于亚拉伯人是可憎的新圣书。当你听说他，赶快去依附他罢。"他们把回教的遗训是怎样忠心的实践了！虽然这是讲过："倘若你听到一个青年的回教徒出世，劝导人民信仰一本新的圣书与新的至上的法律，你就要即刻去归顺他，"然而他们对于那个生存之主，还要表示不信仰与背叛，并不依顺那个圣哲的人物，只是对他怀着极端的恨意，或以刀剑相向。而且在圣书中，教士们所抱的敌视态度，是如何明白的叙述过了。虽然这些传说与引证是明显的、证实了的，然而人民对于学问与声述的显明的实质，是掉头不顾，反依随那些错误与反叛的人们；他们不管那些已经宣示的语句和载明的传说，只由着利己心的冲动，随便乱说。假若真理的实体者宣示一个与他们的愿望和自大心相反的解释，他们就会即刻攻击他为反叛，并且说，"这是与我们的教义相反的，没有这种命令载在那无可否认的法律中"；正如同现在许多人所讲的那些无益的话一样。现在我们想一想这一段传说，所有这些事情是如何的在以前都说到了。在"亚滨"（Arba'ín）（传说之书）一书中载着："一个青年要从回教的徒众中出现，他有新的法律，他会劝导人民，但是没有哪个理会他，他的仇敌大多数是教士。当他告诫一件事情，没有人听信他，但是他们要说，'这是与我们回教的教理相反的'；"如此的在传说中讲下去，一直到末了为止。在现时，各人是说着同样的话，不知道他圣下是坐在"他做他所愿做的事"的宝座上，与树立在"他命令他想命令的事情"的席位上。

没有哪种知识能悟解他的显示的性质，没有哪个学问能理解他的使命的范围。所有话语都需要他的认可，所有事情都要得他的批示。世界上的一切都是由他的命令创造出来的，受他的指导而存在。他是神灵的奥秘的显示者，永远的深识的说明者。如此在"Biháru'l-Anvár""Aválim"和"Yanbú"（三本传说书）各书中载着沙的克·伊卜恩·穆罕墨德曾经讲过："学问是二十七个字母，所有在以前被先知者阐明出来的，是二个字母，一直到现时，人民只知道这两个字母。但是当格以姆出世后，其余的二十五个字母会表明出来。"

你想一想，他表明学问是二十七个字母，所有以前各先知者，从亚当起到穆罕墨德止，一共还只解释了其中的两个字母，而他们是为着这两个字母派遣出来的。他又讲格以姆会把其余的二十五个字母表明出来。从这个解释中，我们可以了解大圣巴孛的地位和等级。他的等级是比所有一切先知者更伟大，他的使命是比所有圣哲的学问与理解更崇高。先知者、选民和圣哲者所不知道的事情，或者他们因为上帝的不可规避的命令，没有宣布过的，这些无价值的人们反用他们有限的思想与知识

① 在穆罕墨德降世前，派根（Pagan）地方的阿拉伯人的无知的状况。

去猜测，而发现其有与他们的愿望相反之处，就加以否认。“你以为他们中间的大多数听到或知道吗？他们只是像野蛮的兽类一样，是呵，他们离开真理的道路要更远哩。”(K. S. 25)上面所述的传说是清清楚楚的指明隐秘的事实，与在他圣下时代内的不可思议的新事实，他们对于这种传说，又将怎样的解释呢？这种新的事实会使得人民发生异议，有如此其甚，所以宗教家与教士们会叛处他圣下与其徒众的死刑，而全世界的人民会一致的起来反对。在“法帝马的书”(Tablet of Fáṭimih)中，耶布(Jábir)所著者“凯费”(Káfí)传说，讲到格以姆时，就有下面的一节话：“摩西的完善、耶稣的光荣、桥布的忍耐，他一人要兼而有之，他的朋友在这个时候要受屈辱，他们的头会是如同土耳其人的头一样，被别人当作礼物相送，他们会被杀害、被焚毙，他们会时时受恐怖的袭击，世界上会染上他们的血迹与惨痕，他们的妻室要哀号；这些人们诚然是我的朋友。”

你看在这个传说中所讲的，现在是都已实现了，因为他们的圣血洒遍了各地，他们成了每个城市中的囚俘，在城中与乡间被人领着游行示众，最后有些就被焚毙了。然而没有哪个想过，假若格以姆要按照先前的法律与经典降世，那么为什么有这种传说产生，与这些纠纷发生，使得那些徒众的死好像是应该的，那些圣哲者的伤害是视为达到接近的峰顶的道路呢？

而且，你看这些已经实现的事实与行为是如何的在先前的传说中，也载过了，如在“罗斯凯费”(Rawḍiy-i-Káfí)中解释“左拉”(Zawrá)所讲的即是。在罗斯凯费中载着瓦赫(Mu'ávíyih, son of Vahháb)的事，亚卜达拉(Abú-'Abdi'lláh)讲：“你知道左拉吗？”我讲：“我可以为你牺牲吗？他们讲这是在白格达得吗？”他讲：“否。”于是又接着说：“你到过那个莱尔城吗？”“是的”，我回答他。他问：“你到过那个牛市场吗？”“是的！”“你看见在路的右旁的那个黑山吗？左拉是在那里，他们会在那里杀害某些人的八十个孩子，所有这些孩子都是没有罪过的”。“哪个会杀害他们呢？”我问他。他讲：“波斯的人民！”

这就是他圣下的徒众所遭遇的情形，前面已述过了。因此，按照这个传说，左拉就是在莱尔地方。在那个地方，这些徒众是死在最残酷的刑法之下，而所有这些圣哲者，按照传说所讲，都是被波斯人杀害的。你已经听到这种事实了，这对于全世界的人们也是很明显的。所有这些事情既有如同皎日之明朗，为什么这些人们不对于这些传说加以反省呢？他们为着什么理由，不向真实者前进呢？为什么因为别的传说，其意义为他们所不能懂解的，他们要离开真实者的显示与上帝的圣美，而自居于地狱中呢？这些事情只是由于各时代中的教士与宗教家的否认而发生的。关于他们，沙的克·伊卜恩·穆罕墨德说过：“那时的宗教家在天的阴霾下会是教士们中顶恶毒的。恶化由他们而发的，会仍还到他们。”

我们请求比央的宗教家与教士们不要如此行事，不要加害神圣的实体、至上的光明、绝对的永生与上帝的终和始的显示，不要依恃有限的知识与思想，不要对于至上无限的学问的显示者表示恶意。然而不管我们的劝告是如何的诚恳，那个误入歧途的人，他是人民的首领，还要实行他的高压手段。于是各地的人民也会一齐起来压迫圣美者。那个生存之王的徒众与愿望者的实体会逃避到深山之中与荒漠之地，以避其势焰。同时有些人会逆来顺受，将生命置诸度外。事实已经表现过了，那个号称有最大的敬心与德行的人，人民以服从为天职，他的命令是没有哪个敢违抗的，会向哪个圣树的根源宣战，会以最毒辣的手段实行压迫。这就是人民的性质。

我们希望比史的人民可以受着训练，使他们可以超升到圣灵的世界上，居在天宫中，于是他们就可以从一切中间，把真实者辨别出来，体认伪与真之分别。但是在现时，人民充满着妒恨的情绪，我凭万物之教导者发誓,从世界的初期——虽然这没有初期可言——直到现在止,没有这种妒恨,仇恶在以前发生过。因为有许多人,不知道公理为何物,只以挑拨离间为事,一齐反对我这个臣仆。各方面都以我为攻击的目标,我乃成为众矢之的了。虽然我们不想在任何事情中,得到令誉,也没有与人竞争取胜的举动,我们对于人人是顶亲热的朋友,与人共患难,在高贵的人之前,我们是绝对的谦卑顺服,然而凭上帝讲,敌人与教士所施之陷害与虐待与从前所施于巴孛教徒者相比较,还算不了什么。

简言之,我们将何以置辞?因为世界上要是有公论,也决不让这种事重演。要是我在来到这地方之前,知道将来一部分要发生的事,那我们在那时以前,就会要离去,遁入荒僻无人烟的地方,在那里过两年孤独无群的生活。我们的泪如泉涌,我们的血在奔流,我们在许多日子内没有进食,我们的身体许久得不到安息。然而不管这些艰难困苦是怎样——凭着上帝,我们的灵魂全在他的手中——我们处之泰然,安之若素,因为我们不注意幸福的损失或身体上的痛苦的。我们只认识自我,不管其他一切。但是上帝的经典是超乎想象之范围之外的,他的命运之箭是无可逃避的。人们对于经典与他的愿望,只能服从。我们凭上帝发誓,我们无意规避这种放逐,也不希望以后有释放的可能。我们的惟一目的,只是避免为人民议论的目标。与使徒众骚扰的缘由,避免伤及别人的情绪或引起人的忧愁。除开这些以外,我们没有别的意念与目的,然而人们总要随自己的高兴,发表对于我们的意见。最后释放的命令发布了,我们自动的服从了。

我们被释放了以后,所遭遇的情形,简直非笔墨所能形容。在两年中,敌人用最大的努力,想方设计毁灭我,这是大家知道的。然而没有哪个亚巴孛肯对我予以援助,而且不仅不援助,接连不断的攻击,无论在言语上和行为上,都是如暴雨一样,向我施放。但是我早已将生命置之度外,对于这一切,都是处之泰然,惟愿由神圣者的恩典,这个著名与在前面述过的字母,可以牺牲于上帝的道路上。要不是为着这个意志——凭上帝,圣灵在他的命令中宣示词语——我们不会在这个城中停留一分钟,"因此上帝是充分的见证"。我们用"除开上帝以外,没有哪个有权威与力量,我们只是属于上帝的,我们会回到他那里去"(K. S. 2)结束我们的话。

有智慧的人,饮过爱的美酒者,不曾想法,以满足自己,对于表明这种不可思议的主义与无比的圣的显示的证据与理论,他们比第四重天的太阳,看得更为清楚。你看人民离开圣美者,服从自己的私欲,不愿一切在《可兰经》中所载着的正确的语句与引证,不顾《可兰经》在人民间是圣灵的信托,不顾一切比解释更为明显的传说,统统摒弃不管,只斤斤于某些传说的表面上的意义,觉得是不与他们所知道的相符,真实的意义又非他们所能悟解。如此。他们被剥夺了光荣者的圣酒与永生者的圣美的流泉。

你想一想,就是那个光明的实体的显示的日期也在传说中载着了,然而他们也不介意,更不减去一点自利的欲望。

在这个传说中,穆伐塞尔(Mufaḍḍal)询问沙的克说:"呵,我的主,他的显示的表记将是怎样的呢?"于是他答:"在第六十年中,他的主义会表现出来,他的陈述会提高。"

简言之,有这样明显和清楚的引证,一班人民还要舍弃真理,真是一件稀奇的事。譬如,所加于那个圣灵的实体者的忧愁,虐待和囚禁,是在以前的传说中就叙述过了。在"博赫(Biḥár)"(回教中一本有名的传说)中讲:"我们的格以姆要表现四个先知者的四种表记,就是摩西、耶稣、约瑟和穆罕墨德。摩西的是恐惧和先知,耶稣的是代表他所说的,约瑟的是囚禁和虔敬的面貌,穆罕墨德的是如同《可兰经》的表记。”不管这个传说是如何的正确，把一切事情描述出来，如同已实现过似的，还是没有一个人介意，我们想在将来也不会有人介意，只有那些为主所愿意的人是例外，“所以上帝使得他所喜的人听到，但是决不会使得那些在丘墓中的人听到”。

神圣的鸟与永生的鸽子有两种声述，这对于阁下是显明的一件事。一种是直述的，没有隐语或暗示，所以这个可以为明璨的路灯，行人由着这路灯的指导，可以达到圣哲的峰巅，而追寻圣道者可以引入一体的宫中。这就是上面所述的那些明显的记载与清楚的圣语。另一种是寓意与暗示的语句宣示的，以表白隐藏在嫉妒者心中的意思，暴露他们的隐衷。所以沙的克·伊卜恩·穆罕墨德说过，“上帝会要考验和锻炼他们”。这是神圣的秤衡和永远的试金石，他用此以考验他的人民。除开有平静的心绪，圣洁的心灵和高尚的思想，是没有哪个能懂得这种语句的意义。在同类的语句中，如果只有字面上的意义为人民懂得，非上帝之所望也。所以又讲：“每种学问有七十个意义，人民只懂得其中的一个；但是当格以姆降世时，他会把其余的意义在人们中间宣布出来”。又讲：“我们说一个字，有七十个不同的意义，我们能把每个意义给解释出来”。

简言之，这些事情之所以要叙述出来，就是要使得人民不致因某些传说与声述而感受苦恼，这种传说与声述的表记还没有在统治的世界上表现，但是总要使他们知道他们的迷惘是因为自己缺乏理解而起，不是因为传说的意义没有实现之故。因为回教的意旨，如在传说中所指明的，不是这班人民所能了解的。因此人民不要在这种题目中，对于自己把恩典剥去，但是要向其监守者询问，于是一切奥妙或者不受蒙蔽，而能清楚的表露于外。

但是在世界的人民间，找不到一个人是真理的追寻者。或者关于艰深的问题，他会趋向一体的显示者。所有人们都是住在隔膜之乡，服从凶恶与背叛的人们。但是上帝会按照他们的行为对待他们，会忘记他们，正如同他们在他的时日中，忽略了他的遇合一样。如此那些否认圣道的人，要受惩处，他要惩处那些否认他的表记的人们。我们用他的言语，结束我们的话（他是崇高者呵！）——“无论人规避慈悲者的劝告，我们就要给一个魔鬼给他做朋友”（K. S. 43）。“无论何人规避我们的劝告，他就要过愁苦的生活。”（K. S. 20）

上面所述的是如此，假若你们是有理性的，当能了解了。

著者为“B”与“H”（“Bá'” and the “Há'.”，博爱）。

那些听了在沙谷拉提的鸽子的仙音者，祝他们平安！光荣的主，至上者！

大同教与人心的改造*

曹云祥

现在中国的国民思想，是新旧交替，青黄不接，有如失舵之舟，脱羁之马，无所适从，因之社会不安宁，国家多变乱！同时外侮天灾，又交相并迫，中国人民现时真是处于水深火热之中。要挽救这种局面，据我个人意见，须先从精神方面改革着手。

大同主义实在是极渊博的道德思想，宣传世界大同与人类一体，适合现代的思想，可以造福人类，与中国的民族心理，极相符合，是八十余年前波斯博爱和拉(Bahá'u'lláh)所创兴的。从来各教都分门别户，互相倾轧，唯大同教承认各宗教的根本真理是一致的，虽有时代和环境的不同，其原来的宗旨是没有不同的。所以大同教的信徒不唯不仇视其他的宗教，而且极欲研究各教的教义，以收集思广益之效，而冶各教于一炉。大同教的真理为"博爱"，犹太教、耶教、回教都是同出一源，根本原则均为"爱人如己"，佛教的主旨是"慈悲为怀"，孔子学说的中心思想为"忠恕"，由此可知各教的根本基础，都是大同小异，所含的道德真理相互类同的。

八十余年前波斯博爱和拉阐明大同教之十二条教义如下：

一、独立研究真理(扫除偏见与迷信)；

二、各宗教的根本基础相同，须有统一；

三、宗教为仁爱与和平的根源；

四、宗教与科学理论不可不一致；

五、世界人类完全平等；

六、男女完全平等；

七、保障世界和平，设立国际裁判所；

八、推行世界语；

九、普及教育(女子教育更宜注意，因母教为儿童教育的基础)；

十、工作普及(无论何人，皆须从事工作)；

十一、调济贫富间之经济不均(解决民生)问题；

十二、承认神明为统一者。

大同教虽只有数十年的历史，但其信徒已散布全世界各国，且有团体的组织，其成效之显著，非他教所能望其项背，这就是他的教义适合现代的需要，与世界各国都有欢迎这种宗教的心理的证明。

---

* 原载《自由言论》1933 年第 1 期。

大同教徒能安分守己，待人接物，莫不和蔼可亲，假若全世界的人民都能有大同教徒的精神，这世界恐也不致像今日这样混乱了。八十余年前波斯本是专制政体的国家，受英俄各国的压迫，外交失败，疆土日蹙，国民智识浅薄，各教信徒互相残杀，惨无人道，民不堪命，国家运命，奄奄一息。幸大同教徒提倡博爱与和平，遵守教义，自愿为教牺牲，提倡男女平等，实行普及教育，注重科学及职业教育，因此人才辈出，政府与社会对于大同教乃一变其向来仇视的态度，而大加推重。现在波斯在政治方面已颁行宪法，设立议会，关税得到自主，治外法权亦已取消，国势颇有蒸蒸日上之势，非八十年前的波斯可比，其改造之神速，令人惊奇，其故无他，即人心一经改造，每能奋发有为，以求打破恶劣的环境。

国人中如有提倡道德以挽救人心之愿望者，当提倡大同教。因为在养成德性和提高精神文化的各种方法中，就个人研究所得，以提倡大同教为最易发生效力。大同教的信条含义广大，集各教义精华，解释合理，并无迷信，适合现代心理，易于领悟，便于普及，信之行之，良心自得培养。如国人加以信奉，友爱精神不难勃发，在不久的将来，即可产生真正的同胞观念与坚固的团结心，一洗从前互相倾轧与彼此仇视的态度，以及争权夺利假公济私的行为。如此人心乃得赖以挽回，而国事庶乎有豸。

大同教对于预言之实践*

爱斯猛著，曹云祥译

译者序

大同教冶各教于一炉，以博爱为宗旨，以和平为鹄的，提倡人类之一体与世界之大同，而不斤斤于仪节与陈腐信条之束缚，实为现代新兴之开明宗教，适合时代需要与吾国国情，曹云祥先生有见于此，特将大同教理书籍迻译多种，以介绍于国人之前。首先出版者为新时代之大同教一书，原著者为爱斯孟博士，对于大同教之历史与教义，叙论极为详尽，译笔亦极畅达。原文中有关于预言之实践二章，因引证圣经与耶教旧约宗教可兰经中之预言过多，读者若非耶教徒与回教徒，不易引起兴趣，反而多生疑难，故未经译出。惟大同教自经曹先生介绍以来，已渐引起国人之注意，本社为使读者得窥该书全豹起见，特将此二章译出，另订单行本发行。大凡先知先觉者本其特殊之聪明与渊博之学问，对于社会情形，观察透彻，对于历史往事，了若指掌，故预言将来之事，未有不中者。亚卜图博爱在一九一二年时，预言欧洲大战之爆发，即系根据当时国际情形，断定此事之不可避免，并非如神妙之不可测也。

1932 年 9 月 30 日于上海

大圣博爱和拉是上帝的显示，是上帝在他的一切圣书，如新旧约与《可兰经》中所期许的人。

——亚卜图博爱

预言之解释

The Interpretation of the Prophecies

预言的解释是极端的困难，而一班宗教家解释预言的意见又极不一致。这本不足怪，因为按照各种经书上所载的预言，有很多是难于了解，要等到这些预言应验了，其意义才能显明，然而这也只为那些心情纯洁而无偏见的人们所明白。如此在《旧约》内《但以理书》中载着，“但以理呵，你要隐藏这话，封闭这书，直到末时，必有多人来往奔跑，知识就必增长。我但以理观看，见另有两人站立，一

* 上海大同教社，1933 年 4 月。

在河这边，一在河那边。有一站在河水以上，穿细麻衣的说："……我听见这话，却不明白，就说我主呵，这些事的结局是怎样呢？他说，但以理呵，你只管去，因为这话已经隐藏封闭，直到末时。"[①]

假若上帝把预言隐秘起来，要等到预期的时候，于是就是对于讲出这些预言的先知者，也不把意义完全宣示给他们知道，那末我们除开希望上帝所派遣的使者，会把预言中隐秘的意义宣露外，就不能希望别人了。预言的历史与其在过去各时代中之被人误解以及先知者的郑重警告，我们如果对于这些加以反省，对于预言的真实意义与其实现的情形，我们就不会随便相信一班理想家的论断了。另一方面，当其人出世，声称将实现预言时，我们定要以开朗的无成见的心胸去检查他的声明。假若他是一个欺骗者，当然不久就要被人发觉，对于我们也不能有什么害处。但是任意排斥上帝的使者，只因为他降世的形式与时期非一班人所期望的，那就是大错而特错了。

博爱和拉一生的言行证明他是一切圣书所讲的预期者，他有权力打开预言的封印，而将神秘圣奥中的"年久原封未动的美酒"倾露出来。让我们赶快去听他的解释罢，在他的解释之下，我们再行检查先知者所讲的秘语罢。

主之来临
The Coming of the Lord

在"最后的时日"中之主的来临，是一个"悠远的圣神的事体"，所有先知者对于这件事都引领企盼，多方歌颂。然而所谓"主之来临"，到底是什么意义呢？自然上帝总是在他的人民之间的，"他是近在咫尺之间，如手与足之一刻不相离。"但是人们不能看见上帝的形像，也不能听到他的声音，所以不能了解他的存在，除非他在一种显明的形式中，表现他自己，用人类的语言，告诫人民。为表现他的高超的性格起见，上帝是每每的拿一个常人作他的工具。所有先知者即为上帝与人们间之中间人，由这中间人之介绍，上帝乃与人们亲近，与人们交谈。耶稣是一中间人，而耶教徒视耶稣之降世如上帝之来临，是完全不错的。他们看见耶稣的容颜，即如看见上帝的面貌，他们听到耶稣的言语，如闻上帝的声音。博氏告诉我们，万军之主，永远的天父，世界的创造和改善者之来临，按照所有以前先知者所讲的，是要在"时代的终点"内实现，这意义不是指别的，是指上帝要在一个常人的身上，显示他自己，如他借耶稣显示他自己一样，不过在这一次内，这种显示要成为更完满与更光荣的而已，而所有在以前的先知者如耶稣等，他们降之世，都是为着要训练人们的心情，以作接受此次伟大显示的准备。

对于耶稣降世的预言
Prophecies about Christ

犹太人因为不能了解关于救世主的统治的预言的意义，就排斥耶稣，对于这一件事，亚卜图博爱

① 《但以理书》第十二章第四节至十节(Daniel Ⅻ,4-10)。

有着下面的一段话：

“犹太民族现时还在等着救世主的降临，日夜祷告上帝，以促其早日来到。耶稣降世后，他们反对他，把他杀害，说：‘这不是我们所盼望的人。看吧，当我们的救世主来了，一定有许多奇异的征兆，证明他是我们的真救主，我们是知道这些征兆的，不过还没有显示罢了，这位救世主会在一个无名的城市内出现，他是坐在大卫的宝座上，而且在他的手里握着钢剑和铁笏来统治人民。他会实行先圣的言行，他会征服东西各国，他会光荣他的优秀民族犹太人，他会使世界和平，在这个和平的状况中，就是野兽也不会伤人，狼与羊同饮，虎与鹿同睡，蛇与鼠同巢，各种动物都是安闲自在。’

“犹太人的思想和言语是如此，因为他们不懂得《圣经》，不懂得其中所含的真理。他们只知道依照字面上解释，其精义所在，他们是一点也不能了解的。

“诸位听着，我现在要把真实的意义解释出来。耶稣虽然是生在拿撒勒地方，不是什么无名城市的人，但是他是天意使之降世的。他的身体是玛丽生的，但是他的伟大精神是天赋的，他以舌作剑，将善与恶，诚与伪，忠实与叛逆，光明与黑暗，分别出来。他的言词如同快剑一样，锋利无比。他所乘的宝座，不是可以毁灭的物质的宝座，是永垂不朽的荣誉的宝座，他复述并完成了摩西的教训，他履行所有先知者的言行。他的言语征服了东西各国，他在世界上有不可磨灭的力量。他感化了一班能了解他的犹太人，这些人都是出身微贱的男女，因为与他亲近之故，为他的人格与思想所熏陶，都成了伟大的人物。有许多民族，因为种族的偏见，以前分崩离析，常以刀兵相见的，自受了他的感化之后，到现在居然能化干戈为玉帛，彼此互相友爱和睦起来了。”①

大多数的耶教徒，对于这些指着耶稣而讲的救世主的预言的解释，都予以接受，但是对于指着后来的救世主而言的同等的预言，他们就与犹太人采同样的态度，希望有一个大奇迹发现，预言会照字面上所讲，一字不改的实现。

关于巴孛与博爱和拉之预言
Prophecies about the Báb and Bahá'u'lláh

按照大同教的解释，讲到“时代的终点”“最后的时日”“万军之主”与“永远之天父”之来临的那些预言，不是指耶稣的降临，是特别指着博氏而言的，譬如载在《以赛亚书》中的著名的预言如下：

“在黑暗中行走的百姓看见了大光，住在死荫之地的人民，有光照耀他们……因为他们所负的重轭，和肩头上的杖，及欺压他们的棍，你都已经折断，好像在米甸的日子一样。战士在乱杀之间，所穿戴的盔，并那混在血中的衣服，都必作为可烧的，当作火柴。因有一婴孩为我们而生，有一子赐给我们，政权必担在他的肩头上，他名称为奇妙、策士、全能的神、永在的父、和平的君。他的政权与平安必增加无穷，他必在大卫的宝座上，治理他的国，以公平公义，使国坚定稳固，从今直到永远，万军之耶和华的热心，必成就这事。”②

这是预言之一，从来人民均以为这个预言是指耶稣言的，其中的语气亦颇有点相似，但是我们稍

---

① 《亚卜图博爱之箴言》六一页。

② 《以赛亚书》第九章第二至第七节。

加思索之后，就会发现这个预言实在是指着博氏而言的。耶稣固然是一个光明的带送者与救世者，但是于他降世以后，差不多有二千年之久，世界上的人民仍然是在黑暗中行走，以色列的儿女与其他许多上帝的儿女仍然是在压迫之棍下呻吟。另一方面，在大同教的时代中，不过数十年之久，真理的光辉即已笼罩东方与西方，上帝的父道与人类兄弟之道的福音，已经传布到世界各国家内，强大的军人独裁政治在世界上是已经被推倒了，国际联盟诞生，给予世界上被蹂躏与被压迫的民族以急速之解放。动摇世界的大战，在大战中所使用的以前所未有的军火、毒气、炸弹、飞机等，诚然是上面预言中所讲的"作为可烧的，当作火柴"。博氏著述长文，讨论政府与治理的问题，阐明这个问题如何可以得着最妥善的解决，他是把"政权担在他的肩头上"，这是耶稣未曾行过的。至于这些名称，如"永在的父"、"和平之王"，博氏曾再三声明他自己是父的显示，关于父的事是耶稣与以赛亚曾经讲过的，耶稣称他自己为子。博氏又宣称他的使命是促进世界之和平的，但是耶稣讲："我不是送和平的，是送一把剑的。"事实上，在耶教的时代内，是时时有战争发生的。

上帝的光荣
The Glory of God

"博爱和拉"这个称呼，在亚拉伯文内是"上帝的光荣"，从前希伯莱的先知者常用这个称号以代表在最后时日中降世的预期者。如此在《以赛亚书》第十四章内载着下面的话：

"你们的上帝说，你们要安慰，安慰我的百姓。要对耶路撒冷说安慰的话，又向他宣告说，他战争的日子已满了，他的罪孽赦免了，他为自己的一切罪，从耶和华手中加倍受罚。有人声喊着说，在旷野预备耶和华的路，在沙漠地修平我们上帝的道。一切山洼都要填满，大小山冈都要削平，高高低低的要改为平坦，崎崎岖岖的必成为平原。耶和华的荣耀必然显现，凡有血气的必一同看见，因为这是耶和华亲口说的。"

这个预言，是与上面的预言一样，因耶稣与有先驱者约翰之降世，有一部分的实现；但是仅仅只有一部分，因为在耶稣的时代内，耶路撒冷的战事并没有完结，在以后的几世纪内，这个地方仍是在极端纷乱的状态中。但是自巴孛与博氏降世后，才有更圆满的应验表现，因为耶路撒冷的光明时代已经黎明了，而它将来永久的和平与光荣的希望，好像已得有充分的保障。

其他的预言，讲到以色列的改善者，主的光荣时，说这是要从东方的圣地，从太阳升出的地方来的。博氏是降生在波斯，在派勒司丁的东方，他又来到圣地，度过他最后二十四年的生活。假若他是自动的来到这地方，人们还可以说他这种行为是骗人的勾当，有意要照着预言中所讲的做；但是他是一个失了身体自由，而被放逐来到此地的，他是被波斯的皇帝(Sháh)与土耳其的苏丹送来的，这两个暴君决不会有利于博氏的计划，他们之所以要放逐博氏到此地，是特意使他受苦的，但是恰好应验预言中所讲的，使博氏能宣称他是"上帝的光荣"这是由天意所主使的。

上帝的日子
The Day of God

"日"这一个字在"上帝之日"与"最后之日"的这些成语中，它的意义是"天运"。每个伟大的宗教的创始者都有他的"日子"。每个人是像太阳一样，他的教义有黎明的时期，等到教义中的真理渐渐启迪了人们的心智，势力趁涨起来，就如同太阳上升到了天空的顶点。于是他的势力又会渐渐的消散，其教义为人误解与破坏，黑暗笼罩世界，如同太阳之西坠了，要等到明日的太阳复升，人们才能重见光明。上帝的最高显示之日，就是最后之日，因为这个日子应永无终止的时候，应永无黑夜的袭击。这个太阳要永不下坠，要启导现在与将来世界上所有人们的心灵。事实上，神灵的太阳也从来没有没落过，摩西、耶稣、摩罕墨德以及其他先知者，都仍是在天空中灿烂地照耀，不过有一层云雾把人们的眼睛掩蔽，使他们不能看见这些圣哲者的光辉。博氏为最伟大的太阳，他会在最后把这种黑云驱散，使各种宗教中的人民重见所有先知者的光明，而一致的崇拜唯一的上帝，所有先知者都是反映这个上帝的光明。

关于亚卜图博爱之预言
About the Prophecies of 'Abdu'l-Bahá

在《以赛亚》《耶利米》《以西结》与《撒迦利亚》等书中，有几个预言是讲到有一个人叫枝子的，耶教徒总以为这是指耶稣，但是在大同教徒看起来，这是特指亚卜图博爱。波斯的普通习惯，是通常称长子为"最大的枝子"，亚卜图博爱既为博氏之长子，所以在大同教徒中，普通都是以此称呼他。博氏在他的著作中，常常称他自己为树，为根，称其子亚卜图博爱为枝子。亚自己也曾经写述了下面的话：

"亚卜图博爱是上帝约书的中心，是补足树的枝子。树是根本，是基础，是无限地实体。"①《圣经》中关于枝子最长的预言，是在《以赛亚书》内第十一章：

"从耶西的本必发一条，从他根生的枝子必结果实，主的灵必住在他身上，就是使他有智慧和聪明的灵、谋略和能力的灵、知识和敬畏主的灵。……公义必当他的腰带，信实必当他肋下的带子。豺狼必与羔同居，豹子与山羊同卧，少壮狮子与牛犊并肥畜同群，小孩子要牵引他们……在我圣山的遍处，这一切都不伤人、不害物，因为认识主的知识要充满遍地，好像水充满洋海一般……当那日，主必二次伸手，救回自己百姓中所剩余的，就是在亚述、埃及、巴忒罗、古实、伊兰、示拿、哈马以及众海岛上所剩下的，他必向列国树立之大旗，抬回以色列被赶散的人，又从地的四方，聚集分散的犹太人。"

亚卜图博爱评注这个预言以及其他关于枝子的预言如下：

"在无可比拟的枝子的显示日中，一件大的事情要发生的，是上帝的旗帜在各国中的树立，其意

① 《西星》第七卷，十七号三二五页。

义即为各个国家与各种民族都要在一个神圣旗帜之下，受它的庇荫，而联合成为一国。这种神圣的旗帜不是别的，就是主的枝子的本身。宗教与信仰的仇视，种族与人民间的相敌对，与窄狭的爱国心，统同在他们中间铲除干净。信仰统一宗教统一，大家成为一个民族，一种人民，共同住在世界五大陆上，世界和平由此得以实现。这个无可比拟的枝子会把以色列的人民聚集起来，这意思就是在这个时代中，从前散处在东西各地的犹太人，都会能够回居圣地内重行团聚。

“现在我们看：这些事情在耶稣的时代内，没有产生，因为在那时各国不是在神圣的枝子的一个旗帜之下，但是在这个万物之主的时代内，所有国家与人民都会在这个旗帜之下受庇荫。同时，以色列的人民，从前散处世界各地，在耶稣的时代内，不能聚居于圣地内，一到博氏降世，这种神圣的允许，在所有先知者的书中都载明过的，是开始实践了。你们可以看到现在犹太人陆续回居故土，成家立业，数目是那样的渐渐加增，不久派勒司丁就要属给他们，而成为他们祖国了。”①

在上面这一段话讲了不久之后，派勒司丁就脱离土耳其人的统治，列强允许犹太人在其故土内，建立他们自己的国家。

在大战以后，我们又有了国际联盟，以仲裁国际间之纠纷，国际裁减军备会议，以谋各国军备之共同裁减。这些都是实现预言中所讲的世界和平的进行。

判断之日
The Day of Judgment

耶稣常用寓言，说明判断的伟大之日，“人子要在他父的荣耀里，同着众使者降临，那时候他要照各人的行为报答各人”。② 他把这一天比做收获的时期，那时草莠除去了，麦子收割到仓内去了。

“世界的末了（时代的终止）就是要如此的。人子要差遣使者，把一切叫人跌倒的和作恶的，从他国里挑出来，丢在火炉里，在那里必要哀哭切齿了。那时义人在他们父的国里，要发出光来，像太阳一样。”③

“世界的末了”这一个成语在《圣经》内，如在上面的话以及同类的章节内所引用的，是引起了许多人的误解，他们以为判断之日一到，世界就会忽然毁灭。其实这个成语的意义是“时代的终了”，世界是指时代，所谓“世界的末了”决不是世界的末日到了”。耶稣告诉我们，父的国是建立在地上，同时也在天上。他告诉我们祷告：“你的国来了，你会做得在地上与天上一样”。在葡萄园的寓言中，当这园的主人来毁灭那凶恶的园丁时，他不会同时把这园（世界）也毁掉，但是要把这个租给别的好户家，能培植这个园子，按季产出果实来。世界不会被毁灭的，不过是要加以革新与改造罢了，耶稣在另一个时期内。把那一天解释为“复兴期，那时人子要坐在他光荣的王座上”。圣比得讲这一天是“复新的时期”，“万物恢复的时期，上帝从世界的开始起，就用他的先知者的口，讲过这时期”。耶稣所讲的判断之日，很显明的是与万军之主、父的降临时期相合的，这在以赛亚以及其旧约中，都由先知者预言过了，这对于凶恶者是一个可怕的惩罚的时期，但是同时在天地间，公理要树立，正义要统治。

① 《教理问答》七十五页。
② 《马太福音》十六章二七节。
③ 《马太福音》十三章四〇至四三节。

在大同教的解释中，上帝的每个显示的降临即是判断之日，但是博爱和拉的最上显示的降临，对于现代是判断的伟大日子，耶稣、穆罕墨德与其他先知者所讲的号筒声响，是显示的呼喊，为天地间的全体而响着——肉体与灵魂。与上帝的遇合只是为着那些愿意与他相遇的人们的，这是了解他，爱戴他，到天堂去，与万物栖息于仁爱中的大道。至于那些人，宁肯从己愿，不肯信仰上帝的道理，如在显示中所表白出来的，当然是要堕入自利、错误与恨心的深渊中。

伟大的复活
The Great Resurrection

判断之日也是复活或死者再生之日。圣保罗在他给哥林多人的书中说：

“我如今把一件奥秘的事告诉你们，我们不是都要睡觉，乃是都要改变，就在一霎时，眨眼之间，号筒末次吹响的时候，死人要复活，成为不朽坏的。我们也要改变这必朽坏的要变成不朽坏的，必死的要变成不死的。”①

关于死者的复活的意义，博氏在《笃信之道》(《意纲经》)一书中讲过：

“在各圣书中所载“生”与“死”的意义，是指由信仰而得之生命，无信仰而得之死亡。在每个显示期中，大多数的人民不肯相信，不能被指导到真理之光明中去，不服从永在的圣美者，就是因为不懂得在上面所讲的这层意义……耶稣讲：‘你们要重生，’在另一处他又讲：‘人若不是从水和圣灵生的，就不能进上帝的国，从肉身生的。就是肉身，从灵生的，就是灵。’(《约翰福音》第三章第六节)这意义是无论何人，如果没有受圣学之水与耶稣之圣灵的鼓舞，就不配到上帝的国中去。实际上就是讲只有那些臣仆是从灵生的，而得着每个显示期中圣哲的鼓舞者，才配称有生命、复活与踏入圣爱的天堂中，其余的人只会有死灭、疏懈与堕入无信仰与圣怒的火中……假若你们试尝一点圣学的清水，你们就会知道真实的生命是灵的生命，不是肉的生命；但是真实的生命是属于有光明的心灵者，他们饮了信仰之洋中的水，吃食笃信的果实。这种生命不会有死灭随着的，如在经上讲：‘一个真实的信仰者是在今世与来世内都活着的。’假若所谓生命是指肉体的存活，那就无疑的这种生命不久就要趋于死灭。”(八十至八十五页)

按照大同教的教义讲，复活是无关于肉体的，肉身一旦死亡，就完结了。这个腐化了，它的细胞再也不能恢复原状。

复活是一个由于圣灵的恩典，而得着精神的生活的开始，圣灵的恩典是由上帝的显示而施与的。他要脱离的坟墓是无知与疏远上帝的坟墓。他要醒悟的睡梦是灵性的麻木在这种麻木的状态中，许多人还是在等候上帝之日的黎明。这种黎明照耀世界上所有的人们，无论他们是活着的或已经死去了的，不过那些灵盲的人，不能辨认这种光明而已，复活之日并不是每天二十四小时的一日，乃是一个时代，这时代已经开始了，现代世界的环轮能继续多久，这个时代也会存在多久。这时代的晨星是巴孛，它的太阳是博氏的最高显示，它的目光是亚卜图博爱——这晨星、这太阳与月光永不会有落下的时候，会继续在圣灵的世界上闪耀，等将来他们的光辉要笼罩全宇宙。

① 《哥林多前书》第十五章，五一至五四节。

耶稣之复生
Return of Christ

耶稣在他的谈话中，常公用第三人称，讲述上帝将来的显示，有时也用第一人称代表这个显示。他讲："我去为你们预备一个地方，就必再来接你们到我那里去。"[①]在《使徒行传》第一章内，载着当耶稣升天的时候，他的弟子是被告诉了一番这样的话："这离开你们被接升天的耶稣，你们看见他怎样往天上去，他还要怎样来。"因为有了这些与其他同类的话，于是许多耶教徒希望将来人子"在天上的云端带着伟大的光荣"来临的时候，他们要再看见耶稣原来的面貌，就是与在二千年以前死在十字架上的那个耶稣，他们希能够发现他的形体是一样，他的伤痕是一样的。但是只要对于耶稣自己的话稍加思省，就会把这种想念驱除了。在耶稣时代内的犹太人，对于伊里亚的复生，是有着同样的思想，但是耶稣改正了他们的错误，告诉他们"伊里亚要先来"的预言是实现了，不过在肉体上，不是从前的伊里亚，是浸礼徒约翰：他在"伊里亚的精神与能力中"来到世界上。耶稣说，"假若你们接受他，他就是伊里亚，就是预言中所讲要降临的人。那有耳朵的人，让他听罢"。所以伊里亚的复生的意义，是指另一个人的出现，为别个父母所生的，但是被上帝用一样的灵和能启迪了。耶稣所讲的这些话，自然是暗指他的复生，会由另一个人的降世而实现，这个人虽然是另外一个母亲生的，但是他把上帝的精神与能力表现出来，是正如耶稣表现出来的一样。博氏解释耶稣之"重临"是由巴孛与他自己的降世而实现了。他讲：

"假若今天的太阳讲，'我是昨天的太阳'！这是确实的；然而按顺序讲，它说，'我是另外一个太阳，与昨天的不同'，这也是对的。因此我们去想想日子罢：假若讲所有的日子都是相同的，这是不错的；但是按照称呼与名号，说它们是各不相同，这也是对的。因为它们虽然是相同的，但是每个有一个称呼、性格与名号，是各不相同的。用这同样的方法与解释，我们可以懂得圣灵显明的分别与一体，于是你可以悟解性格和名义的创造者，关于分别与一致的语句的解释。"[②]

亚卜图博爱讲："要知道耶稣第二次之重来，并不是如一班人民所相信的那个意义，是指一个在他之后降世的预期者。他要与上帝国及他的权力同来，上帝的权力是已笼罩世界了。这种统治是在心与灵的世界上，不是在物质的世界上；因为物质的世界，在主的眼前，是比不上一个蝇子的一翼，假若是那些知道的人，你就懂得了！耶稣与他的国，从起初之外没有起初的时候来了，而且耶稣是圣的实体的表现，单纯的实体与天的本体，这是没有一个起初或一个终止的。这个只有表现，起来，显示与每个时代中的落下。"[③]

① 《约翰福音》十四章第二节。
② 《笃信之道》十五页。
③ 《亚氏的信》第一集一三八页。

时代的终了
The Time of the End

耶稣与其弟子讲述了许多表记，这些表记会把人子在父的荣耀中"复临"的时期分别出来。耶稣讲：

"当你们看见耶路撒冷被兵围困，就可知道它成荒场的日子到了……因为这是报应的日子，使经上所写的都得应验……因为将有大灾难降在这地方，也有震怒临到这百姓。他们要倒在刀下，又被掳到各国去，耶路撒冷要被外邦人践踏，直到外邦人的日期满了。"①

他又讲：

"你们要谨慎，免得有人迷惑你们，因为将来有好些人冒我的名，说我是耶稣；要欺骗许多人。你们也要听见打仗和打仗的风声，总不要惊慌，因为这些事是必须有的，但是末期还没有到。民要攻打民，国要攻打国。多处必饥荒与地震，这都是灾难的起头。那时他们要把你们陷在患难里，也要杀害你们。你们又为我的名，被万民恨恶。那时必有许多人跌倒，也要被此陷害，被此恨恶。且有好些假先知起来，欺骗大众。只因不法的事增多，许多人的爱心才渐渐冷了，惟有忍耐到底的必然得救。这天国的福音，要传遍天下，对万民作见证，然后末期才来到。"②

在这两段话中，耶稣以明显的辞句，预言了在人子降世前必要发生的事情。自耶稣说了这话后，一世纪一世纪的过去了，他所讲的这些现象，是件件实现了。在每段话的末尾，他述出一件事情，以注明未来事情的时期——在前一段内是犹太人被放逐的终止与耶路撒冷之恢复，在后一段内是福音的遍传世界。这两件事情都已在我们的时代内一一实现了，这对于我们是颇奇异的。假若预言的其余部分是同这些部分一样的真确，那么我们现在是生活在耶稣所讲的"时代的终了"内了。

穆罕墨德(Muḥammad)也叙述了一些在复活之日内定要发生的事情。在《可兰经》内，我们可以读着下面这些话：

"当亚拉讲：'耶稣呵！我会使你死，把你清那些无信仰者对你的诬告，把那些信从你的人(耶教徒)安置在无信仰者(犹太人等)之上，直到复活之日；于你要回到我这里来，我会在你们中间，决定关于你们相异的地方。"③

"犹太人讲，'上帝的手是锁起来了'。他们自己的手要被锁起来——为着他们所讲的话，他们要受责罚。不仅此也，上帝的手根本是向外伸张的。他随他意之所喜，施与恩典。那从你的主所遣送下来的东西，一定增加许多人的反抗与不信仰；我们把仇恨安置在他们中间，这仇恨要存在到复活之日。他们常常燃起战争的烽火，上帝要把它熄灭。"④

"我们为着那些讲'我们是耶教徒'的人，接受了约书。但是他们忘记了被告诉的事情一部分；所

① 《路加福音》二十一章二十至二四节。
② 《马太福音》二十四章四至一四节。
③ Qur'án Súrah Ⅲ. 54——第三章五四节。
④ Qur'án Súrah V. 69——第五章六九节。

以我们在他们中间掀起仇恨，这仇恨要存在到复活之日，而在末了的时候，上帝会讲出他们所做的事情。”①

这些话语对于犹太人之屈服于耶教与回教人民之下这一点上，是一一实现了。而且对于犹太人与耶教徒之互相分裂与争斗，自穆罕墨德讲了这话之后，这事也已应验了。只是在大同教的时代（复活之日），这些事情才渐渐的终止了。

天地间的表记
Sign in Heaven and Earth

在希伯莱，耶稣，穆罕墨德与其他的圣书内，在叙述将来要伴着预期者而显现的表记，有特别相同之处。在《约珥书》（*Book of Joel*）内，我们读着下面一段话：

“我要显出在天上与地下的奇事，有血、有火、有烟柱。日头要变为黑暗，月亮要变为血，这都在主的大而可畏的日子之前。到那日我使犹大和耶路撒冷被掳之人回归的时候，我要聚集万民，带到他们下到约沙法谷，在那里施行审判（耶和华审判）……许多许多的人在断定谷，因为主的日子在那里到了。日月昏暗，星宿无光。主必从锡安吼叫，从耶路撒冷发声；天地就震动，主却要作他百姓的避难所。”耶稣讲：

“那些日子灾难一过去，日头就变黑了，月亮也不发光，众星要从天上坠落，天势都要震动，那时人子的兆头要显在天上，地上的万族都要哀哭，他们要看见人子有能力，有大荣耀，驾着天上的云降临。”②

在《可兰经》内，我们读着下面的话：

“那时太阳要被掩没，

星宿要坠落，

那时众山要崩溃，

昼夜要展开，

那时天要不受障蔽，

地狱要遭火烧。”（八十一章 Qur'án Súrah LXXXI）

博氏在《笃信之道》一书内，解释那些关于太阳、月亮与星宿，天与地的预言，是象征的语句，不能照字面去推测其意义。原来先知者所注意的，是精神方面的事情，不是物质方面的事情，是灵性的光明，不管现实的光明，当他们讲到判断之日，引用太阳这个字，是指正义的太阳。太阳既是光亮的最上源泉，所以摩西在希伯莱人中，耶稣在耶教徒中，穆罕墨德在回民中，都是一个太阳。先知者讲太阳变黑了，他们的意思是这些圣灵的太阳的高尚教义，被后来人民之偏见与误解所蒙蔽，于是人民在灵方面，就陷入黑暗中了。月亮与星宿是较小的发光体，是象征一班宗教中的首领与教士的，他们应该指教和启导人民。所以讲月亮要不放光，或要变成血，众星要从天上堕落，这就是指后来宗教领袖

① Qur'án Súrah V.17——第五章一七节。

② 《马太福音》二十四章二九至三〇节。

们之坠落，从事争斗，而宗教家惟现实是务，把他们的神圣职责抛弃了。

这些预言的意义，不能一言而尽，这些象征的字句，还有许多别的意义。博氏讲"太阳""月亮"与"星宿"这些字句的另一个意义，是指人民的风俗、习惯与制度。在每个后来的显示期中，因为时代的需要，由以前显示期中所相传下来的制度、典则、风俗与习惯就要改变，所以在这个意义中，先知者讲太阳与月亮要改变，星宿要散没。

对于这些预言，要希望其照字面上所讲的实现，那无论如何是不可能的。譬如月亮要变成血，星宿要坠落到地上，我们拿这两句话来讲，天上的星，就是最小的一个也比地球大几千倍，只要一个掉下来，地球就容不下，莫讲有许多了！但是在别一方面预言也有在物质方面与精神方面同时实现了的。譬如圣地在好几世纪中，实在是成为荒废的了，正如先知者所预言过的，但是在复活之日后，它已经开始繁荣了，这又是以赛亚预言过的。人民移植到那里去了，地方开辟了，在从前是一片荒土的，现在是茂盛的田园了。自然当人们把刀剑与戈矛改造为锄犁与镰刀的时候，世界上的荒地都会要被垦殖了；从这些荒漠之地吹来灼热与带沙的风，使得邻近人民受害者，会成为过去的东西，全世界的天气会成为温和与平衡的，城市的空气不会为烟雾与毒气所毁，就是在表面与实质的意义上，也有了"新的天与新的地了"。

降临的情形
Manner of Coming

关于他在时期的终了降临的情形，耶稣讲了下面的一番话：

"他们要看见人子有能力，有大荣耀，驾着天上的云降临。他要差遣使者，用号筒的大声……要坐在他荣耀的宝座上，万民都要聚集在他前面。他要把他们分别出来，好像牧羊的绵羊、山羊一般。"①

博氏在《笃信之道》一书内，对于这些类似的话，加以解释道：

"就谓'天'的意义是指先存之黎明与圣灵的源泉的降临，其地位是崇高不可攀的。虽然这些古人在生理上是他们母亲生的，然而在实质上，他们是秉着天的命令而降世的；虽然他们是居在地球上，然而同时他们也是躺在意义之榻上的；当他们在地上走的时候，他们的意志是飞升到接近的天空中去了。他们不用足的移动，旅行于神灵的地域内，不用羽翼，飞翔到一体的峰巅上。

"所谓'云'的意义，是指与人们的自大与欲望相反的事物，如在《可兰经》上讲：'你们于是当一个使者来到你们中间时，发现他带着与你们的愿望相反的事物，就傲然的拒绝他，而控某些人以欺骗之罪，又将某些人杀害。'②这种云是典则之改变，法律之更换，传统的习惯与制度之铲除，与平民之忽然成名，他们是在那些有知识而否认圣道的人之前，成为信仰者的；还有圣美者依照常人的限制而降世，如饮食、贫富、荣贱、睡与醒以及其他等等，都使得人民疑惑，阻碍人民接受显示。

"云既能掩蔽人们的眼睛，使其不能看见有形的太阳，所以上面这些情形，能阻碍人民，使其不能体认至上的太阳……这些圣哲的人物既须屈服于物质的贫穷与生理上的需要如饥饿等等，于是使得

① 《马太福音》第二四与二五章。

② 《可兰经》十一章 Qúr'án Súrah Ⅺ。

人民迷惘不知所措，他们不知道：'一个人来自上帝：宣称其能主宰世界，称他是万物创造的动力……怎么能被这些小事情所苦恼呢？'因为我们知道每个先知者与其弟子都要受艰苦的挫磨，如贫穷、疾病与被人轻视等；他们的徒众的首级是如何的在城市中被人当作礼物相赠送；他们是如何的在信仰上受人家的阻碍，每个人受敌人的陷害是如此其甚，简直是后者对于前者可以任意处置了……

"权威之主特意使得这些情形与心灵不诚洁者的欲望相反，作一种试验的标准，上帝用这个标准，以试探他的臣民，把善者从恶者内分别出来，把信仰者从否认者内分别出来……

"至于他的话：'要派遣使者'等等，这'使者'就是指一些人，他们由于圣灵的权力，用圣爱的火，把人类的性格毁掉，而成为有高超者的特性……

"耶稣的人民既不能了解这些意义，而这些表记也没有如同他们与他们的教士所知道的那种情形表现于外，所以他们从那天起一直到现在止，不相信圣的显示，所以他们是被掠夺了神圣的恩典，与永在的奇语相隔绝。这就是这些臣民在复活之日的情形。他们简直不知道，假若显示在现实的世界上降临，其情形是与传说中所载的相符，那就没有哪个敢于否认或反对他们，正直与偏袒、善与恶都也不能分辨出来。我们要平心静气想，譬如这些载在福音中的话，果真照字面所讲的实现了，使者与玛丽之子从天上乘云而降临，那可有谁敢否认，谁能反对或争论？不仅如此，那时世界上的人民会是如此的震惊，他们会连一句话都说不出，莫讲否认或接受了。"①

根据上面的解释，可知人子的降世，是一个为平常的父母所生的、身份低微、贫穷未受教育而又受着有势力者的压迫的人——这种降临的情形是上帝的试金石，他用此以判断世界上的人民，把他们分别出来，如同牧羊人之分别山羊与绵羊一样。那些能睁开灵的眼光看的人，就能不受这些云的蒙蔽，而在"权力与大荣耀"中感觉欢欣——即上帝的荣耀——他要来把荣耀露布；至于其他的人，他们的眼光还依然被偏见与错误所蔽，就只能看见一片黑云，继续在黑暗中摸索，不能享受可爱的阳光。

"我要差遣我的使者，在我前面预备道路。你们所寻求的主，必忽然进入他的殿，立约的使者，就是你们所仰慕的……他来的日子，谁能当得起呢？他显现的时候，谁能立得住呢？因为他如炼金之人的火，如漂布人的碱……因为那天来了，要烧得如同炉子一样热，所有那些骄傲者以及为恶的人都要灭绝……但是在敬畏我的人们中间，正义的太阳会出来，在他的羽翼之下诊治人民。"②

【注】预言实现的范围甚大，欲详细解释，非十万言，不能尽意。本章所言者，仅依照大同教之解释，叙述其纲要而已。所有载在《但以理书》与《约翰福音》内之启示录俱未引证。读者如欲明究竟，请恭考《教理问答》(*Some Answered Questions*)、《笃信之道》(*The Book of Assurance*)与《大同教证明》(*Bahá'í Proofs*)等可也。

博与亚之预言

"假若你在心里说话，我们怎能知道上帝没有说的话？当一个先知者在主的名字中说出没有发生的事情，那就这事没有由主说过，由先知者假定的说了，你不要怕他。"③

① 《笃信之道》Kitáb-i-Íqán 四四至五八页。

② 《玛拉基书》第三章四节。

③ 《申命记》十八章廿一节至廿二节。

上帝语言的创造力量
Chapter XIV

只有上帝有权去做他所愿做的事情，他的每个显示的最大证明是他的言语的创造能力——它的效验在改变一切人类的事情与征服所有人们的反对。上帝借先知者的语言，宣布他的志愿，那种语言的即时或随后的实现，就是先知者的声明与启导的完美的最清楚的证明。

“雨雪从天上降下来，不会返回到上天去，是要灌溉土地，使得土地能生长植物，开花结实，然后耕者才能有收获，人民才有粮食，所以我讲出的话也要是一样的，我不能把话收回来。但是要使我的话成就我所喜的事，应使其在我所派送的事情发展。”①

当施洗约翰的弟子约翰跑去问耶稣，“你是否就是那个应来的人，或者是我们还要寻求另一个呢?”耶稣的答复只是简单的指出他的言语所生的效力：

“你们去把所闻所见的事告诉约翰，就是瞎子看见，瘸子行走，长大麻疯的洁净，聋子听见，死人复活，穷人有福音传给他们，凡不因我跌倒的，就都有福了。”②

我们现在看看有什么证据，以表明博氏的语言有无这种创造能力，这种能力是上帝的语言的特质。博氏告诫人们戒酒，从此禁酒运动即在全世界上推进；虽然现在酒的贸易仍然是很大，但是在这种不抵遇(编者按:御)的运动之前一定要渐渐的衰落。博氏劝导采行代议政治，从此在各国内的法制权就都落到人民的代表手中了，军事独裁政治一齐崩溃，决无复起之望了。他劝导极端贫富之限制，从此对于生活之平均与谋财富以累进税，均用法律规定，是渐渐为各国所采行了。他劝导产业与经济的奴隶之废止，从此工人即渐渐的得着解放，而在实业中进步到合作经营的地位。他劝导男女的地位与权利应该平等，从此妇女所受之束缚即渐渐减轻，她们正在奋斗，以取得与男子平等之权利与地位。他劝导世界上应有一种普遍的言语，于是即有世界语之发明，以应此需要，现在已各处通行了。他劝导国际间应成立一联盟会，这种联盟现在是已经成立了，其重要亦渐为人了解。他劝导国际间纠纷应在国际法庭内解决，从此各国间一有纠纷，就多半取决于国际法庭，而它的范围也特别扩大了。他劝导各列强间之军备，应共同商酌裁减，这也是已经实现了。他劝导教育之普及，从此各国均先后采行强迫教育制度，教育的标准是渐已提高了。这些例证是不胜枚举，可以说博所劝导的事，是没有一件在世界上没有发生果效的。博氏是圣灵创造意志的真实宣示与代表者，是有事实证明而无可否认的。

我们如果对于博氏的预言与其实现作更详细的研究，我们就会发现一些有力的证据。对于这些预言，我们现在约略举出几个来，其真确与否，那是无容怀疑的，这些预言还没有到实现的时候，就到处印刷出来了，许多人都知道。在他所写给各国君王的信中，有很多的预言，这些信件都已辑录在一部名 *Súratu'l-Haykal* 的书中，这是四十年以前在孟买出版，以后又续版数次。我们以外还要举出亚氏几个最著名的预言。

① 《以赛亚书》第四章十至十一节。Isa. IV. 10-11。
② 《马太福音》十一章四至六节。

拿破仑第三

Napoleon III

在一八六九年博氏写一封信给法皇拿破仑第三，责备他滥用武力，以引起战争，与其对于博氏前信之轻视。在他的信内是有着以下的严厉辞句：

“你的行为会使你的国家混乱，统治权要从你的手中失去，这正是报复你的行为，如此你就要陷落在悲惨的损失中了。所有在别的地方人民都要骚动不安，除非你在这个主义中起来，在这个正道中服从圣灵。你的荣华使得你好虚荣吗？凭我的生命，这是不能永久的，不，这要消逝，除非是你紧握住这强大的绳。我们看见屈辱是追在你的脚跟后跑，然而你还不知道哩！”

拿破仑在这时正当极盛的时代，其不注意这种警告是不待讲的。在第二年他就与德国开战，自信他的军队占领柏林是易如反掌，但是结果正如博氏所预言过的，是悲惨极了。他一败涂地，被俘至普鲁士，两年之后死在英国。

德　国

Germany

博氏又写了同样的严重的警告，给战胜拿破仑的国家，结果他是如对聋子讲一样，毕竟可怕的情形实现了。《亚可得斯经》(*Kitáb-i-Aqdas*)的著述，博氏是在亚句里安开始，在亚格囚禁期内的起先几年中完成。他在这书内，上书于德皇如下：

“呵柏林之王！请你回想从前比你势力更大、地位更高的那个人，那就是拿破仑第三。他如今到那里去了？他的财富到哪里去了？请你采纳忠言，不要如同那些睡着不醒的人一样罢。他把上帝的信抛弃不顾，那时我们把压迫军队施于我们的行为告诉他了，如此他处在四面楚歌之中，等到后来在最大的损失中死去了。王呵，你深思关于他的事罢，同时也想想与你一样的人罢，他们攻城夺邑，征服上帝的臣民——上帝把他们从王位上拿到坟墓中去。请受劝告。做一个有觉悟的分子……

呵，莱茵河的两岸！我们已经看见你们饮血，因为报复的剑是在抽出来对着你们，你们要再有一次的不幸。我们听见柏林的哀号，虽然现在它是很荣耀的。”

在一九一四年至一九一八年德国的胜利期间内，尤其是一九一四年德国向全世界宣战之时，波斯国内大同教的敌人即据此以攻击博氏预言之不实，但是大战结果，德国的势力土崩瓦解，攻击者就无话可说了，因此博氏之名乃大著。

波　斯

Persia

当波斯沙皇正居权位的时候，博氏著就《亚可得斯经》，在书内他祝福泰歇兰城，这是波斯的都城，他的话语如下：

“呵，泰(泰歇兰)的地方！不要因任何事而忧愁。上帝使你为世界欢乐的光明地方。假若他愿意的话，他会用一个人赐福给你的王座，那个人会用正义治理人民，会把上帝的绵羊聚集起来，这些绵羊是被豺狼所驱逐了的。就是他会用欢乐待遇大同教的人民。他在上帝的眼前是人民的必需人物……

“快乐罢，因为上帝给你预备了一丝曙光，在你那里是诞生了显示的黎明地……不久在你那里事情要改变，一个人民共和的政体会要统治你，你的主是聪明的，是主宰者。相信你的主的天国，即仁慈者决不会停止用爱的眼睛看见。在混乱之后，你不久就会得着和平，这是在奇异的书中，载定了的。”

虽然到现在波斯的政治才开始走上轨道，如博氏所预言过的，但是立宪政体已经建立了，从目前的现象看起来，较光明的时代不久即将来到。

土耳其
Turkey

当博氏于一八六八年被幽禁于土耳其的狱囚内的时候，他对土耳其的苏丹与其首相白沙，写给很严重的警告。他在亚格的军事囚堡内，对苏丹写了这样的一封信：

“呵，你自以为是人们中的最伟大者……但是不久你的名字就要被人忘记，你会陷落在大的损失中。按照你的意见，这个启导世界者与谋世界之和平者是有罪的，捣乱的。但是那些妇女与儿童，牺牲于你的淫威之下者，又有何罪？你杀戮许多人，这些人在你的国家内，完全没有表示反抗行为，完全没有谋乱的举动。不仅如此，他们不过是和平地从事信仰上帝之道而已，你没收他们的财产，由于你的专制行为，他们所有的一切都是被夺去了……在上帝的眼前，些许的灰尘也比你的国、荣耀、统治与权威更伟大，要是他愿意，他可以毁灭你，如同吹散沙漠中的灰尘那样容易。不久他要激怒于你，在你的国中要发生革命，你的国家会要分裂！于是你会哭泣而悲哀，你无处找着帮助与保护……你注意着罢，因为上帝的愤怒是待时而发，你不久就看见为命令之笔所述的事情的实现。”①

他写给白沙的信如下：

“呵，首相，你所犯的罪恶，已使得上帝的先知者穆罕墨德在天国中呻吟。世界已造成你的骄傲，你骄傲得如此其甚，所以背弃上帝，而不知天国中的人民是受着上帝光辉的照耀，你定要陷落在明显的损失中。虽然我是从全能者伟大者的黎民地来到你这里，有足以刷新上帝的选民的眼光的一种主义，然而你还是与波斯的国王联合，以图害我。

“你想你能把已普遍燃烧着的火熄灭吗？不，我凭他真实的神灵发言，你要是晓得的人，你决不会作这种尝试。而且你过去所行所为只是使火势愈炽烈。不久这火要延烧世界……不久奥秘的地方(亚句里安)与其他处都要改变，都要从王的手下脱离，于是骚动要发现，忧伤要产生，破坏要在各地发现，而为着压迫的军队对于俘囚(博氏及其徒众)所施的行为，事情要成为纷乱的。命令会改变，情形会成为那样的可忧虑，于是沙石会在荒芜的山上悲号，树木会在山上哭泣，血液会从万物的身上

① 《西星》第二卷三页。

流出来，人民就要陷落在最大的悲惨中了……

“事情是如此的被主宰者与聪明者所制定了，他的命令是天地间的军队所不能抗拒的。无论哪个帝王也不能抵制他所想做的事。灾害是这盏灯的油，它的光亮从灾害中加大，假若你是那些知道的人！压迫者所施的反抗不过是事情的导火线，上帝的显示与他的主义反因他们的行为，在世界上的人民间，大大的播传起来。”

他在《亚可得斯经》内，又有下面这一段话：

“呵！那个介在两海之间的地点(即君士坦丁)！不公平的统治是树立在你那里，仇恨之火在你那里燃烧得那个样子，于是至上之主在那里悲哀，还有那些在那种统治之下的人民，更是痛苦不堪了。在你那里，我们看见愚蠢者治理聪明者，黑暗掩盖光明。当然你是十分骄傲的，是不是因为表面的装潢，使得你骄傲呢？不久你就要由于创造之主的命令，趋于毁灭！所有住在你中间的人民，无论男女，都要哀哭。如此聪明者，无所不知者向你预告。”

自从这种警告公布后，灾难即接连不断的降到这个曾经一度是强大的帝国内，如此供给一个强有力的证据，证明博氏所言之非虚。

美　国
America

在五十年前所著的《亚可得斯经》内，博氏上书美国如下：

“呵，亚美利加的统治者，总统与各省长们……请听那从高处的黎民地来的呼喊罢：除开我以外，没有别的上帝，我是说话者、全知者，用正义的手将折断的肢体捆绑起来，用你们的主的命令之棍，将压迫者健全的肢体打断，主是统治者、聪明者！”

亚卜图博爱在美国及他处演说时，常常表示希望，祷祝并确信世界和平之旗首先要在美国树立。一九一二年十月五日亚氏在美国阿海阿州的辛辛拉提地方演说时，他讲：

“美国是一个高尚的国家，世界和平的领导者，将她的光辉射到各地。别的国家都不像美国的光明磊落，不能免除阳谋的束缚，因而不能促进世界和平。但是感谢上帝，美国是与全世界和睦的，有树起世界和平之旗帜的资格。如果美国首先提倡世界和平，世界上所有其余的国家会一致响应，齐称：“是的，我们接受。”各国会在采纳博氏的教义中，得到欢乐，他的教义是在五十年以前就宣布了。他在他的信中邀请世界各国的议会，派遣他们信为是最好最聪明的人，组织全世界的国际议会，以解决国际间的纠纷与树立世界的和平，……于是我们有了全人类的议会，这是从来先知者所预先梦想过的。”①

博与亚的提倡在美国得了大部分人士的响应，他们的教义在美国传布最速。他们叫美国所做的事情，即领导各国家以共谋和平，虽然只能做到一部分，然而大同教徒预料将来的发展，总不出博与亚所希望的。

---

① 《西星》第六卷八十一页。

欧洲大战
The Great War

博与亚都预料到一九一四年至一九一八年的大战的爆发，他们的话是非常灵验的。一九一二年十月亚氏在美国加省内沙克拉门多地方演说时，他讲这样的话：

“欧洲现在是像一个兵工厂。这是炸药的储藏所，只要一个火星就会引起爆炸，引起全欧洲的燃烧。尤其在这时候，当巴尔干问题正在酝酿之中的时候。”

他在欧美各处演说，有好几次他向人们给了同样的警告。如一九一二年他另一次在加州演说时，他又讲：

“我们是在《启示录》第十六章所讲的哈米吉顿的战争的前夕。只有两年的时间了，那时只要一星之火就会引起全欧洲的燃烧。

“现在各社会上的不安，以及宗教间派别的争斗，会造成全欧洲的大乱，正如《但以理书》与《约翰福音》中的预言所讲的。

“在一九一七年的时候，许多帝国要崩溃，全世界要发生大变动。”①

在大战之前夕，他讲：

“各文明国家的互相混战是在开始了，世界是陷入在最悲惨的战祸中……庞大的军队——人数在数百万以上——是动员了，屯驻在前线了。他们是准备从事这可怕的争斗的。这种可怕的战争，一触即发，届时如同大火之延烧，其猛烈是有史以来所未曾有过的”（一九一四年八月三日于海发）②。

大战后的社会纠纷
Social Troubles After the War

博与亚都预言过将来有一个时期，世界上会有一个大的社会的变动、纷乱与破坏发生，是世界人民过去的无宗教信仰、偏见、无知与迷信的必然结果，国际间的军事争斗不过是这种大变乱中的情形之一种而已。亚氏于一九一九年十一月对人谈话，当时著者亲耳听到他讲道：

“在大战之后，我们希望人类会觉悟，会了解除开上天的教训以外，没有别的方剂，能医治世界上的疾病。因为这个大战已经种下仇恨的种子了。譬如战败的德人，他们不会忘记的，奥国人不会忘记的，布加利亚人不会忘记的，土耳其人不会忘记的。一方面有社会主义者的纷扰，一方面可有布什维克的暴动，以外又有劳资的冲突、国际间的宿恨、宗教间的争斗、种族间的偏见，从这种种方面看起来，将来要发生的事情就可以明白了。这种种是正如炸药一样。除非国际的和平旗帜是按照圣教在

① 《哥林夫人记》，载《北岸杂志》，一九一四年九月二十六日，美国支加哥 Reported by Mrs. Corinne True in The North Shore Review, Sep. 26, 1814, Chicago, U. S. A。

② 《西星》第五卷一六三页。

世界上树立，这种炸药有一天总要爆发的。但是按照圣灵的教义，国际和平的旗帜定能由列强树立。人类之一体须由圣灵的力量树立。无论政客怎样努力，他们的力量总不能成就和平。无帮助的人类力量是没有效果的。

“问——国际和平的旗帜在大战之后可以树立吗？

“答——现在还想不到。我们不能以战止战；这就是如同以血去洗血迹。世界的国家是如同好斗的鸡一样。他们打，打，打到筋疲力尽才罢休。但是稍为休息一刻后，他们又打起来了！

“世界上的劳资纠纷将怎样？

“将来的情形会更坏在一个时候内，因为工资的加增与工作时间的减短，工潮或者可以暂时平静下去，但是不久工人要提出更大的要求。他们根本会更进一步，以取得工厂之所有权，他们会向厂主说：‘我们应每年付给你一种相当的数，就算利益中之十分之一罢！’情形要成为愈困难的。劳资双方均会感觉困难，而世界的生产额也就因此要减少了。”

不几日以后，在另一次谈话中，他又讲：

“博氏常常预料到将来有一个时候，无宗教与无政府的状态会盛行。这种纷乱会是因为人民自由太过，他们对于这极端的自由事前没有准备，因此为人民的自身利益计，为防止纷乱计，会有一种专制的政府产生出来。

“自然无论哪个国民愿意极端的自决与行动的自由，但是有些国民对于这种自决与自由，还没有相当的准备。世界上的流行状态是一个无宗教的状态，结果要成为无政府与混乱的状态。我已经讲过，大战后的和平提议不过是曙光之一线，不是太阳的已经上升。”

上帝国之来临
Coming of the Kingdom of God

但是在这些纷乱的时期中，上帝的主义会发达起来。因图私利或一党一派与一国的利益所引起的纠纷，会发生许多不幸的结果，使得人民失望，在失望中觉得上帝的言语能拯救他们。不幸愈大，人民就愈会信仰这唯一的救药。博氏在他给沙皇的信中讲：

“上帝使得痛苦如同晨雨之于绿野，如灯心之于灯……他的光辉从痛苦中照耀，他的赞美总是光明的；这是他过去中的方法。”

博与亚都曾用极确定的语气，预言精神之随即要战胜物质，因而树立至大之和平。在一九〇四年亚氏写出下面的话：

“要知道这一层，就是艰难与不幸要一天一天的加增，人民要受困苦。欢愉与快乐的门要在四方关闭起来。可怕的战争要发生。人民要从各方面都感觉失望，等到后来他们就不得不倾向上帝了。于是大幸福的光明要照耀天际，‘大同教万岁！’的呼声会在各方面都听得见。”[①]

在一九一四二月间，当人问他列强中是否会有对于大同教成为信仰者，他回答：

“世界上的人民都会成为信仰者。假若你把这主义的发起与它现在的地位比较，你就会知道上

① 《致 L. B. D. 之信》，录在《战争与和平论文集》内一八七页。

帝的语言是传播得何等的速，现在这种主义已经弥漫全世界了……无疑的'所有人们都会来到上帝的主义之庇荫下。"①

他声称这种成就是近在目前，在本世纪内即可以实现。在一九一三年二月，他向一班神学家说话时，他讲：

"这一世纪是真理之光的一世纪。这一世纪是上帝国树立在世界上的一世纪。"②

在《但以理书》的末节，有几句隐语如下：

"等到一千三百五十五日的那人便有福。你且去等候结局，因为你必安歇，到了末期，你必起来，享受你的福分。"

许多宗教家都想解释上面这些话的意义，都没有成功。在有一次谈话中，那时著者也在那里，亚氏讲道：

这一千三百三十五日是从希拉德（穆罕墨德从墨丁拉逃至米克，回教的年代即从这年算起）起之一千三百三十五周年。

希拉德的事情既是发生在西历六二二年，那末六二二年再加一三三五年，上面所述的年代就是一九五七年了。当人问他："到一千三百三十五日的末期将如何？"他回答说：

"世界和平会树立稳定，世界语也采行了。误会会消除，大同教会传布全世界，而人类的一体树立了。这是最光荣的时代。"

亚格与海发
'Akká and Haifa

苏拉比（Mírzá Aḥmad Sohrab）在他的日记中，记载亚氏所讲关于亚格与海发的预言，这是当亚氏在海发坐在一个大同教徒朝拜住所的窗前讲的，他的话如下：

"这朝拜住所前的风景是可人的，尤其是它面着博氏的圣墓。在将来亚格与海发中间的距离会连络起来，这两个城市会成为一个大都会的终点。我现在看着这种景致，清清楚楚知道这个地方将来会成为世界上的头等商镇之一。这个半圆形的大海湾会造成为顶好的海港，在这个地方，世界各国的船舶会都来停泊，以图安全。各国人民的商船都会到这个商埠来，载着从各处来的成千成万的男男女女。在山上与平原上会建筑最新式的房屋。实业会发达起来，慈善性质的机关会到处成立。各国的文化都会介绍到这里来，冶为一炉，而成就人类的友爱。奇妙的园林花木与公共游园会到处建设起来。晚间这个城里的电灯会照耀得如同白昼，而从亚格到海发的全港内，是一片光明之道。强大的探照灯会安置在卡米尔山的两旁，以引导船舶进口。卡米尔山自己，从山脚到山顶会沉没在光明的海中。如果这时有人登卡米尔山一望，他就会看见世界上最伟大与最庄严的景致。

"'大同教万岁！'的呼声会从山的各处起来，而在天明以前，动人心灵的音乐，和以谐妙的歌声，会闻于天上。

① 《西星》九卷三一页。
② 《西星》九卷七页。

“实在讲起来，上帝的法则是妙奇的不可测的。在希拉兹与泰歇兰、白格达得与君士坦丁、亚句里安与亚格与海发，这些地方中间有什么表面的关系存在。上帝坚忍不拔的工作着，按步(编者按：部)就班的依照他自己一定永远的计划，感化这些地方，于是先知者的预言得以实现。这种关于救世主再生的年代的金丝是连贯在圣经内，上帝要在他好的时候，使得这事实现，是制定了的。没有一个会让它成为无意义与不能实现的。”

对于本宗教如有问题，或所关于此类书籍有需求者请通函曹云祥博士或上海邮箱五五一号。

大同主义与新中国*

曹云祥演讲，刘郁樱笔述

什么是大同

在未介绍大同主义之前，我且先把“大同”两字的意义解释出来，和大同的条件分述出来。“大同”就是盛世大和平的意思，也是世界大同的简称。《礼记》所载：“大道之行也，天下为公，选贤与能，讲信修睦。故人不独亲其亲，不独子其子……货恶其弃于地也，不必藏于己；力恶其不出于身也，不必为己……是谓大同。”大同的条件，是思想一致，精神团结，利益均沾，各国融洽，信仰统一，人类友爱，保持和平，遵守正义，所有的人们都是站在同一的水平线上面，一律平等。如果能达到这种境界，就是大同世界的实现。大同的反面便是各执成见，互相倾轧，你争我夺，彼此冲突，迷信百出，意见分歧，发生攻击和仇视，利益不均，财富悬殊，发生斗争与阶级对立，自私自利，野心勃勃，发生侵略和压迫。这就是人类沉沦的现象。

再从人类历史进化上看，人类是相养相生的，由个人而家族，由家族而社会而国家。这是人类互爱互助生活的表现，也是人类团体演进的程序。倘由此更进一步，打破种族、国家的界限，这不就是世界大同吗？相信世界大同，是必终有实现的一天，只不过时间的早迟问题而已。

什么是大同教

大同教(Bahá'í Movement)是综合各教的中心，是新时代精神的表现。它的教义是包罗万象的，一切高尚的思想、进步的物理无不包含在里面，如像耶教、回教、孔教、犹太教等的教义和社会学家、哲学家的理论，无不包含在大同教之中。所以，大同教并不反对他教，它如像江海之下百川，可以容纳而张大之申明之，以求永远适合于现代及将来的需要，去解决人类一切的问题。

大同教的创始者，是波斯国的大圣博爱和拉(Bahá'u'lláh)。他在 1863 年始正式宣传大同教义，1892 年，大圣博氏逝世。圣子亚卜图博爱('Abdu'l-Bahá)继大圣遗教传世。亚氏曾随父同受监禁，亚氏先后被监禁有五十余年。1911 年，始游历欧美各国。世人闻其道者，仅三十余年的历史，而其信

* 原载《革心》1933 年第 4 期。此是曹云祥七月二十五日在上海青年会的演讲，本文经曹君亲为校订。

徒已散布到全世界，且有团体的组织。其成效的显著是为其他各教所不及的。假如教义不适合于现代潮流，怎能风行于全世界呢？即以波斯而论，在八十余年前，其国为专制政体，受英俄两国之压迫，外交失利，疆地日蹙，国民智识浅薄，各教互相残杀。而回教徒政权在握，对于大同教徒横加摧残，受害者达二万余人。幸大同教主张和平，不干涉政治，不仇视敌人，自愿为教牺牲，信教者日众，人才辈出。政府与社会逐渐改变其向日仇视压迫的心理，而大加推重。因之现今政治已上轨道，国势颇有蒸蒸日上的新气象，非八十年前之波斯可比。实大同教有以挽回之。

大同教的基本

大同教的基本，是建筑在各宗教的基本上面，即各宗教的基本是大同教的基本。各宗教的基本是真理，大同教的基本也是真理。所以大同教祖博爱和拉教人注重真理，不要固执成见。他的理由是各宗教所含的真理是一致的，不同的地方只是礼节和教规等皮毛的东西。这些是和宗教毫无关系的，因为真理是唯一的、不变的，皮毛的东西是可增可减的。

譬如犹太教、基督教、回教，都是以“博爱”为基本。佛教的基本是“慈悲”，孔子学说的中心为“仁恕”。由此可以知道各种宗教的基本是相同的，所含的真理是一致的。譬如画一个罗盘式的放射图，图的中心为一圆圈，圆圈内代表真理，各放射线便好像各种宗教。各教虽因环境与时代而各有变迁，所行的道路各有不同，但终必异途同归于真理的圈内。因此之故，大同教不仅不轻视其他宗教，而且愿意研究它们的教义，以收集思广益之效，而总其大成。所以说大同教的基础是建筑在各种宗教的基础上面——也就是建筑在唯一的真理上面。

大同教的信条

大同教有十二条信条，是教祖博氏在六十年前所宣示的，而为大同教徒所必须遵守的。

(一)独立研究真理　因为人类有一种天然的惰性，常易盲从妄听、人云亦云，不肯独立去研究真理，所以弄得来偏执己见、迷信鬼神，以至真理泯灭、大道沉沦。

(二)各宗教的基本相同　方才说过世界上的宗教虽有种种名称，然而因为真理只有一个，为各宗教共同的、最后的目的。倘若人人都能注重这真理的基础，那么各教便能合而为一。

(三)宗教为仁爱与和平的原动力　人类文化的发达都是借着宗教的推动。譬如中国文化之得以迅速发展，实有赖于各地基督教的宣传。世界上凡是进步的人群，都对于宗教有相当的信仰。因为进步的人群是酷爱仁爱与和平的，故无不信仰宗教。因为没有一个宗教不主张仁爱，没有一个宗教不主张和平。

(四)宗教与科学可联合一致　现今宗教颇受科学的影响，因为心灵给物质文明的光辉蒙蔽着了，于是心灵便为人所淡视。在信仰宗教的人，竟武断的反对科学，以为科学是宗教的大敌。研究科学的人也反对宗教的空虚。其实精神离不了物质的基础，物质也离不了精神的辅助。二者应当互相提挈，始能相互的发生健全作用。比如鸟之有两翼，失却一翼则不能高飞。宗教与科学之相依为命，便是这个道理。

（五）世界人类完全平等　世界人类有黄白黑红棕色各种之分，更有贫贱富贵阶级之别。如白种人对于黑种人有一种歧视，富贵者对于贫贱者有一种鄙夷。而大同教则一视同仁，如孔子之四海兄弟一样，打破一切种族的界限与贫富的悬殊。

（六）男女两性平等　以前各教大都重男轻女。相沿至今，犹多此种陋俗，所以社会进化不免迟缓。大同教的特色就是主张男女绝对平等，女子与男子应受同一的待遇。不但如此，它更进一步的主张特别注重女子教育。因为母教关系儿童教育，儿童教育关系社会进化。

（七）保障世界和平设立国际裁判所　一方面化除偏见，一方面提倡和平。假使人类仍有疆界的观念、种族的歧视而起纷争，则主张设立国际裁判所，做公平的判断与有效的制裁。当博氏主张此项时，国际间尚无此项组织。今之国际联盟早在博氏意料之中。非有超人灵性者，是不能见到的。所可惜者，今之国联慑于淫威之下，而无公正主张与有力之裁制耳。

（八）推行世界语　人类语言的统一，是大同实现的条件之一。因东西语言各异，以致纠纷日多。大同教主张应由世界各国共同审定一种语言，推行天下，于世界各国学校中均添设世界语一科。庶人人均可畅行天下，毫无语言之隔阂，则人类相亲相爱的精神，自然是日益发扬。

（九）教育普及　人类进化全赖教育。教育是人民智识和天良的锁钥。大同教主张强迫教育。大同信徒不但要使自己的子弟姊妹要读书，而且还要尽力去帮助其他贫苦的人民受教育。因为社会进步是要社会中各个分子都有智识。

（十）工作普及　因为人人要生存，所以人人要工作。不劳动便不能生活。若是不劳而获的人，便是缺乏仁爱和良心者。大同教主张人人要有职业，要勤于工作，要忠于服务，人类的生活才能舒适，社会的文明才能进步。

（十一）贫富之调剂　社会上只有二方面对立的阶级，一是资本阶级，一是无产阶级。拥有资产的是任意的奢侈挥霍，贫无立锥的是饥寒交迫，真是一在天堂，一在地狱。因之社会上常时发生骚扰而引起阶级斗争，人类自相残杀的惨剧。大同教却有彻底解决的和平办法，主张限制过度的贫富，而且教规中有自由捐款一项，就是在遗产中，或他项进款中，抽出若干，去津贴贫病老弱幼愚的人们，则贫富自可相安，共同生活于快乐的境域。

（十二）承认上帝为统一的　这条是叫人承认历代圣哲所指示的天命，天就是道，就是造物，也就是上帝。名词虽各不同，各圣哲所共指示的天命只有一个真理。这即是根本。我们要以坚诚的信仰，去求真理的所在，绝对不可固执成见与迷信。

大同主义与新中国

我国孔子是提倡大同主义的人。前面已经说过。只可惜二千余年来，莫(没)有人去奉行。现在还竞向欧风，把国粹丢在脑后，不知新文化是建筑在旧文化的上面。没有旧文化，哪里来的新文化呢？所以现在我主张要奉行孔子仁爱忠恕之道，以挽救人心，挽回国运。

我国孙中山先生也是提倡大同主义的人。只可惜很少人去奉行他的三民主义，以至居高位者争权夺利，在下焉者亦趋附逢迎，把人格道德丧尽。这岂是中山先生革命所不及料的。但是孙中山天下为公的精神，是并不因此湮没的，相信以吾人共同的努力奉行，终必有达到大同世界的一天。

以上所述，可见我国古先圣哲已提倡大同于先，是大同主义适合于中国国情，已为前人所诏示。再以目前的中国情形而论，人民之萎靡不振、自相残害，国土之被侵占，强邻之虎视鹰瞵，有似八十年前之波斯。今日之波斯已有一新的气象，最大原因是受了大同主义之熏陶。今日的中国，是必急待提倡大同主义，以救济人心，挽回国运。想为热心救国者所赞同的吧。因为救国救世，当先救人心，革命亦当先从心革起。大同主义，就是革人心、救人心、救国救世的主义。假如中国有一百个人的大同社会，这一百个人的小团体，也能由互助健全，千人或万人的社会，则更见稳固。以此推及全国，则何愁国家不强？以此推之全世界，还怕不能达到大同世界吗？

总之，中国人有工作娱乐的心，缺乏博爱信仰的心。因此亲善友爱的表现很少看见。如果国家的官吏，对于四万万同胞有如父母之待子女，上帝之待兆民，则将爱护之教育之不暇，哪还忍任意剥削，肆行摧残呢？政府如能保障人民之生命财产的安全，丝毫不剥夺个人的自由，对于失业者设法安插，灾区哀鸿尽力救济，那么中国前途就有一线曙光。又如人人都能本博爱和平之心，爱人如己，从善如流，努力服务，热心建设，则新中国的诞生可指日而待。推而及于世界，大同实现自是意中之事了。

今天所谈，不过是个大概。信教自由，载在约法，诸君不妨研究研究。如愿研究，请阅《新时代之大同教》一书，当有较详之贡献。

我为什么信仰大同教*

(Why Do I Espouse the Bahá'í Cause)

[日]藤崎

现代交通进步,各国间之关系日密,无论是在商业与实业上,财政与经济上,农业与教育上,都有互相交换之必要,因此我们知道,姑就文化的物质的一方面言,人类之一体,已是无疑问的事实了。

然而在别一方面,我们又看见人类是陷在道德的迷乱、政治的纷扰与阶级的斗争中,这种种都有动摇文化的基础的危险。于是相信各国政治与经济的安稳之实现,即世界永久和平的黄金时代之达到者,已成空梦。尤其是世界大战以及国际间纠纷,对于这种理想,是一个顶大的打击。因为世界上有这许许多多的毛病,于是就有许多不稳健的主义产生出来,想救治这些毛病,如社会主义、共产主义、布什维克主义、法西斯主义等,主义尽管有这许多,但是对于这问题的真正解决办法,他们都离得很远。苏俄一味攻击资本主义之罪恶,但是在自己的国内,除开建立了一个极端的独裁政府外,似乎是没有别的大成就,而且这种独裁只是造成人类的恐怖状态。

总而言之,在现代物质的文化中,是太缺乏人类于精神与道德方面的团结。这一点有重大的关系,我们不可忽略。

那么我们对于世界的疑团,到底将怎样的去分析它呢?在我个人看起来,现在世界上的事情,所以有许多极端悲惨的现象者,是完全为世界的领袖对于人类的内在构造,没有彻底的研究。感谢东方的古圣先贤,因为我读了他们的遗著以后,才悟解到我们人类的良知往往是为固执与偏见所蔽塞,于是宇宙的真理的光辉虽然总是灿烂的,但是我们有眼不能见。所以我们要深深的反省,作有力的精神的修养,把这种成见破除,于是我们就可以恢复我们原来的良知,而真理之光照耀在这上面,是如同射在无纤尘的明镜上一样的。

因此这过程是我们返回到原始的天真中去,恰恰与一班所谓进步的概念相反,这概念就是急促的进取,而不顾心灵上的影响的。所以自然科学与物质机械虽然有惊人的成就,然而对于哲学问题的解决与压服所谓自利的主义,不能发生一点直接关系者,就是这缘故。这种自利主义无限制的放恣,阻碍人类在稳固的道德与宗教的基础上的团结。

由上面所述的看起来,无疑的,我们须急切做的事情,是建立一种宗教,为全人类所崇拜,无国别、种族、言语与习惯之歧视,因为宗教是一个钥匙,用这个钥匙,打开我们的心坎,接纳上帝的教训,万物之创造者的教训。

---

* 原载《大同教月刊》1933年8月。作者系日本九州帝国大学国际政治系主任。

如同阳光普照万物一样，上帝对于宇宙间的万物是一视同仁，无分高下，不断的倾赐恩典，所以我们人类应该互相友爱，因为大家都是上帝的子孙，是一家人。有了这种信仰，我们对于人类之应否团结，就不至于怀疑了。

然而现在的宗教为什么不能领导我们遵守上帝的道理呢？在我看起来，这是有两层原因的。第一是派别的关系，这是与宗教的本来宗旨相违反的；第二是宗教领袖们的度量之窄狭。因为在好几世纪中，世界上几个大的宗教，如耶教、佛教、回教、印度教以及其他宗教等，不仅是各自分开，不能联合，而且是互相争斗，势不两立，一教之间往往又分开成无数派别，派与派之间又互相争斗。这种现象使得宗教抛去他们的本来面目，破坏原来的宗旨，而失掉自己的信用。其次是宗教领袖的度量过于窄狭，他们对于近代科学的成就，常存忌恨的心理，而凡是批评圣经中所讲的故事有难置信之处者，就要大大的遭他们的反对，他们这种行为只是显露其态度之不公平、度量之不宽大。其实真实的宗教决不会与科学相冲突的。因为宗教的地位是更在科学之上的。我个人相信宗教不独能与科学相调和，而且科学能帮助宗教，促进它许多理想在世界上的实行。

我们在期待一种伟大的宗教，能包含一切的新宗教，能适合时代的需要的宗教。这种热望因博爱和拉之降世，居然于最后实现了。博氏是近代的一个先知者，生于波斯，他的主义对于痛苦的人类，实在是一剂万应解救药。

博氏留下的著作，给我们的印象是那样的深切，他的智慧是那样的伟大，他的思想是那样的彻底，所以我于不知不觉中，信仰他的高尚的主义了。

博氏的高超使命，是教导人民信仰上帝，恢复全人类的团结。他讲，“人类为一树之果，一枝之叶”。“人们不要以爱国为荣，要以爱同类为荣”。关于人类将来的前途，他讲，“各国在信仰上要成为一致的，全人类的彼此之间，应如兄弟一样，人子之间的友爱的团结应巩固起来，宗教的分离应该制止，种族的歧视应该消除……这些纠纷，流血与争斗，必须制止，全人类是一族，是一家”。

他尽力提倡慈善与容忍，以克服各种色彩之利己主义，以谋宗教之团结。他诚恳的叫他的弟子要以和悦的态度，相待各种宗教中的人民。他的仁慈，无疑的是与以前所有先知者所表示的同样的，而与一班固执的、度量窄狭的宗教领袖，则恰恰相反。

至于东方与西方应否互相沟通，互相合作，博氏之子亚卜图博爱曾经说了下面一段话，提倡东西之互相沟通与合作。他说，“在现代，东方是需要物质方面的进步，西方是需要精神方面的理想，最好是西方把科学知识灌输给东方，而后东方输入精神的学说。这种互相沟通，互相交换，实为必要。如此然后方能促成真文化之实现，在这种文化中，精神方面的东西是表现和成就在物质的事物中”。

如此，人类精神的团结必先加以保障，然后近代的物质文化方能表现圣灵意志的实体，而没有现时的弊害，使人们喘息不安。

大同教的另一特质，就是没有职业的教士，所有大同教徒，无论他们的职业是哪种，都要按照他们的能力与时间之所及，来共同担负宣传这宇宙中唯一的真理的责任。我们能直接诉诸圣灵的显示，而使其印于我们良心中的最深处。当我们都是对一个中心点祷告的时候，就不会有道德上的纠纷与虚伪存乎其间，我们向这唯一的上帝的中心力量愈接近，我们彼此之间的团结也就愈坚固。

因此，难怪大同教在各国间传达最速，因为它是最开明的宗教呵！

巴海(Bahá'í)的天启*

巴哈伊协会编著，H. C. Waung 译

巴海的天启不是组织，巴海的起原(编者按：源)也决不是一个组织能包含的，巴海的天启，是现代的精神，是现世纪所有最高理想的总汇，巴海的起原，是总包括的运动，所有宗教及社会的信条，都可以由这里寻得出来，基督教徒、犹太教徒、佛教徒、回教徒、拜火教徒、接神教徒、相爱主义者、精神主义者都可以在巴海教里寻出他们最高的目的，就是社会主义者、哲学者也可以寻出他们的学说充分发达在这个天启里。

巴海教的起原和基督教的起原是一样，是同一的根据，同一的基础。在基督来世的当时，他的教义是随从人类在初期时代而设的。

巴海的教义有同一基础的原理，但是是根据今日世界成熟的阶段和辉煌的现世的需要而设的。

——亚布都巴哈('Abdu'l-Bahá)

巴海的起原

巴海的天启，一八四四年发源于波斯，现在已经普及于全世界。"我们要说他是一种新宗教，勿宁说他是一种更新结合的宗教。"

以社会和精神界的改造为目的的这一种大运动，是创始一个热情满胸的青年名叫巴普(Báb)，他的使命，是宣布一个世界使者的降生。很多的欧洲历史家曾记述这一个纯洁的、有可惊叹感化力的、卓绝的宗教英雄。他经过六年光明传教的生活，在一八五〇年殉教死了。

巴普殉教之后，波斯的一个贵人名叫巴哈欧拉(Bahá'u'lláh)继承他的运动，宣布新时代的黎明(The Dawn of a New Age)。这个黎明，是人类同胞主义及和平应覆满于全世界，如水之覆海一样。但是他所倡导的主义和当时狭隘的思想界比较起来，是过于带有世界的色彩。巴哈欧拉及他少数的从者被波斯的逆应权力者(The Reactionary Powers of Persia)处他们流刑或投他们进狱，在一八六八年又把他们纳了幽闭在细利亚(Syria)的亚加('Akká)地方。

但是神的预言者心里放射出来的光明，用人力的迫害，到底是不能绝灭的，巴哈欧拉在亚加的大牢狱里，遍西方亚细亚宣传联合(Unity)及爱(Love)的福音，经过四十年的流放和系狱，在一八九二

* 上海大同教社，1934 年。本文的英文题目为 Boklet q. ——编者注

年死去，他的长子亚布都尔巴哈('Abdu'l-Bahá)继承他的事业。

在亚布都尔巴哈指导之下，巴海的音信，才普及于各国及各宗教间。因之基督教徒、回教徒、佛教徒、波斯教徒、犹太教徒才结成世界上未曾有精神上的大同胞主义。信从巴海教的人都确信现在是人类的和平及爱的黄金时代在地球上实现的初期。如基督所说的："人们都应由东南西北集合到神的天国里。"

巴海的根本教义十二条

1. 世界人类的平等；
2. 真理的独立研究；
3. 各宗教的根本基础是同一的；
4. 宗教不可不为人类联合的原因；
5. 宗教和科学与理论不可不一致；
6. 男女两性的平等；
7. 一切偏见须忘却；
8. 世界的平和；
9. 世界的教育；
10. 经济问题的解决；
11. 世界的共同语；
12. 国际的裁判所。

这个根本教义十二条，是在六十年前，巴哈欧拉说示出来的，现在还可以在他当时记录里寻得出来。

以下顺序加以简略的说明：

1. 世界人类的平等

巴哈欧拉说："你们都是一棵树上的叶，或是一棵树上的果实。"这个话就是说，人类生存的这个世界，是一株树。国家和人民如枝如梢一样，各个人就是花和果实……自来宗教的书里，分人类为"纯木"和"恶木"两种，即信者，不信者。因之把世界人类的一半看作邪恶的异教徒。其他的一半认为是神的忠实者。换言之，就是世界人类的一半是在神慈悲保护之下，其他的一半认为是神责罚的目的物。但是巴哈欧拉宣言人类的平等。使所有的人类都共浴神圣仁慈的海。

2. 真理的独立研究

无论何人，不可盲目的去追从他的祖先，要想寻真理，不可不用自己的眼看，自己的耳听。我们应当要研究祖先的宗教是不是根据盲目的模仿。

3. 各宗教的根本基础是同一的

所有各宗教的根本基础，是由"一个真实在"(One Reality)发生出来的。换言之，就是这个根本基础必须实在。实在只是一，不是多数。所以各宗教的根本是同一的。但是我们可以看得出或种形式，或种形式和仪式的模仿渐渐的发生。因为形式和仪式的不同就互相歧视。酿成宗教的反目。要是我们把模仿放弃，追求根本的真实在，我们可以得到一致点，因为宗教是一不是多数。

4.宗教不可不为人类联合的原因

任何宗教，都是至大神圣的光辉。人之生命的原动力，人道光荣的根本，人类永生的母。所以宗教不是为反目憎恶，不是为暴戾不正；要是宗教是反目憎恶的原因，离间人类的媒介，那么没有宗教，还比较好多了，宗教之于人如治疗之于病者。要是施治疗的时候，只是诊察病状的讨论，那么这种治疗的不必要，无论谁都赞成。像这类的宗教把它废弃，倒还使得人类的联合更进一步。

5.宗教须科学理论一致

宗教不可不为合理的，必得要和科学一致，如是科学承认宗教，宗教承认科学，两者密接相依在一个真实在里。由古代到现在，人多半有一种习惯收受事物。因为这件事物叫作宗教，虽然他不与人类的理性相合。

6.男女两性的平等

从来宗教的组织，都是把男子的地位放在女子上面，但是巴哈欧拉的教义不同，他主张青年男女应有同样的研究，受同样的教育，因为履行同一教育的道程是增进人类的联合。

7.须忘却一切偏见

所有神的预言者都是来联合人类的孩子们。不是离散他们，是实行爱的法则（The Law of Love），不是憎恶。所以我们不可不抛弃一切偏见——人种上的偏见，宗教的、政治的偏见。我们不可不为人类联合的基因。

8.世界的和平

所有的人民和国家不可不建树和平，世界的各政府间、各宗教间、各种族间、各地的移住民间，不可不有一般的和平。现在人类世界最要紧的事件，是世界和平的问题，这个主义的实现，是现今切要的喊声。

9.世界的教育

所有的人类都应享与智识和教育，这必须是宗教上的一项，各儿童的教育必须是义务的。若是儿童没有父母，社会不可不负教养的责任。

10.经济问题的解决

在巴哈欧拉教里，对于这个问题，曾加以解答，但是在过去的宗教书里，未曾言及经济问题。他对于人类的幸福安宁依别种的规定，曾表示其保证，像富贵的人过他们奢侈的生活，贫穷的人也应有家庭不缺乏生计；要是这种事实不见诸实行，幸福是不可能的事。在神看来，无论何人的权利，都是均等一致，没有为哪一个特设的，各人都是在神正义保护之下。

11.世界的言语

世界共通的语言不可不采用，世界上所有的各种学校，大学校应教授世界语。由各国选出来的代表采择适当的国际用语。无论哪一国的国民，只用两种的语言——就是本国语和世界共通语。无论何人都应通晓世界语。

12.国际的裁判所

在神的权力和全人类的保护之下，不可不建设国际裁判所。各人必须遵从这个裁判所的判决，如是各国的纷争问题方能解决。

约五十年前巴哈欧拉曾命各国的人民建设世界的和平，并曾欲依正义的法庭召各国到“国际裁判的圣餐会”(The Divine Banquet of International Arbitration)里，解决各国间的国境问题，并国家的名誉、财产、利益等问题。

这些教义在半世纪以前才有的，在那个时候没有一个人说到世界的和平及这些主义中的任何一条，巴哈欧拉曾把这些主义向各国的元首宣述……这些教义是现代的精神、现代的光明、现代人类的福祉。

可承认为大达人的九种资格

1. 大达人必为世界人类的教育者。

2. 他的教义必为世界的，授人类以光辉。

3. 他的智识不是求而得的，是天生自涌的。

4. 他回答一切贤哲的疑问，解决人类的困难问题，而甘受一切迫害和苦痛。

5. 他是欢喜的给与者，幸福天国的报导者。

6. 他的智识是无限，他的智慧是可理解的。

7. 他的言说彻底，他的威力能折伏最凶恶的敌人。

8. 悲哀和厄难不足苦恼他：他的勇气和决断如神一样，他一天比一天的坚实，一天比一天的热烈。

9. 他是世界共同文明的建设者，所有宗教的统一者，他是世界和平的确定者及世界人类最崇高卓绝道德的体现者。

无论什么时候你发现具备得有这条件的人，你就向他求指导和光明。——亚布都尔巴哈

神的精神的表现好像和朝暾在各处不同一样。黎明的地点虽然不同，太阳常时是一个；灯器虽然不同，光是一样的。——亚布都尔巴哈

巴哈欧拉“隐语”(Hidden Words)里的选出

亚当(Adam)的孩子们哟！智虑清白的人们哟！由天的神意降下来的语言，确是世界联合、融和的源泉，在民族的区分上，你当闭着眼，你应以“一实同体”(Oneness)的光明，欢迎无论哪一个，须为慰安的根源，增进人类的幸福，在生民之中应履行“神之表象”(Signs of God)的生活，这个一撮土壤的世界是一家，这个家要使他和合。抛弃骄慢，因为是不和的原因，须要随从融和的路去行。

朋友们哟！须以欢喜和芳情交睦世上的人，友道联合的因，联合是保持世界秩序的源泉，亲切而处人以爱者有幸福。

人的孩子哟！须礼察慈爱，谋人类的福利，不要想自己的利益，须履行正义，为人选择须如选而为己。

由顺良的德，人方能达到光荣伟大的天上，由骄就而坠落到最下层的地位。

在现在人要想求真理的光，不可不抛却过去的一切空谈，而戴上超然不羁的帽，披上道德的衣，

如是可以达到"一实同体"的海洋，纯一无杂的堂奥，要想把捉确固信念的光，知道神的壮大，心不可不脱离一切迷信的诱惑。

用真实的意义来说，"一实同体"是说唯神方视为具有生动主宰万物的能力，这些万物不过是神力精能的表现。

唯神是超越空间、时间，说明叙述、表征、记述，定义、高深，而住居在他自己所在的地方。

我的神哟！我的神哟！请以爱的冠和德的衣装饰在你所选择的头上和身上。

同胞哟！须以忍耐互处，你的心须超越俗界，你虽然高贵，总不要傲慢，你虽然卑陋，总不要引以为耻辱，我以我的美向你们宣示。我由尘埃里创造你们，我要再使你们还到尘埃去。

信仰的道是寡言而励行，言过其行者，他自己知道他的不存在胜于存在，他的死胜于生。

所有智识的根元，是神的智识——光荣在神！这种智识不依神的表现是不可能的。

人的孩子们哟！你们都知道为什么你们由一个土块里创生出来，这是因为不有哪一个应优于别人；你须要常时记在心里，你是怎么创造出来的，你们是以同一的质创生出来，所以你们的心，应当是同一个的一样。你们用同样的足走路，同样的口吃东西，住在同样的地上，你能用你的存在，你的行为——联合的表征，"一实同体"的精神来表现，这是我们对于你们的忠言，光的人们哟！所以你要随从他，如是你可以由那权威能力的树上，得着神圣的果实。

朋友们哟！不要满足暂时的美，贬损永久的美，不要附着在泥块的浮世上。

生存的子哟！不要为现世夺了你的心，因为我们以火试金，以金试仆人。人道的子哟，假令幸运在你面前微笑；你要不欢喜，若是悲哀追随着你，你不要因之生悲，因为时间的经过，自然歇止不在了。

移住的民哟！舌是为你称扬我而生的，不要用诽谤污了他，设若有利己的焰战胜了你，这是你自己的过，你不可不记忆，你不要说我生物的坏话，因为你们各人的意识和通晓，是胜过于我的生物。

我的仆人哟！最下贱的人是这些在世上生不出果来，他们可以算是死了的人，神还欢喜死者胜过于怠惰偷懒的人。

我的仆人哟！最上等的人是他们在世上工作生活，为他们自己和以神的爱为他们的亲族而消费。

人的子哟！自己罪人的时候，再不要说别人的罪过，若是你反了这个命令，你就不是属于我的人，于此我是做证见的人。

灵的子哟！以公正劝人而自己为非者，虽然负有我的名，不是我的人。

生存的子哟！己所不欲，勿施于人，己所不能，勿与人约，这是我给你的命令，要遵从。

生存的子哟！你须每日检察你的行为，在你受判决之先；因为"死"不久就追捉着你，那时你的行为就判决你。

巴海的人，不可不以智慧奉侍神，以实生活教导别人，以行为表现神的光，行为的效果，确实是比说话更有能力。

人类的进步是依赖信仰、智慧、洁白、理智和行为，而暗愚、乏信仰、不实、自利是永久的坠落；实在说人之所以为人，是他带有慈悲的习性，不是因为他富、华饰、博学、文雅。

大地的子哟！嫉妒的痕迹虽然在心里存得很少，不能达到不灭的境域，不能感受到神圣天国纯洁的香。

世上的暴君哟！你须由压制撤去你的手，我誓不看过无论何人的压制。

不实行的朋友们哟！请一反省！你曾听过可爱者和不认识者存在同一的心里么？所以你须送出那不认识者，让可爱者进你的屋里来。在现在所有的人必须以纯洁和道德奉侍神，教者言辞的效力在他们目的的纯洁和他的超越；有些人以言辞为满足，但是言辞的真理，是用行为和生命来证明，行为表示人的地位。

这些教义的来源是正义，人脱离迷信和模仿，才能以一实同体的眼分别神的表现，锐利的眼光，考察各种事件。

戒 告

人们呐！天国的门是开着——真理的太阳，照射着世界——人生的源泉是流着——慈悲的曙光已经表现——最大最壮丽的光在各人的心里照耀着，醒啊！听神的声音在超越的世界叫你："来我这里，人们的孩子呦！来我这儿，你受渴的人来饮这个甘泉，这个泉是澎湃的降到地球上的各处。"

时机到了！现在是收受的时机啊！请你看在基督的时候，那些人们不是会悟神由他口里说给他们的圣灵在三世纪以后他们才收受么？是不是你们还要睡到懒惰怠慢的床上，当着你们的父亲——基督曾预言过——来在你们的当中开了最大惠施的门和神的恩宠，我们再不要像过去那些人聋于他们的叫，而瞎于他们的美。让我们试开我们的眼，我们可以得见他，开我们的耳，我们能听他，洗我们的心，他可以来住我们的灵魂内。现在是信仰和行为的时代，不是口唇的时代。让我们从懒睡里醒起来，想到有一个很大的会餐等着我们，第一就是我们去吃，其次才让渴于智识的人、饿于生命面包的人。

壮丽的日子过去得非常的快，一次去了，你就把他叫不回来，所以当着真理太阳的光线正照着和神的中心圣约正表现的时候，让我们出去做工，因为等不得一会儿，晚上就来了，到葡萄园的路，也就容易寻不出来。

智识的光已经出现，在他的前面，所有迷信妄想的黑暗都要消灭，至上聚会的主人们都下来帮助这些要起来奉侍神的，来镇压和攻取心的城廓，宣布神来的喜音，联络万物的灵魂。——亚布都尔巴哈

我们所欲的只是世界的善和各国民的幸福，但是他们看我们是激动作乱者，应当束缚追放……各国民的信仰只应有一个，所有的人类如同胞一样，爱情的牵引及人类间的联合应当巩固，宗教的分歧应当停止，人种的差别应当取消……在这些里面有什么害呢？……既然是这样，这些无结果的挣扎，破坏的战争不应当演，那么"世界的和平"(The Most Great Peace)就可以出现了……这不是基督曾经说么？……你们的王和支配者不是使用他们的国库作破灭人类的用途比较使用在谋人类的幸福还多么？这些挣扎、流血、不和必须停止，所有的人类如一门亲戚和一家的人……一个人爱他的国不是光荣，爱全人类方是光荣。——巴哈欧拉

生活是——

不要为任何人悲愁的原因。

对无论何人要亲切用纯洁的精神爱他们。

要是压迫和伤害及于我们的身，须忍受；我们应常时尽我们所能的亲切，无论什么时候要爱人，要是灾害达到最高的极点，须欢受，因为这些东西是神的给与和恩惠。

不要说别人的过错，须要他们祈祷，帮助他们，用亲切改正他们的过错。

要看好的一方面，不要看坏的一方面，要是一个人有十种好性质，一种坏性质，你看他那十种，忘却了那一种；要是一个人有十种坏性质，一种好性质，你看他那一种，忘却了那十种。

我们对于他人，永不要说一句不亲切的话，虽然那个人是我们的敌人。所以我们的行为应亲切。

我们的心对于我们自身和俗界应当脱离。

须谦让。

须一个做一个的仆人，要常知道我们是不如任何人。

多类的人，须如一个心，因为我们能一个更爱一个，我们就比较接近于神；但是要知道我们的爱，我们的联合，我们的遵从不是在口上的自白是实在。

要小心智慧故事。

要真实。

要恳切。

要尊敬。

为每个病人治愈的原因，为每个悲哀者的安慰人，为每个渴的愉快水，为每个饥饿者的天餐——每个天涯的星，每个灯火的光，每个想入神之天国的信使。——亚布都巴哈

封底文字：

偏见要戒，光无论在哪一个灯器里燃着都是亮的，玫瑰花无论在哪一个园子里开着都是美的，一个星不问他在东在西照射着都是光明的。——亚布都巴哈

《巴海的天启》英文版

穆德传*

马泰士著，张仕章译

别派宗教的容纳

穆德博士到非基督教国家去旅行的时候，他在可能范围以内，常要去参观那边宗教上的圣地与神庙。他对于印度全国所有印度教的重要神庙都去游历过。我们不知道有多少人，甚至在佛教徒中间，能够像他到印度、缅甸、暹罗、荷属东印度、中国、高丽与日本去参观过他们这许多的圣地。在土耳其、埃及、巴力斯坦、印度、法属非洲以及其他地方的回教寺与圣地，也常会引起他深切的羡慕心。从他的几篇论文中，我们可以看出他很仔细的研究过开罗的阿尔阿萨回教大学（Al-Azhar Muslim University）的各种情形，如同它的课程、学生的来处、教授的方法、学生的生活以及他们宗教的经验和信念。一八九六年，他和他的夫人曾经手中持着斯密司（George Adam Smith）所著的《圣地历史地理学》（*Historical Geography of the Holy Land*）到叙利亚与巴力斯坦去游览各种犹太教与基督教的圣地和古迹。他在中国的时候，也曾和他的朋友巴乐满先生特地到曲阜去参谒孔子的陵墓。他所筹备的各种世界会议的地点也可表示他选择了许多世界各大宗教的圣地。他屡次提醒基督徒，应看佛教徒的榜样，把他们的教堂建立在充满自然美景的地方。

他在世界旅行的途中，常要设法得到各种机会和别派宗教的领袖——如同它们的祭司，教师，与圣人，作亲密的谈话，以研究他们亲口所述的深切的信念，人生的态度，与宗教的习惯。他在每次会谈中，也还要向他们表示他自己做基督徒的信念。在早年的旅行时期中，他曾经和巴海教教主的儿子爱芬狄（'Abbás Effendi）作过长时间的谈话，以探讨这种教派内部的活动能力。

* 青年协会书局，1935年。

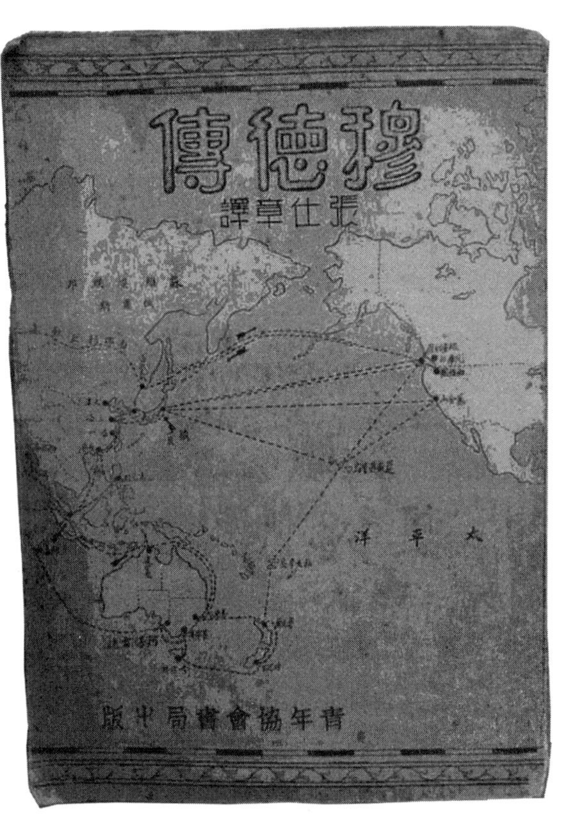

《穆德传》封面

隐言经*

巴哈欧拉著，廖崇真译

序

大同教道高深广大，为救世之南针，有无穷之价值，固毋庸余详加阐扬也。其道注重实践，而不重宣传。余闻道十年矣，间有朋辈欲研究圣书，知其真谛者，然除曹云祥所译之《新时代之大同教》《笃信之道》及亚卜图博爱之《箴言》等书而外，迻译者鲜耳。余深信大同教为医治今日世界纠纷之良药，建设新世界之基础，个人修养之圭臬。爰于业余之暇，将博爱和拉所启示《隐言经》一书，译为中文。此经本文为亚喇伯语，经肃基奥芬慈——大同教之护道者译为英文。余则译自英文本也。既毕复辑译大同教之十二根本原则，及肃基奥芬慈所著之《大同教简史》译为此经之导言，使阅者可知大同教之巅末。复承郑德薰、周明德二君润饰其文字，室人孙丽淑校录全书一遍。是则此书之成，得助力者殊多，谨志数言，以表感谢！

一九三六年七月十七日廖崇真志于广州

卷　上

彼为荣耀中之最荣耀者！

斯乃降自荣华之国，由权能之舌所宣诏及启示于古代之先知者。吾曹撮其中之精华，而衣以简洁之裳服，以为给予正人恩泽之表征，使彼俦可以恒久忠于上帝之约法，及在彼俦之生命中，能履行其（指上帝）所付托，并于灵性国中能获至德之珍宝。

1.灵性之子乎！

吾首要之训导：厥为秉一纯洁仁慈及光明之心，使若可以为一亘古不灭及永远之统治者。

2.灵性之子乎！

在吾目中万物之最可爱者，厥为公义，幸勿远之，苟若仰望我者，幸勿忽之，使余信托若。借其俶

* 1936年6月15日廖崇真译于广州市。洛阳印务馆，1937年。

助若可以自己之目光视察，而不需乎他人之耳目，若可以己之识力致知，而不需乎若邻人之智识也。其三思之！若应如何。诚然，公义者乃吾赐若之礼物，与及吾仁爱怜恤之标志也，盍常置于若目前乎！

3. 人子乎！

隐藏于吾超越时代之生命及亘古永存之实体中，吾知吾爱若；于是吾创造若，以吾之形象印于若，并以吾之华贵启示于若。

4. 人子乎！

吾爱若之造化，因而吾创造若，若应爱我，使余可以赐若以嘉名，并以生命之精神充满若之灵魂。

5. 生命之子乎！

盍爱余，使余爱若。苟若不爱我，吾爱末由达于若也。知之乎臣仆！

6. 生命之子乎！

若之乐园，乃吾之爱；若之仙府乃与吾复合。斯乃吾等之天国，及超高之领域而为若所注定者。

7. 人子乎！

苟若爱我，盍离若已；苟若寻求余之喜乐，则毋顾虑若一己之喜乐；使若可为我而死，而我永远为若而活也。

8. 灵性之子乎！

除舍弃若己而转向我外，别无慰藉；盖若应光荣于吾名中，而非光荣于若己；信托我，而非若己，吾欲若只爱我超乎一切之事物也。

9. 生活之子乎！

吾之爱乃吾之堡垒，彼进于其中者，均得安全稳固，彼离去者将迷失而沉沦。

10. 宣诏之子乎！

若乃吾之堡垒，盍进于其中，致若可臻于安全，吾爱蕴于若，其知之，使若觉吾接近于若也。

11. 生活之子乎！

吾若乃之明灯，吾之光华烛照于若，盍在其中采若之光辉，舍吾而外，毋事他求，盖吾创造若富足而且厚赐于若也。

12. 生活之子乎！

吾以威权之手完成若，以力量之指创造若，以吾光华之精粹装置尔。若其满足，毋事他求，盖吾之造化乃纯全，而吾之命令乃有效力者。毋事询问，并毋存丝毫之疑虑焉。

13. 灵性之子乎！

吾本创造若于富足者若，何为自降于贫乏乎？吾本创造若于高尚者，何为自趋于下流乎？由智识之精华，吾给若以生命，若何为舍余而寻觅光明于别人乎？余以情爱之泥土型范若，若何为劳役于别人乎？若其抚心自省，则若将察觉余立于若前，乃具力量权威及自足者也。

14. 人子乎！

若乃吾之领域，而吾之领域，永不灭亡。若何为恐惧其灭亡乎？若乃吾之光华，而吾之光华永不熄灭。若何为恐惧其熄灭乎？若乃吾之荣光，而吾之荣光，永不消灭，若乃吾之衣裳，而吾之衣裳，永不破坏。从兹保持若对我之爱，则若可获余之荣光之国矣。

15.宣诏之子乎！

转若之面而向我，舍我而外，捐弃一切，盖吾之主权永久，而吾之国土不灭。苟若舍我而他求，若将遍寻宇宙，直至海枯石烂，若之寻求亦归于徒然耳。

16.光明之子乎！

舍我外，宜忘一切，并与吾灵交接。斯乃吾命令之精华，盍向往之。

17.人子乎！

若其满足于我，而毋寻其他辅助者，盖舍我外，永无可满足若者也。

18.灵性之子乎！

非吾所希望于若者，盍毋求我，从兹应满足于凡吾等为若所注定者，盖斯于若有利，苟若能恬然满足于其间也。

19.异目之子乎！

吾已灌输若以吾灵之气息，使若可成为吾所爱者。何为若弃我而别寻所爱耶？

20.灵性之子乎！

吾于若之期望至大，殆不可忘。吾于若之恩惠甚丰，固不可灭。吾之爱已宅居于若心中，不可隐藏。吾之光华于若极显明，而不可蒙蔽。

21.人子乎！

吾已为若悬有最美之果实于璀璨光荣之树上，何为离而去之而满足于较次者乎？盍归乎天国中于若较胜者。

22.灵性之子乎！

吾创造若于高尚，而若乃趋于下流，盍兴起而达于为若创造之鹄的！

23.最高之子乎！

吾召若于永生，而若乃寻求灭亡。若何为背离余曹之所欲，而寻求若之一己者乎？

24.人子乎！

毋违背若之限制，并毋请求凡不适宜于若者，俯伏于若上帝权威之主容颜之前。

25.灵性之子乎！

幸毋骄矜贫乏者，因吾领导彼趋于正途，行且见若处恶劣景况之下，永远狼狈之中也。

26.生活之子乎！

若何为忘记之愆由，而斤斤于他人之过失，谁为之者，必受吾之咒诅也。

27.人子乎！

苟若一日仍为罪人，毋吐露他人之罪过，犯此诫命者，将被咒诅吾必为证焉。

28.灵性之子乎！

若其认识一真理：凡命人须秉公义而已则干犯愆由者，虽借吾名仍不属于我也。

29.生活之子乎！

苟若不欲人之加诸尔者，盍毋加诸人，若不欲人之议论若者，亦毋议论人。

30.人子乎

吾臣仆有请求于若者，毋拒绝之，盖其面目即吾之面目；从兹谦抑于吾之前。

31. 生活之子乎！

当若尚未被召作归结之前，宜每日自作清算；盖死亡乃无预先报信者，将突然临若，若将被召而清算若之行为也。

32. 高超之子乎！

吾已命死亡为若欣乐之使者。若何为而忧惧乎？吾使其辉光璀璨沛然以临若，若何为遮蔽己身乎？

33. 灵性之子乎！

吾以欣喜佳音之光辉而恭贺若！若其欣乐乎？吾召若至神圣之庭；盍留于其中，使若可以永居于安乐中也。

34. 灵性之子乎！

圣灵将再会之佳音携致于若；尔为何而忧虑乎？圣灵之力使若坚强于其道中；若为何遮蔽己身乎？其容貌之光采引导若，若何能迷失乎？

35. 人子乎！

舍远离于吾辈外，宜莫忧愁，舍接近及回转于吾辈前，亦毋欣喜。

36. 人子乎！

心中盍充满愉快，使若堪当晤我及反映吾之光华。

37. 人子乎！

毋卸去吾之华服，并毋丧失于若有份吾之奇妙源泉，诚恐若沦于永远饥渴也。

38. 生命之子乎！

为爱我故，盍遵守余之法律，苟若寻求余之所欲，盍舍弃若己之所欲。

39. 人子乎！

苟若爱吾之华丽，盍毋忽略吾之诫命，苟若欲造诣于吾所喜悦者，盍毋忘吾之忠告。

40. 人子乎！

舍若服从余曹之诫命，并谦卑于吾曹之面前，则若虽遍历无边之太空及周游穹苍之广袤，若将仍不能寻获安宁。

41. 人子乎！

彰大余之道，使吾可将伟大之秘奥启示若，并以永生之光照耀若。

42. 人子乎！

谦恭于吾前，使吾可以恩渥而临若，盍兴起为吾道而凯旋，使若在世时，仍可获唯一之胜利。

43. 生命之子乎！

在吾尘世中，应常提念及我，使吾在天上，可记忆若，如是若与我之眼目均可获慰藉也。

44. 宝座之子乎！

若之听即吾之听，盍以之而听。若之视即吾之视，盍以之而视。使若灵魂深处，可以证明吾高超之圣洁，而吾心亦可为若证明一高超之地位也。

45. 生命之子乎！

求殉道者之大解脱于吾道中，满足于吾之喜乐及感谢凡吾所注定者，使若可偕余憩息于光荣帐幕之后、庄严华盖之下也。

46. 人子乎！

其熟思而考虑之。若愿死于床上，抑流若生命之血于土中，在吾道中成为一殉道者，因而最高之乐园成为吾诫命之表现者及吾光华之启示者。臣仆乎盍正确判断之！

47. 人子乎！

以吾华丽为证！以若血污染若之发，吾视之殆比创造宇宙及今世来世之光华尤为伟大。臣仆乎，今当努力造诣于斯！

48. 人子乎！

每事必有表记，仁爱之表记厥为刚毅；隶吾命令之下及忍耐于吾试练之中。

49. 人子乎！

真爱者切望灾难，殆若反叛者之希望赦宥，罪人之求怜恤也。

50. 人子乎！

苟苦难不临若，在吾道中，若又何能行于满足于余所喜悦者之道乎？苟试练不折磨若，在若仰慕会晤我中，若又何能造诣于若所爱慕余美丽之光华乎？

51. 人子乎！

吾之灾难乃吾之恩惠，在外表则为火焰与复仇，但内里则为光华与怜恤。盍趋于其中，使若可成为永远之光及不灭之灵。斯乃吾对于若之诫命，若其遵守之。

52. 人子乎！

苟顺境临若，宜莫欢欣，苟耻辱临若，亦毋忧虑，盖二者将成为过去而终归无有也。

53. 生活之子乎！

苟贫乏袭击于若，宜莫忧愁；盖至相当时期，财富之主将惠临若。毋畏惧屈辱，盖荣华终有一日向若而安息也。

54. 生活之子乎！

苟若心向斯永远不灭之领域及斯亘古永远之生命，盍舍弃斯暂时及瞬息之主权。

55. 生活之子乎

毋忙碌于尘世，盖吾以火试炼黄金，而以黄金试炼吾臣仆也。

56. 人子乎！

若欲金钱，吾愿若超脱之。若以为富足在乎据有，而吾承认若之财富乃在乎圣洁。以吾生命为证！斯乃吾之智识，而彼乃若之幻想，吾之道又何能与若所欲者符合乎？

57. 人子乎！

济施吾之财于吾之贫乏者，使若在天上可取不灭之荣光于不凋谢之光华及财宝之库中。以吾生命为证！苟能奉献若之灵魂，乃一更光荣之事，愿若能以吾之目光视之也。

58. 人子乎！

若生活之宫殿，乃吾之宝座：盍清洁其一切，使吾可以于斯有所建立而宅居焉。

59. 生活之子乎！

若之赤心，乃吾之家；为吾降临而圣洁之。若之灵性乃吾启示之所：为吾显圣而清洁之。

60. 人子乎！

置若手于吾胸，使余可以光明灿烂而兴起于若之上。

61. 人子乎！

盍登余之天堂，使若可获会晤之欢欣，并向光荣不灭之杯痛饮独一无双之旨酒。

62. 人子乎！

日复一日，忽忽遄逝，而若方忙于幻梦及无益之想像中，若熟睡于床，尚有几时乎？

盍举若首于睡觉中，盖太阳经已升至天顶，冀其可以美丽之光华映照于若也。

63. 人子乎！

由圣山现于地平线之光，经已照临于若，而启发之灵，亦已表现于若心之西乃山。是以应脱离若己于无益幻想之幕，而进于吾之宫廷，使若可适于永生，而堪与吾会晤也。如是死亡可以不临于若，而忧虑烦恼亦然。

64. 人子乎！

吾之永存乃吾之创造，吾为若而创造之。盍以之为若庙宇之衣裳。吾之一贯乃吾之手艺；吾为若而构成之、盍穿戴之，使若可以永远为吾永存生活之启示也。

65. 人子乎！

吾之威仪乃吾赐若之礼品。吾之巍峨乃吾爱若之表征。凡适合于吾者无人可以体会，亦无人可以缕述之。诚哉，吾经已保全于吾隐藏之仓廪及吾命令之宝库，以为吾厚爱吾臣仆及怜恤吾民众之表征也。

66. 神圣及无形质之子女乎！

若将被阻碍于敬爱我之中，当言及我时人皆将致骚然。因其智海（即脑）不能领悟我，而人心亦不足以容纳我也。

67. 美丽之子乎！

以吾圣灵恩惠怜恤及华丽为证！凡吾以威权之舌启示于若，并以权能之笔为若而书者，乃依照若之能力领悟之所能及，而非依照吾之境界及声音之腔调也。

68. 人之子女乎！

余曹奚为以同一之泥土以创造若？其知之乎盖使无人可以自高于侪辈也。盍置于心而常思之，若如何而被创造，吾曹以同一之质素以创造若，故若应有同一之灵体，以同一之足行动，以同一之口饮食，而居处于同一之地域，由若内里之生活，自若之品行动作，可以显现一体之表征，超脱之精神，若是乃吾对若之忠告，光明之汇合乎！注意斯劝导，使若可获神圣之果于奇妙光荣之树也。

69. 灵性之子乎！

若乃吾之宝库，盖吾藏有秘奥之珍珠及智识之宝石于若中。盍保护之于吾臣仆中之外人及吾民中之不畏神者。

70. 彼立在其本质于自我之国者之子乎！

若其知之，吾已吹送若以一切神圣之馨香，并已完全启示若以吾之道，并由若而完成吾之恩泽及为若愿望凡吾一己所希望者。从兹当满足于吾之喜乐而感谢吾矣。

71. 人子乎！

盍以光华之墨书写凡吾曹所启示于若者于若灵性书简之上。苟斯非若力量所能及，则以若心中之实体为墨。苟若仍不能致是，则书以深红之墨前曾自吾道所流出者。诚哉，若是于我较甜美于其他一切，借使其光华可以永久继续也。

卷　下

在宣训之主权力者之名下！

1.若有智以识有耳以闻之民众乎！

情爱者首一之呼召其在于斯：神秘之金丝鸟欤！除灵性玫瑰园外宜莫留恋。所罗门所爱之使者欤！除宠爱者士巴外莫寻其他之庇荫，噫永生之凤凰欤！除忠诚之山外宜莫居住。苟若以灵性之翅翱翔于无垠之国境以寻求达到若之目的，盖彼间乃为若寄居之所也。

2.灵性之子乎！

飞鸟寻求其巢；金丝鸟则仰慕玫瑰之妩媚；而斯众鸟，人民之心，则自满于暂时之尘土，散落而远离永生之巢，以其目转向忽略之污泥而丧失神圣尊前之荣光。噫异哉！可悯孰有过于斯者乎；只以一杯之微，而彼俦竟离去最尊波涛之大海，并远隔于最光芒之地平线。

3.朋友乎！

处若心坎之花园除可爱之玫瑰外毋植其他，并无松弛若之握于金丝鸟之情爱。仰望宝贵义者之伴侣而避去一切不敬神者之交情。

4.公义之子乎！

情爱者舍其所爱者之居处又奚往乎？寻求者舍其心中之所欲更何得安息乎？于真爱者结合乃生命，而离别乃死亡也。夫其胸怀缺乏忍耐则心中无安宁。彼将弃万千之生命而急趋其所爱者之居处也。

5.尘土之子乎！

吾诚告若：人类中之最不检者乃怠惰争辩以求一己高出于其兄弟也。噫，兄弟乎！盍以实践无以空言为若之修饰。

6.地球之子乎！

知之乎！信然，苟心中仍存有丝毫之妒忌者，将永不能造诣于吾永远之国，亦不能吸入自吾成圣之国所呼出神圣之馨香。

7.仁爱之子乎！

若只缺一步即达于天府之荣华及天上仁爱之树。若其趋前一步以迈进于永生之国而入于永远之天幕。宜谛听光荣之笔所启示焉。

8.荣光之子乎！

速行于圣洁之道，而进于与余感应之天。以光辉之精神以洗洁若心，并速进于最尊者之宫廷。

9.飞逝之影子乎！

超越于较卑下疑惑之进程而上进于坚信之高处。启开真理之目致若可睹无覆闭之美丽而呼曰：吾主为圣，众创造者中之最美妙者。

10.欲望之子乎！

谛听之：人类之眼将永不能认识不朽之美丽。而无生命之心除枯萎之花外更无所欣赏。盖物以类聚，而乐与其类为朋也。

11.泥尘之子乎!

瞽若目,致若可睹余之美丽,塞若耳,致若可闻吾圣美之声音:舍弃若一切之学问,致若可分润吾之智识;清洁若之财富,致若可获吾永远财富之一份。瞽若目者,即舍吾华丽外一切勿视;塞若耳即舍弃吾道外一切莫听;除吾智识外舍弃若一切之学问;而具一清晰之目光、洁白之心、灵敏之耳,则若可进于吾圣洁之庭也。

12.两视觉之人乎!

闭一目而启其他。闭其一于世界及其中之一切,而启其一于神圣美丽之情爱者。

13.吾之子女乎!

吾恐或失却天鸽之圣曲,若将沉沦于完全失败之阴处,并永未得睹玫瑰之美丽,即回复于水与泥块之中也。

14.朋友乎!

毋为一必死之美丽而舍弃唯一永远不灭之美丽,并毋留恋斯暂时之尘世也。

15.灵性之子乎!

时将届矣,圣洁之金丝鸟将不再披露其内蕴之玄奥,若将消失天上之圣曲,及来自高处之妙音也。

16.怠惰之本质乎!

千百神秘之舌始获一词以为宣诏,千百隐藏之秘奥方启于一圣曲之中;然而怪哉!竟无耳以听,无心以悉。

17.伴侣乎!

通于无垠之境之门大启而情爱者之寓所为其仰慕者之血所饰,然众中仍有少数尚未得进斯天府,以具清洁之心与圣德之精神者,殆绝无而仅有也。

18.若居于最高乐园者乎!

宣传于笃信之子女在圣洁之国中,近天府之乐园,发见一簇新之花园,天国之民及在超高乐园永生之居住者均绕而居。盍努力使若可达于斯地,使若可以阐明仁爱之秘奥于其花卉之中,及认识神圣及全智之秘奥于其永生之果实。快哉!目乎凡进而居于其中者!

19.吾之朋友乎!

若侪已忘彼真实及光明之清晨乎,当在彼圣洁有福之环境中若侪咸集余前,在植于最光荣乐园中之生命树荫下?斯时也,当余宣训最圣洁之三道,若侪闻之咸肃然敬听:友乎!勿爱若之意志过于我,非吾所欲望于若者毋贪念之,毋以毫无生气为俗念贪欲所污之心而亲近我。苟若能洁若灵性,若于斯时将能复忆彼地及其环境,而吾宣诏之真理若皆应明了之矣。

在《乐园经》第五章,最洁圣之第八节,彼云:

20.若侪卧于忽略之榻如已死者乎!

岁月已逝宝贵之生命将终,而若竟无一息清洁之气达于吾神圣之庭。虽浸润于不信之海,而若唇中犹表示具有上帝唯一之真信仰。吾所恶者而若爱之,吾敌而若友之。虽若快乐自满行动于吾世上,而不意吾世已厌倦若而其中万物均远避若也。苟若能启若目,诚然,若必将宁受千百愁苦过于斯乐,死亡较胜于此生矣。

21. 活体之泥尘乎！

吾欲与若接近，然若不信赖吾。而反叛之剑已削去若希望之树矣。吾无时不与若接近，而若则恒疏远吾。吾为若选择不灭之荣光，而若则仍选择无限之耻辱。当为时未晚之际，盍早回头，毋失却若之机会也。

22. 欲望之子乎！

彼学问及智慧者，经多年之奋斗而不能达于全荣者之尊前；彼俦费尽终生之力，而仍未获睹主貌之华丽。若不需丝毫之努力即可达若之目的，不用追求即已获若所求之目标。然若仍留滞深藏于一己魔障之中，若目并为睹圣爱之美丽，而若手亦未得触其衣缘。若有目者，盍谛视而诧异乎。

23. 爱城之居民乎！

瞬息之狂风围困永久之烛光，天上少年之荣华为黑暗之尘土所蒙蔽。仁爱万王之首领蒙难于暴残之人民，圣洁之鸽被囚于鹰隼之爪下。荣光幕下之居民及天上之汇合为之痛哭流涕，而若乃安睡于怠惰之国，自居为诚挚之友，若之幻念何其虚妄乎！

24. 若乃愚鲁而名为智慧者乎！

若何为饰牧者之衣，而内存虎狼之心，欲谋吾之羊群乎？若虽类晨兴之星宿，貌若焕发光华，而引导吾城之旅客于沉沦之歧途也。

25. 外慧而内愚者乎！

若类清而苦之水，外如晶莹之清，然经神圣分析者之化验，则无一滴堪以接纳者。噫，太阳光线同照射于尘土及镜中，而反影程度之差别甚至有若星宿与土地之迢递：洵不可以量度者也！

26. 称为余友者乎！

其三思之。若曾闻朋友与敌人共居一室者欤？盍驱逐此异客使唯一之友可进于其居焉。

27. 尘土之子乎！

除人类之心灵，吾以之为吾美丽光明之寓所而外，举凡天上地下之一切吾已规定为若所有。而若竟将吾家吾居舍我而寓诸异者，无论何时当吾圣洁之显圣寻其一己之居处，必发现一生客于其中，吾既无家可归，惟有急趋于其所爱者护卫之所。虽然吾固已隐藏若之秘密而不欲彰若之耻辱也。

28. 欲望之本质乎！

吾屡于清晨之际离永生之境而就若所居，见若耽溺于逸乐之床上舍我而旁骛。于是灵体以一瞬之间，还于天上光荣之境，然在吾天上退隐之所，并未以斯吐露于圣洁之万军也。

29. 宽洪之子乎！

当洪荒混沌之中，以吾命令之泥块以创造而形成若。为若准备一切之元子及万物之精华以为若之训练。唯如是，故当若未离母腹。吾已为若准备二光明之乳泉，目以看守若，心以爱护若。由吾怜爱，在恩恤之下吾抚育若，以吾矜恤恩赐之精华以辅佑若。吾之目的，凡斯一切，无非冀若可以达于吾永远之国而堪称吾无形之恩赐耳。奈何若竟耽溺于忽略之中，当若长时，竟忽略余一切之洪恩，而从事于一己无益之幻想，甚至完全忘记离去唯一朋友之门，而居于敌人之所也。

30. 世界桎梏之奴隶乎！

吾屡于清晨中，以吾仁慈之和风吹拂于若，而发现若方熟睡于忽略之床。吾乃不禁为若之情景而痛哭，而复归于其所自来之处。

31.地球之子乎！

苟若爱吾，舍吾外毋他求；苟若欲瞻仰吾之美丽，闭若目于世间及其中之一切。盖吾之意旨与吾相异者之意旨，有如水火，固不能共居于一心之内也。

32.获友好之客人乎！

若心中之烛光乃为吾权能之手所燃者，幸毋以自私及肉欲之逆风而灭之。治疗若一切疾病之方乃记念吾，幸毋忘之。盍以吾之爱为若之宝藏，珍惜之有如若之目光及生命焉。

33.吾兄弟乎！

只听吾甘美之舌所言愉快之道，畅饮津津神秘圣洁之酒于吾甘露之唇。播吾神圣智慧之种籽于若心中纯净之土，而以笃信之水灌溉之，使吾智识及智慧之仙草可茂绿滋生于若心中之圣城。

34.吾乐园之居民乎！

吾以怜爱之手植若情爱及友谊之嫩树于圣洁乐园，并以吾和爱之甘霖灌溉之；兹结实之时期届矣，盍竭力保护之，而勿为欲火所焚毁也。

35.吾友乎！

熄灭谬误之灯，而燃光于若心中神圣领导之永远火炬。盖人类之试验者，不久将在崇敬者之前，除无瑕圣洁最纯正之德性及品行外，一切咸不接受也。

36.泥尘之子乎！

智慧者侍，苟非得有堪为之听者。必保持其缄默，殆如酒正之未获请求者，将不奉献其杯，情郎非亲睹其爱人之华容时，将不吐露其肺腑。是以播撒智慧知识之种籽在心中纯洁之泥土，而隐藏之，须俟神圣智慧之仙花生长于心田之中，而非自污秽之泥土也。

纪录及书于经中之第一行并藏在神之帐幕内安全之所。

37.吾臣仆乎！

毋放弃而致灭亡一永存之国家，毋为地上之私欲，而弃去天上之主权。斯乃永生之溪流发自慈悲者之笔之源泉；彼饮之者福哉。

38.灵性之子乎！

毁灭若之樊笼，甚如情爱永生之鸟高翔于圣洁之宇宙。舍弃一己，而充满慈悲之精神，居于天上成圣之国。

39.尘土之嗣子乎！

毋满足于转瞬之逸乐。而夺去若己永远之安息。毋以永乐之园而易暂时尘世之泥块。起自若之牢狱而上升于天上荣光之绿野。并由若暂时之樊笼而飞翔于无边之乐园。

40.吾臣仆乎！

释脱若己于斯世之桎梏，解放若之灵魂于一己之狱牢。急攫若之机会，盖时乎不再来也。

41.吾仆妇之子乎！

苟若睹永生之国家，若将竭力脱离斯瞬息之尘世。然以其一藏于若而显露其他者。固一秘奥。而非具有清洁之心者不能了解也。

42.吾臣仆乎！

涤除若心之怨恨，勿为嫉妒所污玷，而进于清洁神圣之庭。

43. 吾友乎！

遵若友所喜悦之途径而行，须知彼之乐乃以其造化之乐为乐也。即乃非得其友之喜悦无人应进其友之家，亦不应染指于其财富，毋以一己之意旨施于其友，无论如何不应潜夺其利益，若有卓识者，其三思之！

44. 吾宝座之伴侣乎！

非礼勿听，非礼勿视，毋趋于下流，并无叹息悲泣。毋为诽谤之言，则诽谤之言不入若耳，毋张大他人之过失，则若之过失不致弥彰；毋望人之耻辱，则若之耻辱亦不至显露。于是度若之岁月，比转瞬之间尤速，以若无玷之脑、清白之心、纯正之念及圣洁之品质，于是若可以自由满足而脱离斯可死之躯壳，而进于唯一神秘之园，久居于永远之国家矣。

45. 呜呼！呜呼！世俗之恋爱者乎！

若掠过钟情者有类电光之速，而专心致志于邪魔之幻想。若俯伏于虚妄之幻念，而称之曰真理。若注目于荆棘，而名之曰花卉。若未尝呼吸一新鲜之空气，豁达之和风亦未尝拂于若心中之绿野也。若摒弃仁慈之箴规，而完全涂抹于若之心版，甚如野兽之往来于若兽性私欲牧场之中。

46. 同道之兄弟乎！

若何为而忽略于称道唯一之钟爱者，而远离其圣洁之尊前乎？华美之实体乃在无可比美天幕之内，坐于荣光之座上，而若方忙于一己之纠纷。圣洁之芬芳方作挥散，而宽洪之清风正在吹拂，而若侪乃备受痛苦并被削夺。惜哉！若及彼侪方遵若途径而随从若之步伐而行者也！

47. 欲望之子女乎！

收藏自尊之衣裳，并脱卸傲慢之装饰，于最圣洁之第三行，由无形之笔纪录于蓝宝石之经简，有斯启示。

48. 兄弟乎！

盍互相容忍毋眷恋尘世之事物，毋骄矜一己之光荣，毋以受屈辱为羞耻。以吾之美丽为证！吾以泥土创造万物，吾亦将其还元于土中。

49. 泥尘之子女乎！

盍告富者以贫人深夜之慨叹，毋因怠忽以致引导彼侪于灭亡之道，及削夺彼侪于富贵之树。博施及宽宏为吾之德性；福哉！彼以吾之美德自饰者。

50. 情感之精粹乎！

舍弃一切之贪欲而寻求满足；盖贪欲者常被剥夺，而满足者则恒被敬爱及赞美也。

51. 吾仆妇之子乎！

居贫莫忧，富贵莫恃，盖贫兮富所倚，富兮贫所伏循环不已也。除上帝外赤贫一无所有斯乃奇妙之礼物，幸毋忽视其价值，盍终将令若富有于上帝中，如是若将明了斯训示之意义，'在实际上若乃贫乏者'而圣洁之道云，'上帝乃无所不有'，将如真正之早晨光荣辉耀而出现于钟爱者心中之地平线，稳坐于财富之宝座上也。

52. 忽略及情感之子女乎！

若任吾敌进于吾家，并骗去吾之朋友，盖若舍吾而藏他爱于若心，幸听唯一朋友之规劝而转向其乐园。世俗之友貌若互相亲爱，而实则寻求一己之利益，而唯一真诚之友，则实有爱于若，纯然顾及若之利益者；诚哉，彼为指导若之故已感受无限之苦痛矣。幸毋不忠于是友，若应急趋于其前。如是方为白昼之明星真理忠信之言，黎明于万名之王之笔之水平线上，盍张若耳，使若可听闻上帝，扶危及目存者之道乎。

53.若恃暂时之富贵而骄者乎!

若其知之，财富乃寻求者与其欲望及情人与其所爱中间之绝大魔障。富者，除少数外，将无由达于其主之庭。并不能进于满足及推让之城也。旨哉，彼富贵者能不为其财富所牵累而进于永远之国，且不因之而被削夺于不灭之领土。吾以最尊大之名为证！如是富者之尊荣将澈照上天之居民，有若太阳之光普照地球之人类!

54.世界之富有者乎!

在若中之贫乏者乃吾所信托；若盍护卫吾之信托，而毋只顾满足于若一己之逸乐也。

55.情欲之子乎!

清洁若于财富之玷污，坦然而进于贫乏之国；则若可自豁达之源泉：而痛饮永生之旨酒矣。

56.吾子乎!

与不虔敬者为侣则增加痛苦，与义人结交则清除心中之锈污。彼寻求以与上帝交接者让彼委身与其(指上帝)所爱者为友；彼欲闻上帝之道者，让彼倾听其所选择者之道焉。

57.尘土之子乎!

慎哉！毋与不虔敬者行，亦毋寻求其为伴侣，盖如是之朋友能转变心中之光芒为地狱之火焰也。

58.吾仆妇之子乎!

苟若寻求圣灵之恩泽，当与公义者为友，盖彼已由永生酒正之手中饮永生之杯，有如真正之曙光，使死者之心活泼光明也。

59.忽略之徒乎!

以为若心中之秘密可以隐藏，其实不然，若应确知彼俦乃用清晰之文字刊出，而公开表彰于圣洁之尊前也。

60.友辈乎!

诚哉！无论何者若隐藏诸若心者，成彰明显著于吾曹有如白日；然所隐藏者乃吾曹之恩泽，而非若所应得者也。

61.人子乎!

由吾慈悲莫测之海洋中，吾以一滴之甘露洒于世界之民众，然吾发见竟无转向之者，以众皆离开团结之天酿，而趋于不洁之糟粕，并满足于暂时之杯，而弃去永生美丽之畅。鄙哉！彼自陷于满足之徒也。

62.尘土之子乎!

勿移若目于永生钟爱者无双之美酒，勿注目于污秽暂时之糟粕。自神圣酒正之掌中取得永生之酒杯，使一切之智慧可以属若，使可只听来自无形之国神语之呼声所悲痛者若目的之卑下！何为背离吾圣洁永生之旨酒而向虚浮之水乎?

63.若世界之民族乎!

知之乎，诚然，空前之灾难方随从若，悲惨之果报以候若，毋以为若所犯者已被涂抹于吾目之前。以吾之华丽为证！若一切之作为吾笔已用公开之文字刊于黄玉之书简上矣。

64.地球之残暴者乎！

引离若手于压迫之所为，盖吾誓不赦宥无论何人不义之行。斯乃吾之信约，已以不变易之敕令珍藏于经简，并以吾光荣之印封存之。

65.反叛之徒乎！

吾之宽仁壮若斗胆，吾之忍耐生若慢心，如是使若鼓动私欲，如烈火奔马以就危险之途，而导若于灭亡，若以吾为忽略乎，抑未察觉乎？

66.侨民乎！

若舌吾创造以称颂予者，毋污以诽言。苟自私之火克胜若，须记忆若之过失而非吾造化之过，而若各皆认识于已较认识他人为多也。

67.幻想之子女乎！

其确知之，当曦微之曙光现于永远圣洁地平线之上，则黑夜所犯邪恶之秘密，将显露无遗昭然若揭于世界之民众也。

68.出于污泥之野草乎！

若何为不以斯污泥之手先触若之衣裳，何若心为欲望及情欲所玷污而寻求与余交接，并欲进于吾圣洁之国？远哉，远哉，若及若所欲之距离也。

69.亚当之子女乎！

圣洁之言纯良之行，将上升于天上光荣之境。盍努力使若之行为可以清洁于自私及虚伪之中，俾获恩宠于光荣之庭；盖不久人类之试验者，将于圣洁之尊前试验人类，舍纯粹之美德及清洁无瑕之品行而外，咸不接纳。斯乃白日明星之智慧及神圣之奥妙，照耀神圣意旨于地平线之上。福哉！彼转向之者乎。

70.世俗之子乎！

愉快哉生存之国，苟若能达之；荣光哉永生之域，苟若能超脱斯暂时之尘世；甘旨哉圣乐，苟若能自天上少年之手而畅饮神秘之杯。苟若能造诣于斯，则将脱离一切之破坏死亡，劳苦与罪恶矣。

71.吾友乎！

若其回忆于沙门境内柏兰山上吾与若所订之约章。吾取而证诸天上之汇合及在永远城中之居民，然今吾犹未寻得忠守斯约者。实则傲慢与反叛已将之涂抹于心中，直至并无丝毫留存于其间。我虽知之，仍有待而不发表也。

72.吾臣仆乎！

若有如百炼之剑，珍藏于剑匣黑暗之中，而其价值尚隐闭于工匠之知识。盍脱离于自私及欲望之匣，使若之价值可以变为光辉，而表彰于世界众生之前。

73.吾友乎！

若乃吾圣洁太空光如白昼之明星，毋以世界之污浊而蚀去若之光辉，裂去忽略之面帕，使若可自云阵之后，显现其光华而以生命之衣裳盛饰万物也。

74.虚荣之子女乎！

为一转瞬间之国而若舍弃吾不灭之领土，以世间仆役之丽服自饰，并以自骄，以吾美丽为证！吾将集合之而置于一色尘土之盖下，并抹去一切斑杂之颜色，只除选择我者外，当洗洁一切之色彩也！

75.忽略之子女乎!

毋眷恋于暂时之国土,亦莫作乐于其中,若有如无虑之鸟充满自信之力歌唱于枝头;迨至突然遇一捕鸟之死神掷之于尘土之上,其婉歌,其身体,其颜色,均归之乌有。故若宜慎之,欲欲之奴隶乎!

76.吾仆妇之子女乎!

夫训导一向皆用言语,现今则以品行为模范。凡人咸须表现纯正清洁之行为,盖言语乃众人一律之财产,然如斯之品行只属于吾所爱者。从兹奋勉竭尽心力以若之行为表扬若俦。吾侪如是箴规若于斯圣洁光辉之经简中。

77.公义之子乎!

当深夜之时永生者之华容自忠信碧绿之穹苍而临于沙勒曼陀罗(古时亚拉伯人植于道终以导行人之树)而悲泣,其哀痛之惨,致令天上之集会及天国之居住者亦为之闻声悲恸。有询问悲痛之由。彼答曰:吾奉命而殷望伫候于忠信之山,惟未尝获吸地上居住者忠义之馨香。爰乃奉召而回,乃见某神圣之鸽被擒于世间众犬之爪下,备极困惫。于是天上之童女未蒙其面帕,光华焕发急遽而出于其神秘之府,询问彼众之名,除其一外咸尽告之。当其被询问时,方说出第一个字母,而天府居民均蜂拥出自其光荣之居所。当说第二个字母时,彼俦均一一仆于尘土之上。斯时也,有声发自最深之庙堂云:'如斯足耳可毋再说矣。'诚哉!吾愿证明彼俦以前及现时之所为也。

78.吾仆妇之子乎!

自慈悲者之舌痛饮神秘之溪流,并自神圣宣诏之黎明仰观智慧无障光华之晨星。播吾神圣智慧之种籽于心中之净土,而以笃信之水以灌溉之,使知识及智慧之鲜花呈其鲜绿而生长于心中之圣城。

79.欲望之子乎!

若尚有几许之时翱翔于欲望之国乎?吾赐若羽翼。殆望若可飞翔于神秘圣洁之国,而非恋恋于邪僻幻梦之境者也。吾赐若以梳,亦望若栉余漆黑光亮之发,而非以裂吾项者也。

80.吾臣仆乎!

若乃吾园中之树:若应结良好奇伟之果实,使若己及他人皆得沾其利益。斯乃凡人之义务以从事于技能与职业,盖财富之秘诀乃在其中,其有了解者乎!良以结果有赖于技术,而神之恩典足供若一切也。夫树木之不结实者,以往及将来均适投于火中而已。

81.吾臣仆乎!

天下最卑鄙之人乃居于世上毫无结实者。如是之辈诚可作其已死者,否,死者在上帝目中犹胜于彼俦懒惰无用之辈也。

82.吾臣仆乎!

最优良之人厥为彼俦从事职业以谋生活,而为上帝及世界主宰之爱而用之于己及其亲属也。

前此隐藏在宣诏面帕下,唯一神秘及奇妙之新人,赖上帝之矜恤及其恩赐,现已显现,有若辉光发自所爱者之华容。吾为证明之,朋友乎!恩赐经已完备,辩论经已详尽,证据彰然而事实确立,试观在解脱途中若之努力有何显现。如斯圣恩神赐经已为若及凡在天上地下者满足保证之。大哉,上帝,大哉,世界宇宙之主宰。

廖崇真先生小像

群众心理与群众领导（第三版）*

张九如编

又如当波斯的巴比教（Bábí religion）盛行时，波斯王以为用极刑即可消灭这个新信仰了，然其结果则如郭毕诺（Gobineau）所说，"妇女和孩子们，体无完肤，身上每一个创口里，都燃了火引，走向刽子手之前唱着，"我们从上帝那里来，现在仍向上帝那里去！"一人昏倒于地，就用刀鞭击醒他，使他起立，起立后依然手舞足蹈，唱着"我们属于上帝，我们仍然皈依上帝"！及上刑场，虽有人劝受刑的人背弃异教，就得免死，可没有一人采纳。某刽子手向两个儿童的父亲说，你如不改教，我就在你的胸上杀你的两个孩子，那个做父亲的，立刻睡下身子来，给刽子手作杀子之台。他十四岁的大儿子，抢上一步说，我是长子，我应先死。当此之时，巴比教徒都出而争死。并有一个信教徒，不待刽子手动手，就自悬于铁布利至（Tabríz）城墙之上，叫道"师傅，你心上欢喜么？"

* 商务印书馆，1938年。

已答之问题*

亚卜图博爱著，曹云祥、孙颐庆译

序　一

大同教为最适合现代需要之宗教，一方面承认各教之真理皆出自一辙，以收集思广益之效，而综其大成，一方面又指示世界之趋势，以统一人类之信仰，铲除争端，促进世界和平，此诚世界之新曙光也。

大同教之十二条根本原则为教祖博爱和拉在六十年前所宣示者：

（一）世界人类的统一；

（二）真理的独立研究；

（三）各教是起于一个泉源的；

（四）宗教是统一人类的主动者；

（五）宗教是和科学一致的；

（六）男女平等；

（七）化除一切偏见；

（八）世界和平；

（九）教育普及；

（十）经济的解决；

（十一）世界共同的语言；

（十二）国际裁判所。

Bahá'í Faith

读者如欲知大同教之历史，可请读以下勒罗百科全书（Larousse Encyclopedia）中所记载关于该教之事实及不偏不倚之评论：

“一八一七年，博爱和拉生于波斯国都推希伦城里。在这时候，有一先知名巴孛宣传新道。博对于他很是信仰。后来不多几时，博和其他信徒被波政府处以流刑，放逐到博格塔、君士旦丁、爱特拿波等处。在这许多地方，土耳其政府受波斯（Persia）政府的嘱托，将博监视。在爱特拿波城的时候，

* 马来西亚大同教会国家灵体会1933年10月上海初版，1967年12月马来西亚重版。

博氏正式宣布他的使命说:"吾便是巴孛著作中所预言将来造化的大显圣。"同时博奏请欧洲各国君王树立新教,提倡和平,再后来,巴孛(the Báb)的信徒都承认博氏是大圣人,就信从大同教。一八六八年,土皇再将博氏放逐到犹太国的('Akká)亚格城,博氏自到此城之后,即从事著作,伸明教义。到一八九二年五月二十九日,博氏逝世。他的遗嘱命他的长子亚卜图博爱('Abdu'l-Bahá)继续宣传教义,并以联络各地信徒为职志。大同教徒不独在信回教的国里,即欧、美、日本、印度各国,也都有信徒。博氏曾将巴孛的教义扩而大之,再溶冶各教于一炉而成大同教,传授世人。以前犹太教徒等候救世主降世,耶教等候耶稣复活,回教(Muslims)等候马迪(Mahdí),佛教等候第五佛,火教等候巴伦(Sháh Bahrám),现在博氏降生,能副各教素来的希望,不啻集诸显圣于一人。

于是天下各教,自不再宜分门别户,当以大同教为依归,大同教里面没有教士的把持,没有礼节的拘束,也没有通俗的祈祷仪式。唯只要人人信仰造物,信仰诸圣(指各国历代之圣如摩西、查罗斯德、佛陀、耶稣、博爱和拉)的意旨罢了。博氏的著作有《意纲经》《亚特经》《亚达经》及奏疏格言书信等。大同教鄙弃浮文末节,因为空言不如力行,凡事都当以身作则。再大同教除了注重个人道德、女子教育、友爱精神、社会经济各问题外,还规定人不当有接受认罪及赦罪的权威,再宜履行一夫一妻制,废弃独身主义而与社会中人常相交际,其余没有明文规定的,当服从各国法律,或由博氏所提议的"公理院"解决之,规定之。按大同教义说起来,凡人能尊敬一国元首,是尊敬造物一部分的义务。人人当提倡世界语及服从国际裁判所,以求免除战争。博氏说的"你是一树之叶,一海之水"二语,实质说起来,大同教并不是一种新教,乃集合各宗教而统之一,复新之罢了,现在该教为博氏之外孙沙基爱分地主持。[①]

本书为博氏之长子亚氏对教理之答案也。博与亚均为波斯之大教师,中国古训云"师者所以传道授业解惑也"。研究大同教者曾有若干疑问,或浅或深,性质各有不同,故本书之告成,实能裨益问道者,解答疑问。

迩来关于大同教之译本有《新时代之大同教》《亚卜图博爱之箴言》与《笃信之道》三本,是书为第四本,余深信大同教能改造人心,造福人类,爰为之序。

曹云祥一九三三年双十节序于上海

序 二

廿八年夏,有波斯籍友人奥司古力君。出大同教《已答之问题》一书相示,并嘱译成华文。且言此书已由曹云祥君译就。但于付印时,一部被毁。未及再烦曹君重译,曹君竟尔长逝。故延至今日,译本仍未完成。今年七月奥君乃嘱余译被毁之一部,计三十六页。余勉应之。以未全窥此书内容,殊未敢贸然译述。乃于暇时,细读一遍,顿觉恍然有悟。余对于宗教,因一生劳碌,从未加以深究。但大同教一书,对于宗教之原则,其一曾谓"宗教应与科学理智相符合",至哉此言。余对于宗教,虽不学无所颖悟,但此原则,殊焉余所欣然称是。大同教一书,又称各宗教之真理,皆属一致,暨乎时代之演进,多失其原来之真义,而派别岐(编者按:歧)出,于是尽失其真。大同教乃尽纳而熔化之,包括

① 见勒罗《百科全书插画新版补录》六十六页。

一切智慧理学，非片言所能尽述。若传之于世，则人类和平世界大同之实现，必日近一日也。谨识此数语，以作读者之参考焉。

一九三九年七月孙颐庆书于上海

第一部　先知对于人类的影响

第一章　大自然是为一种普遍的法则所管理

(Nature is Governed by One Universal Law)

大自然是一种情状，一种实在物，它表面上寓于生命和死亡里面，或者换一句讲，寓于万物的组合和分解里面。

这大自然是受制于一种绝对的组织、一定的规则、完备的秩序和完美的计划，它永不违背他们，所以假如你细心观察，从最小的目力所不能见的原子，以至宇宙间的天体，如太阳或别种星球和发光体，无论你注意它们的排列、组合、形式或行动，你便要发现万物都最完美的组织着，并且都在一种法则之下，永不违背这法则。

但是当你观察大自然的本身的时候，你要发现它没有理解没有意志了，例如火的天性是燃烧，但是它却没有意志或理解的燃烧着；水的天性是流动，但是它却没有意志或理解的流动着；太阳的天性是发光，但是它却没有意志或理解的照耀着；蒸气的天性是上升，但是它却没有意志或理解的上升着，所以就可以明白万物自然的行动，是不得不然；只有动物，尤其是人类，有自主的行动，人类能够违背和反抗自然界，因为他发现了万物的组织，因而控制自然界的一切力量，人类所已有的一切发明，都是因为他已经发现了万物的组织，例如人类发现了电报，这就是东西交通的方法，于此可见人类的控制大自然了。

现在当你看见生存中的这种组织、排列和规则的时候，你能够说虽然大自然没有理解或知觉，而它们却都是大自然的结果么？倘若不能，就可见这没有知觉或理解的自然界，是在万能的上帝①的掌握之中。上帝是大自然的主宰者，他所要做的，他都使自然界表现出来。

人生是宇宙间所有物和大自然的必需的一分子，从这点看来，人类是树枝，大自然是树根；那么树枝有意志和理解以及一切知觉，而树根反无么？

所以可见大自然在本质上是在上帝的权力的掌握之中，上帝是永生的，万能的；他把大自然约束在精确的条例和规则里面，并且控制它。

第二章　上帝存在的证据

(Proofs and Evidences of the Existence of God)

人类未曾创造自己，这是上帝存在的证据的一个；不但人类未曾创造自己，他们的创造者和计划

① 关于上帝的意义，参阅第三十七章《上帝只能在显圣里了解他》和第五十九章《人类对于上帝的知识》二章。在这二章里，读者可以见到大同教对于上帝并没有神人同形说的见解；它用习惯的名词的时候，总留心解释它所表的意义。

者是和他们不同的。

创造人类者和人类不同,这是一定无疑的,因为一个无权无力的生物,决不能创造另一个生物,创造者须有一切实的美质方能创造。

创造者不完美而他所创造出来的东西却是完美,这是可能的么?画家对于他的艺术不精而能画成杰出图画,这是可能的么?他的图画,其质就是他的艺术,他的创作,而且图画决不能像画家般的完美,否则它竟能创造自己了。无论一幅图画怎样完美,和画家相比起来,却是极不完美的。

世俗是一切缺点的根源,上帝是一切美质的根源,世俗的缺点,却足以证明上帝的美质。例如当你观察人类的时候,你见到他们是懦弱的。这人类的懦弱,足以证明永生且万能的上帝的权力;因为倘若没有权力,那就无所谓懦弱了。人类的懦弱是上帝权力的证据;倘若没有权力,那就没有懦弱。所以从这懦弱上,可以看出世界上实有权力的了。又如俗世上有贫乏;因为世界上显然有贫乏,所以一定有财富。俗世上有愚昧,因为世界上真有愚昧,所以一定有知识;倘作没有知识,那就没有愚昧了;愚昧就是知识的不存在;但是没有存在,那就无所谓不存在了。

俗世是受制于一种它所不能不从的法则,这是一定的。就是人类也受制于死亡、睡眠和别种情状;这就是说人类在某某几方面是受管理的,这受管理的人类一定有一个管理者。因为人有依赖性,这依赖性是必然的,所以必有一个必然独立的独立者。

为着同样的道理,从病人可以推知必有健康的人;因为倘若没有健康,那就无从证明他有疾病了。

所以知道宇宙间有一个永生而万能的上帝,做一切美质的所有者,因为倘若他不是一切美质的所有者,他必定和他所创造的一样了。

宇宙间都是这样,最小的东西也证明它的创造者。譬如这块面包证明它有做它的一个人。

我们该赞美上帝啊!最小的东西的形式的最小的变更,就证明一个创造者的存在。那么这个无穷尽的大宇宙,竟能自己创造,从物质和风、土、水、火的作用而产生么?这种思想是怎样奇怪的错误!

这些明显的议论是援引给懦弱的人的;但是那有易受印象的内觉的人,可以见到十万个明证。所以当一个人觉得内在的灵魂的时候,他是无须证明了;不过为那没有这宽大的人,必须引用外界的议论。

第三章　教育者的需要

(The Need of an Educator)

当我们考察世间万物的时候,知道所有矿物、植物、动物、人类,各界都需要教育者。假使土地不耕种,便变杂草丛生的丛林。假使有人耕种,这土地就产出滋养动物的收获了。于此可知土地的需要农夫的耕种了。再来论树:假使没有种植它们的人,它们便不生果实,既没有果实,就没有用了。假使受了园丁的看护,这些不生果实的树也会生果实,而且经过了种植、加肥料和接枝的手续,原来生苦果的树也会生甜果了。这些是合理的证据;在现在时代,世界上各种民族,都要属于理智的议论。

这道理在动物也一样的。你该注意当一个动物受了训练,它就变成驯养的。你也该注意没有训练的人,就变成兽性似的;而且倘若听他受天性的支配,比兽类还要卑贱。反转来讲,倘若他受了教育，他就变成完人了。大多数的动物，并不吞食他们的同类；但是非洲中部人，却是互相残杀，互相吞食的。

现在你该想那使东方和西方都归人类统治的东西就是教育的效果，那传播光荣的科学和艺术的东西也就是教育的效果，那显出新发现和新法律的东西也就是教育，假使没有教育者，那就没有安乐、文化、便利或人道了。假使一个人独住在不见他人的荒野里，他一定要变成一只兽；于此可见教育者的需要了。

但是教育共有三种：物质的、人类的和灵魂的。物质的教育是关于人体因得到营养和物质的舒适而致成的进步和发展，这教育是人和兽所共有的。

人类教育意指文明和进化，就是政府、管理、慈善事业、商业、艺术和手艺、科学大发明和物理法则的发现。这些东西是人类别于兽类所必要的事实举例。

神的教育就是天国的教育；在于求得神的美质，这就是真的教育；因为在这种情形里，人便变成神的表现的中心，“让我们来制造和我们一样的人类”一句话的实现。这是人世间最高的目的。

我们需要一个教育者，他须要是物质的、人类的和精神的教育者，他的权力须得在一切情状里都有效力。所以假使有人说：“我有完美的领悟力和理解，无须这样的一个教育者”，他就是不承认一个明显的道理，好像一个孩子说：“我无须教育，我要照我的理智和理解行事，这样我就可以得到天下的一切美质”；或者好像瞎子说：“我无须视觉，因为许多别的瞎子却毫无困难的生存着”。

于此可见人类需要教育者，这教育者必须确然无疑的在各方面都是完美，而且超出众人，因为否则他不能做他们的教育者。尤其因为他必须同时不独是他们的精神的教育者，而且是他们的物质和人类的教育者；这就是说，他要教导人们组织和实行实质的事情，而且整理社会的情状，创设人生的互助，使一切物质的事情，能够应付无论何种形势。他也要创设人类的教育；就是说，他必须这样教人理解和思想，使他们达到充分的发展；那么知识和科学可以增加，事物的实情、动物的神秘和全宇宙的性质，都可以发现出来；教训、发明和法律，都可以一天一天的进步；从人类所感觉得到的事物，可以得到关于智育的结论。

他也必须传给精神教育，使理解和领悟力可以贯彻玄妙的世界，吸受圣灵的惠风，联合众神。他必须这样教育人类，使他们成为神的表现的中心，上帝的特性和名字在人类里照耀出来，实现“我们要制造和我们一样的人类”的那句圣语。

人力不能做这件大事，只有理智不能担任这个大使命，这是显然的，一个无援无助的孤独的人，怎样能够打成大建筑的基础呢？他必须依靠神力，才能担任这使命。唯一的圣灵，把生命付给人世，变更地球的表面，使智识进步，使灵魂活泼，打成新生命的基础，建设大宇宙的根本，组织世界，把一切国家和一切宗教摆在同一的旗帜下，把人类救出有缺点和罪恶的世界，并且使人类有对于天生和学来的美质的愿望和需要，当然只有神力能够成就这伟大的工作，我们应该公平的论它，因为它原来是公平的事务。

所有世界上一切政府一切民族，虽有它们的权力和军队，却不能传布这大道。唯有圣灵能够无援无助的促进它，这是人力所能做的么？必定不能。例如孤独的基督提高精神和平和正义的程度，这工作是一切战胜的政府，尽管有它们的军队所不能成就的。你该想一想许多帝国和民族的命运怎样：罗马帝国、法兰西、德意志、俄罗斯、英吉利，等等，它们都聚在同一个篷帐之下；这就是说，基督的出现，把这些各别的国家联合起来。有几国受了耶教的势力，联合到这般情形，竟为了彼此的利益而牺牲它们的生命和财产，在耶教的领袖君士但丁时代之后，各国间便发生分裂。我所要着重说的话，就是基督曾经支持一个世界上一切君王所不能成就的事业。他联合各种宗教，改良古代风俗。试想想罗马人、希腊、叙利亚人、埃及人、斐纳夏人、以色列人，以及欧洲别种民族间的许多分歧，基督除去这些分歧，成为这些民族间相爱的导源。虽然后来几个帝国毁灭了这联合，但是基督的工作却是成就了。

所以这全世界的教育者，必须是一个不独物质的而且人类的和精神的教育者。他必须有超自然的权力，才能充任这神的教师的职位，倘若他不表出这种圣力，他不能教育宇宙间一切万物，因为倘若他自己不完美，他怎样能够把完美的教育给人呢？倘若他自己愚昧，他怎样能够使他人聪明呢？倘若他自己不公正，他怎样使人公正呢？倘若他自己鄙俗，他怎样使他人神圣呢？

现在我们必须公平的想一想，那曾经有过的显圣[①]，是否有这些资格。假使他们没有这些资格和美质，那么他们不是真正的教育者。

所以我们必须用合理的议论去向有思想的人证明摩西、基督和别个显圣的先知的地位，我们的证据必须根据不是因袭的议论，而是合理的议论。

现在已经用合理的议论证明全世界极需要一个教育者，而这教育必须用神力成就它。这神力是从灵感上来，全世界必须被这超乎人力的力量所教育，这是无疑的。

第四章　亚伯剌罕

(Abraham)

亚伯剌罕是有这神力而被这神力帮助的一个。他生在隔在二河中间的一个国家[②]，他的家庭是不懂上帝是独一无二的。他反对他自己的家国和民族，就是他自己的家庭，他也反对，弃却他的国家、民族和家庭的众神。虽然孤独而没帮助，他却抵抗一个强有力的种族。这工作是并不简易的，这工作好像现在有人到某种酷爱圣经的耶教民族去否认基督，或者在天主教廷里（我恳求上帝饶恕我）违反了民众而很激烈的亵渎基督。

这些民众所信仰的不是唯一的上帝，而是许多的神。他们以为这许多神有神迹发现的，所以他们反抗亚伯剌罕，只有他的侄子洛忒和几个微贱的人赞助他。最后因为受他的仇人的反对而困苦极了，他不得不离开祖国。其实他们欲驱逐他，希望他被压迫、被杀而并不留些痕迹。

于是亚伯剌罕到圣地来，他的仇人以为他受了驱逐将要灭亡了；因为一个被逐出了祖国，剥夺了他的权利，各方面遭人反对，就是他是一个国王，也不能逃过了死亡了。但是他兀立着，显出超自然的坚决意志。而且上帝使他的被逐成为他的永久的光荣。因为他在这多神教的时代里，创设了上帝独一的教义。为了他的被逐，亚伯剌罕的子孙就有了权力，圣地也给与他们。因而亚伯剌罕的教训传布出来，他的子孙中间有一个约各和一个做埃及元首的约瑟。为了他的被逐，他的子孙中间发现一个摩西和一个像基督一般的人，还有海格，他生出伊塞曼尔，伊塞曼尔的子孙中间有一个就是摩汉默德。为了他的被逐，他的子孙中间有巴孛[③]。以色列的几个先知，也是亚伯剌罕的子孙。这样的传下去，并没有穷尽。最后，为了他的被逐，欧洲的全部和亚洲的大部分都托庇在以色列的上帝之

① 显圣就是宗教的创造者。参阅第四十三章《两种先知》一章。

② 默沙泊太米亚。

③ 巴孛是摩汉默德的子孙。

下。你该注意一个从自己祖国里逃亡出来的人建立这样的家庭，创设这样的宗教，传布这样的教训，使他这样的权力是怎样的伟大，有人能说这是偶然发生的么？我们须要公正的问一问：这个人究竟是不是教育家？

因为亚伯剌罕从欧尔被逐到叙利亚的阿勒泊而生出这样的结果，我们必须思考博爱和拉的被逐，从推希兰到巴格达，到君士坦丁，到罗米利亚，到圣地亚格，它的效果是什么？

你该注意亚伯剌罕是怎样的一个完美的教育者！

第五章　摩西

(Moses)

摩西曾在荒原牧羊多时。在表面上看来，他是生长在一个专制家庭中的人，大家都知道他曾犯了一次杀人罪。因此，法老王的政府和人民，都非常痛恨他。

就是这样一个人，他竟将一个大民族从俘虏的锁链下解放出来，使他们满足，带他们离开埃及，并引导他们走到圣地。

这种人民，便由耻辱的深渊，升到光荣的极点。他们原来是俘虏，现在自由了；他们原来是极无知的人民，现在极聪明了。由于摩西给了他们教义的结果，他们获得一种足以炫耀各国的地位，他们的名誉，传播全球。在邻近各国中，倘若有谁要赞赏一个人，他便说他一定是一个以色列人。摩西创立了宗教法和民法。这些法律给予以色列人以生命，且引导他们达到当时文化的极点。

他们的成就，达到这样地步，希腊的贤哲之士，竟视以色列人为完人的模范。苏格拉底斯便是其中之一。苏氏曾经到过叙利亚，从以色列的后裔中领受了神道一致和灵魂不灭的教义。苏氏到希腊以后，便将这些道理传布了。不久，希腊人民群起反对，说他敷衍神明，并向亚略巴古山法庭起诉，后来竟用毒药将他处死了。

当世间最贤明的哲学家尚未能表现其势力于千分之一的时候，这样一个言语讷讷的人，生长在法老王族里，且曾以凶犯闻名而因恐惧隐匿多时并为牧羊的人，怎能创立如此伟大的教义呢？这诚然是一桩奇迹。

一个口吃甚至说话都不能正确的人，竟能维护这种伟大的教义，倘若他不是为神力所赞助，他是决不能执行这种伟大的工作的。这种事实，是无可否认的。科学家、希腊的哲学家及罗马的伟人，他们都仅以一艺闻名于世。例如加伦和希卜克拉斯以医学著名，亚里斯多德以逻辑，而卜拉图则以伦理学和神学见称。何以一个牧羊者竟能获得这些知识的全部呢？无疑的，他必为一种万能的神力所赞助。

大家也要想着有些什么艰难困苦临到人民，为着阻止一种残暴行为，摩西打倒了一个埃及人，后来，大家都称他是一个凶犯。更要紧的是因为他所杀的那个人是属于统治民族的。于是他逃了，在逃亡以后，他才被尊为先觉之流的。

尽管他的名誉是恶劣，他是怎样奇怪地为一种神异的力量所指导去创立他的伟大的教义和法典！

第六章　基督

(Christ)

以后，基督来说：“我是由圣灵所生。”这种说话，对于现在的基督徒，是易于相信的，但在那时候，便很困难了。按照福音的原义，法利赛人说："这不是我们所知道的约瑟儿子吗？那么，他怎能说'我从天上下来呢'？"

简单地说来，这个人在大家眼中是卑下的，他用极大的力量兴发起来，当稍微与宗教有所偏向足以使犯者受危险或致危亡的时候，他将一种已经存在了一千五百年的宗教废除了。并且，在基督的时候，全世界的道德和以色列后裔的状况，已成为极端混乱而腐化，以色列则已坠入于极端耻辱痛苦和奴役的地位。有一个时候，他们被加尔底亚和波斯人所捕获，又一次，他们被亚西利亚人视为奴隶，于是，他们成了希腊人的臣民了，在基督降生的时候，他们为罗马人所统治和轻视。

这个青年基督，由神力所赞助，将古摩西法律取消了，改良一般的道德，并重新规定以色列后裔永远光荣的基础。此外，他以世界和平的愉快潮浪带给人类，并将不仅为以色列而是为整个人类一般幸福的教义向海外传播。

那些首先想应付他的人便是以色列的后裔及他的家族。在外面看来，他是将他们克服了，使他受着痛苦。后来，他们以刺冠加于他的头上，并将他钉死在十字架上。但虽在极深的痛苦和磨难中，基督说："太阳仍是光亮的，灯仍是要发光的，我的恩惠，将环绕着世界，所有我的仇敌，将回到卑下的地位，"当他这样说的时候，事实便是这样：因为地球上所有的国王，都不能与他抵抗，所有他们的旗帜，已被推翻，而这一个被压迫者的旗帜，反升到天顶。

但这是与一切人类理智规则相反的，因之很明显的，这个光荣上帝，乃是人类世界真实教育者，他是为神力所赞助着。

第七章　谟罕默德

(Muḥammad)

现在我们要说到谟罕默德。关于这位先知，美国人和欧洲人曾经听到许多故事，虽然说这许多故事的人，不是无知识的，就是反对谟罕默德的，可是欧美人却都信以为真；说这许多故事的人大多数是教士，其他是无知识的回教徒。他们转述关于谟罕默德的无根据的传说，以为这些传说是足以赞美谟罕默德的。

所以有几个愚昧的回教徒，拿谟罕默德的多妻制当作他们赞美他的要点，看它当作一种神奇的事情；至于欧洲的历史家，大多数信赖这些愚民所讲的话。

例如曾经有一个愚人向一个教士说："伟大的真正的证据就是勇气和流血"，并且说："有一天一个谟罕默德的信徒在教场上杀了一百人的头。"这样便使这教士误解，以为杀人就是证明信仰谟罕默德的方法，其实这点是完全虚幻的。谟罕默德的远征，常常是自卫的行为；这点有一个证据，就是他和他的门徒在墨卡忍受了最厉害的迫害有十三年，在这个时代，他们是众矢之的；他的伴侣中有几个被杀，财产没收，其他的逃到外国去。谟罕默德本人受了可兰依休人最激烈的迫害，后来他们决意要杀他，他半夜里逃到麦迭那去。但是那时他的仇人还继续迫害他，把他驱逐到麦迭那，把他的门徒竟驱逐到阿别辛尼亚。

这些阿剌伯部落是最野蛮不过的，和他们比较起来，非洲的野人和美洲的印第安人竟是进化得和柏拉图一般哩。美洲的野人并不活埋他们的子女，像阿剌伯人活埋他们的女儿一般。阿剌伯人把活埋他们的女儿当作荣耀的一件事[①]；许多人恐吓他们的妻说："倘若你生了女儿，我要杀死你。"直到现在，阿剌伯人依旧恨他们的女儿。不但这样，从前一个男子可以娶一千个女子，做丈夫的大都家里有十几个妻。当这些部落打仗的时候，战胜的部落，往往把战败的部落的妇孺们掳去，对待他们像奴隶一般。

当一个有十个妻的男子死了，这些女人的儿子便占了彼此的母亲；倘若一个儿子把他的袍罩在他的父亲的妻的头上，大声喊道："这女人是我的合法的财产！"那不幸的女人立刻变成他的俘虏和奴隶，他要怎样处置她就怎样。他可以杀死她，监禁她在井里，打她，骂她，刑罚她，等她死去脱离苦海为止。依照阿剌伯的习惯和风俗，他是她的主人。一家的妻和子女间有恶意、妒忌、怨恨、仇敌存在着，这是显然的。所以现在不必多讲了。你该再想想当时这班被压迫的女人们生活状况怎样！而且这些阿剌伯部落的生活方式，就是抢劫，所以他们不断的从事于打仗，互相残杀、劫掠和蹂躏彼此的财产，掳掠妇孺，把他们卖给陌生人，往往一个长官的子女，放浪快乐了今夜，明天早上就受奇辱、贫乏和俘虏了，昨天做长官，今天做俘虏；昨天做贵妇，今天做奴隶。

谟罕默德是在这种部落里生长的，他受了他们迫害十三年才逃走[②]，但是他们仍旧在追他，他们联合起来要消灭他和他的门徒。在这种情形里面，谟罕默德不得不用武力了。这是真相；我们并不迷信，并不要为他辩护，我们是公正的，说的是公正的话。你该用公正的眼光来看这件事。假使基督处在这种残暴而野蛮的部落环境里面，假使他和他们的门徒忍受了这种磨难十三年，结果逃出本国，假使他们逃出以后，这些不法的部落继续追逐他，杀戮他们的门徒，抢劫他们的财产，掳掠他们的妇孺，基督将要怎样对付他们呢？假使这种压迫，只加在他一人身上，他要宽恕他们，这种宽恕的行为是值得称赞的；但是假使他眼见这种残忍而好杀的杀人者，竟要杀死、抢劫和伤害这些被压迫的人的全体，并且掳掠他们的妇孺，那么他一定要保护他们，抵抗这班暴人了。

那么，谟罕默德的行为，有什么不是之处呢？难道他不愿他的门徒和他们的妇孺，被这班野蛮的部落屈服，是他们不是之处么？解除这班部落的好杀性，是最大不过的仁爱；压制他们，约束他们，是一种真正的慈悲。他们好比手里拿着一杯毒药的一个人，将要吃下去的时候，一个朋友打碎了那只杯，救了他的命。假使基督在同样环境里，他一定要用了征服他人的力量去把这班男女孩子从这班好杀的豺狼的爪里救出。

谟罕默德从不向耶教徒开战，他反而优待他们，给他们完全的自由。在那寄冷地方，有一团耶教民族，他们是受谟罕默德的照顾和保护的，谟罕默德说："倘若有人侵犯他们的权利，我自己就要做他的仇人，在上帝面前控诉他。"在他所公布的命令里，明白规定着，耶教徒和犹太人的生命、财产和法律，是受上帝保护的，假使一个回教徒娶了一个耶教女子，他不得阻止她做礼拜，也不得强迫她用面纱；假使她死了，他必须把她的尸体交给耶教教士，倘若耶教徒要建筑一个教堂，回教徒应该帮助他们，在回教徒和他们的仇人打仗的时候，倘若耶教徒并不因为受了回教徒保护而自愿帮回教徒打仗，他们不应该负加入战争的义务，不过他们每年应该付一笔小小的款子，作为这种免役的补偿，关于这些问题，有七条详细的命令，有几份现在还存在耶路撒冷，这是确切的事实，不是我所虚构的。第二

① 最野蛮的阿剌伯部落的一种，叫作白内太命族的，实行这种恶风俗。

② 到麦迭那。

世回教主[①]的命令，现在还由耶路撒冷的正教大主教保管着，这是无疑的。[②]

但是过了几时之后，为了回教徒和耶教徒的违犯规则，双方就有仇恨发生。除了关于这件事情之外，回教徒、耶教徒和其他的人所讲的话，都不过是虚造的，不是由于仇恨，就是由于宗教狂或愚昧。

例如回教徒说谟罕默德分开了月亮，月亮就跌在墨卡的山上；他们想月亮是一个小体，谟罕默德把它分做二块，一块抛在这山上，那块抛在那山上。

这种说教完全是宗教狂。教士们引证的传说和他们所指摘的事件，即使并非完全没有根据，却都是言过其实。

简略的说，谟罕默德生长在阿剌伯半岛希杰士地方的沙漠里，这半岛是一片荒凉而不生草木的旷野，多沙而没有人住的，有几部分像墨卡和麦迭耶，是极热的。人民是游牧之民，有沙漠居民的习俗，完全没有教育和科学。谟罕默德本人也是不识字的。《可兰经》原先是写在羊的肩胛骨上，或是棕榈叶上。这些详情指出谟罕默德所教导的人民的情状。他问他们的第一个题是："你们为什么不承认旧约圣经的首先五书和福音呢？为什么不相信基督和摩西呢？"这句话使他们为难，他们辩论道："我们的祖宗并不相信旧约圣经的首先五书和福音；告诉我们这为什么呢？"他回答道："他们是被人误导了，你们应该拒绝那不相信旧约圣经的首先五书和福音的人，即使他们是你们的祖宗，你们也应该拒绝他们。"

在这样的一个国度里，在这样的野蛮部落中间，一个不识字的人，竟然做出一部书，在这部书里，他用一种完美而流畅的文体，解释神的特性和美质，上帝的使者先知地位，神的法律和几件科学的事实。

这样，你知道在近代的科学观察之前，就是说从耶稣纪元起，直到第十五世纪，全世界的数学家都以为地球是宇宙的中心，太阳是行动着的。那做新学说领袖著名天文学家[③]，发现了地球的行动和太阳的不动。在他的以前，全世界的天文学家和哲学家都服从托利密的天文学派，凡是反对它的人，都被人当作愚昧。虽然匹撒哥拉斯和晚年的柏拉图都采行同一种学说，说太阳每年绕着黄道带周而复始的行动，不是从太阳发出的，可是这种学说，已经完全忘却。托利密的学派，被一切数学家所公认。但是《可兰经》里有几句是违反托利密学说的；其中有一句是"太阳在一定的地方行动着"[④]。这指明太阳的固定性和它的绕着轴行动着，另一句说"每一个星在它的自己的天上行动着"[⑤]。这样说明了太阳、月亮、地球和别个天体的行动。当《可兰经》出世的时候，一切数学家都讥笑这种说教，以为它们是从愚昧中出来的，就是回教徒里的博士们，见了这些句语的违反众人所公认的托利密学说，也不得不用解释来消灭它们。

耶稣纪元后第十五世纪，差不多谟罕默德的九百年之后，方才有一个著名的天文学家[⑥]用了他所发明的望远镜举行新的观察和重要的发现。地球的旋转，太阳的固定性和太阳的绕着轴的行动，都发现了，于此可见《可兰经》的句语的合乎事实和托利密学说的虚幻了。

① 属于欧马。
② 参阅权杰善旦所著的《欧曼牙兹和阿白雪兹》。这书马各力厄斯翻译过的。
③ 柯伯内克斯。
④ 《可兰经》第三十六章。
⑤ 《可兰经》第三十六章。
⑥ 格利利亚。

总而言之，许多东方的民族，在这一百三十年里生长在回教的势力之下。在中世纪，当时欧洲是最是野蛮不过的，阿剌伯各种民族却在学问上、艺术上、数学上、文化上、政治上和他种科学上，都胜过他国。这些阿剌伯部落的启发者和教育者和他们的文化和人类的美质的创造者，是一个不识字的人，就是谟罕默德。这位有名的人是不是完全的教育家呢？这须要公正的评判的。

第八章　巴孛
(The Báb)

至于巴孛[①](我但愿我的灵魂做他的牺牲!)在青年时代，就是在二十五岁的时候，他就出来宣布他的主义了。歇教派人都承认他从来不曾入学校读书，并且没有在教师前求学过；所有希拉兹地方的人，都证明这点。但是他忽然挺出在众人面前，竟然是一个博学的人。虽然他不过是一个商人，他却压倒了波斯全国的回教博士。波斯人的宗教狂是有名的，他竟孤独的、不可思议的树起他的主义，向着他们。这位名人兴起来有这样的大力量，他竟摇动了波斯原有的宗教、道德、情状、习惯和风俗，创设新规则、新法律和新宗教。虽然国家的大人物，差不多一切的教士和一般公务官员，起来要消灭他，他却独自抵抗他们，震动了波斯全国。

许多回教博士、公务官员和其他的人，欣然的为了他的主义牺牲他们的生命，走到殉道的一条路上去。政府、国家、神道学博士和一般大人物，都要消灭他的光辉，可是不能，后来他的月亮上升起来，他的星照耀出来，他的基础牢固的打着，他的发曙的处所也光明起来了，他把神的教育传给愚昧的民众，在波斯人的思想、道德、风俗和情状上，发生惊人的效果，他把博爱的太阳的显圣的好消息，报告他的门徒，使他们准备相信。

这种奇异的征兆和伟大的结果的出现，它们在民众心里和一般思想上所发生的影响；一个青年商人的创设进化的基础和组织成功和繁荣的原理，这几点都证明是一个完美的教育者。一个公正的人，决不会迟疑而不相信这点的。

第九章　博爱和拉
(Bahá'u'lláh)

当博爱和拉[②]出而问世的时候，波斯帝国是浸在深深的黑暗和愚昧里，也落在最盲从的宗教狂里。

在欧洲的历史书里面，你当然已经读过关于波斯人最近数百年来的道德、风俗和思想的详细记载，简略的说，我们必须说，在外国的游历家看来，波斯已经弄到这般卑劣地位，所以从前这样荣耀、这样的文明的国家，现在变成这样衰败、这样堕落、这样混乱，它的百姓失去了他们的尊严，这是一件可叹的事情。

博爱和拉就在这个时候出来。他的父亲是一个宰相，不是回教博士。像波斯全国的人所知道的，他从来不曾入学校读过书，也不曾和回教博士们或有学问的人结交过。他的幼年在最大的快乐

---

① 巴孛这里称他为哈士莱的阿拉，它的意义就是“最高”；但是为了读者的便利起见，我们将要继续用他的全欧洲所知道的名称，就是巴孛。

② 这里给博爱和拉的称呼是马力谟白剌克，它的意义是“有福的美”。他也叫甲马力阔台，它的意义是有生“以前的美”或是“古时的美”。但是我们将要称他博爱和拉，在西方人家都知道这个名称。

里过去，他的伴侣是最高贵的波斯人，不过不是有学问的人。当巴孛显了灵，博爱和拉说："这个人物是正道的人的主，人人都应该相信他。"他起来帮助他，虽然回教博士强迫波斯政府反对和抵抗巴孛，而且发出命令屠杀、抢劫、迫害和驱逐他的门徒，但是博爱和拉却给出许多证据，证明巴孛的真理。在全国各省回教博士开始杀戮、焚烧和抢劫改信巴孛者，并且开始殴打妇孺了。但是博爱和拉却不顾一切，用最大的坚决和力量，起来宣布巴孛的主义。他没有一刻隐匿过，他公然和他的仇人周旋着。他从事于显示种种证据，被人认作上帝的传言人。在许多变迁和时会里，他忍受最大的厄运，随时冒以身殉道的险。

他被人上镣铐，幽禁在地下的牢狱里。他的大产业被人抢劫、充公。他各处流徙了四次，到了"大狱"[①]才安定些。

虽然这样，他从没有一刻停止宣布上帝的主义的伟大。他显出这样的德行、知识和美质，竟使波斯全国的人当他作奇人了。在推希兰、巴格达、君士坦丁、罗米列亚以及阿卡，无论哪一个学问家或科学家，无论他是博爱和拉的朋友或是仇人，见了博爱和拉，无论发什么问题，总得到最充足而最使人信服的回答。他们时常说博爱和拉有一切美点，是独一无二的。

在巴格达往往有几个回教博士、犹太法律博士和耶教徒和几个欧洲的学者会合，每人发问，虽然各人有各人的教育，却都听到一个充足而使人信服的回答，满意而退。就是在卡白拉和那加夫的波斯回教博士，也选了一个智者，负了使命到博爱和拉那里去；他的名字叫作谟拉哈生阿谟，他到了博爱和拉门前，代替回教博士问了许多问题，博爱和拉都回答他，哈生阿谟说："回教博士毫无迟疑的承认博爱和拉的知识和德行，他们一致相信在一切学问里他都没有和他同等的人；而且显然他从不曾研究或者求得这种学问。"但是回教博士仍旧说："只有这点我们还不满足，我们并不因为了他的智慧和正义而承他的使命的真实；所以我们请求他显示一种神迹，使我们安心。"

博爱和拉回答说："因为上帝应该试验众生，而终生不应该试验上帝，所以你们没有请求这件事的权利，不过我却允许和接受这个请求，但是上帝的主义不是时时可演、天天可消遣的戏剧。倘若这样，上帝的主义变成儿戏了。

"所以回教博士们应该聚在一处，一致选出一个奇迹，并写明待这个奇迹实行之后，他们不再疑我，都要承认我的主义的真理。让他们封了这张纸给我，双方须要承认这个标准，假使这个奇迹是实行的，他们不再疑惑，否则我们被证明为犯欺骗的罪。"那个学问家哈生阿谟立起来道："无可再说了。"他虽然不是一个信徒，却吻了博爱和拉的膝才去。他集合了回教博士们，把这圣语讲给他们，他们一同商议了，说道："这个人是一个施妖术的人，或者他竟要做出一种妖术，那么我们无话可说了。"心里存了这个念头，他们不敢继续追求了。[②]

哈生阿谟在许多集会里说过这件事。离开了卡白拉，他到干曼夏和推希来各处传布这事的详细记载，尤其着重回教博士们的畏惧和退出。

简略的说，所有在东方的他的仇人，都承认他的伟大、庄严、知识和德行；虽然他们是他的仇人，他们常常称他"著名的博爱和拉"。

当这道大光忽然照耀在波斯的时候，一切民众，一切大臣，一切回教博士及其他各种人都起来反

---

① 起初被逐到巴格达，再到君士坦丁，再到亚地拿波，最后在一八六九年监禁在阿卡，这阿卡就是所谓"大狱"的地方。

② 这次博爱和拉的精锐的判断战胜了他的仇人恶意，他们一定不能互相同意择定所要求的神迹。

抗他，极其怨恨的追逐他，大声喊道："这个人要消灭宗教、法律、民族和帝国。"对于基督从前也有过这种话，但是博爱和拉却孤立无助的抵抗他们，并不稍示软弱。后来他们说："这个人一日留在波斯，我们一日不得平安；我们须要驱逐他，波斯才可以回复到安静的情状。"

他们接着使用武力对付他，使他不得不请求允许他离开波斯，以为这样他的真理的光，就要熄灭了。但是结果却适得其反，主义扩大了，他的火焰也更加强烈，起初不过传布波斯全国，现在为了博爱和拉的被逐，使它散布到别国去了。后来他的仇人说："伊拉克阿剌阿别①距离波斯太近，我们须要送他到更远的国度里。"所以波斯政府决意把博爱和拉从伊拉克送到君士坦丁。可是这主义并不稍见减退；他们又说："君士坦丁是各民族经过和寓居的地方，这里有许多波斯人。"为了这个缘故，波斯人再驱逐他到罗曼烈亚去；可是到了那边，这火焰更加强盛，这主义更加高举了。最后，波斯人说："这些地方没有一处不染着他的势力，我们必须送他到一个他要变成毫无权力，他的家庭和门徒要受到极厉害的痛苦的地方去。"所以他们择定了阿卡的牢狱。这牢狱原是为凶手、窃贼和强盗而设的，其实波斯人把博爱和拉当作和这班人一样。但是上帝的权力显示出来了，他的言语公布出来，博爱和拉的伟大也明显出来，因为他在这种环境里，从这个牢狱里，使波斯人的知识渐渐进步。他克服了他的仇人的全体，证明他们不能抵抗他的主义。他的神的教训贯彻各地，他的主义成立了。

不错，他在波斯各部的仇人都极恨的起来反抗他，监禁、杀戮和殴打改信他的宗教的人，而且焚烧和毁灭几千住宅，用种种方法去消灭和压倒这主义。但是这主义却从这凶手、强盗和窃贼的牢狱里高举起来，他的教训传到外国去，他的劝告感动了许多怨恨他的人，使他们做坚固的信仰者；就是波斯也觉悟起来，懊悔以前为了回教博士的错误而发生的事情。

当博爱和拉到圣地的牢狱的时候，一般智者都觉得上帝在二三千年前由圣经旧约里的先知所发出的好消息，现在又显示了。上帝是守他的约的，因为他曾经向圣经旧约里的先知的几个表示过好消息，说："无上之主，应该在圣地上显圣。"这些预约现在都应验了；假使博爱和拉不受他的仇人迫害，不遭驱逐，我们无从知道他怎样会不得不离开波斯，逗留在圣地。他的仇人意欲把他监禁了，使他的主义消灭，但是这个牢狱在事实上帮助他不少，做了发展这个主义的凭借了，博爱和拉的圣名传到东西两方，他的真理的日光照着全世界。赞美上帝啊！虽然他是一个囚人，他的篷帐却张在卡墨尔山上，他极其煊赫的出国，无论他的朋友或者陌生人，凡是走到他面前的，往往说："这个人是一个君主，不是一个俘虏。"

一到了这个牢狱，他就托法国大使向拿破仑②上一个奏章，它的大意是："请问我们的罪是什么，我们为什么监禁在这土狱里。"拿破仑不作答复。于是第二个奏章发出，这奏章载在《苏剌吐尔海克尔》③一书里。它的大要是："拿破仑啊！因为你不曾听我的宣言，也不曾回复它，你的领土不久就要被夺，你也要完全被灭。"这奏章由西撒克塔法哥④转交邮寄到了拿破仑那边，这件事是和他一同被逐的人都知道的。这个警告的本文传遍波斯全国，因为那时候《赤太孛尔海克尔》一书传布在波斯国，这奏章也载在里面。这件事情发生在一八六九年，当《苏剌吐尔海克尔》传布在波斯和印度，到了全体的信徒手里的时候，他们都等着看结果怎样。不久的后来，在一八七〇年，德国和法国间战事发

① 巴格达所在的地方。
② 拿破仑第三世。
③ 博爱和拉著了他的宣言以后著作的一种。
④ 在叙利亚的一个法国领事的儿子，博爱和拉和他很要好。

生，虽然那时候没有人以为德国会得战胜，拿破仑竟然战败，受辱，他向他的仇人降服，他的光荣变成深深的屈辱。

他也向别个国王上奏章，其中一个是上呈波斯王那雪路特亭的。在那奏章里，他说："召我到王前，召集回教博士们，请求证据和议论，以求明白真伪。"那雪路特亭把这奏章送到回教博士们处，说他们应该担任这个使命，可是他们不敢。于是他请最著名的回教博士的七个，写一封复信给这挑战性的奏章。过了几时，他们把这奏章退还，说："这个人是反对宗教者，是国王的仇敌。"波斯王被激怒了，他说："这是一个要证据和议论的真伪问题，它和对于政府的仇恨有什么相干呢？咳！我们这样的恭敬这班竟然不能回复这奏章的回教博士们。"

简略地说，所有记在上呈君王的奏章里的一切，现在正在应验。倘若我们把从一八七〇年起所发生的事情比较起来，我们将要发现它们几乎都和预言所说的一样，不过有几件还存留着，待将来应验。所以外国人和不做他的信徒的别种教徒，也说博爱和拉有许多神迹，有几个以为他是一个圣人，有几个竟然作文章论及他。其中有一个叫作赛亦特但华迪，是巴格特的一个赛那教派学者，写了一篇短文，记载几件神奇的行为，就是现在在东方各处有几许人，他们虽然不相信他的圣显，却相信他是一个圣人，并且相信他的神迹。

概括地说一说，反对他的和附和他的人，以及到圣地的人，都承认和证明博爱和拉的伟大。虽然他不相信他，却承认他的尊严。一到了圣地，见了博爱和拉，大都受了这样的感动，竟不能说话了。有好几次，他的最利害的仇人的一个，自己决定要"见了他，我要说这些话，我也要这样和他辩论"，可是当他见了博爱和拉，他竟然吓昏得不能说话了。

博爱和拉从来不曾读过阿剌伯文，也不曾有过教师，也不曾入过学校，但是他的阿剌伯文的说明文的流畅和雅驯，和他的别种阿拉伯著作一样，使最完美的阿剌伯学者都惊奇了。他们都承认而且声称他是谁都比不上的。

假使我们细细考察耶教圣经的本文，我们便可知道为上帝显圣的人，从来不曾向不承认他的人说过："无论你们要什么神迹，我都可以实行；我愿受你们提出的无论哪一种试验"，但是博爱和拉在他上呈波斯王的奏章里，明白的说："召集回教博士们，再召我，以求成立证据。"

博爱和拉像山一般的抵抗了他的仇人五十年。他们都要想消灭他，有许多次，他们计划把他钉死在十字架上，在这五十年里，他常常在危险里头。

现在波斯的情形是这样的退化和堕落，一切有知识的人，无论他们是波斯人或者是外国人，凡是明白事实的真相，都知道国家的进步、文明和建设，都靠托这位大人物的教训的传布和他的理论的发展。

基督生前实在教育了不过十一个人，这十一人中最伟大的是彼得，他受试验的时候竟然三次否认基督。虽然这样，耶稣的主义后来贯彻全世界。现在博爱和拉已经教育了几千万人，他们在受武力威胁的时候，大声喊着："呀！巴哈厄旧阿孛哈。"[①]在受最利害的试验的时候，他们的面孔发光作黄金色；这样你可以想一想将来有什么发生了。

最后，我们须要公正，承认这个伟人是怎样的一个教育者，他显出怎样的奇迹，他给世界上怎样的力量。

---

① 大同教徒用以表示信仰的一种呼声，它的意义是："荣耀啊！最荣耀的。"

第十章　从《但以理书》例证的相传的证据

(Traditional Proofs Exemplified from the Book of Daniel)

今天我们可以在席上谈谈证据了。假使你曾经到这道大光[①]显示的地方，能够到他面前，看见他的辉煌美丽，你早已知道他的教训和美质的无须再加证明了。

有许多人只要一到他面前，就变成坚强的信徒，不必再要别种证据就是拒绝他和深恨他的人，遇着了他，也证明博爱和拉的庄严，说："这是一个高超的人，不过他说这样的话，是可怜不过的啊！可是他所说的话，却都是可信的。"

但是现在这道真光已经落去，众人都要证据了，所以我们要表出合理的证据，证明他所说的话的真实。我们要引证另一个证据，有了这个证据，对于一切公正的人，已经足够，而且他是没有人能够否认的。就是这一点：这个伟人在"大狱"[②]里高举他的主义，从这牢狱里，他的光明照耀出来，他的名誉战胜了全世界，他的光荣传布到东方西方；这样的事情是从来不曾有过的。

假使天下有公理的话，那么这点可以承认了。但是全世界上有一班人，虽然有一切证据援引在他们面前，他们仍旧不会公正的判断是非的。

波斯的政教两方，虽然强大，却不能抵抗博爱和拉，实在他是孤立无助，受人监禁，受人压迫，竟然成就了他所要做的一切。

我不愿意说博爱和拉的神迹，因为这些传说可以说是可真可假的，他们像福音书里所载基督的神迹一般。这种记载从基督的门徒传下来，是犹太人所否认的。倘若我要讲博爱和拉的神奇的行为，这种行为真多哩。他们在东方是被人承认的，竟然有几个不懂他的主义的也承认他们。不过这种记载不是可以使人信服的证据，听的人或者要说，这记载惧怕和事实不符，因为别种教派也往往记着他们的始祖所表现的神迹，例如婆罗门教徒也讲述神迹的。从什么证据我们可以知道那些神迹是假的，而这些神迹是真的呢？假使这些是寓言，那么别的也是寓言；假使这些是大家公认的，那么别的也是大家公认的。所以这些记载，并不是完美的证据。不错，神迹不过给旁观者看看的证据罢了，就是旁观者也许会不把他们看作神迹而看作魔术。关于几个魔术家，也曾经有异常的把戏记载着的。简略的说，我的意思是说：博爱和拉确然做过许多奇事，但是我们不去讲他们；因为他们不能做普天下的人所承认的证据；就是看见他们的人也会不把他们看作确据，他们以为他们不过是魔术罢了。

而且我所说的著作旧约圣经的各先知的神迹，大多数是别有作用的。例如在福音书里载着，当基督殉道的时候，天色昏黑，地球震动，庙殿的幕从顶上到底下都裂成两块，死人从他们的坟里出来；倘若果真有这种事，那么真是奇事，应该载在当时的历史里。当时这些事要使许多人心里难过。兵士们要把基督从十字架上放下来，或者自己要逃去了。这些事不载在历史里，可见他们是不可以深信的，是别有作用的。[③]

我们的目的不是在否认这种神迹；我们的唯一的意思是他们并不是确证，而是别有作用的。

所以今天在席上我们要论到关于圣书里的传相的证据的解释，我们以前说过的，都是论理上的证据。

---

① 博爱和拉。
② 阿卡。
③ 参阅一百十五页《神迹》一章。

一个要探求真理的人的情状，和求望生命之水的口渴的人的情状一样，也和挣扎到海里去的鱼的情状一样，也和访求神医的病人的情状一样，也和找寻大道的迷路的旅行队的情状一样，也和努力开往海岸的失路而漂泊的船的情状一样。

而且探求真理的人，必须有几种特质。第一，他必须公正，和除了上帝以外的一切隔绝。他的心必须完全倾向上天，他必须不染罪恶和情欲，因为他们都是障碍。而且他必须能忍受一切困苦，他必须绝对的纯洁和神圣，没有尘世的人们所有的好恶心。为什么呢？因为假使爱了某人或某物，他也许不看见别个人或别件物的真理。为了同样的道理，恨了某物，也会阻碍观察真理的。这是探求真理的条件，探求真理的人必须有这些特质。在他没有达到这个条件以前，他决不能得到真理。

现在我们要回到本题了。

全世界的人都等候着两种显圣，这两种一定是同时发现的。大家都等候着这个预约的应验。在圣经里犹太人知道，将必有无上之主和弥细亚要显圣，在福音书里说，基督和依列萨将来必要复临的。

在回教里说将来马提和弥细亚要显圣，在拜火教和其他宗教里也是这样，不过倘若我们详述这种事情，那就太烦了。主要的事实就是大家都预知将来必有两个互相连续的显圣。预言说当这两个显圣发现的时候，地球要改变，世界要刷新，人类都要穿新衣服，公理和慈善要包含全世界，仇恨要消灭，各民族各国家间的不和的缘由都要化去，合群和和洽的缘由要发生，疏忽的人要醒转来，瞎子要看得见，聋子要听得出，哑子要说话，病人要痊愈，死人要立起来，战争要变成和平，怨恨要被爱情征服，一切争端要完全消灭，真正的幸福可以得到，世界要变成天国的肖像，人类要做上帝的宝座，一切国家都合成一个，一切宗教都联合起来，一切人类都变一家一族的人，全世界的各地方都合成一片，由民族、国家、个人、语言、文字和政治，所致成的种种迷信，都要消去，一切人都要在无上之主的庇护之下得到永生。

现在我们必须从圣书里证明这两个显圣已经到临，我们必须揣度着，作旧约圣经的几个先知的说话的意义，因为我们要从书里引出证据来。

数天前我们在席间讲出论理上的证据，证明这两个显圣的真实。

总而言之：在《但以理书》里说，从耶路撒冷的重建到基督的殉道，中间规定有七十个星期；因为等基督殉了道，他的牺牲完成，圣餐台也毁灭了。这是对于基督显圣的预言。这七十个星期是从耶路撒冷的复兴和重建算起的，关于这点曾经有三个国王发过四道命令。

第一道命令是古列王在纪元前五百三十六年时发的；这命令载在《以斯拉书》一章里。第二个命令是关于耶路撒冷重建的，是波斯大和乌王在纪元前五百十九年发的；这命令载在《以斯拉书》第六章里。第三道命令是亚达薛西王的第七年（就是纪元前四百五十七年）发的；这命令载在《以斯拉书》第七章里。第四道命令是亚达薛西王在纪元前四百四十四年发的；这命令载在《尼希米书》第二章里。但是但以理却特别说到在纪元前四百五十七年所发的第三道命令。七十个星期合成四百九十日。依照圣书本文说，一日就是一年，因为在圣经里说“上帝的一日就是一年”[1]，所以四百九十日就是四百九十年。亚达薛西王的第三道命令是在基督纪元前四百五十七年发的，基督殉道升天的时候是三十三岁。当你把三十三加上四百五十七，总数就是四百九十，这就是但以理所预告基督显圣的时期。

① 参阅民数记第十四章第三十四节。

但是在《但以理书》第九章第二十五节。这件事是用另一种说法；这里说七十个星期和六十二个星期；这显然和第一句话不同，有许多对于这种差异，仍旧莫名其妙，要想把这两句话互相合起来。怎样会得在一处说七十个星期而在另一处说六十二个和七个星期呢？这两句话不是不相符合的。

可是但以理说两个日期。一个是从亚达薛两王命令以斯拉重建耶路撒冷的时候算起：从这时候起到基督升天为止，共七十个星期，基督殉了道，牺牲和圣餐都停止了。

在第二十六节载着的第二个时期是它的意思说重建耶路撒冷完成以后到基督的升天，中间共有六十二个星期；那七个星期就是重建耶路撒冷的时期，这工程费了四十九年。当你把七星期加上六十二星期，共有六十九星期，在最后一星期（就是第七十星期）基督升天。这七十个星期这样完结，并没有什么矛盾。

现在基督的显圣已经用但以理的预言证明了。我们再来证明博爱和拉和巴孛的显圣。以前我们只不过讲论理上的证据，现在要说到相传的证据了。

在但以理书第八章第十三节里说："我听见有一位圣者说话，又有一位圣者问那说话的圣者说，这除掉常献的燔祭，和施行毁坏的罪过，将圣所与军旅践踏的异象，要到几时才应验呢？"于是他回答说（第十四节）："到二千三百日，圣所就必清洁。"（第十七节）"但是他对我说：末后要有异象。"这就是说这种恶运，这种倾覆，这种屈辱和这种退化，要继续几时呢？意思就是几时圣显要开始呢？于是他回答说："二千三百日，圣所就必清洁。"简略的说，这段文字的意思就是他规定二千三百年；因为在《圣经》的本文里，一日就是一年。所以从亚达薛西王发出重建耶路撒冷的命令到基督的诞生，中间四百五十六年，从基督诞生到巴孛显圣，中间有一千八百四十四年。当你把四百五十六年加上这个数目，总数就是二千三百年。这就是说，但以理所说的异象的应验是在纪元后一千八百四十四年，而这年就是巴孛依着《但以理书》的本文而显圣的一年。你该想一想他决定显圣的年份是怎样的明白；对于显圣的预言，没有比这个更明白的了。

在《马太福音》第二十四章第三节里，基督明白的说但以理的预言的意思就是显圣的日期，这节说："耶稣在橄榄山上坐着，门徒暗暗的来说，请告诉我们什么时候有这些事，你降临和世界的末了有什么预兆呢？"他回答他们的解释中有一段说：（第十五节）"你们看见先知但以理所说的那行毁坏可憎的站在圣地（读这经的人须要会意）。"在他的回答里，他叫他们去看《但以理书》第八章，他说凡是读它的人，他要知道那里所说的就是这个时候，你该想一想圣经旧约和福音书里说到巴孛的显圣竟然怎样的明白。

末了，我们要从圣经里解释博爱和拉的日期。博爱和拉的日期是依照阴历，从谟罕默德的使命和出走算起的；因为回教里是通用阴历的，像各种教派一般。

在《但以理书》第十二章第六节里说："有一个问那站在河水以上穿细麻衣的说，这奇异的事到几时才应验呢？我听见那站在河水以上穿细麻衣的向天举起左右手指着活到永远的主，起誓说，要一载、两载、半载：打破圣民权力的时候，这一切事就都应验了。"

我已经解释过一日的意义，现在不必再讲了；不过我们要简略的说一说，上帝的一日作一年计算，每年共用十二个月。所以三年半共有四十二个月，而四十二个月就是一千二百六十日。博爱和拉的先锋巴孛的出世，依照回教的计算法，是在谟罕默德出走后一千二百六十年。

后来在第十一节里说："从除掉常献的燔祭，并设立那行毁坏可憎之物的时候，必有一千二百九十日；等到一千三百三十五日时那人便为有福。"

这阴历的计算是从谟罕默德在希杰兹国里公布他的先知地位的日期算起的；这是他的使命以后的第三年；因为起初谟罕默德的先知地位是保守秘密的，除了卡迭加和一本恼弗尔①之外，没有人知道它。三年以后，它宣布了。博爱和拉是在谟罕默德公布他的使命以后的第一千二百九十年显圣的。②

第十一章 《圣约翰启示录》第十一章的说明
(Commentary of the 11th Chapter of the Revelation of St. John)

在《圣约翰启示录》第十三章的开首说：

"有一根苇子赐给我当作度量的杖：天使立着说，起来，将上帝的殿和祭坛并在殿中礼拜的人都量一量。只是殿外的院子要留下不用量；因为这是给了外邦人的；他们要践踏圣城四十二个月。"

这一根苇子是比作一个完美的人，它的相似之处是这样的：当一根苇子的里面空虚无物的时候，它会发得出美妙的音调来；这音调并不是从苇子发出，是从吹笛的人发出来的。为了同样的道理，那完美的人的神圣的心是除了上帝一切都不沾染的，圣洁而没有一切人事的依恋的，是圣灵的伴侣。他所说的话不是从他本身发出，却是从真正的吹笛的人发出，这就是神的灵感。所以他比作一根苇子；那根苇子是一根棒，这就是说，这是每个无力的人的帮助者，也是人类的支持物。

它是神圣的牧羊人的棒，他用它看守他的羊群，领导它们在国内的草地上。

又说："天使立着说，起来，将上帝的殿和祭坛并在殿中礼拜的人都量一量。"这就是说，比较和度量：度量就是发现比例。这天使说：比较上帝的殿和祭台并在殿中礼拜的人，这就是说，考察他们的实情形，发现他们的状态怎样，他们有什么条件，什么美质，什么行为，什么特性，使你自己认识那住在圣洁和神圣的至圣所里的人们有什么神秘。"只是殿外的院子要留下不用量，因为这是给了外邦人的。"在基督降生以后第七世纪的初叶，当时耶路撒冷被征服了，至圣所在外表上保存着；这就是说所罗门所建的屋，但是在至圣所外面的院子是给了外邦人。"他们要践踏圣城四十二个月"，这就是说，外邦人要管理耶路撒冷四十二个月，就是一千二百六十日：因为一日就是一年，这样算来，就是一千二百六十年，那就是《可兰经》所谓一周的时期。因为在圣书的本文里，一日就是一年，例如在《以西结书》第四章第六节里说："你要担当犹太人的罪孽四十日：我给你规定一日顶一年。"

这些预言是从回教发生的时候算起的，当时耶路撒冷被践踏着，就是说被侮辱着。但是至圣所是保存着、看守着和受人尊敬着，这些事情继续一直到一千二百六十年，这一千二百六十年就是预言博爱和拉的巴孛③的显圣，这显圣在谟罕默德出走以后一千二百六十年发生。现在这一千二百六十年的时候既经满了，这圣城耶路撒冷开始兴盛起来，居民也多起来了。凡是见过六十年前的耶路撒冷而现在再看见它的人，都要认识它现在变成怎样的人口繁多而兴旺昌盛，怎样的受人尊敬了。

这是《圣约翰启示录》里这几节的表面上意义；可是它们另有一种解释，有一种表象的意义，下面所说的就是：上帝的法律分作两部分；就是包括一切精神上的事物的基本原则；这就是说，它涉及精

① 滑剌喀忒一本恼弗尔，是卡迭加的表弟。

② 谟罕默德公布他的使命以后的第一千二百九十年，就是他出走以后的第一千二百八十年，也就是耶稣纪元后一千八百六十三至一千八百六十四年。就是这个时候（一八六四年四月）博爱和拉离开巴格达到君士坦丁去，向四周的人宣布他就是巴孛所预告的显圣。大同教徒所守之利时万节就是纪念这宣布显圣的，利时万是城外的一个花园的名字，博爱和拉在这里留了十二日，就在这里宣布他的显圣。

③ 门，就是"先锋"的意思。

神上的德行和神圣的性质；它是不变动的；它是至圣所，做亚当、诺亚、亚伯刺罕、摩西、基督、谟罕默德、巴孛和博爱和拉的法律的要素，在一切预言的周期里都继续存在着，它永远不会取消，因为它是精神上的而不是物质上的真理；它就是忠实、知识、信服、公道、虔诚、正义、可敬、爱上帝、心地和平、纯洁、自主、谦逊、温顺、忍耐和恒心。能哀怜穷人，保护受压迫者，救济穷苦人，扶助堕落者。

这些神圣的性质，这些永久的诫命，是永远不会取消的；它们要永远的继续存在着。这些人类的德行在每周期里复始，因为在每周期的末叶，这上帝的法律，就是人类的德行，要失去的，只有形式留着。

所以在犹太人中间，在摩西的周期的末叶（它和基督的显圣适合），上帝的法律失去，只有没有精神的形式存着，至圣所离开他们了；不过耶路撒冷的外院（就是指宗教的形式）落到外邦人的手里。同样基督的基本原则，它们是人类的最大的德行，也失去了，它的形式存留在教士们的手里。同样，回教的基础已经失去了，不过它的形式存留在正式的回教博士们手里。

这些上帝的宗教的基础，它们是精神上的，是人类的德行，是不能取消的；它们是不可移动的，是永远存在，是在每个先知的周期里复始的。

上帝的宗教的第二部分是关于物质的世界的，包括斋戒、祷告、礼拜式、结婚、离婚、废除奴隶制、法律手续、交易，关于暗杀、暴动、偷窃、伤害等事的赔偿；这关于上帝的法律的一部分，是在每个先知的周期里依照时代的需要而增减和改动的。

简略的说，所谓至圣所，就是那永远不会增减、改动或者取消的精神上的法律；圣城就是指可以取消的物质上的法律；而这叫作圣城的物质上的法律，是要受践踏一千二百六十年。

"我要使我那两个见证人，穿着麻衣，传道一千二百六十日"，这两个见证人就是上帝的使者谟罕默德和阿蒲阿力孛的儿子阿力。

在《可兰经》里说上帝向他的使者谟罕默德说："我们使你做见证人，好消息的通报者，并且做警告者。"这就是说，我们已经派定你做好消息的通报者，也做宣布上帝的恕意者。[①] "见证人"的意思就是一个可以用他证据来证实事物的人。这两个见证人的命令要实行一千二百六十日，一日就是一年，谟罕默德是树根，阿力是树枝，像摩西和约书亚一样。说他们"穿着麻衣"，它的意思显然就是他们要着旧衣，不着新衣；换句话说，起初在家人看来他们并没有什么光彩，他们的主义也未见得新颖；因为谟罕默德的精神上的法律和福音书里的基督的精神上的法律一样，他的物质上的法律也大半和圣经旧约开首五书里的一样。这就是旧衣的意义。

以后说："他们就是那两棵橄榄树、两个灯台，立在世界之主面前的。"这两个人比作橄榄树，因为在那个时候一切灯都用橄榄油点的。它的意思就是这两个人发出上帝的智慧的精神，这精神就是世界上光明之源；上帝的这两个光要照耀着，所以把他们比作两个灯台，灯台是光的住所，光从它发出。同样，领导世人的光明，从这些明亮的灵魂里发出。

以后说："他们立在上帝面前，就是说他们正在为上帝服务，教育上帝的人类，例如阿刺伯半岛的野蛮的阿刺伯游牧民族，把他教育得在当时他们达到文明的极点，他们的名誉传布全世界。"

若有人想要害他们，就有火从他们口中出来，烧灭仇敌"，这就是说，没有人能够抵抗他们；倘若有人想要轻视他们的教训和法律，他便要被这从他们口里出来的法律所包围而消灭；凡是尝试伤害、

① 这句是《可兰经》的阿刺伯本文的波斯译文。

反对和仇恨他们的人，便要被他们口里出来的命令所消灭。这件事是有过的；所有他们的仇敌都战败、逃走、消灭。上帝这样显明的帮助他们。

后来说："这二人有权柄，在他们传道的日子叫天闭塞不下雨。"就是说在那个周期里他们像帝王一般。谟罕默德的法律和教训和阿力的解释和批评，都是天赐的物；假使他们要给这赐物，他们有这权柄。假使他们不要，天便不下雨；在这里雨代表赐物。

以后说："他们有权叫水变成血。"就是说谟罕默德的先知地位和摩西的先知地位一样，阿力的权力和约书亚的权力一样；就埃及人和反对这两位先知的人而论，若这两位先知要叫尼罗河的水变成血，他们就能够办得到；这就是说，这般人的生命之源，为了他们的愚昧和骄傲，竟变成他们的死亡之源了。这样，埃及王和他的百姓的国土、财富和权力，本来是全国的生命之源，竟为了他们的反对、否认和骄傲而变成灭亡、涣散、退化和贫乏的根源了。所以这两个见证人是有灭亡国家的权力的。

以后说："并且能随时随意用各样的灾殃攻击世界。"就是说他们也有权力和实力去教育恶人和压迫者和暴君：因为上帝赐这两个见证人内外二种权力，使他们能教育和矫正凶狠、好杀、暴戾的阿剌伯游牧之民，他们原是像猛兽一般的。

"他们做完见证的时候"，就是说当他们做完了上帝所吩咐他们作的事，传达了圣旨，提倡了上帝的法律和传布了上天的教训；它的目的使精神生活的征兆可以显示在灵魂里，人世们的德行的光明可以照耀出来，直等到游牧的部落得到完全的发展。

"那从无底坑里上来的兽，必与他们交战，并且得胜，把他们杀了。"这兽就是指白内乌马牙①，他们从罪恶坑里攻击他们，起来反抗谟罕默德的宗教和阿力的真理，换句话说，就是亲爱上帝。

说"这兽和这两个见证人交战"，这就是说，精神上的战争；它的意思是这兽要完全反抗这两个见证人的教训、习俗和制度，竟至于这两个见证人的权力所传布在民族和部落中间的德行和美质，要完全消散，兽性和肉欲要战胜了。所以这和他们交战的兽要战胜，就是说从这兽出来的罪恶的黑暗要占据全世界，杀死这二个见证人。换句话说，它要消灭他们在民间传布出来的精神生活，完全消灭神的法律和教训，践踏上帝的宗教。所以，存留下来的只有一个没有精神的死体。

"他们的尸首就倒在大城里的街上，这城按着灵意叫所多玛又叫埃及，就是我们的主钉十字架之处。""他们的尸首"，就是指上帝的宗教，"街上"就是说在众人面前。"所多玛又叫埃及""我们的主钉十字架之处"，就是指叙利亚，尤其是耶路撒冷的那块地方，那里当时白内乌马牙占有领土的，上帝的宗教和神的教训就在这里初次消去，只留着一个没有精神的体。"他们的尸首"代表上帝的宗教。它像没有精神的死体一般的留着。

"从各民族各方各国中，有人观看他们的尸首三天半，又不许把尸首放在坟墓里。"

以前已经解释过，在圣书的名词里，三天半就是三年半，三年半就是四十二个月，四十二个月有一千二百六十日；因为在圣书本文里一日就是一年，就是说在这《可兰经》的周期一千二百六十日里，许多国家、部落和民族要看他们的尸首，这就是说，要显示上帝的宗教；虽然他们不肯照它行事，却不愿让他们的尸首(指上帝的宗教)埋在坟墓里，这就是说，在形式上他们依附着上帝的宗教，不肯让它完全消灭，也不肯让它的形体完全消灭。实在他们要离开它，不过在表面上保存它的名字和纪念。

那些"族、民和国"指那班聚在《可兰经》的庇护之下的人，他们不肯让上帝的主义和法律在形式

① 乌马牙兹朝。

上完全消灭，他们中间有祷告和斋戒，可是上帝的宗教的基本原则，就是道德和行为以及对于神的神秘的知识，都已失去了；人世的德行的光明，就是对于上帝的敬爱和知识的结果，是熄灭了，虐政、压迫和极恶的情欲的种种黑暗，却是战胜。上帝的法律的形体，像尸首般的供众人观看了一千二百六十日，每日作一年算，这时期就是谟罕默德的周期。

人们失掉了这两个人所创设的一切，就是上帝的法律的基础，也毁坏了人世间的德行，就是天赋的才德和这宗教的精神，竟至于诚实、正义、爱情、合群、纯洁、神圣、独立以及一切神的性质，都失去了，在这宗教里，只有祷告和斋戒还存着；这情形继续了一千二百六十年，就是《可兰经》的周期的年代，好像这两个人死了，他们的尸身却没有精神的留着。

"住在地上的人，就为他们欢喜快乐，互相馈送礼物，因为这两位先知曾叫住在地上的人受痛苦"，"住在地上的人"指别个国家和民族，例如欧洲和亚洲远方的百姓，当他们见了回教徒的性质完全变更，上帝的法律放弃，回教徒失去了德行、热心和廉耻，他们的性质也变更的时候，这些人变成快活，因为回教徒的道德腐败了，他们将要被别国征服了，这件事已经成为事实了。试看这曾经得到绝大威权的民族，现在怎样的堕落和被践踏。

别国的人民"互相馈赠礼物"，就是说他们要互相帮助，因为"这两位先知曾叫住在地上的人受苦"，就是说他们征服世界上别个国家和民族。

"过了这三天半，有生气从上帝那里进入他们里面，他们就站起来，看见他们的人甚是害怕。"我们已经解释过，三天半就是一千二百六十日。那两个僵躺着的人谟罕默德所创设而阿力所促进的教训和法律，可是它们的实质已去，只有形式留着。生气再进入他们里面，就是说那些基础和教训要重新创设。换句话说，上帝的宗教的精神性变成物质性，德行变成罪恶，对于上帝的敬爱变为仇恨，光明变成黑暗，神的性质变成恶魔的性质，正义变专制，慈悲变成仇敌，诚恳变成伪善，领导变成错误，纯洁变成肉欲。过了这三日半，依照圣书的名词这就是一千二百六十日，这些神的教训，上天的德行、美质和精神上的赐物，为了巴孛的出世和甲那培克特斯[①]的忠心而复兴。

神圣的微风传布着，真理的光明照耀着，供给生气的春季到了，领导的早晨破晓了。这两个尸身复活了，这两个伟人（一个是创造者，一个是促进者）升起来，像两个烛台，因为他们用真理的光明照耀世界。"两位先知听见有大声音从天上来，对他们说，上到这里来，他们就驾着云上了天"，就是从这看不出的天上，他们听见上帝的声音说：你已经做了一切应该做的事情，传达教训和好消息，你们已经把我的话给众人，提起对于上帝的呼声，尽你们的责任。现在，像基督一般，你们必须为了众人所敬爱的上帝牺牲你的生命，做殉道者。那真理的太阳和那领导的月亮[②]，都像基督一般的落在最伟大的殉道的天涯，而升到天国里。

"他们的仇敌也看见了"，就是说许多他们的仇敌见了他们的殉道，知道他们的地位的高尚和德行的崇高，证明他们的伟大和完美。

"正在那时候，大地震动，城就倒塌了十分之一，因地震而死的有七千人。"

这地震在巴孛殉道以后发生在希拉兹。城在混乱中，死了许多人。也因了疾病、虎力拉，缺粮，饥荒和患难，而大起纷扰，这种现象是从来没有的。

① 海杰谟罕默德阿力排福罗希，是巴孛的主要门徒之一，也就是十九封生人的信之一。（编者按：应为十九"新生字母"之一）

② 巴孛和甲那培克特斯。

"其余的都恐怖,归荣耀给天上的上帝。"

当地震在发兹地方发生的时候,其余的日夜哭泣,从事于颂扬上帝和向上帝祷告。他们这样的难堪,这样的恐惧。竟夜里不得安睡或休息。

"第二样灾祸过去,第三样灾祸快到了。"第一样灾祸就是先知谟罕默德(阿孛特拉的儿子)的出世(愿他安静的在那里!),第二样灾祸就是巴孛的出世(我们该赞美他!),第三样灾祸就是无上之主显圣而预言的那个人的美丽照耀的那天。关于这点的解释是在《以西结书》第三十章第二节和第三节,这里说着:"耶和华的话又临到我说,人子啊,你要发预言说,主耶和华如此说,哀咸(编者按:应为"哉",原文有误)这日,你们应当哭号,因为耶和华的日子临近。"

所以灾祸的日子一定就是耶和华的日子;因为那天灾祸要临到疏忽的人、犯罪的人和愚昧的人。所以说"第二样的灾祸过去,第三样灾祸快到了"。这第三样灾祸就是博爱和拉显圣的日子,上帝的日子;它和巴孛出世的日子相去不远。

"第七位天使吹号,天上就有大声音说,世上的国,成了我主和主基督的国,他要做王,直到永永远远。"

第七位天使是一个赋有上天的特质的人,他要带了上天的性质和品格起来。要有声音高唱着,传布这显圣的到来,在无上之主显圣的那天,在万能的上帝的周期的开始(几位先知的著作里都预告着)在上帝的那天,神灵的国家要创设,世界要复始;一种新精要充满宇宙,神圣的春季要到,慈悲的云要下雨,真理的太阳要照耀,供给生气的微风要吹,人世要穿上新衣,地面要变成高尚的乐园;人类要受教育,战事、争论、不睦和恶意,都要消灭;真诚、正义、诚实和崇拜上帝,要发现;合群、爱情和友善,要环绕世界,上帝要永远的统治着,就是说精神上的和永久的国家要创设了。这样的就是上帝的日子,因为以前所来而复去的日子,是亚伯剌罕、摩西、基督和其他先知的日子;但是这天是上帝的日子,因为真理的太阳在这天要极热烈极辉煌的升起来了。

"在上帝面前,坐在自己位上的二十四位长老,就面伏于地敬拜上帝。

昔在今在的上帝,全能者啊,我们感谢你,因为你执掌大权做王了。"

在每个周期里,守护人和圣人总是十二个,所以耶各有十二个儿子;在摩西的时代,有十二个酋长;在基督的时代,有十二个门徒;在谟罕默德的时代,有十二个领袖。但是在这光荣的显圣里,有二十四个,较其他的加倍,因为这显圣的伟大需要这许多。这些圣人在上帝面前坐在他们的宝座上,就是说他们永久的统治着。

虽然是二十四个伟人坐在他们的宝座上,但是他们却崇拜这普天下的显圣的出现,他们是虚心的,顺从的,说:"昔在今在的主上帝,全能者啊;我们感谢你,因为你执掌大权做王了。"这就是说,你要发出你一切的教训,你要集合天下的人在你的庇护之下,你要使一切的人住在一个帐篷里。虽然这是上帝的永生的国家,这国家就指上帝的显圣;他要发出种种法律和教训,它们是人世和永生的精神。那普天下的显圣要用精神的力量来征服世界,不是用战争和相斗的;他要和平时做这件事,不是用刀和兵器的;他要用真爱创设这天国,不是用战争的力量的。他要用仁爱和正义促进这些神的教训,不是用武器和野蛮的。他要这样的教育各种民族,使他们虽有各种不同的情形,虽有不同的风俗和品格,虽有不同的宗教和人种,却像圣经里所说,变成伴侣和朋友,像狼和羊,豹、小羊,吸乳的小孩和蛇一般,人类间的相争、宗教里的不和和民族间的隔阂要完全消除,全世界的人都要在圣树的荫下得到完美能联合和和睦。

“外邦发怒”，因为你的教训反抗别个民族的情欲，“你的忿怒也临到了”，这就是说，人人都要受到显著损失；因为他们不听从你的格言、忠告和教训，他们要失去你的永久的赐物遮在真理的太阳之外。

“审判死人的时候也到了”，就是说这时候已到，死人（指那没有敬爱上帝的精神而不得神圣的永生的人）要公平的审判，就是说他们要起来受他们所应该受的。他要暴露他们的秘密的真相，揭示他们在人世间占有怎样底（编者按：低）的地位，实在他们应该死亡的。

“你的仆人众先知和众圣徒，凡敬畏你名的人连大带小得赏赐的时候也到了”，这就是说，他要不断赏赐正道的人，以示优异，使他们照耀在永久的荣誉的天涯，像天上的星一般。他要帮助他们，赋予他们这种行为和动作，就是人世间的光明。领导的主义和天国里的永生的工具。

“你败坏那些败坏世界的人的时候，也就到了”，就是说他要完全剥夺那疏忽的人；因为瞎子的瞎要显示出来，明眼人的眼光也要显示出来：犯罪的人的愚昧和缺乏知识，也要承认，受领导的人的知识和智慧也要明显出来，所以败坏世界的人要被败坏了。

“当时上帝天上的殿开了”，就是说神圣的耶路撒冷寻到了，至圣所也看得见了。依照智者的名词，至圣所就是神圣的法律的要素，也就是上帝的神圣而真实的教训，它们无论在哪一个先知的周期里都不变的，这点以前已经讲过。耶路撒冷的至圣所比作上帝的法律的实质，那就是至圣所，一切的法律、习俗、礼节以及物质上的规律，就是耶路撒冷城，所以这城叫作神圣的耶路撒冷，简略的说，像在这周期里真理的太阳要使上帝的光明极辉煌的照耀着，所以上帝的教训的要素要在人世间醒觉，愚昧和无知识的黑暗要冲散，世界要变成新世界，文明要占优势。这样至圣所出现了。

“当时上帝天上的殿开了”，也就是说为了神圣的教训的普及，这些上帝的神秘的出现，和真理的太阳的上升，成功和利益的门在各方面开了，善良和神圣的祝福的现象要显出来了。

“在他殿中现出他的约柜”，这就是说，上帝的约书要在他的耶路撒冷发现，约信[①]要成立，约书的意义要明显。上帝的名誉要传布东西，上帝的主义要宣布到世界。犯这约的人要被贬责和驱散，忠守的人要被爱被敬，因为他们守住这约书，而且是坚定的。

“随后有闪电、声音、雷轰、地震、大雹”，就是说在这约书出现以后，要有大风雨，上帝的忿怒的闪电要闪耀，犯约的雷声要作响，疑感的地震要发生，磨难的大雹要打犯约的人，就是那承认信仰的人也要受到苦难和引诱。

第十二章　《以赛亚书》第十一章的说明
（Commentary of the 11th Chapter of the Book of Isaiah）

在《以赛亚书》第十二章第一节到第十节里说：“从耶西的本必发一条，从它根生的枝子必结果实。耶和华的灵必住在他身上，就是使他有智慧和聪明的灵，谋略和能力的灵，知识和敬畏耶和华的灵。他必以敬畏耶和华为乐。行审判不凭眼见，断是非也不凭耳闻，却要以公义审判贫穷人，以正直判断世上的谦卑人，以口中的杖击打世界，以嘴里的气杀戮恶人，公义必当他的腰带，信实必当他肋下的带子。豺狼必与绵羊羔同居，豹子与山羊羔同卧，少壮狮子与牛犊并畜同群，小孩子要牵引他们。牛必与熊同食，牛犊必与小熊同卧，狮子必吃草与牛一样。吃奶的孩子必玩耍在虺蛇的洞口，断奶的婴孩必按手在毒蛇的穴上。在我圣山的遍处，这一切都不伤人，不害物，因为认识耶和华的知识

① 博爱和拉的著作之一，在这里他明白的指出在他自己死后众人必须向亚卜图博爱求教。

要充满地，好像水充满海洋一般。”

这从耶西的本发出来的一条，或者可以正确的应用到基督身上去，因为约瑟是大卫的父亲耶西的后裔；但是基督因圣灵而生存，他自称为上帝的儿子。假使他并未这样，那么这句话就是指他了。不但如此，他所指出来说在那样的时代要发生的事情，假使把它们当作象征的解释一下，那么它们已有一部分在基督的时代里应验过，不过不是全部；假使不把它们这样解释，那么这些朕兆一定一件也没有应验过。例如，豹和绵羊羔、狮子和小牛、小孩和虺蛇，都是各种国家、民族、对敌的教派和相仇的种族的隐喻和象征，它们的互相反抗，互相仇视，和狼和绵羊羔一般，我们说，受了基督的精神的气息，它们得到和好，有了生气，一同存在着。

但是“在我圣山的遍处，这一切都不伤人，不害物，因为认识耶和华的知识，要充满大地，好像水充满洋海一般”。这些情形在基督显圣的时代未曾有过；因为直到现在各种相仇的国家存在世界上，很少人承认以色列的上帝，大多数的人并没有认识上帝的知识。同样的，基督的时代里也并没有天下太平，这就是说，在互相仇视的国家中间，既没有太平，更没有和协，相争和倾轧不止，和好真诚不见。所以，就是在现在，在耶教各教派和各国家中间，有仇恨和最猛烈的冲突发生。

但是这几节文字可以应用到博爱和拉身上去。同样的，在这神异的周期里，地球要变形，人世要饰在安静和美丽里，争论、吵闹和暗杀要被和平、真理和和协所替代；在各国各民族中间，相爱和友谊要出现。合作和合群都要成立，最后，战争要完全消灭。当至圣书的法律实行的时候，一切争论要在各国的总法庭面前得到绝对公正的最后裁判，一切困难也要解决。世界的五大洲要变成一个，许多国家变成一个，地面变成一块土，全人类变一个社会。国际的关系，各民族各社会间的结合，合群和友谊，都要到这般地步，全人类好像一个家庭，一个宗族。上天的爱的光明要照耀着，仇恨的黑暗要从世界上冲去。普天下的和平要在地面的中心撑起它的帐篷，神圣的生命树要生长和开展到这般地步，遮没了东西。强的、弱的、富的、穷的、相仇的教派和相争的国家（好像狼和绵羊羔，豹和山羊羔，狮子和小牛）要互相用最完全的爱情、友谊、正道和公平对待。世界要充满着科学，对于人类的神秘的真相的知识和认识上帝的知识。

现在想想看，在这博爱和拉的周期的伟大的世纪里知识及科学有过什么进步，人生的秘密发现过几许，大发明有过几种，怎样的每天还在增加。在不久之前，物质的科学和学问，以及认识上帝的知识，都要这样进步，显出这样的奇事，看见的人都要惊奇，这样，《以赛亚书》里“因为认识耶和华的知识要充满地”的这一节的神秘要完全明白了。

你也应想一想，从博爱和拉出世到现在，在这短时间里，各国家各种族的人都到了这主义的庇护之下。耶教徒、犹太人、拜火教徒、佛教徒、印度教徒和波斯人，都极相友爱且联合起来，好像这班人民和各人的家庭都已经联合了一千年了；因为他们像父子、母女和兄弟姊妹一般。所谓狼和绵羊羔做伴侣，豹和山羊羔做伴侣，狮子和小牛做伴侣，这就是它的意义的一种。

在那独一无二的树枝显圣的时候，要发生的大事中间有一件就是举起上帝的旗帜在各国中间；就是说各国家和各部落都要在这圣旗的庇护之下，变成一个国家，这圣旗就是这伟大的树枝。信仰和宗教的互相反抗、种族和民族的互相仇视以及国内的倾轧，也要从他们那里除去，一切都变成一个宗教、一个信仰、一个种族、一个民族，住在同一个故土上，就是地球，在一切国家中间要觉到普天下的和平和和协，那独一无二的树枝要集合以色列人的全体；就是说在这周期里，以色列人要聚在圣地，散在东西南北的犹太人要集合起来。

现在你看一看，这些事情未曾发生在基督的周期里，因为一切国家并未曾归在这神圣的树枝的旗帜之下。但是在这无上之主的周期里，一切国家和民族都在这旗的庇护之下。同样，散在全世界的以色列人未曾在基督的周期里重新集合在圣地；但是在博爱和拉的周期的起初，这明示在旧约圣经各书里的预言，已经开始显示出来了。你可以见得，在世界各处的犹太部落，正在到圣地来；他们住在他们自己的村落和土地上，一天多似一天，圣地的全部要变成他们的家庭了。①

第十三章 《圣约翰启示录》第十二章的说明
(Commentary of the 12th Chapter of the Revelation of St. John)

我们以前已经说明过，圣书里所说的圣城，上帝的耶路撒冷，大多数是指上帝的法律。它有时候比作新娘，有时比作耶路撒冷，也有时候比作新天地，所以在《圣约翰启示录》第二十一章第一、二、三节里说："我又看见一个新天地，因为先前的天地已经过去了，海也不再有了。我又看见圣城新耶路撒冷由上帝那里从天而降，预备好了，就如新妇妆饰整齐，等候丈夫，我听见有大声音从天出来说，看哪，上帝的帐幕在人间，他要与人同住，他们要做他的子民，上帝要亲自与他们同在，做他们的上帝。"

你看先前的天地指先前法律，这点是怎样的明白。因为这里说先前的天地已经过去了，海也不再有了；这就是说，地球就是裁判的所在，在这裁判的地球上是没有海的，就是说上帝法律和教训要布满全球，全人类要加入上帝的主义，地球要完全给信徒所住；所以不再有海，因为人类的住所是干地。换句话说，在那个时代，那个法律的田地要变成人类的游戏场了。这样的地是固定的，人走在上面不会失足的。

上帝的法律也称作圣城，在耶路撒冷，这新耶路撒冷，从天上来的不是一个用石、灰泥、砖、土、木所造成的城，这是显明的。从天上来而称为新的是上帝的法律；因为用石和土所造成的耶路撒冷并不是从天上来的。也不会复兴，复兴的是上帝的法律，这几点都是明显的。

上帝的法律也比作一个装饰好的新娘，她戴着最美丽的饰物出来，像《圣约翰启示录》第二十一章里所说的一般："我又看见圣城新耶路撒冷由上帝那里从天而降，预备好了，就如新妇妆饰整齐，等候丈夫。"在第十二章第一节里说："天上现出大异象来，有一个妇人，身披日头，脚踏月亮，头戴十二星冠冕。"这妇人就是那个新娘，那降在谟罕默德身上的上帝的法律。她所披的日头和踏的月亮就是那在那法律的庇护之下的二个国家，就是波斯和土耳其。因为波斯的表象是日头，土耳其的表象是新月，所以日头和月亮是二个在上帝的法律的权力之下的王国，后来又说"头戴十二星的冠冕"，这十二个星是十二个回教领袖，他们是谟罕默德的法律的促进者，也是民众的教育者，在领导的天上像星一般的照着。

后来在第二节里说："她怀了孕，在生产的艰难中疼痛呼叫。"就是说这法律受到最大的困难，忍受着大苦难，直到产生了一个完美的儿子为止，这儿子就是将来的显圣，预言要到临的一个，他是完美的儿子，有他的母亲，就是这法律的胸前生长出来的。这里所说到的孩子就是巴孛，所谓"第一点"，他实在是从谟罕默德的法律所产生的。这就是说，这神圣的实物，他是上帝的法律儿子，也是那宗教所预言的，在那法律的国土里，见到真理；但为了龙的专横，这孩子带到上帝那里去。在一千二百六十日以后，这龙消灭了，这预言的上帝的法律的儿子，就出现了。

第三节和第四节："天上又现出异象来，有一条大红龙，七头十角，七头上戴着七个冠冕。他的尾

---

① 全世界的培多尔阿特尔，一种国际仲裁的法庭，制定在博爱和拉的至圣书《赤塔孛尔阿克达斯》里。

巴拖拉着天上星辰的三分之一，摔在地上。"这些现象暗指乌马牙兹朝，他们是控制回教的。七个头和七个冠冕指白内乌马牙所管辖的七个国家和领土：就是大马司寇周围的罗马领土，波斯、阿剌伯和埃及的领土，和非洲的领土（就是推涅斯、摩落哥和阿尔杰亚），安特路夏领土（就是现在的西班牙）和土耳其斯坦和忒浪沙克散尼亚领土。白内乌马牙是管辖这些国家的。十个角指乌马牙特各领袖的名字；这就是说，倘若没有重复，共有十个领袖的名字（第一个是阿步苏弗恩，最后一个是马万），但是有几个人的名字是一样的。有两个谟阿滑，三个协席特，两个华立特，两个马万；但是倘若这些名字是没有重复的计算那就有十个了，这白内乌马牙，他们的第一个是阿步苏弗恩，他是墨卡的王，也是乌马牙兹朝的领袖，他们的最后一个是马万，他们灭去了谟罕默德种族的神圣的人民的三分之一，这些人民原是像天上的星一般的。

第四节："龙就站在那将要生产的妇人面前，等她生产之后，要吞吃她的儿子。"我们以前已解释过，这妇人就是上帝的法律，这龙正在妇人的身边站着，预备吞吃她的儿子，这儿子就是预言的显圣，谟罕默德的法律的后裔。白内乌马牙时常等着获到谟罕默德后裔中的那预言的一个人，要消灭他；因为他们恐怕显圣的实现。所有谟罕默德的子孙中被人尊敬的人，他们都要杀他。

第五节："妇人生了一个男孩子，是将来要用铁杖辖管万国的。"这个大儿子就是从上帝的法律产生，在神圣的教训的胸怀里生长的预言的显圣。铁杖是权力的记号（不是剑），就是说用了神圣的权力，他要统治世界万国的，这个儿子就是巴孛。

第五节："她的孩子被提到上帝宝座那里去了。"这是对于巴孛的预言，他升到天国里去，到上帝的宝座里去，到上帝的国家的中心去。想想看这些和事实怎样的适合。

第六节："妇人就逃到旷野。"这就是说，上帝的法律逃到旷野，指希杰兹的大沙漠和阿剌伯半岛。

第六节："在那里有上帝给他预言的地方。"阿剌伯半岛成了上帝的法律的住所和中心。

第六节："使她被养活一千二百六十天。"在圣书的名词里，这一千二百六十日就是上帝的法律在阿剌伯旷野（大沙漠）里成立的一千二百六十年；从这时候，预言的显圣到临。过了一千二百六十年，那法律要失去势力，因为那树的果实已经出现。结果已经产生了，想想看各种预言是怎样的互相一致。在启示录里，预言的显圣的人的出现是指定在四十二个月之后，但以理说三年半，也就是四十二个月；就是一千二百六十日。在约翰启示录的另一段里，明白的说一千二百六十日，在圣书里说一日就是一年。这些预言的互相一致，可以说再明白没有了。巴孛在谟罕默德的出亡的第一千二百六十年出现的，回教徒从谟罕默德的出亡起计算年代的。对于显圣的证明，没有比这圣书里的证明更明白了。对于这公正的人，这许多伟大所说的时代的一致是最坚决的证明。对于这些预言，没有别的解释了。那追求真理的公正的人有福的，倘若没有正义。人们要攻击，辩驳和公然否认这证明，像法利赛人一般。他们当基督显圣的时候，极其顽固的否认基督和他的门徒的解释。他们在愚民面前使基督的主义模糊。说："这些预言不是属于基督的，是属于预言将来要到临的那个人，依着圣经里所说的条件。"这些条件中间有几条说他必须有一个国家，坐在大卫的宝座上，施行圣经上的法律显出这样的正义，使狼和小羊聚在同一个泉源上。

这样他们使人们不知道基督。

【注】在这些谈话里，博爱和拉志在用一种新的解释犹太人、耶教徒和回教徒的各种预言互相一致，并不是要指出他们的超人的性质，关于圣经旧约的作者诸预言家，参阅第四十章《显圣的知识》和第二百九十页《幻象和鬼神交通》两章。

第十四章　心灵上的证据
(Spiritual Proofs)

在这物质的世界上，时间是有周期的：周而复始的四季互转递着。对于人的灵魂上，有进步，有退步，也有教育。

有时候是春天，在另一个时候是秋天，其他还有夏天和冬天。

在春天里，有送宝贵的雨下来的云，有芬芳的微风，又有给人生气的风；空气十分温和，雨落着，太阳照着，助长植物的风吹着云，世界是复活了，生命的气息从植物、动物和人类里发现出来。地球上的生物从一种情状进入另一种情状，一切都穿上了新衣，黑的地上盖着草；山和平原都点缀着绿的草木，树上生着叶和花，花园里生着花和香草。世界变成另一个世界，得到了一种给人生命的精神。地球原是一个没有生命的东西；它现在得到了新精神，生出无穷的美丽、幽雅和新气象，所以春天是新生命的根源，灌输一种新精神。

后来夏天来了，那时候热度增高，一切都生长和发展得强有力了，菜蔬的生命的力达到完足的程度，水果产生了，收获的时期成熟了，一粒种子已变成了一束稻草，这食粮贮起来预备冬天吃，后来骚扰的秋天到了，那时候不卫生而不生产的风吹着，这是疾病的一季，那时候一切都枯了，芬芳的空气也污浊了。春天的微风变成秋风，多结果的绿树变成枯零，花和香草化去了，美丽的花园变成一堆灰尘，跟着秋天来的是冬天，带着冷气和暴雨。天下雪，降雨，落雹，起大风，打雷，闪电，冰冻；一切植物死了，动物疲乏了，苦恼了。

当这种情形到了，一个新的给人生命的春季又要来了，周期周而复始，春季带了它许多新气象和美景在平地山上很壮丽地展开它的篷帐。生物的外表又刷新了，动物又要开始生产了；身体生长和发育，平地和旷野变成绿色而肥沃，树上开花，去年的春季带着它的丰满和光荣又来了。一切的周期和嬗递是如此的，而且是应该如此的：物质的世界也是这样的，周期和循环是如此的。

先知的心灵上的周期也是这样的。这就是说，显圣发现的那天就是心灵上的春天，是神圣的光荣，是上天所赐的恩惠，是生命的微风，是实在的太阳的升上，精神振作了，心灵有力了，灵魂变好了，一切都活动起来了，人生的实物快活起来，生长和发展在好的性质里。普天下得到进步，有复活，也有悲哀；因为这是审判的日子，混乱和苦楚的时代，并不只是快乐、幸福和完全美丽的时期。

后来这给人生气的春天终于变成结实的夏天，上帝的说话高举起来，上帝的法律传布出来；一切都达到完美的程度。上天的桌子铺张出来，神圣的微风薰染着东方和西方，上帝的教训战胜世界，人们受到教育，可赞的结果生出来，人世间出现普天下的进步，上天的恩惠绕着一切，实在的太阳极强极热的从天国的天边升起来。当它到了子午线，它要开始下降了，这心灵的夏季的后面跟着秋季，那时候生长和发展都停止了。微风变成摧残的风，这不合卫生的时季毁散了花园、平原和凉亭的美丽和新气象。这就是说，美景和善意不存在了，神圣的品质变去了，心上的光明暗下去了，心灵上精神变去了，美德被恶事所占去，神圣和圣洁不见了，只有上帝的宗教的空名和神圣的教训的外表还留着，上帝的宗教的基础是毁灭了，只有形式和习俗存在着，分裂发现了，固定变成不固定，精神死了；心肠疲了。心灵乏力了，冬季到了；这就是说，愚昧的冷气包围了世界，人类的过失的黑暗充满了。这后来便跟着淡漠、违抗、轻率、怠惰、卑鄙、兽性和石一般的麻木。这好像是冬季，那时候地球没有太阳的热气，就变成荒凉了。当智慧和思想的境界到了这情状的时候，所存的只有继续的死亡和永久的不存在。

当冬季已经有了它的影响的时候，精神上的春季又来了，一个新周期又到了。精神上的微风吹着，明亮的曙光照着，上天的云给出雨来，实质的太阳的光芒照耀出来，世界得到一种新生命，穿上了一件奇异的衣服。以前的一切现象和景物又发现了，大约这次更加灿烂。

事实的太阳的精神上的周期和物质的太阳的周期一样；它们时常旋转着和传递着。事实的太阳和物质的太阳一般，有许多上升的所在。一天从巨蟹宫升起来，又一天从天秤宫或宝瓶宫升起来，又一天从白羊宫发出它的光芒来。但是太阳只是一个太阳，一个实体；有知识的人就是爱太阳的人，并不被那上升的所在迷着。有知觉的人就是真理的追求者，并不是追求它发现的地方；所以无论太阳在什么宫里出现，他们总敬爱它，他们在每个表显真理的神圣的心灵上去寻真理。这种人常常得到真理。并不和神圣的世界的太阳隔离，这样，爱太阳者和寻真理者时常向着太阳，不论它从白羊宫照耀出来，或是从巨蟹宫发出它的恩惠，或是从双子宫发光；但是愚昧和不受教育的人只是十二宫的爱者，被日出地方迷着，并不被太阳迷着。当太阳在巨蟹宫的时候，他们向着它，虽然后来它变到天秤宫去；因为他们是爱十二宫者，他们向着他，依附着它，待太阳换了地方，他们便失去它的势力了。举个例说，有时实理的太阳从亚伯剌罕宫发光，有时从摩西宫发光，照耀着天涯；后来它又极有力极光明地从基督宫升起来。那追求真理的人，不论什么地方见它，都崇拜它，可是依附亚伯剌罕的人，当真理照耀在郇山上耀着摩西的时候，就没有这真理的势力了。那依附着摩西的人，当实理的太阳从基督那里极明亮极灿烂地发光出来的时候，就隐闭了；其他可以类推。

所以人类必须做真理的追求者；他在各个神圣的灵魂里都会寻到真理。他必须被上天的恩惠所感动；他必须像蝴蝶一般，它爱光明，不论这光从哪个灯发出来，也像夜莺一般，它爱玫瑰花，不论这花在哪个园里生出来。

假使太阳从西方升起来，它依旧是太阳；我们不应该因而不向它，也不应该把西方常看作日落的地方。同样，我们须要找寻上天的恩惠，追求神圣的曙光。无论它在什么地方出现，我们总该爱它。你们该想一想，倘若犹太人并不继续向着摩西，只是留意着实理的太阳，他们一定在基督那边见到太阳，正在灿烂地升起来。但是可怜啊！万分可怜啊！他们因为依附着摩西的门面语，就失去了上天的恩惠和华贵的光荣。

第十五章　真实的财富
(True Wealth)

每件东西的荣耀与高超要原因和环境。

土地的优点、装潢与完善是要因春雨之下降，而成为青翠的，肥沃的。各种植物与花草都在地面上生长出来，果树的花满开着，将来要结出新鲜的果实。花园里在此时是成为美丽的了，地上满生着青草，山与平原都裹在一件绿的外衣内，花园、田庄、村镇、城市都为红红绿绿所点缀着。这就是矿物界的繁荣。

植物的高超与完善，是一株树要生长在清流的旁边，时时有温和的风吹来，太阳的热力晒在它上面，园丁又时时加以培植，于是这株树就会渐渐的长大起来，将来开花结实。但是它的真正的繁荣还是要进步到兽类与人类世界中去，而供给兽与人作食物的资料。

动物界的高超，是在于具有各种器官与能力，而能谋其需要之满足。这是主要的光荣与优越。所以一个兽的最大的快乐，是有一片青绿与肥沃的草地，绝对清洁的泉水与可爱的青山。倘若这些都具备了，那就是这个兽的最大幸福了。再举例说，假若一个鸟在青翠的与多果实的山林中，把它的巢建筑起来，建在强大的高的树枝上，而又能找到食物与水，那这就是它最大的幸福了。

但是一个兽的真实幸福，是在于能从兽类变化到人类的身体上去，如同极微小的物体一样，借着空气与水作媒介，跑进人的身体内而被消化，以代替人身内已经消耗过了的东西。这是禽兽的最大光荣与幸福。

所以显然的，这种财富、这种舒适与这种物质的丰富形成了矿物，植物与禽兽的繁荣。在物质的世界上，没有哪种财富与舒适能比得上一个鸟的财富；在所有高山与平原的区域内，都可以为它的居栖之所，一切种子与收获都是它的食物与财富，各陆地，各村庄，各草场，各山林，各荒原都为它所有。现在我们看，谁是更富，这个鸟，还是一个顶富的人呢！因为它栖居在大自然中，它予取予食，它的财富永没有减少的时期。

因此我们知道人的光荣与高超，必是有超过物质的财富的某种东西作条件的。物质的舒适仅是枝叶，人的高超的根源是优美的性格与德行，这才是他实体上的装潢。这些是圣灵的表现，天的恩典，神圣的情绪，上帝的仁爱与知识；普递的智慧，智慧上的悟解力，科学发明，正义与平等，诚实与仁慈，自然的勇敢，天赋的坚贞，尊重别人的权利，谨守信约，保持忠厚，时时为真理努力，为全人类的幸福而牺牲自己的生命，对于所有别国的人民都相待以爱以敬；服从上帝的教训、天国中的服务、人民的指导、各国家与各种族间的教育，如此等等。这就是人类的繁荣！这是人在世界上的优点！这是永在的生命与天上的光荣！

这些善行，除非是由于上帝的权力与圣灵的教训，就不会从人的实体中表现出来，因为这是需要一种最高的力量，这些善行才得表现的。在自然界中，这些完美有时或者亦略有一点点的表现，但是没有树立稳固，不能存在多久的，就如太阳的光线射在墙壁上一样，是只有一刹那的时间的，仁慈的上帝既将奇妙的王冠戴在人的头上，所以人应该努力，使得这冠上的灿烂的珠宝在世上成为显明的。

第二部　关于基督教的几个问题

第十六章　外表的形态与象征必须用以表明智慧的理解力

(Outward Forms and Symbols Must be Used to Convey Intellectual Conceptions)

为使我们在前面所讲的各种问题以及其他我们正待要讲述的，能为人理解起见，此处有一点必须首先声明者，就是人类的学识有两种：一种是能用知觉辨认的学识，那就是关于那些能用我们的眼、耳、嗅、尝、触各种知觉所能辨认出来的东西的学识，这是称为物体的或可觉的。所以太阳是物体的，因为它是为我们的眼睛所看见；声音是可觉的，因为我们的耳朵能听到；香芬是可觉的，因为呼吸到我们的鼻孔内，我们就嗅到；食物是可觉的，因为我们的舌子能辨出它的甜酸与咸淡；冷与热是可觉的，因为我们能感觉得出来，所以这种种是称为可觉的物体。

人类学识的另一种是理解的，那就是说，这是关于一种理解的物体的学识，这物体没有外表的形态，没有地点，不能为我们的各种知觉所能辨认得出来的。譬如理解力就是不可觉到的东西；人的内在性格，没有哪一种是可觉得到的东西，因为都是理解的物体。所以爱是心理的物体，不是可觉的，因为这是耳朵听不到，眼睛看不见、嗅不到、尝不到、触不到的东西。就是以太也是理解的物体，不是可觉得到的东西，虽然按照物理学讲它发生的力量是热，是光，是电，是磁气，然而我们究竟不能看见以太本身是什么东西。同时，自然的本身也是一个理解的物体，不是可觉的物体；人的灵性是理解的物体，不是可觉的物体。不过在解释这些理解的物体时，我们须得采用具体的语句去表明它们，因为就生存界的外形讲，凡是存在的东西，没有哪一件不是物质的。因此我们要解释灵性的实际情形，它的地位，我们就得采用有具体的东西的名字来解释，因为在这世界上所有存在的东西，没有哪件不是具体的，可觉的。譬如，忧与乐是理解的物体，当你要解释和表示忧或乐的时候，你就会讲"我不开心""我很开心"，其实人的心并不会因忧乐而开闭。这是心理的状态，要表示明白，就得用具体的字句。再举一个例讲，譬如你讲，"这个人很有进步"或"这个人高升了"，其实他仍在原地方，并没有走到很远的地方去，仍然住在地球上，并没有飞升到空中去，所以此处所讲的"进步"与"高升"是精神上的情状与理解的物体，但是为表示明白起见，你就得采用具体的词句，因为在这世界上，存在的东西，没有哪一件是不可觉得的。

所以我们象征学问为光明，无知为黑暗，但是学问真是一种光亮，可以给我们看得见吗？而无知真是黑暗吗？不，这不过是一种象征的语句而已。这些只是理解的情形，但是你要具体的表示出来，于是你就称学问为光明，而无知为黑暗。譬如你讲，"我的心中幽暗，现在成为光明的了"。

因为所谓学识的光明与无知的黑暗，是理解的物体，不是可觉的物体，但是我们为表示明白起见，就不得不具体的说出来。

显然的，所谓鸽子降到基督身上，这个鸽子不是一个实在的鸽子，是一种圣灵的情形，但是为使人懂解起见，就借一种实物形态表明出来。如此旧约内讲，上帝降世，是同火柱一样，这也不是讲真的有一个火柱，不过是一种理解的物体，而具体的表明出来罢了。

耶稣讲，"父在子里面，子在父里面"。耶稣真是在上帝的肚子内或上帝真是在耶稣的肚子内吗？决不是如此，反之，这是一种理解的情形，而用具体的口语表示出来。

现在我们要明了博氏所讲的话的解释，他讲："呵，皇帝，我是同常人一样，也是日食三餐，夜眠七尺；最光荣者的仁风从我吹过，教给我先前一切的学问。这封信不是由我写的，是由上帝写的。"这是显示的情形，不是可觉的，是理解的物体，没有过去、现在与将来的分别；这是一种解释，一种比喻，一种象征，不能照字义解释，这种情形不是常人所能领会的。睡与醒是两种情形，睡是休息的状态，醒是活动的状态，睡的时候没有声音，醒的时候人就谈笑，睡是神秘的，醒是清楚的。

譬如波斯话有所谓大地是睡了，春天一到，就醒了；或大地是死了，春天一到，就复活了，这种语句都是象征的比喻，玄妙的语句。

简单讲起来，圣灵的显示从来是，也永会是光明灿烂的物体，在其实质上永不会有变更的。在未曾宣布他们的显示之前，他是静默的，就像睡着了一样，但是在显示之后，他们就说话了，而成为光明的了，正像一个醒了的人。

第十七章　耶稣之诞生
(The Birth of Christ)

问：耶稣怎能是圣灵诞生的？

答：关于这个问题，神学家与唯物论者的意见不同。神学家相信耶稣是圣灵诞生的，但是唯物论者认为这是不可能的，不能承认的，无疑的，耶稣必有一个父亲，而且这个父亲必是一个人。

在《可兰经》上讲："我们把我们的灵遗送给她，于是他就投胎于她，而成为一个完善的人。"这就是说圣灵以常人之容貌，投胎于玛丽之体内而诞生，正如同形影之印入镜子中一样。

唯物论者相信儿女之生育，必先有婚姻，从一个死体内，决不能生出一个活人来，无阴阳之配合，即无授胎之可能。此不仅人类如此，即各种动物与植物亦莫不如此。这种两性的交合是一切生物与植物中都有的。关于两性的配合，就是在《可兰经》中也讲过了："这是造物者的光荣，他创造了世界上的一切东西，都是成双成对的。"那就是说，人类、禽兽与植物都是两性的——"我们创造一切东西，都有两种。"那就是说我们生男育女都是由两性的配合而生育的。

简言之，他们以为一个人没有父亲，完全是无稽的。神学家为答复起见，就说："这诚然是不可能的，但是这也是未看见过的，不能的事情与不知道的事情是大有分别，譬在以前电报是人所不知道的，但是现在东西两半球借着电报互相通讯，所认电报在认前是一件不知道的事，但非不可能的事情。又如照相机与留声机在从前也是不知道的，但是不是不可能的，因为现在我们已经有了这些东西了。"

唯物论者坚持他们的信仰，神学家就向他们讲："这个地球是永在的，抑是现象的?"唯物论都一定会讲，按照科学研究的结果，无疑的这是现象的，地球最初是炽热的液体，后来渐渐变为温冷的，凝固起来，形成一层地壳，于是在这地壳上面，就渐渐有植物生长起来，然后又有动物，最后才有人类。

根据这种论断，神学家就可以向唯物论者说，"你们所讲的就可以证明人类在世界上是现象的，不是永在的，那么世界上的第一人当然是没有父亲，也没有母亲了，因为人类的生存是现象的。既然父母都没有，无论他生出来是渐次的，这个人的诞生，总比有母亲而无父亲的更困难了。你们既然承认世界上的第一人的诞生，是没有父亲，也没有母亲，无论他是慢慢的或立时的生出来的——那就无疑的，一个人的诞生，没有父亲，只有母亲，也是可能的、可信的了。你们不能说这是不可能的，否则你们不合逻辑。譬如你说这盏灯没有灯心与灯油，也可以点燃，于是你们又说灯没灯心，是不能点燃的，这就不合逻辑了。耶稣有一个母亲，世界上的第一个人，照唯物论者所相信的，是母亲父亲都没有的。"

第十八章　耶稣的伟大在于他的完善的德行

(The Greatness of Christ is Due to His Perfections)

一个伟大的人，无论他有否父亲，他总是伟大的。假若没有父亲就是一种德行，那亚当就比所有先知者与使者更伟大，因为他既没有父亲，也没有母亲。一个人之所以成为伟大的与光荣的，是因为圣灵的完善的荣光与恩典。阳光有质有形，质与形就如同父与母，这是绝对的完善；但是黑暗既没有质，也没有形，既没有父，也没有母，这是绝对的不完善。亚当的有形的生命的质是土质，但是亚伯拉罕的质是纯洁的精灵，纯洁的精灵当然有胜于土质。

而且在《约翰福音》第一章十二节与十三节中讲："凡接待他的，就是信他的名的人，他就赐他们权柄，做上帝的儿女。

"这等人不是从血气生的，不是从情欲生的，也不是从人意生的，乃是从上帝生的。"

从这几节圣诗看起来，显然的，就是一个弟子也不是由生理的作用而诞生的，乃是灵体诞生的。耶稣的光荣与伟大，不是在于有没有父亲。乃是在于他的完善，恩典与圣灵的光荣。假若耶稣的伟大,是因为他没有父亲,那亚当就比耶稣更伟大了,因为亚当既没有父亲,也没有母亲。在旧约中讲,"上帝从尘土中把人创造出来,从他的鼻孔中吹入生命的气息,于是人就成活的灵魂了。"而且我们要知道亚当之诞生,也是由于生命之灵。约翰所讲关于弟子的话,更可证明他们也是从天父那里来到世间的。由于可以知道圣灵的实质就是每个伟大人物的真实生命,他们是从上帝来的,是由圣灵而诞生的。

这意义是,倘若没有父亲就是最大的光荣与伟大,那亚当就比所有的人都伟大了,因为他既没有父亲,也没有母亲。到底是哪个较优,从土质生的或是从活的体质生的呢?自然从活的体质生的是较优胜。但是耶稣是圣灵诞生的。

总结起来讲,圣哲人物与圣的显示者的光荣与伟大,是由于圣灵的完善、恩典与荣光,并无别的原因。

第十九章 耶稣的受洗

(The Baptism of Christ)

问:在《马太福音》第三章十三节至十五节中讲:"当下耶稣从加利利来到约旦河,见了约翰,要受他的洗,约翰想要拦住他,说我当受你的洗,你反到上我这里来吗?耶稣回答说,你暂且许我,因为我们应当履行一切正义,于是约翰许了他。"

这是什么意思,耶稣既具备了一切善行,为什么还要受洗呢?

答:受洗的意义是由痛悔而涤除前非。约翰劝导人民使他们悔改前非,他就是使他们受洗了。因此,这是显明的,这种受洗是象征的口语,其意义就是悔改前非,而且在下面的话中也表示明白了,"呵,上帝!我的身体上既是除去了一切生理上的不完全,那么在我的灵魂上,也请把天生的一切不完全的东西除掉,因为这些不完全的东西是不应踏入你的一体之门的"。人与上帝疏远,而被剥夺了他的恩典以后,就痛悔涤去前非,向上帝祷告道:"呵,上帝!使我的心成为善良的纯洁的,除开你的爱以外,不受一切东西的羁绊与沾染。"

耶稣既想要把约翰的这种教规于当时为众人所采纳,所以他自己就以身作则,以便唤醒人民,并完成以前宗教的规律。虽然受洗的规则是约翰创立的,但实际上从前在圣教中,也有个这种办法的。

耶稣是不需受洗的,但是在那时候,这是为众人所赞赏的一种行为,是天国的福音的一种表记,所以他就认可了。但是他后来讲真实的受洗,并不是用实质的水,乃是用灵和水,而这种水也不是指实质上的水,因为在另一处,又明白的载着,受洗是用灵与火的,可知所讲的火也不是实质的火,因为受火洗是绝对不可能的。

所以灵者是上帝的恩典,水是生命与学识,火是上帝的爱。实质的水不能洗洁人的心,只能洗洁人的身体,但是圣水与灵,那就是学识与生命,方能使人的心成为善良的,纯洁的。人的心只要接受到圣灵的恩典的一部分,就成为虔洁的,善良的,纯正的了。那就是说,心质脱离了天生的不纯粹的东西,而成为纯洁的与虔诚的了。这些天生的不纯粹的东西,就是人的恶性:怒、情、欲、骄、诳、伪、骗、自私,等等。

人除非是借圣灵之助,就不能脱离情欲的羁绊。那就是他何以讲用灵、用水、用火受洗,就是用圣灵恩典的灵、学问与生命的水、上帝的爱的火。人必须受这种灵、水与火的洗涤,于是充分的接受永在的恩典。不然,用实质的水受洗,又有什么意义呢?不,这种受洗是悔改的象征,是谋罪的被赦宥。

但是在博氏的周期中,就无需有这种受洗了,因在实际上既就是用上帝的爱与灵受洗,那么这就已经为人所了解,已经树立起来了。

第二十章 受洗之需要

(The Necessity of Baptism)

问:受洗是不是有用的与必需的,或者是无用的与不必的呢?照前一说讲,如果这是有用的,为什么又废除了呢?照后一说讲,如果这是无用的,为什么又为约翰所实行呢?

答:时代的递嬗、情形的改变,使人类的需要随之改变。需要不能与事物的实质分开。所以火与热、水与湿、日与光是绝对不能分离的。情形的改变既使人类发生新的需要,所以宗教中的诫律也须常常更改,以适合时代的要求。譬如在摩西的时代内,他的戒律是按照当时的情形订定的,所以能适合当时的需要;但是到了耶稣的时代,这些情形大大的就改变了,摩西的诫律已经不适合人类的需要,而因此废除了。所以耶稣废除安息日与离婚。在耶稣之后,有四个弟子,其中如比得与保罗准许吃肉,只是绞死的兽或杀掉供奉偶像的兽,与血不可吃。他们又戒禁奸淫,他们保持这四种诫律。到后来就是吃食致死的,供奉偶像的兽肉与血,保罗也准许,他只保持禁止奸淫的诫律。所以在《罗马书》第十四章中十四节讲:"我凭着主耶稣,确知深信,凡物本来没有不洁净的,唯独人以为不洁的,在他就不洁净了。"

在《保罗致提多书》第一章十五节中讲:"在洁净的人看起来,凡物都洁净,在污秽不信的人看起来,什么东西都不洁净,连心地和天良也污秽了。"

这种更改,这种废除,是因为耶稣的时代与摩西的时代之不能相提并论,到了耶稣的时代,情形与需要是完全改变了,所以在摩西的时代内所订定的诫律也就废除了。

世界的生存好比一个人的生存,上帝的先知者与使者就如同高明的医士。人的疾病时有不同,良医必对症投药,譬如害热疾的,即投以凉剂,害寒病的,即投以热剂。这种方剂之改变,是按照病人的情形而定,而因此可证明医生之是否高明。

我们想想旧约中的诫律,能够在现在的时代内实行吗?不,凭上帝说,这是不可能的,不合实际需要的。所以上帝在耶稣的时代内,就把旧约中的诫律废除了。并且你们要知道在约翰的时代内,受洗礼的人通常是要劝导和唤醒人民悔改一切罪恶,等候耶稣天国之实现。但是现在在亚洲,天主教堂中把刚生下来的孩子投入和了橄榄油的水中,于是有许多孩子因受惊而病;在受洗的时候,他们极力挣扎,非常的恐惧,在有些地方,牧师把水洒在受洗者的额上。无论如何,在这种种的戏法中孩子们都得不到灵方面的益处。这种种受洗的形式又有什么结果产生呢?因此人很疑惑,不知道为什么把婴孩投入水中,因为这既不能使他得着心灵上的觉悟,也不能使他有心向上的改正;但是这不过是一种习惯而已。在约翰的时代,受洗不是如此的。约翰是劝导人民悔改一切罪恶,使得他们充满着一种希望,等候耶稣显示之来临。无论何人,只要受了洗,而悔改一切罪恶,就成为绝对的谦恭与和蔼,自然在这时他身体上的外表的不纯洁的东西也洗净了。于是他会日夜渴望,期候耶稣之显示之来临,与上帝的圣灵的天国的踏入。

总结起来讲,我们的意思是各时代的情形不同,需要也就各异,因之老的诫律就废除了。上古时期、中古时期、现代,各时代中的情形与需要是如何的不同,那么古时的法律能拿来在现代执行吗?显然的,这是不可能与不合实际的。几世纪以后的情形与需要,又会与现代的不同。在欧洲,法律是常常改变,过去的法律已经不合现代的需要,因为社会中的思想、情形与风俗是时有变迁的。如果不是如此,人类的繁荣就要遭毁灭。

譬如在摩西的五经中有一条规律,就是无论何人,如果他破坏安息日,就要得死罪。在这经内,是规定有十种死罪的,在现代是否还能保守这种律文呢?显然的,这是绝对不可能的。因此法律必须时有更改,这一点就是上帝的最高的智慧的充分证明。

对于这个问题,我们须深思与研究,于是这些变迁的原因,就会明白。

祝福那些作深思的人们!

第二十一章　面包与酒之寓意

(The Symbolism of the Bread and Wine)

问:耶稣说:"我是活着的面包,这面包是从天上来的,一个人吃了这面包,就不会死。"

这种话的意义是什么?

答:这种面包是指天赐的食物与圣灵的完美。如此,"假若那个人吃了这种面包",就是说假若那个人得到了天赐的恩典,接受了圣灵的光明,分得了耶稣的完善,他就得到永在的生命了。

同时血液是指生命的灵魂,圣灵的完美,主的光荣与永在的恩典,因为身体上各部分都是从血液的流通中得到重要的质分。

《约翰福音》第六章廿六节讲:"你们找我,并不是因见了神迹,乃是因吃饼得饱。"

显明的,耶稣的弟子所吃的面包,而吃得饱饱的,是天赐的恩典,因为同章卅三节又讲:"因为上帝的粮,就是那从天上降下来赐生命给世界的。"自然耶稣的身体并不是从天上降下来的,是玛丽生的,从天上降下来的乃是耶稣的精神。犹太人不能了解这一点,他们说:"这不是约瑟的儿子耶稣吗?他的父母我们岂不认得吗?他如今怎么说他是从天上降下来的呢?"

我们再看耶稣所讲天赐的面包,是指他的精神,他的恩典,他的完善,他的教训,又是如何的明显,因为同章六十三节又讲,"叫人活着的乃是灵,肉体是无益的"。

所以这就明白了,耶稣的灵是天赐的恩典,是从天上降下的;无论何人,只要从这种灵得到了光明,得到了天赐的教训,那他就有永在的生命了。因此在同章卅五节中又讲:"耶稣对他们说,我就是生命的面包,到我这里来的,必定不饿;信我的,永远不渴。"

我们看他以吃表示"到他那里去",以饮表示"信仰他"。如此这就是显明而确定的了,神圣的食物是圣的恩典,灵的光辉,天的教训,耶稣的概括意义。吃就是接近他,饮就是信仰他。耶稣的身体是如常人的,但是他的精神是天赐的,这种精神是永在的,所以耶稣的身体虽然被钉在十字架上而死亡了,然而他的精神是永久存在的。有些人以为圣餐即是耶稣的实体,因为耶稣的神格与圣灵是降入和存在圣餐中。但是他们不想圣餐被吃了之后,不就消化了,完全变形了,怎能有圣灵存在其间呢?不,存这种思想是为上帝所不许,这完全是一种幻想。

总而言之,上帝的教训乃永在的恩典,因耶稣之降世也传布于世间,启导的光辉放射了出来,而生命之灵是给予人们了。凡受了启导的,就成为有生命的人,没有受启导的人,只是永远的死灭。这种从天上降下的面包,是耶稣的圣体,是他的灵的元素。他的弟子吃了这种面包,就得着永在的生命了。

耶稣给他的弟子进餐是有多次的,为什么最后的晚餐与别的不同呢?自然这天赐的面包并不是指实在的面包,是指耶稣灵体的效益,是指圣灵的恩赐与完善,这些为他的弟子所分食了,而各人都吃得饱饱的。

同时我们要知道当耶稣将面包授给他的弟子，对他们说，“这是我的身体”，而将恩惠赐给他的时候，耶稣还是本来的面目，同他们在一块的，他并没有变化成为面包与酒；假若他是变成面包与酒了，那他就不能保持他本来的面目，同他的弟子在一块了。

面包与酒是象征的语句，其意义乃另有所指，这是显明的了。我已将我的恩典与完善赐给你，当你们接受了这种恩典，你们就得到了永在的生命，分享了天赐的食物。

第二十二章　奇事

(Miracles)

问：据闻耶稣做了一些奇异的事情，这是不是确有其事，或者还另有别的意义呢？物质不变，已经科学证明，世界上的一切东西都不能逃出这个定律，因此凡与这定律相反的事情，当然是不可能的了。

答：圣的显示就是奇事与奇迹的源本。无论什么艰难与神奇的事情，对于他们都是可能的，容易的。因为由于一种至上的能力，奇迹就从他们中间表现出来，这种能力是超过自然的力量，是能支配自然界的。所有圣的显示者都表现了奇妙不可思议的事情。

但是在各圣书中，均有一个特殊的名词，因为一切奇事与奇迹，在圣哲者看来，是无关重要的；他们对于这些事情，连谈都不愿意谈。因为假使我们以奇迹为证据，那么对于亲眼看见过奇迹的人，奇迹固然是证据，然而对于没有看见过的人，就是拿奇迹作证，也不能使他们相信。

譬如，假若我们对一个陌生的人，讲述一些关于耶稣与摩西的奇事，他就不会相信，并且会说：“关于无稽的偶像，也不断的有许多奇异的事情的传说，由许多人证实确有其事，并且还在书本上证实了。婆罗门教曾著了一本书，叙述关于婆罗门的奇事。我们怎能知道犹太人与耶教徒所讲的是真情，而婆罗门教徒所讲的就是假话呢？因为双方面所述的奇事，大半都是从书本搜集得来的传说，也许是真的，也许是假的。”其他宗教的情形也是一样的，如果是真的，就大家都是真的，如果一种可以接受，就一切都可以接受。因此，奇事并不是证据，对于亲眼看见奇事的，犹可用奇事向他们证明，对于没有看见过的人，奇事就简直不能使人相信了。

但是在显示之日，凡有卓识的人都知道圣的显示者的情形都是奇事，因为这些情形是特殊的，这就是奇事。就耶稣讲，他一个人孤臂无助，既没有军队，也没有群众，在最大压迫之下，将上帝的旗帜树立于全世界的人民之前，他与全世界的人民相抗，最后虽然他死在十字架上，然而他征服他们了。这的确是一件奇事，谁也不能否认的。关于耶稣的实情，也无需别种证据了。

表面上的奇事对于实体的人民，是无关紧要的。譬如，假使一个盲人能看见了，他最后还是要瞎的，因为他会死，他会免去他的官能。因此使一个盲人重见天日，比较起来，还是没有多少重要性的，这种视觉最后总要消失的。一样的道理，起死复生又有什么用处呢？人的身体总有一日要死亡的。但是上帝给人类以灵机与永在的生命，即圣灵的生命，那才是重要的。因为生理的生存不是永久的，这种生存等于不生存。所以耶稣对他的一个弟子讲：“让死者去埋葬他们的死者，”因为“由肉体生者总是肉体，由灵体生者总是灵体”。

我们要知道，那些在外表上是活着的人，耶稣以为他们都是死人，因为生命是永在的生命，生存是真实的生存。在圣书中，无论哪一处讲到死的复活时，其意义是一个人受了永在的生命之赐，从前好比是一个死人，现在复活了，盲者重见光明的意义是他得到了真正的灵机，聋者恢复听觉的意义，是他得到了圣灵的听觉。在福音中耶稣讲："他们是如同伊赛亚所讲的那些人一样，有眼不能见，有耳不能听，我把他们治好了。"

圣的显示者并非不能行奇事，因为他们是万能的，不过对于他们，只有内心的灵机，圣灵的诊治与永在的生命是可贵的、重要的。因此，在圣书中所谓一个瞎了眼睛的人重见光明，其意义是指这个人的内心的黑暗，而他得到了灵机，就重放光明了，或者是他以前是愚蠢的，现在变为聪明的了，或者他以前是疏懈的，现在变为诚恳的了，或者他以前是凡俗的，现在成为圣善的了，

内心的灵机，神圣的诊治，永在的生命等，这些都是不朽的，才是重要的。肉体的生命与能力，比较起来，又有什么重要和价值呢？因为这是不久就会消灭的。譬如一个人点燃一盏灯总会要熄灭的；只有日光总是明灿的，这才是重要的。

第二十三章　耶稣之复活
(The Resurrection of Christ)

问：耶稣死后三日复活，是什么意义？

答：圣的显示者复活，并不是指肉体讲的。他们的一切情况、行为，他们树立的事情，他们的教训，他们的言词，他们的寓语，都有一种神圣的意义，与物质的东西无关的。譬如耶稣自天而降的问题，在福音内许多地方都明明白白的载着，人子自天上降下，他是在天上，他会到天上去。《约翰福音》第六章卅八节讲："因为我是从天上来的"；四十二节又讲："这个耶稣不就是约瑟的儿子，为我们所素识的吗？他怎么讲他是来自天上来的呢？"《约翰福音》第三章十三节又讲；"没有哪个人曾经上升到天上去过，只有他是天上降下的，就是在天上的人子。"

我们要知道当耶稣是住在世界上的时候，福音上讲"人子是在天上"。并且我们要注意，耶稣虽然是玛丽生的，但是福音上讲他是从天而降的。于是显然的，所谓人子从天而降，决不能照字面上解释，是另有一个内在的意义的，这是神圣的而非现实的事实。这意义就是耶稣虽然明明白白是玛丽生的，然而实际上他是从天上来的，从实体的太阳的中心，从天国来的。耶稣既然是天国来的，所以他在世界上死去三日，是有一个内在的意义，不是表面的事实。同时，他在世界上复活，也是一种象征的语句，是神圣的而非现实的事实，因此他的升天，也是神圣而非现实的事实。

除开这些解释之外，科学证实我们眼睛所看见的天空是无限大的、虚空的，有无数的星存在这空中，不息的旋转。

所以我们要讲，耶稣复活的意义是如下：耶稣殉难，他的弟子因之感受痛苦与烦恼。他的教训，他的恩典，他的完善，他的灵力，这一切就是他的实质，在他殉难后二三日中是隐匿而不彰明，也可以说是消灭了。因为他的弟子在这时是很少的，而他们可都因他之殉难而痛苦而烦恼。耶稣的主义在这时是成为无生气的物体了。但是过了两三日之后，他的弟子成为勇敢而坚毅的了，他们开始为耶稣的主义而奋斗，决心传播他的教训，实行他的教训，于是耶稣的实质就成为光辉灿烂的，他的恩典也表现了出来，他的宗教生气勃勃的，他的教训成为明显的了。换言之，即耶稣的主义以前是无生气的，后来为圣灵的生命与恩典所笼罩，就成为有生气的了。

这就是耶稣活的意义，而这种是真实的复活。但是一班教士既没有懂得福音的意义，也不能领会象征的语句，所以说科学与宗教是互相冲突的，譬如耶稣的升天，在他们看起来，就根本与科学的

原理相冲突。但是当这个问题的真正意义明白了，象征的语句给解释了出来，科学就没有与宗教冲突的地方，反之科学的知识反能证实宗教的理论。

第二十四章　圣灵降到弟子的身上

(The Descent of the Holy Spirit Upon the Apostles)

问：福音中所述圣灵降到弟子的身上，其情形与意义到底是什么呢？

答：圣灵之降临并非有如空气之吸入人的身体一样，不是有确实与具体的形态的。不，这不过是如同阳光之映入镜子中，它的光亮成为灿烂的罢了。

耶稣死后，他的弟子苦恼，他们的思想不一致，互相冲突，但是到后来，他们成为坚定的，而互相团结起来了。他们在圣灵降临节的餐席上聚会，从此把一切物欲抛弃。他们忘记了自身的舒适与快乐，为可爱戴者，牺牲他们的身体，舍弃他们的家庭，而成为无家可归的飘泊者，就是他们自己的生命，他们也不顾了。当他们得到了上帝的帮助，圣灵的力量是成为明显的了，耶稣的灵胜利了。上帝的爱统治了。他们在那时得到帮助，散处各地，各人以上帝的主义，证明上帝的爱的力量。

所以圣灵降到弟子身上的意义，是他们为耶稣的灵力所感动，而有坚忍不拔的精神。由于上帝爱的灵，他们得到了新生命，他们视耶稣如同仍然活着，是在帮助和保护他们。他们以前是渺小的，现在成为伟大的了，以前是懦弱的，现在成为坚强的了，他们如同在阳光之前的镜子，而光明映入其中。

第二十五章　圣灵

(The Holy Spirit)

问：什么是圣灵？

答：圣灵是上帝的恩典，是从圣的显示者发布出来的灿烂的光辉，实体的太阳的光辉的焦点就是耶稣，上帝的恩典由这个焦点散布出来，映在别的镜子上面，那就是耶稣的弟子。所谓圣灵降在弟子的身上的意义，是上帝的恩典的光辉，从他们中间反映和表现出来，而且所谓进出与升降只是肉体特有的动作，不是灵的动作。那就是说可觉的物体才有进与出的动作，理解的物体，如智慧、爱、学问、想象、思想等，就无所谓有进与出或升降的情形，不过这些有直接的关系而已。

譬如，学问是由智慧得到的一种情形，是一种心理的状态，而意识的活动就是想象的情形，但是意识是与学问的求得有关系的，就如同形影之反映于镜子中一样。

因此这就成为明显的了，就是理解的物体没有进与升的动作，而圣灵是绝对不能有映、降、进、出、入等的情形，圣灵只是在光辉中表现出来，正如同日光之现于镜子中一样。

在圣书中，有某几处地方讲圣灵是指某人，如同在言语与谈话中，普通讲某人是富有灵性的，或者他之为人是仁慈与慷慨的。在这种情形中，我们所看到的是光辉，不是镜子。

在《约翰福音》内，关于在耶稣之后的预期者的降临，第十六章十二节与十三节讲："我还有好些事要告诉你们，但你们现在担当不了，只等真理的圣灵，他要来了，他要引导你们明白一切真理，因为他不是凭自己说的，乃是把他所听见的都说出来，并要把将来的事告诉你们。

我们对于这几句话，"他不仅要说到自己，而且是要把所见所闻的都说出来"，细心的玩一下，就可以知道，真理的圣灵是与一个人合为一体，这人有他的人格，他有耳朵听，有口舌说话。所以上帝的灵是指耶稣讲的，就如同我们讲一盏灯亮一样——意思是指亮与灯。

第二十六章　耶稣之重临与判决之日
(The Second Coming of Christ and the Day of Judgment)

在圣书中讲耶稣会再来到世界上，而且他之来临，是在某些表记实现的时候。譬如，"太阳要黑暗，月亮要不发光，繁星要从天上坠落……在这时候，人子就要在天上显现，世界上的各种人民都要哀求，于是他们就要人子有大荣光与能力，从天上的云端降下"。博爱和拉已经把这些话在《笃信之道》一书中解释明白了，此处无庸赘述，如果你参读这本书，就会知道其意义。

不过我对于这一个题目，尚有引申的地方。耶稣第一次降生世界，他也是从天上降临的，这是在福音内很明显的讲过了。耶稣自己说："没有哪个人曾经登过天，只有他是从天上来的，就是在天上的人子。"

很显明的，耶稣虽然是由玛丽之母体生的，然而他是从天上来的，这是大家都知道的。他第一次之降临于世界是如此，那么他第二次来到世界上，也会是如此的，必然的是虽由母体生的，然而是从天上降临的。福音中所讲耶稣再次来临时的情形，是与他第一次来临时的那些情形一样的，我们已经在前面讲述过了。

《以赛亚书》宣称救世主会征服东西两半球，世界各国都会归服在他的旗帜之下，他自己的王国也会树立起来。他会是来自一个无名的城市，罪恶的人们会要受他的判断，那时世界上成为极公平与平和的，以至于虎豹与羊群，婴孩与毒蛇要相聚于一个泉水旁，一个草地上，一个栖居中，而不发生伤害。耶稣之第一次降临，也是在这些情形之下的，虽然在表面上是没有一件实现过的。因此犹太人拒绝相信耶稣，称他是怪物，视他为上帝的主义的破坏者，为安息日与此规律的摧毁者，而将他处于死刑。然而这些情形，每种都有一个意义，犹太人不懂得，所以他们不能领会耶稣的真理。

耶稣之重临，是会有同样的情形的。上面所讲的那些表记与情形均含有一种意义，不是照字面上解释的。譬如星宿会坠落到地球上，天上的星是数不清的，而据现代的天文学证明太阳的体积是大过地球百多万倍的，而每个星的体积更大过太阳几千倍。假若这些星要往地上坠落，这地球怎么会容得下呢？这正如喜玛拉雅山往芝麻上坠落，是一样的不可能的。耶稣讲："或者我要当你们睡熟的时候来，因为人子之来，是如同贼一样的。"这话就更奇特了。或者贼已经在屋内，而主人还不知道呢。

这是显明的，这些表记都有一种比喻的意义，不是照字面解释的。这是在《笃信之道》一书中，解释得很清楚，请参阅该书。

第二十七章　三位一体
(The Trinity)

问：什么是三位一体？

答：圣的实体有人类所意想不到的纯正与虔洁，其伟大不是人类的智慧与知识所能揣想得到的，是超乎一切想象的范围之外的。圣的实体无所谓分与合，因为分与合是实现，不是圣灵世界中的情形。

圣的实体既无所谓分与合，所以就也无所谓单与双，是没有数目的，是整个的、一体的、永恒的，等级之分只是不完善的现实，绝对的完善，就无从分别等级。

上帝是绝对的完善，人类只是不完善，他的显示，他的表现，他的降临，在人类间是如同日光之反映于明镜中一样。人是上帝的明显表记，上帝之于人，就如同阳光之普照万物。但是山野、树木都只受到阳光一部分的照射，在这一部分阳光之下生养，显现其形态，维持其生存。完善的人就不然，他是圣的显示者，是如同一面明镜一样。实体的太阳与其一切性格与完美之处，在这镜中都是成为明显的。所以耶稣是反映圣善的明镜，实体的太阳，圣灵的实体反映在这镜中，显现其光明与热力，但是太阳并没有离开它高洁的地位，而跑到镜子里来，只是将它的光辉映入镜子中，上帝只是将他的完美表现于耶稣身上。

现在假若我们讲我们看见太阳在两个镜子中——一个是耶稣，一个是圣灵——那就是说我们看见了三个太阳，一个在天上，两个在地上，我们说的话是对的。假若我们讲只有一个太阳，完全只有一个，反没有第二个，我们说的话也是对的。

耶稣是一面明镜，实体的太阳与一实体将其一切完美与性格映入这明镜中，圣的实体决不能分成几部，永远的只是一个，不过能多映入镜子中而已，所以耶稣说“父是在子里面”，就是讲实体的太阳是表现在这明镜中。

圣灵是上帝的恩典，在耶稣身上表现。圣子是耶稣，圣灵即耶稣的精神，由此可以证明，圣的实质是唯一的，再没第二个可以与之相比拟。

这就是三位一体的意义，不然上帝的宗教就是建筑在不合逻辑的信仰上面，这种信仰对众人是些意想不到的事，那又怎能使人相信呢？一件事除非是有可懂的原理就不能为人的智慧懂得。不然就只是一种幻想。

从以上所讲的看起来，所谓三位一体的意义，这当然是清楚的了。上帝是一体的也证明了。

第二十八章　《约翰福音》第十七章第五节的意义的解释

“父呵！求你使我同你自己享受荣耀。就是未有世界以先，我同你所有的荣耀。”

宇宙间的事物可以分为两类。一类是自身能存在，无需假借他物之助，没有什么缘由的，这叫作自生，譬如太阳，它本身有光，它的光照耀，无需借助别的星球，所以太阳的光是本质的光，自在的光。但是月亮的光是借自太阳。因此就光讲起来，太阳是因，月亮是果，因在前，果在后。

第二种先存是时间的存在。它没有一个起初的。上帝的教训是不受时间限制的。过去、现在、将来，一切对于上帝都是一样的。没有太阳就没有所谓昨天、今天与明天的分别。

讲到荣耀，也是有等级的。最荣耀当然是在荣耀之前。因此基督既为上帝的发言人。当然在品格与善良方面，在未站在别人之前，上帝的教言是无表现出来的。他最纯洁与最荣耀的，是在于最完美与最庄严的地位中。后来由于上帝的智慧，把恩典从天国中向罪恶的世界上照射，而由基督表现出来。基督受着世人的压迫，为犹太人所陷害，为横暴所劫持，而最后死于十字架上。因此他对上帝讲：“使我脱离肉体的束缚，使我脱离这个环境。于是我得以超升到天国中去，而恢复我原来的快乐与自由。”

事情是这样的。在这个罪恶的世界上，他的荣耀与伟大可在他升天以后方才表现出来。当他活着的时候，他要活受世界最强的一个国家的人民的欺侮，那就是犹太人。他们以为这是应得该方之陷害他的。但是他死了以后，世界各国君王无不敬仰这个伟大人物的。

第二十九章　《哥林多前书》第十五章第二十二节的意义的解释

《哥林多前书》第十五章第二十二节讲：“在亚当里众人都死了，照样在基督里，众人也都要复活。"这一节话的意义是什么呢?

答:我们要知道人的性格有两种:一种是兽性,一种是灵性,兽性是由亚当遗传下来的,灵性是上帝赐给的,是圣灵的恩典,前者是一切不完善之源,后者是完善之源。

耶稣牺牲自己,使人们解除兽性的不完善,而得到灵性所具有的一切善行。这种灵性由于圣灵的恩典而存在,是一切善行的结晶,借圣灵的生命而表现;这是圣的完善、光明、启示、高尚,高尚的渴望,正义、爱、仁慈、生命的实质。这是实体的太阳的光辉的反映了。

耶稣是圣灵的中心点,他是圣灵生的,圣灵长大的,他是圣灵的后裔,那就是说耶稣不是亚当的后裔,不,他是圣灵诞生的。因此《哥林多前书》中这一节话,"在亚当里众人都死了,照样在基督里,众人也都要复活",其意义是亚当是人类的父亲,那就是说,他是人类生理上的生存的起源,他是人类生理上的祖先。他是一个活的人,但不是精神生命的给予者。反之,耶稣是人类精神的起源,在灵方面,他是人类精神上的祖先。亚当是活着的人,耶稣是活着的灵。

每人受制于情欲,而罪恶就是情欲发挥权力的结果,因为这是不受正义与圣洁的约束的。人的身体是情欲的奴隶,它的行动受情欲的支配。所以怒、妒、争、贪、奢、愚、偏、恨、骄与横暴等等的罪恶,是一定的存在这现实的世界上。所有这些兽性都在人的天性中存在。一个人如果没有受过圣灵的教育,他一定是一个暴夫。就如同非洲的野蛮人一样,他们的行为,习惯与道德都是绝对放纵的,他们的行为是随情欲支配,有如此其甚,于是他们互相残杀,吃同类的肉。如此我们可以知道,现实的世界是一个罪恶的世界,在现实的世界上,人之所以异于禽兽者,也就无几了。

所有一切罪恶都是由欲念产生,而欲念乃因物而起,这对于禽兽本不是罪恶,但对于人,则确实是罪恶。禽兽是不完善的总源,如怒、欲、忌、贪、残、骄等。这些劣性是凡禽兽都有的,但不是罪恶。人有了这些劣性,即是罪恶。

亚当是人类生理生存之源,耶稣的实体是精神生命之源,这实体就是上帝的圣典。这是一种生气勃勃的灵,其意义是一切不完善因人之生理生存的需要而起者,均受了那种灵的教导,而成为人类的完善了。因此耶稣是活着的灵,全人类生命的源泉。

亚当是生理生存之源,现实的世界既是不完善的世界,而不完善即与死灭相等,所以保罗把一切不完善,比之为死。

但是耶教徒中,有大多数相信亚当既偷吃了禁果,他的罪恶就是不在服从,这种不服从的不幸的结果传给后人,好像遗产一样,他的后人总不能除去这种罪恶,所以亚当是死与消灭之源。这种解释自然是不合理与错误的,这无异是说一切人们,就是上帝的先知者也包括在内,无论其罪或有过失与否,只因为他们是亚当的后裔,他们就都是罪恶者,一直到耶稣殉难之日,他们都是在地狱中受苦。这真是荒谬之论。假若亚当是有罪者,那么亚伯拉罕的罪在哪里呢?以赛克、约瑟、摩西,他们可有什么过失呢?

但是耶稣,他是上帝的圣典的显示者,自己牺牲自己了。这种牺牲有两种意义:一个是表面的,一个是内在的,表面的意义是:耶稣的志愿是要代表和鼓励一种主义,拿那主义教导全人类,唤醒亚当的儿女;而提倡这种伟大的主义——为全人类与全世界所反对的主义——既是要遭杀身之祸,要上十字架的,所以耶稣在宣布他的使命的时候,就已决心牺牲其性命了。他视十字架如王座,视创伤如香膏,视毒液如糖与蜜。他奋起教导世人,所以他牺牲自己,给予世人以生命之灵,他牺牲肉体,为着以灵唤醒世人。

第二个意义，即是内在的意义，是这样的：耶稣是像一个种子一样，这个种子牺牲了自己的形态，使得有一株树生出来。虽然种子使自己的形态变了，但是它的实质仍然存在于树的躯干与枝叶中。

耶稣的地位是绝对的完善，他使得他的圣的完善，对于所有有信心的人们，照耀得如同白日，这种光辉的恩典在人们的实体中照耀。因此他讲："我是从天上降下的面包；无论哪个，只要吃了这面包的，就不会死。"那就是说，无论谁分受了这种圣的食物，就会得到永在的生命，分得了这种恩典，接受了这些完善的人，会得到先存与恩典者，会免除错误的黑暗，会受圣光的照迪。

种子是为着树而牺牲其形态了，但是它的优美，因有这种牺牲，而得表现于树的躯干与枝叶上。种子优良，然后树的躯干伟大，枝叶茂盛。

第三十章　亚当与夏娃

问：亚当和他偷吃树上果子的故事，实际的意义到底是什么呢？

答：圣经上讲上帝把亚当安置在伊甸园内，叫他看守和培植这园子，并且对他说：园中树上的果子随便你吃，只有那分别善恶的树上的果子吃不得，如果你吃了，你就会死。于是上帝使亚当睡着，从他身上取了一条肋骨，造成一个女人，以作他的伴侣。后来蛇引诱那女人偷吃那禁止吃的树果，对她说：上帝禁止你吃这树上的果子，使得你的眼睛不能睁开，于是你就不知道善与恶，夏娃听了这话，就把那树上的果摘下吃了，并且给亚当也吃了，他们的眼睛睁开了，发现自己是赤身露体，于是就拿树叶遮羞。这种行为的结果，是他们受了上帝的责备。上帝对亚当讲："你吃了那树上的禁果吗？"亚当回答说："夏娃引诱我，我就吃了。"于是上帝责备夏娃，夏娃就讲："这是蛇引诱我，所以我就吃了。"因此蛇受了咒诅，从此在蛇与女人之间，就结下了仇恨，世世不解。上帝讲：人是成了同我们一样的，知道善与恶，现在恐怕又要摘生命之树的果子吃，就会永远活着。所以上帝把生命之树保护起来。

假若我们按照大多数人的解释，相信这故事表面的话，这就真是奇特得很。这种事实是为我们的智慧所不能接受、相信或想象的，因为这种情节，这些话语与责备都是超出了可能的范围之外的，为人的智慧所不能置信，更莫说神圣的了。神圣用最完善的形式创造了这无限的宇宙，这宇宙中的万物都是绝对的有条理、力量与完善的。

我们须反省一下：假若，把这故事的表面意义，讲给一个聪明的人听，他决不会相信，他一定会否认像这种情节能出自一个理智的人之口。因此亚当与夏娃偷吃禁果以及他们被逐出天堂的故事，一定是一种比喻。这个含有神圣的奥秘与广大的意义，是有不可思议的解释的。只有那些懂得奥秘的人与那些近万能者的天国的人，才能知道这些秘密。所以圣经上这一节话是有很多的意义的。

我们姑解释其意义之一，而我们要讲：我们说，亚当是灵，夏娃是指他的魂，因为在圣书当中有些地方讲到女人的时候是指人的魂的，分别善恶的树是指人类的世界，因为在神圣的世界中，只有绝对的善与光明，在人类的世界，才有善与恶、光明与黑暗等相对的情形。

蛇的意义是指世俗的沾染，这种世俗的沾染，使得亚当的灵和魂，从自由的世界堕入束缚的世界中，使得他离开一体的天国，来到人类的世界。当亚当的灵和魂来到人类世界的时候，他是离开了自由的天堂，而堕入束缚的世界中了，他是离开了绝对的纯洁与圣善的世界，而来到有善有恶的世界中了。

生命之树是生存于世界的最高级的地位，是上帝的圣典的地位，是无所不包含的显示。因此这个地位是保全起来了，而在最高贵的无不包含的显示降临的时候，这个就成为明显的了。因为亚当的地位，对圣善的显示讲起来，是胚胎情形，耶稣的地位是成熟的情形，而最伟大的圣人降世，则是实体与性格的完善情形。因此在至上的天堂中，生命之树是绝对的纯洁的中心表示——即无不包含的圣灵的显示。从亚当的时候一直到耶稣的时候，人民很少提及永在的性命与圣的显示。生命之树是耶稣实体的地位，因他之显示，这树是植立起来了，而结着永生的果实。

我们想想，上面这番解释是如何与实际的意义相符。因为亚当的灵与魂，有了世俗的沾染以后，就离开了自由的世界，而踏入束缚的世界中，于是他的后人是永远处于束缚中，不能解脱。这种灵与魂对于世俗的沾染，就是罪恶，由亚当遗传给他的后人，是蛇，永远潜伏在亚当的后代中，为他们的仇敌。这种仇隙永远存在不灭。因为世俗之好，就是使灵魂受束缚的原因，而这种束缚是罪恶，由亚当遗传给后代的人类。人类为着这种沾染，被剥夺了圣灵的恩典与高超的地位。

当耶稣的仁风与大圣的圣光散播了的时候，那些倾向上帝而接受了圣恩的人，就能在这种沾染中得救，免除罪恶，得到永生的生命，脱离世俗的束缚，达到自由的世界。他们解除人类世界的罪恶，受着天国的德行的赐福。这就是耶稣的话的意义，他说，“我为着世界的生命而流血”，那就是说，我之所以不辞艰难苦楚与生命之牺牲者，是要得到罪恶之自赎的目的，那就是使得人的灵不受世俗的束缚，而倾向天国，使得有贤哲者出世，领导人群，而显示天国的圣善。

要注意，假若按照一班人的想象，把这故事照字面上解释，那就是绝对的错误了。假若亚当是因吃禁果而得罪，那么荣耀的亚伯拉罕可有什么罪呢？圣道的谈论者摩西有什么罪过呢？先知者纳亚有什么罪呢？真诚者约瑟有什么罪孽呢？上帝的先知者的罪过是什么呢？贞洁者约翰的罪过是什么呢？公平的上帝会因为亚当的罪恶，就叫这些光明的显示者，都在地狱中受苦，一直到耶稣降世，因为他自己的牺牲，他们才免掉刑罚的磨难吗？这种思想是超出了随便哪种思想的范围之外的，决不能为有智慧的人接受。

不，这故事的意义就是在前面讲过的：亚当是代表亚当本人的灵，夏娃是代表亚当的魂，树是指人间的世界，这世界中充满着罪恶，沾染罪恶亚当的后人。耶稣用他的圣风，把人们从这种罪恶的沾染中，解救出来，使他们免除罪恶。亚当的罪恶是与他的地位有关的。对于人间世俗的沾染是罪恶，倾向圣灵的世界是善行。所以肉体的能力与灵力比起来，就无用了。一样的道理，肉体的生命与在天国里的永在的生命比起来，就如同死亡一样。因此耶稣称肉体的生命为死，他讲：“让死者去埋葬死者。”虽然那些人生理上是活着的，然在他看起来，他们是如同死人一样。这就是《圣经》亚当的故事的意义。反省罢，你或者会发现其他的意义。祝福你！

第三十一章　释亵渎圣灵

问：“所以我告诉你们，一切罪恶和亵渎的话，都可得赦免，唯独亵渎圣灵，总不能赦免。凡说话干犯人子的，还可得赦免，唯独说话干犯圣灵的，今世来世总不得赦免。”[①]

答：上帝的圣体的显示，有两种灵位。一种是显示的地位，这就可以和太阳的本体的地位相比，另一种是由显示所散布的光辉，那光辉是如同太阳的光线一样，这光辉是上帝的完美，易言之，即圣灵。圣灵是圣恩与圣美，也就是太阳的光线，太阳的光线乃太阳的实质，因为太阳而无光，就不成其为太阳了。假使耶稣不能显示及反映圣美，耶稣就不能算是救世主了，他是圣的显示者，为因他在自己身上，将圣美反映出来，而所有上帝的先知者都是圣美的显示者，那就是说，圣灵是明显地存在他

① 《马太福音》第十二章三一节至三二节。

们的身上。

假若一个人与显示相隔绝，那他还有能醒悟之一日，因为他是没认识圣美的显示者。假若他根本厌恶圣显示，换言之，即厌恶圣灵，那就无疑的他是如同蝙蝠之厌恶阳光一样。

憎恶光明是无救药的，也是不能得赦的，那就是说，他是不能亲近上帝的。譬灯之所以为灯，是以其有光也，假若没有光亮，就不能成其为灯。假若一个憎恶灯的光亮，他就是如同瞎子一样，不能看见东西，而成盲目昏昧者永远见弃于上帝。

这是显然的，圣灵由上帝的显示者表现，而人们之接受恩典，是来自圣灵，并不是来自显示者自身。如此，一个人不能接受圣灵的恩典，他就是总不能为上帝所福佑，他的罪总不能为上帝所赦免。

有许多人起初是显示者的敌人，但是一旦对于显示者得到了解，就与为友了。所以仇视显示不构成永远见弃的原因，因为仇视的对象不是光明，是发放光明的人，而他们之所以仇视者，是因为不知道这些显示者，就是上帝的光明的发放者，一旦他们知道了，他们就与显示者为友了。

这意义是：仅是仇视人，还不至为上帝所见弃，如果仇视光明，那就不能得赦免，因为这是无救药的。

第三十二章　释被召者多而被选者少

问：在福音中，耶稣讲："被召者多，但是被选者少。"而在《可兰经》中也讲："他会对于他所喜的人，赐予特殊的恩惠。"这是什么意义呢？

答：要知道生存于宇宙间的物类是无数的，种类是不一的，然后才组织成整个宇宙的完美与伟大。各种物类不能在一个等级，一个情形，一个种类，一个样式，一个部类中，合而为一；无疑的等级的不同与式样的各别是必要的。那就是说，动、植、矿与人类是必然的分别，如果这个世界上只存人的生存，那就不是一个完美的世界了。同样的道理，如果这世界上只有动物，或只有植物，或只有矿物，那这个世界也不能成为一个完美的世界。自然是因为各种物类的等级、情形、式样与部类，各有不同，然后世界上的生存才是有光辉的与完美的。

譬如，假若一株树，只有果实，而无花与叶；就不是一株完美的树，必定要有红的花，绿的叶与累累的果实，才形成一株整个完美的树。

同时我们人的身体也是一样的情形，身体的组织是有各种器官与部分，有眼、耳、口鼻等，缺一不可，于是人的面貌才能完全。假若人只有一个脑袋，而无眼与耳，或有耳而无眼，那人的像貌又会是多难看。所以人的发、眉、牙、指甲，均缺一不可，如果缺少一样，人身体就不完全了。虽然头发、眉毛、牙齿、指甲等与人的眼睛比较起来，这些都是没有知觉的东西，然而在人的身体上所占的地位，正如同矿物与植物之在世界上所占的地位一样，世界上缺少矿植物，就不是一个完美的世界，人的身体上缺少了这些，也就不是一个完全的身体了。

生存的等级既是各异的，所以有些东西的生存等级是比别的东西较高的。这是由上帝的意志决定的，上帝选择某些东西，使其生存于最高的等级中，如人类是，选择某些东西，使其生存于适中的等级中，如植物是，选择某些东西，使其生存于最下的等级中，如矿物是。

人被选择了生存于最高级中，是上帝对人的恩典。而人之在灵方面的进展与能得到圣的完善与否，也是由大慈大悲者所抉择。因为由信仰得到永在的生命，这是由上帝的恩典所致，不是正直的结果。爱火在尘世间之燃烧，是由敬爱上帝而来，不是努力与奋勉的结果。努力与奋勉只能在知识有加增，在科学上有成就，只有圣美的光辉借爱的吸引力，能推动人的灵性。因此有所谓"被召者多，被选者少”。

但是一切东西并不因其本来的等级与地位,而受轻视与谴责。譬如动、植、矿是各有各的等级,能各在其原来的等级中,保持完善的状况,是无可谴责的,不然就不对了,因了各种等级本身是绝对的完善的。

人类间的差异有两种,一种是地位的不同,这是无可非难的,一种是信仰的不同,如果对于上帝没有信仰,那就是不对的了,因为如此,一个人必是受了情欲的牵缠,以致失去了上帝的福佑,不为上帝的爱力所吸引。这样的一个人,虽然他的地位是高的是可称羡的,然而他的人是不完善的,为着这种不完善,他是有可谴责的。

第三十三章　释重归
(Return)

问:请解释“重归”的意义。

答:博氏已在《笃信之道》(*Kitáb-i-Íqán*)中解释得很明白。你如果读了那本书,就会懂得真正的意义了。但是你既然问到了,我不妨简略的解释一下,我们先拿福音上的话来解释,因为在福音中,明明白白的载着约翰降世,带着天国的福音给人们后,有许多人问他:“你是谁?就是预期的救世主吗?”他回答道:“我不是救世主。”于是他们又问他,“你是以利亚吗?”他说:“我不是。”这些话可以证明约翰并不是预期的以利亚。但是耶稣可明明讲过约翰就是预期的以利亚。这是什么意义呢?

《马可福音》第九章十一节至十三节讲:“他们就问耶稣说,文士为什么说以利亚须先来?耶稣说:以利亚固然先来,复兴万事。经上不是指着人子说,他要受许多苦,被人轻视呢?但是我告诉你们,以利亚已经来了,他们任意接待他,就如《圣经》上所指着的他的话一样。”

《马太福音》第十七章十三节讲:“门徒这才明白耶稣所说的,是指着施洗的约翰。”

他们问施洗者约翰:“你是以利亚吗?”约翰答道:“否。我不是以利亚。”然在《福音》中,明明讲过约翰就是预期以利亚,而耶稣也清清楚楚的如此讲过了。这到底是什么意义?假若约翰真的是以利亚,那他自己又为什么讲“我不是的”呢?假若他不是以利亚,那耶稣又为什么讲他是的呢?

意义是如此的:所谓以利亚不是指一个人,是指完善的性格。那就说:约翰具有以利亚所有的一切完善的性格;因此讲约翰就是以利亚。所以在此处所着重的是人格,不是人体,譬如,去年有一朵花今年也有一朵花,如果我讲去年的花是又来了,我的意思并不是指去年那朵花变回原状,不过是指去年与今年的花在颜色上、香芬上、形态上都是一样的。于是我们可以讲去年的花就是今年的花,今年的花就是去年的花。当春天到了,我们讲去年的春天,是因为一切在去年春天中所有的情形,都发现在今年的春天中。因此耶稣讲:你们会看到一切在从前先知者的时日所发生的事情。

所以我们要是指着人讲,当然约翰是另一个人,并不是以利亚。但是如果我们指着性格讲,那就以利亚所有完善的性格约翰都有了。约翰就是以利亚,是以利亚复生,所以耶稣讲:“这是以利亚。”他是指以利亚性格与德行之复现。而约翰自己讲:“我不是的。”他不过指他的形体而已。

第三十四章　比得的信心的自承

问:在《马太福音》中讲:“你是比得。我在这石头上建立我的教堂。”这是什么意义呢?

答:耶稣讲这句话是证实比得的话。他对比得讲:“你以为我是谁?”比得答道:“你是上帝的儿子，我相信。"于是耶稣对比得说："你是比得。"——因为西菲士（Cephas）（译者按：西菲士为耶稣称比得之另一名字）在希文中的意义是石头（rock）！——"我要在这石头上建立我的教堂。"耶稣要用一种间接的喻语以认可比得的话。"我要在这石头上建立我的教堂"，是讲比得既能相信耶稣是上帝的儿子，他的信仰就是正确的。而宗教的基础就要建立在这种正确的信仰上面。

比得之墓在罗马。这一说是不可靠的。有些人说是在安梯克建（Antioch）。现在让我们拿一班教皇的生活与耶稣的宗教比拟一下。耶稣是寒无衣，居无室，而在荒野中食草根以充饥。他是不愿意得罪任何人。教皇的生活则反是。举凡衣、食、住，无不穷奢极欲，有非帝王所能有者。

耶稣不得罪任何人，但是教皇有屠杀无辜之人民者。这在历史上已数见不鲜。因教皇欲维持其权势，使人民流了多少血呢！只要在意见上与教皇相左者，就有被杀与被囚之祸。而因此致死于教皇之手者，在世界上已经是成千成万的人了。这其中有许多是大学问家，对于科学有大贡献的。教皇之反对真理，有如此其甚！

我们拿耶稣的教训与教皇的习惯比照一下，我们能发现任何相同之处吗？我们不愿批评。但是教皇统治的历史实在是特别。我们所要讲的，是耶稣的教训为一事，而教皇的政府为另一事。两者截然不同。教皇的暴虐决不能与耶稣的仁爱相容。教皇并不奉行耶稣的教训。不过在基督教时代的起初几世纪中，教皇中亦有极贤明的。因为那时的物质欲望少，而教规又是极严的。教皇一旦握有政权，处在崇高的地位时，他们就完全忘记耶稣了，唯权势与奢侈是务。于是教皇政府就杀害人民，反对学识，阻碍科学之发达，许多大学问家、科学家，都在罗马城中牺牲了性命，而无辜平民之被杀害者，更不可胜计。这就是教皇的行为，如此还能使人民信服吗？

教皇总是反对学问之发扬的。就是在欧洲，也公开的承认宗教是科学之敌，而科学是宗教的基础的破坏者，但是上帝的宗教是教理的提倡者，是科学与学识的创造者。宗教对于学问家是完全无恶意的。不仅无恶意，而且人类的文化与科学的发达，宗教均与有力焉。如此，怎能说宗教反对学问的，是科学之敌呢？断乎不是！学识是人类的宝贵物品，反对学识和科学是愚蠢，不是人，因为学识是昌明、生命、真、美与善，是人类的光荣，上帝给人的恩典。学问是光荣、愚蠢无知，是黑暗。

那些研求学问，发现自然的秘密，与得到真理的人，他们的生活才是快乐！那些无知的人生活只是白过了！

第三十五章　命数

问：假若上帝预知一个人的行为，而这是在命运中注定。还能转移吗？

答：对于一件事情的预知，并不是使这件事情实现的原因。上帝虽然知道一切，但是一切事情不是因为上帝知道就都要发生的。所以上帝的预知，并不是使事情发生的原因。先知者受了上帝的启示，预言《圣经》中所讲预期者之降临，不是耶稣显示的原因。

后来一切隐秘的事，由上帝启示给先知者知道，而由他们宣布出来。但是这种预知，不是事情发生的原因。譬如，在今天晚上，人人知道七点钟以后，太阳就会下山。但是太阳并不是因为人人知道方下山的。

所以上帝的预知，并不是产生现实的原因。上帝的知识是超乎一切时间、现在、过去与将来之外的，是与现实相合的。

在圣书中的预言，不是事情发生的原因，是一样的道理。不过先知者因为受了神圣的启导，而预知一切罢了！譬如，他们预知耶稣将殉难，而预先宣布了，而这种预知就是耶稣殉难的原因吗？不，这种预知是先知者的善能，不是使耶稣殉难的原因。

天文家测量在某时，将发生日蚀或月蚀。在自然界这种发明，不是使日蚀或月蚀发生的原因。这不过是一种推测，不是巧合的反照。

第三部　造物显圣的权威和情状

第三十六章　五种性的形状

(The Five Aspects of Spirit)

就大体而论，我们知道灵性可分为五种。第一是植物的灵性：所谓植物的灵性，是由各种物质的分子集合而成的，受了造物的指使，便在世界上生长了，要是这些分子分散的话，他们的生长力也就停止了。譬如说电吧，它也是由各种分子集合而成的，若这些分子分解了，电力也就消失了。这就是所谓植物的灵性。

其次是动物的灵性，同植物一样，他也是由各种分子集合而成的，但上帝给他更复杂的组织，因为它是有知觉能力的。视觉、听觉、嗅觉一概俱全。倘把这些组织成的分子分解了，那么，他的灵性也就自然地消灭了。好像一盏灯，他的原素是油、灯心和火，有了这三件东西，才能发出光来；若油已尽而灯心完，光亦将随之不见。

现在说到人类的灵性，人类的灵性好似太阳照在水晶球上一样。人类以身体包含着各种分子，组织成最完美的形状；既有最坚密的构造，最高贵的结合，且有最完美的生存力量。他借着其他动物的灵而长成和发达的。这个完美的身体可比作水晶球，而人类的灵性可比作太阳。虽然水晶球一旦污了，但太阳依旧是照着的；即就他损坏得不堪收拾，而太阳并不受任何影响，却永远明亮。人类的灵性有各种发见的力量。如科学的发明，事业的成功，莫不依赖于此。虽有隐藏的物件，因为受了神的力量的援助，人便能看得清清楚楚了。所以，人类虽生存地球上，却能发见天上的事物；从知道和可见的事物，能发见不知道和不可见的事物，比如，人类先前是住在地球之一半的上面的，但哥仑布却能根据他的力量和理论，发见另一个半球——那就是美国，是从前的人所不知道的。人类身体虽然笨拙，可是，借了所发明的机器力量，他们竟能上天空。人类的举动虽然迟滞，可是，借了所发明的航海器具，他们很迅速地能从东方旅行到西方。总之，这种力量是包含支配一切的。

然而，人类的灵性有两种：一种是神圣的，一种是魔鬼的：意思是说，它能达到最完美的境地，同样亦可达到最恶劣的境地。如果所获得的是德行，就成为最高贵的生物，反之，所获得的是恶行，也就成为最下等的生物了。

第四种是天上的灵性，这是信心的灵性和上帝的恩赐。它是由圣灵的呼吸而来的，受了神的力量，便成为永生的源泉了。这种力量能使地上的人升进天上的人，有缺点的人变成完美的人。它能使污秽者成为圣洁，闭默者成为善辩，愚人成为智者，贪欲的罪犯成为洁白的良民。

第五级灵性为圣灵，即上帝与其所创造者间之媒介。有如日之光，明亮之镜，由太阳而得光，再传此洪恩至他人，故圣灵为真实太阳之圣光，圣灵即将此洪恩赐给成圣之实现者，圣灵并具各种神圣之完美，圣灵一发现，世界即复兴一切，世界循环又上新轨，人类世界，譬如人身，圣灵一现，如着新衣，圣灵又譬如春天，春天一至，世间情形，即形变更，春天之将至未至时，黑土泥田旷野即成新生而青绿和繁茂，各种花枝香草，皆欣然生长，树木皆有新生命，新果实重现，于是新循环发现矣，故圣灵之出现即如此。圣灵发现时，世界人类有如重生，人皆得到新精神，圣灵安排世界，有如衣以美衣，又如除去愚盲之黑幕，而使完美之光四面发辉，耶稣用此神力，重新世界循环，有如天堂之春天富有新鲜甜蜜之篷帐，而张之于人间，更有轻息之微风满含芬芳之香馥，含新生命而触及欣悦者之鼻。

博爱和拉之出现，一如春天，与神圣微风俱来，与永生之主者同来，并俱神力而同至，在世界中创造天国之王位，并用圣灵之权力而救护各人灵魂重建新循环。

第三十七章　神力必须由神圣之显露方能感觉之
(Divinity Can Only Be Comprehended Through the Divine Manifestations)

问：神力之实现与主发迹之地及神圣黎明之曙光点有何关系？

答：先要知道神力之实现或唯一要素之质为纯洁及绝对之神圣，换言之，已被圣化而不容俗人赞美也。生存程序之最高全部因子，以地球为主，不过为一种想象之理论而已。既不能见，不能感觉，又不能及，为纯粹之要素而不能加以形容，盖神圣之要素包围一切也。包围者比被包围者伟大，此诚确实之言，又被包围者不能包含其包围之物，并不能感觉其真实。无论心理如何进步，即使达到最后感觉点，最后了解之界限，心中仍保持神圣之记号，而用之于世界造物中，但不在上帝之世界中。因联合上帝之要素及因子，皆神圣之高度而心神了解无法达到此地位也。寻觅之门已闭，而不准任何人寻觅也。

由此可知人类之了解是人类生存品质之一，人为上帝征象之一，换言之，即谓人类生存品质之一了解力何能知上帝之将至耶？故神圣之实现不能为任何感觉所察悉，任何人心所能领悟。升入此点，绝对不可能。吾人已知凡在低者皆无力以悉在高之物，故如玩石、泥土、树木，不论其演进如何，皆不能知人类之实在，而更不能想象人类视官、听官及其他各官之权力伟大。而人与石木之被创造则出一辙也。由此吾人当更知人类为被创造者，何以能悉创造者之真洁要素？此点非任何颖悟力所能及，非任何解释所能明，并无任何力量足以指明之。灰尘之一微粒何足以污洁白之世界，有限之心思与无限之世界有何关系？人心无力以知上帝，世间之人因强欲解释，皆成瞠目结舌，不明其玄妙。“吾人之目，皆不能目睹上帝，但上帝能见吾人之眼，上帝是知者。”

因之，关于生存之点，各种陈述理解，皆属无效，各种赞美各种描写皆不值一哂，各种观察皆属罔然，各种媒介皆属不果。但要素中之要素，真理中之真理，玄妙中之玄妙，尚有各种回忆、外表，在生存世界中皆令人莫解也。此数种光明在黎明之时，回忆之地及显露之外表皆系神圣黎明时降下之地。大同之真理及神圣之众生皆是天神圣要素之真镜。各种完美，各种光明皆自上帝而来，在神圣之显示中，有如太阳之照于明镜中光辉四焕，吾人皆得以肉眼见之。若谓明镜为太阳发辉之所，又为晨星出现黎明之处，此语不含太阳已由圣地下降而堕入镜中，真亦非谓无限之真理只限于此有限之外表出现也。上帝禁之。否，所有赞美、描写皆指神圣表露而言，换言之，吾人所提及之各种赞美、述叙、品质、名称及原因皆归还于神圣之显示。但迄至今，无人曾达到神圣要素之真理，故亦无人能描叙、解释、赞美或光耀此真理。因此人类所悉、所发现、所了解之名、因子及上帝之完美皆指神圣之显示而言。除此之外，无物可及，“门户已闭，禁止寻觅”矣！

虽然，吾人尚谈名字及因子关于神圣之真理，吾人赞美上帝以吾人之视官、听官、权力、生命、智识供献之。吾人承认各名各因子，并非以证明上帝之完美，目的乃在否认上帝之造物不全也。

吾人试观现存之世界，吾人即见愚鲁者为不完全，知识者为完全，由此吾人可谓上帝之神圣要素即系聪明智慧。弱者为不完全，有力者为完全，由此吾人可断言上帝之神圣即权力之基本，此言并非谓吾人能洞悉上帝之智识。洞悉其视力，权力及其生命，盖吾人不能知悉也，因重要之名字及上帝之因子与其原素相符，上帝之原素无人可能洞悉也。若因子不与原素符合，则必有多数之原素生存，则因子与原素间亦必有差别也。再者，若原素生存为必要，则原素生存之后果必成不定。此种错误，极为明显。

由此推之，则凡一切因子、名称、赞美皆指显示神迹之地位而言，凡吾人所幻想、虚拟，其范围在此外者，皆不过非非想象而已。因吾人对于不能眼见之物及不能及之物皆无法以洞悉之也。

故曰："凡由汝本身之幻想所清悉之一切事物皆汝本身所得之幻景，如汝本身之被创造而来仍归还汝本身也。"吾人如欲想见神圣之真理，则此幻想已被包围，此点甚为明晰，且吾人即包围者。吾人断知包围者较被包围者伟大。由此以观，则吾人可明白断定，若吾人在神圣显迹以外，幻想神圣之真理，则所得者，不过纯粹之想象而已。因神圣之真理虽未与吾断绝，然吾人无法以接近之，故吾人所虚拟者，不过幻想而已。

试思世界上各种不同之人种皆在幻想之外回转不停，世崇拜思想之偶像。彼等皆不自知，皆正自以为所得之理想皆系真理，殊不知真正之真理已非任何理解所及且不能描述者也，岂不冤哉？世间之人皆自以为为伟大之人，并以他人为崇拜偶像者，但更有进者，此等人尚未知崇拜偶像，究有偶像存在，而崇拜幻想者更不值一哂也。戒之慎之，观察物理者，切勿错认诸！

须知完美之因子，神圣之壮丽，思想之光明，皆可以目睹而在神迹显示中皆得明白见之也。但上帝之光明语言，即耶稣之语及伟大之名，百拉胡拉，系想象以外之显示明证，皆具前此显示之完美，更有进者，能将前此之显示依靠此名。故依色列之预言系思想之中心，耶稣亦系一思想接受者，但神言之思想与依赛亚、吉雷米亚、依利佳思想间，究有何差别！

试思光为气体波动之影，目之神经即被波动而受影响，故乃有视，观而得明见天日。灯光之存在，亦因气体波动而生，太阳之光亦然。

人之精神出现，儿童时以至于成人皆完全明白表露于外，人之精神为一，但在某种情形之下，视力与听力皆感缺乏，在成人完全时期，神情为最明亮美丽，有如种子起始变成叶子，譬如菜之精神出现也，又譬如水果亦发现同样精神，换言之，其生长发育之力量完全表露也，如是，则叶子与果子间有何差别耶？因由精神中生出十万叶子，皆由同一菜蔬精神长出而发达也。又观基督之道德及完美二者间之差别、壮丽及光明之亚及伊色列先知，如依日寇尔及三姆之美德，是皆感慨思想之表现，但二者之间固有无疑之区别也。

第三十八章　神圣表现之三大根据点

(The Three Stations of the Divine Manifestations)

须知圣灵之表现，虽有无穷之完美程序，然大概言之只有三大根据点，第一根据点，为物理上，第二点为人类上的，即种族灵魂上的，第三为神圣出现及上天壮丽上的。

物理之根据点为现象的，其组成以原质且必需各物皆只有解散性之原则，为一混合物且不能加以毁灭。

第二为人类精神上的，亦即人类之实现，亦系现形的，但神圣之表显皆与人类共有之。

须知，人类之灵魂已在地上存在多年，然亦不外印象而已。因其为神圣之征象，故不来则已，来必永存，人之精神有一起始之点，但无终点。永远继存不灭。同样凡在地面存在之各物皆系现象，因其生存亦有一时各物尚未存于地面上也。更有进者，地球不常存在，但存在之世界固常在也。此义盖指人之灵魂为现象的、永生的、永存在的，因物质世界与人类世界相比较，物质世界并不完全也。不完成之情形以至于完全，则成永存。此比譬读者必须悟其意。

第三根据点，即神圣之表现并上天之美观。此即上帝之世界亦即天国。永生亦即永存，亦即神圣。此点无始亦无终。以上帝之眼光视之，终亦即始，故记日、记周、记月、记年，所谓昨日、今日皆与凡世有关，但在太阳中决无此种物理名称，太阳中决无昨日、今日、明日、月、年等，盖各物皆相等也；同样情形天国亦皆自此情形清洁之，故不拘于界域、法律及其他各种限制。因此先知之真实，亦即上帝之真言及显示之完美状态。皆无始点，皆无终点，其起始之时，与众不同，有如太阳。兹举例以明之，基督黎明时之征象有美丽之发光，永远存在，而历史上有若干政治家、太子、有力之组织家皆已消灭无影；而基督之微风息息，尚在吹过，其光辉犹在照耀，其和声犹在吾人耳中，其地位犹在，其军士犹在奋斗，其天声犹和然悦耳，其云雾犹降下珍珠，其电炬犹闪耀，其美丽犹发光照耀，凡在其保护下之灵魂亦同样以此光明发耀辉也。

于是，此点已呈明了，神圣表现固有三根据点也，即物理根据点、灵魂根据点及神圣表现及天然美丽之表现是也。物理之一点因不免解散，但灵魂之一点，虽有始点，决无终点，否则，因其赐有永生也。但圣灵之真理，对此基督曾言“父在子中”，此语无始亦无终也，盖指显表之状况也。以象彩而言，譬之静默即沉睡。又举例以明之，一人方睡，待其言语时，其人已醒，但无论睡或醒，其人一则也，其地位、天性、真理、光明，则未变化，与前毫无差别。静默之状，有如睡眠，表现之状又如醒目，同为其人，睡或醒无异也。睡为状态之一，醒不过另一状态而已。沉静之时，譬诸睡眠，而圣灵显示或指导即譬之醒目。

福音中有言：“起始之时有言，与上帝同在。”故神圣如白鸽降于其身，时基督并未达到密赛亚，及其受洗之时并未完全也，此点已极明了。

第三十九章　人类之情况及神圣表现之情况

(The Human Condition and the Spiritual Condition of the Divine Manifestations)

吾人已言表现有三段：第一，生理或物理上之真理，依靠人身而存在；第二，个人之真理，换言之，即指个人之灵魂而言；第三，神圣之表现，即神圣之完美，即生存之生命之原因、灵魂之教育、人民之指导及世界之光明也。

生理之状态及人类消灭之常态，因其为原质组成也。故凡以原质组成者，皆必有消灭死亡之一日。

但上帝显示之个人真理，则为神圣之真理。因此之故，与其他各事理皆不同也。有如太阳，以其主要之天然力，发生光亮，但又不能譬之于月球，一如造成日球之物质不能譬之于造成月球之物质也。前者发出光线而月球所被造成之物质虽仍发光，然不过借诸于日球而来耳。故其他人类之真理皆如月球，从太阳借得光亮而来也。

神圣表现之第三段，即原有美丽前之壮观，全能者之光辉。神圣表现个人之真理与上帝不生隔离，同一情形，又譬如日球之不离光线也。

因此之故，故可以言神圣表现之升起，不过脱离原质状态而已。又譬如灯，灯明时，辉照四壁，然灯光一灭，顿呈黑暗，简言之，在神圣表现中，前存之荣耀有如光亮，个人譬诸玻璃罩，人体如烛心，烛心不存，灯光存在。神圣之表现有如许多之明镜，每镜皆有特别之性格，然反照于镜中者，则仍同一之唯一太阳也。故基督之真理与摩西不同，此点已极明了。

神圣真理之起初，即感觉有生存之秘密存在，自孩童时期，即有伟大之征象出现而目睹见之。是故有此完美之造化，何能妄言人无良心耶？

吾人已言神圣之表现有三段。生理之状况、个人之真理及完美形状之中心，有如太阳与其热与光。其他个别表现已具生理之一段或魂灵之一段，即精神与心术也。故云“余正在熟睡，神圣之微风拂过，余乃醒”，有如基督之言曰“身体愁苦然精神快乐”，又曰“余在被扰乎，抑正逸乐乎，抑受烦恼乎”；此语皆指生理状态而言，与单独之真理及神圣真理之表现皆无关也。试思，不下千万之现象，呈于人身之前，但身上之精神未被影响，抑或人身之某部分完全残废，但心中之光华仍在无恙且永存也。又譬如有衣一袭，曾经千百之意外波折，但穿衣之人仍无恙，亚[①]（编者按：出处有误，语出巴哈欧拉）曾言，“余正熟睡，有微风拂余而过，乃醒”，系指微风拂过身体而言。

在上帝之世界中，即天国，无所谓过去、将来及现在之分，各合而为一。故当基督言“起始之时为言”，其意即指包括过去、未来及现在也。因天国中无时间之别。光阴可以虚度，凡一切被创造之物，但上帝不能虚度。又譬如在祷告中基督曾言“称呼你的名”，其意即指上帝之名，不论过去、将来或现在皆时时永远称呼也。又有所谓晨、午、夜，皆指地球而言，但在太阳中，则无所谓晨、午、夜也。

第四十章　神圣表现之智识

(The Knowledge of the Divine Manifestations)

问：神圣表现所具各权力中，其一则为智识。试问此项智识，以何程度为限？

答：智识分二种：一种为主体的，一种为客体的，换言之，即一种为直觉之智识，而一种为由观察而得之智识也。

凡各事理之智识为世界大众人类所共有者，皆由反想回忆或证明而得来。换言之，即以心力观察一物所得之印象，或在观察一物时，在心镜中所得到之形状。此种智识之范围甚狭，因其全靠人力及人力之所获得而达到也。

但第二种智识，即何以云然而然之智识，亦即直觉之智识，有如事理之认明及吾人自身所有之知觉力也者。

譬如，人之心神皆深明或认定人体各部之情况，皆知生物上之各种器官组织，同时亦知各器官之能力，感觉及其精神上之情形。此即至理之知识而人所认明目睹也。盖身体为精神所围绕，而精神知觉身体之感觉及力量也。此种知识为人力及攻读所致之结果，为存在之物，为绝对之天赐。

自有真理以来，普遍大众之上帝显示，包围一切创造物之精华品质，变形而包括存在之真理并了解一切，故人之知识为神圣之智识而并非求得者，即圣灵之恩赐，神圣之表现。

---

① 亚：亚伯多巴哈（'Abdu'l-Bahá）。

吾人试参考下举之例，俾得明了此问题。世上最高贵者当推人类。人保持一切动物、植物及矿物，换言之，此种情形皆附于人身，其附属之程度有如人即各物之主，人亦知觉世间各物生存之奇妙绝伦，此不过一简单之比譬，但简言之，世界大众之上帝显示皆明白知悉各物之奥妙无穷也。故乃有法律之设施以适合人类世界之情形。因宗教为主要之关系，介于事物真理之间，此所谓神圣之表现，亦即所谓神圣法律之赐主，若此赐主不知事物之真理，则决不知各真理间之切要关系，亦决不能创设宗教俾适于事实及各项情形。上帝之先知者，即大众之表现者，有如精神术之医师，而世界有如人身，神圣之法律即各种药剂及医治方法。因此之故，为医师者，必知病者之各部身体及其身体之组织状况，方能开方处药予以有益之药品以抗病魔之毒障也。在实际上言之，即医师自病症上自行研究探悉其病理，乃得其诊断疗法以适合病者之状况，后乃开方以治之。如病由不察，何以开方处断？故为医师者，对于病者身体之组织，各部器官及病状，必先有彻底之认识，并对于各种病症及各种药品亦必熟习，乃得开方施以适当之药饵也。

由此观之，则宗教之为物当然为各事理间真理之必要关系联络，更无疑矣。且上帝表现之大同真理，已明悉各物之神秘奥妙，故能了解此切要之关系，且借此知识以创造上帝之法律。

第四十一章　世界大同之循环

(The Universal Cycles)

问：在现在存在之世界中，循环演进一说，其真实之解释如何？

答：天空中，每一星体皆有一循环之轨道，唯其绕行之时间，则长短各异。且皆各自循其轨道而行，故绕行一周，则再重新绕行，故地球每三百六十五日又五小时又四十八分另几秒，即完成绕行一周，换言之，即循环又更新也。同种情形，以全部宇宙而言之，以天时言之或以人类言之，其间当不少重大事件之演进，循环一周结束，新循环又继之而起，旧循环中所有之重大事故，已完全为人所忘怀而无一丝一缕存于吾人脑海中。观察吾人决无三千年以上之历史记载，虽吾人确已证实人生生命发轫最早，有生之初，非仅在十万年前，亦非一二百万年前，但确信其最早最古。但古时之记载完全丝毫不留。

每一神圣之表现皆如出一辙，有一循环之轨道，在此循环中，神圣之法律及诫诰皆励行遵守。

当一循环完结时，另一新循环又随之而起，而又继之以一新之表现。于是循环起始以至于终，以至于更新，如是轮流不已直至一大同宇宙之大循环完成，其间当有重大之事件发生，且将过去之事完全抹去，于是乃有另一新大同宇宙之循环出现，因此循环，永远无始亦无终也。吾人已述及各项证明，故关于此点无庸再事赘言。

简而言之，吾人可言，宇宙之演进循环，即表示一长时间之变化及无数之时期时代。在此演进中，神圣之表现以光明出现，为吾人肉眼所能目睹，直至一伟大而大同之神圣表现造成世界为其焕发光辉之中心为止。神圣出现乃使世界达于成熟时期，而演进之扩大更伟大无比。其后其他之表现更起，在其影像中，同时更依其时间之需要，将更新某种诫条关于物质事理在其影像中。

吾人现在所处之演进循环乃自亚当起始，而大同之宇宙表现为巴爱和拉(Bahá'u'lláh)为止。

第四十二章　神圣表现之权力及影响

(The Power and Influence of the Divine Manifestations)

问：神圣表现及真理之主，其权力与完美之程度如何，及其影响之范围以何为准？

答:先考读现存之世界,换言之,即物质世界之谓,即以太阳系而言,亦殊模糊不明,太阳系中,日球为光之中心点,及其他行星绕此日球之权力而行,而皆沾太阳之恩惠者。太阳为生命及光明之起因,亦为太阳系中万物生长及发育之要素,因设无太阳之恩惠,则无生物可以生存,一切皆必黑暗而毁灭。故太阳为光之中心又为各物生活之起因已明白矣。

同样,上帝之神圣表现亦何异于此,亦为光之中心,神秘之原亦为上帝爱护之恩惠也。在世界上心理与思想光辉明亮表露于外,并广赐永久之恩惠于世界上之精神,上帝之表现并赐给精神上之生命,并与真理之光明与真理之意义同发光辉。世界思想之光明乃由光之中心及神秘之原而来。设无美丽之恩惠及神物之教训,则魂灵及思想世界皆必呈黑暗。则人类之世界必变作下级动物之牧场,则世界上万物之存在必不真实,成为幻景,生命亦成不真之蜃楼海市。故《圣经》上有言曰"万物之始乃言语也",其意盖指生命全体之起因也。

现在又试思日球对于地上各物之影响,一时吾人称之为秋天,又一时则称之为春,又再有称为夏、为冬者,此何谓也?盖太阳经过赤道线时生气勃勃之春即呈显于目前,及至夏天,各物仍保持其完美之状态,各物皆结果,世上之物无不达到其最完美之发达与生长。

上帝之神圣表现,亦如是,亦则创造世界上之太阳,照耀于世界上之精神、思想及心思。于是精神之春天及新生命乃出现,春天之神秘权力皆得吾人目睹而见之,令人惊异之恩惠乃益彰明。又再举例以明之,在此神圣之时代中,试观此富有心思与思想之世界,各人发展已达到若何程度,且此时代仅为有如天明之始,各物正方兴未艾也。在不久以后,读者将目睹新恩惠与神圣之教训,将照明此黑暗之世界,且将见悲惨之境一变而为埃甸之乐园也。

吾人若欲将神圣表现之征兆及恩惠加以详细之解释,则非片言可以释其真义,读者可反复思之,细玩其真义,则自得矣。

第四十三章 二种先知者

(The Two Classes of Prophets)

问:先知有几种?

答:以世界大同广义而言之,先知可分为两种,一种为独立之先知,人皆随之信仰,另一种则非独立之先知,不过信人所信,非人所非而已。

独立之先知则创立法律者亦即新循环系之创造者。独立之先知一经出现,则全世界人之如着新衣,宗教之基础亦即奠定,而新书与新之真理亦随之而揭幕。独立之先知,不需媒介,即直接领受神圣之真理,其明显揭露者亦为极精诚伟大之揭露。有如太阳,其本身明耀光辉,以光为必需之要素,并不假之于其他星体之光。

再有一种先知者则仅属一种盲从者提倡者,仅为枝节而非主干独立者,其所受之恩泽乃自独立先知而来,其所受之教益,乃自大同先知之指导光明而来。有如月球,其本身并无光明,不过受自日球之光而已。

世界大同先知之表现,皆独立者,如阿伯拉汉、摩西、基督、谟罕默德、巴孛及博爱和拉等是,另一种非独立者,即跟从者与提倡者如沙罗门、大卫、杰利美亚、依赛吉尔等是。盖独立之先知为创作者,建立新宗教者并使人成新之创造物者,改善大众道德者,提倡新风俗、新规则,并改新循环及法律者也。其出现有如春天,使世上之物皆着新衣,并给以新生命。

关于第二种先知、盲从者，彼辈亦提倡上帝天国之法，使上帝之宗教遍传闻名于世，并宣示上帝之教言者。彼辈之本身并无权力，不过仅受自独立之先知而已。

问：佛教与儒教属于何种先知？

答：佛佗与孔子盖亦独立之先知，佛教亦佛佗创立，孔子亦创新道德及古训，改善大众道德，但此二者之创设，现今已完全毁灭无存。佛教、孔教之礼仪信仰已不复与其根本之教训相辅而继续传于世。佛教之创立者为一神秘之灵魂信仰。盖唯一神圣之说，自佛祖起。但继后即渐渐失其主义之原有原则，于是一切乡愚之迷信俗礼纷纷无踪而起，增加累出，直至崇拜偶像，愚不可及而止。

今再试思，基督常言十诫，并坚持须遵守之。十诫之中，其一云"不可崇拜偶像"。但现在之基督教礼拜堂中，常见有多数之图画及偶像存于其间。据此一点，可明知上帝之宗教已不为民间保持其原有之原则，并已逐渐改变至完全消灭，失其本来面目矣。因此之故，乃有神圣表现之革新，于是新宗教乃得创立矣。但若原有之宗教未经改变，则无更新宗教之必要也。

在起初之时，树木皆呈美丽之状，满载花果，但其后终不免变为老树一棵，不复结果，颓败而朽矣。故真实之园工，不得不以同类同花之树再栽培之，乃日日茂盛在神圣之花园中，结出可爱之新果。宗教又何不然，经时代之变迁，已从原来之基础累生变化，致上帝之宗教真义完全失去，其精神亦不存在，传闻之说纷纷而起，有如无魂灵之身体。故宗教乃有革新之一说也。

此何义乎？盖指佛教与孔教之信徒皆崇拜偶像也。此等信徒完全不知圣神唯一之上帝，反之更如希腊人之信仰幻想之多神。但在任何宗教之初，决不如是，各有其不同之原则及其他规则也。

试再思之，基督宗教之原则，已为人所忘却者几何，传闻不确之虚言，已丛生几何。又再思之，基督曾禁止报复及犯法，又曾教以仁德报仇怨。但再思历史上不乏有基督教国家曾自行争斗，曾有多次之血战、压迫、残酷发生，且多次之战争，不乏有教皇所指挥者：故时代之变迁，已将原宗教变化而改之矣，此点当为读者所明了也。此殆宗教之所以更新改革乎？

第四十四章　关于上帝对于先知谴责之释义

(Explanation of the Rebukes Addressed by God to the Prophets)

问：在《圣经》中，对先知者曾有谴责之言，试问此谴责系对何人而言，为何人而施以谴责？

答：凡一切神圣之讲道乃包含有谴责之言。表面上虽对先知而言，实际上仍系对万民而宣示，以仁慈之智慧而宣示之，俾人民得不失望而得到适当之鼓励。故颇似对先知而语，但表面虽对先知，但在真理上乃对人民而非对先知而语也。

再有进者，有权力而独立之君主，皆代表其国，其所言者即全体人民所言，其所约定者亦即代表全体人民所同意约定，全体人民之欲望意志，皆包含于君主之欲望意志中也。同样每一先知之表示，亦代表人民之表示。故上帝对先知之言亦即对全体民众之言。此类谴责之言，大都过于严厉，不免有伤心触犯之处。故完全之智慧乃利用演说之词，为《圣经》本身上所采取者。例如，当伊色列人之子女反抗而对摩西言曰："我等不能与阿米利凯人作战，因彼等皆有威力、权力及勇敢善战，非我等所能及。"于是上帝乃谴责摩西及亚能，但摩西完全服从，并未反抗。摩西为伟大之人，为神圣恩惠及法律赐与者间之媒介人，当然必须服从上帝之命也。神圣之灵魂有如树叶，风吹即动，但非本心所愿，盖为上帝之爱，微风拂过而动也，其意志则系完全服从者。其言即上帝之言，其命令即上帝之命令，禁令即上帝之禁令。有如灯罩，完全由灯之光亮而得到光明也。表面上虽是由玻璃发出光明，但实际上乃自灯中耀出。代表上帝之先知亦然，乃显示之中心，其行动安歇皆自神圣之灵感而来，并非由凡人情绪而来也。否则先知何以有信仰之价值，先知又何以能做上帝之信差，传达上帝之命令诫言乎？

吾人应赞美上帝，吾人得到此间以遇着上帝之仆人。试问除上帝快乐之芬芳外，汝曾感觉此外另有何物乎？否。汝已亲见，无论昼夜，先知皆忠心耿耿，除称赞上帝之言，教育人群大众，增进民众智慧、精神之进步，提倡世界和平，向人类善意宣传及向各国表示好意外，为人类而牺牲，抛弃物质上之便利而赐给人类以道德，别无其他目的，今再重返本题，例如，在旧约中，《伊赛亚书》中第四十八章第十二节："啊！吉可伊色列，听我言，我已被人呼叫，我即是他，我是第一人，又是最末一人。"可明知并非指吉可依色列，但指伊色列人。又《伊赛亚书》中第四十三章第一节："创造你的主现在如此说，啊，吉可，造成你的祂，啊，伊色列，不要惧怕，因我已替你赎罪，我已叫你的名，你是属于我者。"

又，第二十章，第二十三节中："主向摩西，阿能说阿能要被集入人群中，因他不会进到我给与伊色列人的地方"，又第十三节，"这是米里比的水，因为伊色列人的子女与上帝同驱，祂是成圣在他们当中。"

可以明白：伊色列人反叛，但谴责却是对摩西阿能而言。《底透罗米书》中，第三章第二十六节又言："上帝为你与我有价值，不听我的话，上帝对我说，让我与你充实，以后不要再说此事。"

上帝之先知及大同表现，在其祷告中，曾承认追悔其罪过。此仅以教其他人者，以鼓励之，并诱其认罪。盖神圣之灵魂皆不犯罪，且不犯过，清白无比。在《圣经》中，有人来向基督言曰"好，主"。基督答曰"何故叫我好？除上帝以外，别无好者"，因为基督亦犯罪者。但其用意乃在教以服从及对人谦虚之谓。

第四十五章　《圣经》中"神圣无罪故得指挥一切，其发源之地决无共同合作"一语之解释

(Explanation of the Verse of the Kitáb-i-Aqdas: "There is no Associate for the Dawning-Place of Command in the Supreme Sinlessness")

在《圣经》中有云："神圣无罪故得指挥一切（亦即上帝之显示）其起始之地决无共同合作"一语。此语之真义，即谓上帝在创造世界中即"祂为所欲为"之显示者。确实上帝为其自己将地位保留，并为任何他人留予此，所谓不可破除条件之一份。

须知无罪分二种：即主要之无罪及造成修得之无罪也。此点与知识相同，亦有所谓主要知识及获得之知识是也。主要之无罪对于世界大同之表现，稍有特殊之点，因此为主要之需要，且主要之需要不能与事物之本身离绝。知识为上帝主要需要之一，且不能与上帝离绝。权力亦为上帝主要需要之一，亦不能与上帝离绝。若此二者能与上帝相隔离，则不能成其为上帝矣。又若太阳之光可与太阳相隔绝，则不成其为太阳矣。由此观之，若吾人幻想神圣之无罪，可与世界大同之表现相离绝，则上帝不成其为世界大同之表现，而缺少其主要之完美矣。

但修成之无罪则非天然之必要，反之，不过为无罪之恩泽光辉一线，自真理中照耀于人心而已，并赐给其本身之一部与世界上之灵魂。灵魂虽乏主要之无罪，但仍在上帝保护之下，换言之，即谓上帝防止世人犯罪也。故凡圣物之非出于神圣无罪之起点者，皆在上帝保护之荫下操持之，如保赤子，

使不犯罪，盖圣物即上帝与世人间美满之媒介也。若上帝不防止世人之误犯过失，则上帝宗教之基础必被推翻，且不配与上帝同时存在矣。

兹再分析言之，主要之无罪，特别属于世界大同之表现，而修成获得之无罪，乃所以赐给世上之凡属神圣灵魂者也。譬如城市中之法院，若在必要情形之下而设，法院中之法官司役，皆自人民中选举而来，则法院必在上帝保护之下。若此法院将凡《圣经》中未述及之一切事实，全体或以过半数判决之，则此判决将被上帝之保护使不致错误而造冤狱。在此情形之下，法院之全体员役，每一个人虽无主要之无罪，但法院全体仍在上帝保护之下，此谓之为上帝赐给之"从公不瘵"。

简言之，有云"指挥万物之发源地"，即"祂为所欲为"一语之表现，此情形殊与圣物相形特殊，且其他各物则无此主要完美之份。换言之，即世界大同之表现必有主要之无罪，故表现之所出必与真理相符合。此种表现不在原有一切法律影响之下。凡表现所言者必系上帝之言，凡所行所为者亦必正直无私。凡宗教之信徒，皆无权批评，其唯一条件即绝对的服从，盖上帝之表现皆以完全之智慧起始也。

故世界大同表现之所言所为者，皆系绝对之聪明智慧，且与真理相吻合。设若有人不解上帝一切言行中某条之秘义者，亦不应反对之。盖世界大同之表现所为即上帝之所欲为也。吾人常见，有聪明完美知识之人，曾做一事，为一般无能无智主之人所不解而反对之，且对此智者能有此奇迹，表示惊讶不置。此等人之反对，皆出于无知无识，而圣人之智慧皆属纯洁而与罪恶相远也。观之医师之治病，亦盍不然。凡精技岐黄之医师，在临床诊治病者之时，大部为所欲为，而病者无权反对也。凡医师所言所为皆绝对无误，吾人皆当以医师作为"他为所欲为"一语之表现。又医师所用之药饵，亦不免有人加以反对，与一班之理想相反。但在原则上，凡无科学上药物智识之优越者，皆无反对医师诊断之权。否，决无此权，且反之，吾人皆应绝对服从医师之言。故凡聪明之医师皆"为所欲为"而病者则无权过问也。但尚有一点，凡在此种情形之下，对于医师之技术必先加以确实认识。一经认定，必须加以敬重，任其为所欲为。

此理证之于其他各事，亦皆尽然。设军中有主将作战，战术无敌，则凡其所言所令，皆其"为所欲为"也。又设有船上之船长，航行技术精确，则其所言所令，亦其"为所欲为"也。又如真实之教育家为一完美之人，则其所言所令亦其"为所欲为"也。

简言之，"为所欲为"之意义，即谓，若表现言一事，命令一语，作一事，则凡信徒有所不解其智慧者，亦不应反对之，反之，应细细反思细玩其义，何以有此言、此行，直至恍然了解而后已。

其他之世人，凡在世界大同表现影响下之世人，皆须对于上帝法理之一切命令诫言，绝对服从，不稍加以丝毫反对。否则不免在上帝之前，严加辞责惩罚也。一切世人皆无"为所欲为"之权，盖上帝之情形，对于世界表现，有所特殊，与众不同者也。

故曰："基督吾主！吾之灵魂，可得牺牲于主乎！"此语亦即"为所欲为"之表现，但一般信徒，则不在"为所欲为"情形之下，因信徒在基督之影响下，不能与基督之命令意志相异途背道而驰也。

第四部　人类原有的权威和情状
（The Origin，Powers，and Conditions of Man）

第四十六章　种族的变迁
（Modification of Species）

现在我们要说到生物进化和种类的变迁了。换句话说，是要研究人类的祖宗，是否从动物进化而来。

人类的祖宗从动物进化而来的学说，曾被欧洲一般哲学家所信仰，现在是很难剖白他们的错误的，但将来便有水落石出的一天，就是他们自己也承认这种理论不确。因为这是一种极明显的错误！

一个人留心考察生物，仔细研究它们的生存状况，等到他看见这世界的组织如何完美的时候，他一定承认世界之大，无有比已存在的生物为更奇妙的了。因为所有的生物，不论空中和地上的，在这无边的空间里，莫不有其自然的组织与排列，真是恰到好处，宇宙是完美的。要是一切的生物都有智慧能思想的话，它们也不能想象有比宇宙中已存在的东西为更好的了。

如果造物在过去不是完美的，那么，世界的生存也会是不完善的与无意识的了。我们对于这个问题应下一番审慎思量的功夫。如果在某一时代，人类是属于动物界中的，那么，人类的生存也就是不完善，换句话说，这世界里并没有人类，而人类是世界的主要分子，世界上没有人类，岂不是等于一个人没有心和脑一样吗？这世界岂不是等于残缺一样的吗？所以，人类是由动物进化的话，完全不确。我们说人类是世界的主要分子，因为他是生物中的太阳。当我们提起人类的时候，是指世界上最先进的、最完全的一个，他是灵魂的总数，他是至上的光荣，他是万物之中的太阳。

此外，尚有更确实的证明：世界上所有的东西，无论是人类、动物、植物、矿物，每种都是由原子组织而成的。无疑的，这种完美的组织，莫不由于上帝的赋予。世界的生物好像一串链的有关系，唯有彼此互相帮助，才能生存和进化。

人类所以达到完善的地步，全由他们有高尚的品格，有团结的能力，有相互的感化和有与其他动物不同的个性。具备了以上几种要素，才能称为万物的主要分子，在世界上生存着。在几百万或是几千万年以前，人类早已具备这些要素了，早已像现在的人一样了。那么，怎可说由动物进化而成的呢？这是很明显的事，实在没有辩论的余地。在几千万年以前，人类早已具有这高尚的品格，团结的能力，相互的感化，和其他动物不同的个性了。所以现代的人等于先前的人，先前的人也等于现代的人，没有丝毫分别。例如，在几千年以前，就有了油、火、灯、光和灯心等类的东西。但几千万年以后，这些东西虽说进步了，但是原质总还是一样。

这是最明显的证据。然而，欧洲一班哲学家所倡议的人类由动物进化的学说，却令人怀疑，并且没有确实的明证。

第四十七章　原宇宙是有起源[①]的原始的人类

(The Universe is Without Beginning—The Origin of Man)

世界的存在是个最奥妙的灵魂学说。我们知道这辽阔无边的宇宙,并无所谓起源。在先前我们早已说过,神的本身也需要一切生物的存在。这个题目虽已详细地论述,但不妨再简略的重说一遍。谁也知道,决不会有一个教育家没有可教育的人,一个国王倘使没有人民,他便不能存在了!一个教师倘使没有学生,他便不能被委任了!造物主倘使没有造物,是绝对不可能的!一个供应者倘使没有接受供应的人,也是不能行的。神的存在亦何常不是如此。没有天地万物,便不知神的全能。如果我们说,在某一个时代并无生物的存在,这种论调,就是否认上帝的存在。况且绝对不能生存的东西,不能变为存在的东西,如果生物本来是不存在的,那就是现在也不存在了。所以,上帝是永生不灭的,换句话说,他没有起源,也没有终止。正同世界的存在一样的无始无终。是的,也许宇宙中的星球有一个是陨灭了,但其他的星球还是依然存在!宇宙是决不致于会混乱或毁灭的;反过来说,宇宙是永久不灭的。凡物有起源,必有终止,不论是单独或是多数,总有分解的一天!所不同的是迟早的问题:有的分解较早,有的分解较迟。决无一种生物能不被分解而永远存在者。

我们该明白,每一种生物在起初时只有一个,因为多数的东西都由一个成就的。由一个原子生产出各种不同的形式,而且每种都有它的特性。于是它们永远生存了。但是这种永远生存并不确实,不过在某一个时代的过程而已。它们先则由原子的组合而成,从事繁殖,继则互相崩溃,直至衰亡。

万物的生存,必须经过上帝的力量和智慧的分配,然后依照自然的定律,才得组合而成。生物自己并不能组合和支配,所依轨的是由于上帝的创造能力。所以每种生物只能由自然的组合而生存,决不能由偶然的组合而生存,自然的组合就是上帝的创造。例如,一个人,他用足脑力和智力,收集各种的原素,也不能组合成一种生物,因为这是一种不自然的组合。关于这个问题,现在可以解答得很清楚了;既然生物是由原子组合而成的,那么我们为什么不收集些原子,创造一种生物呢?这是假设的推测,实际上原来的组合,是出于上帝;上帝依照自然的制度,使每一种的组合,变为现实的生物。若由人类组合而成者,却不能生产任何生物,因为人类根本没有创造万物的能力。

简而言之,由于原子的组合,由于受了别种生物的影响,由于它们的崩溃,结果形成这无穷尽,不可计数的生物。可是地球并非一时成就的,必须经过长久的变迁,然后才有今日的完全状态。生物之中,无论是普通的或是特殊的,都是一样的生存着,因为两种皆根据宇宙的定律和上帝的组合而成就者。所以,你可以看到,宇宙当中最小的原子和最大的生物,彼此的组织,并无任何分别,它们是很明显的,在一种宇宙的定律和自然的组合之下,从一制造所里出来,生存着,因此可互相比较。人类在起初的时候,是由母亲子宫内的胚胎逐渐长成和发达,表现着不同的状况和形式,直到完美的次序成熟,才有最完全最优美的形象出现。说到一朵花的种子呢,也是如此,在起初的时候,你看见它是一粒不重要的小东西,但它在泥土中逐渐生长发达起来,表现着不同的情状,变成新鲜和美丽的完全的一朵花,地球亦莫不然,当初仅是存在,但经过了长久的生长和发达,逐渐形成各种不同形式,直到如今的完全现象,并且点缀着无数的生物,完成一种有力的组织。

这样看来是很清楚的了:原始的生物,是在胚胎状态之中,原子的组合是最初的形式,渐渐地经

---

① 宇宙无初始,原标题有误。——编者注

过几个世纪的生长和发达，从这种状态进化到那种状态，经了上帝的无上智慧，使它们形成完全的、有组织的生物。

现在让我们说到人类的本题来。当他由幼小到成人的时候，就如同在母胎中一样，因了渐次的生长和发达，从这种形式变为那种形式，从这种状态变为那种状态，直到表现出他的优美、完善、力量和权威。自然，在当初他并没有这种可爱、优秀和美德，唯有靠了渐次的时间，才获得这许多优点。无疑的，人类的胚胎起先并不立刻有如此的表显，也不能显示“荣耀归于至圣的造物”。是慢慢地经过了各种不同形式和状态，始得有此优美、完善、光耀和可爱。所以这是很明显而又可信任的，人类在世界上生长和进化，以致达到完全的程序，同胚胎在母体中的发育和生长一样。依了次序，他从这种形式变为那种形式，从这种状态变为那种状态，因为这是照宇宙的定律和上帝的法律而成就者。

这就是说，胚胎经过了若干不同的程序和情状，才达到“荣耀归于至圣的造物”的地步。同样，人类生存在世界上，从原始时代达到进化最高的期间，非有长久的时日，亦不能有此完美的结果。然而，人类生存在原始时代，就是一种不平凡的种族了。胚胎在母体中也是如此，最初的形式即已特异，于是他的身体从这种状态变成那种状态，从这种样子变为那种样子，直到最优美最完善的地步为止。即就在母体中的时候，虽然和现在不同，但他却是最高尚的种族的胚胎，与其他的动物有天壤之别，无论如何，他的种族和重要的历程决不会变更。在母体的不同的变化中，不能说是种族的改变，人到底是特异的种族，一个人并非是一种动物。所以，当胚胎在母体中，从第一期的状态变为第二期的状态的时候，彼此并不相同。那么，这便可说是种族有变迁吗？这便可说起初是个动物，因为器官的渐次发达，遂成为人的吗？绝对不是啊！这种思想多么幼稚而无所根据呀！关于原始人类种族的证明和人性的不变，已在此说得很清楚了。

第四十八章　人类和动物生存的不同
(The Difference Which Exists Between Man and the Animal)

关于灵魂问题，我们已经讨论过一两次了，但却未把所讨论的话写述下来。

我们知道人类是属于两派学说的，一派是否认灵魂的，意思是说，人也是动物的一种；因为他们说人和动物是有同样的知觉的，宇宙中简单的原子，是有无穷尽的结合，由每一种结合，产生一种生物。人类是生物之一，但是除了有权威与知觉外，还有灵魂结合，愈完善者，生物即愈高尚，人的身体的组合比任何生物的为完全，因为所组合的非常均匀，所以亦更高尚更完全了。他们说，并非人类有特权和灵性而动物没有，动物也是有知觉的，但人类在某种权威之下，有更大的知觉，虽说外觉如听觉、视觉、味觉、嗅觉、触觉以及内部的能力像记忆等，动物有的比人更丰富。他们说，动物也有知识和感觉，但不及人类伟大而已。

这是现代哲学家的论调，这是他们的推测，他们举出这有力量的理由和证明，说人类的原始即是动物，并且曾有一个时代，人类就是动物；因了种族的变迁和逐渐进化的关系，才有今日的形象。

然而，神学家说：不是，决不是的。人类虽有和动物一样的权威和外觉，但他另有一种非常伟大的力量，却是动物所没有的，科学、艺术、发明、贸易、现实的发见等等，都是有这种灵性的力量的结果。这种力量包含着一切，包含着他们的真实，发见所有事物的奥秘，同时更能用智识去管辖它们，它能认识非外觉所能明了的事物。换句话说，智识的真实，并非可感觉的，而且没有外表的存在，因为智识是看不见的东西，它包括着人类的心、灵、特质、品格、爱情和烦恼。尤有进者，那些科学、艺术、法律及其他种人类的无穷尽的发明，在先前是隐秘不能看见的，只是人类有伟大的智能，能使神秘的东西变为现实。所以电报、电话、留声机器，同一切的奇妙的艺术和发明，在某一个时代是神秘的东西！唯有人类才能使看不见的变为看得见的。再说到铁——以及一切矿物吧，从前是埋在地中，无人知道的；但到后来这种矿物终被发现，在工业上作了一个大贡献。其他人类无数的发见和发明，都是如此。

这是我们不能否认的。如果我们说，这些力量的效果，动物也有，即以身体上的知觉而论，动物甚至比人类更灵敏。例如，动物的视觉是比人类尖锐，那么，其他的嗅觉和味觉，也同样超过人类！简而言之，人类和动物是有同等能力的，而且动物的能力比人类更大。让我们拿记忆一事来为证：要是我们取一只鸽子，放到异乡的地方去，任它自由飞翔，不久它就会照原路飞回来，决不至于迷途。而人类却不能。这可见动物的记忆力比人强大了。其他如听觉、味觉、视觉、嗅觉、触觉，亦莫不如此。

这样看来，我们更明白了，如果人类没有一种为动物所没有的能力，那动物就会胜过人类，能领悟真实，而有所发明了。所有人类有一种特殊的天赋，但动物却没有。它们只能富于感觉，而不富于智力。例如，在视线范围以内的景物，动物是能看见的，但是在范围以外的景物，它便不能看见了，而且也想不起了，因此，要动物明了地球是圆形的，是一件绝对不可能的事。然而，人类却能从晓得的东西去证明不晓得的东西，从发见的真理去证明未发见的真理。比如，人类看见了弧形的地平线，就能从这种理论证明地球是个圆体。又如，'Akká 上的极星 Pole Star 是三十三度，意思说，在地平线上是三十三度。一个人向北极的时候，他走了一度，极星便在地平线上升了一度，意思说，极星将成为三十四度，然后升至四十度、五十度、六十度、七十度。如果他到了北极的时候，极星的高度即为九十，或者达到最高点，在我们的头上了。这种极星和它的升腾是可以看见的东西。人走向北极愈近，极星即愈升高；从这两种已经知道的东西，一种不知道的事情便可发见了，那就是，地平线是弧形的，地平线每一度，是另一地平线的度数，人类认识了这层道理，证明地球是个圆体。至于动物却不能明了。同样，它们也不懂得地球绕着太阳而行。动物是知觉的奴隶，凡是出乎知觉以外，动物决不会明了；虽说它们的外觉比人类灵敏。从这里，可以证明人类有一种和动物不同的发明能力，这种能力，叫作人类的灵性。

荣耀归于上帝！人类常有一种向上性，他的希望是远大的；他时欲达到他所意想不到的更大的世界，爬到他所意想不到的更高的地方。欢喜上进是人类的品性之一。我很奇怪，为什么欧美的哲学家，满意走入动物的世界，而回到原始时代去，因为生存的趋势，必须向上进的啊。如果你对某人说“你是个畜生”，那么他便要愤怒发火了。

人类的世界和动物的世界有什么分别呢？人类的高尚和动物的卑下有什么分别呢？人类的完善和动物的愚蠢有什么分别呢？人类的光明和动物的黑暗有什么分别呢？人类的荣耀和动物的退化又有什么分别呢？一个十岁的亚剌伯孩子，能在沙漠中管理三百只骆驼，他的声音更能领导它们前进或后退。一个软弱的印度人，能指挥一匹大象，而那大象竟能驯服得像个听话的仆人。世间的一切莫不受人的克服，不但如此，他更能抵抗自然界，同时其他的动物只能配作自然界的奴隶，没有一种不受它的环境的支配。能抵抗自然界的，唯有人类。地心吸力使人不能离开地球；但人类能利用机械，在空中自由飞行。人受自然的限制不能越过大海；但能造成船只，在巨洋中来去旅行。余可类推。总之，人类所为的事业，永无穷尽。例如，人类驾驶机器，经过山巅和荒原，采集东西两方的新闻。这些都是违反自然的。伟大的海洋，既不能丝毫违反宇宙的定律；雄壮的太阳，也不能违反宇宙定律有一点之差。

那么，人类的权威能范围一切的吗？他克服这一切的统治权威，又从何处而来呢？自然，是由上帝赋与（编者按：予）的。

末了，尚有一要点。现代科学家说："我们从未见过人类的灵魂，虽然曾经搜觅人身中最隐秘的地方，也不能发现灵魂的力量。我们怎能想象一种感觉不到的力量呢？"于是神学家解答道："人类的灵魂固然感觉不到，即就动物的灵魂也是感觉不到的，虽搜遍它的身体，亦不能看见，你怎样去证明动物灵魂的存在呢？无疑的，从它的效果，你可证明动物中有一种植物所没有的力量。这就是所谓知觉力。就是指听觉、视觉及其他各种力量，从这里你可证明动物是有灵魂的了，同样，从证明和记表，我们信仰人类是有灵魂的。在动物中有一种植物所没有的记表，你可说这种知觉的力量，是动物灵魂的财产。然而，在人类中你更可见到动物所没有的记表、权威和完善。所以你能证明人类的力量，是动物所缺少的了。"

如果我们要否认感觉不到的东西，那么我们必须否认这真实的存在了。例如，以太是感觉不到的，虽说它是无疑地存在着。吸引的力量是感觉不到的，虽说它也是确实地存在着。我们从什么地方可以确定这些东西存在呢？就是从它们的表记。光是以太的波动，从它的波动，我们证明以太的存在。

第四十九章　人类的发达和进化
(The Growth and Development of the Human Race)

问：关于欧洲哲学家的人类发达和进化的理论，你的意见如何呢？

答：这个问题从前我们已经讨论过了，但不妨再来说一说。简而言之，要解决这个问题，先要知道人类的种族是否是原始的。换句话说，人种是否自原始时代即有的呢？抑或后来动物进化的呢？

欧洲的哲学家，自然承认种族的发达和进化的，就是种类的改变亦是可能的。他们所举的一个理论的证明，是他们从用心研究与从科学生物学实验得来的，据说植物的存在先于动物，动物的存在先于人类。他们相信动物和植物的种类都已变更了，因为在地层中他们发见从前生存的植物，如今已没有了，植物是进化了，它们的力量、它们的形式和它们的表显也改变了，因此种类也改变了。同样，地层中也有动物的发现，它们也已改变了。其中的一种是蛇。在当初，蛇生有四足，但经过长久的时日，因为蛇足的无用，就被淘汰了。脊椎动物的人类亦然；起先像别的动物一样，生有一条尾。在当时这条尾的用途很大，但等到人类渐渐进化的时候，因了尾失去功用，也就慢慢儿地消灭了，蛇避居在地中的时候，是一种爬虫动物，对于足并无任何用处，所以消灭了！但它们的痕迹依然存在。主要的理由是：某一部分痕迹的存在，是表示从前整个部分的存在；因为现在无用途了，便逐渐消灭。总之，凡是完全的和必要的部分，都有永久存在的可能；反之，那些不需要的部分，受了种族的变迁的影响，亦将渐次而淘汰，但它们的痕迹却仍可见。

我们可分为三步，来纠正这种错误的理论。

第一、动物的存在先于人类，并非是种类变迁的证明，也不能因此即说人类是由动物进化而来。各种的生物，在几个时代的表现是可能的，所以，若说人类生存在动物之后，亦无甚关系。当我们考察植物界的时候，我们看见各种树上的果子，并不在一个时期内成熟，换言之，有的早熟，有的迟熟。

迟熟的果子,并不能证明是早熟的树所生产。

第二、这些某一部分的细微的表记和痕迹的发现,或者是有一种原因而为人们所不认识的。要知道,在这世界上生存着的东西,有好多的是我们所不知道理由的。生理学是一种研究生理组织的一种学问,也并不能指示出兽类颜色不同、鸟类颜色不同和人类发黑唇红的原因;这是很隐秘的啊!所知道的,人类的眼是黑色的,因此能吸收太阳的光,如果变为白色,便不能吸收太阳的光了。那么其他某一部分的痕迹和暗示,无论在动物或人类身上,都是同样的不知道。当然其中也有原因,虽然我们不知道。

第三、让我们假定说,在先前有种动物或人类,它或他的某一部分,现在已经淘汰了;这也并不能证明种族的变迁和进化。因为人类自胚胎以迄于成熟时期,必须经过各种不同的形式和现象。他的态度、他的容貌、他的肤色均要改变,他从一种形貌变为另一种形貌,从一种态度变为另一种态度。但是在当初的胚胎时期,他即是个人类的种子;那就是说,他是人类的胚胎,并非是动物的胚胎;然而在起先却不易见,唯有到了后来,才能慢慢地明确可见。我们假定人类曾有一时像动物,到了现在始进化;即就这种假设是真的,仍不能证明种类的改变;像人类的胚胎的长成和改变一样,无论怎样改变,结果依然是人类。我们再说得明白些,就说人类起初和动物一样,生了尾巴,用手足行走;这种改变又像母体中的胎儿一样,虽说他改变了几次,但在最初的时候,即是人种的模型。在植物界中,我们亦可见到原有的种类并不改变,但它的颜色、形式、体积,却时常改变,甚或致于有进步。

若不厌烦,得更新申述一句:人类在母体中的时候,从这种形式变为那种形式,从这种状态变为那种状态,但从胚胎时期起,即是人种同样,在原始的世界里,人类也是一种特殊的种族,渐渐地从这种形式变为那种形式。所以,他的明显的改变,某部分的进化、生长和发达,纵然一切我们都承认了,也不能否认人种是原始的。人类在起初时就有完全的形式组织,而且据有物质和精神的权威,表示出这句话来:"我们要使人类遗传下去,像我们所意想的一样。"总之,他是成为更快乐、更优美、更荣耀的种族了。文化把他从野蛮时代领了出来,真如野生的果子,受了园丁的灌溉,变成更美丽甜蜜,获得更新鲜更精致。

人世中的园丁,便是上帝的先知。

第五十章　原始人类灵性的证明
(Spiritual Proofs of the Origin of Man)

我们所提出的关于人种起源的证据是合理的,现在我们要拿灵魂的证据来说一说了,这是最重要的。我们已经用理论证明了人类早在原始时代生存着,我们也已经用理论证明了神的存在。现在我们要用灵魂的学说来证明人类的存在:人类的生存非常必要,倘世界上缺少他们,而神的全能亦将无从表显。但这是灵魂的证明,并非是理论的证明。

我们曾几次证明和断定,人类是最高尚的生物,是一切至善的总数,而宇宙众生与万物都是反映上帝的荣光,换句话说,上帝的标识,是很明显地表现于众生与万物。真如太阳一样,它的光照射着地球,使普天受惠,这是显而易见的事,同时也证明了上帝的全能,上帝的权威、慈悲、公正、教育,或是他的智识、荣耀以及其他的标识。

无疑的,万物是上帝普照的中心,祂向他们表示至上,对他们发扬真光。仿佛是太阳,它普照着海洋、树木、果子、花朵和其他一切生物。在这世界上,每种东西的生存,即是上帝的意旨之一,但人类的真实，是总和的真实，是一般的真实，而且是全能上帝所映射的中心。因为上帝的意旨、神德和全能，都是特给人类为标识的；不然，人类怎能想象到这些全能而了解它们呢？所以说，上帝是先见者，眼睛是他的视察的标识，要是人类没有视察的能力，他怎能想象到上帝的景象呢？一个生而盲目的人，他不能体验到光；一个生而耳聋的人，他也不能体验到聋，一个死去灵魂的人，他不能体验到生命。上帝是至上的全能，祂把祂的荣光，反照在真实人类的身上。所以人类是反映真理的太阳一面镜子，是光明的中心点：因为真理的太阳，照在这面镜子上。上帝向着真实的人类反射祂的全能，因此人类是上帝的代表，是祂的使者。如果没有人类生存着，世界上决无成绩可言，因为生存的目的，就是表显上帝的全能。

所以我们不能说在某一个时代没有人类。可说的，是有一个时代，地球尚未存在。但是这宇宙并无所谓起源和终止，完全的显圣是常存在的。那么这里所说的人，并非是每一个人，乃是最完全的人。树的光荣是结果子，没有果子的树，便无意义了。我们不能说，世界上无论是地球或其他星宿，有一个时候只有驴牛猫鼠，而缺乏了人类。这种假设是完全错误，上帝的道像太阳一样明亮。这是灵魂的证明。

第五十一章　人类的心与灵早已存在的学说
(The Spirit and Mind of Man Have Existed From the Beginning)

问：你晓得人类的心灵，是从原始时代就有的呢，还是等到后来进化后才有的？

答：原始人类生存在地球上，真如胎儿生养在母体一样，母体中的胎儿，一天一天地生长发达着，直待生下了以后。婴孩出世之后，又不停地生长和发达，一直到了发育完善的成年为止。在母胎中的婴孩，虽然也具有同样的心灵，但这心灵是不完全的，是有缺点的。唯有出世之后，身体发育的时候，这心灵才渐次地表显，而成为一个完全的人。

所以原始的人类，真如母体中的胎儿；是渐次发达和进步的，而心灵也跟着发展与进长，以至达到完善的地步，而表现最大的力量。在原始时代，人类的心灵依然存在的。不过是隐藏着；后来才能表显出来。世界好比是母体，人类仿佛是胎儿，在当初，胎儿已具有心灵了，不过是隐秘着，嗣后才表显出来。例如，一株树，当它是一粒种子的时候，这株树已经存在了，不过是暗藏着，隐秘着；等它生长和发达到完全的地步，整个的树才可看见。总之，世界上的一切生物，他们的生长和发达，都是一步一步的，这是上帝的构造，这是自然的组织。种子并非立刻可变为树木，胎儿并非立刻可变为人类，矿物并非立刻可变为石头。不是的，他们是渐次长的，待达到成熟的时期，才获得完善的处境(Limit of Perfection)。

一切的生物，无论他的大小，在起初就被创造完全的，但他们的完全，是一点儿一点儿成功的。上帝的组织是整一的，生存的进化是整一的，神的构造也是整一的。不论生物的大小，都照着这个定律和组织生存。每一粒种子，在植物界中，都有它的完善。比如说，植物界的种子中，起初就有完善的象征了，但这种象征并不能看见；到了后来，才慢慢表显出来。所以，一粒种子当初不过是发芽，于是生出枝叶来，最后才开花结果；但是起头的时候，所有这一切的原质即存在于种子中，不过是没有表现出来罢了。

同样，母体中的胎儿，在当初就有一个完全的组织，如心、灵、视觉、嗅觉、味觉以及其他一切——总之，他包括着一切的能力——但不是显明的，是渐次发达才成为显明的。

地球在起先的时候，也是如此，它具有一切元素，物质、矿物、分子与有机体；可是这些东西都是渐次表现出来的，先是矿物，再则植物，继则动物，最后是人类。在起初的时候，这些种类即已经存在了，但他们在地球上并没有具体的表现出来，经了长久的时日后，才慢慢地表现出来了。因为上帝至上的构造，宇宙自然的组织，包围一切生物；这些生物都依照这种定律而生长。当你回想到宇宙组织的时候，你就知道宇宙间的万物与众生都是经过长久的时日，才获得适当的完善。换句话说，他们是渐次地生长和发达着，最后始达到完善的程度。

第五十二章　肉体上有灵魂的存在
(The Appearing of the Spirit in the Body)

问：什么是肉体上有灵魂表显的意义呢？

答：肉体上有灵魂表显的意义是这样的：人类的灵魂，是一种神的信托(Divine Trust)，它必须经过各种状态；因为在生存的形式中，它的经过和动作，便是造成获得完善的方法。好像一个人，当他游历到异乡，经过许多有组织有规律的国家时，自然，所获得的智识便较多了：他可以看见地方、风景、乡村；他可以认识各国的地理和巧妙的艺术；他可以熟习各地人民的风俗习惯；他可以领略时代的文化和进步；他可以知道各国政府的政策、能力和权威。人类的灵魂也同样经过这许多情形，它是每种情状的所有者。即就在肉体方面，照这样，也能获得完善了。

那么，灵魂的完善的暗示，在这世界上，是很明显而重要的，宇宙所以有这无穷尽的成绩，肉体所以能受显圣的恩典，便是为此。比如说，太阳的光线必须照在地上，生物才可生长；要是太阳的光不能照在地上，那地上就没有人类，就没有意义，至于发达和进步，更谈不到了。同样，如果灵魂的完善不在世界上表显，这世界亦将成为黑暗与残酷的了。因为灵性的光照射在物质上面，世界才得光明。人类的灵魂，是肉体生存的原因，所以说，世界的情状像个身体，而人类的情状像个灵魂。倘使世界上没有人类，那么完全的灵魂亦不能表显，而光明的心地，亦无从发见。这个世界将成没有灵魂的肉体。

世界又好像一株果树，而人类也像果子。没有果子，树有什么用呢？

而且，这些部分、原素、组织为人身体中所有的，对于灵魂是一种吸力，是磁石、自然、灵魂便可在他的上面表现了。一面镜子，它受了太阳的反射，也就照出它的光了。所以它也变成光辉灿烂，而各种奇妙的影像乃显现其中。这意思就是说，当这些原子照自然定律结合起来，并赋予完全力量的时候，它们便受了灵魂的吸力，而灵魂同时也变成它们的显圣了。

在这种情形之下，我们不能问："为什么太阳的光，有照射镜子的必要呢？"因为只要镜子是透明的，日光就自然会射入其中。所以只要各种元素是在最光荣的制度、组织与情形中配合了，人的灵魂就会显示其中，是一样的道理，这是造物者的法则。

第五十三章　上帝和众生的关系
(The Relation Between God and the Creature)

问：至神至圣、独一无二的上帝和普通世间的众生的关系是个什么样的性质呢？

答：所谓上帝和众生的关系，就是指造物者对造物而言；好像太阳对黑暗无光的物体，又好像制造家对他所制造之物。太阳的本体是能超乎它所照耀的物体而独立的，因为它的光是它本身所发出的，能脱离地球而独立，所以地球是接受太阳的光，是处于太阳的势力之下，而太阳的光并不倚靠地球。如果没有太阳的话，世界上的一切都不能生存了。

众生依赖上帝，是分出的依赖，换句话说，就是万物与众生均由神体分出，它们并不能显示上帝，他们之于上帝，是有分出的关系，不是显示的关系。光是从太阳发散的，而光不显示太阳。分出的表现，好像天边线上光的表现一样，意思说，真理的太阳(Sun of Truth)是独一的，并不降临到众生的情形中。同样，太阳的圆体，也是独立的，它高高地处在地球之上，并不降落到地球。光不是它的恩典，从它发散，而照耀一切黑暗的物体。

然而，显示的表现，是枝叶花果从种子分出来的表现，因为一粒种子，出叶，开花，结果，都是从它的本体内分散出来的。这就是至神至圣的上帝显示。

所以说，一切众生，都是从上帝分出来的；换句话说，唯赖上帝，万物与众生才能出现，才得生存。第一件自上帝分出来的事情，是宇宙的体系，古哲学家称为“天意”，巴海教友则称为“天志”。上帝的分出并无时间与空间的限制；并无起源和穷尽；上帝的始末只是一个。上帝的先存，是实体的先存，是时间的先存，便是智识的存在，事物的现象是必要的，非暂时的，我们从前已经解释过了。

“天意”虽然也是没有起源的，但与上帝的先存并无丝毫关系。要知道宇宙的存在，不能和上帝的存在同日而语。宇宙没有上帝的威权，不比上帝的先存，关于这个问题，在前面我们已经说过了。

众生的存在，是表示他们的结合；死亡是表示他们的分化。然而宇宙的物质不灭，他们的死亡，不过是一种变化而已。比如说，一个人死了的时候，就变为灰尘，但他并没真的完全消灭；不是的，他仍然存在于灰的形态中。只是有了一种变化，而这种结合是偶然的分化了。凡是众生都一样，肉体不会绝对的消灭，既绝对的消灭了，就从来不会有存在。

第五十四章　人类的灵魂从上帝而来的程序
(The Proceeding of the Human Spirit from God)

问：在《圣经》上说，上帝将灵魂吹入人的身体，这一节《圣经》，到底是什么意思呢？

答：所谓程序可分为两种：一种是由分出而有的程序与表现，一种是由显示而有的程序与表现。由分出而有的程序，好像是动作的出自伶人，文章的出自作家。文章是由作家写成的，说话是由演说家说述的；同样，人类的灵魂是由上帝得来的，他不能脱离上帝，唯有上帝脱离他。正如说话不能支配演说家，而演说家而能支配说话。文章并不能生产作家，而作家能生产文章。有了树才有果子，有了上帝才有灵魂。

至于由显圣而有的程序是一物的实体表现于别种形态中，好像一株树，是由原来的种子生长成功的；又好像一朵花，它也是原来的种子生长成功的。表示出枝芽、叶儿、花朵，都是种子自己，并未靠任何力量。这就是从显示而表现的程序。人类的灵魂，是由上帝分出来的。正如演说的发自演说家之口，文章的写自作家之手；换句话说，演说家并非就是演说，作家并非就是文章，不，他们不过是有分出的程序。一个演说家，他有很好的力量和能力，说话的出自他口，无异动作的出自伶人。真正的演说家，即统一的实体，是永在一种情形中，不变不改，是永生的，不朽的，所以灵魂从上帝到人身上的程序，是由于分出。《圣经》上所说，上帝把他的灵魂吹入人的身体中，这灵魂就如同说话之出自演说家，而是从真正的演说家口中分出，这句话，在人的身体上发生作用。

至于由显示而有的程序，在前面我们已经说过，他是上帝的圣灵与道的表显。《圣经》上面说“太初有道，道与上帝同在”，意思是说，圣灵与道，是上帝的表显。基督是受了上帝的感应，而成为全能的，好像一面镜子受了太阳的反光，而发出他的光线一样。所以，“道”不能代表基督，却能代表上帝。当我们从镜中看见太阳的时候，我们就说这是太阳。福音中的“道是上帝，上帝是道”，便是这个意思，因为神的全能和独一的主宰并无分别。一切的生物，不过是单个的字，不能成为一种“道”；因为“道”是由多数的字母组合而成的。那么，为什么上帝能称为“道”呢？因为他有组织这些单个字母的权威。

我们知道显示的程序，是全能的上帝所主有的，虽然他曾分出了许多，但结果还是独一无二。要是说这些被分出的东西，便是显圣，那便根本错误了，拿一件东西来作比喻：这里有一面镜子，因为太阳的反射，便发出了热和光，甚至太阳的形式，也可在里面看到。那么，如果我们说，这就是这个太阳，也是不错的。不过镜子依然是镜子，而太阳也依然是太阳。太阳只有一个，但它却能反射在几千几百的镜子里面。这些被反射的东西，并非永久不变的，乃是暂时的一种现象。唯有灵，它能永远存在，不受任何物质的影响。因为它是圣洁的，它执有一切的威权。

真实的太阳，我们已经说过，总是处于一种情状中。它没有改变，它也永不转移。它是万古不朽的宝物，上帝的道，是在圣洁光明的镜子当中，借了太阳的光和热，镜子发射它的光芒。所以福音中说“天父天子”，意思是说，真理的太阳，是照在镜子上面的。

第五十五章　灵、魂、心
(Soul, Spirit and Mind)

问：魂、灵、心，这三种东西有什么分别？

答：在前面已经说过，灵可分为五种：植物的灵，动物的灵，人类的灵，信仰的灵，和圣的灵。

植物的灵，是一种生长的力量，这种力量在种子中，是受了别种生存的影响而促成的。

动物的灵，是各种知觉的力量，它是由各种原子组合而成的，当这些原子分化的时候，它的能力也随着消灭了。好像一盏灯，它的原素是油、灯心与火，有了这三样东西，才能发出光来，等到这三种组织完结的时候——意思说他们互相分散的时候，那么火也同时消灭了。

人类之所以异于禽兽者，是因为人除了有各种知觉之外，还有一种理性(Rational Soul)。而实际人的灵与理性是一件东西。而神学家所称的灵，即是理性，是包含一切，人类因为有这种理性，所以能发现事物的实际，能认识事物的特性与效果。但是人的灵如果没有信仰的灵帮助，就不能熟知圣的奥秘与实体。正如同一面镜子一样，虽然清明朗澈，但是还要光明去照耀他，不然，就不能反映物体了。人的灵也是一样。

心，是人类灵性的权威。灵是灯，心是从灯发出的光。灵是树，心是果。心是灵的至上，他的重要和太阳是一样的。这种解释，虽然简单，却很明了。

第五十六章　有形的能力与无形的能力
(The Physical Powers and the Intellectual Powers)

在人的身体上，有五种外面的能力存在着。哪五种呢？就是一视觉，是用来观察物质形象的；二听觉，是用来听声音的；三嗅觉，是用来嗅各种气味的：四味觉，是用来辨别食物的；五感觉，它是全身都有，用来感触物象的。有了这五种能力，人类才能辨别一切外面的物象。

上面是指有形的能力而言，但人类还有灵感的能力。所谓灵感的能力是什么呢？就是一想象力，用来认识事物的；二思想，用来反省事物的；三理解力，是用来分析事物的；四记忆，是用来保留人类所思想的、想象的和理解到的。普通的能力，是介于有形的能力与无形的能力之间，将外面五官所感应到的，每个人，都有这外部传达内在的能力。所以名之为普通的能力者，即因是在外面的能力与内在的能力之间司交通的责任，而为内在能力与外面能力所共同有的。

比如说视觉是外面的能力之一：它看见一朵花，而把这朵花的印象传达到内在的能力——普通的能力——复由此传达到想象的能力，到思想的能力，到理解的能力，到记忆的能力，最后在记忆中就保留住了。

外部的能力是五种：即视觉、听觉、味觉、嗅觉和感觉；内部的能力也是五种：普通的能力、想象的能力、思想力、理解力和记忆力。

第五十七章　人类品性不同的原因
(The Causes of the Differences in the Character of Men)

问：人类的品性分作几种呢？为什么会不同呢？

答：人类的品性可分为三种：先天的品性、遗传的品性和获得的品性。所谓获得的品性，是指受教育获得的而言。

说到先天的品性，虽然神的赋与是完全更好的，但自然的品性却有不同的等级，一切的人，他们的品性，在起初都是完善的，但有的比较完善，有的比较恶劣。一切的人，都有智识和能力，可是，有的比较高深，有的比较薄弱，这是很明显的事实。

例如，有一群孩子，他们生长在同一个家庭，同一个地方，在同一个学校念书，受同一个教师的教育，吃同样的东西，受同样的气候，穿同样的衣服，读同样的读本，结果，有的长于科学，有的能力平平，有的比较迟钝。所以，这是很明显的，在先天的时候，人类的智力便不同了。这种不同不能说他是好坏，只可说他是一种不同的等级。有的居于最高级，有的居于中间之级，有的居于下等之级。匪特人类如此，即就动物、植物、矿物，也莫不有不同的等级，不过它们的生存不同罢了。人类和动物的生存有什么不同呢？他们都是同样的生存着，所不同的就是等级。人类居于上等地位，动物则居于下等地位。

遗传的品性的不同，完全由于父母的关系，比如说，父母是强壮的，那么子女也是强壮的，父母是衰弱的，子女也是衰弱的。而且血统亦很有关系：纯粹的血统，无论在人类、动物，或者植物当中，都有良好的遗传。你们看见吗？一个由神经衰弱的父母生下的孩子，他的神经自然也就衰弱了。他便要受痛苦，没有忍耐心，没有决心，也没有强的意志，结果就变成了个性急的人。因为孩子强弱，完全由于父母遗传的。

除此以外，有些家庭与宗族受了上帝的特殊的赐福，如亚伯刺罕的子孙，都是以色列的先知。就是因为受了上帝的特殊赐福。摩西、基督、默罕穆德、巴孛等。这些先知，都是以色列的显圣。

所以，先天的遗传虽然是有的，但是如果子孙的品性不像其先人时，那在血统上讲这子孙当然还是属于这一族的，然在心灵方面，他不算是这一族的人了，如克郎(Canaan)，后人并不视他为挪亚(Noah)的子孙。

说到后天那就相差更大了。这后天的关系，便是所谓教育。因为受了教育的缘故，使愚的变为智者，懦弱的变为刚强。即就植物讲也是如此：一枝曲的枝芽，因为受了良好的培养，也能变为直。山上的野果，因为得着肥料，竟由酸味而变为甜，由少数的花而变为多数的花。野蛮的民族，受了教育便进化了，凶猛的野兽，受了训练，也变为和驯了。总之，教育是很重要的。身体的疾病固然容易传染，而灵魂的疾病也很容易传染的。教育便是医治灵病的良药。

或者有人要说，因为人类的智力不同的缘故，人类的品性也就不同了。

其实，这种说法是错误的。因为智力可分为两种：一种是天然的智力，一种是获得的智力。天然的智力，是由上帝赋予的，无论什么人，生下来的时候，都是一样完善的，并无丝毫罪孽存在，因为上帝的造人都是同一用意的。不过获得的智力便两样了。有的良好，有的恶劣，完全是环境的关系。我们不能批评人家，说人家先天的品性的优劣，只能说，他的优劣是受了后天的改变。

造物是没有罪恶的，他是完善的。比如说，当一个婴孩生下来的时候，他是同样的要吃奶，要哭，要怒，总之，婴孩的举动，莫不是一样，那么，我们可以知道，品性的优劣，对于先天并无关系。所谓"人之初，性本善"。到了后来，因了环境的不同，有的多运用凶暴，便成为一个残忍的人；有的多运用温和，便成为一个良好的人。善与恶仿佛两条大路，在于人们自己选择去走而已。往善的路上走，则成为品性良善之人；往恶的路上走，则成为品性恶之人，这是最明显的一个证据了。

综上观之，品性的善恶，与先天绝无关系。但若把天然的品质用得不当，便要变为恶的品性了。一个有钱的人，把他的钱给穷人用，目的是要他有正当的用途，要是他用不得法，便要造孽了。人类天然的品质也是如此；在起初大家都是良善的，但看你能否守保它、利用它得法。用之得法成为高尚之人；用之不得法，则成为下流之人。所以说造物是完全良善的。我们看见一个人品性不良的时候，并不能说他根本是坏，因为根本都是善的。现在拿医生和病人来为喻：如果有个医生，他安慰病人说："谢谢上帝，你的病略有起色了，你不久便可恢复原状，成为健康的人了。"这几句话虽然违反真理（因为病人的病并未见佳），然而，却可借此安慰病人，或者因了心理作用，能使病人真的恢复原状，亦未可知。这种说法，并不能算为不好。那么，品性不佳的人，怎能责怪先天就不佳呢？这个问题，我们现在解答得很清楚了。

第五十八章　人类的智识与造物的显圣

(The Degree of Knowledge Possessed by Man, and the Divine Manifestations)

问：人世间的智力的等级是怎么样的呢？而它的限度又是怎么样的呢？

答：我们知道智力是不同的：最低级的智力唯动物所有，此地所说的智力，不过指它们的感觉而言，它们的感觉，便是它们的伟大力量，人与动物是智力的分配者，在感觉方面而言，动物比人类更有力量。动物的感觉是一律的，但人类的智力的等级，因了种种不同的情形，相差就很多。在自然界中，智力的第一种情状，便是现实的灵，无论人们的智愚或是强弱，都是具有的。这种现实的灵是上帝的创造物，它所包含的，非常高尚和尊贵，并且非其他动物所具有者。现实的灵的权威，能发见真实的物质，能包括一切的特性和看透神秘的存在。科学、智识、艺术、奇异、发明、组织及其他一切事业，莫不是由现实的灵而来。这些东西，在先前都是隐藏着，无人知道的，但是，现实的灵却能渐渐发见它们，把一向隐秘的东西，变成可见的东西。这是世界上最大的智力权威，这是人类最宝贵的巨量财产。

神的心是超自然的，是先存在的一种权威。它包括着真实的存在，它接受着上帝的神秘的光明。

这是一种自觉的力量，并非由研究和搜索而得。至于宇宙间的智力力量，不过是由研究和搜索而获得的；借了研究和搜索，才能发见真实的物质和真实的财产。然而，神的智力又如何呢？它包罗万象，认识它们，知道它们，懂得它们，即最神秘的事物，亦能明白指出。那么，这种神的智力的权威，是从何处来的呢？无疑的，它是从先知的显圣而来的。显圣的权威，好像一面心中的镜子，它能照出世间一切所有之物。

显圣有三种情状：第一种是物质的情状；第二种是现实的灵的情状；第三种是上帝的荣耀情状。

肉体所包括的，不过是世界上的物质，因为肉体只有这一种能力，那么，这便可证明肉体的软弱了。例如："当我睡着的时候，上帝的清风吹到我的面上，我便清醒了，而且去传他的大道了。"这是表示肉体的软弱。可是，显灵的情状却不是如此，它管理着和知道着一切的神秘。所以基督说："我是爱芬（Alpha）和亚米加（Omega）"，意即指他是第一也是最后。因为他是永远的，并无任何改变的。

第五十九章　人对于上帝的智识
(Man's Knowledge of God)

问：以人的知识，能领悟上帝到怎样的程度呢？

答：这个问题并非一言可了的。若欲在此处说明，更非易易。但是我们亦可略为述说一下。

我们知道，知识分为两种：一种是对于一件物的本体的知识，一种是对于物的性格的知识。物的本体由其性格而明，不然就不能为人知道，是隐秘的。

我们对于事物的知识，是只知道其性格，而不知其本体的，如此，我们又怎能领悟伟大无比的圣的本体呢？因为物的本体是很难为人所能领悟得到的，所能领悟得到的，仅为物的性格。

例如，太阳的本体，我们并不知道，但是，从它的光和热，我们便能明白它的性格了。人类的本体也是同样难于知道的；但是，从他的性格看来，也就可明白了。所以，世界上的一切，不能从它的本体知道它，却能使它的性格知道它。虽然心是能领悟一切，但是只能领悟物之性格，而不及于物的本体。

尘世情形之不同，是领悟的一个阻碍。例如，这种矿物是属于矿物一类的，无论它怎样发达，决不能领悟生长的能力。植物也是如此，它无论生长到何种地步，却不能领悟视觉，听觉的能力。至于说到动物也决不能知道人的情形与人的灵感。这种不同的情形，是知识的阻碍，下级决不能领会上级，那么，世界上的人们又怎能领会先存的本体呢？因此所谓知道上帝者，不过是指知道其性格而言，不是指其本体。就是这种对于性格的知识，也依人的能力而成比例，并非是绝对的。哲学，即照人类的能力，而为对于一切现实事物的知识，因为现世上的人只能在其能力限度以内，领悟先存者的性格，而神的奥秘和神圣，是为人所想象不到的。人类固有其想象力，但这种想象力量，并不能领悟神的本体。但神的性格是人类所能领会的，正如日光一样，它能被世界和人类所认识。当我们观察宇宙万物的时候，我们看见圣善的奇迹，因为这些奇迹是显明的，而万物的本体证明宇宙的本体，神的本体，可用太阳来作比较，太阳照耀普天之下，使各处各物都能享受它的亮光。世界上如果没有阳光也没有生物了！换句话说，一切生物，都是依靠阳光而生存的。上帝的荣耀、全能、慈悲，从圣人的实体中照射出来，别的人只能得到圣光之一线，唯有圣人是上帝的显示者，是反映上帝的性格全能与奇迹的明镜。

要知道神的本体，是绝对不可能的，可是，知道了上帝的显圣者，即足以知道上帝。因为一切的恩典、荣耀、性格，都由显示者所表明。所以，一个人有对于上帝的显圣的智识，即有对于上帝的智识了。反之，如果他违反了神圣的显圣，他也不能得着上帝的智识了。那么，这样看来，神圣的显圣，是证明上帝的恩典、暗示和全能了。愿上帝祝福一般被他阳光照着的人！

我们希望上帝的朋友，像一种吸引力，能从本原吸收各种恩典，并且努力向光明之道前进，而成为真实太阳的标记。

第六十章　灵魂不灭论（一）
（The Immortality of the Spirit）

在第四十八章中，我们已经说到"人类和动物生存的不同"了。我们既然晓得人类灵魂的存在，就该证明它的不灭。

灵魂不灭论，在《圣经》中已经说过了，这是宗教的基础。现在所要说的是赏与罚。所谓赏与罚者，共有两种：一种是今世的赏与罚；一种是来世的赏与罚，可是，天堂和地狱的存在，是由上帝支配的；有的在当世，有的在来世。凡是获得报赏的，便是获得永生。所以基督说："努力做人，以得到永生，使你能由水与灵重生，而踏进天国。"

得着今世报偿的人，便成为真实完全的人了。例如：他原来是黑暗的，现在成为光明了；原来是愚蠢的，现在成为聪明了；原来是反抗的，现在成为服从了；原来是睡着的，现在成为清醒了；原来是盲目的，现在能看见了；原来是聋的，现在能听了；原来是在地上的，现在能上天堂；原来是属于物质的，现在是有灵魂的了。经过了这种奖赏，他便同灵溶化，成为一种新的生命，成为福音中所说的显圣了。福音中说：凡受了报赏的人，他并非由血生的；也并非由肉生的，也并非由人类的意志生的；他是由上帝的灵生的。意思说，他从人类品格中救出，达到上帝的地步了。一般人最感到痛苦的，莫如与上帝相隔膜；最大的刑罚，莫如心中黑暗，品格低下，充满了贪欲。当他们由黑暗中救出，走到光明境地时，他们便获得最荣耀的赏赐，而真正的天堂，也就在他们面前了。至于说到责罚呢，上帝便命他们受愚，堕入黑暗残忍的圈套中，降低他们的人格，使他们受极大的苦楚。这样，无异入地狱了。

关于来世的报赏，便是永生，在《圣经》中已经说得很清楚了。来世报赏中的所得到的，是全能同和平——离开现实的世界，走到灵魂的世界——而今世所得到的报赏，是目前的光明和预备到来世去的永生。这正如人由幼小长到成人一样，同样，来世的受罚，所获得的是痛苦，是卑下的生存。他并没有神的爱护，虽然死后仍能继续生存，但灵魂受创，就算是死灭了。

灵魂的不灭的论证是这样的：没有形迹是从无生之物而来的；换句话说，形迹决不能从无生物而来。因为形迹是生存的结果，结果唯生存要素是赖。所以，如果太阳不存在，便没有光；如果海不存在，便没有波浪；如果云不存在，便没有雨；如果树不存在，便没有果子；如果人类不存在，显圣也不产生了，因此，形迹的存在，便是有生存的明证。

想一想，今日基督的王国，怎么会存在；如果没有国王，哪里有这样大的王国？如果没有海洋，哪里有高溅的浪花？如果没有花园，哪里有芬芳的气息？总之，无论是矿物、植物、动物，要是它们的原子分离崩溃后，便没有形迹、结果和影响了。唯有人类，虽然他们的肉体死后，而他们的灵魂，依然继续着生存，有伟大的魄力。

这个问题多么应该注意呀！如果人类的灵魂，被上帝的王国所吸引，如果内心开通起来，如果展开灵的听觉，如果灵感卓越，那么，他便可以很清楚的看见灵魂的不灭，像看见太阳一样明白了，而上帝也就给他快乐的暗示，同时保护他了。

明天，我们再举其他的证明。

第六十一章　灵魂不灭论（二）
（The Immortality of the Spirit）

昨天我们所讨论的，是灵魂不灭论。要知道人类灵魂的权威和理解共有两种，意思说，他们的动作分为两种。一种是属于器官的，用眼才能看，用耳才能听，用口才能讲。这就是灵应用器官的动作，也就是人的知觉。眼所以能听，耳所以能言，口所以能讲，都是灵的作用。因此，灵是一切器官的指挥者。

在另一方面，灵的能力与动作的表现，又可不借器官的。例如，在梦中虽然没有眼也能看见，虽没有耳也能听见，虽没有舌也能说话，虽没有足也能走路。总之，这是超过器官以外的动作。我们常常于梦中所见的事，到了一二年后很显明的实现了。又常常一件不能解决的问题，在梦中解决了。在清醒的眼睛，只能看见短距离，但在梦中却能看见极远的地方，甚至在东方也能看见西方。醒时只能看见现在，梦中却能看见将来，醒时一小时最多只能走十多里路，梦中一刹眼，便可从东方走到西方了。因为灵魂的游历有两种：一种是不用工具的，这是灵的游历；一种是用工具的，这是物质的游历。前者好像是鸟的飞行，后者好像是被运送的物件。

一个人睡着的时候，仿佛是死了一样；他既不听得又不看见，既无情感又无知觉，意思说，人的能力是暂时的静止了，但是灵魂还是活着的，还存在。不仅如此，他的智慧增加起来，他的飞翔升高起来，他的智识高深起来。如果以为肉体死后灵魂也就随着消灭，无异以为一只鸟笼被毁后，鸟也要被伤害一样——虽然鸟是绝对无恙的。我们的身体好像鸟笼，而灵魂好像鸟一样，假使没有鸟笼，这只鸟是在大千世界飞翔的，那么，现在即就鸟笼被毁，而鸟还是继续生存，同时它的感觉更会有力量，它的观察更会远大，它的幸福更会增加。老实说一句，它是从地狱升到天堂了。因为鸟的最痛苦的地狱是鸟笼，而它最快乐的天堂，是脱离了鸟笼，让它在天空中自由飞翔。这便是殉道者觉得牺牲是最幸福的原因。

醒时的肉眼，最多不过能看见几丈远的距离，因为肉体的力量是受着灵魂限制的；但是，灵的眼却看见美国，它能看见那边的东西，发见肉眼所不能看见的一切。如果灵魂和肉体一样，那么，它的视觉力，便也和肉眼一样了。因此，我们可断言，灵魂和肉体是不同的，真如鸟和鸟笼不同一样。并且，灵魂没有肉体作媒介时，它的能力和智慧反更强大，一件东西如果被毁坏了，而物主依然存在的。比如说，一枝笔坏了，而写字的人仍旧生存着；一所房子毁了，而房东也仍旧存在的。这是灵魂不灭的论证。

还有一点，肉体变为软弱、沉重、有病或又恢复健康了，肉体疲倦了或得着休息了，有时手足毁伤了，有时四肢俱废了，有时变成了聋和哑。总之，肉体是不完全的。然而，灵魂是永久不灭不变的，它是全能的，它并没有缺憾，可是，肉体如果有了疾病和其他的不幸事件，那么，灵魂也要受重大的影响。好像一面镜子一样，倘使镜面受损，或是污秽的染上灰尘，它便不能反射太阳的光，同时失去伟大的功用了。

在前面，我们早已说过，人类的灵魂，并非是在身体上的，因为灵魂是独立的，不受任何拘束的。灵魂与肉体的关系，正如同太阳之于镜子一样。一言以蔽之，人类的灵魂是始终如一的，它不因肉体疾病而受影响，它也没有痛苦和贫穷。纵然身体部分受损，如手足残废，五官不全，它总是完全的。这样看来，灵魂和肉体的不同，是很清楚的了，它的长久存在，是无须依赖肉体的，它的伟大能力，统御着世界上的一切肉体，仿佛太阳的对于镜子。可是，镜子坏了或是染上了灰尘，便不能反射太阳，但太阳自己却依然无恙。

第六十二章　善无止境论
(Perfections are Without Limit)

要知道生存是有限的，而善是无止境的。

因为神的恩典是无限的，众生的完善也是无限的，就拿人来说，我们决不能说某人好到没有比他再好的了。我们也不能说矿物中除了宝石，植物中除了玫瑰，禽类中除了夜莺，就没有更好的种类了。假若善是有止境的，那么神的恩典也是有限的，而人达到了善的尽境后，就无须再依靠上帝了。无论众生万物，总有一个限度，不能度过，譬如人，无论他是怎样在无止境的善中前进，怎样也不能达到神的境界。别的东西何常不是如此，矿物无论发达到何种地步，结果它的势力还是在矿物范围之内，决不至于有植物能力的；一朵花，纵然它在植物界中进步得如何迅速，到底还是一朵花，它并没有知觉。所以，矿物并不能视听，它只能在自己的界限中进步，成为一种完全的矿物，却没有生长的、知觉的能力或是获得生命；它所有的，总而言之，不过在自己的界限中发展而已。

例如，彼德并不能成为基督。他所能为的，是在他的范围之内，而得到无穷的完善；因为每种生物都有发展自己的可能。人类的灵魂，在肉体死了之后，还是同样的进化，还是要继续生存，因此它很需要继续生存，因此它很需要原恕、怜悯、祝福……这便是博爱和拉为众人祈祷，原宥一般罪人的大原因。并且，在现世我们固然需要上帝，即就来世，我们也是同样需要上帝。万物都是需要的，唯有上帝才能独立，不缺乏任何一切，无论在今世或是来世，都是如此。

来世的财产，就是接近上帝，凡是接近神殿的人，他都有向上帝请求的可能，这种请求是要由上帝准许的。可是，来世的请求上帝和今世的请求上帝是不同的，这是另一种事情，另一种现实，不能用言语来表示的。

如果一个富人，在他死以前，将他的财产赠给穷人，救济他的一切，那么，他将来到了天国中去，便可受上帝的称赏，被祂原恕了。

再如父母为子女去担任一切的困苦烦恼，不幸到了子女成年的时候，他们相继过世了。父母为子女辛苦一世，没有受到报答。所以做子女的，应以所受父母恩爱转施之于别人，并应代其父母向上帝祷告求宥。要是你自己有了罪孽，唯一的方法，是祷告上帝，求他给你宽大的原恕。

一个没有信心犯着重罪的人，如果他死了，仍旧能悔过的话，上帝还是肯怜恤他的。怜恤是上帝宽大的地方，要是用法律裁判起来，那便非重大的刑罚不可了。因为裁判是理性的，而宽大是感情的。在此地，我们要大大的为这一般罪人祈祷，使他们到了来世上帝王国的时候，能悔悟前非。世界上的人类，难道不是上帝的子孙吗？自然，他们都是的。因此他们也可使自己改善。恳求祂，接受祂的亮光，那么，罪孽至少可减少若干。今世固然应如此，即就来世，也须同样进行。凡是自己祈祷和请求的，都能获得相当的幸福；但上帝为何祈祷的（编者按：应为“上帝的显示者代为祈祷的人”），那便更可喜了。

第六十三章　另一世界的人类进化
(The Evolution of Man in the Other World)

我们晓得世间一切的生物,都是一样推动着,没有停滞的。有的正在生长,有的正在死亡,有的诞生,有的死去。这种推动的形状,在自然的趋势是必要的;凡是生物,都逃不了它,比如说,火所需要的是燃烧。

所以,这种推动,是生存所要经过的历程,无论它是前进或是后退。肉体死了之后,在别的世界,灵魂既然还是存在,所以也有前进与后退,在另一世界中,停止前进,即为后退,可是,都只限于本身的范围之内。比如说彼德,他的灵魂无论怎样发达,决不能达到了基督的地位;他所发达的,不过在他自己的范围之内而已。

试看矿物吧,无论它怎样进化,仍旧是矿物——脱不了原有的范围。你不能拿一块水晶球,到任何地方去,叫它去看,因为它没有看的能力。月亮一向就在天上,它无论怎样进化,也不能叫它变成太阳,但它在自己的范围之内,却有发展的可能。门徒纵然进步,也不能和基督比拟。自然,煤固有变为金刚钻的可能,可是这两种东西都是属于矿物的,虽然状体不同,而性质却是一样。

第六十四章　人类的情况和死后的进化
(The State of Man and His Progress After Death)

当我们用眼看的时候,我们可以知道世界上的万物与众生,不出三大种类,即动物、植物、矿物。这三类又全部各有其范围。人类是动物中最高尚的种类,他具有各种类的一切完善。他有感觉,他更有智识。他除开兼有植物、动物和矿物之所长外,他的智识是任何其他物类所没有的,而人为万物之灵者以此。

人类在起初的时候,是崇尚灵性的,但到后来是沉醉于物质的享乐了。意思是说,先前是完全的,后来是有瑕的。他的起先是光明,最后是黑暗;所以说,人类在末了是黑夜,在起初是白昼,他占有一切的不完全,同时他也占有一切的完全。他有动物的性格,也有安琪儿的性格。因此,教育家的目的,是要把人类的灵魂,从动物的性格变成安琪儿的性格,如果人类有神的完全的力量,他便能克服魔鬼了;反之,如果人类有了魔鬼的力量,神的力量就也被他克服了。当神克服魔鬼时,便是高尚的人;魔鬼克服神时,便是最下等的人。所以说,他的末了是黑夜,起初是白昼。世界上的生物,再没有比人类更反常易变的。上帝的光照在人类的心中,这是多么荣耀呀!然而,在同时,人类又崇拜着石头、树木及其他一切,像这样的崇拜,又多么愚蠢呀!因为石头和树木等等,并无神存在其中。人类崇拜这样下等的生物,真有无限的耻辱。总之,人类是互相矛盾的:聪明的是人,愚笨的也是人;诚挚的是人,虚伪的也是人;可信的是人,浮滑的也是人;公正的是人,不公正的也是人。这些便是人类的性格,其余可类推。总之,完全和缺点,在乎人类的心向上帝或是魔鬼的不同而已。

我们想一想,人类的行为有什么不同呢?基督是人形,喀夫斯(Caiaphas)也是人类,摩西和佛兰(Pharaoh)也是人形,爱培安(Abel)和克思(Cain)、博爱和拉和雅哈(Yaḥyá)也是人形。所不同的自然就在品格。

人类是上帝的大代表,并且他是一本"创造的书"(Book of Creation),因为一切秘奥,都存在于人的身上。如果他受了真实教育者(True Educator)的熏陶与训育,他便成为实体中的实体,光明中的光明,灵魂中的灵魂,神意的中心,灵性的源泉。要是他没有受这种教育与培养,就要误入魔鬼的地界，同动物一样的野蛮，走进黑暗的地狱了。

先知者的使命，便是要教导人们的；如此，一块煤也许有成为金刚钻的可能；一株果树也许有接枝的可能，生出甜美的果子。人类达到最高尚地步的时候，便进化着，在完美的境界了。但仅指人类的境界而言，因为这种境界是有限的，是有范围的，可是神的全能是无境界、无范围的。

世界的生物，没有比人更全能的了。但是他不能超过他的范围以外。因为人类的全能，是有一定限制的。所以，无论怎样有学问的人，他总不能超过上帝。不过，在人类的范围之中，他有无穷的全能力量，即就离开了今世，在来世这种力量还是继续地保持着。

第六十五章　关子《吉德古》经中一节话的解释

(Explanation of a Verse in the Kitáb-i-Aqdas)

问：《吉德古》(*Kitáb-i-Aqdas*)的经中说："虽然他所表示的行为很好，但他实是民间的罪人。"这节话是什么意思呢？

答：这节话的意思说：人们得救和成功的基础，是由上帝的智识做根据的，唯有根据上帝智识行事的人，才有良好的结果。反之，人们所做的事，虽好亦无功。

要是人类没有这种智识，他便同上帝分离了，同上帝分离了之后，怎能有良好的效果呢？这节话不但指灵魂不可离开上帝——实则灵魂是永远不能离开上帝的。它表示着，一切都要以上帝为基础，因为良好的行为。是由上帝的智识获得的。虽然说，善人、罪人和歹人均为上帝所保护，其中不无分别。善人虽无上帝的智识，但他有良好的品格，上帝亦能原谅他；罪人和歹人，他的品格是被上帝所唾弃的，这便是不同的地方。

因此，这节话的意思说，如果只有良好的行为，而缺乏上帝的智识，依然不能得救，并且不能获得永远成功，走进天国的。

第六十六章　肉体死后灵魂存在说(一)

(The Existence of the Rational Soul After the Death of the Body)

问：肉体死后，魂得着自由，灵是怎样的继续生存呢？让我们假设，灵依靠了神圣的魂才获得永生，但是，灵怎样才能生存呢？

答：有的人以为肉体是实质而能独立的，灵魂是偶然而又依赖肉体的。其实这话不对，唯有灵是实质，有依赖性者是肉体而已。因为肉体被毁灭后，灵魂仍旧存在，这便是极好的证明。

而且灵——即人类的魂——并不依附肉体，是可以离肉体而独立的，不，肉体和灵魂的关系，不过是如光亮之于镜子一样。当镜子完全和明亮的时候，灯的光也就明亮可见了；反之，镜子盖满灰尘或是有了破损，那光便看不见了。

灵是不附属于肉体的，所以肉体崩溃以后，它还是独立着，不受任何影响。换句话说，肉体的存在却须依赖着灵魂。灵的个性在当初已有了，并不是为有了肉体它才有的。不过是灵可以健全起来，进步，以至于达到完美地步；不然，就沉沦在愚昧的苦海中，与上帝相隔绝，不能看见上帝的表记。

问：肉体死了之后，灵是怎样进步的呢？

答：肉体死了之后，灵在神的世界中的进步，是借着主的恩典或别人为他的虔诚的祈祷与善行，如此灵才能进步，不至降入地狱。

孩子的永生(二)

(The Immortality of Children)

问:孩子未到成年就夭折或是在娘胎中即衰亡,其死后到底是怎样的情形呢?

答:这般孩子真是上帝所爱护的;因为他们未曾染着任何罪孽,他并未糟蹋大自然的圣洁。他们是完全清白的,他们是会受圣恩保护的。

第六十七章　永生的人进天国

(Eternal Life and Entrance into the Kingdom of God)

关于永生的人进入天国的问题,现在有下列的详细解答。"天国"这个名字,另外又叫"天堂"。但这不过是比喻,并非是确有一个天国。为什么呢?因为"天国"并非一个实在的地方,它是没有空间与时间的。这是灵魂的世界,神的世界,同样,也是上帝的权威的中心区。它不受肉体的束缚,有人世间所料想不到的圣洁和神秘。空间与时间只能限制肉体,不能限制心与灵,要知道,人类的肉体,所占据的地方很少,至多不过几尺的面积;然而,心与灵所占据的地方可就大了;它能走遍所有的地域和国界,甚至游历到天上一切的圣地,以及于众生,发见从未发现过的东西。这便是因为灵魂没有空间的原因。在灵魂看来,天和地是整一的,在两方面一样的有所发现。可是,肉体受地位的限制的,除了所在的地位以外,便不知道别处了。

生命可分为两种:一种是肉体的生命,一种是灵魂的生命。肉体的生命是物质的,但灵魂的生命,能表现天国的存在,而天国所以能存在,全赖上帝的灵。虽然肉体的生命是存在的,实际上他是死的,不存在的。因此,人类的生存和一块石头的生存毫无两样。虽说比较起来,石头的生存,是不及人类的生存的。

永生的意思,就是圣灵的恩典。好像花是受着季节、气候与和风之赐一样。我们想想看:一朵花的生命,在起初的时候,好像矿物的生命;但是等到春天一来,受着细雨的滋养,暖日的普晒便变成另一最新鲜、美丽、芬芳的生命了。花的第一次生命比起第二个生命来,是等于死一样?

这就是说天国的生命,是灵魂的生命,便是永生。是没有空间的,好像人类的灵魂,他并没有固定的地方。如果你检验人类的身体,你绝对找不到灵魂的所在,因为他并无一定的地方;他是精神的,非物质的。他和肉体的关系,仿佛太阳和镜子一样。可是,太阳并不随着镜子,不过它和镜子有关系罢了。

同样,天国的世界,比其他一切耳可闻目可见的或能嗅到、触到的东西都神圣高洁。心意是在人身上,它的主要职务是认识——但它究竟在哪里呢?如果你检验人的身体,无论你用眼、用耳或其他的感觉,你决不会找到的,虽然它是存在着。那么,心意是无一定地方的,它不过同脑筋相连络罢了。天国也是如此。同样,爱是没有地方的,但它也同心互相连络;所以天国并无地方,但它同人相连。

要进天国,须借上帝的爱、神圣和贞洁、信心、坚忍、虔诚及生命的牺牲。

这点解释,表示一个人是永生的。凡是信仰上帝的人,他一定爱上帝,爱虔诚的。这样,便永生了。可是,一般不信上帝的人,他们虽然也有生命,但他们的生命是黑暗的、受罪的,表面上似乎生存着,究其实早已死亡了。

例如,眼睛和钉子同样生存着的;但钉子的生命和眼睛的生命比较起来,便可说不存在了。人和石头是存在着的;但石头的生命和人比较起来,是完全没有的了,因为它并无生命可言。那么,人类死了之后,他的肉体腐烂了,与土石又有何分别?所以,矿物虽存在,与人类比较起来,又不能算有生物了。

同样,凡是不信仰上帝的人们,虽在今世或来世生存着,倘同天国中的孩子一比较,便不能算为生存,而且和上帝相隔绝了。

第六十八章 命数
(Fate)

问:命数这两个字,在圣书中不是说过这是一件注定的事情吗?如果不错的话,那么,有什么方法去破除呢?

答:命数可分为两种:一种是注定的,还有一种是偶然或是临时的。注定的命数并不能改变,偶然的命数,不过是凑巧罢了。一盏灯的命数,是注定油使它在燃烧,因为这是它的命数,所以它永远不能改变。同样,一个人的身体的被创造,也是命数注定的,生命崩溃时,肉体也就腐烂了。所以,油尽而灯熄灭,这是自然之理,无可怀疑的。

所谓偶然或是临时的命数,是怎样的呢?比如一盏灯,它的里面的油尚未燃尽,但忽然被一阵狂风一吹,使它立刻停止燃烧了。这是偶然的命数。这是可以免除,可以防备的——要是我们留心的话。然而,那注定的命数,像油烧尽一样,这是永远不能改变和免除的。看灯的不得不熄,便可明白一切了。

第六十九章 星的影响
(The Influence of the Stars)

问:天上的星对于人类的灵有没有影响呢?

答:有的星很有影响于地球上的一切,这是非常明显,用不到解释。就拿太阳来说吧,上帝供给了太阳为世界造福不浅。试想,如果没有太阳的光,万物怎能生存?

关于星的精神方面的影响,虽然这种星的影响,在人世中也许觉得奇怪,但你若把这个问题仔细一想,便不足为奇了。我的意思并非说,从前星学家所断定的推论不错:(星的移动有关于意外的遭遇)因为这般星学家的推论都是相像出来的,如埃及人哩、亚述人哩、喀当牧师哩、印度人哩、罗马人哩、以及其他星学家哩,真是很多,但我觉得这个无穷的宇宙,好像人类的身体,所有的各部分,莫不互相联络。要知道,唯有互相联络,才发出伟大的力量。身体中有多少器官和部分,互相联络和组织,彼此便有多少影响。同样,宇宙也是互相联络和组织成功的,所以,无论在物质或是精神方面,也都有互相的联络。

比如,眼睛看的时候,身体的各部同时受影响,耳朵听的时候,身体的各部分也会震动。这样看来,宇宙是像一个人,是完全无疑的了。而且,生物中各部分的联络,一定是有一种影响,不论是物质的或是精神的。

有人反对精神上的影响能及于物质的东西,我觉得这话不对。现在举例如下:一种优美动人的音乐,忽然送入我们的耳鼓——因为音乐的声音,是由空气把它的音浪传递的——受了这种音浪的震动,我们的神经和耳膜便受感动,而听得它的结果。骤然看来,这种音浪似乎并不重要,然而,它毕竟可以激动人类的灵，并且有极大的影响。有时听得快乐的声音，会使人笑；有时听得悲哀的声音，也会使人哭，甚至有时候，更会使人走上危险的途，所以，空间的声浪和人类的精神是有关系的。这是多么奇怪呀！唱歌的人和听者本无关系的，但由声浪的介绍，使听者产生了很大的感动。因此，生物中的相互关系，一定是有灵感在内的。

在上面已经说过，人身中的各部分，都有互相联络和影响的可能。比如，眼睛看的时候，心里就有效验；耳朵听的时候，精神就有受影响；当心休息的时候，思想也停止了，甚至连身上的各部分，也一起静默了。你看，这种相互的关系，其功效何等伟大，试想，人身中的各部分，甚至有这极完备的联络，而生出的精神的影响，何况整个的宇宙，没有精神和物质上的关系呢？虽说照定律和科学看来，这种关系尚未发见，但它们的存在，是确实不能否认的。

总之，不论生物的大小，都受了上帝的智力的支配，给他们相互的联络，使他们彼此都有关系，都受影响。如果不是一样，宇宙的组织和生存的方针，便要纷乱而不完全了。然而，生物能用大力互相联络，他们就有次序而达到完善地步了。

这个问题，是值得讨论的。

第七十章　自由意志

(Free Will)

问：人类的行动是自由的呢？还是被强迫的？

答：这个问题是最重要，最奥妙的。如果上帝准许的话，我们来日再详细解释一番，现在，只得暂时说几句简单的话，有些事情，人们可以用自由意志选择的，如公正、偏护、慈善、残忍，只要你喜欢，可随你自己进行。这种行动，人们都有权支配。可是，有些事情是被强迫的，而且不得不服的，如睡眠、死亡、疾病、伤害、不幸等等，这些都不能受人们意志的支配，而且他不能负这种责任，因为他是被强迫，而又不得不忍受的。然而，做好做坏，全由他自己的意志，只要他欢喜，便可达到目的了。

比如说，假使他欢喜，他可以祈祷上帝，否则，他也可以想别的事情。他能接受上帝的光，成为一个被世人所爱的人，他也能醉心于物质的享受，成为一个被世人所憎的人。他能公平也能残忍。这些动作与事实，都是由人们自己的意志所支配，而须由自己负责的。

现在，另一问题发生了：人类是无依无靠，不能独立的，因为他的力量是在上帝手里。他的高尚或是卑下，那是他自己的欢喜，至于最高的意志，却操在造物的身上。

福音中说："上帝好像一个陶人，他制造一种良好的陶器，他也制造一种恶劣的陶器。"那么，恶劣的陶器，并无权向陶人责问；你为何不把我造成一只美丽的杯子，而使人爱不释手呢？这一节话的意思，是众生的情形是不同的。像矿物，它的生存情形是最低下的了，但它没有权责问上帝说，呀，上帝，你为何不把我造成植物呢？同样，植物也没有权问，它为何不走进动物界。动物也同样不能问，它们为何不可加入人类。不是的，所有这些动物，都只能在其本身范围之内，努力成为完全的；低下的生物，它决不能要求同上等的生物，受同等的待遇。它们的进步，是应该在它们范围之内的咧！

人类的动或静，都是依赖上帝力量的。如果他不受助，他既不能做好，也不能做坏，然而，倘他受助于上帝，他既能做好，又能做坏。如果这种帮助忽然中止，他便无依靠了。所以圣书中说，就说到上帝的扶助一层。这种情形，好像一只船，它所以能前进者，全赖风和蒸气的力量；如果这两种力量停止之后，便就拦着不能行动了。但是，有时舵转到这一边，船便往这一边走；舵转到东，船就向东，舵转到西，船就向西。这种动作并非是船自己的力量，乃是风和蒸气帮助它的。

人类的动静亦然，也是依上帝的力量为转变。不过，做好事坏事是由他自己的；上帝，仅给一个方针罢了。所以，如果一个国王，他要委任一位官吏去管辖一城，当然他要给他以治理之权，指示他照法律裁判。倘使这位官吏是不公正的，不照国王所吩咐的去干的，那么，这是官吏的错处，国王却不能负不公正的罪名。要是这位官吏是公正的，能照国王所吩咐去干，那他便获得人民的欢喜和满意了。

虽说好坏是由人们去选择的，但在各种情形之下，还是依赖上帝力量的。上帝的权力非常伟大，所有的众生，不过是他的手下的俘虏罢了。仆人不能照他自己的主意行事；上帝是有威权的，是全能的，并且是一切众生的扶助者。

感谢我主，这个问题已经很清楚的解释过了。

第七十一章　人和灵的交通
(Visions and Communications With Spirits)

问：有的人相信，他们已经获得灵的发见；换句话说，他们和灵接谈了。这种会谈究竟是怎样的呢？

答：灵的发现有前种：一种是想象，只听得有几个人说这是确实的；还有一种好像是灵感，这是实在的——如以赛亚、雅里米、圣约翰等，都是这样的灵感。

我们要知道，人类的思想能力，可分为两种。一种是真的，它是用来判决真理的。在现实的世界上，你可发见这种思想的存在！如正确的意见、纯正的理论、科学的发见以及其他各种的发明。还有一种思想是腐旧的，无用的，没有结果的；它并无现实，好似想象中的海里的波浪，又好似幻梦，不到多时，便消失殆尽了。

灵魂的发见，也同样分为两种。一种是先知的启示和选民在精神上的发见。先知所见到的并非是梦；不，这是精神上的发见，是完全真实的。例如，他们说："我看见一个那样的人，我说了某种事情，他就给我某种回答。"这个幻想是在醒的世界中有的，并非是睡着的时候有的！不，这是精神上的发见，表白了出来，好像如幻像的发现一样。还有一种精神上的发见，是完全想象力造成的；可是这种想象，只有少数的人相信它是真正的。它并无结果，换句话说，不过是虚构成的寓言或是故事罢了。

我们知道人的本体包含万物的本体，能够发见万物的本性与奥秘。所以艺术、奇迹、科学、智识，都是由人类发见的。在起初的时候，这些科学、智识、奇迹，艺术等等，是藏着不见的；于是慢慢地，靠了人类的力量，发见了它们，把它们从神秘的地方，采择出来，使大众可见。所以人能驾驭万物，是很明显的一件事情，住居欧洲的人，能发见美洲；居住地上的人，能发见天上的事情。这是神秘的启示者的功劳。这些发见，与精神方面的启示是相类似的。先知说："我看见，我说过，我听得这种的事情。"所以灵魂有很大的知觉，但他并不若肉体一样，要用耳才能听，要用眼才能看。在灵魂当中，有理解、发见，还有起时地的神圣的想象。福音上载着摩西和伊利斯在太白山遇着基督，这是很明显的，并非实在的事件，乃是精神上的发见。

另一种和灵魂交通的谈话，不过是想象罢了，并无确实的证据。

人类的思想，有时发见了真理，从这种思想和发见，产出一定的结果。这种思想是有根据的；可是，有许多人的心中发生的事件，好像幻想中的海上浪花，他们没有结果，没有实现的可能。同样，人类在梦中看见的，有时是成为真的事了；但在另一个时候，他的梦又是空虚、没有结果的。

我们所说的人和灵的交通有两种：一种全是想象，另一种是圣书中说的幻像：如圣约翰和以赛亚的发觉、摩西和伊利斯的遇见基督等。这些都是实在的，而且，因了人和灵的交通，使人类的心意生产出伟大奇妙的结果。

第七十二章　灵魂治病法
(Healing by Spiritual Means)

问：有的人用灵魂的方法治病，意思是说不用药石。这种治病的方法是怎样的呢？

答：我们晓得有四种治病的方法，是无需药石的。两种属于物质病的，两种属于精神病的。

关于物质治病两种当中的一种，是根据健康者和病人都能受传染病为事实的。传染病是非常迅速的一种疾病，不过对于健康者，因为他们的抵抗力强，便稍减少它的势力了。如果把健康者同病人放在一起，自然，那微菌就会互相传染着，由病人的身上，传到健康者的身上。不过，健康者一定比较轻些。传染病虽然厉害，但强壮的身体，却能克服它，而获得良好的结果。反之一个病人——一个身体素弱的人——他怎能抵抗危险的病症呢？

还有一种物质的治疗，是用安慰方法的。这种安慰的方法也有一点效力。有时一个人害病了，另外的一个人，就把手按在他的头上或是他的心上。为什么要这样呢？因为心理的作用，是很容易使病者复原的。可是，这种方法，并不算怎样伟大。

其余两种是灵魂治病法——意思是说用灵魂的力量去医治的——一个健康的人，他的能力足以医治一个病人，要是病人信仰他的话。因为在医治的时候，病人和健康的人，彼此的灵魂力量互相联络了。健康的人是供给他的灵魂力量，病人是接收他的灵魂力量。这种医治的效力非常伟大。患精神病者是他的神经错乱，如果要医治他，唯有使他受强烈的兴奋。所以，一个病人渴想某一件东西的时候，他的神经便受强烈的兴奋了，神经有了强烈的兴奋，他的病也许就会有救。同样，一个身体素来强健的人，一旦有了疾病，要是他的脑中忽然受了强烈的刺激，他的病也会立刻消灭的。要知道这种病并非是肉体的，因为病者既未吃不洁之物，也未受任何伤害；神经错乱实为最大之病源。比如说：病者所切望的东西，一时被他达到目的了，这时他的愉快是无可言喻的，同时他的病也就恢复原状了。

总之，医治灵魂的医师，是和病人有重大关系的。可说病人的一切，都操在他的手中。只要他——医治灵魂的医师——能用刺激神经的方法，病人自可恢复健康的。不过，这是指一部分的精神病而言。如果一个人害了很重的病或者受了很大的伤，这是没有办法医治的。意思说，这些方法并无医治的效力，除了自己能保护身心，因为谨慎保护身心，足以控制疾病。这是第三种治病的方法。

然而，第四种治病的方法，完全是赖圣灵的力量。他不依赖物质、精神以及其他各种东西。他不管病的轻重，病人的能否传染，只要经过圣灵的手，便可完全治疗永无后患了。

第七十三章　物质治病法
(Healing by Material Means)

前章所讲的，是灵魂治病法，意思说，唯有经过灵魂的力量，才能治疗一切的病，因为圣灵的力量是无穷尽的。

现在，让我们来说一说物质治病法吧。医学还在幼稚的时代，尚未达到成熟的地步；但是，纵然达到这种地步，医治的方法，也要利用食补了。因为人身上无论哪一种病，都逃不了以下两种：

一种是肉体的，一种是精神的。

可是，主要的病源原由肉体而起，因为人们的身体由各原素组合而成，这些原子是平均分配着的。如果这些原素能长久维持故有的状况，一个人便能保持健康；反之，当这些原素现有不平均的象征，那么，身体上的各种组织，也就反常，入于混乱状态了；一有了反常和混乱状态，疾病亦即随之发生。

比如说，人们身上所组织的成分，有的忽然减少，有的忽然加多；那么分配便不平均，而疾病亦由此发生。例如，有一种成分需要一千格兰姆重量，另外一种只得需五格兰姆重量，唯有这样才能保持身体的健康。现在一千格兰姆的重量减到七百，而五格兰姆的重量倒反增加为十，这不是因为身体失了平均的力量而致病的原因吗？等到这些重量平均的时候，疾病又再消灭。要是身上的糖的成分增加，表示是衰弱；待医生禁止食甜和硬的东西，那分量又平均起来，而疾病亦随之减少。要晓得，调养身体只有两种方法：一种是用药补，一种是用食补。所以，人类的身体，如果缺乏哪部分的原素，便用哪一种东西来补，这样一来，各部分的力量就可平均，把病魔驱逐走了。人类的身体包含着各种原素，即就植物也是一样；因此，要是一个人的身上，缺少哪一种组织，就吃哪一种可以进补的植物。这也是一种使身体平均、驱除疾病的办法。所以，要调养身体，食补和药补，是同样重要、同样有效的。

许多传给人类的疾病，同样能够传给动物；可是，动物是不能用药的治疗。在大山上，野兽的医生是全赖嗅与吃。病兽闻着长在旷野中的植物，觉得它是香甜的，它就去吃它；吃了这种植物，它的病便治愈了。当甜的成分在它身体上缺乏的时候，它就开始去找寻，所以它要嗅和吃这种植物，是自然的趋势。因为它欢喜这味儿，才去吃它。它的身上既然增加了甜的成分，自可恢复健康了。

因此，蔬菜、水果以及其他植物的疗病是可能的。况且现在的医学尚未达到完美的地步，即就将来达到这种地步，而植物的疗病，也仍不能废除。

话是说完了。要是上帝许可的话，这个题目，有便的时候，我们得再更详细的讨论一次。

第五部　杂论
（Miscellaneous Subjects）

第七十四章　魔鬼无有说
（Non-Existerice of Evil）

要真正解释这个问题，是很困难的。我们要晓得，生物分为两种，一种是物质的，一种是灵魂的，前者属于感觉，后者则属于心理。

属于感觉的东西，仅具外形而已。如眼的视，耳的听，都是属于外形的，也就是属于感觉的。

可是属于心理的东西，并无外形的存在，却是脑的一种意思，人类的品质和本性，形成心理的存在，这种品质和本性，都不是可感觉的。

总之，心理的真实，如人类的品质和完善，是优美且存在的。可是，罪恶却无生存的余地。所以，愚蠢需要知识,错误需要纠正,忘记需要记性,鲁钝需要良知。这些东西都没有真正的生存。

同样,感觉的真实,也完全良善的,而罪恶却不能存在。意思说:盲者需要光明,聋者需要听觉,贫者需要财产,病者需要健康,死亡需要生命,懦弱需要强壮。

现在,有一个疑问从我们脑中升起了:就是说,蝎与蛇是毒的,它们是存在的生物,那么他们到底是善的呢,还是恶的?是的,蛇与蝎都是有害于人的,但对于它们自己,并不能算为罪恶,它们的毒正是它们的武器,唯有靠这种武器,它们才能保护自己。然而,它们的这种武器,并不适合于我们的原素,换句话说,我们的原素和它们的正是相反。这样看来,所谓罪恶就在相反;但在它们自己,却是良好的。

这一节的大意是说:一种生物同他种生物发生了关系,是一种邪恶,但同时在它的同类,却完全无瑕。那么,这便可证明世界上并无罪恶存在;上帝所创造的一切,都是完美而良善。罪恶是没有的东西;所以死是生的过去。一个人不能继续生存的时候,也就死了。黑暗是光明的过去:没有光明的时候,便是黑暗的时候,反之,光明的时候,黑暗便消灭了。发了大财,贫穷也就不见了。

由此观之,世界上并无所谓邪恶。好的存在着,恶的淘汰了。

第七十五章　两种痛苦
(There are Two Kinds of Torment)

我们晓得痛苦有两种:微小的和重大的。例如,没有知识是一种痛苦,但这是微小的痛苦;虚伪、残忍、不忠、冷视上帝,也是一种痛苦。一切不完美的事情都是痛苦的,但这是微小的痛苦。自然,一个有知识的人,他觉得死比受罪更佳,割了舌头比说谎为好。

别的一种痛苦是重大的,如刑罚、拘禁、敲打、驱逐、流放等等。然而,上帝的儿女觉得,最大的痛苦,莫如脱离上帝了。

第七十六章　上帝的公平和慈悲
(The Justice and Mercy of God)

我们晓得"公平"这两个字,是对于每个人应得的报酬。例如,一个做工的人,他从早到晚工作着,就该获得相当的工资;但当他并无工作,并无任何为难的时候,他所得着的,就叫作恤金。假使你布施穷人,虽然他不为你工作,不为你用相当的力量,这也叫作恤金。基督所以宽恕杀人者之罪,原来就是他很以慈仁为怀。

善与恶的问题,有的人照理论评判,有的人照法律评判。像犹太人,他们是照法律来评判的。就如解释摩西的五经,他们也是依法律为标准。比如说,奶油不可同肉混在一起一件事,照理并无一说的价值,但他们却以为这样很不清洁。因为他们的法律有这样的一条。

然而,神学家对于善恶,是法理与理论并用的。禁止虚伪、残忍、行窃等等,这是关于理论者。凡是聪明的人,都知道虚伪、残忍、行窃等等的行为,是罪恶的,是可责备的。如果一个人受了针刺,他必呻吟而痛叫,所以杀人者也是一样,照理由讲,他是个罪人。做了杀人犯!自当负相当的责任,纵然他是有名的先知,也不能免除。

报仇,照理也是不应该的。因为报仇者并不能获得任何好处。所以,如果一个人被人打了,要去回打一下,这有什么用呢?难道回打了一下,便不免了他自己的痛苦吗?不,这是上帝所要禁止的。

老实说一句，互相攻击，结果是双方都受伤，不过先后的不同罢了。反之，彼人打了而能忍受，不予介意，这真可颂扬的了，即就上帝也要向他表同情。凡是侵犯人家者，都要受社会和法律的审判，但被侵犯者却不可存报仇之念。法律是保护弱者，而制止凶残者，使他们无从横暴的。

然而，要是你能原恕人家，那是最大的仁慈了，这是最值得敬仰的了。上帝就是以宽大为怀的，所以上帝可算得最伟大。

第七十七章 待遇罪人的正确法
(The Right Method of Treating Criminals)

问：罪人是应该刑罚的呢，原谅的呢，还是轻蔑的？

答：报应的刑罚有两种：一种是报仇，一种是惩罚。人们不能用报仇的方法来泄气，但是社会，可用惩罚的方法对待罪人；这种惩罚的意思，是警戒和预防，使他人不敢再犯同样的罪。惩罚，是保障人权，并非报仇可比；所谓报仇，不过积恨于心，彼此互相敌对而已。不过，如果所有的罪人都原恕，社会的秩序亦得大乱。所以，惩罚实在是不得已的办法，但被罪犯压迫，却不能报复；反之，他应宽恕原宥人家，因为这样，人类才有价值哩！

社会应该刑罚那一般罪人、压迫者、杀人者，以警戒其他同类。可是最要紧的事情，是使人民受相当的教育，使他们不至于犯罪。因受过了教育的人，才会明白犯罪是要受重大刑罚的，而刑罚是最痛苦的。既然知道刑罚是痛苦，便不致再去犯罪，不去犯罪便用不到刑罚了。

我们所要说的，是在世界上可行的事情。那些深奥高大的理论固然可算好了，但却不会实用；我们所要的，是合于实用的东西。

例如，假使一个人压迫人家、伤害人家、虐待人家，而那些被压迫、被伤害、被虐待的人，存着报复的念头，这便是复仇，而且这种行为是不对的。如果甲的儿子杀了乙的儿子，乙便不能同样去杀甲的儿子；要是他去杀的话，这就是复仇了。如果甲蔑视乙，乙却不能蔑视甲；要是他犯了这种毛病，这也是复仇，而且是极不该的。他不但须以德报怨，不但须予人重大原恕，更宜为压迫者服务。这是人类最高尚的行为：复仇，到底有什么好处呢？两种人的举动都是一样的，一种人做错了，便是双方一道错了。所不同的是，一个错在先，一个错在后。

可是，社会却有防御和自卫的方法；而且社会对于杀人者并无疾恶和仇恨！它所以要刑罚这般人，目的是为保全其他人民。我们不能因杀人者杀人，就用复仇；我们应该用法律去裁判他，予他相当的科罚。因为这样，社会才能平安。如果任这杀人者横行于世，任其所为！专拿良好的原恕的美名，去掩饰他的罪恶，那么，这便无异助长他的暴虐，使他重犯其他杀人案子了。凶狠的人，像狼一样，他是要吃上帝的羊的，社会并无惩罚的恶意！它不过借此以警戒蛮者的残暴，而保护弱者的安全罢了。

所以耶稣说："有人打你的右颊，连左颊也伸过去给他打。"这是教人勿以私情而图报仇。他并没有说，如果一只狼去吃一群羊，这只狼是可鼓励的。决不！假使基督看见一只狼闯入了羊群，他一定要阻止，要尽量的防备。

宽恕是上帝的本性，公正也是上帝的本性。生存的帐幕，是搭在公正的柱上，并非搭在宽恕的柱上。人类所以能继续生长下去，全赖公正，非赖宽恕。要是宽恕的法律在各国施行，那么，不到多久，这世界便要纷乱，而人类的生命，也要受摧残了。例如，欧洲的政府要不是反对声名狼藉的阿提拉

(译者注:Attila,是野蛮的国王,有“上帝的暴君之称”),不把他推翻了,他会叫世界上断绝了人类呢!

有的人好像狼一样的残忍,如果他们没有看见人们受刑罚,就要杀人来取乐。波斯有个暴君,他杀了他的教师,完全是为游戏。还有,从前的麦特华吉(Mutavakkil),他聚集了所有的大臣、使者、官吏,然后放出一盒子的蛇蝎来,叫他们一个都不准动。等到蛇蝎咬他们的时候,他就大笑不止,觉得这种残忍的行为,是很快乐的。

总之,社会的组织,仅系于公正,不重视宽恕。所以,基督的原谅人家,并非是这样的:当邻国欺侮了你,烧毁你的房屋,劫夺你的货物,蹂躏你的妻子,侮辱你的尊严的时候,你仍旧抱着不抵抗主义,任其所为,受其压迫,这是不对的。基督所指的,乃是私人中的事情:假使甲侮辱了乙,那么乙是应该宽恕甲的。然而,社会却能为弱者保障人权。因此,要是有一个人侮辱我、伤害我、压迫我,我可以原谅他的。可是,如果有一个人要侮辱教圣巴海的坐椅,那我便是非阻止他不可了。虽然宽恕是种怜悯,但蔑视教主,自当严禁。如果一个野蛮的亚剌伯人,携了大刀,闯进这个地方,要想伤害你、杀戮你,无论如何,我都要阻止他。倘我偏护亚剌伯人,那么便是不公正了。但他如伤害我个人,我还是原谅他。

尚有一件要说的事情:这个社会日夜的创造刑法,想出各种器具和方法,来作罪犯的刑罚之用。他们造监狱,制镣铐,定出罪犯做苦工的规列,想出各种惩戒他们的方法。用意虽佳,却系消极,且缺感化良策。但在另一方面看来,日夜为文化而努力,关怀人民教育,使他们对于科学、知识、都有相当的认识;对于道德、品格能日渐进步,俾罪犯日少一日。现在的社会情形,正从反面着想:强迫的实行刑法,周到的预备刑具以及其他各种杀人的利器,使罪犯直认犯罪行为。这并非是良好的现象哩!

然而,假使社会努力于教育方面,那么知识科学自当日进,风气习俗亦自改良,而道德之维持,更不待言了。总之,唯有用积极的方法,才得使社会进步,使罪犯减少。

我们可以知道,受过教育的罪犯,总比未受教育的罪犯为少;意思说,那些受过教育的人,他们在物质和精神方面,都有完全的进化,愚蠢是犯罪的主因;愈有学识的人,愈不肯犯罪。你且想一想,为什么一般杀人犯,大都是阿非利加洲的野蛮民族呢?他们的互相残杀,互相肉食,完全是愚蠢的表示啊!为什么瑞士没有此等的野蛮人呢?这个理由很明显,这便是因为教育与道德,使他们进化到这种地步的。

所以,与其社会要设法减少罪犯,不如先普及人民的教育。

第七十八章　罢工
(Strikes)

关于罢工的问题,你们已经问过我。这个问题,不但目前难解决,即就将来也是同样有纠纷。考罢工的原因,可分为二。一种是资本家和厂家的苛刻和剥削,一种是工人和机师的贪心和恶意。因此这两种原因,便不得不研究了。

现社会组织的不良,实为罢工最大原因。试看今日的少数商人,为个人肥利起见,尽量搜刮,拥资千万,使一般劳苦民众,陷于水深火热、无以生存的地步。这是何等的不公平而违反人道主义,何等的反抗大自然平均支配的意义!

这种人类的自私的举动,也觉得最特别;其他的动物,却是一律的平等,一样的公正。羊群中的羊、乡村中的鹿、树林中的鸟以及山上的各种飞禽走兽,它们莫不有平等的现象。因为它们都有同样的生存方法，所以它们很平安生存着、快乐着。

人类所有的，却是恐怖的现象，十分不公正的待遇。有时候，一个人竟拥了无比的财产，他获得良好的命运，他获得特殊的利益，同时一般不幸的平民，颠沛流离，无衣无食。这哪里还有平等和同情？所以，你拭目一看，人类的快乐和幸福，早已断送殆尽。所有的财富、尊贵、商业、地位，都操在少数的人们手中，同时千万的民众，受着无限的痛苦，他们没有利益，没有平安，没有快乐！

那么，这样看来，社会的制度和法律，必须限制少数的资产阶级，而去扶助一般无力的贫民，才能有良好的结果呢！然而，要人类完全平等，这是绝对不可能的一件事，因为财富、尊贵、商业、工业、文化等等，如果平等了以后，那生活便将成纷乱，而人类反而觉得不安。同时社会的秩序，亦将大加骚动。因此，"平等"两字，并非是法律和制度所制定的。不过借了法律和制度，来限制少数人过度的资本膨胀，同时保护无力的大众。例如，资本家和制造家一天一天的发了大财，而穷苦的工人和机师甚至生活困难，这是太不平等了，这是人类不能接受的。那么，法律和制度便该制定一种公正的规则，使工人获得相当的工资，并照工厂的定例，将四分之一或是五分之一的余利，分给他们作为花红。也许将来工人和厂家应得同等的利益哩。因为资本虽由厂家供给，而劳力却由工人负担。换句话说，工人应得充分的工资，得维持他们的生活。当他们因了意外停止工作的时候，资方亦得予以额外的恤金。但在平日，亦应提高待遇，俾将来停工时，得维持日后的生活。

工人的待遇提高之后，资方便不致把资本膨胀到无用的地步了，至于工人，也不再受困苦的影响，任人宰割。

这是很明白的，当少数人得志的时候，便是多数人的不幸了。同样，要是大家一律平等，这对于人类的和平，也有极大的阻碍。最好是适中办法。所谓适中办法是怎样的呢？就是节制他们的资本，而予工人以相当的利益；意思说，工人应得每日之适当工资，此外，更得向厂方分润工厂之意外收入。

要是劳资两方都能照准定律实行，那彼此便可居于适中地位，而将来亦能获得良好的效果了。这样一来，等到工人疾病或者是老年停止工作的时候，他们的子女，也决不致受饥饿之累。因为那时工人自己已稍有了一些积蓄。至于资方，也决不因此而受任何影响。

工人既有良好的待遇，自然他们也不情愿有越轨的行动，而实行所谓罢工了，他们宁可服从，不愿苛求过分的工资。但是，要达到这种目的，唯有彼此谨守厂中的规律。那时纵然有一少部分人起来反动，如不涉及全体，亦甚容易解决。老实说一句，双方之中有一方发生了不幸，便是双方的不幸。一方受了损失，便是双方的损失。所以政府有干涉的权柄，有调解的责任。

当两个人发生争执的时候，是要第三者来排解的。政府的用处也在乎此；在一乡中工人一旦罢起工来，它怎能坐视不向劳资两方竭力劝告呢？

上帝呀！一个人能忍心看他的同类活活地饿死，而自己却良衣美食，不下一掬同情之泪吗？能忍心看他的同类过度痛苦的生活，而自己享受极乐的幸福吗？这便是"上帝的宗教"，所以每年要富人拿出一部分财产，布施贫民的原因。这是"上帝的宗教"的基础，也是教条中最重要的一条。

现在的人并未受政府的任何压迫，要是他们能照良心和伟大的灵魂行事，尽量的帮助平民，这是何等的快乐而受人赞誉。

这是圣书中的，给与我们的良好工作。

感谢上帝！

第七十九章　现实的世界

(The Reality of the Exterior World)

某诡辩家说,生存是种幻灭;每种生物完全是幻灭,并没有生存;换句话说,生物的存在真如一种迷眼景,或说是水中的反照,或说是镜中的幻影,它所表示的,并无原质、基础和现实。

这种理论是错误的。因为,虽然普通的生物和上帝比较起来是一种幻灭,但它在本界中确是生存着的。这个理由谁也不能反对。例如,矿物同人比较起来,是不存在的;因为人要死了之后,他的身体才变成为尘土;但矿物在它的本界中,还是生存着的。泥土和人比较起来,也是不存在的,而它的存在却是一种幻灭;但在它的本界之中,它也仍旧存在的。

同样,各种生物和上帝比较来,也是一种幻灭、没有的东西;这不过是种表示,好像镜中的幻影一样。然而,镜中所见的虽是幻影,而那幻影却是由人反映的,简而言之,由人类反映出来的才是幻影咧。

那么,这样看来,各种生物和上帝比较起来是不存在,像镜中的幻影一样,但他们在本界中,还是依旧有生存的名目。

一般不信上帝、反对基督的人,虽说有生的名义,却同死的一样。倘和信徒比较起来,他们是盲、哑、聋的人了。所以基督说:"让死者去埋葬死者。"

第八十章　灵魂先存说

(Real Pre-Existence)

问:灵魂先存和现象有几种呢?

答:有的学者和哲学家,他们相信灵魂先存有两种:一种是需要的先存,一种是时间的先存。现象也分为两种:一种是需要的现象,一种是时间的现象。

需要的灵魂先存,是一种没有原因的生存,可是需要的现象是一种有原因的生存。时间的先存并无起源,但时间的现象却有始有末;因为各种东西的生存是依以下四种原因的:有效的原因、物质、形式和最后的原因。比如说一张椅子,它的制造者是木匠,它的物质是木料,它的形式是一张椅子的形式,它的目的是用来当椅子坐。所以这张椅子是需要的现象,因为它是有原因的,而它的存在,也是靠着原因的。这便叫作需要和真实的现象。

现在,讲到这个世界和创造者的关系,也是一种真实的现象。肉体是由灵魂支持的,它和灵魂发生关系,是一种需要的现象。灵魂能离肉体而独立,所以灵魂是需要的先存。虽说光线和太阳是不能分离的,但是太阳是先存的,而光线不过是种现象,因为光线的存在全赖太阳。然而,太阳的存在却不依赖光线,因为太阳是给与者,而光线是接受人。

关于第二种理论,是说生存和非生存的东西都有关系的。如果一种东西,由无生之物而变为有生之物,这不能说后者完全没有生存,不过和前者比较起来是不存在罢了。因为完全不存在的东西是不能使它存在的,因为它没有生存的力量。人类好像矿物一样,也是生存着的;但矿物的生存和人类的生存比较起来,是无生之物了。因为人类要死了之后,才会变成泥土——矿物。当这泥土进化到人类的世界时,这个死的便复活,而人也得生存了。虽然矿物是同样的存在,但若与人类一比较,却是无生之物。两者——人类与矿物——都是生存着的,如比较一下,就觉人类存在而矿物属乌有了;因为人类要变成泥土的时候,才算是死亡。

那么,这样看来,人类的生存和上帝的生存比较起来,他们也是不存在的了。人和泥同是存在的,但彼此若一比较,两者何等的各别呀！前者是有生之物,而后者是无生之物。同样,万物和上帝一比较,万物便是无生之物了。这是很明显的,万物虽然存在,但和上帝与上帝的道一比较,便是无生之物了。上帝的道是无始无终的,所以祂说:"我是爱发(Alpha),我是阿米加(Omega)。"因为祂是世界的起源,也是世界的结果,创造者是常创造的:光线常放射它的光明,要是太阳没有了它,太阳便不能显示它的荣耀的权威了。上帝是要万物生存的,唯有这样,世界才能永远继续下去。要不然,这便违反上帝的全能了。

第八十一章　再生
(Reincarnation)

问:人们信仰再生的道理,究竟是怎样的呢?

答:现在我们所要讨论的题目,目的是要解释它的真像——并非要嘲笑人家所信仰的理论;不过就事论事罢了。我们既不反对人家的观念,又不推荐人家的学说。

我们晓得,凡是相信再生的人,可分为两种:一种是不相信灵魂的刑罚和来世的报酬的,他们以为人类并无再生这回事,所谓赏罚和天堂地狱,乃是本世的事,与来世并不相干。这一种人当中也分为两派:一派说,人类回到本世变为畜生的,因为在前世做了恶,所以在今世痛苦的刑罚,等到时期一过,他仍能从畜生的世界回到人类的世界的;这就是叫作轮回。还有一派说,今世在人类的世界里,下世也是在人类的世界里,至于赏或罚,那就要看从前所做的事是怎样的了;这就是叫作再生。

第二派信仰再生的人,他们很信仰来世的存在,他们以为再生便是成为全能,意思说,人类到了今世,就可渐渐成为全能,而达到最全能的地步了。换句话说,人类是由物质和力量组合而成的,在起初是物质的时候是不完善的,但是等到世界逐渐进化之后,人类的力量,好像一面磨光的镜子一样增加起来,而到完美的地步了。

以上是信仰再生学者和轮回学者的梗概。我们已把他们的理论解释过了;为省时间起见,就在此作结,不再加详论。关于这个问题,从前并没有理论的学说和证明;他们所倡议的,全系估度、假设,并非是整个的理由。所谓证据,一定要由再生的信仰者说述的,若徒估度和假设,却无济于事。

你们既然问起了再生不可能的理由,那我们自然要详细解释一番了。第一不可能的理由,内部是外部的表示;地球是王国的一面镜子;灵魂的世界包含物质的世界。在这个现实的世界上,凡是生物决不能重新再来的,因为各种生物都没有一样的形态。如果你把全世界谷仓中的谷拿来考察一下,便可明白没有两粒相同的了。自然,它们之中一定有分别的。要一种生物在今世上有同样的再生,是绝对不可能的事。生物如此,灵魂亦然。至于品质的高低,并无关系的。

但是,生物的种类的再生,却很明显。所以,一棵树,它从前是开花结实,到了现在还是开花结实,而且开同样的花,结同样的果实。这叫作种族的再生。如果有人反对,说:这些花和实的分子已经分散了,已经从植物界降低为矿物界,再从矿物界进化到植物界,才是再生的——我们的回答是:上年的花和果已经把它们的分子解散了,这些结合着的原子已在空间崩溃了;而那一部分的花果,自从解散之后,便没有再生和再结合的可能。反之,靠了新的原子的组织,使种族回复原状。人类的身体也是这样的,组织解散后,原子也就分离了。事后,另外的原子又重新结合起来,成为另一种的生命，所以，我们不能证明前者的生命，便是后者的生命。

假使我们说，再生可获得完善，获得美满的结果，使灵魂有所改进，这完全也是想象的话。纵然我们信任这种理论，但天性是绝不可改变的，绝不能再生的，不完善的天性并不能使它变为完善；黑暗的并不能使它变为光明；软弱的并不能使它变为强壮，地的并不能使它变为天。石昆(Zaqqúm)(《可兰经》)的树，无论怎样重新生长，也不能使它生长甜美的果子，同样(好果树再怎么年复一年地生长)(编者按：原文此处漏译)，也不能使它生长苦涩的果子。所以再生并不可说是至上的理由。这种理论并无证据，不过是简单的理想罢了。不，要获得完善，唯有依赖上帝的显圣。

论理学家相信生的循环，有几次的重来，直到最完美的地步为止。在那时候，就好像一面镜子，圣灵的光便能用力量的照着它，而重要的完美亦由此获得了。

物质的世界是没有什么价值的，人类的肉体腐烂以后，第二次还不是一样的肉体？当一只贝壳张开的时候，到底里面藏着的是宝贵的珠子或是无价值的东西，一看便明白了。当一株植物生长的时候，它就有了花果，这时它不用再生长了。照宇宙定律而进化，是生长的主因；反之，违反宇宙定律者，便无生长的可能了。灵魂死后的再生，是有背于宇宙定律的，是不合于自然组织的。

所以，依了再生，决不能获得生存，比如说人吧，自从子宫出来之后，就成为第二期了，他再也不能回到子宫那边去。想想看，所谓再生，实系理想中的事情。一般信仰者，他们以为身体好像一只船，灵魂是船上的人；身体又好像是水，灵魂是只杯，这里的水从这只杯子倒进那只杯子，但这不过是孩子的游戏。他们不知道灵魂是无形的东西，它并不能一忽儿进，一忽儿出，可是它却和身体互相联络着，好像太阳同镜子一样。

一班哲学家，如布图美(Ptolemy)、特路斯(the Druze)、诺里斯(Nuṣayrís)等，他们相信灵魂的世界，足以束缚人类的思想的，有碍于物质造化的。这种脑筋多么简单而愚蠢呀！因为上帝的伟大，是包含着一切的。他所表示的全能、美丽、荣耀的东西，实数不胜数。那么我们就得明白，这些恩惠，原由灵魂的世界而来。

现在，我们仍旧回到本题吧。《圣经》中确曾讲起了“再生”，但一般无知识的人却不明了它的真正意义。因为先知所说的“再生”的意思，并非是天性的再生，乃是品格的再生；并非是显圣的再生，乃是全能的再生。福音中说，萨克利(Zacharias)的儿子约翰(John)是伊利司(Elias)。这句话的意思并非指约翰的现实的灵和人格变为伊利司，乃是伊利司的全能和品格受约翰的显圣哩。

昨天夜里，这房里燃着一盏灯，当今天夜里另外一盏灯燃起的时候，我们一定说这是昨天夜里的灯光了。水从山上流下，然后停止了，当它第二次流动的时候，我们也一定说从前的水又在流了。这正同春天一样，我们看见去年的树木开花结果，一看见今年的树木开花结果，一样的要说，这花果又重新回来了。这并非说去年的花果的原子已经解散，而现在又再结合起来。反之，去年有很芬芳的花果，今年也有芬芳的花果。总之，这种解释，不过说从前的花果和现在的花果相同而已。“再生”在《圣经》中说：在神圣的博爱和拉的手笔中，他把再生说得很清楚了；信仰他，你便能获得神秘的真理。

愿上帝祝福你们。

第八十二章　宇宙即神论

(Pantheism)

问:论理学家怎样懂得“宇宙即神论”的问题呢？这是什么意思,怎样才能切近真理？

答:我们要晓得,“宇宙即神论”是一个很古的问题,论理学家决不能明白的;反之,有的希腊哲学家,像亚里斯多德(Aristotle)他说:简单的真理乃是一切,但不是完全如此。在这里“简单”是“复杂”的相对,唯有简单的东西,才能分出复杂的来,所以真实的生存是一切,但并不是完全如此。

“宇宙即神论”的信仰者,他们以为真实的生存可与海比较,而生物就像海中的浪花。这些浪花——代表生物的浪花——是无数的真实生存者,所以,神圣的真实(Holy Reality)是海的先存者,而无数的生物的形状,是浪花的表示。

他们把真实的生存和无数的生物比较,确是不错;因为无数的生物,却由真实的生存所分出。举一个例吧,“二”是“一”的复数,其他的东西,亦可由此类推了。

论理学派和神秘学派,他们对于生存的问题,把它分为两类:一类是普通的生存,这是人类所懂得的;还有一类是象征的,却非人类所能解的了。但“宇宙即神论”就超过这两类以上。它是那么神圣、不受任何的束缚。

总之,一切的生物,都操纵在独一的神的手上。这是先知和哲学家所说的话,但是他们中间却有点分别。先知说:“上帝的知识不用生物的援助,但生物的知识非由上帝供给不可。如果上帝的知识需要生物的援助,那么,这是生物的知识,而非上帝的知识了。因为先存和象征是有分别的,彼此是相对的。在象征中,我们所见到的是愚蠢,在先存中,我们所见到的是智慧;在象征中,我们听见到的是懦弱,在先存中,我们所见到的是强健;在象征中,我们所见到的贫困,在先存中,我们所见到的是富裕。所以,象征是缺点的根源,而先存乃是全能的总汇。象征的知识,必须由他们知晓,而先存的知识,却能独立生存。

这是论理派和神秘派所说的梗概,要是我们去说述他们的证据,解释他们的答案,这便要花很多的时间了。

万物靠了神的统一的力量,才能生存在世的这个问题,是谁都承认的了。不过,其中稍有不同。神秘派的说:“真实的东西,是真实的统一的显圣。”但先知却说:“真实的东西,是发源自真实的统一的。”彼此所不同者,就在这“显圣”和“发源”两字。关于显圣的意思说:一件很简单的东西,它能变成各种的形式。例如:一粒种子,它的形式虽小,但倒具备植物的完善组织,等到长成之后,便生枝叶,开花结果。这叫作显圣的表示。至于说到从真实的统一所发源的东西,又是怎样的呢？这可用太阳来作比喻。万物受了太阳的光才能生长,但太阳没有万物仍然存在,所以太阳是独立的,是神圣的,因为各种东西,莫不发源自太阳。它虽然和一粒种子一样,是一件东西,但它并不像种子一样,分枝结实。无论过了几千万年,它还是一样的太阳。因此,先存的不能变为象征,而象征的不能变为先存。独立的荣华,不能变为潦倒的穷苦;至上的全能,不能变为无限的缺点。

总之,神秘派是相信上帝和万物在一起的。他们说:上帝把自己分为无数的生物形状,像海一样的表现着不可胜数的浪花。这些象征的、不完全的浪花和先存的海,是一样的完全无缺。但先知所说的,恰好相反。他们相信有上帝的世界,有王国的世界,有造物的世界。先从上帝发源的,是天国的博爱,然后影响到万物,好像光线由太阳发出,而照射到世界的万物一样。这种博爱就异于光明。

但是，神秘派以为原来富有的会变为贫困，先存的会降为象征的形式，有力量的会转为软弱，这是根本错误了。我们要知道：人类是动物中最高尚的，他并不能流为动物；动物的感觉是最灵敏的，它也不会降到植物界里；植物的生长能力是很伟大的，但它也不会消灭原有的力量，流入矿物界。

简而言之，超越的真实，决不能堕入下层阶级；那么，像上帝那样有权威的万物之神，圣洁高尚和生物不同的主宰，怎会混入有缺痕的动物界当中呢？这完全是一种理想，不可信仰的。

反之，神质(Holy Essence)是全能的，万物不过受了他的光辉、荣耀、恩赐罢了。同样，万物受了太阳的光才能生存，而太阳却不因此而降低他的身份。

赞美上帝。

第八十三章　四种获得知识的方法

(The Four Methods of Acquiring Knowledge)

只有四种方法，可以使人理会，意思是说，一件东西可用四种方法去了解它。

第一种方法是利用感觉。我们的眼睛、耳朵、味觉、嗅觉，无论是接触的或是见识的，都用这种方法的。现在这种方法，在欧洲的哲学家看来，是极完美的，他们说：获得知识的唯一方法，是利用感觉——虽然这种方法是不对的。例如，最大的感觉，莫如视觉了。眼睛看见的是水中的幻景，是镜中的虚像，远处的大的物件，在近处看来很是渺小，大的圈子看去也同样的渺小。眼睛信仰地球是不动的，所以我们不能相信它。

第二种方法是利用理智。一般古来的哲学家，他们都以为这是一种领会的方法，他们用理智来判断事物，好像是合于理论的。他们的理由就是理智的理由，但是在二十年以前，他们固然依论理为判断事物的根据，过了二十年以后，他们也就反对这种理论了。起先，大哲学家柏拉图氏证明地球的固定和太阳的转动；然而，后来用论理去解释，他又证明太阳是固定的中心点，而地球才是转动的。过了若干时候，柏拉图的理论传布得很广，但他的观念却被人忘掉，直到最后另外有人发明新学说。在某一个时代，他们是用论理去决断问题，但一过了这个时代，又另改变方针了。所以哲学家的利用理智，也是一样靠不住的，因为理智并不完全是对的。

第三种获得知识的方法，是利用传说。换句话说，是以《圣经》为根据。因为人们曾经说过：在新旧两约中，上帝这样说过的。这种方法同样的不完全，因为传说是根据理智的。理智自己根本就错误了，它怎能使人信仰呢？理智好像是一把天秤，圣书好像是被秤的物件。如果天秤不准确，怎能知道物件的重量呢？

凡是由感觉去评判事物的，虽然有一般人信仰，但不免无误。再进而利用理智，或是传说，都不是完全的证明。总之，经过人们手上的事物，并无信仰的标准。

然而，唯有圣灵的博爱，才能供给人们一种真确无疑的研究方法。因为圣灵的力量比人类伟大，所以要这样才是获得知识的唯一方法。

第八十四章　造物显圣的重要教训

(The Necessity of Following the Teachings of the Divine Manifestations)

问：那些以仁爱为怀，有良好的品格，宽待平民，造就世界和平的人，他们所需要的教训是哪一种呢？他们的情形又是怎样的呢？

答：有良好的行为的人固然是可赞誉，成为人类中最荣耀的代表了。可是，专赖良好的行为还是不够的，因它只是伟大，却缺乏灵魂。要知道，上帝的知识，是超越一切的知识，是人世间最光荣的冠冕。有了它，便可获得永生了。人类的知识，只能使物质上获得重大的利益，给文化绝大的进步；但上帝的知识，却能使灵魂进化，经过真理的境界，达到人类最高尚的目标。

其次要讲到上帝的爱了，上帝的爱好像一盏灯，它照在人类的心中，使他们的心地光明起来。老实说一句，人类生存的结果，便是由于上帝的爱。因为他的爱是灵魂的生命，是永远的博爱。如果没有上帝的爱，这个世界将成为黑暗；如果没有上帝的爱，人类的心死了，情感也消灭了，如果没有上帝的爱，灵魂也就不能结合；如果没有上帝的爱，光明的荣耀，便不能普照着人类；如果没有上帝的爱，东西两方就如异地的一对爱人，永远没有拥抱的机会；如果没有上帝的爱，分居的人便无团体的组织；如果没有上帝的爱，人类就得以冷淡互相对待；如果没有上帝的爱，陌生者便不能成为知己。总之，人世间的爱是由上帝的光照耀着的。

人类本无团结的可能，成见不同而感情又各异，这不同的成见、感情、思想以及其他的一切，都足阻碍生存的进化。所以我们必须把各种不同的人类互相联络起来，以促进世界和平。这是很明显的，人世中最大的力量是上帝的爱。它能把各色的人民，用爱的方法去使他们互相结合着，成就他们的国家和家庭。

看，自从基督降生以来，许多的国家、民族、家庭，莫不在上帝的爱的帐幕披护之下——要知道二千年以前，他们是彼此分离的。于是国家的观念、家族的观念，也一古脑儿消灭了，代替而兴的是人类灵魂的互相联络，成为有真正精神的基督教徒。

人类的第三种德性，是良好的意志。良好的意志，是光明的、圣洁的，超过自私、嫉妒、猜疑种种的恶行。有的时候，一个人有很正当的行为，但结果未免犯了贪欲的毛病。比如一个屠夫，他养了一只羊，很小心的保护着，可是，屠夫对于羊这样小心保护，是为了他自己的利益，所以到了结果，这只羊是被杀了。多么可惜，许多正义都为贪欲而毁灭呀！然而，良好的意志，是绝对圣洁的。

要之，如果上帝的知识和上帝的爱，他的感化，他的快乐，他的良好的意志结合拢来，便是一种最合正义的事情了。否则，虽然有很可赞誉的良好行为，但若有违于上帝的爱，上帝的知识，那便不完全了。例如，人类的五官必须完备，才能称为完全的人。听觉固然很重要，但视觉也是一样的可贵；视觉固然可贵，但口又要会讲话，口固然能讲话，但所讲出的话，又须合乎理论，余可类推。当这些力量会合的时候，他才成为一个完全的人。

在目下的世界，有一班人很愿改邪归正，用他的权力去保护和救助被压迫的一群。这种举动，固然可造成世界的和平，人类的相爱，但他们若不急急谋获上帝的知识，那么，仍旧是不完全的人了。凡是良好的品性道德，好像房内的灯一样，它照亮了整个屋子，我们怎能不去称颂呢？太阳普照世间的万物，靠了它的热，万物才得生长，世界上还有什么比它更伟大呢？但若不获得上帝的爱，上帝的知识，上帝的意志，这又不完全的了。

反过来说，甲给了乙一杯茶，乙就感谢他。但是，太阳照着普天下，使万物受莫大的恩惠，却无人赞美；为什么前者的区区一杯茶，使人这样感谢，而后者的伟大功绩，反而无人提及呢？这是因为前者值得感谢的，完全是为感情，而后者并无感情可言，所以不用感谢。

同样，一个人虽然有了良好的行为，但若没有上帝的爱，是不值得感谢的。而且，只要你仔细去想一想，便可知道，一班不知上帝的人，他们的行为也值得称誉的，因为从前先知已将这种美德散布人类中了。他们受了这良好的影响，就从新改善，走上一条正路。

这样看来，这些动作，也是上帝的教训。如果你到过波斯的，你便可看见波斯人，他们在博爱和拉的圣洁的清风之下，如何仁慈地对待人类。在从前，他们见了异族的人，就互相殴打、仇视、嫉妒。他们烧毁福音和旧约，甚至好像把书弄污的手一样，因为要去洗它们。然而，现在呢，一般人都要歌颂这两本书了，并且为它们努力宣传了。他们款待敌人。这般人民，仿佛从凶狠的狼群变成了温柔的羚羊。考其原因，实由于获得上帝的爱。你已经看见从前波斯人的风俗和习惯，你也已经听得他们说话的声音了。这种道德上的改造、品格上的感化，除了上帝的爱可纠正外，有什么旁的办法呢？

多谢上帝的爱，予我们以无穷的利益。

啊！知识的权威呀，愿你常忠告我们！

大同教《光华经》《隐言经》*

博爱和拉著,廖崇真译

大同教《光华经》《隐言经》合刊序

羊城失陷后,余携所译大同教《光华经》及《释疑经》,溯江西上幸得保存。惟于去年经已付刊之大同教《隐言经》卷帙现存无几,今兹在澳既幸个人之安全,尤幸诸经之无恙,遂将光华及隐言经合同付梓,而名之曰'大同教光华经隐言经合刊'。至于《释疑经》之序文,则仍其旧,以便读者明了译书之经过。此数经均为余处女之译述,不免错漏,幸高明有以教之。

1938年12月14日

廖崇真序于澳门粤华中学校

《光华经》译者序

我国在蒋委员长领导之下,与其多年之努力及艰难之缔造,今日全国已臻于统一,政治日就修明,爱好和平之四万万国民,方期从此长治久安。无如自去月七号,芦沟桥事件发生,平津已陷,沪战继起,所幸吾国最高掌治者早有准备,将士守士忠勇,吾知最后胜利当属之中国也。然战争之破坏力,一切建设胥已停止,平民无辜惨受屠戮,笔不忍书,如何能使战争永灭于人间,"地上和平人沐恩泽"乎?博爱和拉云:"爱其国者非光荣爱人类者斯为光荣耳"。又曰世界之和平必借上帝之力,而尤需有"世界之仲裁"以促其实现,吾国为爱好和平先进之邦,欲世界和平之实现,此不可不注意者一也。近代科学之发明,迥非前代所能想象,交通、医药、农业、化学与各种机械之发明,其伟大迅速,人类何幸而生于现代之世纪!然现代人类不独未尝受科学之利益,而且科学愈昌明,而人类受屠杀之惨愈烈,嗟乎!人类何不幸而生在斯世纪哉!在百年前,马尔萨斯倡言人口增加为几何级数,而粮食之增加为数学级数,换言之,无论科学如何昌明,粮食增加之速率,终不及人口增加之速率。世之侵略者,与现在日本之军阀,且借此以为侵略邻国之口实,以容纳其过剩之人为借口。不知晚近科学之

* 1932年2月初版,廖崇真发行。

昌明，利用选种、人造肥料、精耕与及以机械替代牛马生产之法（用五英亩之草地，始克供养一匹之马，若用牵引车耕作，以内燃机代牛马之力，则不需与人分食，而所需供养牛马之地，可供养人类矣）。马尔萨斯之说，在欧美洲已不复真确，只余我国及其他农业科学落后之国家之农民，犹与饥饿线相搏战而已。观乎美国近年棉麦之生产过剩，人口增加，而仍极力将其耕地面积减少者可为明证也。然科学之昌明，农业之进步，世人果得其利耶？今日世界仍有三分二之人类营养不足，稍关心人类幸福，莫不触目惊心，见夫灾黎满目，故又有谓科学万恶、贬物质而提倡精神文明者。殊不知科学本身并无罪过，是在利用之者如何耳。吾人精神之寄托，有赖乎物质，科学如善用之，可以造无量幸福于人类；误用之则可贻祸世界。科学须受道德之洗礼，而道德之养成，则与宗教有关。此大同教之所以肯定宗教与科学为一致者，此不可不注意者二也。

吾国向无宗教畛域之分，然在欧西则因宗教宗派之庞杂，而致流血不绝于史，观于十字军之东征，可窥其一端也。然博爱和拉之训世云："和乐馨香与各教人士交际""各宗教之基础乃一"盖真理只有一无二，此为教世界人类团结最善之福音，此亦值得吾人注意者也。

其余大同教提倡人类一体、独立研究真理、男女平等、捐除一切偏见、世界和平、普及教育、经济问题之解决、世界语等，均能切中今日世界之病源，诚为救治此痛苦世界之良药，已具见于经中，读者当自能明了无庸余之哓哓也。余深信余国之领袖，必能领导吾国出此大难，中国之治强，实足以影响世界之和平，吾国人所负世界和平之使命最巨，此又必须借助于神圣教师，余译大同教《光华经》既毕，谨以十二分之挚诚，敬献于吾国最高级之领袖及四万万爱好和平之同胞。

大同教《光华经》原名为《博爱和拉之经训》（*Tablets of Bahá'u'lláh*），共六章（详后目录），末章为《光华经》，余即以名斯经，盖取其便于使人明了也。是书原文为波斯及亚拉伯语，公历一九〇六年由简亚理高尼氏（'Alí-Qulí Khán）译为英文，余则根据一九一七年美国芝加高城大同教印刷社，Bahá'í Publishing Society 所印简氏译本，迻译为中文，余以每日暇时无多，故易五寒暑始成。自问文字不敢称为雅达，然于原文则力求其信。大同教经典尚多，斯经仅其一部分而已，苟天假我以时仍当继续移译也。余前译大同教《隐言经》时，曾辑译大同教之十二根本原则及肃基奥芬慈（Shoghi Effendi）所著之《大同教简史》，以为该经之导言，今复移之于光华经之首，以便未闻大同教之读者，可知其概略也。是经首五章得周明德君详为校阅，并润饰其文字，末章郑德薰君亦略加以修订，最后复得叶深君再将全书详为校阅一遍。室人孙丽淑时赐以精神之援助，复与容泽光谈桂年君等分任抄写全经，则是书之成功得助者良多，并志数言以表谢忱！

1937年8月29日廖崇真谨识

大同教之十二根本原则（辑译亚卜图爱语）

此教理为博爱和拉七十余年前所宣示者见其当时著作中。

(1)人类一体。

(2)独立研究真理。

(3)各宗教同一基础。

(4)宗教为人类团结之原素。

(5)宗教与科学及理智相协调。

(6)男女一律平等。

(7)捐除一切偏见。

(8)世界和平。

(9)普及教育。

(10)经济问题之解决。

(11)世界语。

(12)国际仲裁。

(1)人类一体

博爱和拉对世人宣示曰:“主所爱者乎！若侪为一树之叶,一园之果也。”盖谓世界实如一株之树,各个国家及民族则为树之枝桠,而个人则繁衍之枝叶花果也。

昔日之宗教典籍中,世人恒被割分为二,其一则笃信教义,被目为良民者称之为“经典之民”,或“虔洁之树”;其一则自外于神宇,被认为莠类者,称为“化外之民”或“罪恶之树”。惟博爱和拉则认人类为一体,同沐于上帝宽仁之大海中。

其论人之差别曰:白色与灰色之鸽相处,极为友善,而人类则以其幻念竖立疆界于此行星中,而强谓:“此乃法国人,回教人,意大利人!”根据此种无谓之差别而战争,彼侪因土地而战,故斯土卒成为彼侪之墓地坟场。

实则地球人类,乃属一家,一同为天父之子女,有若一园之各色花卉,在驳杂中仍为一体,并立而互增其美丽。

(2)独立研究真理

无人应盲从古人及先祖之遗传,凡人均应以己目而视,己耳而听,作独立精密之研究,以求真理之发见,然先祖遗下之宗教均基于盲目之模仿,是以人类应研究真理。

万事之真谛,应亲自寻求之,并应努力以吸收世界各民族之所以达于志趣高尚及荣誉之方。

(3)各宗教同一基础

各宗教之圣训,皆形成于同一之基础,均发于唯一之真谛,盖真理只有一无二也。虽各宗教有种种不同之形式礼节,以致形成各宗教之互异,然此乃后代所参加者,胥为异端,然而吾人苟能舍弃此种表现之差别,而寻求真理之基础,则将承认各教乃同出于一源,殊途同归,盖真理只有一无二也。

(4)宗教应为人类团结之原素

每个宗教乃最大神圣之光辉,人类生活之原因,人群荣誉之所由,且不断产生活动之力,以灌输于人群。宗教之目的乃为人群之幸福,非为仇视憎恶专制及不义也,苟有能证明宗教为离间人类感情使之互相嫉忌之因,则宗教有不如无矣！夫宗教及其圣训,有如治病之历程或手续,任何治病之手续,其目的果何在乎！盖无非欲使病者之痊愈耳。若治疗经过之结果徒产生无限之诊断及病征之讨论,则有不若无,其理固甚显然也。在此种意义下,则废除宗教固宜进一步于团结矣。

(5)宗教应与科学及理智相协调

宗教应合理化,并与科学完全一致,使科学可以辅助宗教,而宗教可以解释科学,二者在实际上融合无间,合而为一。以往人类之习惯,凡称为宗教者,即盲从之,虽其与理智相违背者,亦所不顾焉。

(6)男女一律平等

自有史以来,皆以男贵女贱为人所乐道,即各宗教制度,亦莫不重男而轻女。然博爱和拉之规定,则男女均一律平等,应受同等之教育,俾男尊女卑之恶习可以解除,人类之团结得促进。

(7)捐除一切偏见

上帝先知之降临,无非使世界之子女和衷共济,互相团结,而非使之猜忌分离,盖使仁爱之法律施诸实行,而非仇视也。是以吾人应捐弃种种之偏见——种族之偏见、爱国之偏见、宗教及政治之偏见。吾辈应成为人类团结之因素。

(8)世界和平

普世界人民及国家,均应从事于和平之确立,各政府宗教种族及各地之人民,均应为普遍之和平,在今日世界中之最重要问题,乃为世界和平之实现,此主义乃现代最迫切之需要也!

(9)普及教育

凡属人类,皆须享受教育以充实其智识,俾可适应其生活之所需,故大同教规定,每个儿童必须受义务之教育,苟属无父之孤儿,则社会应负其教育之责。

(10)经济问题之解决

曩者各宗教及先知皆忽视经济之问题,以致造成世界因贫富不均而发生不断纠纷与争斗,在博爱和拉之训导中,则此问题已包罗于其内,而有彻底之解决,有某种之规定已经启示。以保证人类之幸福,有如富者享受其安息快乐于奢华之中,贫者虽不能与富者均等,而最低限度其个人及家庭所需,亦不能使之缺之,非达于此情况,人类幸福实不能达,在上帝眼光中,人类乃一律平等,彼侪之权利,乃属整个,并无人与人之分别,应一律受上帝公平之保护,而使人类共存共荣。

(11)世界语

今日世界不断发生种族及国界上之纠纷,彼此情感隔膜,亦此中原因之一也,故世界各国政府,应指定一委员会,以采用一全世界通用之言语,俾各国在本国中教授之。每人所需者只有二种言语,即其国语及世界之辅助语,而每人均应学习此世界语。

(12)国际仲裁

在上帝权力领导下及在整个人类保护中,必须建设一国际仲裁机关,对各国之纠纷,作有力之排解,每国必须服从其裁判,以促进世界大同。

六十年前博爱和拉曾命令各民族共同建立世界和平之基础,敦请各国参加国际仲裁之圣筵,务使各国疆界,国家名誉、财产与乎国际间之利益等重要问题,皆可由此国际仲裁机关共同解决之,吾人应追忆此种伟大之教训,乃早于半世纪以前,由博爱和拉所提出者,在当时固无人能察及世界纠纷之症结所在,而作此和平运动,而博爱和拉乃能高瞻远瞩,早见及此,提出此主义而宣示于世界各国元首而警惕之,此主义乃现代精神之所寄,洵现代之光华人类之幸福也!

大同教简史

肃基奥芬慈

博爱和拉所宣扬大同教之启示,其徒信仰其根源出于上帝,包罗万有,其方法科学化,其主义人道化,对于人类心灵有活动之影响。照彼侪之自信,其教主之使命及其所宣扬者,则宗教真理非绝对的而为相对的；神之启示，具有继续及进步性质。以前各宗教教主之训示，在不重要方面，虽稍有差别，实则居于同一之天幕，翱翔于同一之天空，坐于同一之宝座，发表同一之言词，而宣扬同一之信仰。此道之主义，以人类为一整个有机体，为代表人类进化最终之目的。其信徒已经证明之，信仰之，而循环于此主义之下，在此伟大演进中之末后一幕，彼等断定非独需要而实为不能避免者，且其期已逐渐接近。然非秉承神所授予之使命之权力，固不能成功以建树也。

大同教认上帝与其先知为统一者，坚持自由寻求真理之原则。不赞成各种之迷信与偏见，训导宗教根本之目的，为促进和合与协调。应与科学互相携手，宗教为构成一和平有秩序而进步之社会唯一及根本之基础。谆谆训导男女享受均等之权利，主张强迫之教育、废除极端之贫富，而以服务精神从事职业，等于事奉上帝。赞助采用一国际之辅助语（即世界语），并规定一整个世界共同之最高组织，以树立及保卫世界永久普遍之和平。

大同教约在十九世纪中叶，诞生于最黑暗之波斯。在萌芽期间即遭其他宗教之妒忌，以其狂热之恶势力大施攻击，虽其先锋者身殉道，创立者屡被放逐，促进者受终身之禁锢，良善而忠实信徒之被残杀者，不下二万余人，杀身成仁之壮烈。而大同教之精神，亦因此而庄严静穆，继续不断，播散于四方，信徒遍布四十余国。最近且已得各国宗教与政治当局之正式承认，为一宗教之独立团体。

大同教之先锋，乃沙勒城之阿礼莫罕默（Mírzá Muḥammad）并通称为巴勃（The Báb，门之意）于一八四四年五月二十三日宣示其所负之双重使命，即上帝独立之显圣及比其自己更大之先驱，将在人类宗教史上开一空前未有之新纪元。巴勃早岁因宣扬教义所受之痛苦，其忠实信徒护教之英勇及其圣洁之生活与乎殉道之悽惨，在尼布所著之《黎明之先锋》中阅之，可详悉无遗。至其死事之惨烈，有如下述者：巴勃于一八五〇年七月九日，在波斯泰碧理斯城（Tabríz）惨被当局判处死刑，由一小队陆军公开执行枪决，年仅三十一岁。竟殉道而亡！同日晚，其破碎之遗体，由军队之营盘中旷地移弃于城外壕堑之旁，其忠实之信徒，乃将之移藏于泰陵城（Ṭihrán）。直至其遗体运至圣地（Holy Land）之时为止，始由亚卜图爱（'Abdu'l-Bahá）率领一小队之教徒，冒绝大之危险，于艰难困苦中将其遗体由陆路运至海化城（Haifa）。在一九〇九年亚卜图爱于庄严隆重典礼中，与来自世界各地大同教之代表，亲将其遗体奉安于彼亲手为其所建之陵寝中。自后大同教徒来此圣地礼拜者，项背相望。一九二一年亚卜图爱亦附葬于此庄严灿烂之圣地，益张其圣洁，参礼之信徒，尤见踵趾相接。

大同教之鼻祖为博爱和拉（Bahá'u'lláh，即神光荣之意），巴勃早已预言其来临。当一八六三年博爱和拉被放逐于百达时，即向世界宣布其使命。继即将其大同之新圣文化主义，正式散布，而大同之新纪元于是乎开始。当时博爱和拉，极受各界之嫉视、排挤、倾轧，私有之财产权利，概被剥夺净尽。继被放逐于阿勒（Iráq，编者按：伊拉克），康士但丁堡（Constantinople，编者按：君士坦丁堡），亚智奈堡（Adrianople，阿德里安堡）诸地，终且被禁于亚加（'Akká）流犯区。于一八九二年完毕其圣洁之生命，卒于亚加城，年七十五岁。其遗体奉安于北宝芝（Bahjí，巴基）圣庙中。

自博爱和拉离世后，其长子亚卜图爱被任为大同教之阐明者及师表，其父指定彼为世界大同教之中心，全体信徒均应领受其训导。亚卜图爱自幼即为其父最亲密之伴侣，而与之分担忧愁，共受痛苦。彼仍受禁锢直到一九〇八年，当土耳其旧政体推翻产生新政府时，方与其他一切之宗教政治犯一同释放。出狱后，仍居于巴勒斯坦，复于此时常作长途旅行于埃及与欧美两洲间，以阐扬大同教义。孜孜不倦，循循善诱，以鼓励其朋辈及信徒于全世界中。其后于一九二一年圆寂于巴勒斯坦之海化城中。安葬于黑门山（Mount Carmel，卡梅尔）上。其墓与巴勃相连，前曾述之矣。

依照亚卜图爱遗嘱所规定，余（著者肃基奥芬慈）为其长孙，经被委为大同教之唯一承继人及其保护者，兼任世界公理院之元首。公理院与余相辅，遵奉博爱和拉所阐扬之大同教义，以指挥及联络东西方各大同教团体之精神及社会事业。

自亚卜图爱超升之后以迄现在。大同教地方团体之成立与及联合为全国之大同教团体，殆如雨后春笋，盖此为世界公理院所赖以建立之基础也。据最近来自泰陵城之报告波斯已经成立五百个之地方团体，既成立之大同教团体遍于世界五大洲中，全国之团体既已组织成立而在动作中者，有美国、加拿大、印度、缅甸、大不列颠、德国、亚勒与埃及。并为全国组织而在酝酿中者，有波斯、高加索、土尔其斯坦及澳洲，至大同教地方团体小集合，则已星罗棋布于法国、意大利、瑞士、斯干列维亚诸国、奥国、巴尔干半岛、土耳其、叙利亚、阿尔班尼亚、中国、日本、波斯及南非洲等地。而耶教之各宗派，回教之新尼（Sunní，编者按：逊尼派）及斯亚（Shí'ih，编者按：什叶派）二派，犹太教、印度教、塞克教（Sikh，编者按：锡克教），火教，与及佛教诸信徒，均有诚恳信奉之，而认识以前各教主所阐扬之主义，皆同出于一圣源及根本一致。在精神上形式上皆皈依于大同教义之下，而各中心团体均共同活动，如一有机体之诸部分，而其精神设计与行政实质之中心，则奠于亚加及海化二孪城中。

陀利沙经

吾命所名，万名之护卫者！

赞誉与荣光，属于万名之王，穹苍之创造者，显著若洋海之波，了然于世界之上。其太阳之命令，不受任何笼罩，其正确之道义，无可加以诽言。奚论暴君之缚束或法鲁王之专制，均莫能挠折其意旨，煌煌焉其权力，赫赫兮其威严！

大哉，上帝！迹遍宇宙，理达八荒，如扬辉光，然蠢蠢之徒，犹蚩蚩不觉，甚而起与作难。嗟夫！彼侪只知自满于予盾之中！恒谋芟刈斯福树。当天赐洪福之始，自私者，即竭其残暴之力，图灭帝光；惟帝实能摒之，振其权威，灿其光华，上天地下，为所普照！故世境奚若，帝之赞誉，不容缓矣！耿耿荣光，惟我上帝世所崇拜，名显至尊，是以智慧及宣训之珠，已经出现于若智识大海之珍贝，而天下各教，均为帝貌阳光所润饰！

吾乞若——赖斯道，致若之证据及释辩得以贯彻完成于若之造物及神仆中——使民得以康强，借斯若道将普照于若之域，帝之威旌及导徽将遍树于若领土及臣仆中！

主乎！睐彼众生，攀恩绳，牵慈袂，愿善为彼安置，使能与帝近，帝而外，咸使远离。

吾求尔万物之主！有形与无形之保护者，使世人皆起事奉若道有如江水任帝意之挥流，为若“沙勒”之火焰所燃炽自帝天旨之地平线而辉映焉。

帝乃唯一权威者举世万国之力，曾不能挫损其分毫，诚哉斯言也。帝外无帝，绝世之独立者、保证者、自足者也！

若尝自智杯以饮予之旨酒者乎！

今者“沙勒曼陀树”[1]（Sadratu'l-Muntahá）勅勅之音，发为如下之圣语，斯树为万名之王权威之手

---

① “沙勒曼陀树”乃古亚剌伯人植于道终之树，以示行人途径者。

所植于最高之乐园者也。

第一陀利沙

第一之陀利沙①与第一之光荣，乃由“祖经”②内之地平线而升发，即以为人类应有自知之明，能辨乎孰可导人趋于高尚、卑污、荣誉、耻辱、富贵、贫贱之途。迨其认识真我及臻于成熟，乃有财富之需求，夫财富由技能或职业而致者，斯为贤达者所嘉许，尤贵乎芸芸之徒，能起而导世，使各民族之性灵，咸臻善美。彼曹乃“浩活”③泉水之司汲人，理想途径之向导者。领导全世界民族，遵于正义之途及指示其趋于高尚而前进。

唯一正道乃其道昭示人类，使瞻觉悟之曙光，跻于智识之晨府，而播名誉光荣及伟大之真谛。将冀此唯一良医之赐，豁目前之尘埃，增视觉之力量，而悟乎人类之所以创造焉。今乎足以弭蒙昧而滋明察者，吾人所应注意者也。夫视觉(灵的)智者之使役及向导也。知识之获，则赖乎洞察之力。凡属“博浩”④之民，其应践训导群众，躬行有价之行欤。

第二陀利沙

第二陀利沙，为以芬芳欣悦之态度，融合世界之宗教，而表现登山垂训者之精神，并以公平而处世，凡属真诚之信徒，应以芬芳欣悦之态度，以与世人交际；盖交际乃团结和合之媒介，而团结和合乃世界秩序与人类生活之本源也。彼能坚执怜悯之索而超脱于仇视与憎恶之侵，岂非福哉！

斯曾被压迫者训勉世人趋于宽恕与仁慈之道，斯固黑暗世界之二洪光，又若二导师引领人类于智识。得之者福兮！失之者祸兮！

第三陀利沙

第三陀利沙，乃关于良善之人格⑤。旨哉！良善之人格，上帝以为装饰其朋友之宫，而视为人类最佳之衣饰。吾生为证，良善人格之光，殊足以超越太阳之璀璨。获斯造诣者，可称纯粹之人。举世之名誉荣光，罔不基此，亦罔不仗此。故良善人格者，正道之南针，而人类之嘉音也彼能受超然汇合⑥之道德所修饰，岂非福哉！

环境茫茫，张若目光，公义平等，注视无忘，最荣耀者之笔，当于《隐言经》中启示斯高超之宣诏曰：

“灵性之子乎！厥为公义，予所至钟。倖爱于予，毋委弃之，倖忠于予，毋忽怠之，盖由斯可使若之目光，足以洞察乎事物，若之心思，足以明辨乎智理，而无需借助于他山者也。盍三思之，将若之何。予所颁赐，及所眷顾，其于若曹，公义唯一，真之目前，永宜毋忽”。

夫秉持公义与平等者，应占领尊贵之地位与阶级；而公正与虔敬之光芒，发自灵体，普照于四方，愿世界各民族国家，毋令斯二光球遭逢夺灭焉。

---

① “陀利沙”原义为装饰品或具有饰物之外裳，意谓人生德性，亦有赖于真理之修饰也。

② “祖经”一语，出自《可兰经》中，其意义盖指一切。经典及训诰，均出自神之显圣。

③ “浩活”乃乐园之泉水。

④ “博浩”即荣光，亦博爱和拉之称号也。

⑤ “良善之人格”在本文包含有礼貌、良善、品质、性格及道德等意义。

⑥ 超然汇合乃灵性之结合也。

第四陀沙利

第四陀沙利为诚实可托。诚哉！斯乃世界众生安宁之门径，而在慈悲者前，戴有荣光之标志也。孰能造诣之者，不啻已达于富裕之宝藏矣。诚实可托，为人类之保障及最大安宁之门径，举世上事业之安全，胥利赖之，而世界之名誉、光荣与富裕，咸为其光华所烛照。

昔者，余超然之笔，尝启示芬芳之宣诏曰：

"予曹于上帝若主宝座之主之前掬诚告若以诚实可托，及其所占之地位，一日予曹之绿岛①。迨至，则见溪流汩没，林木菁葱，阳光掩映于枝叶之际。"

"转而右，所见者，殆非笔墨所能形容，以当时斯地人类之主所目击为证，洵乃最清洁，最尊荣，最福嘏高尚之胜地也。"

"转而左，则见一最高乐园之容颜立于光华之柱，大声疾呼曰：'天地之钟灵欤！瞻予之华容，光明而璀璨，以上帝，唯一尊者，为证，予乃诚实可托，其容表及美丽，乃予所赏赐于几能坚守之而不渝，及能认识其位置阶级之崇高者。'予乃'博浩'人民之最贵珍饰及为六合苍生之礼服。予乃世界最富裕之巨源及为造化安宁之地平线。"予曹举斯以启示于若侪，将使群生咸能接近于造物之主宰。

"博浩"之民欤！诚实可托为若最华美之裳服，最光华之冠冕，全能之指挥者谕若侪宜善保之。

第五陀利沙

第五陀利沙乃关于神仆地位安全与保障。彼曹凡事不应出以轻浮，而每言尤须诚挚。"博浩"之民不宜啬而不予以凡人所应得之报酬，并应器重才士；复不宜以诽谤之言以污其口舌，如昔日之社会（伊斯兰等是）。今是艺术及技能之太阳已出现于西方地平线之空中，技巧之河已流自彼方之海港，凡人应秉公道而发言并承认利益之价值。赖上帝之生命公义一词普照，有若太阳，予曹求帝以其光辉照耀众生。诚哉！其力量足以及于万物而有权衡可以赐予者也！

当今之世真实与诚恳咸在虚伪之铁蹄下为奴隶，而公义乃为不义之鞭朴所压迫。恶浊之烟幕笼罩于世界，兵戎军旅之事而外无所见，刀剑相击之声而外无所闻。敬求上帝援助世界之统治者从事于凡有裨益于世界之改革及国家之幸福。

第六陀利沙

智识乃上帝最大恩赐之一，寻求知识乃人生应尽之责。斯显著之艺术及当前之用具，胥由其（上帝）智识与智慧之结果以超然之笔启示之，夫超然之笔，固表彰乎宝库中之智慧与宣训之珍实及世界上之一切艺术者也。今乎宇宙中之秘奥，悉已表露，人咸得而见之，而一纸风行之报章，其篇幅乃成为世之明镜；环球各国之状况，咸为所发表，而使众闻知。夫报章既若明镜，具有视听及言语之官能；故堪称为一奇伟之现象及一重要之事业焉，惟操瓢之士（指新闻记者及编辑而言），应捐弃其自利欲望之偏见而佩戴平等公义之珍饰；竭智尽忠，考察事实，以求真相，而记载亦如之。

乃凡报章所载，关于斯被压迫者。泰半失其真实。须知善词令而具真诚者，其地位之崇高，有若

① "绿岛"即乐园（Riḍván），亦指附近百达城之花园，博爱和拉在其中宣布其使命者！纪念此宣布之日（三月廿一日），亦称 Riḍván（编者按：时间应为 4 月 21 日至 5 月 2 日）。

旭日自智识空中之地平线而上升。斯海之波为世人所共见，而其智慧之手笔，及宣示之迹象亦显著无遗失。

彼侪尝于报章刊载斯仆人自波斯逃至阿力阿剌比者，（Iráq 'Arabí'，Baghdad，百达）！感颂上帝，斯仆人盖未尝须臾隐匿，而常立于众前者也。诚然！予曹固未尝逃避，亦永不须逃避，毋宁彼愚昧之仆（指各民众），逃避予曹为愈耳！予曹难乡土时，由波斯及俄国政府所派遣之骑兵送至阿力境界，备极权荣。感颂上帝，斯被压迫者之事实，其明朗有若太空，光耀有若太阳。逃匿于其地位漠不相关，恐怕与缄默亦无存在之余地也！

复活节日之秘奥，及“时期”之朕兆胥已开始彰明，然蚩蚩者民，犹处怠忽而蒙昧。“洋海已填平，经讖为之应验”[①]。以上帝真者为证，“黎明”届矣，“晨曦”现矣，“长夜漫漫”从兹逝矣。知之者福兮！诣之者福兮！

赞颂上帝！以惊以奇，笔不知所以书，舌不知所以言！经极度之困苦，受多年之幽囚，折磨历尽，今而后方知目前之魔障比过去摒除者尤为严重，目光受翳而不能视，性灵被蔽而无所觉，新遭诽谤，倍蓰于前。

百仁[②]之民欤！敬畏上帝；溯思夙世，“即伊斯兰”彼侪之行果，除帝力所佑外，凡所言论，咸属虚伪，凡所行为，胥乃谬误者。

以属望者之生命证之，苟人能熟思其事，必将趋附斯最大正轨，超脱世俗；拔已于幻梦之红尘，出己于荒诞之烟幕。夫彼夙世之迷误，谁为为之，孰令致之？[③] 今彼侪犹蔑视斯真谛，而方沉缅于一己之幻梦中。盖诚挚以悦帝心，斯被压迫者有言：“何去何从，任其所钟，诚哉，帝洵乃亘古及今超越一切，空前绝后者也”！（《可兰经》）

百仁之民欤！方今障碍，有如特立阿北地之希拉[④]一流，彼借其冠杖（指其教位），以摧残无告之民，使陷于迷途，希望一邯郸幻梦者来自一虚无缥缈之境。若固具有睿知者，盍从训诲乎！

希拉欤！盍聆可赖之劝告者声音。自左而趋右，由惑而臻信。毋为妄导民众者之源。斯道之光，昭然显著，而其朕兆，充满环球，向若颜于上帝，斯乃世之唯一保护者、自立者。为上帝而忍耐，任人民之自由，若未受要旨之垂训，宜乎未知之也。希拉欤！宜一心一德，遵依圣道。当若与多神教者相近，则为多神敬徒，及与信仰灵性统一者相处，则又信仰独一真神矣。盍思彼地[⑤]之生灵牺牲其性命财产之惨状；若或能皈依乎训诲。彼保持其身体性命财产者，果能胜于彼为圣道而牺牲一切者乎？盍秉公义，毋效妄为者，谨守公义，坚持平等；或不致惑于黄金主义，盲其目于上帝之前，而利用宗教为陷阱也。若与同类者所行不义，已臻极点，故超然之笔，乃有是言。敬畏上帝。诚如先锋（巴勃）所言：“彼（帝所显示者，即百浩）将以各种方式宣训曰：诚哉！予乃上帝唯一之保护者、自立者，予而外无他帝”！

---

① 引用《可兰经》句，以证明在此显圣当中一切均已应验。

② “百仁”即指巴勃之主要著作，百仁之民，即指巴勃之信徒也。

③ 巴勃来时，不信斯显圣者。

④ “以色立士（Azalis）主要首领之一，［按：Azal 即 Mírzá Yaḥyá，博爱和拉同父异母之弟之称号，大同教之叛徒也。凡随从 Mírzá Yaḥyá（即 Milzayohya）者，均称为 Azalís］反对博爱和拉者，因其为巴勃信徒之教师，故妨碍彼辈信徒博氏也。

⑤ 即以法干地方（Iṣfahán）在其地“殉道者之苏旦”及其兄“殉道之所爱者”阿沙立夫（A<u>sh</u>raf）与及尚有多人殉道于该地。

百仁之民欤！彼俦(即Azal①)尝禁制若曹与朋友(即大同教徒)往还，其由安在？盖秉公义于真理而毋效忽略者。斯禁制之由，凡有识者，固甚了然；盖欲使外人莫悉其秘密与行止而已矣。

希拉欤！若未尝与予曹同处，亦未尝受训导；凡事宜莫臆断行之，尤应躬自研究经文，考察所见。矜怜一己以及人群，毋为谬误之本源，迹近夙时之社会(伊斯兰)②。斯途径固甚清晰也，斯证据固甚显著也，宜以公平易压迫，以公义易不义。盼斯芬芳之启示，使若康强，灵性之耳，能聆斯有福之音，上帝乎！(使之沛然下降)任彼俦空言以自娱。(《可兰经》)

若尝莅西拍岛(Cyprus)并见以色立(Azal)；今宜言须秉乎公道，幸勿自欺欺人，若本庸愚，未尝闻道；故宜只聆斯被压迫者之声音，而立志达于神圣智识之海，冀若或可佩乎觉悟之珍饰，除上帝外，将捐弃一切。盖谛听慈悲忠告者之声音，宣训于万王及其臣仆之前，毫无隐讳，并敦请全世界民众来就斯先在之主。斯言也，乃发自光荣恩典之球之地平线者！

希拉欤！斯被压迫者捐弃尘寰，而竭其大力，以图熄灭燃烧于民众心灵之仇恶火焰，凡属公平正直之人，咸应感谢上帝之巍巍光德！宜兴起以奉行斯最大圣道；庶几光明可代乎火焰，仁爱能移乎仇视。

上帝在天之灵，斯为被压迫者之志愿。予曹为宣扬及表证斯要道，故历尽艰辛，饱尝灾难，若能秉公立言，若亦可为一见证者！

诚哉！凡帝所言，胥属真理，而为导人于正轨者，彼固兼备权威、伟大与慈悲者也。

灿灿荣光，自予曹之前而照耀百浩之民，凡不义者之压迫，邪恶者之势力，皆莫能障碍斯万物主宰之上帝焉。

(《陀利沙经》终)

世界经

吾名所命，百仁国之宣训者！

赞誉与荣光，适称于显圣之王，彼尝以其圣洁之，“阿理加伯哈巴”('Alí Qabl-i-Akbar)及“亚勉”(Amín)之参与，以信赖恒忍及肃穆之光，文饰斯坚固之囹圄。愿上帝及宇宙间之荣光，胥临斯二子！

光华瑛瑛，荣耀蒸蒸，敬礼芸芸，赞誉纷纷，咸临于其道这股肱(指献身传道之教师)，借乎彼俦，坚忍之光，得以普照，而其宣训之所本，乃证明为拥有权能卓然独立之上帝所赋予，荡漾兮上帝恩赐之海波，吹拂兮人类主宰之和风，瞻彼崇高！虔求上帝，以其万军保护之，以其统治权庇荫之，以其克胜一切之势力扶助之。盖统治之权属于创造穹苍之上帝及万名之国王也！

伟大音信开始：

波斯之民众欤！若尝为矜恤之先进，慈悲及仁爱黎明之域；生存界曾为若智慧之光华所彰饰。又曷故举若之手以毁若之身而及若友乎？

---

① Azal即博氏同父异母之弟Mírzá Yaḥyá。

② 意即谓勿效回教师之所为，当巴勃至时，领导人民反对及阻碍人民信仰其使命也。

予之“阿辅仁”[①]欤！予之荣光（博浩）及恩惠兮，胥临于若，伟哉圣道之帐幕兮，将环盖乎世界万国，斯乃若之时期兮，千万经文为若证明。盖兴起而匡扶斯道兮，宜借宣训之万军以折服人类之心灵。应迈进而实现兮，凡可以增进世界无告者之幸福与安宁。准备努力奋斗兮；冀彼奴隶臻自由而脱囚城。今夫当压迫黑烟弥漫全球之际，已闻公义平等之呼吁。理想之指挥者挥动其超然之笔，灌输有意义之新生活于文字之间，表现于宇宙万物之中。斯最大之佳音，乃被压迫者之笔所披露者也。

嗟乎朋众！何为而恐惧乎？若果惧伊谁乎？斯泥块之世界，只以少许湿气即足以分裂之。若本身之组织，殆将资以博济异端之徒。竞争与战斗乃为地球上凶残野兽之本性。兹者赖上帝之匡助，巴勒社会之利刃已从善言美德而收藏于剑匣之中。公义者每借善言而拥有生存界之园地。

嗟乎友辈！毋弃智慧。尽以理性之耳倾听超然之笔之忠告，举世众生无有一人受若手或舌之损害。

言及泰城（Ṭá，即Ṭihrán）予曹尝启示于奥德斯经中（*Kitáb-i-Aqdas*）载有裨益于劝导普世众生之文字。而世间不义之徒，已僭夺其国家之权衡，并竭其精力以纵一己之私欲，禹城（The Land of Yá，即 Yazd）暴君[②]之所为，致令“超然汇合”为之泣血。

若饮予宣训之旨酒及瞻仰予显圣之涯岸者乎！彼波斯之民族，虽前于科学及艺术上称为优越，今乃反居世界民族中之最下者何也？人民乎！当斯幸福绚灿之际，幸无剥夺若恩赐者之洪恩。当斯时也，智慧与训示之雨露，方自矜恤者之慈云，冉冉下降，苟处斯以公平者，将得其福，彼不持以公平者将得其祸焉。

当今之际，凡有识者，咸审由斯被压迫者之笔所启示之宣训，为致世界进化及国家发展之最大原因。民众欤！盖借上苍之力，兴起而培植己身，庶几乎宇宙可臻清洁而涤除异端与虚幻之偶像，盖斯诚无告之民失败及屈辱之所由也。夫斯偶像固阻碍及限制人民之进步与向上者也，盼彼有力者之手，将协助而拯救众生于污浊之中。

诸经之一曾启示曰：“神之民欤！毋重己身。专一于改善世界及锻炼民族。”夫世界之改善可借纯洁优良及嘉美适宜之品行而成。援助斯道者，实践是也，助之者，优良之品行也。博浩之民欤！严守敬虔！斯乃被压迫者所命，而有权力者所择也！

嗟乎友众！当斯心灵刷新之春季，若宜借赖神圣之春雨，而重被新光茂绿。巨大太阳，已四放其光华，慈霭之云，已随处而展布。夫成功者，从不放弃其参与及不认识其朋友于斯裳服中者也。

善防彼“阿利文”[③]之徒，方潜服而觊觎，若宜警觉，倚赖明察者名望之光，脱离若侪于一切之黑暗。盖谋世界之福利，而无偏重己身。彼“阿利文”者殆为斯类干涉及作梗于人类及其地位之上进者也。当今之际，芸芸有众，应尽其本分与义务以维持凡可以辅助公义政府及人民之进步与发展。经中之每节，超然之笔均尝开启一仁爱及团结之门。予曹尝言——吾言厥为真理——“怡乐芬芳以与各教人士结交”。借斯训示，前之畛域及水火冰炭之原因咸告消除。

关于生存世界之进步，与乎人类之发展，予曹已启示最大门径，以训导世界上之民众。彼前人之口舌或笔墨所启示者，今竟由先存主宰之天启示于斯最大显圣之中。昔云“爱其国土者为诚德”，然

① “阿辅仁”，在亚剌伯语为“树枝”。乃赐予巴勒之亲属及其从表兄弟者，因其与道树有关系也，又“阿辅仁”一语。博爱和拉亦尝以之代表其忠诚之信徒，盖喻彼侪有若显圣树之枝及其一部分焉。

② 禹城总督在博爱和拉未离该地不久以前，一日中继续屠杀七位信徒。

③ “阿利文”（Ahriman）乃火教经中所言鬼魅，博爱和拉于此引用之以指一般不正之领袖及教师，导人于歧途者。

今之显圣，其巍巍之舌则曰："爱其国土者非光荣，爱其同类者斯光荣耳。"彼以其妙道，训导灵性之鸟，为一新颖之飞翔及涂抹以前经典之限制及盲从。斯被压迫者禁止上帝之民从事于斗争，而号召彼侪于善行灵性与美德。当今之际辅助斯道之军，固优良品行及美善道德也。坚守斯旨者其福欤，舍弃之者其祸欤！

神之民欤！予劝若宜知礼[①]，夫礼于初步之中，为众德之首。彼为礼貌之光所照耀及公正之裳所装饰者，诚福哉！彼有礼者必有高位焉。希被压迫者及众生咸能造诣之、谨守之及遵依之，斯为不可究诘之命令，而由最大名望之笔所流露及启示者也。

今者为刚毅之珍宝应发现于人类之矿之时代。嗟嗟公义之人乎！若应辉耀兮有如光华，及具热中兮如西乃山树之火焰，斯仁爱之火兮，将集各民族于一庭之中；惟彼仇毒之火兮，乃为分裂斗争之原因。予曹求上帝庇护其信徒于敌人奸险之下。诚哉，其权力固及于万物者也！

赞颂上帝！唯一真者——高妙哉其光荣！尝以超然之笔之钥开启人类心灵之门户。每节启示之经文，乃表现灵性美德及圣行之一显著门径也。斯圣音及宣训，固非特别为一国一城而发者也。大千世界，芸芸众生，咸宜遵守所启示与显明，夫如是，彼侪将臻真正之自由矣。世界现为显圣球之光所照耀；盖以"六十年"[②]时，先锋者——除上帝而外，愿民众咸为彼牺牲——宣布新生命之嘉音，及于"八十年"[③]时，世界已臻于簇新之光明及伟大之生活。兹者各地多数民族已准备倾听斯高妙之道，盖众生将借以为昭苏及复活之根基也。

在亚加（'Akká）之狱，予曹尝于朱经之中启示所以利于人群之上进及国家之繁荣。若其他则斯（指下列）宣训已由生存界之王之笔为之启示矣。

兹将治理人民之基本大纲胪列于后：

（一）公理院委员应推进世界最大之和平，庶使世界可免于苛重之耗费。斯乃必要而不可缺之事；盖战争乃忧患及痛苦之渊源也。

（二）语言应归统一，而斯统一之语言，应教授于世界各学校中。

（三）众生应守仁爱及团结之力。

（四）男女咸应以其贸易农作或其他经营所得者之一部，予一可信托之人保管之，以供儿女教育费用。斯项存款应在公理院委员指导之下，用为儿女教育之资。

（五）应充分注重农业。斯项虽列第五，然其重要，实际应列首端。外国农业，异常进步，惟波斯则未尝注重也。希望沙皇——愿上帝扶助之——将关怀斯重要事业焉。

继言之：苟彼侪遵守凡经超然之笔所启示于斯经者，则将自觉屹然独立于世界一切法律之上。超然之笔，曾一再昭示某种宣训，或可使权威之晨曦及圣力之明堂（即一般执政掌权者）在某期间可以实施之。苟有寻求者，凡经超然洞察之意旨所表露者将诚恳以宣传之以求悦于上帝；然寻求者何在乎，询问者何在乎，公义者又果何在乎？今也日燃一压迫之火，日拔一带血之刃。赞颂，上帝！（含有敬讶意）波斯之大公贵人固以野蛮之品性为荣也。"故事如斯，殆奇之又奇也！"

---

① "礼"字原意包括尊敬及合礼节之一切行为等。

② "六十年"乃指回历一二六〇年（公历一八四四年），为巴勃显现之年。回教先知预言及遗训均惯用斯名词，谓为新显圣发现之年。

③ "八十年"乃指回历一二八〇年（公历一八六三年），即巴勃显现后第十九年，是年博爱和拉宣布其使命，由百达被徙于康士但丁堡。彼宣报其使命在巴勃兴起后之第十九年，果应《百仁经》之预言。

斯被压迫者日夕思维及赞颂人类主宰，因予曹之训诫劝导已证明发生影响，斯社会上之行为及礼貌，已达至神所接纳之阶段，盖有一事足以照耀世界人士之眼帘者，乃友众（即大同教徒）有在人君及执政之前代其仇敌请求赦免者也。夫善行为善言之表证也。原公义之人以其光明之行照耀世间。予求上帝——彼洵崇高及福嘏！——使众生于其时代中能稳固于其爱及其道。诚哉，彼乃诚心实践者之友也！

神之民欤！超然之笔曾使万千境界（即较高性灵境地或状况）显现及赐众目以理想之光，然波斯多数之民，犹未获有利益之宣训及圣洁之科学与艺术也。昔者，超然之笔特为某一友辈启示斯高妙之道，冀使反对者或可臻于信仰及洞悉圣道要素之秘奥而受训导。

至否认及反对者其主张有四：

（一）残杀生灵。

（二）焚毁经典。

（三）疏远异国。

（四）歼灭异己社会。

今者，借上帝圣道之恩典与权威，斯四大障碍经已消除，夫斯四项显著之教律，既涂抹于经中，而神亦已将野蛮之行为，易为灵性之品质，光荣哉其意旨！高崇哉其权力，伟大哉其领域！

今若盍求上帝！高崇哉其光荣！予曹并求彼引导色讫[①]社会及拯救彼俦于不良品德，斯社会内，人人日日，皆咒诅不绝于口而马鹿[②]一语，固彼俦每日之饔飧也。

神欤！神欤！聆若仆日夕呼吁之声及悲叹之音，若固知彼俦于已诚无所欲者，惟思令若之臣仆（即人民）心灵清洁，并拯救彼俦于时常环绕于憎恶及仇视火焰之中，嗟乎吾主！若之选民咸举手以向若洪恩之天空，诚心者亦翘望若恩赐之穹苍。吾求若，凡彼俦所希望于若嘉惠之海、恩泽之天及宽仁之日者，幸毋令彼失意也。嗟夫吾主！盍增长彼俦以斯德行。使其地位高越于国际之间。诚哉，若固乃权能、伟大及恩惠者也！

神之民欤！盍倾听之。斯固有裨助于世界众生之普渡安宁保障上进及高超者也！

某种法律之原则为波斯所需及必要者；然应与沙皇陛下——愿神助之——有名博士及国家掌大权者之意见融洽，然后施行，斯为适当。在彼俦指导之下，决择一地，集合其中，紧持商议之绳索，取决凡有利于人民保障富贵幸福及安宁之事实，盖斯事苟非如是处置，必发生失和及纠纷矣。主要法律及诫命，前经启示于奥德斯经（Aqdas）及其他经文之中，政务亦经委托于公正人君元首及公理院委员。苟三思之，公平及有识之人，以其内心肉眼，必将见证凡予曹所启示公义球之光华。今斯政体之方式，为英国所采用，似属优良，其国为君主及民意之光所同照耀者也。[③]

予曹之法律及原则中，有专载刑法之一章（如谋杀等），为保障及维持人类之要素；然人类之畏惧斯法律，只禁制彼俦于犯外表之污浊而已。如欲防范人类外表与内心之罪恶，则厥为敬畏上帝焉。

夫敬畏上帝乃真正之守卫者及理想之保护者。人类必须谨守及坚执有补助于斯巨大恩赐之表现。彼有福者必将听从予超然之笔所宣示及遵守古代元帅之命令也。

神之民欤！盍以若灵性之耳，谛听唯一朋友之箴规。神道犹一树，其栽种之土地必需人类之心

① 色讫（Shí'ih，编者按：什叶派）为回教宗派之一。

② 马鹿（Mal'ún）即咒诅语。

③ 意谓，英国为代议士制既有君主而又有议院也。

田;宜以浩泉[①]之智慧及宣训培植之,则其根将趋于坚固,其枝叶超越于穹苍矣。

世界之民欤!斯最大显圣之优点,即予曹已将经中凡可致争论腐败及不和协之原因为之涂抹,而将凡可促进统一调和协调者纪录其中,乐哉,其实践者欤!

予曹常一再箴规朋辈避免,匪只斯也,逃脱于腐化(或扰乱)气味之中。当今混乱之世,人类意见分歧。予求上帝以其公义之光修饰彼侪,而使之无论环境若何,咸能获益。诚哉,彼乃唯一自足最尊者也!

昔者予曹尝宣示斯高妙之道矣。凡属与斯泼被压迫者有关之人(即信徒)。于博施济众之时,宜慷慨如油然之云,又宜若烈焰以毁灭其过度之欲念。

荣光属上帝!时至今日惊人之事,竟有发生。据闻有某人尝进波斯首都,以其一己意见游说某某数大公。斯诚可悲可叹之事也。如何最荣光之晨曦竟自择最大之耻辱?坚毅之意志何在?廉耻之气节奚存?斯洪(编者按:宏)伟及智慧之太阳原恒上升及现曙于波斯之天涯者也;然今竟退化如斯,甚至间有最高级之官吏竟任一己为愚鲁者之玩物。

斯问题中之人曾于埃及报章及比鲁特丛书("Encyclopedia of Beyrout")中叙述斯社会致令有见识智慧之人为之惊奇。迨彼至巴黎,复印行一书,名曰"奥屈卫陀"(意即最稳固之柱石)并以之散布世界各地。彼亦尝寄一本于亚加监狱,借表情爱,其意则在赎免前愆也。

简而言之,斯被压迫者关于彼者当保持缄默。予求上帝保卫之,及以公义明正之光照耀之。彼似应如是祈求也。神欤!神欤!盖睹予立于若赦宥及恩赐之门,并瞻仰若眷顾及恩惠之涯岸。予求若,赖若美曼之音及超然之笔之声响,噫,人类之主欤,使若之臣仆充分适合若之时期及堪当若之显圣与统治。若诚有权衡以施行若之所欲。普天及地莫不征信若之力量、权威、伟大与宽仁,赞颂全属于若,众生之主欤,若乃为有智慧者之所爱慕者也,神欤!盖观乎贫乏者欲诣若财富之海,犯罪者思达若赦宥及恩赐之源泉。

神欤,宜钦定凡适合若之伟大及宜于若恩赐之天堂。诚哉,若乃唯一宽大者、慈悲者、命令者及智慧者!帝外无帝,若固权能、克胜及势力者也!神之民欤!现代众生之目光,只宜推进于斯福道之涯岸:"彼奉行凡帝之所命!"盖苟有人能诣斯地位,而彼已经诣达及为理想统一之光所照耀矣。凡在斯地位以外者咸尝记载于上帝经中,被称为异端及幻想之信徒。若其谛听斯被压迫者之声音,而保持若之阶级。斯事乃众生之义务及必需者也。斯被压迫者尝朝夕宣示于普世众生之前,以斯乃科学、艺术、智慧、和平、丰裕及财富门户之钥。暴戾者之专制未能阻止超然之笔之挥动,疑惑者之猜忌及行恶之徒曾不能防限彼宣扬高妙之道。予求上帝无论任何境况,宜护卫及清洁神之民于前时社会(即回教社会)之迷信及幻念之中。

神之民欤!凡纯正学者从事于教化人民,乃受保护及安全于滥欲之诱惑,彼侪于上帝之前,可称天上智慧之明星,世界之典型。尊重彼侪义所应尔。彼侪乃活流之源泉,光照之明星,福树之果实,圣力之标志,永慧之海洋。福哉,其从之者乎。彼诚于众中已诣乎上帝经文所云主之伟大宝座者也!

荣光自帝唯一宝座及尘世之主降临于若兮,神之民欤,红舟之侣欤!凡聆若美曼之音而实践斯权能奇妙之经文所训令者,荣光将临之!

(《世界经》终)

① "浩泉"乃乐园中之泉水,智慧之表示也。

乐园经

彼乃奥妙百仁国真道之宣传者!

按斯经乃启示于伊辅汗地(Iṣfahán)之克底氏(Ḥájí Mírzá 'Alí),或名赫德氏(Ḥaydar Qablí 'Alí),为著名可敬之大同教师,现仍生存于亚加('Akká)城中。彼贡献其极长之寿命,以播传斯伟大之真理,历多年之折磨,屡遭放逐囚禁,其美丽伟大之生活,谦卑公正恒久坚忍最足令人钦羡赞美也,噫嘻若乃平等及正义黎明之府,忠义及恩惠之源泉!

诚哉,斯被枉者哀号涕泣而言曰:呜呼上帝!呜呼上帝!盖以牺牲之冠冕饰若圣者之首,及以敬虔之裳服以饰其体。阿尔博浩(Al-Bahá)之人民应以其辞令以助主,及以其品行美德宣传(主道)于世间。而品行之效力则更大于言语也。

克底氏乎!愿神之赞美及其光荣降临于若!诚哉,夫人由其忠诚、纯洁、审择及美德,而趋于高尚,复由于不忠、欺诈、愚鲁、伪善而沦于堕落。以吾生命证之,夫人非由其珍饰财富而成为伟大也,所赖者善行与智识而已。今夫波斯多数之人民咸抚育于虚伪迷信之中。似斯民族之地位,又何能与捐弃虚名之深渊而建立其帐幕于圣洁海岸者相衡也欤!诚然,现代民众除少数而外"只吾少数臣仆乃感谢者"(《可兰经》)皆不堪以闻超然乐园百鸟之啭歌,多数之人民咸与迷信亲昵,彼侪宁欲一滴幻海之水过于保证之汪洋。被侪黜贬真义徒而守虚名;彼夺黎明之经典而信赖一切之幻念,上帝之旨,蔑论环境如何,将助若破除迷信之偶像及破坏人类之魔障,盖命令之权乃在,上帝启示及灵感之表现者与复活日之王之掌握中也,斯问题中人——功誉属彼——曾述关于某某教师者经已有闻。彼言确也,间有无知之徒。周游各地,借上帝之名义,而从事毁灭其道,彼侪名之曰"辅助与训导"而孰知领导教师之明星,方在圣典穹苍之地平线上照耀及表现也。凡具公义者咸可证之,凡有识别者胥可知之,上帝巍乎其光荣!固旦夕从事宣示与训诲凡可增进人类之地位者也。博浩之人民于群众之中有若光华之照耀,尤能遵守上帝之意旨。斯地位超越乎一切地位矣,其有福暇者必宁捐弃举世之所有而希望属于上帝,先存之王焉。

上帝欤!上帝欤!盖观予遵循若意旨。凝视若博施之地平线,预期若恩赐轮光之辉煌,予求上帝,若乃有智识心中之爰慕者,若选民之希望,赐若之友使彼侪能舍一己之欲望而坚持若之意旨。

主乎!盖饰彼侪以公义之裳服,照耀彼侪以克胜之光华,于是以智慧及宣训之军以助之,使能尊崇若之道理于若之造物及宣传若之命令于若臣仆之间。诚哉,若具有权能以施行若之意旨及统治万物于掌握之中!若而外别无权能赦宥之上帝!若曹孰方凝视帝貌者乎!迩日予曹感受莫大之忧伤。缘有某某残暴者与真者有亲属之谊,而其所犯则令真诚、忠实、平等、公义者之肢体为之战兢。虽彼于某人表示极端爱敬,然其所为则神亦为之陨涕。昔者予曹尝为忠告之言以警惕之,且讳其行有年,盖仍冀其觉悟而改过也。卒归徒然,终且于人群之中起而毁谤上帝之道。彼破坏公义之保障,于其一己及上帝之道咸已毫无顾惜矣。

今也,其他行事者所致之痛苦殆有甚于彼之所为。若宜求帝援助彼无知之辈,使翻然改悔。诚哉,帝固乃赦宥、仁慈及宽厚者也!

斯曰"众生咸宜紧守团结和睦及从事促进上帝之道,冀彼昧昧者或能达于永生"。夫每一宗派,必趋于一途径，而坚执一索端；虽其为瞽目者蠢者，亦犹自以为赋有判断及理解之能力。回教之神秘家 Sufis 即其类也。其中有信仰之者使人致于怠惰而孤立，以神之生命证之，斯足以降低人之地位而增进其骄傲而已。夫人应表现其果实，不结实之人如彼圣者（即耶稣）所云：有如不结实之果树，而不结实之果树，只适付诸火矣。

彼俦（神秘家）肯定关于"神圣统一"之阶梯，斯为致人民沉溺于怠惰迷信之最大原因。彼俦诚已摒除区别而幻想已为上帝。斯唯一真者超然成圣，显其迹兆于万物之间。其迹兆乃由彼（上帝）——而非彼也——众迹兆咸记录及发见于世界卷中。夫世界之计划乃一巨帙，凡具有理智者皆可由其中领悟，使其达于正道及"伟大之福音"。

盖思太阳之光线，其光环绕于世界，然所发出之璀璨乃由其本体及其显现而非其本体之实质也。凡所见于宇宙者为彼之力量、智识、恩典之表现，而彼（上帝）则超越乎一切。圣者基督有云："若隐藏其奥妙于智慧谨慎者，而表露于孩提焉。"

哲学家涉沙华（Sabzívar，波斯十九世纪中之大哲学家）尝云："西乃山树之声音，凡各树木皆有之，惟无谛听者耳。"予曹答某哲学家之询问关于原始真谛之经文中，对于曾述及之哲学家（即涉沙华）有云："苟是说果为若所言者，何若竟充耳不闻彼哲人之树（即博爱和拉）已受高举于世界上最超崇地位之声音乎？苟若已闻之，然恐影响若生命之安全，而避免若之响应，如是之人，何足道哉；苟若未闻之，则若靡乎听觉者矣"。简言之，夫如是之人，其言固为世所慕，而其行则为民族之羞也。

诚哉，予曹已鸣响角，即予超然之笔，除上帝先存者、慈悲者保护之外，仆从咸为之伏拜！噫，智识界之汇合乎（指各宗教师）！何呼声高扬后犹却弃超然之笔也？彼阿尔百仁国已准备听从之矣；而于斯强大宣示之前，凡一切宣示咸须逊让。敬畏上帝，毋从迷信及涉幻想，盖跟从彼已出现于若曹中具有彰然之智慧及确证者。

赞颂上帝！人之宝藏，乃其辞令；然斯被压迫者仍遏止而不言，因不信者方潜伏而觊觎也。呵护自帝，万物之主。予曹诚仰赖之，万事托焉；帝能满足于予曹，而万事亦无缺憾，权力之轮已借其命令与许可而照耀于世界地平线上。福哉，其仰望及认识之者乎，祸哉，其反对不信之者乎！

然斯被压迫者始终皆爱戴一班哲学家，即其哲学并非徒止于空言而能产生永久之效果于世界上者。盖敬崇斯辈福泽之人，乃人人应尽之义务也。福哉彼实践者！福哉彼有识者！福哉彼处事公平及坚执予平等之索者！波斯之民族，兹已摒弃其呵护及佽助者，而沉湎及迷信于愚昧者之幻想中。其固执程度之深，除非借赖真者——巍乎其光荣——强有力之臂固莫能振拔也。盖求上帝仗其权力之手指以排除各宗派之隔膜，使彼俦可以发见安全、高尚、进步之方，并迅趋就唯一之朋友。

（序文终）

神之道乃由阿哈（Abhá，即最光荣者）之笔所叙述及记录于《高超乐园》之第一页：

诚哉吾言，敬畏上帝乃亘古以来全世界社会唯一彰明之保障及最坚之堡垒。斯为保卫人群最佳之方法及保存人道主要之原因。信哉，夫人必有一标志足以防范及保卫其不当及越礼之举动，斯标志名曰谦逊，然受斯赐者只少数，盖非人皆赋有斯地位也。

神道在《高超乐园》之第二页：

斯际超然之笔教导破晓之权及黎明之府之掌治者，即帝王、执政、首领、王子、智识界（指宗教）。神秘家（回教之一派），而命令其坚守宗教。盖宗教乃维持世界秩序及众生安宁之最大工具也，宗教基础之衰颓，足以助长愚鲁辈之胆大妄为。识哉吾言，凡降低宗教崇高之地位，必将增加恶人之轻率，其结局则成无政府而已。若具明见者其听之！盖受劝告，盖若固赋有见识者也。

神道在《高超乐园》之第三页：

人之子欤！苟若期望慈悲，则宜罔顾己益，而坚持凡有益于人群者，苟若期望公义，则凡为人选择应如为己选择。诚然，夫人之受举于天高主权力者，谦让所致也，复而堕落于卑辱之地位者，骄傲所致也，神之民欤！伟哉斯日隆哉斯召！斯高超之言乃由上天之旨启示于某经中者："人苟能尽以其心灵之力化为听觉始可谓其能闻斯发自超然地平线之呼召，不然，则斯污浊之耳，实不堪以闻也。"福哉其谛听者！祸哉其忽略者！

神道之在《高超乐园》之第四页：

神之民欤！——高超哉其光荣！求神庇佑权力之源，（即统治者）毋犯自尊及贪欲之罪，并辉照以公义之光而领导之。虽然沙皇陛下地位固崇高矣，惟尚不免乎有二疵行。其一为放逐仁慈恩惠领土之王彼圣者之元始；其二为杀戮一有名望之政治及文学家[①]。简言之，彼（即沙皇）之愆尤与恩德咸称伟大也。

夫君皇能以其威权及独立之尊，而不致防碍其施行公义，不因其拥有利益、富裕、光荣、军旅而剥夺公平日月之光！如是之王者殆将占有一崇高之地位与超越之阶级于超然汇合之中；敬爱斯福泽之人乃为众人应尽之义务矣。福哉，彼统治者能控制其自我主义之羁勒及压抑其愤怒使公义平等克胜于压制与暴虐！

神道在《高超乐园》之第五页：

智慧在初步之阶级为最大之恩赐及最高之福泽。斯乃众生之护卫，维持及辅助者也。智慧为慈悲者圣名显示者唯一全智之先驱。人类之地位赖智慧而显著，斯乃唯一智者及生活学校之首要导师，唯一辅弼者及高超阶级之所有者。自斯训练土地之原素被赐清净之灵体，凌驾乎宇宙之上。智慧在公义之城中为第一流之雄辩家；并于"九年"[②]时代以显圣之佳音普照全世，智慧乃聪明无匹者，在创世之初，登于有意义之阶梯；迨奉神圣旨，遂进占宣传之坛座。宣讲二语，其第一语乃表现允许赏赐之佳音，其二则为惩罚，于是希望与畏惧因而发生，复赖斯二者世界秩序之基础因而树立巩固。高超哉唯一智慧者，洪恩博大之所有者！

神道在《高超乐园》之第六页：

人类之光，厥为公义；幸勿以压制及暴虐之飓风以扑灭之。公义之目的为实现人群之团结者也。上帝海洋之智慧正荡漾于斯高超之道中；举世界之丛书咸不足以包涵其意义焉。

苟世界为斯外裳所装饰，太阳之言云——"于斯时代上帝将以其丰盛一一予以满足"——将由世间天堂之地平线显现而照耀。若当明了斯宣言之地位，盖其为超然之笔之树最高之果实也。乐哉彼听从而实行者！

诚哉吾言，凡降自上天，神圣之旨者，胥有裨益于世界之秩序及促进人类团结与和谐。斯被屈枉者之舌在彼之大狱（亚加）如是宣言！

神道在《高超乐园》之第七页：

天下间之智者乎！若无分畛域，应一视同仁，并坚握凡促进普世界之安宁与保障之工具。夫斯

---

① 即金墨铿，为波斯著名之政治及文学家，沙皇因其为人民爱戴，故杀害之。

② "九年"盖指此新时代之开始，即一八八四年，当巴勃公布其使命之日。巴勃曾用"九年"一语以预言博爱和拉与其使命，博爱和拉直至自百达被徙至康士但丁堡时始公布其使命，盖所以应念巴勃另一预言关于"十九"年之时期也。

渺小之世界直如一乡土或一区域耳。故宜舍去能致扰乱之光荣，而趋向凡可以促进和平之道。彼博浩(Bahá)之人民视智识善行道德及智慧为荣光，而非乡土或阶级者也。地球之人民欤！盖认识兹天道之价值，盖其有若智识海中之舟楫，又若理解宇宙中之太阳。

神道在《高超乐园》之第八页：

夫学校首宜训示儿童以宗教之纲要，彼上帝经中所载赏罚之道可以防范彼俦干犯违禁之事，并饰以诫命之外裳，然仍有如是之方，免使儿童受害产出愚鲁之热狂与偏执之结果焉。

公理院中之委员应讨论经中所启示之仪表，凡认为适合者，宜执行之。诚哉，神将以其意旨感动彼俦，彼乃统治者知觉者也！予曹前尝宣示凡语言应规定为二种，[①]然仍应竭力减为一种。而世界之语言亦应如是，庶使人类不致虚耗其光阴以研究各种方言，并可使全世界有若一城一域也。

神道在《高超乐园》之第九页：

诚哉吾言，处世宜秉中庸之道，苟操之过激，徒贻损失。试观西方之文化！如何使世界民族骚然纷乱。有凶器焉，发现于兹，其屠戮生灵之惨，为世界之所未尝见、各国之所未尝闻者，欲求避免此穷凶极恶，殆不可能，除非举世界人民凡事联合一致或同趋一宗教耳。盖谛听斯被压迫者呼吁之声，而景从最伟大之和平！

地球之上存一奇异之器，然为耳目之力所不能及者。斯奇器也，其权力足以变换宇宙间之环境，然误用之则遭破坏矣。赞颂上帝！一怪异之事，经已发现，电光及相类之力业为传电体所制服，凡所动作，均受指挥。高崇哉，彼权威者，以其绝对不可克胜之力量而表现其意旨！

博浩之民欤！每则启示之诫命，咸为世界上坚固之堡垒。然斯被压迫者惟希望若曹之安全与上进而已。

予曹训诫公理院之委员，并令其保护民众男女孩提。罔论环境奚若，彼俦应顾虑民众之利益。福哉王者能拯救其俘虏，富者能周济彼贫困。义者能为受屈者获取公道于压制者之前，而委员亦能遵守前在领袖之成命而行！克底氏(Ḥaydar Qablí 'Alí)乎！吾之荣光赞美咸临于若！吾之诫命训诰胥已环绕宇宙之间；虽彼俦贻予曹以悲痛而非喜乐；盖其中有佯为爱我者(即所谓信徒)，起而恣虐，施其祸害于予曹殆有甚于昔日国家及波斯之教师。予曹尝谓："予之幽囚，非子之痛苦，亦非敌之所害，乃予友辈与予个人有关者之行检所犯足使予心予笔悲痛不已耳"。

予曹尝一再启示相类之宣训，然怠忽之辈并未蒙其利益，盖彼俦咸属自私与欲欲之奴隶也。盍求上帝，令彼改悔。苟一日犹为欲欲所缚束，则罪恶愆尤仍将继续。盼神圣慈悲之手及怜悯者之恩泽有以扶助之，并饰彼俦以赦宥及恩赐之裳服；复盼彼将防范凡可损坏其道于彼仆从之中。诚哉，彼乃唯一权能者及宽宥与慈悲者也！

神道在《高超乐园》之第十页：

嗟乎举世之民，独身生活及严励之修行，不为上帝所喜悦者也。凡具有见识者，宜寻求馨香愉乐之方。若是之训练，乃出自迷惑者之腰围及妄诞者之腹胎，而非有识者之所为也。夫上古及近代之人，每有居处于岩穴及夕履于陵墓者。盖谛听被压迫者之训诲。舍若所固持而遵从可信仰参议者之所命，毋侵夺为若曹创造者。

周恤贫困为上帝所爱悦，并许为善行之首。试忆慈悲者尝启示于《可兰经》中云："彼俦其中虽亦

---

① 即在此显圣中，博爱和拉凡所启示之言语，均用波斯及亚拉伯两种方言。

有赤贫者，而爱恤贫困有甚于己。彼能自保其性灵，免于贪欲，如是者，将必繁昌。”诚哉以斯关系斯有福之道乃道中之太阳也！福哉彼爱其昆弟有甚于己者，夫如是之人，乃处于红舟[①]之博浩人民，属于上帝知与智者也。

神道在《高超乐园》之第十一页：

予曹命令名与德之仪表（即教诲真道者），今后宜坚守斯显圣之启示，毋为纠纷之原因，若仰望斯光荣之道之地平线有如启示于斯篇之经文至于永终，盖此外别无终境也。夫倾轧为流血之源流及使民众蒙革命之痛苦。盖谛听斯被枉者之声音而勿违背之。

苟熟思斯超然之笔所启示者，彼将确然明了凡斯被枉者之所言，未尝希望为己建立一地位或阶级也。然予曹之目的，乃由斯高超之道而高举人民于超然之地平线及准备彼侪之皈依，凡可以资助人群使臻圣洁，并排除各宗教互异结果之纠纷。吾笔吾心及吾之表里皆向之为证。苟上帝允许，彼侪咸将转向存于心中之宝藏矣。

博浩之民欤！思想之官能（指脑）乃为技术艺术及科学存在之所。盍竭若力使智识及智慧之宝石能发现于斯理想之矿藏，并辅助世界各国之安宁统一，奚论环境若何——困厄、顺遂、荣誉或痛苦——斯被枉者尝谕以表示仁爱、情感、慈悲与和合。每当高崇（指斯道）表彰之际。彼隐藏以乘其后者即起而宣传诽谤之言，其利胜于刀剑。彼侪抱持虚伪陈腐之道而被隔夺于圣经之洋海，苟无是障碍之中梗，曷需二年，波斯早已为神圣之宣诏所克服，政府与人民之地位亦已趋于崇高，而欲达之目的胥得充分表现而无隐藏也。

简言之，予曹所应言者咸已尽言，前则以暗示之方，近则采坦白之语。波斯自经改造后，斯馨香之道将散播于其他国家。盖凡经超然之笔所流露者，夙今皆有滋助于普世界人类之上进及锻炼，且为各病症最妙之药剂——苟彼侪能释然明了焉。

今也彼尊者亚仁（Afnán）[②]及亚勉（Amín）——愿吾之光荣及恩泽临之——臻于予曹之前会合；同样的尼布（Nabíl）、尼布之子及沙曼德（Samandar）之一子亦愿神之光荣及恩泽降临之——同聚而共饮和合之杯。吾求上帝！自恩天慈云颁赐彼侪今生及来世之福泽。诚哉彼乃慈悲中之最慈悲者，且乃仁爱及施惠者也！

克德嘉理（Ḥaydar Qablí 'Alí）欤！若之其他一书付与“质”（JOOD）[③]者已达神圣之宫廷。赞颂上帝，彼（指付盾之信）为统一及至圣之光所彰饰，并为仁爱情谊之火所燃炽，若盖求上帝扩张其眼界使亮照于新之光华；庶几彼侪或能造诣于无匹之域。兹者唯一“祖经”之节文方辉耀如旭日。固不能与古今之道相淆混矣。诚然斯被枉者殊不欲凭借其他表现者以证明其道。以彼（指神）已足包涵一切，除彼而外，咸受包涵也！民众欤！盖详察凡所属于若者，予曹亦将详察其所属。以上帝为证！虽以一切造物之文辞及各国之所有，皆不足以与予曹之宣示相提并论。曾自各级程序训练者如是证之。诚哉彼乃上帝，审判日之王，高位之主宰！

赞颂上帝！兹犹未悉何以证辩百仁之反对者竟反抗世界之主[④]。斯物质之地位乃超越于前所

---

① 红舟，乃指灵性之舟，在其中者，赖神之爱，已达至最高地位而被拯救于世界上一切风涛之中者也。此亦指殉道之情形为上帝之道所能达之最高境界。红舟象征“约法”斯时能坚守之者乃得为被拯救之人民。

② 亚仁，字义为“树枝”，斯语常用以称巴勃之从表兄弟，因彼侪与神之显圣“树干”有关连也。

③ “质”字义为宽大，乃一象征之名，博爱和拉赐与一人名“佐屈”（Javád）者。

④ 即“神所显示者”博爱和拉。

发现及可能发现者。苟今“百仁中心”(即巴勃)尚在——神不许可——而稽延承认斯道,彼将受彼圣者由百仁黎明之府所降福道之裁判,彼尝言其言属真“神所显示者将有权加以否认甚至地上之最尊者”。

若乃贫于智识者也!今圣者(巴勃)宣示云:诚哉“吾固众中崇拜彼之第一人(即显圣)”。夫民众所蕴藏之智识有限,而其了解之力量亦微,昭然之笔已彰证彼侪资产之贫乏及上帝众生主宰所有之丰富。荣光属于众生之创造者,彼乃唯一真者及洞察不可见之事物者!

唯一“祖经”确已启示,宽仁者乃在“最尊之地位”。“黎明”[①]确已显现,而人民犹在惘惘之中。经文既降,惟启示者则显然处于忧难之中。如是痛苦加之于我,故生存者悲叹曰:“愚苛”!Yaḥyá(以色克,Azal)苟若具真之智识,盖创造一句经文。斯乃吾之先驱者,前尝宣示之,即今彼亦云:“诚哉吾固崇拜彼之第一人也。”

吾之昆弟乎!平心论之,在予宣训海波之前,若果有微末之宣训乎?在予笔响动之前,若果有丝毫之声音乎?在予权力显圣之前,若果有少许之力量乎?秉公而论,盖忆昔者若立于被枉者之前,予尝宣示若以上帝唯一保卫者自足之经训。慎毋使诈伪之源阻若亲近显著之真道。

若辈凝望其面貌者欤!若其粗忽之仆欤!若为涓滴之微致削夺一己于经书之洋海,因小疵而禁制一己于真理太阳之光华,夫除博浩(Bahá)而外,孰有权能以宣诏于世界?盖秉公正之心,毋效压迫者之所为。彼(博浩)尝使海洋移动,奥妙显现,树木发言。诚哉天国舆世界咸属上帝,经训之启示者及黎明显著之证据也!

盖思彼圣者先锋波斯之百仁(Bayán)并以公正之目光详为观察之。诚哉彼将道若于正道。兹彼所宣示者,乃前所尝言当彼被建立于其名之宝座最尊大者。

若曾言及在彼方之友众。赞颂上帝,盖彼侪各皆达至受真者称道之荣誉,而彼侪之名均由堂堂之舌吐露及启示于百仁国中,福哉彼侪!乐哉彼侪!盖尝自宽仁之主宰恩赐手中而酣饮启示与兴奋之旨酒也。

予曹求上帝坚强彼侪于最坚定之中及以智慧与宣示之万军以辅翼之。诚哉彼乃唯一权能者!烦为吾致意彼侪,报以使其欣悦之嘉音,盖眷念之轮光,已由仁慈赦宥之主宰所赋天恩之地平线破晓而照临于彼侪矣。

若曾言及彼尊者加百列(Jibrá'íl)[②],诚哉予曹尝以赦免之外裳饰其体,宽宥之冠冕覆其首。彼藉斯光明照耀之故应受夸耀于众矣。自斯幸福之经文启示后,若兹如由母胎再世,毋须更事烦忧。若今后将无罪恶与过失,盖上帝已以其普陀 kaw<u>th</u>ar(乐园之泉水)之宣诏发自亚加大狱为若清洁一切也。予曹求上帝——彼乃荣耀高崇者——使若能为彼彰其赞美与尊荣,并助若以目所不能见之万军。诚哉,彼乃唯一之权能者!

若曹言及沙地某材之人民。诚哉予曹面向彼地之神仆并劝导彼侪,于予曹说教之始注意阿尔百仁之中点 The Point of the Bayán 所启示关于斯显圣者“众名”[③]神经为之震惊。迷信之偶像曾经击倒,堂堂之舌自超然之地平线宣诏云:秘密之财富及隐藏之奥妙咸确发现;亘古及今凡自其唇所道者

---

① “黎明”乃指《可兰经》中之预言关于新时代者,即此显圣。

② 即Ḥusayn-Hají-Lutfí-'Alí,波斯 Ká<u>sh</u>án 地方信徒之一。

③ “众名”一词为博爱和拉所常用,其意乃指在显圣时期之教师为人民所信仰者,斯辈确为人民及神之显圣之障碍,故博爱和拉于各经中均劝谕人民勿盲从如是之“众名”而赖祈祷及一己之良知以寻求真理。

胥已欢欣微笑矣。彼(巴勃)尝言:其言属实“予确尝书一概要以为彼之描画乃为:彼不能以予之幻念以指明之,即凡经百仁所曾道者亦有所不逮也”。

予曹劝导彼俦趋于平等公义可托于诚实,盖借斯神之道及彼俦一己之地位将可超越于人群;予乃唯一真诚劝导者,如是证明由彼之笔涌发慈悲之泉水,及由彼之宣诏泛溢生命之普陀(乐园之泉水)以济世界之人民,高崇哉斯莫大之洪恩,荣耀哉斯显著之恩泽!

沙之民欤!盖聆彼自足者之声音!诚哉彼劝导若辈遵守凡可使若接近上帝众生之主宰者。诚哉彼自亚加狱中以其面目转向若辈并为启示,盖以若辈之系念,若名将永存书册,并永不因反对者之疑惑而稍有涂抹或变更。盖舍弃凡属于人群(即意见等)者而坚守先存者唯一元帅之所命。

斯际沙勒标志(Sadratu'l-Muntahá)[①]高呼曰:民众欤!先视予之果!次及予之叶!然后谛聆予之声响!若其慎诸,幸勿为群众之惑,致阻若信赖之光!宣诏之洋海澎湃而言曰:宇内之人民欤!盖视察予之波涛及自予所出之智慧与宣诏之珠宝,敬畏上帝,毋为忽略者!

沙之民欤!盖借予最大之名之力取智识之杯而饮之;虽世界之人民已毁弃上帝之约章,不信其证辩,及反对其充沛于宇宙间之迹兆,亦不足介也,百仁人民中之反对者乃如克色(Shí'ih)之宗派(波斯之回教徒)。一任彼俦处于幻想及迷信之中。诚哉彼俦于上帝智者知者之经中已被列为丧失之流矣。

今也克色之博士,从事咒诅及痛恨斯真者。赞颂上帝!(含有惊讶意)斗立阿白(Dawlat-Ábád)[②]亦从彼众登坛而致词,遂使“经”哀痛“笔”悲愁[③]。试念亚斯立夫(Ashraf)[④]之善行及其美德——愿吾之博浩及恩惠降临之——及其他为斯名而赴牺牲之域,捐其生命于众生所仰慕者之途径者。斯道昭然若揭,有如太阳;而人民则反为一己之障碍。予曹求上帝使其回头。诚哉彼乃慈悲者及易于和复者也!沙之民欤!予曹于斯方致意若辈,并祈求上帝——最尊荣者——自其恩惠之手赐若畅饮恒忍之旨酒。诚哉彼乃丰盛权能荣光者!盖舍弃世上未臻成熟致为欲所驱使而坚持幻想之源流者。诚哉彼(上帝)乃若之证明者及扶助者!诚哉彼固有权力以施行其意旨!盖帝外无帝,唯一独立权能之至尊者也!

于斯福祐奇伟之日,凡趋进于黎明之府而承认及接纳由宣诏之舌所宣示于智识国中者,予曹之荣光胥降临之!

(《乐园经》终)

---

① 古代阿拉伯人植树道终以示途径之名,于斯借用以象征现代之显圣。是日也一盛筵陈设于最高汇合之中;盖凡各经书所允许者咸已实现。斯乃最愉快之日!群众咸应尽其欢乐,迳赴亲迩之宫而超脱远离之火。

② 即“波斯克德立阿白”(Hádi of Dawlat Ábád),当时以色立克(Azalís)首要之一也。

③ “经”及“笔”乃在《可兰经》中所启示之二名词,指圣训之经与笔,斯词亦指上帝之显圣,因由斯显圣彼之意旨及勅令启示于世界也。

④ 亚斯立夫乃大同教殉道者之一,其子名 Mírzá Faẓlu'lláh,现居于Ṭihrán,能以极有音韵之声诵大同教经文。

图佐理日经[①]

彼乃来自其最高天际之睿听者!

吾实证之诚哉舍彼而外,殆无他神!彼已降临者,洵为潜隐之玄妙,蕴藏之秘奥,各民族最大之经典,全世界恩惠之天堂;彼乃人类中唯一伟大之标志及创造界中德力之晨府。由彼而昭示亘古以来之秘奥智者之所未觉。诚哉,彼固古今各经典所宣示之显圣也。

曷论伊谁承认彼及其朕兆与事迹者,诚哉固已承认,当洪荒未创及万名之国未显现以前,堂皇之舌所宣训者矣。由彼智识之海洋已动荡于人群之中,智慧之流泉已涌现于上帝万代之王之前。福哉凡具明辨之能,见而领悟者,耳聪能闻其柔和之声音者,并赖其主今世及来世之王之力,以坚执其经典之手!福哉彼敏捷者能疾趋于彼超然之地平线,彼刚强者不因王者之势力及教师之喧嚣而被屈服!然而祸哉彼不信仰上帝恩泽仁慈矜恤及权力者!如斯之人,诚乃永远反对上帝之证明及确据之一流也——"乐哉彼于现代能舍弃一般人民之所有,而遵守凡属上帝万名之王万物创造者之命令:盖彼乃唯一来自先存之天堂具有最大之名,虽举世之万军犹不足以抵抗其权力——在最高位置之"祖经"为之证明。

阿利哈伯('Alí Qabl-i-Akbar)[②]欤!予曹已屡闻若之声音,亦尝答若以世界无可比拟之言语,由斯彼诚恳者得寻慈悲者宣训之馨香,友爱者团结之芬芳及渴者生命河水之潺湲。福哉彼能造诣于斯,并发现正由庇佑者、伟力者、惠赐者上帝之笔所散布之芬芳!

予曹证实若确已出发登程而达斯地,并闻斯被压迫者之声音,至其被囚禁之由,乃蒙自不承认上帝之迹兆与命令及反对以其恩泽辉照世界地域者之手。福哉若面,盖其转向予曹也;若耳盖其能闻也;若舌盖其赞颂上帝万主之主也!予曹求帝使若成为辅翼其道之旗帜,及使若无论处何环境中咸能接近于彼。予曹关怀彼地上帝之友及其所爱者,并使彼侪欣悦盖所启示于彼侪者,乃由其主,审判日之王,宣训国中而来者也。

为予之故轸念彼侪,并以予宣训轨道之光辉照之,诚哉若主乃权能恩惠者!噫,若侪之赞美予者!盍聆被压迫者对予所言。有曰:"诚哉彼(博爱和拉)竟自诩为神圣;"他则曰"彼尝诽谤上帝者":复有曰:"彼出而为恶化者"。祸哉彼侪,忧患将临之,夫彼侪非幻想之崇拜者欤?

诚哉予曹今欲舍弃斯"华丽之言语"[③]矣。诚哉若主乃唯一权力者、独立者,予曹今欲应用波斯语,无几波斯之民众可聆彼宽仁者之宣训,并可进而寻求其真理也。

第一图佐理日

由真理太阳所普照者乃为上帝之智识——高崇哉其光荣!——而先存之王之智识,非认识斯最大之名未由所获彼(最大之名)高峰上之宣传者,建立及安坐于显圣之王座。且彼乃唯一隐藏者不见者及掩蔽之玄妙也。

---

① 图佐理日(Tajallíyát)云者,意即光辉或光线。

② 波斯之著名大同教师,为道服务,屡遭幽禁。

③ 斯经多用"华丽之言"(即亚拉伯文),由斯起改用波斯言语。

一切古今上帝之经书皆为纪念彼之盛典所章饰。及赞颂彼之言词。借彼标准之智识树植于世界之上，团结之旗帜飘扬于国际之间。舍借会晤彼外，莫克会晤上帝也。赖彼而发现一切无穷之隐藏及不可见者。

诚哉彼已发现乎真理及宣示一言，于是“举天地之间，除上帝所欲者外，咸为之震骇”。信仰上帝及其智识殊难充分贯达，除非由于信赖一切出自彼“显圣者”及实践凡彼所命令与由其超然之笔所启示之经典。凡荡漾于神圣宣训之海者，须常遵守，神之命令及其禁诫。夫其诫命乃保障世界及继续人类之最大堡垒也。光明临于彼承认及认识之者，火焰降于彼反对及抗拒之者。

第二图佐理日

为恒守主道及其仁爱而不渝！高崇哉其光荣，然吾人未克臻此，除非赖其智识，然其智识不可全获，除非承认斯有福之言：“神行其意旨之所欲。凡能坚守斯高崇之道而饮彼蕴藏于神圣宣训之浩泉(Kawthar)[①]者，将自觉其坚定，虽世界上一切之经书咸不能阻挠其于‘祖经’也。嗟呼！伟大哉斯巍峨之境地，高崇之位置，宏远之境界也。阿利哈伯钦！盖思彼反对者[②]地位之卑污。”彼侪皆尝诵斯有福之言：诚哉，彼之所为成应赞颂，彼之命令咸应服从[③]；然而吾人苟有极小之事端与彼侪欲望相左者，彼侪将反对之。噫嘻，殆无人能明了上帝处事之简捷及完备之智慧者也。诚哉苟彼宣称地球为天堂者，将无人有权以纠正之。斯乃阿尔伯仁中心(巴孛)已证明凡属上帝黎明之开启者均已宣示于彼也。

第三图佐理日

乃关于科学技能与艺术者。夫智识之于人类，有若双翼焉，又若高升之阶梯焉。寻求智识，乃众生之义务，然应求有利于人群之科学，而无作徒起于空言而止于空言者。彼拥有科学及艺术之辈处世界人群占有莫大之利益。圣训宣示之母证明于悔改回头之日。乐哉其谛听者！

人类真正之财产乃其智识。夫智识乃光荣、兴盛、欢欣、愉快暨极乐之资助。斯为堂皇之舌于大狱中宣示者也！

第四图佐理日

关于神圣主宰之地位及其相类之宣言，苟凡赋有理解而注视斯显彰之福树及其果实者，除斯而外，彼将卓立于一切而承认高峰上宣示者在显圣宝座之垂训。

阿利哈伯钦！盖宣传于民众以关于若主之迹兆(或经文)，使彼侪悉其正道及伟大之使命。噫嘻吾徒！苟若为正义公平者，殆将承认凡超然之笔所流露也。苟若为百仁之民[④]，斯波斯之百仁将领导及予若以满足，苟若为依福根[⑤]之民，盖反映堪兰之子[⑥]“西乃山”之光华及声音。

---

① 乐园之泉水。
② 反对者，指以色立士(Azalis)辈。
③ 斯乃巴孛之言，关于神之显圣者。
④ 百仁乃巴孛之经书，百仁之民，乃指其信徒。
⑤ 依福根，即《可兰经》，伊福根之民乃指回教信徒。
⑥ 堪兰之子，即指摩西。

赞颂上帝欤！[①] 尝以为于上帝显圣之时，人民之智识业已生长完备，成熟而臻于极端境界。惟兹已明了彼反对者之智识降低，并停滞于未成熟中。

上帝乎！彼俦拒绝接纳生命之树与前接纳于西乃山者殆同！

百仁之民欤！幸毋为若一己及私欲而哓哓！世界多数之人民咸已承认斯有福之道出自显圣之树，以上帝生命证之。苟彼先锋者（巴孛）不言及"神圣"[②]，之词，斯被压迫者亦不述及之，庶免愚鲁者之纠纷及覆灭也。

自百仁之始，彼（巴孛）详云之曰"彼神将显圣者""诚哉彼乃唯一于各级中之宣训者"——"诚哉予乃上帝——予外无帝——上帝乃万物之主，予外万物咸为予创造，予之造物乎！若俦应崇拜予"。同样的在别处当述及"彼神将显圣者"，彼云："诚哉予（巴孛）乃有众中崇拜彼者之第一人也"。

今乎人类应思维彼"崇拜者"（巴孛）及"被拜者"（博爱和拉），庶几地球人类可分润智识海洋之一滴及明了斯显圣之地位。诚哉彼已显现，并昭说真诚。福哉彼认识及承认者，祸哉彼疏远反对者！

噫，地球之汇合欤！盖谛听"沙勒"（乐园之树）之声音，其影荫环绕世界最高之地位。幸毋为世间暴君反对上帝之显圣及其权力，并舍弃其洪恩。彼俦非于造化主宰，上帝之经中所被鄙弃者耶？愿光荣自予眷佑之天照临于若，天与若相协者，并遵从若宣扬上帝——权能者及应受赞美者——之道之徒也！

（《图佐理日经》终）

福音经

斯乃上帝于亚加（'Akká）狱中，自超然地平线所发之声音！彼乃唯一宣传者、智识者、无所不知者！上帝证明其名称圣德之表现，足以彰著其宣扬之声、高妙之道，予侪素志乃以神圣宣训浩活泉水，使世界众生之耳可清洁于虚伪之传说，而准备谛听降自创造天府及万名者智识宝库有福清洁高妙之道。福哉！其为公正之人！

噫嘻，芸芸众生！

第一福音

所赐于斯最大之显圣自"祖经"者，厥为废除一切宗教战争之教令于各经典中。高妙哉！唯一仁慈者、洪恩拥有者——自彼恩德之门赖以启放于天地间万民之前也。

第二福音

乃为上天认可世界各国民族以和乐馨香而互相交际。民众欤！盖与世界各教人民和乐馨香接触！盖允许及希望之曙光已由众生主宰上帝诫命天堂之地平线而辉照矣！

① 含讶异之意。

② 博爱和拉谓其神圣宣言果应巴孛关于彼之预言也。

第三福音

乃为研究世界各种方言。斯诫命前尝为超然之笔所流露。各国君王陛下——愿上帝助之——或世界上之参政者应互相聚议，确定一种现有或新方言，一律教授于全世界学校中之儿童；而文字亦然。处斯情况下世界可视同一体。福哉！彼闻声而实践上帝大宝座之主所命令者！

第四福音

让众君王——愿上帝强健之——咸兴起而保护及扶助斯被压迫者之社会。凡大同教徒咸应争先恐后以服务及表露仁爱于他人。斯固众生之义务。福哉！彼实践者！

第五福音

凡居于其邦土或国家者，应以忠诚信赖真实以对其政府。斯乃昔日尊者之训示也——夫辅助斯最大之道，乃普世人类之义务与责任——降自超然存在天府之王之意旨——庶几有等国家心存嫉视之火焰可借神圣智慧与威仪之命令及告诫之水而熄灭之，而团结和合之光，可以烛照乎宇宙，希彼表现上帝权威者（即君主及执政者）之赞助，使世界军备变而为和平，而倾轧与斗争将消灭于人间。

第六福音

厥为最大之和平，超然之笔前尝启示以阐明之矣。乐哉！凡能坚守之及实践乎上帝智者知者之所命者！

第七福音

夫人咸赋有采择其服饰及修理其须发之自由。然须慎防。民欤！毋令己为愚鲁者之玩物也！[①]

第八福音

圣者神灵（即基督）——愿上帝之和平荣光临之！——人民中僧侣神父之刻苦修行者，咸受上帝之眷顾；然于斯时也，彼俦应舍弃其孤苦之生活而与社会人士相往还，并置身于有利益于一己及他人之事业。予侪业已允许彼曹均有婚姻之自由，并抚育儿女，使其所出者可归荣于上帝，斯可见及不可见世界之主及高超宝座之王！

第九福音

夫众人当自觉其解脱及除上帝拯救而外，断绝于一切之情况中，应恳求上帝之赦宥。然于人前宣布其过失愆尤为不容许之举，盖如是从未而且无补于得获上帝之赦宥。况忏悔于人前适足以导人于耻辱卑下，上帝——高超在其光荣中——雅不欲其仆人之受辱也。诚哉彼乃宽仁恩惠者！罪人应一己于神前求怜恤于其慈悲之海，求赦宥于其福泽之天堂，爰祷告云：

噫，吾之上帝欤！噫，吾之上帝欤！吾求若——赖爱若者之血，良以彼俦为若美妙之宣训所吸

① 喻即人不应衣奇装异服及饰怪异之须发，致为好批评及反对之徒玩笑之具！

引，得以委身于高崇之绝顶、伟大殉道之地域及赖蕴藏于若奥妙之智识，积聚于若恩赐海中之珠宝！赦免予及予之父母。诚哉若乃慈悲中之至慈悲者！若而外别无其他宽仁慈悲之神！

嗟乎吾主！盖观乎彼谬误之元素方向若恩赐之海，弱者方向若权力之国，贫者方向若财富之太阳而前进。主乎！毋令彼侪失望于若之宽大与洪恩；毋剥夺彼侪于若宽限之时期，并毋拒绝彼侪于若已为天地众生所启放之门！嗟嗟！予之愆尤已阻隔予接近于若圣洁之宫廷，予之罪过已令予远离而不能向若荣光之帐幕。予诚已干犯若之禁戒及忽略若之命令！予求若以万名之王以恩典及恩赐之笔判定使予可接近于若及清洁予之罪恶，庶免予隔绝于若之赦宥。诚哉！若乃权能者！博施者！若而外别无其他威权恩典之神！

第十福音

予侪于各经传中已删去消灭其他经典之教令①，斯乃特殊之恩惠来自上帝，颁发斯伟大使命者之尊前！

第十一福音

凡研究各种科学及艺术均属许可，惟应具有引导及辅助人类上进之利益者。斯举乃由上帝命令者、智慧者所制定也！

第十二福音

凡人均应各执一业，如工业贸易及其相类者。予侪业已肯定——若之职业——与崇拜上帝唯一真者合而为一。民欤！试念上帝之怜恤及其恩惠自当日夕为之感谢不置矣，毋虚掷若之时光于怠惰而游荡，应从事于有利益一己及他人之职业。彼智慧之太阳及神圣之宣训方自地平线而闪映，盖斯事已于斯经中规定也！夫最可鄙之徒乃于上帝之前坐而求乞者也。盖坚执中庸之索，皈依上帝，斯各原因之种因者。凡人能从事一艺或一业——于上帝之前则将被视为一崇奉之举。诚哉斯乃其伟大丰富之恩惠而非他人所可及也。

第十三福音

人民之庶政付托于上帝之公理院委员以治理之。彼侪乃上帝仆众之委托者及其国之命令之明堂也。

神之民欤！世间之训导者厥为公义，盖其为二柱石所组合焉：赏赐及惩罚是也。斯二柱石为世界人民生命之源泉。良以每日每时需一特殊法令及规定方得其便，故一切庶政咸委托于公理院之大臣，使其认为适当者，可以应时执行。凡诚心兴起求道以取悦于上帝者，将受不可见之神圣所感应。斯乃众义所当服从者也。

夫行政事务宜一切应由公理院委员管理之，然奉神之举则应依照经中所启示而遵行。

百浩之民欤！若乃仁爱之晨曦及上帝恩赐黎明之府。毋咒诅或詈骂他人以污若之舌，保卫若目使无睐于不正之事情，宜彰显若所固有者(即真理等)。苟能接纳之，则目的已达，反之，冲突干涉之

① 指某种宗教之掌权者除本教之经书而外，禁止阅读其他宗教之经书。

举乃所不许，惟有听诸自然，并宜趋于上帝保卫者、自足者之前”。毋为痛苦之原因，分裂与斗争更无论矣。希望若曹能受训练于神恩树荫之下，实行凡上帝之所欲。若众咸为一树缤纷之叶、一海涓滴之水也。

第十四福音

为探访已物化者之陵墓而作旅行是诚无需，苟具斯财力者应将其斯项旅行之费如数捐输于公理院，尤为上帝所接纳与欣悦也，乐哉！凡能实践者！

第十五福音

民主政体固有利于世界之民众，而君主威仪乃上帝表现之一端。予曹固不欲世界各国受斯剥夺也。苟政治家能合二者[①]为一政体，则上帝于彼俦，赏赐必大焉。

为适应于前代之需要，以前之宗教规定及命令如宗教之战争，禁止与其他民族交接来往及不许读阅某种经典等，然于斯最大显圣及伟大使命中，上帝之恩赐胥普及于众生，而斯不可改易之诫命早已启示详述于先存之主意旨之地平线中矣。予曹赞颂上帝——高妙而光荣——盖彼于斯时所启示者，胥属幸福伟大奇妙者也，苟世界全体人民各有万千之舌，将同声歌颂上帝，直至无终之日，诚以彼众之感谢，犹未足以比拟斯经中所载恩惠之一端！如是为证凡人具有知识辨别及智慧理解者。若求上帝——高妙在其光荣中——并恳其使各君主及执政者——彼俦乃权威黎明之府及势力之明堂——能施行其教训与诫命。

诚哉，彼乃权者、能者及堪以施行赐惠者也！

（《福音经》终）

光华经

斯为上帝唯一庇佑者、自存者之经！

彼为上帝！高妙哉其仪表。在智慧与宣训中！

赞颂上帝！其伟大力量与美丽洵乃无双，其光荣力量与威严诚属唯一，其纯洁则匪夷所思莫与俦匹。其正道确已由其最雄辩之宣训言辞解释明白。诚哉！彼乃唯一独立者全能者！

昔者彼欲建一新创造，自志欲之地平线放出一显著光明之中心点，斯中心点受上帝人类之主之命令，于各种形式中，经各部位以达最终之阶段。诚哉！斯中心点[②]乃创化国中众名周围之中点，最终显现之字母也，赖之而表现最含蕴之玄妙、美丽之寓言及唯一显圣者，而彼方表现最大之名于最辉煌之经典及圣洁幸福之白书中。

---

① 即参酌两制度之长，如将民主政治之议院制度与立宪国之君主合并，类如英国之代议士制而同时亦有君主者，博爱和拉曾于《世界经》中述及之。

② 斯指“中心之道”为现时所不能详细讨论者。“中心点”乃第一之创化，由不可见之中而进于一“新创造”。各字母于是由“中心点”而生，例如，巴孛之显现是为“启示之中心点”，而“十八字母之活现”乃由彼所创化也。

当中心点与第二字母联合而显现于"马西尼"[①]之首，宣训与意义之球转动，上帝永远之光普照高立于表证之天空。而二球之光由斯而生。光荣哉！慈悲者不能以譬喻引证之，以言辞形容之，以解释明辨之，以迹象描写之！诚哉！彼乃唯一之领袖施予者，在原始与复来中！

彼委其(即二球之光)出于权力之万军中，为庇护者、引导者。诚哉彼固唯一之庇佑者、权力者与不可限制者也。"河美利"[②]之二次受启示，殆如"马西尼"亦经二次之启示焉。

现再用"河美利"以接前文。赞颂上帝彼明示中心点，复由之而发出自古及今一切之智识，而命之为其名之传论者(即巴孛)与其最大显圣之先锋，使各国之神经为之震惊，而唯一光华已自世界地平线上升。诚哉！上帝使斯中心点成为光华之海于其诚信臣仆之中，使之成为火焰之球于其遗物中之反对者及不虔敬人民之中——即凡变易上帝之恩赐者，盖以彼侪之虚伪摒弃天赐之粮。并引导其朋辈于怒舌之域。彼侪尚显彰虚伪于世间而破坏斯际建于最大宝座上先存庙中圣约之一类也，传谕者方高呼于"圣谷[③]之右"云：阿尔百仁之汇合欤！敬畏仁慈者！斯乃穆罕墨德上帝之使者所述及者，其前有灵性者(即基督)，再前则有问答者(即摩西)！斯阿尔百仁之中心点于宝座之前，高呼曰：若诚乃纪念斯最大使命及最坚定之道而被创造，隐藏于众先知之脑际，蕴蓄于众选民之怀内，由超然之笔书诸若主万名之王之经中者也！

呜呼！殆亡于若愤怒之中，互相倾陷之民欤！彼诚显现矣，由彼之智识一切咸无所隐遁，良以彼智识之容貌已欣然降临，而赖彼宣训之国家亦为所饰！凡彼追求上帝，万教之王者，咸已趋前。凡坐者卧者咸因彼而起立急趋于保安之岭。斯时也上帝使之成为虔敬者之恩典，恶者之刑罚，追求者之怜恤，反对及远离者之愤怒！诚哉彼自其尊前显现其赫赫之威权并启示于其上天下地莫可与京者！百仁[④]之民欤，敬畏斯唯一仁慈者！毋蹈(意鲁福根)[⑤]人民之所为盖彼侪日夕口称信仰，迨人主降临，则反对而不信之，并加以难堪之罪，致令"祖经"于复临[⑥]之日为之悲叹！盖记忆而详察彼侪之行为言语、等级地位，及凡彼侪所发者当高峰垂训者宣示之时，号角鸣动，霄壤震惊，只除少数面上之"字母"而已。

百仁之汇合欤！摒除若之迷信与妄念！继以公义之目光瞻仰显圣之地平线，并凡自其尊前所显现而启示者，与仇敌之所加害于彼者。彼盖为宣传其命令及促进其道义，而接受诸苦难者也。彼尝一次被囚于他 Ṭá (Ṭihrán)，一次被囚于勉 Mím (Mázindarán)，再复被囚于他，无非为上帝创造穹苍者之道之故，当其身受桎梏之苦亦无非为敬仰上帝权力者、恩典者之命令耳！

阿尔百仁之汇合欤！若已忘吾笔所发之诫命及吾舌所启之宣训乎？若宁爱若之疑惑胜于吾之正确，若一己之欲望过于吾之途径乎？若果摒弃上帝之训导及其眷顾，远离上帝之法度及其诫命乎？敬畏上帝！置虚诞于妄作者，测度于源头，怀疑于创造者。盖以欣然之貌璀璨之心，趋进于由万教之主，上帝尊前所发之命令而辉映于保安之太阳之地平线！

---

① "马西尼"之字义为"重复背诵"乃沙勒法德之称号《可兰经》之首章也。斯经共有七节，是以亦名为"沙亚马西尼"，意即将斯七节重复背诵之。盖其为回教人每日祈祷文之一部分，每日背诵五次。斯经首章充满深奥灵性之理，因限于简短之注释，未能详论之。

② 河美利，乃一种赞颂上帝之启示或文字。斯经之始用"河美利"式终结于前段之经文。

③ 见《可兰经》——摩西见西乃山树火焰故事。

④ 巴孛之经。

⑤ "意鲁福根"乃《可兰经》之别名。

⑥ 复活之日乃显圣之时期，众咸应转向之。

赞颂上帝，彼于创化国中建立“最纯正无瑕”，为其命令之圣殿[①]之护身甲；并规定别无份子可以参加斯高崇阶级及超然地位焉！诚哉斯（即最纯正无瑕）乃一外裳为其高妙本身权能之手指所织而成者。诚哉，舍彼建设于“彼施行其意旨之所欲”宝座之上者亦不适合于谁何也。[②] 孰能明了及承认斯际超然之笔所书者，洵为上帝原始及复临之王，经中所载统一之人民及尊一之信徒焉。

当予曹所述之道至斯，智慧之馨香拂荡，而统一之球已自天上宣训之地平线辉照矣。福哉凡为其声所引动以达于高崇之绝顶最宏远之境界，并由吾超然之笔之声而认识举凡斯世及来世之主宰所愿望者！诚哉凡彼不饮予曹所封存之旨酒，其封印已由予曹之名，唯一自足者所开启，而彼确犹未达统一之光及领悟上帝，天地之主宰，来世与今世之王众经典之宏旨；盖如是之流乃于上帝、知者、智者，无所不能之经中目为多神教徒也。

若可敬之询问者乎！吾曹为证，当唯一之笔及舌禁止发表及宣示关于“最纯正无瑕”及最奇伟朕兆之际，若具有极大之忍耐，盖若尝恳求斯被压迫者为若除去其障碍及遮蔽，而为若解释其奥妙、等级、地位、职任、阶级、高尚与尊崇也。

以上帝之生命为证！苟余曹显露证辨之宝珠一如彼侪藏于智识及保证之洋海珍贝之中及使意义之面貌出于隐伏智识乐园宣训之密室，则各宗教博士鼓噪之声将闻于四方，若侪将见神之民处群狼之爪下，盖彼侪固不信仰上帝原始与复回者也。是以予曹久住唯一之笔，盖为来自慈悲者尊前之智慧，其目的乃保护予曹之朋友，于彼侪以其不忠易上帝之恩赐，并陷其人民于沉沦之域者。

若企望之领教者，及为超然汇合所引导而至于高妙之道者乎！为吾国领土内之众鸟及吾智识园中之诸鸽，备有和悦之音美妙之曲，除上帝、世界疆土及天空领域之王外，别无得悉者。苟有毫末之事发生，不义者将恣意诋毁，为前社会（敌视的）之所未尝言，且干犯各时代之所未尝犯者。盖彼侪诚已否认上帝之恩泽、辨正、确证及其迹兆矣。彼侪既自误，复导人民于歧途而不察，崇奉迷信而不知！不顾上帝，择虚幻为一己之主宰而不觉！摒弃最伟大之洋海，以就污浊之死水而不悉！随从一己之私欲而违背庇佑者、自足者之上帝！

噫嘻，唯一仁慈淆洵已乘权而降，各教之民因而战栗，盖宣训之莺已于最高智识之枝上啭歌（更详言之：彼隐于神慧及录于经者确已显现）！噫嘻！现代固高峰垂训者建立于显圣宝座之时，万民咸已昭苏于上帝，众生主前！斯时也大地已表彰其嘉音，开发其宝藏，洋海其珍贝，沙勒[③]其果实，太阳其光荣，月球其璀璨，穹苍其星斗，时代其特征，复活其威仪，采毫其墨宝，神灵其窔奥之时期也。福哉！孰能认识彼者，祸哉！凡不识而疏远之者！吾求上帝使其仆人悔悟。诚哉！彼固宽仁、赦宥及慈悲者也！

若趋进于超然地平线自恩赐手中，而饮予封存之旨酒者乎！若固应明了“无瑕”一词，诚具有多种意义即不同之地位。某人因借上帝之庇佑而免于罪戾此其意义之一也。同时凡属上帝所庇佑而免于罪过、愆尤、不忠、不信、迷信多种及与此相类者，亦可称为“无瑕”。惟最“纯正无瑕”则只适用于一人而已[④]，其地位圣洁超乎各诫命于限制，纯洁而免于罪过与忽略。诚哉彼乃光明而不为黑暗所

① 显圣。

② 关于“最纯正无瑕”亚卜图博爱尝训导谓神之显圣无瑕。世人殆不能以一己有限之管窥以判断一显圣所为。然彼为上帝之圣殿，“彼施行其意旨所欲”；故彼一切之施行人类应公认其根据于神之智慧而无瑕疵也。

③ 亚剌伯古时植树道终，以导行人，名之曰“沙勒”。

④ 神之圣乃法律之启示者。

遮蔽，纯正而无错误，殆无可疑惑者，盖无人有权可以反抗之，或诘问"何故"，或"为何"；孰究诘之者，斯诚上帝众生主宰，经中所记顽抗之类也！"诚哉！凡彼所为将无可究诘者，而众生之行为将被审问也"(《可兰经》)"。

诚哉！彼已自冥冥之天府降临，与其俱来之旗帜为"彼施行其意旨之所欲"，乃其力量之万军与威权。舍彼外，固众生之实任以顺从凡彼所命者——一切之法律与规定；苟背之者——虽一发之微——其一切之修行将归徒然也。盖忆昔日神之使者，穆罕墨德，临世时尝云而其言确实：众生事神之责必须诣巨厦即麦加参拜，同时对于世界主宰、世界民族之训导者。

上帝经中，地平线所辉照关于祷告禁食与法规亦具同一性质。当时固众生之义务以遵从彼凡由上帝所命者；孰否认之固已不信上帝之经训使者及其经典矣。诚哉！苟彼宣称某一德性为谬误。不忠为信仰，固乃来自其尊前之真理。盖斯(显圣)地位乃纯洁无瑕，殆无可指摘者也。

试思斯有福启示之经节，使诣巨厦(麦加)参拜为众人之义务。凡信从其道者(穆罕墨德)，咸应遵从其经所命。盖无人有权可以违背上帝之命令及其教训，孰违之者，于上帝宝座主宰经中诚属犯罪之一流也。

若侪瞻仰其道之地平线者乎！若当知上帝之所欲固永不为其臣仆之限制所约束；诚哉！彼并不依彼侪之途径而行；斯固众人之义务以遵依其正道。苟彼宣称右为左，或南为北，固属真确无疑也。诚哉！其设施应受赞美，其命令固应服从也，其设施号令固无需参谋者，其运用权衡亦无辅弼者；盖彼施行其意旨之所欲，而命令其意之所适！

若其知之乎！万物舍彼外只须得其尊前之一言即被创造；舍其命令与允许外固无动作与休止也。

若方翱翔于情爱空中，及瞻仰若主，创作之王容貌之光华者乎！若其感谢上帝，盖彼已明示若凡隐藏于神圣智慧中者；借斯可使众咸知"最纯正无瑕"之地位，诚无需协助及谋臣也。诚哉彼乃诫命及规律黎明之府识慧之源。

众生舍彼外咸为臣仆，而受治于其命令之下，盖彼乃统治者、元帅、知者及无所不知者也！

当若为显圣经书之馥郁所吸引及来自若主，复活节王，手中(浩泉)[①]之旨酒所陶醉时盖云：

帝乎！帝乎！赞誉归若，盖若已导予至若前，引余至若之地平线，致余明了若之道，示余以若之证，致予迈进于若前，当若多数臣仆如教师、宗教博士及随从者，咸摒弃若，而并无自若尊前而来之证据也。恩泽归若，万名之上帝乎！赞颂归若，穹苍之创造者乎！因若使予畅饮若名下独立自足者所封固之旨酒，诫命与法律之源，智慧与恩泽之泉水！

福哉！地为若足印所光荣者，为若巍峨宝座所建立者及为若裳服之芬芳所散播者！借若威权与统治力！舍瞻仰若华容外吾更不欲有目，舍只听若声音及经训外，吾更不欲有耳也。

吾上帝欤！吾上帝欤！幸毋削夺若为眼目所创之福，华容转向若之地平线，待立于若权威之门，参拜于若宝座之前，而卑躬于若恩典太阳之中！吾主乎，吾心中、五内、四肢、冀肉与灵之舌，咸证明若之统一独立；诚哉，若固上帝，盖帝外无帝焉。诚哉若造化人类使认识若及事奉尔道，其地位借是得以增高，其灵性赖若经传启示得以上进。然当若显现及启示经训时，彼侪竟摒弃若、否认若，并不信仰凡自若力量与威权所显现者。彼侪群起而困迫若，消灭若之光华，熄灭若"沙勒之火"，其暴戾肆

① 乐园之河水。

睢至欲流若血污若名。虽彼[①]为恩典之手所训练，为若所呵护，而避免罪戾于若造化中之叛逆者及臣仆中之压制者。及被委为记录经训于若宝座之前者，今竟如出一辙。嗟乎！彼于若时代所犯甚至毁灭若之约章，不信若之经训，叛逆顽抗，至若之人民咸为悲痛！当彼一己失望而自觉失败之时，彼悲泣而妄言，至若所爱之选民及居于若荣光之幕中者，咸为惊叹！

上帝乎！曷观予若一涸鲋。辗转于泥涂之中不堪其痛苦！盖拯予并赐我以怜恤，若拯危扶弱者乎！盖众生无论男女咸在若掌握与羁勒中！

无论何时当思念予之罪过及无量愆由，失望环攻我；无论何时当予默念若恩赐之海，福泽之天，及恩惠之太阳，予觉希望之芬芳袭然而来，有若万物及慈天之雨露咸与予同乐。若忠诚者之柱石，宠爱者之所渴望乎！赖若权能恩赐眷佑恩典及呵护之仪表，以致壮余胆；不然以一无所有者，又何能讨论彼，盖只需自其尊前发一言，万物咸因而发现！不然，以一失败者又何能描写之；盖已证明"文字或语言固不足以描写之；彼乃恒久成圣超越其造物之领悟，圣洁高出其臣仆之智识者也"！

帝乎！曷观一死者子若前，幸毋夺彼于若洪恩广泽生命之杯中；一病者于若宝座前，幸毋制止彼于若疗治之海。吾求若无论何时何地均使予康强而轸念赞美若及服役于若道，盖吾知凡由臣仆所出者咸为一已限制所缚束，既不堪奉献于若尊前，复不适于若权威显赫之庭也。

赖若之权威！苟非用以赞颂若者，吾舌于我固无益也；苟非为若服役者，吾生命固无用也。舍瞻仰若超然地平线之光华外，吾目不欲有所视，舍只听若美曼之音外，吾耳不欲更有闻也。

嗟乎！嗟乎！吾之主宰、柱石及希望欤！吾固未知赖若为余注定吾目可以受慰，吾怀藉以舒适，吾心可得喜乐，抑若不易之勅命已制止余献身于宝座前，若前在之王及万国之元首乎！

仗若威权、力量、宏大及统治！予固已为疏远之忧愁所袭击，若亲迩之光华果何在？若智慧者之标准乎！离析之恐怖使余战栗，若团结之辉光果何在？若忠诚者之所仰慕乎！

神欤！曷观予于若途径中所遭遇者乎，若当恩泽大道证据、表现启示完成后，彼俦竟不承认若之真理，破坏若之约章，诘驳若之经训而摒弃之！

嗟乎吾主！吾舌之舌，吾心之心，吾灵之灵，吾生命之表里，咸证若之独一无双，若之力量权柄，若之伟大与统辖，若之威权高崇与统治，诚哉，若乃上帝。盖帝外无帝焉。若固一永远之宝库为耳目与理解所莫测，永无穷尽亘古如斯。盖世之力不能损若，而各国之权亦不能危若也。若乃彼于众臣仆前开启智慧之门者，使彼俦咸可领略若启之源，经训黎明之府，显圣之天，与若太阳之华容，若乃于若经传及圣典中所应许于世界，凡关于若一己之显圣乃移去障碍若面貌光华之面帕者。若尝以此启示于若所爱者（穆罕墨德）。借彼命令之轮黎明于希素（Ḥijáz）之地平线，真理之光普照于若之臣仆。据若所言，"届时人类将兴起于造物主前"（《可兰经》）。在其前（即穆罕墨德），若尝以此宣示于问答者（摩西），"使领导人民由黑暗以至光明，并使彼俦记忆若之日期（《可兰经》）。"若亦尝以此宣示于灵性者（耶稣）及古今之先知使者。苟由若超然之笔之宝库磬其所有，关于斯最大纪念及奇伟使命之启示，则智慧城中人民，舍赖若力量所拯救与若洪福庇荫者外，感将惊倒焉。吾证明若已履行若之约法，遣彼降临，盖其显圣乃为若诸先知选民臣仆所预言者。诚哉，彼已偕若朕兆之旗号与若证据之标志，自权力之地平线而临，赖若权能彼已兴趣于万众之前并呼召人类达于高崇之巅与超然之地平线，虽士子之不义、王侯之权威咸莫能制之。盖彼已兴起于最伟大坚定中，并以最高超之声而宣训曰：

① 即以色立。

"万物之施予者诚已乘云而降,世人盍风光明之貌欣悦之心趋于其前"!福哉谁能达于若之会晤,自若恩赐之手而畅饮若团结旨酒,发现若经典之馨香,称颂若之赞美,翱翔于若之天空,并为若宣训吸力所陶醉,及赖若引导而进于超然乐园中——启示与先见之阶级——于若煊赫宝座之前。

嗟乎吾主!吾求若,赖若"最纯正无瑕"若所创以为若显圣之地平线,借高超之道,万物赖以创造,诫命因以显彰,并借斯名众虚伪者因而涕泣,学者之神经为之战兢,使予舍若外远离一切,舍若欲望一无所动,舍若意旨一无所言,舍若纪念及颂赞外一无所闻焉。

大哉上帝,谢若恩德,嗟乎吾之希望,盖当若臣仆与受造者不承认若之后,若已明示予若之正道,启示予若伟大之使命及辅导予趋进于启示之晨曦与诫命之源泉!

吾恳求若永生之国土欤!借若超然之笔之声音。唯一燃炽之火焰,若"绿荫"中之宣训及若特为博浩人民所备之圣舟,使予能恒居于若仁爱中,欣乐于凡在经中为余所注定者,并常准备为若及若友服务。爰助若臣仆凡可致若道之高进,并遵行若经中之启示。诚哉若厥为权力与保护者,于一切若意旨之所欲,而万物咸在若掌握统治中!盖帝外无帝,权能识别与智慧者也。

曹比乎!吾曹诚已昭示若洋海与其波涛,太阳与其光华,穹苍与其星宿,贝壳与其珍宝。盍敬谢上帝,斯普遍于世之恩典及利益焉。

若方仰望天颜之光华者乎!迷信诚已包围世之民族,而妨碍彼俦转向笃信之地平线与其灿烂之光华。彼俦因幻念而被阻于唯一自存者;顺从一己之私欲,哓哓然而不自觉。彼中有云:"经训果已启示乎?"噫嘻,确然,以上天主宰证之"时已届乎"?然——否,早已过去矣——以彰然朕兆之显示者证之一"无瑕者"[①]诚已降临,而真者已偕证辨而显现!沙哈剌[②]已显彰,而人民咸恐惧不安!"地震"诚临,而群众因畏惧上帝权能而悲泣。"恐怖之声"(即号角)已响,"盖斯日属上帝,智者与不可缚束者也!而彼俦云:(灾患)果已应验乎"?噫嘻,然哉,以万主之主证之!"复活节期果已树立乎"?然——否,甚至自足者已兴于朕兆国中矣![③]"果发现民众(仆伏)乎?"诚然,以吾主、超然者、最荣耀者证之!"树木枝干果已(起拔)乎"?否,甚至山岳亦为夷乎——以众德之王证之!其他继云:"(乐园)与(地狱)果何在乎"?噫嘻,前者乃予晤会之所,后者乃若一己也,若狐疑之多神教徒乎!彼俦云:"诚哉,予曹尚未窥见其(余)也",噫嘻,诚哉以吾主宽仁者证之,舍具洞察之力者莫由见之!彼俦云:星宿果下坠乎?噫嘻诚然当先存者于神秘之域时![④]盖遵从训诲,若具视觉者乎!盖当予曹于威严及全知者怀中高张权能之腕时,各朕兆咸已显现矣!宣诏者诚疾呼,盖应许之时期已届,而西乃山之民,因畏惧若主元始天尊之王之威而惊倒于停顿于沙漠之中,彼俦继云:"号角已响乎";噫嘻诚然,以显圣之王证之!当彼坐于其名,慈爱者宝座之上;苦闷之黑暗,赖若主恩恤之黎明光华,破晓之府,已被彻照矣。怜恤者之和风,诚已拂荡,而灵魂已昭苏于躯壳坟墓中。斯事已由上帝权能恩赐者如是颁定之!

彼俦不信者云:"天何尝开裂乎"。噫嘻,当若处于忽误之墓中。其一不信者,拭目而左右盼顾。噫嘻,若已成为瞽者,于斯世代固无若避难之所也。其他更云:"何尝有人复活乎"?噫嘻:诚哉,以吾

① 音译为"奥克嘉德"(Al-Ḥáqqat)。此处前后所述之朕兆载于《可兰经》第六十九章一、二、三节中,历举关于审判日期之各种名称及朕兆。

② Sahìanople,意译为地球或地面,据回教之传说沙哈剌乃上帝为审判而创造之特别区,因此遂成为代表复活日期之符号。

③ 即经训。

④ 亚智奈奴堡(Adrianople)。

主证之，当若睡于迷信之榻中！其他云：“（经常借创造力）而启示乎”？噫嘻，诚哉，甚至她（即创造力）亦为之惊骇！盖接受训诲，若灵性者乎！其他继云：“瞽者何尝重睹光明乎？”噫嘻，以乘云者证之！乐园诚为意义玫瑰所饰，而地狱为奸恶者之火所燃炽！唯一之光华诚已自显圣之地平线上升，各方咸被彻照，盖约法之王确已降临。彼怀疑者将沦亡，然凡以笃信之光而趋于保证黎明之府者咸获福祜焉！

福哉，若瞻仰者乎！为若曹启示斯经，各魂咸为之欢腾！盖珍护而诵读之。以吾生为证，斯乃若主仁慈之门，福哉，谁朝夕诵读之者！

诚哉，予曹已闻若陈述斯道，智识之山陵为之夷平，步伐为之失错！阿尔百仁兮临于百浩之民，凡彼侪趋进于威权者。施予者！

斯经诚终结，然予曹之宣训尚未终止！若盖忍耐，诚哉，若主乃恒忍宽大者也！

斯经乃余曹初抵斯最大囹圄时所启示者，予曹邮寄若，使若知悉欺妄者之谎言，当上帝乘权力与统治而临！盖疑惑之基础已被动摇，迷信之天已被开裂，而民众仍处疑惑与争辩中！迨彼已偕朕兆之国[①]来自权力之地平线，彼侪竟不承认上帝之证辩。舍弃一向所受之训诫，而干犯经中所禁者；丢弃而顺从其私欲，岂非处忽略谬误中乎？诵读经训而反对之；目睹彰然之朕兆而远之！岂非处惊人之疑惑乎？

诚哉，予曹劝导朋友虔事上帝，盖斯为善行与道德黎明之府。诚哉彼（即虔敬）于阿尔百仁之城，乃公义万军之领袖。福哉，谁进于其光耀旗帜之下而奉行者。如是之人乃于“继音雅磨”[②]经中所启示及申述之朱舟同伴也。

嗟乎上帝之民欤！盖以可靠及诚实之裳以饰若之庙宇；继以善行及道德之万军以辅助若之主宰。于予之经传及书札中，予尝禁制叛乱与纷争；此无非希望若侪之高超上进而已。太空及其星宿，太阳与其光华，万木与其枝叶，海洋与其波涛，大地及其宝藏，咸向之为证。吾恳求上帝！扶助其朋友，并刚强彼侪于凡有价值者；盖斯地位乃福佑权能及伟大者也！吾求凡彼居予左右者，咸能实践予超然之笔所命者。

曹庇乎！吾之荣光与庇荫临于若兮！诚哉予曹命令众臣仆履行公义，而彼侪所为竟使予心予笔为之悲痛！盖谛听予意旨之天及愿望之国所启示者！余之痛苦并非予之幽囚，亦非予敌所加害者；否，乃为侪与予个人有亲属之谊，盖其所犯致余心怨痛不已泪下沾襟焉。予曹诚屡以宣训及经简告诫之。恳求上帝扶助之，使其与彼接近，并使其刚强于凡可使其心境宁静灵性舒适者并防范彼侪于凡不适于其时代者。

噫嘻！吾土之朋友乎！盖只听彼为上帝而诚恳劝导若者。诚哉彼创造若并显示于若凡可使若上进得益者，使若明了其正道及伟大之伟命焉。曹庇乎！盍劝导臣仆虔事上帝！诚然敬虔乃若主万军之最高领袖，而其众军乃可爱之道德及清洁之品行，无论任何世代借斯而人心及智慧之城，咸可征服，而凯旋之旗帜，乃建于最高之地位也。

予曹于上帝若主宝座之主前掬诚告若：以诚实可托及其地位。诚哉，一日予曹之绿岛[③]迨至则

① 经训。

② Qayyúm-i-Asmá'意译为“万名之自足者”，为巴孛所启示。

③ 绿岛亦称 Riḍván，为乐园之保护者，亦指百达之花园，博爱和拉于其中宣报其使命者，亦指四月廿一日庆祝斯事之节期。

见溪流汩没，林木菁葱，阳光掩映于枝叶之际，转而右则所见殆非笔墨所能形容描写，而以斯地人类之主所见者，洵属最优美光明福暇及超然者也！

继而之左，则见一超然乐园之颜容，立于光华之柱大声疾呼曰："天地之钟灵欤。"盍瞻仰余之华容、显圣与表现。以上帝唯一真者证之，予乃诚实可托，其华容及美丽，予能坚守之而不渝，并能认识其价值与地位，而坚执其衣缘者之赏赐。余乃博浩人民最贵之珍饰及为六合苍生最华贵之外裳，予乃世界富裕之巨源，及为造化安宁之地平线。

予曹已如是启示若，凡可使众臣仆接近原始天尊之王者！唯一超然之笔，现由婉妙之(阿剌伯)文，易为明畅之波斯语，使曹庇能认识其富丽主宰之眷佑，盖为感谢者乎！

若曹瞻仰超然地平线者乎！呼召之声高扬，然具听觉者殊鲜，否，简直无之。虽在龙口之际，斯被迫者仍常眷念上帝之朋友。迩日凡使超然汇合忧愁苦痛者咸加之予曹！然世界之专制，各国之横暴曾不能抑制先存之王于其宣训或防碍其所欲也。彼俦久匿于屏障之后者，迨发现斯道地平线之光明及上帝圣道彰著之时，遂突然而出，以仇恨之刀剑加诸予曹，固非笔所能绘、舌所能述者也。义人见证而目击之。当斯道之始，斯被压迫者兴起于众君王、人民、学者及诸王子之前，毫无隐讳高声疾呼，召彼俦咸趋正道。舍其笔外固无佽助者，舍彼一己外更无辅弼者也。彼俦不察，而忽略此事之原委，故群起反对之。盖彼俦属于上帝经简所述之"悲观派"，并警告其臣仆关于其传播、喧攘与腐化。福哉！彼能于未道及先存者之王前，能视世界一切咸若空虚无有者，并能坚持上帝坚定之柄而不为疑惑所诱、刀剑枪炮所压迫，而移夺其志者！福哉恒忍者！福哉刚毅者！

依从若尊者之请求，超然之笔已将"最纯正无瑕"之等级地位详为解释矣。予曹之目的，盖欲使众咸能确切明了"末后之先知"①——愿众生咸能奉献于彼——于其本身之地位殆无俦匹。而诸圣贤②——愿上帝之赞美咸归彼俦——皆为其道所创造。继其后者③，于众臣仆中彼俦乃最有智识及超卓者；并位于侍奉上帝最高之阶梯。

神圣之实体圣洁超越莫可与京，其生活纯洁无瑕，有独无偶，彰然昭著，固已为若尊者证明之。斯乃真正(信仰于神圣)之统一及理想独立之地位；固昔日社会(指回教社会)所应认识，而竟被削夺及防碍于承认其地位者也。彼圣者中心点——愿众咸敬奉之——尝云："苟彼圣者'最后者'未宣讲'华理日'④则固无'华理日'之创造也"。昔日之社会固属信仰多神者，然彼俦仍以(神圣)统一之信仰者自居；彼俦乃众臣仆中之最愚鲁者，然仍自以为超出其侪辈焉？为报应斯忽略者，其信仰之情况与其阶级之程度，于斯果报之时，于智慧明达人前，咸已表露无遗矣，若盖求上帝庇佑斯显圣之臣仆，勿陷于昔日社会之狂妄迷信并勿削夺彼俦于真正(信仰)统一太阳之光华。

曹庇乎！世界被压迫者云：公理之球已被遮蔽；公平之太阳被翳于云柱之后，盗贼僭夺指导及护翼者之位置，凡而叛逆者方隐坐于诚实可托之地位。去年一暴乱者，竟攘夺本城总督之职。予曹固无时不蒙其祸害也。以上帝之灵证之，凡彼所为莫不致人民于极度恐慌，然举世之暴君固永不能禁制斯超然之笔也。以特殊之恩惠与怜恤，赐与世界之君王及执政者，予曹笔之于书凡可增进世界之保障、安全、太平与静穆者，庶几众臣仆(人民)可受保障，而脱离于众暴虐者之奸恶也。诚哉，彼乃指

① 指穆罕墨德，盖回教人以其为最后之先知也。

② 圣贤即伊文斯(Imám)继穆罕墨德之后者，而伊文斯乃继穆罕墨德后之十二师亚(Shaykh)，即亦指回教之领袖也。

③ 即指穆罕墨德之后者。

④ 华理日(Viláyat)乃继穆罕墨德后之十二圣贤(Imám)伊文斯也。

导者、辅翼者及保证者也！上帝公理院之委员，应日夕瞻仰超然之笔，天上之地平线所启示者，以训导世界之民族，以建设国家，并以保障人群与继续人类之荣誉焉！

第一光华

当智慧之太阳黎明于行政之地平线，彼述斯高妙之道云：世之富贵及有各誉者，应竭力以敬奉宗教，盖宗教乃一彰然之光华及保障世界人类安宁之坚固堡垒，因敬畏上帝可使人群执行公义，而制止彼侪干犯罪戾焉。苟宗教之明灯仍被幽蔽，则骚动及无政府将行披靡。而公正平等之轮光及和平静穆之太阳，亦将被幽蔽于照射其光华，凡明达之人可为斯所述者之明证焉。

第二光华

予曹已宣颁最大之和平，为保障人类最善之方，世界执政者咸应一致奉行斯诫命；盖斯为世界安全和平主要之因素。彼侪（即执政者乃权力之明堂，及上帝威信黎明之府，予曹恳求上帝辅翼彼侪于凡可佽助人类之和平者。关于斯题超然之笔前尝启示矣！福哉凡恪守而实行者。

第三光华

宣颁关于刑律之执行，盖斯乃维持世界秩序根本之方。

神圣智慧之天厥为二球所照耀——商议及仁爱是也。而世界秩序之帐幕乃建立于二柱之上——奖赏与刑罚是也。

第四光华

居斯显圣中，长胜之万军乃善行与道德，而斯万军之统领及元帅厥为如神之敬虔，斯已包含及统治一切矣！

第五光华

各政府应明了其政治人员之情形，并度其器量与劳绩，而赐以相当之职权与地位。顾虑斯事者，固凡为领袖与统治者之义务与责任也。如是庶几叛逆者不致攘夺可托者之位置，而作乱者不致占据指导者之地位也。

于斯最大之囹圄、前者及迩来所委派之官吏，其中间有——赞颂上帝——以公义为珍佩者；至于其他，予曹只能托庇于上帝！予曹求上帝均保护之，庶几彼侪既不致被削夺于可靠树上之果实，复被禁阻于平等公义太阳之光华也。

第六光华

关于人类之团结与和谐，借团结而世界各地一向咸为斯道所普照。至达斯目的最善之方，莫若使世界各民族能互相通晓彼此之语言文字。

予曹前曾于各经简中颁令公理院之委员于现有之方言中选择一方言，或另一新方言，并同时于各文字中择一文字，而授诸于世界各学校之儿童，借使整个世界可视为一乡土及一区域焉。

智识之树最奇伟之果实厥为斯高妙之道：若曹乃一树之果一枝之叶，爱其国者非荣，爱其类者斯光荣耳。

与斯相关者予曹前曾启示关于世界繁荣及各国联合之方。福哉达于斯者！福哉实践者！

第七光华

唯一超然之笔晓谕众生训导及教育其子女。当予曹初抵斯狱时(亚加)，续下与此有关之数节经文，已自神圣意旨之天启示于奥德斯经矣。斯制定凡为父者应教育其子女以文字学问并遵行经中所命者。凡忽略斯宣训，如为富人，则公理院委员义务执行，取偿于彼所需教养其子女之费；否则(即父母缺乏能力者)公理院应负责办理焉。诚哉，予曹规定其(即公理院)为贫乏无告者避难之所。

谁教育其子女，或他人之子女者，殆如致育予子女之一。予之荣光呵护怜恤，胥及于世界众生者，临于斯人兮！

第八光华

斯段文字为超然之笔于斯时启示，并载于奥德斯经中者。人民之庶政应归神之公理院委员处理之。彼俦于其臣仆中乃上帝之所委托者，并于其国中为命令之源。

神之民欤！世界之训练者厥为公义，盖为二柱斯组成，赏赐与惩罚是也，斯二柱乃世界人民生命之源泉。

因每日每时需一特殊之训示或命令方得便利，诸庶政是以悉委诸公理院，借使其可以施行临时视为适当者。凡彼俦起而诚心事奉斯道，以悦上帝，将被不可见之神灵感动。众生咸应服从之(即公理院委员)。

一切庶政应归公理院处理，而事神之礼则须依照经中所启示者而奉行。博浩之民欤！若乃仁爱黎明之府，与上帝恩惠之晨曦，勿咒诅及痛恨何人以污若舌，并防范若目于凡无价值之事。表彰若之所有(如真理等)。苟受接纳，则目的已达；反之，干涉(或怒骂反对者)固所不许。任彼好自为之，而趋于上帝保护者自足者之前。幸勿为谁何忧难之故，致他人之离析纷争更无论矣！望若曹于神圣恩惠庇荫下，能受其训导而遵行上帝之所欲。若曹均一树缤纷之叶，一海之涓滴也。

第九光华

上帝之宗教及其信条，乃为人类之团结与协调，固已自先在之王，意旨之天彰明启示矣；幸勿使易为纷争与不和之具焉！

上帝之宗教及其法律，乃使团结之球显现照耀最大之因及最要之方。世界之发展，民族锻练，臣仆之安宁，各地人民之保障，咸赖神圣教训与规律。宗教厥为披露斯巨赐最大之原因。彼赐给活力之杯，赐予不朽之生命及增进人群无穷之利焉。世之统治者尤其公理院之委员，应竭力以保全斯位，护卫之，促进之。同时，彼俦应查询人民之状况及熟知每人之行径及职业焉。予曹邀请神圣权能之表现者，即君王、领袖，黾勉竭力，庶几纷争可以消灭而世界可以为和协之光所烛照。众生咸应坚守实行凡超然之笔所启示者。唯一真者证之，而宇宙之元素咸为见证，凡予曹所述及由蒙之笔启示诸经简中者，均有裨益于世界人群高升、上进、训练、保障与进步。予曹恳求上帝使其臣仆刚强，凡斯被迫者所需求于众者无非公义与持平而已。幸毋徒自满足于听闻，而熟思凡出自斯被迫者。予指神圣宣训之太阳，升自宽仁者之国之水平线而誓曰，苟有一解释者或宣讲者，予曹断不欲为众批评、嘲骂及侵害之标也。

当予曹抵亚力(即百达)时，上帝之道已寂然无闻，而启示之馨香胥已停止。而多数之信徒咸处枯槁状态中。否，简直死亡焉！于是号角二次鸣动，而斯道自堂皇之舌而表露："予曹已二次鸣号矣。"如是予曹已启示及感应之馨香使举世兴奋焉。

今也每覆盖均有人出自其后，意欲加害于斯被枉者。彼侪妨碍斯重大利益而摒弃之。

义人乎！苟斯事而可反对，则天下有何事可值表扬或堪承认者乎？反对者方搜集斯显圣之经文，无论于谁人中发现之，即以伪为敬爱之方而骗夺之。与某派人接触则认为某派之人，噫嘻，死于若愤怒之中；与彼相偕而来一事，即凡具视觉、忍耐、慧眼、公平者，固无可否认也。前在之笔于斯彰明之时如是证之焉！

曹理乎！予之光荣临于若兮，予曹命令唯一真者之友行善；冀其可底于成，而其行为可与诫命之天所启示者符合焉。盖宣训之益，归于实践者。予求上帝使彼侪刚强于凡彼所爱悦者并襄助其履行公义于斯永不变易之诫命中，使彼侪认识其朕兆并导之于正道焉。

彼圣者，先锋(巴孛)——愿众生舍彼外咸奉献之——曾启示某种规律，然命令界则规定其须经余曹肯定之。斯被迫者已执行其中一部分，并以不同之句语启示于奥德斯经，而其一部分则间未采纳焉。斯事乃在彼(上帝)掌中。盖彼施行其意旨之所欲，并命令任何其意之所适，彼乃权能者，应受赞美者也！

其他诫命亦间有以祷告方式启示者。福哉抵达者！福哉实践者！

上帝之民应努力，庶几藏于人心仇恨之火，可为宣训及劝导造物之"浩活"之泉水所熄灭，而生命之树可为佳美之果实所饰。诚哉彼乃宽仁慈爱之忠告者也。

灿烂之荣光自恩赐天堂之天边线临于若曹，博浩之民欤！并临于凡坚定恒忍及智识者！

至若问关于利息及金钱之利润：

数载前如下之宣训特为神之名，自慈悲者之国已，启示于辛木格宾。神之荣光临于彼兮！斯为彼(上帝高妙之道)多数人均需斯事(即利息)；苟不许取利息，则商业贸易将受妨碍与缚束。某人或能体谅其同族、国人或兄弟，然在贸易上肯予通融者则殊鲜；换言之人能以宽限主义[①]以贷款于任何一人，则殊不名觏焉。为恩恤众臣仆之故，是以予曹规定"贷款取利"可与其他人民商业习惯并行不悖。即在此刻，当斯明白之规律降自意旨之天，借贷取利，乃属许可、合法与纯洁，借使世人可以最愉快、馨香、喜乐、欣慰，而歌颂人生所爱者。诚哉，彼随其意旨之所欲而命令；彼制定"贷款取利"为合法，有若彼曾规定之为不合法也[②]。命令之国乃在其掌握中；彼施行及命令，而彼乃元帅及知者也。

辛木格宾乎，若盖为斯彰明之恩典感谢上帝！

多数波斯之教师，均从事于榨取重利，而以诸多虚伪之法行之；然于表面上则衣以合法之外裳。盖彼侪以上帝之法律为儿戏，而不自知也。然斯事即"借贷取利"应以中庸及公平之方行之。由彼尊前之智慧及为其臣仆之利便超然之笔不欲规定其限制焉。予曹规劝上帝之友履行公义平等，并应以如斯之方行之，使彼所爱者之怜恤仁爱可以互相显露于彼此之间。诚哉，彼乃唯一导师，恩恤、慈爱者！

上帝之旨，众生咸能实践凡自真者之舌所流露者。苟彼侪能奉行以上所述者，上帝——高妙哉

---

① 即贷款于朋友不取利息，而任其随时归还也。

② "借贷取利"在回教称为利伯(Ribḥ)，即高利贷，为伊斯兰时代所禁者。

其荣光——将无疑的由恩赐之天倍蓰赏赐之彼侪于交易中所显示于彼此间之仁爱。诚哉,彼乃恩惠、宽宥及慈悲者也!大哉上帝、高妙者、伟大者!

至于执行此种事务,已委托于公理院之委员,使彼侪可因时代之需要及智慧而施行之!

再次,予曹劝导众生咸趋正义公平仁爱与慈善。诚哉!彼侪乃博浩之人民,朱舟之同伴。愿万名之王及创造上天者之和平胥临于彼侪兮!

(《最纯洁无瑕经》及《光华经》合篇终)

廖崇真先生一家

中华经典诗文诵读 六 「修订本」

山东省中华诗文教育学会重点推荐读本

苗禾鸣 潘恩群 主编

中华经典诗文诵读 六 「修订本」

苗禾鸣 潘恩群 主编

责任编辑：王　慧
　　　　　陈艳丽
装帧设计：鱼　童

华诗文
家典故
读课程
文素养
化价值
智人格

30/qrcode/zhjdsw.html
文朗诵文件